Holzfrei

Nr. 47 1954
S. 10631–10866 24. November

Chemisches Zentralblatt

Vollständiges Repertorium für alle Zweige der reinen und angewandten Chemie

1830 gegründet. 1897—1945 von der Deutschen Chemischen Gesellschaft fortgeführt.
Im Auftrage der Deutschen Akademie der Wissenschaften zu Berlin, der Chemischen Gesellschaft in der Deutschen Demokratischen Republik, der Akademie der Wissenschaften zu Göttingen und der Gesellschaft Deutscher Chemiker

herausgegeben von Prof. Dr. Maximilian Pflücke

125. Jahrgang

1954

Chefredakteure: Dr. Eugen Klever und Prof. Dr. Maximilian Pflücke

Akademie-Verlag GmbH., Berlin — Verlag Chemie, GmbH., Weinheim/Bergstr.

Inhalt

Namenregister

Chemisches Zentralblatt

1954 Nr. 47 24. November

Geschichte. Unterricht.

W. R. Hawthorne, *Dr. K. T. Compton.* Nachruf auf den bekannten Physiker KARL TAYLOR COMPTON (geb. am 14/9. 1887 in Wooster, O.), dessen Arbeiten bes. auf dem Gebiete der Spektroskopie u. Thermionenemission weitgehendste Beachtung fanden. (Nature [London] **174.** 381—82. 28/8. 1954.) KLEVER. 1

—, *Hugo Dieterle †.* Am 15/7. 1952 verschied Prof. Dr.-Ing. HUGO DIETERLE, Direktor des Pharmazeut. Inst. der Univ. Frankfurt/M. im Alter von 71 Jahren. Seine großen Verdienste um die Pharmazie werden gewürdigt. (Arch. Pharmaz. Ber. dtsch. pharmaz. Ges. **285/57.** 81. Okt. 1952.) SCHMERSAHL. 1

E. E. Turner, *Prof. J. T. Hewitt.* Kurze Würdigung der Verdienste von J. T. HEWITT (geb. 1868 in Windsor, gest. am 9/7. 1954 durch Unfall) auf dem Gebiete der anorgan. u. organ. Chemie, bes. galt er als Autorität auf dem Gebiet der Beziehungen zwischen Farbe u. Konstitution. (Nature [London] **174.** 337. 21/8. 1954.) KLEVER. 1

Jean Becquerel, *Nachruf auf Hendrik Anthony Kramers.* Würdigung der Persönlichkeit u. der hervorragenden u. bahnbrechenden wissenschaftlichen Arbeiten von H. A. KRAMERS (geb. am 17/12. 1894 in Rotterdam, gest. 24/4. 1952 in Leyden) auf den verschiedensten Gebieten der Physik u. der Chemie. (C. R. hebd. Séances Acad. Sci. **234.** 2122—26. 26/5. 1952.) KLEVER. 1

D. Ll. Hammick, *Professor N. V. Sidgwick.* Nachruf auf den am 15/3. 1952 im Alter von 79 Jahren verstorbenen Chemiker. (School Sci. Rev. **34.** 128. Nov. 1952.) GOTTFRIED. 1

Jakob Baxa, *Franz Carl Achard. Zum Gedächtnis seines 200. Geburtstages am 28. April 1753.* Eingehender Lebenslauf des Begründers der Rübenzuckerindustrie in Deutschland ACHARD, der schon zu Lebzeiten Friedrichs des Großen auf Anregung von MARGGRAF mit der Züchtung möglichst zuckerreicher Runkelrüben begann u. 1798 mit seinen Experimenten zur Zuckergewinnung an die Öffentlichkeit trat, wonach 1801 die erste Zuckerfabrik in Cunern in Schlesien errichtet wurde. (Zucker **6.** 109—14. 15/3. 1953. Wien.) ULMANN. 1

R. Ammon, *E. J. Lessers Beitrag zur Insulinforschung.* Hinweis auf die Forschungsarbeiten E. J. LESSERS († 1928) über Pankreasdiabetes am großen Mannheimer Krankenhaus als Vorarbeiten zum Insulinproblem. (Die Medizinische **1954.** 397. 20/3.) KUNTZ. 1

—, *Offizielle Übergabe des Archivs von van der Waals.* Bericht über die Übergabe des Archivs von VAN DER WAALS (Briefe, Diplome, Ehrenzeichen, Alben) seitens der Familie VAN DER WAALS an das VAN DER WAALS-Laboratorium. (Nederl. Tijdschr. Natuurkunde **19.** 258. Okt. 1953.) WESLY. 1

Aaron J. Ihde und **H. A. Schuette,** *Das Anfangsstadium der Chemie an der Universität von Wisconsin.* Histor. Überblick über die Zeit von der Errichtung des ersten Lehrstuhls für Chemie 1880 bis etwa zum 1. Weltkrieg. (J. chem. Educat. **29.** 65—72. Febr. 1952. Madison, Wis., Univ. of Wisconsin.) KIRSCHSTEIN. 2

Carl Graf v. Klinkowstroem, *Aus der Frühgeschichte der Destillierkunst.* Kurzer Überblick über die Entw. der Destilliergeräte u. -verff. von den Anfängen (hellenist. Epoche) bis zum Beginn des 19. Jahrhunderts. — 8 Literaturhinweise. (Dtsch. Drogisten-Ztg. **9.** 379—81. 10/7. 1954.) WINIKER. 2

Robert Doat und **René Evrard,** *Drei Jahrhunderte Metallurgie des Gußeisens.* Überblick über die geschichtliche Entw. in Europa vom Mittelalter zur Neuzeit. (Amer. Foundryman **20.** 58—60. Aug. 1951.) HAUG. 2

Albert France-Lanord, *Anwendung der metallurgischen Technik auf die Archäologie.* Vf. zeigt, wie man mit metallurg. Methoden nicht nur alte Damaszenerschwerter untersuchen, sondern auch deren Herstellungstechnik nachweisen kann. Die Unters. von durch Korrosion angegriffenen alten Bronzen sowie deren Konservierung werden beschrieben. (Rev. Métallurgie **49.** 411—22. Juni 1952.) GOTTFRIED. 2

Paul Reinhard Beierlein, *Der Gebrauch von Torf und Koks bei der Verhüttung im 16. Jahrhundert in Kursachsen.* Mangel an Holz u. Holzkohle führte um die Mitte des

16. Jahrhunderts zur Verwendung von Torf u. in Meilern „verkohltem" Torf. Aber die Verss. befriedigten nicht. Der techn. Entw. beinahe 100 Jahre vorauseilend, erkannte der Münzmeister DANIEL STUMPFELT aus Magdeburg die Bedeutung des Steinkohlenkokses u. beschrieb in einem Bericht vom Jahre 1583 ein Verf. zu seiner Herst. in Meilern. (Bergakademie [Freiberg] **6.** 110—13. März 1954.) HAUG. 2

W. Poethke, *Über die Entwicklung des Instituts für Pharmazie und Lebensmittelchemie der Friedrich-Schiller-Universität Jena.* Überblick unter Hervorhebung der Gründung des Instituts im Jahre 1829 durch HEINRICH WACKENRODER (Lichtbild), damals ao. Professor der Chemie u. Pharmazie. (Pharmaz. Zentralhalle Deutschland **93.** 129—36. April 1954. Jena.) H. P. FIEDLER. 2

K. Ulrich, *Justus von Liebig und der Beginn der Rübenzuckerfabrikation in Hessen.* (Zucker **6.** 426—27. 1/9. 1953.) KLEVER. 2

Fr. Tschudin, *Quellen zur Frühgeschichte des Papiers. Bemerkungen zur Reproduktion eines chinesischen Neujahrsbildes und einer Stelle aus dem „Hou Han Shu" über die Erfindung des Papiers.* (Textil-Rdsch. [St. Gallen] **9.** 244—51. Mai 1954.) P. ECKERT. 2

Caesar Rudolf Boettger, *Hundert Jahre schwedische Zündhölzer.* Geschichtlicher Überblick unter Würdigung der Arbeiten von RUDOLPH CHRISTIAN BOETTGER (1806—1881). (Abh. braunschweig. wiss. Ges. **3.** 153—62. 1951.) P. ECKERT. 2

Thomas E. Van Dam, F. Holloway, Lawrence Shapiro und **Raymond Hector,** *Dynamische Modelle für Kernreaktionen.* Beschreibung eines Modells mit einer mehrfach verzweigten Reihe von Mausefallen. (J. chem. Educat. **29.** 75—76. Febr. 1952. Chicago, Ill., Univ. of Illinois.) KIRSCHSTEIN. 6

Joseph Klingenberg und **LeRoy Springman,** *Eine Periodentafel, die die relativen Größen der Elemente und ihrer Ionen anzeigt.* Beschreibung u. Abb. der Tafel; die Ionen- u. Atomgrößen sind im Maßstab 10^8 : 1 durch verschiedenfarbige Kugeln dargestellt. (J. chem. Educat. **29.** 81. Febr. 1952. Cincinnati, O., Xavier Univ.) KIRSCHSTEIN. 6

Arnold Frederik Holleman, Einfache Versuche auf dem Gebiet der organischen Chemie. Eine Anleitung f. Studierende, Lehrer an höheren Schulen u. Seminaren sowie z. Selbstunterricht. 7. durchges. Aufl. von **Leonhard Schuler.** Berlin: de Gruyter. 1954. (XIX + 171 S. m. Abb.) DM 7,20.

A. Allgemeine und physikalische Chemie.

Ernst von Angerer, Technische Kunstgriffe bei physikalischen Untersuchungen. Hrsg. v. **Hermann Ebert** unter Mitwirkung zahlr. Fachwissenschaftler. 9. durchges. u. erw. Aufl. Braunschweig: Vieweg. 1954. (VIII + 368 S. m. 134 Abb.) DM 14,80.

Elmer Ellsworth Burns and others, Physics; a basis science. 3rd ed. New York: Van Nostrand. 1954. (557 S. m. Abb.) $ 4,12.

Charles Elwood Dull and others, Modern chemistry. New York: Holt. 1954. (587 S. m. Abb.) $ 3,88.

A. J. Mee, Química Física. Barcelona: Gustavo Gili. 1953. (800 S. m. Abb.)

Francis W. Sears y Mark W. Zemansky, Física General. Madrid: Aguilar. (XVI + 896 S. m. Abb.) ptas 300,—

Ernst Zimmer, Umsturz im Weltbild der Physik. Gemeinverständl. dargest. Mit e. Geleitw. v. Max Planck. 10. völlig überarb. Aufl. 53.—56. Tsd. München: Hanser. 1954. (300 S. + 11Bl. Abb., m. 103 Abb. i. Text) DM 12,80.

A_1. Kernphysik und Kernchemie.

Ludwig Waldmann, *Nichtrelativistische Quantenmechanik des starren Elektrons.* (Vgl. C. **1953.** 9377.) Ausführliche Darst. der C. **1954.** 934 referierten Arbeit. (Z. Naturforsch. **8a.** 583—93. Okt. 1953. Mainz, Max-Planck-Inst. für Chem.) GERHARD SCHMIDT. 80

M. Schönberg, *Anwendung von Methoden zweiter Quantelung auf die klassische statistische Mechanik.* 2. Mitt. (1. vgl. C. **1953.** 5285.) In Fortsetzung der klass. mechan. Betrachtungen nichtunterscheidbarer Teilchen werden die mechan. Grundlagen der Thermodynamik im Zusammenhang mit der klass. Wellentheorie u. den gequantelten Feldern im Phasenraum diskutiert. Es zeigt sich, daß die Theorie der gequantelten Felder im Phasenraum aus der Theorie eines nichtgequantelten Feldes im Phasenraum abgeleitet werden kann, in welchem nur kontinuierliche Materieverteilungen vorkommen. Die Analogie des nichtgequantelten Feldes mit gaskinet. Hypothesen wird diskutiert. (Nuovo Cimento [9] **10.** 419—42. 1/4. 1953. Bruxelles, Univ. Libre, Centre de Phys. Nucl.) GERHARD SCHMIDT. 80

E. R. Caianiello, *Über die Quantenfeldtheorie.* 1. Mitt. *Explizite Lösung der Dyson-Gleichung in der Elektrodynamik ohne Verwendung von Feynman-Graphen.* Vf. gibt einen geschlossenen expliziten Ausdruck für den Term beliebiger Ordnung in der Potenzreihenentw. der DYSON-S-Matrix für einen beliebigen Streuprozeß. Der so für S ge-

fundene Ausdruck besitzt einen sehr hohen Grad von Symmetrie. (Nuovo Cimento [9] **10.** 1634—52. 1/12. 1953. Roma, Univ., Ist. di Fis., Ist. Naz. di Fis. Nucl.)
GERHARD SCHMIDT. 80

Jan Rzewuski, *Statistische Darstellung der Klein-Gordon-Gleichung.* Vf. gibt eine quantenstatist. Darst. der Lösungen der KLEIN-GORDON-Gleichung, die eine Berechnung von Wirkungsquerschnitten ohne Verwendung von Feldquantelung gestattet. (Acta physica polon. **11.** 1—8. 1951. Toruń, Nicholas Copernicus Univ.)
GERHARD SCHMIDT. 80

Jan Rzewuski, *Feldtheorien ohne Divergenzen.* (Vgl. vorst. Ref.) Vf. gibt eine quantenstatist. Darst. für die Theorie von PEIERLS u. MCMANUS einer ausgedehnten Strahlenquelle. Hierbei wird nur die Eigenenergie des Elektrons als endlich betrachtet. Die zur Beseitigung weiterer Divergenzen erforderlichen Annahmen, wie z. B. Mittelung der LAGRANGE-Funktionen einer ausgedehnten Strahlenquelle, werden diskutiert. (Acta physica polon. **11.** 9—24. 1951.) GERHARD SCHMIDT. 80

I. F. Quercia und **B. Rispoli,** *Zenitabhängigkeit der durchdringenden Komponente der Höhenstrahlung.* Vff. bestimmen die Zenitverteilung durchdringender Teilchen u. Mesonen in 3500 m Höhe u. auf Seehöhe mit einem Zählerteleskop in Koinzidenzschaltung. Die Messungen ergeben, daß die durchdringende Komponente auf Seehöhe durch die Gleichung $J(\Theta) = J_0 \cos^n \Theta$ mit $n = 2{,}14$ für $E = 500$ MeV dargestellt werden kann, während in 3500 m Höhe die Verteilung nicht diesem Gesetz gehorcht. Auf Seehöhe folgt die Mesonenkomponente mit einer Energie zwischen 0,5 u. 1,9 GeV dem $\cos^{3{,}06}\Theta$-Gesetz. (Nuovo Cimento [9] **10.** 357—62. 1/4. 1953. Roma, Univ., Ist. di Fis., Ist. Naz. di Fis. Nucl.) GERHARD SCHMIDT. 85

Geneviève Rochet und **Jean Daudin,** *Über den Ursprung der Höhenstrahlstöße.* Ebenso wie auf 2860 m Höhe wurden auch auf 550 m die Höhenstrahlstöße registriert. Ihre Intensität beträgt $0{,}253 \pm 0{,}003$/Min. gegenüber $1{,}38 \pm 0{,}05$ auf 2860 m, das Verhältnis ergibt sich zu $5{,}4 \pm 0{,}2$. Der barometr. Koeff. auf 550 m Höhe wird zu $-5{,}1 \pm 1$%/mm Hg ermittelt. Demnach beträgt der Anteil der Kernkomponente auf 2860 m 92%, auf 550 m 67% u. auf Seehöhe 55%, unter 50 cm Beton 30%, der Rest sind μ-Mesonen. Der Temperaturkoeff. wurde ebenfalls bestimmt. Die Korrelation ist schwach u. stets negativ, woraus Vff. schließen, daß die Primärteilchen der Elektronenstöße negativ sind. Diese Stöße können von Kernwechselwrkg. oder von elektromagnet. Wechselwrkg. der μ-Mesonen herrühren. (C. R. hebd. Séances Acad. Sci. **235.** 1121—23. 10/11. 1952.) WIEDEMANN. 85

H. S. Bridge, C. Peyrou, B. Rossi und **R. Safford,** *Untersuchung von neutralen V-Teilchen, die in einer Mehrplatten-Nebelkammer beobachtet wurden.* Vff. beobachteten den Zerfall von neutralen V-Teilchen in der Nebelkammer. Die meisten V-Teilchen zerfielen in ein Proton u. ein π-Meson mit einem Q-Wert von 37 MeV, wobei keine neutralen Teilchen erzeugt wurden. Die Lebensdauer ergab sich zu $(3{,}5 \pm 1{,}2) \cdot 10^{-10}$ sec. Vier neutrale V-Teilchen zerfielen wahrscheinlich in zwei π-Mesonen. (Physic. Rev. [2] **91.** 362—72. 15/7. 1953. Cambridge, Mass., MIT, Dep. of Phys. u. Labor. for Nucl. Sci.) POLLERMANN. 85

W. F. Libby, *Der potentielle Nutzen des natürlichen Tritiums.* Durch die Höhenstrahlung wird in der Erdatmosphäre Tritium erzeugt, das Regenwasser enthält zwischen 5 u. $40 \cdot 10^{-18}$ Atome je H-Atom. Als mögliche Anwendungen des T werden diskutiert: die Altersbest. von Regen u. von landwirtschaftlichen Prodd. sowie damit verbunden die Ermittlung der Herkunft von W., die vertikale Durchmischung der Luft, die Best. der Herkunft von Feuchtigkeit in der Luft u. die Geschwindigkeit des Entweichens von ^3He aus der Erdatmosphäre. Die Frage nach der Abhängigkeit der T-Bldg. von der Höhe u. von der geomagnet. Breite wird diskutiert, das Maximum dürfte bei $\sim$ 15 km Höhe liegen. (Proc. nat. Acad. Sci. USA **39.** 245—47. April 1953. Chicago, Ill., Univ., Inst. for Nucl. Stud. u. Dep. of Chem.) WIEDEMANN. 85

Ferdinand Cap, *Spinortheorie der Elementarteilchen.* 1. Mitt. *Grundlagen der modifizierten Theorie.* (Vgl. C. **1954.** 9923.) Die vorgeschlagene Spinortheorie begnügt sich mit $2(2s + 1)$ Spinorkomponenten, herrührend von Spinoren, die nur eine Indexsorte besitzen u. Differentialgleichungen zweiter Ordnung genügen. (Z. Naturforsch. **8a.** 740—44. Nov. 1953. Innsbruck, Univ., Inst. für theoret. Phys.)
GERHARD SCHMIDT. 90

Hermann Donnert, *Spinortheorie der Elementarteilchen.* 2. Mitt. *Mathematische Durchführung des Postulates der Beschreibung mit $2(2s + 1)$ bzw. $4(2s + 1)$ reellen Wellenfunktionen.* (1. vgl. vorst. Ref., vgl. auch C. **1954.** 2101.) Vf. zeigt, daß die DIRACschen Wellengleichungen für Elementarteilchen nicht verschwindender Ruhmasse u. vom Maximalspin s mit der SCHRÖDINGER-GORDON-Gleichung für die Komponenten zweier vollsymm. Spinoren vom Rang s mit je $2s + 1$ wesentlich verschied. komplexen

Komponenten im Falle der kräftefreien Bewegung des Teilchens äquivalent sind. Im Falle der kräftefreien Bewegung des Elementarteilchens sind die Forderungen der Capschen Hypothese erfüllbar. (Z. Naturforsch. **8a.** 745—47. Nov. 1953. Köln, Univ., Inst. für theoret. Phys.) Gerhard Schmidt. 90

Ferdinand Cap, *Spinortheorie der Elementarteilchen.* 3. Mitt. *Das freie Teilchen.* (2. vgl. vorst. Ref.) Neben den äußeren Freiheitsgraden der Translation besitzen Elementarteilchen zwei innere Freiheitsgrade: elektr. Ladung u. Spin. Vf. schlägt vor, in mathemat. u. physikal. einwandfreier Weise eine geladenes Elementarteilchen vom Maximalspin s durch $2(2s + 1)$-Funktionen zu beschreiben. Im Anschluß an die l. c. wiedergegebene Behandlung des mathemat. Problems (Donnert) wird gezeigt, daß die Beschreibung kräftefreier Teilchen nach der modifizierten Spinortheorie auch physikal. richtige Ergebnisse liefert. (Z. Naturforsch. **8a.** 748—53. Nov. 1953.) Gerhard Schmidt. 90

Ja. P. Terletzki, *Struktur der Elementarteilchen.* Vf. schlägt ein Syst. vor, nach dem sich die Elementarteilchen aus 4 Arten sowohl positiver als auch negativer (positiv u. negativ nicht im Sinne einer elektr. Ladung) „Polaren" (ν^+, ν^-; ε^+, ε^-; E^+, E^-; N^+, N^-) darstellen lassen. Die ν- u. N-Polaren besitzen danach den Spin 1/2; die ε- u. E-Polaren den Spin Null; die E-Polare die elektr. Ladung $\pm e$; die übrigen sind ungeladen. Die Elementarteilchen bestehen aus einer geraden Anzahl der verschied. Polaren; bei Umwandlungen von Elementarteilchen soll ein Erhaltungssatz der Polaren aller 4 Arten gelten. (Доклады Академии Наук СССР [Ber. Akad. Wiss. UdSSR] [N. S.] **94.** 209—12. 11/1. 1954.) Amberger. 90

Georges Bonnevay und **Louis Michel,** *Drehimpuls und Parität von Systemen aus zwei identischen Bosonen der Masse Null.* In einer Verallgemeinerung der Ergebnisse über zwei Photonen werden für zwei Bosonen der Masse Null u. des Spins $S = 0$ folgende Regeln abgeleitet: Der totale Drehimpuls J kann nicht ungerade sein, wenn die Parität ungerade ist; Zustände mit ungeradem $J < 2S$ treten nicht auf. (C. R. hebd. Séances Acad. Sci. **236.** 461—62. 2/2. 1953.) Wiedemann. 90

G. Eder, *Nucleon–Pion-Wechselwirkungen.* Überblick über die theoret. Analyse der Wechselwirkungen zwischen Nucleonen u. Pionen unter Berücksichtigung der Feldtheorie u. des phänomenolog. Standpunktes. — 210 Literaturangaben. (Acta physica austriaca **8.** 234—75. April 1954. Wien.) Liepack. 90

E. C. Fowler, W. B. Fowler, R. P. Shutt, A. M. Thorndike und **W. L. Whittemore,** *Eine Untersuchung von Pionenwechselwirkungen in Wasserstoff und Helium mit der Diffusionsnebelkammer.* Eine Diffusionsnebelkammer mit 20 at H_2 oder He wurde mit π^+- u. π^--Mesonen von $\sim$ 60 bzw. 100 MeV aus dem Cyclotron beschossen u. die Kernwechselwirkungen mit der Gasfüllung untersucht. Die Wirkungsquerschnitte für *H* stimmen mit den Ergebnissen anderer Autoren überein, auch bzgl. des großen Unterschiedes zwischen positiven u. negativen Mesonen. In He sind die Gesamtquerschnitte für 60 MeV-Mesonen 89 ± 18 mbarn, für 100 MeV-Mesonen 207 ± 27 mbarn. Sie umfassen elast. u. unelast. Streuung, Ladungsaustausch u. Absorption. Die Querschnitte für Ladungsaustausch (20 bzw. 60 mbarn) ergaben sich höher als bisher beobachtet. Unter der Annahme, daß die Mesonen mit den einzelnen Nucleonen des Kerns reagieren, zeigt eine näherungsweise Berechnung, daß man mit Hilfe der Phasenverschiebung die Erscheinungen gut beschreiben kann. (Physic. Rev. [2] **91.** 135—49. 1/7. 1953. Upton, N. Y., Brookhaven Nat. Labor.) Pollermann. 90

Y. Goldschmidt-Clermont, L. S. Osborne und **A. W. Winston,** *Winkelverteilung von π^+-Mesonen aus 320 MeV-Photonen auf Protonen.* (Sitzungsbericht.) Die mittels der 320 MeV-γ-Strahlung erzeugten π^+ wurden durch Messung der beim Zerfall der μ^+ entstehenden Elektronen in Scintillationszählern nachgewiesen. Aus der Differenz zwischen CH_2 u. *C* ergeben sich für verschied. Winkel im Schwerpunktssyst. die relativen Wirkungsquerschnitte bei 30° $0{,}33 \pm 0{,}12$; bei 90° $1{,}00 \pm 0{,}12$ u. bei 150° $1{,}21 \pm 0{,}12$. Hiernach müßte der Anteil des P-Zustandes $50 \pm 15\%$ betragen. (Physic. Rev. [2] **91.** 468. 15/7. 1953. MIT.) Wiedemann. 90

C. E. Angell und **J. P. Perry,** *Die Gesamtwirkungsquerschnitte von 37 MeV-Pionen in Wasserstoff.* Die Messungen von Barnes u. Mitarbeitern (C. **1954.** 6877) wurden durch Erhöhung des Auflösungsvermögens für die Impulshöhen des Scintillationszählerteleskops u. durch Anbringung eines zweiten Magneten zur Fokussierung erweitert. An $5{,}6 \cdot 10^6$ π^+ u. π^- wurden die folgenden Wirkungsquerschnitte gemessen: π^+ 16,0 $\pm 1{,}0$, π^- $17{,}3 \pm 1{,}4$ mbarn; für isotrope Verteilung $20{,}8 \pm 1$ bzw. $21{,}0 \pm 2$, für $\sin^2 \Theta$-Verteilung $18{,}8 \pm 1$ bzw. $19{,}4 \pm 2$ u. für $\cos^2 \Theta$-Verteilung $26{,}4 \pm 2$ bzw. $25{,}3 \pm 3$ mbarn. (Physic. Rev. [2] **90.** 724. 15/5.; Sitzungsbericht: [2] **91.** 468. 15/7. 1953. Rochester, N. Y., Univ. of Rochester.) Wiedemann. 90

W. F. Cartwright, C. Richman, M. N. Whitehead und **H. A. Wilcox,** *Die Erzeugung positiver Pionen durch 341 MeV-Protonen auf Protonen.* (Vgl. C. **1951.** II. 3405.) Vff. untersuchen die Bldg. von positiven π-Mesonen durch Protonen auf Protonen unter Winkeln von 0, 35 u. 58° zum Bündel der 341 MeV-Synchrocyclotronprotonen. Bei dem Zusammenstoß der beiden Protonen sind zwei Rkk. möglich, die zu einem π^+-Meson führen: $P + P \rightarrow \pi^+ + D$ u. $P + P \rightarrow \pi^+ + N + P$. Die experimentellen Ergebnisse bei 0° zeigen ein Energiespektr. von 0—70 MeV, welches ziemlich flach mit Ausnahme einer großen Spitze am energiereichen Ende verläuft. Der flache Teil des Spektr. kann nur der zweiten Rk. zugeschrieben werden, während die Spitze allein von der ersten Rk. herrührt. Für die π^+-Masse wird ein Wert von $275{,}1 \pm 2{,}1$ m$_e$ gefunden. Für die Winkelverteilung nach der ersten Rk. wird ein formelmäßiger Ausdruck angegeben, der Gesamtquerschnitt für diese Rk. ist $(1{,}8 \pm 0{,}6) \cdot 10^{-28}$ cm². Die Ergebnisse führen zu einem Nullwert für den Spin von π^+. (Physic. Rev. [2] **91.** 677—88. 1/8. 1953. Berkeley, Calif., Univ. of California, Dep. of Phys., Radiat. Labor.)
Gerhard Schmidt. 90

J. Kessler, H. Byfield, L. M. Lederman und **K. Rogers,** *Erzeugung energiereicher Photonen bei Zusammenstößen von Pionen.* (Sitzungsbericht.) Eine 1 in. C-Platte in einer Nebelkammer wurde mit 125 MeV-Pionen beschossen. Sie war von Pb zum Nachw. entstehender γ-Strahlung umgeben. Bei 20000 g/cm² C wurden 3 Elektronenpaare in Korrelation mit einem in C abgebremsten Meson festgestellt. Hieraus würde sich für die Ladungsaustauschstreuung ein Wirkungsquerschnitt von 15 mbarn, entsprechend 5% des geometr. ergeben. Aus 4 derartigen Ereignissen in den Pb-Platten ergäbe sich ein Wirkungsquerschnitt für Ladungsaustauschstreuung in Pb von 6% des geometrischen. Pionen scheinen beim Zusammenstoß in Kernmaterie energiereiche Photonen zu erzeugen, wenn auch mit kleinem Wirkungsquerschnitt. (Physic. Rev. [2] **90.** **343.** 15/4. 1953. Columbia Univ.)
Wiedemann. 90

J. Steinberger, A. Sachs und **P. Lindenfeld,** *Die innere Paarerzeugung von γ-Strahlen mesonischen Ursprungs: Andere Formen des π^0-Zerfalls.* (Sitzungsbericht.) Durch Unters. der Prodd. des Einfangs abgebremster negativer Pionen in H wurde innere Paarerzeugung durch die γ-Strahlen der Rk. $\pi^0 \rightarrow \gamma + \gamma$ u. $\pi^- + P \rightarrow \gamma + N$ festgestellt. Der Konversionskoeff. beträgt $0{,}0080 \pm 0{,}0017$ je Photon gegenüber einem theoret. Wert von 0,0063. Der Anteil der Mesonen, die direkt nach $\pi^0 \rightarrow e^+ + e^-$ zerfallen, beträgt höchstens 1 zu 2000. (Physic. Rev. [2] **90.** 343. 15/4. 1953. Columbia Univ.)
Wiedemann. 90

C. C. Grosjean, *Lösung eines willkürlichen nicht-isotropen Flugproblems im Falle einer nicht-isotropen Punktquelle.* In Verbindung mit der Berechnung der Störung durch einen dünnen kreisförmigen Detektor in einem Fluß therm. Neutronen wird das Problem einer Punktquelle gelöst, deren Stärke durch eine isotrope Verteilung plus einem nicht-isotropen cos-Term beschrieben wird. Vf. berechnet die Neutronendichte u. die Verteilung der Geschwindigkeitsrichtungen in jedem Raumpunkt. Zwischen den definierten Wahrscheinlichkeitsverteilungen werden exakte Rekursionsbeziehungen aufgestellt. Die Endergebnisse werden in Form von Integralen erhalten, die sich numer. durch Rechenmaschinen berechnen lassen. (Nuovo Cimento [9] **11.** 11—40. 1/1. 1954. Gent, Ryksuniv., Interuniv. Inst. voor Kernwetensch.) Gerhard Schmidt. 90

George Jaffé, *Diffusion von Neutronen.* Ausführliche Darst. der C. **1953.** 5 referierten Arbeit. (Physic. Rev. [2] **88.** 603—11. 1/11. 1952. Baton Rouge, La., Lousiana State Univ.)
H. Hauswald. 90

Robert M. Kiehn und **Clark Goodman,** *Unelastische Neutronenstreuung.* Vff. untersuchen die unelast. Streuung von Neutronen an Fe von der ersten Resonanzstufe bei 850 keV bis 2,0 MeV. Der 850 keV-Anregungszustand von Fe geht unter γ-Emission in den Grundzustand gemäß Fe(n,n′)Fe*(γ)Fe über. Die γ-Intensität wird mit Hilfe eines NaJ-Scintillationsspektrometers bestimmt. (Physic. Rev. [2] **93.** 177—78. 1/1. 1954. Cambridge, Mass., MIT, Dep. of Phys. u. Labor. for Nucl. Sci.)
Voitländer. 90

R. V. Neidigh und **B. L. Cohen,** *Winkelverteilungen von an verschiedenen Kernen elastisch gestreuten 21 MeV-Protonen.* (Sitzungsbericht.) Vff. beschießen Sondentargets aus 15 verschied. Kernen zwischen Be u. Th mit 21 MeV-Protonen u. messen die Winkelverteilung der Streuprotonen in 2°-Intervallen von 10—25° u. in 4°-Intervallen von 25—110° (Laboratoriumswinkel). Die Ergebnisse sind für Schattenstreuung charakteristisch. Bei den leichtesten Elementen treten 2 Minima, gefolgt von einem Maximum, auf, für mittelschwere Elemente wird ein Sekundärmaximum beobachtet, während bei schweren Elementen eine monotone Abnahme mit steigendem Winkel eintritt. Das Verhältnis beobachteter Querschnitt : Rutherford-Querschnitt zeigt in Ab-

hängigkeit vom Laboratoriumswinkel für jedes Element mindestens 2 Maxima u. Minima, deren Positionsverschiebung von Element zu Element im Period. Syst. verfolgt werden kann. Der Winkel, bei dem die Maxima u. Minima auftreten, hängt angenähert von $A^{1/3}$ ab, bis hinunter zum Gebiet kleiner Winkel, wo COULOMB-Streuung vorherrscht. (Physic. Rev. [2] **90.** 340. 15/4. 1953. Oak Ridge Nat. Labor.)
WEIGEL. 90

Dragolioub K. Yovanovitch und **Drachko D. Yovanovitch,** *Die Wechselwirkung zwischen α-Teilchen und Protonen im Innern des Moleküls $^{212}BiH_3$.* $^{212}BiH_3$ wird durch Elektrolyse von verd. H_2SO_4 an Pt-Elektroden erhalten, wenn die Kathode mit dem akt. Nd. von ThB + C bedeckt ist. $^{212}BiH_3$ liegt in Fom von Tröpfchen vor. Auf der Emulsion findet man neben den Bahnen der α-Teilchen von ^{212}Bi u. ^{212}Po in großer Anzahl Protonenbahnen mit Energien zwischen 1,2 u. 2,8 MeV. BiH_3 zers. sich rasch zu ^{212}Bi + 3 H. Es wird versucht, das Auftreten von Protonen durch Stoß zu erklären. Die Protonen sind nicht beliebig verteilt, sondern befinden sich im Abstand von 10^{-8} cm vom ^{212}Bi. (C. R. hebd. Séances Acad. Sci. **237.** 43—45. 6/7. 1953.)
WIEDEMANN. 90

Pierre Demers und **Zofia Lechno Wasiutynska,** *Die von α-Teilchen und Protonen herrührenden δ-Strahlen schwacher Energie.* (Vgl. C. **1952.** 5358.) Verss. mit G 5-Emulsionen haben ergeben, daß zur deutlichen Unterscheidung eines δ-Strahls mindestens eine Energie von 20 keV erforderlich ist. Die aufgenommene Verteilungskurve zeigt die Änderung der Anzahl n von δ-Strahlen auf 100 μ mit der Reichweite. Nach der Theorie muß für die gleiche Reichweite ein Verhältnis von 4 zwischen der für α-Teilchen u. Protonen gefundenen Anzahl n sein. Das gleiche Verhältnis besteht für die Gesamtzahl N bei gleicher Reichweite. Der erste δ-Strahl erscheint mit einer Geschwindigkeit von $\beta \sim 0,07$ bei einer Reichweite von 48 μ. Für 10 α-Bahnen von 250 μ ist die Gesamtzahl N 65, 50, 48, 48, 41, 34, 33, 29, 28 u. 20, für 5 Protonen gleicher Reichweite 15, 11, 11, 8 u. 6. Die Messungen lassen vermuten, daß die Identifizierung der δ-Teilchen mit ca. 5 keV exakt durchgeführt werden kann. (C. R. hebd. Séances Acad. Sci. **235.** 474—75. 18/8. 1952.)
GERHARD SCHMIDT. 90

D. R. Bates und **H. S. W. Massey,** *Langsame unelastische Zusammenstöße zwischen atomaren Systemen.* (Vgl. **1954.** 8276.) Vff. untersuchen Anregungsstöße, Stöße verbunden mit Ladungsaustausch, Ionisierungsstöße sowie Absonderungsprozesse u. schätzen ab, wann derartige Zusammenstöße noch adiabat. sind, das heißt die Stoßdauer T groß gegenüber der Zeit τ für inneratomare Umlagerungen ist. Die beiden aufeinanderstoßenden Atome oder Ionen A u. B bilden wahrscheinlich zeitweilig ein Quasi-Mol., wobei die verschied. Parameter vom Kernabstand abhängig sind. (Philos. Mag. [7] **45.** 111—22. Febr. 1954. Belfast, Queens Univ.; London, Univ. Coll.)
VOITLÄNDER. 90

J. Mayo Greenberg, *Streuapproximationen für das durchlässige Kernmodell.* (Sitzungsbericht.) Das opt. Modell des Kerns liefert eine ausreichende Erklärung der Streuung energiereicher Nucleonen (≳ 100 MeV) an schweren Kernen. Bei der Feststellung der Gültigkeit theoret. Streuapproximationen treten noch einige störende Doppeldeutigkeiten auf. Die Voraussetzungen, bei denen für die Streuung durch ein quadrat. Muldenpotential die BORNsche Approximation gilt, werden diskutiert. (Physic. Rev. [2] **91.** 454. 15/7. 1953. Rensselaer Polytechnic Inst.)
GERHARD SCHMIDT. 90

J. Weneser, R. Bersohn und **N. M. Kroll,** *Strahlungskorrekturen vierter Ordnung an den Energieniveaus der Atome.* Vff. prüfen die Strahlungskorrekturen vierter Ordnung an der elast. Streuung eines Elektrons im Feld eines festen Potentials unter Verwendung der S-Matrix-Formulierung (DYSON) der Quantenelektrodynamik. Das Ergebnis kann als ein zusätzlicher Beitrag zur Wechselwirkungsenergiedichte des Elektrons mit dem äußeren Potential plus dem anomalen magnet. Moment dargestellt werden. Die sich aus den Vakuumpolarisationsströmen ergebenden Beiträge werden vernachlässigt. (Physic. Rev. [2] **91.** 1257—62. 1/9. 1953. New York, N. Y., Columbia Univ.)
GERHARD SCHMIDT. 95

Seiichi Sueoka, *Über die Matrixelemente der Spin–Bahn-Wechselwirkung bei der d^3-Konfiguration.* Vf. berechnet für den Fall der LS-Kopplung die Matrixelemente der Konfiguration $(d^2)_N(d)_P$. — Tabelle. (Physic. Rev. [2] **93.** 302—03. 15/1. 1954. Ottawa, Nat. Res. Counc., Div. of Phys.)
VOITLÄNDER. 95

Bernard F. Burke, M. W. P. Strandberg, Victor W. Cohen und **Walter S. Koski,** *Das magnetische Kernmoment des ^{35}S nach der Mikrowellenspektroskopie.* Das magnet. Kernmoment von ^{35}S wurde aus dem ZEEMAN-Effekt im Mikrowellenspektr. des *OCS* zu $1,00 \pm 0,04$ Kernmagnetonen bestimmt. Für die elektr. Quadrupolkopplungskonstante in OCS ergab sich ein Wert von 21,90 ± 0,04 MHz. (Physic. Rev. [2] **93.** 193—94. 1/1. 1954. Cambridge, Mass., MIT, Dep. of Phys. and Res. Labor. of Electronics; Upton, N. Y., Brookhaven Nat. Labor.; Baltimore, Md., Johns Hopkins Univ.) v. Harlem. 95

W. A. Hardy, G. Silvey, C. H. Townes, B. F. Burke, M. W. P. Strandberg, George W. Parker und **Victor W. Cohen,** *Die Kernmomente von* ^{79}*Se.* Mikrowellenunterss. des Rotationsüberganges J = 2 → 3 in *OCSe*, das den radioakt. Kern ^{79}Se enthält, haben für ^{79}Se den Spin 7/2 u. ein Quadrupolmoment von $0{,}7 \cdot 10^{-24}$ cm² ± 20% ergeben. Die Quadrupolkopplungskonstante eqQ beträgt 752,09 ± 0,05 MHz. Aus der Beobachtung der Zeeman-Aufspaltung der einen Hyperfeinkomponente wurde das magnet. Moment von ^{79}Se zu —1,015 ± 0,015 Kernmagnetonen bestimmt. Der Spin 7/2 u. der große positive Q-Wert ist nicht in Übereinstimmung mit dem Einteilchen-Kernschalenmodell, jedoch mit der Konfiguration $(g_{9/2})^{7}_{7/2}$. Diese Zuordnung wird auch durch das negative magnet. Moment unterstützt. Messungen der Isotopenverschiebungen geben einen Wert für die Masse von ^{79}Se u. eine ungerade–gerade Massendifferenz von $2{,}4 \cdot 10^{-3}$ Masseeinheiten für diesen Kern. (Physic. Rev. [2] **92.** 1532—37. 15/12. 1953. New York, N. Y., Columbia Univ.; Cambridge, Mass., MIT, Dep. of Phys. and Res. Labor. of Electron., u. Oak Ridge, Tenn., Oak Ridge Nat. Labor.) v. Harlem. 95

Donald R. Wiles, *Suche nach dem isomeren* $p_{1/2}$*-Zustand von* ^{101}*Tc und Identifikation der Energieniveaus.* Vf. versucht zu klären, ob ein isomerer Zustand auch für ^{101}Tc existiert. Um das Isomer von ^{101}Tc zu finden, unterwarf Vf. ^{100}Mo einem 15 MeV-Deuteronenbeschuß. Die β- u. γ-Aktivitäten des Reaktionsprod. wurden bestimmt. Aus diesen Daten kann geschlossen werden, daß der gesuchte $p_{1/2}$-Zustand nur sehr kurzlebig sein kann. Vf. nimmt an, daß dieser Zustand über dem Term 7/2+ liegt u. durch E 3-Strahlung in letzteren übergeht. Von dort erfolgt durch M 1-Strahlung Übergang zum $g_{9/2}$-Grundzustand. (Physic. Rev. [2] **93.** 181—82. 1/1. 1954. Cambridge, Mass., MIT, Dep. of Chem. and Labor. for Nucl. Sci.) Voitländer. 95

L. P. Gillon, K. Gopalakrishnan, A. de-Shalit und **J. W. Mihelich,** *Kernspektroskopie von Hg-Isotopen mit Neutronendefizit.* Hg-Isotope mit Neutronendefizit wurden nach der Rk. *Au*(p, xn)Hg durch Beschuß von Au-Folien mit Protonen hoher Energie hergestellt. Für x, das mit der Protonenenergie wächst, konnten Werte von 1—9 bei Protonenenergien bis zu 85 MeV erhalten werden. Die Technik der Herst. der Strahlquellen durch Abdest. des radioakt. Hg von der bestrahlten Au-Folie wird beschrieben. Die Spektren der inneren Konversionselektronen wurden in Magnetspektrographen mit permanenten Magneten aufgenommen. Zur Analyse der sehr komplexen Spektren wurden Aufnahmen bei verschied. Protonenenergien u. in verschied. Zeitabständen nach der Bestrahlung gemacht. Aus der Best. der Abklingzeiten der Linien, der Anregungsfunktionen u. der Schwellenwerte der Rkk. sowie des HNO_3-Auswaschfaktors nach Eintauchen des Au-Amalgams in konz. HNO_3, wobei Pt- oder Ir-Tochtersubstanzen ungelöst bleiben, ergab sich die Zuordnung der Linien zu den einzelnen Hg-Isotopen. Die Konversionselektronenspektren für ^{195}Hg, ^{193}Hg, ^{192}Hg u. ^{191}Hg sind mit den Linienzuordnungen tabellar. angegeben. Ebenso werden für die genannten Isotope, soweit möglich, die γ-Übergänge mit Multipolordnungen u. Konversionskoeffizienten angegeben u. Zerfallsschemata (für ^{191}Hg nur teilweise) aufgestellt. Für At.-Geww. < 191 gelingt die Zuordnung der Konversionslinien nicht mehr. (Physic. Rev. [2] **93.** 124—35. 1/1. 1954. Princeton, N. J., Princeton Univ., Palmer Phys. Labor.; Upton, N. Y., Brookhaven Nat. Labor.) Conrad. 95

J. W. Mihelich und **A. de-Shalit,** *Einige Regelmäßigkeiten in den Abständen der Kernniveaus von Hg, Au und Pt.* Vff. finden Regelmäßigkeiten in der Verschiebung der $i_{13/2}$ — $f_{5/2}$-Termdifferenz bei festgehaltener Protonen- u. variabler Neutronenzahl sowie in der Verschiebung der Termdifferenz $h_{11/2}$ — $d_{3/2}$ bei festgehaltener Neutronen- u. variabler Protonenzahl. Außerdem wird die reine M 1-Strahlung diskutiert sowie die Abhängigkeit gemischter M 1- u. E 2-Übergänge von der Art des außerhalb einer abgeschlossenen Schale befindlichen Teilchens. (Physic. Rev. [2] **93.** 135—38. 1/1. 1954. Upton, N. Y., Brookhaven Nat. Labor.; Cambridge, Mass., MIT, Labor. of Nucl. Sci. and Engng.) Voitländer. 95

R. Nataf und **R. Bouchez,** *Über die β-Übergänge und die Kernstruktur.* 1. Mitt. *Theoretische Betrachtungen: Kernstruktur.* Gegenüberstellung der Voraussagen der Kernschalenmodelle mit den experimentellen Daten des β-Zerfalls. Zur Durchführung dieses Vgl. ist neben der Quantenzahl für den Gesamtdrehimpuls J u. der Parität die Einführung einer Quantenzahl für das Bahnmoment L erforderlich, was auf die Zulassung einer Kopplung vom Russel-Saunders-Typ hinausläuft. Außerdem wird angenommen, daß die Hauptkonfigurationen durch L, L ± 2 . . . gleicher Parität charakterisiert sind, die gleich der des Kerns ist. Diese Annahmen ermöglichen nicht nur die Darst. der Mehrzahl der magnet. Momente, sondern eignen sich bes. zur Unters. ungerader Kerne. (J. Physique Radium **13.** 81—93. Febr. 1952. Paris, Coll. de France, Labor. de Chim. Nucl.; Univ., Inst. du Radium, Labor. Curie.) GERHARD SCHMIDT. 95

Michel Fabre de la Ripelle, *Über einen Effekt der inneren Rekombination bei der β-Emission.* Da bei manchen β^--Zerfällen keine Elektronen beobachtet werden, wird angenommen, daß eine innere Rekombination stattfindet, das heißt das Elektron wird nach dem Austritt aus dem ursprünglichen Kern in eine erlaubte Bahn des Endkerns aufgenommen, wobei ein Photon ausgesandt wird. Vf. berechnet die Größe dieses Effekts unter der Annahme einer Dipolemission. (C. R. hebd. Séances Acad. Sci. **232.** 1655—57. 30/4. 1951.) WIEDEMANN. 103

M. Trocheris, *Einführung in eine vergleichende Untersuchung des Kernmodells von M. Mayer und der β-Zerfälle der Kerne.* Unterss. der Voraussetzungen für einen systemat. Vgl. zwischen den Voraussagen des Kernmodells von M. MAYER für die Kerne mit ungeradem A u. den experimentellen Daten für die β-Radioaktivität. Das Kernmodell wird als ein Sonderfall des Modells der unabhängigen Teilchen dargestellt. Vf. führt eine Meth. zur Best. der Spin- u. Paritätsänderung bei einem β-Übergang an. (J. Physique Radium **13.** 299—307. Mai 1952. Fontenay-aux-Roses, Labors. du Fort de Châtillon, Commiss. à l'Énergie atom.) GERHARD SCHMIDT. 103

R. Nataf und **R. Bouchez,** *Über die Nucleon–Leptonen-Wechselwirkung in der Theorie des β-Zerfalls.* (Vgl. C. **1953.** 3671.) (Sitzungsbericht.) Die nahezu vom gewählten Kernmodell unabhängigen theoret. Betrachtungen beschränken sich auf die Übergänge der leichten Kerne unter Bevorzugung einiger Wechselwirkungskombinationen, die durch die experimentelle Form der erlaubten Spektren nicht ausgeschlossen sind. (J. Physique Radium **13.** 37 S—38 S. Mai 1952. Paris, Inst. du Radium, Labor. Curie; Coll. de France, Labor. de Chim. nucl.) GERHARD SCHMIDT. 103

F. Boehm und **C. S. Wu,** *Innere Bremsstrahlung und die den β-Zerfall begleitende Ionisation.* Ausführliche Darst. der C. **1954.** 2756 referierten Arbeit. (Physic. Rev. [2] **93.** 518—23. 1/2. 1954. New York, N. Y., Columbia Univ.) CONRAD. 103

R. G. Thomas, *Multipolordnung des 3,1 MeV-γ-Strahls von ¹³C.* (Sitzungsbericht.) Zur Best. der Multipolordnung des 3,1 MeV-γ-Quants aus ^{13}C wird die Intensität der γ-Strahlung u. der durch innere Konversion erzeugten Positronen dieses durch die Rk. ^{12}C(d, p)^{13}C* hervorgerufenen Zustandes mit einem Magnetlinsenspektrometer gemessen. Die γ-Intensität wird durch photoelektr. Konversion in *Th* u. COMPTON-Konversion in dünnen u. dicken Al-Folien bestimmt. Polarisationseffekte u. Streuung unter Verlust von Energie werden bei der Berechnung der Elektronenbremsquerschnitte berücksichtigt. Die beobachtete Paarbldg. läßt sich nur im Gebiet hoher Positronenenergien mit der theoret. Energieverteilung nach ROSE vergleichen, da nur in diesem Gebiet keine Störung durch Außeneffekte auftritt. Bei Annahme elektr. Dipolstrahlung sind die Abweichungen von der Theorie $< 10\%$. (Bull. Amer. physic. Soc. **25.** Nr. **4.** 23—24. 21/6.; Physic. Rev. [2] **80.** 138—39. 1/10. 1950. California Inst. of Technol.) WEIGEL. 103

Marguerite Rogers, F. K. Odencrantz und **G. J. Plain,** *Untersuchungen von $^{10}B(\alpha,n)^{13}N$, $^{13}N^*$ an dünnen Targets.* (Sitzungsbericht.) Die Rk. ^{10}B(α, n)^{13}N, ^{13}N* wird mit Hilfe von Rückstoßprotonen in EASTMAN NTA-Kernemulsionen untersucht. Das Neutronenspektr. wird für eine Anzahl α-Energien zwischen 3 u. 5,3 MeV gemessen, in ^{13}N wird ein Anregungszustand nachgewiesen. Die Ausbeutedaten lassen auf die Existenz von Resonanzen schließen. (Physic. Rev. [2] **92.** 530. 15/10. 1953. Inyokern, Naval Ordnance Test Stat.) WEIGEL. 103

J. Goldemberg und **L. Katz,** *Anregungsniveaus von ^7Li und ^{19}F durch Betatronbestrahlung.* (Sitzungsbericht.) Vff. messen die Neutronenausbeute bei der Betatronbestrahlung von ^{7}Li u. ^{19}F als Funktion der Betatronenergie. Die Neutronenausbeutekurven zeigen Sprungpunkte, die als Anregungsniveaus in den bestrahlten Kernen gedeutet werden u. bei den folgenden Energien auftreten: ^{7}Li 9,6, 10,8, 12,4, 14 u. 17,5 MeV; ^{19}F 11, 11,5, 11,9 u. 15,3 MeV. (Physic. Rev. [2] **92.** 852. 1/11.; Bull. Amer. physic. Soc. **28.** Nr. 4. 16. 18/6. 1953. Univ. of Saskatchewan.) WEIGEL. 103

L. Katz und **J. Goldemberg,** *Feinstruktur in der Neutronenausbeute bei $^{12}C(\gamma, n)^{11}C$.* (Vgl. vorst. Ref.) (Sitzungsbericht.) Vff. beschießen C im Betatron u. messen die Neutronenausbeute aus ^{12}C(γ, n)^{11}C als Funktion der Betatronenergie. Die Kurve besteht aus einer Reihe geradliniger Abschnitte. Die auftretenden Diskontinuitäten werden durch Kernphotoabsorption an verschied. ^{12}C-Niveaus gedeutet. Messungen der Restaktivität in einem Abstand von einem Jahr u. die Ergebnisse der Neutronenausbeute stimmen miteinander überein, ebenfalls ist Übereinstimmung mit den bei der Rk. ^{11}B(p, n) ^{11}C gefundenen Niveaus vorhanden. Die Diskontinuitäten liegen bei 19,3, 19,7, 20,1, 20,5, 20,7, 21,1, 21,6, 22,4 u. 22,8 MeV. (Physic. Rev. [2] **92.** 852. 1/11.; Bull. Amer. physic. Soc. **28.** Nr. 4. 16. 18/6. 1953.) Weigel. 103

Alfred A. Kraus jr., A. P. French, William A. Fowler und **C. C. Lauritsen,** *Winkelverteilung von γ-Strahlen und α-Teilchen aus der Reaktion* $^{15}N(p,\alpha\gamma)^{12}C$. (Sitzungsbericht.) Ergänzend zu den Ergebnissen der C. **1954.** 2956 referierten Arbeit zeigen die beiden ^{16}O-Niveaus ident. Zuordnung; die entsprechenden Resonanzen weisen jedoch einen Kanalspinunterschied 1 auf, der vom Protoneneinfang herrührt. Bei der 429 keV-Resonanz beträgt der Anteil am Kanalspin Null 0,82, bei 898 keV 0,58. Die 1210 keV-Resonanz zeigt Winkelverteilungen in Übereinstimmung mit $l_p = 3$; ^{16}O*(13,24 MeV), 4^+ oder $> 5^-$ u. mit $l_\alpha = 2$; ^{12}C* (4,432 MeV), 2^+ oder > 4. Die Zuordnung für den ^{12}C-Anregungszustand bei 4,432 MeV wird unabhängig bei allen 3 Resonanzen erhalten. (Physic. Rev. [2] **92.** 529. 15/10. 1953. California Inst. of Technol., Kellogg Radiat. Labor.) Weigel. 103

Serge Gorodetzky, Raymond Armbruster, André Gallmann, Albert Knipper und **Théo Muller,** *Obere Grenze der mittleren Lebensdauer von ^{16}O im Anregungszustand von 6,13 MeV.* Der 6,13 MeV-Anregungszustand von ^{16}O (Drehimpuls 3 u. ungerade Parität) geht durch elektr. Oktopol-γ-Strahlung in den Grundzustand (Drehimpuls 0 u. gerade Parität) über. Die Formel von Weisskopf ergibt eine mittlere Lebensdauer von größenordnungsmäßig 10^{-10} Sekunden. Vff. führen die Rk. ^{19}F(p, α)^{16}O durch u. bestimmen die verzögerten Koinzidenzen zwischen α u. γ. Sie schließen, daß die Halbwertszeit des angeregten Niveaus unter 10^{-9} Sek. liegt. (C. R. hebd. Séances Acad. Sci. **237.** 45—47. 6/7. 1953.) Wiedemann. 103

S. Devons, G. Goldring und **G. R. Lindsey,** *Emission von Elektron-Positron-Paaren von leichten Kernen.* 1. Mitt. *Monopolübergang in ^{16}O.* Vff. erzeugen den angeregten ^{16}O-Zustand durch Beschuß von CaF_2 mit 0,5—1,5 MeV-Protonen. Die γ-emittierenden Anregungszustände werden erst bei höheren Protonenenergien erreicht. Um die Wechselbeziehung zwischen den emittierten Paarteilchen untersuchen zu können, benutzen Vff. eine Spezialapparatur. Die Anregungsfunktion dieses 1. Anregungszustandes von ^{16}O sowie die absol. Wahrscheinlichkeit des Monopolübergangs werden bestimmt. (Proc. physic. Soc., Sect. A **67.** 134—47. 1/2. 1954. London, Imp. Coll., Dep. of Phys.) Voitländer. 103

Henriette Faraggi, René Bernas und **Arlette Bonnet,** *Über die durch langsame Neutronen in den getrennten Zinkisotopen sowie in Nickel hervorgerufenen (n, α)-Reaktionen.* Die (n, α)-Rkk. beim Beschuß einiger dünner ^{66}Zn-, ^{67}Zn- u. ^{68}Zn-Targets auf Ni-Grundlage mit therm. Neutronen wurden mit Hilfe von Kernphotoplatten (Ilford C 2, 50 μ) untersucht. Der Wirkungsquerschnitt u. die Energie der α-Teilchen ergaben sich für die Rk. ^{67}Zn (n, α) ^{64}Ni zu $5{,}5 \cdot 10^{-30}$ cm² bzw. 7,5 MeV. Aus der an allen Targets u. ohne Target beobachteten Bahnlängenverteilung $< 25\ \mu$ läßt sich folgern, daß für ^{66}Zn u. ^{68}Zn $\sigma < 2 \cdot 10^{-29}$ cm² u. für Ni $\sigma < 2 \cdot 10^{-30}$ cm² ist. (C. R. hebd. Séances Acad. Sci. **235.** 425—27. 11/8. 1952.) Werner Schulz. 103

Charles N. Martin, *Berechnung der Schwellenenergie einer Kernreaktion und theoretische Energievoraussagen der (n_{th}, α)-Reaktionen.* Vf. berechnet mit Hilfe einer einfachen Relation für die Bindungsenergien die durch therm. Neutronen mit Energiefreigabe erzeugten (n, α)-Rkk. im Massenzahlbereich von 20—85. Die Tabelle der α-Energien > 1 MeV wird für 36 Isotope wiedergegeben; so beträgt z. B. E_α bei ^{21}Ne 2,64, bei ^{32}S 1,02, bei ^{33}S 4,25, bei ^{54}Fe 2,95, bei ^{56}Fe 1,33, bei ^{72}Ge 1,14, bei ^{73}Ge 3,03, bei ^{80}Kr 2,92, bei ^{82}Kr 1,69 u. bei ^{83}Kr 3,44 MeV. (C. R. hebd. Séances Acad. Sci. **237.** 1671—73. 21/12. 1953.) Gerhard Schmidt. 103

Walter C. Beckham und **M. L. Pool,** *Krypton-Beschuß: Radioaktives ^{84}Rb.* (Sitzungsbericht.) Vff. beschießen Kr in einem Gasbehälter mit 20 MeV-α-Teilchen u. 10 MeV-Deuteronen. Die Rb-Fraktion aus dem Deuteronenbeschuß zeigt eine Halbwertszeit von 38 Tagen, dieselbe Aktivität wird durch die Rk. α + Br erhalten. Die Histogramme zeigen, daß sowohl β^+ als auch β^- durch diese 38 Tage-Aktivität im Verhältnis 6,2 emittiert werden. Eine Endpunktenergie von 1,3 MeV ergibt sich aus Absorptionsmessungen. Die 38 Tage-Aktivität wird ^{84}Rb zugeordnet. (Bull. Amer. physic. Soc. **25.** Nr. 4. 10. 21/6.; Physic. Rev. [2] **80.** 125. 1/10. 1950. Ohio State Univ.) Gerhard Schmidt. 103

Herman Wäffler, *Kernphotoprotonen aus Silber und Brom mit der Lithium-γ-Strahlung.* Vf. bestimmt den totalen Wirkungsquerschnitt, das Energiespektr. u. die Winkelverteilung von Neutronen, die durch Li-γ-Strahlen in Kernemulsionen (Ilford C 2,

300 μ dick) ausgelöst worden sind. Der mittlere Wirkungsquerschnitt der Ag- u. Br-Isotope ergibt sich zu $3{,}6 \cdot 10^{-27}$ cm². Dieser Wert ist in der gleichen Größenordnung wie die Wirkungsquerschnitte von Kernen mit wesentlich höheren Protonenbindungsenergien. Das Energiespektr. der Photoprotonen zeigt eine ausgeprägte Spitze in der Nähe der Maximalenergie (10—12,2 MeV). Diese Spitze entspricht einem Anteil von $\sim$12% der Protonen der Gesamtzahl. Die Winkelverteilung der Photoprotonen für diese energiereiche Gruppe kann durch den Ausdruck $J(\Theta) = 0{,}186 + \sin^2\Theta\,(1 + 0{,}65 \cos\Theta)$ beschrieben werden. Wird diese Gruppe einem direkten Prozeß zugeschrieben, so folgt daraus, daß für Kerne mit hohen Protonenbindungsenergien, wie z. B. ^{113}*Cd*, ^{117}*In*, ^{119}*Sn*, die experimentellen Wirkungsquerschnitte ca. 20mal größer sind als das COURANT-Modell vorschreibt. (Helv. physica Acta **26**. 785—97. 15/12. 1953. Zürich, Univ., Physik. Inst.) GERHARD SCHMIDT. 103

E. Brock Dale und **J. D. Kurbatov,** *γ-Spektrum des 2,3 Tage-Isomers von Cadmium 115.* (Sitzungsbericht.) Neutronenaktiviertes Cd-Metall wird mit einem Dünnlinsen-β-Spektrometer untersucht. Neben K- u. L-Photoelektronenspitzen, erzeugt durch den 336±1 keV-γ-Strahl, werden Photoelektronen mit Energien von 434±1 u. 506±2 keV gefunden, die einem γ-Strahl von 522±2 keV entsprechen. Dieser γ-Strahl folgt dem 2,3 Tage-Isomer von ^{115}Cd, der 336 keV-γ-Strahl wird durch den metastabilen Zustand ($T_{1/2} = 4^1/_2$ Std.) von ^{115}*In* emittiert. Weniger intensive Spitzen von Photoelektronen niedriger Energie als 0,5 MeV werden auch im 2,3 Tage-^{115}Cd beobachtet. (Bull. Amer. physic. Soc. **25**. Nr. **4**. **11**. 21/6.; Physic. Rev. [2] **80**. 126. 1/10. 1950. Ohio State Univ.) GERHARD SCHMIDT. 103

Radha Raman Roy und **Marie-Louise Goes,** *Winkelkorrelation zwischen den α-Teilchen und Konversionselektronen beim Radiumzerfall.* Aus der in einer Nebelkammer gemessenen Winkelkorrelation gelingt es Vff., den Drehimpuls sowohl für den ersten als auch für den zweiten angeregten Zustand von 226 Ra zu bestimmen. Das Moment ergibt sich in beiden Fällen zu 2. (C. R. hebd. Séances Acad. Sci. **238**. 581—83. 1/2. 1954.) VOITLÄNDER. 103

M. Mladjenovič und **A. Hedgran,** *Eine Untersuchung der RaC-γ-Strahlen aus ihren Sekundärstrahlen.* (Vgl. LATYSCHEV u. Mitarbeiter, C. **1941**. II. 1120.) Unter der Annahme, daß die COMPTON-Linien Aufschluß über die Intensitäten von γ-Übergängen liefern können, führen Vff. eine Neubest. der COMPTON-Linien des RaC-γ-Spektr. mit einem großen doppelt fokussierenden Spektrometer durch. Das RaC-γ-Spektr. wurde von der 607 keV-Linie bis zu seinem Endpunkt gemessen. Die drei γ-Strahlen von 1,12, 1,761 u. 2,193 MeV wurden im COMPTON-Spektr. identifiziert u. als Standard genommen. Die Werte der einzelnen γ-Energien werden tabellar. angeführt. Aus dem Konversionsspektr. werden neben den bekannten γ-Übergängen von RaC γ-Linien mit den Energien von 0,697, 1,504, 1,630, 1,671, 1,728, 1,838, 2,109 u. 2,4 MeV abgeleitet. (Physica **18**. 1242—49. Dez. 1952. Stockholm, Nobel-Inst. för Fys.) GERHARD SCHMIDT. 103

R. Keller, *Spaltungsquerschnitt von Uran, gemessen als Funktion der Neutronengeschwindigkeit.* Zur Best. des Spaltquerschnitts als Funktion der Neutronengeschwindigkeit wird ein Geschwindigkeitsselektor benutzt. Als Nachweisgeräte dienen abwechselnd eine Spaltkammer u. ein BF_3-Zähler. Die Spaltkammer ist mit 2 at Ar u. 5% CO_2 gefüllt. Die Verss. werden mit einer dünnen Schicht von 4 mg/cm² $(NO_3)_2UO_2$ auf einer Al-Folie durchgeführt. Als Meßergebnis wird das Verhältnis der Anzahl der Spaltausschläge zu B als Funktion der Flugzeit der Neutronen angegeben. Es zeigt sich, daß der Spaltquerschnitt nicht proportional 1/v ist, sondern vielmehr durch den Ausdruck $1/v + (0{,}4 \pm 0{,}2)\ 1/v^2$, v in km/sec, angenähert beschrieben werden kann. (Arch. des Sci. **6** (**158**). 280—84. 1953. Genève, Univ., Inst. de Phys.) GERHARD SCHMIDT. 103

John Milsted, Salomon Rosenblum und **Manuel Valadares,** *Über das Spektrum der Konversionselektronen aus $^{241}Am \xrightarrow{\alpha} {}^{237}Np$.* Zur Aufstellung eines Niveauschemas von ^{237}Np* werden Am-Quellen, die 10^4—10^5 α/sec emittieren, benutzt. Am wird durch β-Zerfall von ^{241}*Pu* in einem chem. reinen Pu-Präpp. erhalten. ^{241}Am wird von Pu abgetrennt u. durch Ionenaustauschmethoden gereinigt. Das α-Spektr. von ^{241}Am wird zur Neubest. des magnet. Spektr. der Konversionselektronen benutzt. Die experimentellen Werte dienen außerdem zur Prüfung der Korrekturglieder der Formel von BOHR-MOTTELSON für die Abstände der ersten Rotationsniveaus. Einige Ergebnisse beschreiben den Bereich schwacher Energie des Spektr., der den durch Feinstrukturmessungen erhaltenen ersten fünf Niveaus entspricht. Sind durch das α-Spektr. die ersten fünf Niveaus von ^{237}Np* bekannt, so bereitet die Klassifizierung der Mehrzahl der Konversionselektronen keine Schwierigkeiten. (C. R. hebd. Séances Acad. Sci. **239**. 259—61. 19/7. 1954.) GERHARD SCHMIDT. 103

B. W. Thomas, *Die Rolle der Radioaktivität bei vielen Typen der industriellen Instrumentation.* Beschreibung techn. Verff. für die Dickenmessung, Flüssigkeitsstandanzeige u. Vakuummessung mit Hilfe radioakt. Quellen. (Ind. Engng. Chem. **45.** 89 A—90 A. Sept. 1953.) H. Hauswald. 106

Catharine M. Bergen, *Tracerisotope in der Biochemie.* Übersicht über die Anwendung der Tracermeth. bei Fetten, Kohlenhydraten, Aminosäuren u. Sterinen. (J. chem. Educat. **29.** 84—89. Febr. 1952. Jersey City, N. J., State Teachers Coll.) Kirschstein. 106

P. M. Aziz, *Untersuchung lokalisierter Korrosion von Aluminium mit Hilfe radioaktiver Tracer.* Al-Legierungen werden einige Zeit in schwach Cl-haltiges Leitungswasser gelegt u. dann Lsgg. von ^{60}*Co*- u. ^{210}*Pb*-Salzen zugegeben. Die Tracer scheiden sich auf den Lokalkathoden ab. Danach werden die Proben gewaschen, getrocknet u. ihre Autoradiogramme aufgenommen, aus denen die Verteilung der Lokalkathoden ersichtlich ist. Nach mehrstd. Einw. des korrodierenden Mediums sind die angegriffenen Punkte von einem Ring kathod. Oberfläche umgeben, auf den ein Ring passiver Oberfläche folgt, der eine flächenmäßige Ausdehnung der Korrosion verhindert. Beim Eintauchen in W. wird der in Luft gebildete Schutzfilm (Oxydhaut) zerstört, Korrosion setzt mit anod. u. kathod. Rkk. ein, die nebeneinander an der Oberfläche ablaufen. An den Kathoden entsteht Alkali, an den Anoden geht Al in Lsg., die Al-Ionen hydrolysieren, wodurch der p_H-Wert sinkt. Nach einiger Zeit vermischen sich die alkal. u. sauren Reaktionsprodd., der p_H-Wert der anod. Lsg. steigt, $Al(OH)_3$ fällt aus, wenn sein Löslichkeitsprod. überschritten ist u. schützt die Metalloberfläche vor weiterer Korrosion. Bei nicht ganz vollständiger Bedeckung der Oberfläche werden die anod. u. kathod. Rkk. getrennt, eine Schutzschicht legt sich zwischen sie, der anod. Angriff wird flächenmäßig begrenzt u. wirkt in die Tiefe. (J. electrochem. Soc. **101.** 120—23. März 1954. Chicago, Ill., Univ. of Chicago, Inst. for the Study of Metals.) Max Schmidt. 106

C. W. Sheppard und **E. B. Darden jr.,** *Physikalische Dosisschätzungen bei Explosionsversuchen und Neutroneneichung im Cyclotron.* Mit ^{9}Be(p, n)-Neutronen, ausgelöst durch Cyclotronprotonen, wurden verschied. Dosimeter (BF_3-Proportionalzähler) geeicht u. mit Gewebeionisationskammern verglichen. Bei Explosionsverss. arbeiteten insgesamt 19 Ionisationskammern gleichzeitig. Die Kammern besaßen die gleiche Anordnung wie die Bi-Kammern, die Innenwände bestanden jedoch aus Polyäthylen u. Aquadag. Die Dicke der Plaste reichte aus, um die β-Strahlen aus der Aktivierung des Al-Zylinders aufzuhalten. Änderungen im Neutronenspektr. hatten keine Einw. auf die Eichung. Die γ-Verseuchung wurde bei einer Explosion an mehreren Stationen von 9 Kammern gleichzeitig aufgenommen, deren Sammelelektroden aus Pb bestanden. Die Genauigkeit dieser Meth. nimmt bei Zunahme der γ-Komponenten ab. (Science [Washington] **119.** 44—45. 1/1. 1954. Oak Ridge, Tenn., O. R. N. L.) Gerhard Schmidt. 112

Stephen S. Friedland und **Henry S. Katzenstein,** *Die Zerstörung selbstlöschender Zähler.* (Sitzungsbericht.) Die Füllung eines Dampfzählrohres wurde nach 10^{10} Zählungen in einen neuen Zähler gepumpt u. die Charakteristik aufgenommen. Darauf wurde das Gas in das regenerierte alte Gehäuse zurückgefüllt. Die Zersetzungsprodd. wurden mit dem Massenspektrometer untersucht. (Physic. Rev. [2] **88.** 168. 1/10. 1952. Univ. of Connecticut.) H. Hauswald. 112

Aurel Goodwin jr. und **Mario Iona,** *Temperatureffekt bei der Zählgeschwindigkeit von Bor-Neutronenzählern.* (Sitzungsbericht.) Bei höheren Tempp. treten in BF_3-Zählern auch kleinere Impulse auf, die die Trennung der Neutronen- u. γ-Impulse erschweren. (Physic. Rev. [2] **88.** 168. 1/10. 1952. Univ. of Denver.) H. Hauswald. 112

Luke C. L. Yuan und **H. L. Poss,** *Teilchenlokalisation mittels eines Scintillationsdetektors.* Eine mit Scintillationsfl. gefüllte Röhre von 8 in. Länge u. $2^1/_2$ in. Durchmesser wird zwischen zwei Photomultiplier gesetzt. Bei Vernachlässigung der Reflexion von den Seitenwänden ist die aufgenommene Lichtintensität bei einer Scintillation proportional dem Raumwinkel, den die Photokathode im Scintillationspunkt bildet. Das oscillograph. bestimmte Verhältnis der beiden koinzidierenden Impulse bestimmt dann den Ort der Scintillation längs der Röhre unabhängig von Lichtintensität oder Teilchenenergie. Verss. mit Höhenstrahlen ergaben, daß der Ort innerhalb 6% der Scintillatorlänge bestimmt werden kann. (Rev. sci. Instruments **23.** 553—54. Okt. 1952. Upton, N. Y., Brookhaven Nat. Labor.) H. Hauswald. 112

R. F. Mozley und **F. C. Shoemaker,** *Ein Scintillationsspektrometer für schnelle Neutronen.* Beschreibung eines Protonenrückstoßzählers für den Energiebereich von 2—18 MeV. Ein erster Anthracenkristall bildet die Protonenquelle, ein zweiter bestimmt den Rückstoßwinkel der Protonen. Zwischen beiden liegt ein Proportionalzählrohr, welches den Photoelektronenuntergrund eliminiert. Es werden Wirkungsgrade von $2 \cdot 10^{-4}$ bei 20 MeV u. $2 \cdot 10^{-5}$ bei 2 MeV erreicht. Die Prüfung des Gerätes an der Rk. $^7Li(p, n)^7Be$ ergibt eine Halbwertsbreite von ca. 4,5%. (Rev. sci. Instruments **23**. 569. Okt. 1952. Princeton, N. J., Princeton Univ., Palmer Physic. Labor.) H. Hauswald. 112

André Voisin, *Eine dauernd empfindliche Diffusionsnebelkammer.* Vf. beschreibt Konstruktion u. Eigg. einer rechteckigen Diffusionsnebelkammer für kontinuierlichen Betrieb. (J. Physique Radium **14**. 459—62. Juli/Sept. 1953. Inst. d' Astrophys., Labor. de Phys. Cosm.) Pollermann. 112

W. Riezler und **R. Werz**, *Über eine einfache kontinuierliche Nebelkammer.* Vff. erhalten bes. gute Bahnen von α- u. β-Strahlen, Protonen u. Höhenstrahlen in einer mit Propan gefüllten Kammer (Durchmesser 23 cm) u. 80%ig. Methylalkohol. Bei der Kühlung des Bodens mit Trockeneis stellt sich ein Sättigungsdruck von ~ 420 Torr ein. Bei einer Deckeltemp. von 15°—25° ist die empfindliche Schicht ~ 4 cm dick. (Naturwissenschaften **40**. 138—39. Febr. 1953. Bonn, Univ., Physikal. Inst.) Pollermann. 112

Donald A. Glaser, *Blasenkammer-Bahnen von durchdringenden Höhenstrahlteilchen.* (Vgl. C. **1954**. 8507.) Die Blasenkammer bestand aus einem dickwandigen, mit Ae. gefüllten Pyrexzylinder, in dem ein Druck von ~ 21 at eingestellt werden konnte u. der auf 141° gehalten wurde. Reduzierte man den Druck plötzlich, so war der Ae. überhitzt. Wurde in diesem Augenblick durch ein gekreuztes Zählrohrteleskop hinter 10 cm Pb ein Elektronenblitz (5 μsec) ausgelöst, so erhielt man eine scharfe Blasenspur eines minimal ionisierenden Teilchens (schnelles μ-Meson). Nach 5 sec war die Kammer wieder betriebsfähig. Die Betriebstemp. läßt sich aus der Oberflächenspannung u. der Rk. auf ~ 10° genau berechnen. (Physic. Rev. [2] **91**. 762—63. 1/8. 1953. Ann Arbor, Mich., Univ. of Michigan, Harrison M. Randall Labor. of Phys.) Pollermann. 112

Wolfgang Finkelnburg, Einführung in die Atomphysik. 3. umgearb. u. erw. Aufl. Berlin, Göttingen, Heidelberg: Springer. 1954. (XI + 543 S. m. 266 Abb.) DM 44,—.

Ralph Eugene Lapp and **Howard Lucius Andrews**, Nuclear radiation physics. 2nd ed. New York: Prentice-Hall. 1954. (542 S. m. Abb., Diagr.) $ 9,00.

A_2. Optisches Verhalten der Materie.

Rudolf Ritschl, *Über nichtadiabatische Übergänge beim Wasserstoff in rasch veränderlichen elektrischen Feldern.* Vf. berichtet über Messungen von Rother, bei denen ein H-Kanalstrahl durch ein elektr. Querfeld u. einen Kreuzkondensator mit rasch veränderlichem elektr. Feld geschickt wird. Die Verss. u. Berechnungen stellen die Existenz nichtadiabat. Übergänge zwischen Stark-Niveaus in einem elektr. Wechselfeld sicher. (Naturwissenschaften **38**. 207—08. Mai 1951. Berlin, Humboldt-Univ., I. Physikal. Inst.) D. Hahn. 118

B. H. Elliott und **S. S. Penner**, *Einflüsse der Temperaturgradienten, der Selbstabsorption und der Linienform auf die scheinbaren Rotationstemperaturen von OH.* Vff. untersuchten den Einfl. angrenzender strahlender oder absorbierender Gebiete bei verschied. Tempp. sowie der Spektrallinienform, gekuppelt mit wechselnden Graden der Selbstabsorption auf die scheinbaren Rotationstempp. von OH. Die Berechnungen führten zu dem Ergebnis, daß definitive Schlußfolgerungen über die Deutung von Flammenspektren auf Grund der üblichen spektroskop. Unterss. von Flammen mit geringer Auflösung nur schwer gezogen werden können. Dagegen erscheinen Verss. mit mehrfachen Lichtwegen oder Absorptionsunterss. mit einer diskreten Lichtquelle aussichtsreich, vorausgesetzt, daß sie unter Bedingungen durchgeführt werden, bei denen die Form der Spektrallinie bekannt ist. (J. chem. Physics **22**. 101—05. Jan. 1954. Pasadena, Calif., Inst. of Technol., Guggenheim Jet Propulsion Center.) Gottfried. 118

T. A. Littlefield und **D. T. Turnbull**, *Wellenlängenmessungen von Argon im Vakuum.* Es werden die Wellenlängen von 84 Ar-Linien im Vakuum im Gebiet von 3500—4500 Å erneut bestimmt u. angegeben. Die Ergebnisse werden mit früheren Messungen verglichen u. gefunden, daß die Meth. zur Wellenlängenbest. unabhängig von den benutzten Instrumenten ist. Der Fehler ist für 53 Linien kleiner als 0,0002 Å. Ferner wird die Nichtlinearität der Dispersion diskutiert. (Proc. Roy. Soc. [London], Ser. A **218**. 577—86. 23/7. 1953. Newcastle upon Tyne, Univ. of Durham, King's Coll.) D. Hahn. 118

A. W. Lawson und **Lothar Meyer**, *Lichtstreuung in flüssigem Helium.* An bes. über Adsorptionskohle gereinigtem He wird das Verhältnis des Streulichtes in fl. He bei verschied. Tempp. zwischen 1,5 u. 4,2° K zum Streulicht beim Kp. des He gemessen. Innerhalb der Meßgenauigkeit von 20% lassen sich die gemessenen Streuungen durch die klass. Formeln wiedergeben. Anomale Streuungen liegen, sofern vorhanden, innerhalb des Meßfehlers, dessen Größe in der Hauptsache auf Verunreinigungen (kleinste Staubteilchen) zurückzuführen sein dürfte. (Physic. Rev. [2] **93.** 259—61. 15/1. 1954. Chicago, Ill., Univ., Inst. for the Study of Metals.) RUDOLPH. 119

Nobuyoshi Morita, *Aufgedampfte Magnesiumfluoridfilme.* Im Vakuumbereich von $4 \cdot 10^{-5}$ bis $2 \cdot 10^{-4}$ mm Hg wurden auf bei 220° ausgeheiztes Crownglas (BK 7) bei verschied. Tempp. MgF_2-Filme in 8 cm Abstand vom Öfchen aufgedampft. Die Filme waren $\lambda_{max}/4$ dick (λ_{max} = Wellenlänge größter Durchlässigkeit D). Sie wurden als Funktion der Wellenlänge im Sichtbaren auf D u. Brechungsindex n untersucht. n der bei Zimmertemp. aufgedampften Filme wurde gleich dem des kompakten Materials zu 1,39 gefunden. (J. sci. Res. Inst. [Tokyo] **46.** 127—29. Sept. 1952. Tokyo. [Orig.: engl.]) LINDBERG. 119

D. A. Jones, R. V. Jones und **R. W. H. Stevenson,** *Infrarote Durchlässigkeitsgrenzen von Einkristallen einiger Fluoride.* Es wurde die infrarote Durchlässigkeit von gezüchteten Einkristallen von SrF_2 (I), BaF_2 (II), CdF_2 (III) u. PbF_2 (IV) gemessen. Zum Vgl. wurden noch die Durchlässigkeiten von *LiF* sowie von natürlichem u. synthet. CaF_2 mituntersucht. Die Durchlässigkeiten der vier erstgenannten Fluoride erstrecken sich weiter in das Infrarot als die des Fluorits. Am günstigsten erwies sich **IV** wegen seiner hohen Dispersion, die ähnlich ist der von „Double Extra Dense Flint Glass" im sichtbaren Gebiet. Die beobachteten Brechungsindices für gelbes Licht sowie die 50%ig. Durchlässigkeitsgrenzen sind für **I**: 1,43; 10,7 μ; **II**: 1,47; 11,7 μ; **III**: 1,55; 9,8 μ u. **IV** 1,76; 11,1 μ. (Proc. physic. Soc., Sect. B **65.** 906—07. 1/11. 1952. Aberdeen, Univ., Dep. of Nat. Philos.) GOTTFRIED. 120

H. A. Prime, *Emission von Infrarotstrahlung durch Metallpulver.* Ionenkristalle oder Pulver können nach FRÖHLICH als Quellen einer Infrarotstrahlung in ihrem Absorptionsbereich benutzt werden. Es wurden Verss. mit verschied. anorgan. u. metall. Pulvern (Cu) mit verschied. Teilchengröße (50—60, 90 u. 180 μ), dazu ein Vgl. mit Drähten unternommen. Eine hohe Elektronendichte wurde mit einer 6 kV/80 A Funkenstrecke erhalten, wobei die Funkendauer $5 \cdot 10^{-6}$ Sek. bei einer Folge von 200/Sek. betrug. Die Strahlung wurde durch einen Hohlspiegel auf ein Halbleiterbolometer fokussiert. Als Filter diente eine Glasplatte (für Strahlung $> 5\,\mu$) u. ein Paraffinfilter (für Strahlung $< 25\,\mu$). Dabei ergab sich folgendes: Die Pulver sind alle in der Größenordnung vergleichbar. Die Wirksamkeit der Strahlung ist für Cu-Pulver 0,15%, verglichen mit der für Draht (0,45%). Eine Zunahme der Teilchengröße ergibt eine Abnahme der Strahlung. Der Funken zeigt eine ebensolche spektrale Verteilung wie der Draht, aber die Strahlung der Pulver zeigt demgegenüber eine merkliche Änderung. (Research **3.** 51—52. Jan. 1950. Liverpool, Univ., Electron. Dep.) KLEFFNER. 120

Robert D. Smith und **Dudley Williams,** *Totalemission von HCl und CO im Gebiet ihrer Fundamentalen.* (Sitzungsbericht.) Vff. berichten über vorläufige Unterss. der totalen infraroten Emission von erhitztem HCl u. CO. Bei den Unterss. befand sich das Gas in einer heizbaren Zelle mit durchsichtigen Fenstern. Die Strahlung des Gases in der Zelle wurde auf den Eintrittspalt eines Prismenspektrographen fokussiert. Die beobachtete Bandenfläche wurde als Maß der integralen Emission der betreffenden Bande angesehen. Die so beobachtete totale Emission wurde dann mit dem Energiefluß eines schwarzen Körpers im gleichen Spektralintervall verglichen, wobei der schwarze Körper die gleiche Temp. wie das Gas hatte. Vergleichskurven wurden für Tempp. zwischen 420° u. 580° K erhalten. (Physic. Rev. [2] **93.** 361. 15/1. 1954. Ohio State Univ.) GOTTFRIED. 120

F. W. Dalby, F. P. Dickey und **Dudley Williams,** *Das infrarote Emissionsspektrum von CO im 2.4 μ-Gebiet.* (Sitzungsbericht.) Mit einem Vakuumspektrometer hoher Dispersion wurde das Emissionsspektr. im 2,4 μ-Gebiet untersucht, u. zwar mit Gittern mit 7500 u. 15000 Linien pro in. u. PbS als Detektor. Es wurden mehrere Schwingungsrotationsbanden beobachtet. Deutlich entwickelte Bandenköpfe wurden für Banden festgestellt, die den 2-0-, 3-1- u. 4-2-Schwingungsübergängen entsprechen. Außerdem wurden Linien der 5-3-Bande beobachtet. (Physic. Rev. [2] **93.** 361. 15/1. 1954. Ohio State Univ.) GOTTFRIED. 120

T. F. Rogers, *Absolute Intensität der Wasserdampfabsorption bei Mikrowellenfrequenzen.* Vf. untersucht die Gründe für die von mehreren Seiten beobachtete Nichtübereinstimmung zwischen den experimentellen u. theoret. erhaltenen Werten der absol. Intensität des Wasserdampfes im cm-mm-Wellenlängengebiet. Er kommt zu dem

Ergebnis, daß die von anderer Seite für das Wassermol. beobachteten Änderungen der von Linie zu Linie auftretenden Zusammenstoßhalbwertsbreiten als eine Erklärung näher untersucht werden sollte. (Physic. Rev. [2] **93**. 248—49. 1/1. 1954. Cambridge, Mass., Air Force Cambridge Res. Center.) GOTTFRIED. 121

Peter N. Wolfe und **Dudley Williams**, *Das Mikrowellenspektrum des Ozons*. (Sitzungsbericht.) In dem Wellenlängenbereich von 20—30,3 kMHz wurde das Absorptionsspektr. von O_3 untersucht, wobei die Linienfrequenzen zwischen 20—26 kMHz genau bestimmt wurden. Das erhaltene Spektr. ließ sich leicht unter Zugrundelegung des von HUGHES vorgeschlagenen Dreiecksmodells deuten. Aufspaltungen des Grundschwingungszustandes infolge intramol. Inversionen in solch einem Dreiecksmodell erwiesen sich innerhalb der Grenzen der Frequenzdiskrepanzen zwischen beobachteten u. vorhergesagten Linien als vernachlässigbar. Tritt eine Inversion auf, dann ist ihre Frequenz sehr gering. (Physic. Rev. [2] **93**. 360. 15/1. 1954. Ohio State Univ.) GOTTFRIED. 121

F. D. Bedard, J. J. Gallagher und **C. M. Johnson**, *Mikrowellenmessung von D_0 für CO*. Aus Mikrowellenmessungen (1,3 u. 2,6 mm) der $J = 0 \rightarrow 1$- u. $J = 1 \rightarrow 2$-Rotationsübergänge des $^{12}C^{16}O$ wurde der D_0-Wert des Mol. zu 189,0 ± 0,7 kHz oder $(6,30 \pm 0,03) \cdot 10^{-6}\, cm^{-1}$ bestimmt. Die Frequenz des $J = 1 \rightarrow 2$-Übergangs ist 230536,59 ± 0,52 MHz. (Physic. Rev. [2] **92**. 1440. 15/12. 1953. Baltimore, Md., Johns Hopkins Univ., Radiation Labor.) GOTTFRIED. 121

Richard C. Mockler, Jep H. Bailey und **Walter Gordy**, *Mikrowellenspektren und Molekularstrukturen von $HSiCl_3$, CH_3SiCl_3 und $(CH_3)_3SiCl$*. (Vgl. C. **1953**. 3351 u. **1954**. 6688.) Es wurden im Mikrowellengebiet die reinen Rotationsübergänge der folgenden Verbb. gemessen: $HSi^{35}Cl_3$ (**I**), $HSi^{35}Cl_2{}^{37}Cl$ (**II**), $HSi^{35}Cl^{37}Cl_2$ (**III**), $HSi^{37}Cl_3$ (**IV**), $CH_3Si^{35}Cl_3$ (**Va**), $CH_3Si^{35}Cl_2{}^{37}Cl$ (**VI**), $CH_3Si^{35}Cl^{37}Cl_2$ (**VII**), $CH_3Si^{37}Cl_3$ (**VIII**), $(CH_3)_3Si^{35}Cl$ (**IX**) u. $(CH_3)_3Si^{37}Cl$ (**X**). Die Frequenzen der beobachteten Übergänge sind angegeben. Aus den Messungen wurden die folgenden B_0-Werte (in MHz) erhalten: **I** 2472,489 ± 0,041; **IV** 2346,071 ± 0,042; **V** 1769,836 ± 0,025; **VIII** 1699,791 ± 0,025; **IX** 2197,441 ± 0,038 u. **X** 2147,883 ± 0,031. Unter der Annahme eines Abstandes von 1,47 Å für Si—H erhält man für $HSiCl_3$ für den Abstand Si—Cl 2,021 Å u. den Winkel Cl—Si—Cl 109°22'. Für CH_3SiCl_3 ist unter der Annahme einer CH_3-Konfiguration wie im Methan u. des gleichen Cl—Si—Cl-Winkels wie in $HSiCl_3$ der Abstand Si—C = 1,876 Å u. Si—Cl = 2,021 Å. Nimmt man schließlich für $(CH_3)_3SiCl$ an, daß alle Valenzwinkel tetraedr. sind u. der Abstand C—H der des Methans ist, dann ist Si—C = 1,87 Å u. Si—Cl = 2,03 Å. (J. chem. Physics **21**. 1710—13. Okt. 1953. Durham, N. C., Duke Univ., Dep. of Phys.) GOTTFRIED. 121

S. Kojima, K. Tsugada, S. Ogawa und **A. Shimauchi**, *Kernquadrupolresonanz von Jod in molekularen festen Stoffen*. Die Resonanzfrequenzen der J-Kerne in CH_3J, C_2H_5J, n-C_3H_7J, n-C_4H_9J, JCH_2COOH u. AsJ_3 im Bereich 150—350 u. 300—700 MHz wurden bestimmt. Für die Temp. der fl. Luft sind die Werte der Quadrupolresonanzfrequenzen, der Kopplungskonstanten u. die Asymmetrieparameter zusammengestellt. (J. chem. Physics **21**. 2237—18. Dez. 1953. Otsuka, Tokyo, Tokyo Univ. of Educat., Dep. of Phys.) v. HARLEM. 121

Glenn A. Mann und **R. D. Spence**, *Drehung der Mikrowellenpolarisation in flüssigen Kristallen*. Mißt man für *p-Azoxyanisol* im flüssigkristallinen Zustand die komplexen DKK. mit dem mikrowellenelektr. Feld parallel u. senkrecht zu einem transversalen stat. magnet. Feld, dann erhält man bei 128° u. einer Frequenz von 15000 MHz für die DKK. parallel u. senkrecht zu dem magnet. Feld $\varepsilon_{\parallel} = (3,79 — i \cdot 0,47, \varepsilon_0$ u. $\varepsilon_{\perp} = (3,46 — i\, 0,85)\, \varepsilon_0$. Der große Unterschied in dem imaginären Teil der DKK. zwingt zu der Annahme, daß, wenn Mikrowellen polarisiert unter einem Winkel ψ_0 mit Bezug auf das magnet. Feld in den fl. Kristall eintreten, die senkrecht zu dem magnet. Feld polarisierte Komponente schneller gedämpft wird als die parallele Komponente. Um diesen Effekt zu beobachten, wurden für einen Temperaturbereich von 17° die Rotationen in Abhängigkeit von der Länge der Probe u. für verschied. Einfallwinkel ψ_0 gemessen. Es wurde gefunden, daß die endgültigen Rotationen für einen gegebenen Einfallwinkel ψ_0 sich ψ_0 nähern. Messungen der Rotation für einen Einfallwinkel von $\psi_0 = 60°$ u. Feldern von 1300 u. 500 Gauß ergaben, daß bei Feldern > 1300 der Effekt gut gesätt. ist u. daß eine weitere Steigerung der Feldintensität keine Zunahme der Rotation mehr bewirkt. Unterhalb 400 Gauß fällt die Rotation scharf ab. (J. appl. Physics **25**. 271—72. Febr. 1954. East Lansing, Mich., State Coll., Dep. of Phys.) GOTTFRIED. 121

S. Kojima, K. Tsukada, S. Ogawa und **A. Shimauchi**, *Neue Absorptionslinien von Kristallen im Bereich der Ultrakurzwellen*. Bei verschied. Stoffen (J in *AgJ*-Pulver.

ZnS-Phosphor, *Rochellesalz*, *NaCl*) wurden im Bereich zwischen ca. 10 u. 500 MHz eine große Anzahl neuer Absorptionslinien gefunden, deren Natur noch nicht aufgeklärt werden konnte. Es sind offenbar keine Kernquadrupolfrequenzen, auch keine Oberschwingungen der gewöhnlichen piezoelektr. Schwingungen. Die Absorption hängt ab von Kristallfehlern; ihre Abhängigkeit von der Temp. u. von der Einbettung der Kristalle in Fll. kann aus den orientierenden Messungen noch nicht klar entnommen werden. (Physic. Rev. [2] **92**. 1571. 15/12. 1953. Otsuka, Tokio, Univ. of Education.) H. C. WOLF. 121

Walter Gordy und **Charles A. Burrus**, *Spektrum des DBr im Ein-Millimeter-Wellenlängenbereich.* Vff. messen nach der Meth. von KING u. GORDY (C. **1954**. 1175) den 0 → 1 Übergang im Spektr. des DBr, der Mol. mit dem kleinsten, bisher in der Mikrowellenspektroskopie gemessenen Trägheitsmoment, bei 1,18 mm. Für r_0 ergab sich der für $D^{79}Br$ u. $D^{81}Br$ gemeinsame Wert von $1{,}42136_2$ Å. Aus der Kernquadrupolkopplungskonstanten des Br berechnet sich ein Ionenbindungscharakter von 31% für DBr. (Physic. Rev. [2] **93**. 419—20. 1/2. 1954. Durham, N. C., Duke Univ., Dep. of Phys.) G. HARTMANN. 121

M. Danos, S. Geschwind, H. Lashinsky und **A. van Trier**, *Der Čerenkov-Effekt bei Mikrowellenfrequenzen.* Ein auf 0,3 × 4mm gebündelter Elektronenstrahl von 10 kV u. 0,2 mA wird auf seinem Weg von einem klystronähnlichen Hohlraumresonator beeinflußt. Der Resonator wird durch ein im K-Band mit 24000 MHz schwingendes Klystron angeregt, das mit 6 kHz getastet wird. Der Strahl selbst wird mit 20 Hz unterbrochen, wodurch Einflüsse durch Störstrahlung eliminiert werden. Der Strahl läuft darauf tangential unmittelbar an der Oberfläche eines Dielektrikums aus polykristallinem TiO_2 entlang u. regt dabei die ČERENKOV-Strahlung an. TiO_2 hat bei der benutzten Wellenlänge von 1,25 cm eine DK. von 105. Die angeregte Strahlung verläßt das Dielektrikum durch eine $\lambda/4$-Platte u. wird durch einen 1 N 26-Kristall gleichgerichtet u. gemessen. Die gemessene Energie betrug ca. 10^{-6} Watt. (Physic. Rev. [2] **92**. 828—29. 1/11. 1953. New York, N. Y., Columbia Univ., Columbia Radiation Labor.) SCHEUER. 121

Horace H. Homer, Richard M. Rulon und **Keith H. Butler**, *Elektrolumineseierende Zinksulfidphosphore.* Die Herstellungsweise von elektrolumineseierenden Phosphoren wird beschrieben. Grün leuchtende Phosphore erhält man durch Aktivierung mit ungewöhnlich viel *Cu* ($> 2 \cdot 10^{-4}$ Grammatome/ZnS), *Cl* (einige Gewichtsprozent Cl) u. wenig *Pb* ($\sim 2 \cdot 10^{-6}$ Grammatom/ZnS). Blau leuchtende erhält man durch Red. des Cl-Geh.; gelb leuchtende durch Zusatz von $5 \cdot 10^{-3}$ Grammatomen Mn/ZnS zu grünleuchtenden. Die Glühtempp. liegen unterhalb 1000°, also im Bereich der Blendebildung. Die Leuchtdichte der Lampen beträgt bis zu 20 footlambert. (J. electrochem. Soc. **100**. 566—71. Dez. 1953. Salem, Mass., Sylvania Electr. Prod. Inc.) BRAUER. 125

R. F. Barrow, A. D. Caunt, A. R. Downie, R. Herman, E. Huldt, A. McKellar etc. (établi) **Redaction générale: B. Rosen. Atlas des longueurs d'onde caractéristiques des bandes d'émission et d'absorption des molécules diatomiques. Paris: Hermann. 1952. (391 S.)**

A_3. Elektrizität, Magnetismus, Elektrochemie.

E. Gerjuoy und **M. A. Biondi**, *Dissoziative Rekombination in der E-Schicht.* Vff. diskutieren die Schlußfolgerungen der Annahme, daß dissoziative Rekombination die Entfernung der Elektronen aus der E-Schicht bestimmt. Die Beobachtung, daß der scheinbare Rekombinationskoeff. α nicht merklich von der Höhe der E-Schicht, der Elektronendichte oder der Tageszeit abhängt, beschränkt die Geschwindigkeiten der verschied. atomaren Zusammenstoßprozesse. Es wird gezeigt, daß α sehr nahe dem wirklichen Rekombinationskoeff. der O_2^+-Ionen u. der Elektronen liegen muß. Die Umwandlung $O^+ \rightarrow O_2^+$ durch Ladungsübertragung ist in Übereinstimmung mit ionosphär. Beobachtungen, sofern der Ladungsübertragungsquerschnitt $\gtrsim 10^{-17}$ cm² ist. Zusätzlich muß verlangt werden, daß die Konz. negativer Ionen stets kleiner bleibt als die Elektronenkonzentration. Ganz allg. wird geschlossen, daß zur Erklärung der Beobachtungen der E-Schicht die dissoziative Rekombination befriedigender ist als die Rekombination Ion–Ion. (J. geophys. Res. **58**. 295—303. Sept. 1953. Pittsburgh, Pa., Univ., u. East Pittsburgh, Pa., Westinghouse Res. Labor.) GOTTFRIED. 131

R. Haefer, *Die Stromspannungscharakteristiken einer selbständigen Gasentladung im transversalen Magnetfeld.* Diskussion des Verlaufs der Anfangscharakteristiken in Abhängigkeit von der Lage der Zündspannung auf der Zündkennlinie unter Berücksichtigung von Raumladung u. Stufenprozessen. Unterhalb von einigen 10^{-3} Torr tritt ein Übergang der Charakteristik vom fallenden zum steigenden Typus ein. In diesem

Druckbereich kann unter gewissen experimentellen Voraussetzungen ein empir. Gesetz in Übereinstimmung mit der Theorie aufgestellt werden. Weitere Merkmale in diesem Bereich sind: Elektronenringstrom, negative Raumladung u. Aufbauzeit der Entladung, bestimmt durch die Elektronenlaufzeit. Die Messungen erfolgten bei zylindr. Elektrodenanordnung u. koaxialem Magnetfeld mit *Ar* als Füllgas im Bereich von 10^{-1} bis 10^{-7} Torr. (Acta physica austriaca **8.** 213—24. April 1954. Graz.) LIEPACK. 131

Wilhelm Fucks, *Messung der Turbulenz und von Turbulenzkomponenten mit Hilfe der Coronaentladung.* Darstellung der auf den Betrag von Strömungsgeschwindigkeit u. Anströmwinkel eines Gases bezogenen Steilheiten S_v u. S_φ des Kathodenstromes in Abhängigkeit des Anströmwinkels φ. Das Verschwinden von S_v für einen bestimmten Winkel ermöglicht die Messung der Komponenten einer turbulenten Strömung als Funktion der Zeit. Abschätzung der oberen Grenzfrequenz des Coronaanemometers auf 100 kHz. (Z. Physik **137.** 49—60. 1954. Aachen, TH, Physikal. Inst.) LIEPACK. 131

T. B. Jones und **J. W. Dzimianski,** *Eine Gleichung für die V–I-Kurve des Hochstromargonbogens.* (Sitzungsbericht.) Es wurden die Haupteigg. des Hochgleichstrombogens in Ar bei 1 at u. verschied. Elektrodenmaterialien untersucht. Benutzt wurden Stabelektroden von *W, Ta, Mo, Ti, Fe* u. *Cu* bei Stromstärken von 25—200 A. Auf Grund der Unterss. war es möglich, eine neue empir. Gleichung zu entwickeln, welche die elektr. Charakteristiken des untersuchten Bogens über einen großen Strombereich hinweg wiedergibt, einschließlich des positiv verlaufenden Gebiets der V–I-Kurven. Mit Hilfe dieser Gleichung wurde die Verteilung der Stromstärke u. der Spannung in dem Bogen berechnet. Die Schmelzgeschwindigkeit scheint die Schlußfolgerung zu bestätigen, daß in Bogen dieses Typs in dem untersuchten Stromstärkebereich der Anodenfall Null oder sehr klein ist, während der Kathodenabfall durch Niederschlagen von Anodenmetall auf die Kathodenoberfläche beeinflußt wird. Für jedes der Metalle wurden die zum Einsetzen in die empir. Gleichung geeigneten Konstanten berechnet. Diese Konstanten zeigen, daß die Änderung des Elektrodenmaterials einen deutlichen Einfl. auf die elektr. Charakteristiken des Bogens ausübt; dieser Einfl. war aber nicht annähernd so groß wie der, der durch verschied. Edelgase verursacht wird. (Physic. Rev. [2] **93.** 654. 1/2. 1954. Johns Hopkins Univ. u. Allis-Chalmers Manufacturing Co.) GOTTFRIED. 131

J. D. Cobine und **E. E. Burger,** *Erscheinungen an der Hochdruckbogenanode.* (Sitzungsbericht.) Es wurden die an der Anode eines Hochdruckbogens mit großer Stromdichte auftretenden Prozesse untersucht. In diesen Bögen liegt die Anodenstromdichte zwischen 10000 u. 50000 A/cm². Die Eintrittsleistungsdichte an dem Anodenfleck liegt größenordnungsmäßig zwischen 60000 u. 500000 Watt/cm². Es konnte gezeigt werden, daß unter diesen Bedingungen die Verdampfung der Hauptprozeß in der Energiebilanz an dem Anodenfleck ist. Die Verdampfung unterhält wahrscheinlich eine konstante Temp. an der Fleckenoberfläche. Der Wärmefluß von der akt. Oberfläche in das Metall ist von der Größenordnung von 10% der Anodeneintrittsleistung. Die von dem Fleck ausgestrahlte Energie ist ziemlich gering. Die Beobachtungen über die Elektrodenerosion gestattet eine gute Abschätzung der Temp. des Anodenflecks. Bei *Cu*, dessen Erosionsgeschwindigkeit 86,5 g/cm²/sec beträgt, ist die wahrscheinliche Temp. des Flecks 2650° K. Andere wahrscheinliche Fleckentempp. sind angenähert 2300° K für *Ag*, 3300° K für *Al*, 3650° K für *Ni*, 3600° K für *Fe* u. 4750 °K für *Ti*. (Physic. Rev. [2] **93.** 653. 1/2. 1954. General Electric Res. Labor.) GOTTFRIED. 131

C. G. Miller und **N. L. Sanders,** *Bewegung des Kathodenbogenflecks in einem magnetischen Feld.* (Sitzungsbericht.) Es wurde die Bewegung des Bogenflecks auf fl. Metallkathoden in verschied. Gasen untersucht, welche sich in einem transversalen magnet. Feld befanden. Von verschied. Seiten war beobachtet worden, daß sich der Fleck in einem begrenzten Temp.- u. Druckgebiet in rückläufiger Richtung, d. h. entgegengesetzt zu den elektromagnet. Kraftlinien, bewegt. Vff. stellten fest, daß diese rückläufige Bewegung von der Gas- oder Dampfionisation nahe der Kathode abhängt. (Physic. Rev. [2] **93.** 654. 1/2. 1954. Santa Barbara, Calif., Univ.) GOTTFRIED. 131

Charles G. Smith, *Geordnete Unterteilung des Kathodenflecks eines Quecksilberbogens.* (Sitzungsbericht.) Bogenströme über ca. 2 A spalten den Kathodenfleck. Vf. untersuchte die Aufspaltung in sich sehr schnell bewegenden „verankerten Bögen" (anchored arcs). Ein polierter Mo-Zylinder mit vertikaler Achse befindet sich $^1/_2$ cm oberhalb des Hg in einer Bogenröhre. Ein vertikales magnet. Feld von 5000 Oe bewegt den Bogenfleck mit 120 m/sec in rückläufiger Richtung um den Mo-Zylinder.

Durchgang des Bogens unter der Anodenvertiefung zeigt ein Signal auf dem Ionenkollektor. Das Diagramm des Oscillographen zeigt eine steile Front, der ein spitz zulaufender Teil folgt. Erhöhung des Stroms verursacht einen scharfen Knick in der steilen Wellenfront. Bei noch höheren Strömen wird der Knick tiefer u. breiter. Der Kathodenfleck verdoppelt sich, bei höheren Strömen treten mehrere Flecken auf. Diese Aufspaltung ist eine reproduzierbare Funktion des Stromes. (Physic. Rev. [2] **93.** 653—54. 1/2. 1954. Raytheon Manufacturing Co.) GOTTFRIED. 131

G. D. Morgan, *Der Ursprung der Streifen in Entladungen.* Die Betrachtung bes. elektrodenloser Entladungen macht es wahrscheinlich, daß die Streifenbldg. im Plasma einer positiven Säule nicht auf Kathodeneinflüsse zurückzuführen, sondern eine Eig. des Plasmas selbst ist u. immer dann auftritt bzw. sichtbar wird, wenn im Plasma stehende Wellen erregt werden. (Nature [London] **172.** 542. 19/9. 1953. Bangor, Univ., Coll. of North Wales, Dep. of Phys.) PIEPLOW. 131

B. Kovaliv und **E. Briner,** *Untersuchungen über die chemische Wirkung elektrischer Entladungen.* 35. Mitt. *Beitrag zum Studium der Entladung in Form der stillen Entladung; calorimetrische und oscillographische Untersuchung des Einflusses der Stromfrequenz auf die Ozonerzeugung.* (34. vgl. C. **1950.** II. 1911.) Zur Messung der energet. Ausbeute der O_3-Erzeugung durch stille Entladung wird eine verbesserte calorimetr. Meth. angewandt; diese Messung ist unabhängig von der Best. der Stromstärke, die bei der stillen Entladung durch verschied. Fehlerquellen (nichtsinusförmige Stromcharakteristik, Überlagerung von Strömen anderer Frequenz u. aperiod. Charakteristik durch die Entladung) erschwert wird. Durch Anwendung eines Zweistrahloscillographen können eine Reihe charakterist. Besonderheiten der Entladungen im Ozonisator gefunden u. untersucht werden, bes. das Auftreten verschied. Oberschwingungen in den Stromstärkekurven, deren Intensität u. Anzahl frequenzabhängig sind. Die oscillograph. ermittelte Schwellenspannung der Entladung stimmt gut mit nach anderen Verff. erhaltenen Werten überein. Die O_3-Ausbeuten werden in O_2 u. in Luft bei Raumtemp. u. 1 at in einem größeren Intervall der Frequenzen (50—1380 Hz) u. Durchsätze (20—800 Liter Gas/Std. bei einem Ozonisatorvol. von 220 cm^3) gemessen. Die höchste Ausbeute von 200 g/kWh wird im Falle von O_2 bei einer Frequenz von 50 Hz u. mit einem Durchsatz von 100 Liter/Std. bei schwacher Stromstärke (wenig über der Schwellenspannung) erhalten. Vom prakt. Standpunkt dürfte jedoch eine höhere Frequenz vorteilhafter sein, da sie den Ozonisator mit höherer Leistung zu betreiben gestattet. (Helv. chim. Acta **35.** 2283—2300. 1/12. 1952. Genf, Univ., Labor. für techn., theoret. u. Elektrochem.) REITZ. 131

B. Kovaliv und **E. Briner,** *Untersuchungen über die chemische Wirkung elektrischer Entladungen.* 36. Mitt. *Beitrag zum Studium der Entladung in Form der stillen Entladung. Behandlung der Gase oder Gasmischungen Ar, H_2, CO_2, O_2, N_2, Luft, Ar–O_2, O_2-O_3 im Ozonisator bei atmosphärischem oder reduziertem Druck.* (35. vgl. vorst. Ref.) Die Ozonisatorbehandlung der im Titel genannten Gase oder Gasmischungen wird bei 1 at u. vermindertem Druck (500 u. 300 mm Hg) u. bei verschied. Frequenzen (50, 460, 800 u. 1380 Hz) mittels oscillograph. Beobachtung der Entladungen sowie im Falle der O_2-haltigen Gase unter calorimetr. Messung der Energieausbeute der O_3-Erzeugung untersucht. Herabsetzung des Druckes bewirkt eine merkliche Erniedrigung der Schwellenspannung der Entladung sowie eine Verbreiterung der für die stille Entladung charakterist. Intensitätsspitzen. Erhöhung der Frequenz ändert dagegen die Schwellenspannung nur wenig. Die O_3-Ausbeute in den O_2-haltigen Mischungen wird durch Druckverminderung nur wenig beeinflußt, u. zwar ebenfalls verringert; lediglich bei Luft u. einer Frequenz von 800 Hz ist die Verringerung stärker. Der Zusatz verschied. Gase zu O_2 ändert die O_3-Ausbeute in einem für das betreffende Gas charakterist., jedoch außerdem noch von den Versuchsbedingungen abhängigen Ausmaß. Verss., bei denen der ringförmige Ozonisator mit O_2 oder Luft gespeist wurde, die bereits durch Passieren eines vorgeschalteten gewöhnlichen Ozonisators mit O_3 beladen waren, liefern nützliche Hinweise für die techn. O_3-Erzeugung in einer Batterie in Serie geschalteter Ozonisatoren; bes. muß dem Anwachsen der Schwellenspannung mit zunehmender O_3-Konz. Rechnung getragen werden. (Helv. chim. Acta **36.** 275—82. 2/2. 1953.) REITZ. 131

A. A. Worobjew und **K. A. Wodopjanow,** *Über die dielektrischen Verluste in Alkalihalogenidkristallen bei hohen Frequenzen.* $tg\delta \cdot 10^4$ nimmt (bei 10^6 Hz) als Funktion der Aktivierungsenergie, Gitterenergie, Bildungswärme der festen Verb. u. Sublimationswärme monoton in der Folge *KJ* (ca. 1,3), *KBr* (0,96), *KCl* (0,75) u. *NaCl* (0,58) ab u. als Funktion der Gitterkonstante monoton zu. Hieraus u. aus früheren Ergebnissen über die elektr. u. mechan. Festigkeit (WOROBJEW u. SAWADOWSKAJA, C. **1952.**

3445; SAWADOWSKAJA, C. **1952.** 5690.) schließen Vff., daß die dielektr. Verluste in Alkalihalogenidkristallen durch die chem. Zus. u. Festigkeit der chem. Verb. bedingt sind u. Verunreinigungen nur eine untergeordnete Rolle spielen. Für das isomorphe Syst. KJ–KBr ergibt sich als Folge des herabgesetzten F. u. der damit zusammenhängenden Parameter bei ca. 51% KJ mit $7{,}1 \cdot 10^{-4}$ ein Maximum von tg δ. (Доклады Академии Наук СССР [Ber. Akad. Wiss. UdSSR] [N. S.] **94.** 429–32. 21/1. 1954. Tomsk, Polytechn. Kirow-Inst.) AMBERGER. 132

R. Cooper und **A. A. Wallace,** *Plastische Deformation und die elektrische Festigkeit von Alkalihalogenidkristallen.* KCl-Kristalle in einer Lsg. von KCl in Glycerin wurden 1:50 μSek.-Spannungsimpulsen allmählich zunehmender Amplitude unterworfen u. hierbei mkr. auftretende Spannungsdoppelbrechung beobachtet. Die Kristalle wurden in der (100)-, (110)- u. (111)-Richtung der obigen Behandlung unterworfen. Sämtliche Kristalle zeigten vor Anlegen der Spannung keine Spannungsdoppelbrechung. Doppelbrechung wurde in allen (111)- u. (110)-Proben vor dem Durchschlag beobachtet, u. zwar trat die Doppelbrechung zuerst auf, wenn die Feldstärke ca. $0{,}8 \cdot 10^{6}$ V·cm^{-1} überschritt. Bei ca. 20% der (100)-Proben trat Durchschlag ohne vorheriges Auftreten von Doppelbrechung ein. Jede dieser Proben besaß einen niedrigen Wert elektr. Festigkeit zwischen ca. $0{,}6 \cdot 10^{6}$ u. $0{,}7 \cdot 10^{6}$ V·cm^{-1}. Alle Kristalle zeigten eine beträchtliche Streuung in der geringsten elektr. Feldstärke, welche nötig war, um genügend mechan. Druck zur Erzeugung von Doppelbrechung zu erzeugen. (Proc. physic. Soc., Sect. B **66.** 1113–15. 1/12. 1953. Liverpool, Univ., Dep. of Electrical Engng.) GOTTFRIED. 132

R. S. Pease und **G. E. Bacon,** *Ferroelektrische Struktur von Kaliumdihydrogenphosphat.* In Fortsetzung früherer Verss. bei Zimmertemp. (BACON u. PEASE, Proc. Roy. Soc. [London] Ser. A **220.** [1953.] 397) berichteten Vff. kurz über Unterss. der Struktur von KH_2PO_4 im ferroelektr. Zustand bei -180^0 mittels Neutronenbeugung, wobei der Kristall durch ein angelegtes Feld zu einem einzigen Bereich gemacht worden war. In diesem Zustand ist das H-Atom unsymm. zwischen den O-Atomen gelagert, die von SLATER angenommene Struktur Fdd ist erfüllt. Das H-Atom ist um 0,21 Å aus der Mitte der O–H–O-Bindung verschoben. Beim Umpolen des Feldes tritt eine entsprechende Verschiebung der H-Atome ein. Die O-Atome sind gegenüber ihrer Lage bei Zimmertemp. in der xy-Ebene nicht verschoben. (Nature [London] **173.** 443–44. 6/3. 1954. Harwell, Didcot, Berks, At. Energy Res. Establ.) v. HARLEM. 132

W. Oldekop und **F. Sauter,** *Zur Theorie der Austrittsarbeit aus Metallen.* Für das Zustandekommen einer endlichen Austrittsarbeit von Elektronen aus Metallen im Vakuum ist die Bildkraft von entscheidender Bedeutung. Der Weg zur Berechnung der Austrittsarbeit führt über die Berechnung der Gesamtkraft, die auf jedes einzelne Elektron infolge seiner Polarisationswrkg. auf die übrigen Elektronen u. des Feldes der elektrostat. Doppelschicht in der Nähe der Oberfläche ausgeübt wird. Es wird eine Reihe von Gleichungen abgeleitet unter Anwendung einer erweiterten THOMAS-FERMI-Statistik. Diese gestatten es, für jede vorgegebene Elektronenverteilung die zugehörige mittlere Elektronenverteilung, die gesamte potentielle Energie u. deren Aufspaltung in den elektrostat. u. den Polarisationsanteil zu bestimmen. Die zahlenmäßige Auswertung der Gleichungen für *Li*, *Na*, *K*, *Rb* u. *Cs* zeigt, daß tatsächlich der Polarisationsanteil den Doppelschichtanteil der Austrittsarbeit stark überwiegt. Die Werte für den Polarisationsanteil haben eine Genauigkeit von 3%. (Z. Physik **136.** 534–46. 1954. Köln, Univ., Inst. für Theoret. Phys.) H. HERMANN. 134

T. J. Lewis, *Die Austrittsarbeit unregelmäßiger Metalloberflächen.* Unter Zugrundelegung der Tatsache, daß der maßgebende Teil der Austrittsarbeit von Metallen durch das Bildkraftpotential geliefert wird, werden Berechnungen für die Veränderungen des Bildkraftpotentials an isoliert auf ideal ebenen Metallflächen stehenden Unebenheiten verschied. Form durchgeführt. Es werden zwei Typen von Unebenheiten untersucht: Kugeln u. Halbkugeln, die letzteren von n. u. gestreckter Form. Die Gültigkeit des klass. Bildpotentials wird bis auf einen Abstand von 2Å an die Oberfläche heran angenommen. Der errechnete Korrekturfaktor Θ vergleicht das Bildpotential der Unebenheit mit dem der Ebene. Bei dem Abstand $x_0 = 2$ Å von der Oberfläche sinkt das Bildpotential von einem Radius $b = 40$ Å an nach $b < 40$ Å schnell ab, für die Kugel etwas mehr als für die Halbkugel. Weiter wird die Abhängigkeit von Θ einer teilweise in die Oberfläche eingetaucht gedachten Kugel von den % des eingetauchten Vol. u. b errechnet. Streckt man eine halbkugelförmige Erhebung, so nimmt das Bildpotential mit steigender Zuspitzung ab. Aus den Bildkraftpotentialen wird auf die potentielle Energie E_p der Elektronen außerhalb des Metalls geschlossen. E_p kann hier sehr wohl um 50% gegenüber der E_p bei ebenen Oberflächen erniedrigt sein. Unebenheiten haben auf die anderen die Austrittsarbeit bewirkenden Kräfte wie Austauschkräfte usw. bei den betrachteten x_0-Werten prakt. keinen Einfl., infolge deren geringer Reichweite. Die tatsächliche Erniedrigung der Austrittsarbeit hängt davon ab, wieviel Unebenheiten aus dem allg. Niveau der in der Praxis stets zerklüfteten Oberfläche herausragen. Es wird angenommen, daß vielleicht Erniedrigungen der Austrittsarbeit von 25%, verglichen mit der idealen Ebene, auftreten können. Da die errechnete Austrittsarbeit der Oberflächen von Punkt zu Punkt wechselt, ist die für die Entfernung eines Elektrons aus dem Metall zu leistende Arbeit vom Wege abhängig. Um diese Folgerung zu vermeiden, nimmt der Vf. ähnlich wie HERRING u. NICHOLS, (Rev. mod. Physics **21.** [1949.] 185) an, daß lokale ausgleichende Felder einen durchschnittlichen Wert der Austrittsarbeit bewirken. Bei einem x_0 von etwa 50 Å ist die Bildkraft nurmehr wenig verschieden von der der ebenen Oberfläche u. deswegen das retardierende Feld klein. Legt man nun ein elektronenbeschleunigendes Feld an, so wird mit steigender Feldstärke das retardierende Feld abgebaut u. schließlich aufgehoben. Die Stellen hoher Austrittsarbeit mit den entsprechenden örtlichen Feldern werden weniger angegriffen. Der Feldelektronenstrom wird also zum größten Teil von den Stellen geringerer Austrittsarbeit geliefert werden. Die durchschnittliche Austrittsarbeit wird also erniedrigt erscheinen. (Proc. physic. Soc., Sect. B **67.** 187—200. 1/3. 1954. London, Queen Mary Coll., Electr. Engng. Dep.) H. HERMANN. 134

O. Bruna, K. Lintener, H. Müller und **E. Schmid,** *Einige Versuche zu den Kramerschen Exoelektronen.* Nach Diskussion der Erscheinung der Exoelektronen werden Verss. zur Klärung des Phänomens beschrieben. Die Schwärzung photograph. Platten durch geschmirgelte *Ni*- u. *Al*-Platten kann nicht von Exoelektronen herrühren, da die Schwärzung nicht der mittels Zählrohr ermittelten Emission parallel geht. So schwärzt eine geschmirgelte Ni-Oberfläche (Emission 28000 Teilchen/cm^2) weniger als eine geschmirgelte Al-Oberfläche (1400 Teilchen/cm^2). Der Vgl. einer befeilten u. einer beschmirgelten Al-Oberfläche zeigt, daß die stärkere Schwärzung wieder durch die (befeilte) Oberfläche geringerer Emission hervorgerufen wird, die 260 Teilchen/cm^2 emittierte gegenüber 30000/cm^2 der geschmirgelten Probe. Die Schwärzung wird auf den RUSSELL-Effekt zurückgeführt. 8 Std. in Luft vorgelagerte Al-Proben zeigen nur geringe, im Vakuum vorgelagerte Al-Proben erhebliche Schwärzung in Übereinstimmung mit PEPPERHOFF (C. **1953.** 3353). Weiter wird für Ni die Abhängigkeit der Emission von Temp. u. Füllgas des Zählrohres untersucht. Es tritt ein Sprungpunkt unabhängig vom Füllgas des Zählrohres bei 63° auf. Auf den weiteren Verlauf der Emissionskurve mit der Temp. ist das Füllgas von Einfluß. *Hg* gibt beim Erstarren ein Emissionsmaximum; wird das Hg wieder aufgewärmt, so ist der Kurvenverlauf glatt. Bei mit Säure geätzten Ein- u. Vielkristallen ist die Emission zu Beginn des Vers. deutlich erhöht u. klingt dann ab. Vff. nehmen Umlagerungen u. chem. Einflüsse als Ursachen der Emission an. (Z. Physik **136.** 605—11. 1954. Wien, Univ., II. Phys. Inst.) H. HERMANN. 134

F. A. Cunnell, E. W. Saker und **J. T. Edmond,** *Eine Bemerkung über die halbleitende Verbindung InSb.* InSb wurde durch direktes Zusammenschmelzen der Komponenten im Vakuum im SiO_2-Tiegel erhalten. Der Barren wurde durch Zonenschmelzen im Vakuum gereinigt, bei 350° angelassen u. innerhalb 48 Std. auf Zimmertemp. abgekühlt. Das polykristalline Material enthielt etwa 15 Kristallkörner pro cm^2. Gemessen wurden die Leitfähigkeit σ u. die HALL-Konstante R_H in Abhängigkeit von dem Abstand von dem reinen Ende des Barrens. Die Leitfähigkeit ist vom n-Typ. Aus den erhaltenen Kurven ist weiter ersichtlich, daß Zonenschmelzen zur Reinigung sehr wirksam ist. So zeigte eine nicht dem Zonenschmelzen unterworfene Probe eine Leitfähigkeit von $3 \cdot 10^3\ \Omega^{-1}\ cm^{-1}$ u. eine Elektronenkonz. von $1,2 \cdot 10^{18}\ cm^{-3}$, während an dem reinen Ende einer gereinigten Probe die entsprechenden Werte 33 $\Omega^{-1}\ cm^{-1}$ u. $< 10^{16}\ cm^{-3}$ waren. Die Aktivierungsenergie beträgt 0,38 eV. Opt. Unterss. bestätigten das Auftreten einer Absorptionskante, die angenähert der obigen Energielücke entspricht. Außerdem wurde ein Absorptionsschwanz beobachtet, der sich bis 9 μ erstreckte, der vermutlich auf die Ggw. fremder Atome oder Fehler therm. Ursprungs zurückzuführen ist. (Proc. physic. Soc., Sect. B **66.** 1115—16. 1/12. 1953. Baldock, Services Electronics Res. Labor.) GOTTFRIED. 135

W. Heywang und **H. Henker,** *Physik und Technologie von Richtleitern und Transistoren.* Umfassende Übersichtsarbeit. Es werden zunächst die physikal. Grundlagen der Halbleitertheorie sowie das p-n-Prinzip erörtert, dann werden Fragen der Substanzwahl u. der Präpariertechnik behandelt. Im letzten Teil der Arbeit beschäftigen Vff. sich mit den Bauelementen von Richtleitern u. Transistoren sowie den Kenn-

größen von Transistoren. — Zahlreiche Literaturzitate. (Z. Elektrochem., Ber. Bunsenges. physik. Chem. **58.** 283—321. 1954. Karlsruhe, Siemens u. Halske A. G., Werkstoffhauptlabor., u. München, Siemens u. Halske A. G., Halbleiterfabrik.)
H. W. LEVI. 135

Fernande Regnault, Pierre Aigrain, Claude Dugas und **Bernard Jancovici,** *Über die Halbleitereigenschaften des Molybdänits.* Zwischen —253 u. 300° wurde von *Molybdänit* (MoS_2, I) die elektr. Leitfähigkeit u. die HALL-Konstante gemessen (ohne Zahlenangaben). Die Zahl der Zentren der Fremdkörper im I beträgt 10^{18}—10^{19}/cm³. Aus der Temperaturabhängigkeit der Zahl der freien Ladungsträger in einer I-Probe vom n-Typ ergibt sich die Aktivierungsenergie E zu 0,14 eV. Diese Probe mit 10^{19} n-Zentren enthält $5 \cdot 10^{14}$ p-Zentren. E einer I-Probe vom p-Typ beträgt 0,05 für $1,4 \cdot 10^{16}$ u. 0,12 für $1,7 \cdot 10^{18}$ Zentren/cm³. I vom p-Typ enthält keine Zentren vom n-Typ. Die Existenz von 2 p-Niveaus wird auf die Ionisation von S zu S^- u. zu S^{2-} zurückgeführt. (C. R. hebd. Séances Acad. Sci. **235.** 31—32. 7/7. 1952.) FUCHS. 135

Harvey L. Glick und **W. F. Witzig,** *Zusätzliche Daten über den Widerstand von Cu_3Au während der Neutronenbestrahlung.* (Sitzungsbericht.) Fortführung der C. **1954.** 8287 beschriebenen Verss. an *Cu_3Au* (I). Der Neutronenstrom betrug $2 \cdot 10^{20}$ Neutronen/cm², die Bestrahlungstemp. $80 \pm 7°$. Wurde von geordnetem I ausgegangen, so nahm der spezif. elektr. Widerstand R durch die Bestrahlung um 60% zu, während R von ungeordnetem I zunächst um 7,5% abnahm u. dann wieder etwas anstieg (Vergleichsverss. bei 80° ohne Bestrahlung der letztgenannten Probe zeigen, daß der Effekt nicht allein durch die Temp. bedingt ist). Wurden die Proben bei $140 \pm 10°$ bestrahlt, so nahm R des geordneten I zunächst um 6% ab u. stieg dann wieder um 10% an, während R des ungeordneten I um 12% abnahm u. anschließend konstant blieb (ohne Bestrahlung fiel R des ungeordneten I bei 140° in 1 Tag um 4% ab). (Physic. Rev. [2] **91.** 236. 1/7. 1953. Westinghouse Electric Corp.) FUCHS. 136

R. H. Fillnow, E. K. Halteman und **G. F. Mechlin,** *Röntgen- und metallurgische Untersuchungen an mit Neutronen bestrahltem Cu_3Au.* (Vgl. vorst. Ref.) (Sitzungsbericht.) Von der l. c. genannten *Cu_3Au*-Legierung (I) wurde parallel zu Leitfähigkeitsunterss. die VICKERS-Härte von ungeordnetem I bestimmt zu 21 vor u. zu 100 nach der Neutronenbestrahlung u. von geordnetem I zu 48 vor bzw. 110 nach der Bestrahlung. Die DEBYE-SCHERRER-Diagramme von ungeordnetem I zeigen keine wesentliche Änderung durch die Bestrahlung. Die Gitterparameter von ungeordnetem I ändern sich ebenfalls nicht, dagegen nehmen die von geordnetem I stark zu. (Physic. Rev. [2] **91.** 236. 1/7. 1953. Westinghouse Electric Corp.) FUCHS. 136

R. R. Coltman und **T. H. Blewitt,** *Der Einfluß der Bombardierung mit schnellen Neutronen auf die Diffusion in Cu_3Au.* (Vgl. vorst. Reff.) (Sitzungsbericht.) Bei der Bestrahlung von *Cu_3Au* (I) mit Neutronen (Intensität $J = 2,5 \cdot 10^{11}$ Neutronen/cm²/sec) bei 150° nahm der spezif. Widerstand R in 24 Std. um 12% u. bei weiterer Bestrahlung um insgesamt 25% ab; für $J = 10^{12}$ erfolgte der Abfall von R viermal rascher. Durch eine 7tägige Bestrahlung mit $J = 2 \cdot 10^{10}$ bei —160° ging I in einen etwas weniger geordneten Zustand über; anschließendes Tempern bei —80° änderte R nicht, während beim Tempern bei höherer Temp. (Verss. zwischen 0 u. 150°) R um so schneller abfiel (maximal 4,7%), je höher die Temp. war. (Physic. Rev. [2] **91.** 236. 1/7. 1953. Oak Ridge Nat. Labor.) FUCHS. 136

J. R. Clement, *Die Atomwärme und das kritische magnetische Feld von supraleitendem Cadmium.* SSAMOILOW (vgl. C. **1952.** 6491) hatte bei seinen calorimetr. Messungen an Cd unterhalb 1°K eine Diskrepanz zwischen seinen calorimetr. Messungen u. den Werten beobachtet, die thermodynam. berechnet worden waren. Vf. zeigt, daß diese Diskrepanz verschwindet, wenn man von einer Gleichung für das kub. magnet. Feld ausgeht, welche eine kub. analyt. Form besitzt. (Physic. Rev. [2] **92.** 1578. 15/12. 1953. Washington, D. C., Naval Res. Labor.) GOTTFRIED. 136

Michel Caron, Phillippe Albert und **Georges Chaudron,** *Einfluß sehr geringer Verunreinigungen auf die elektrische Leitfähigkeit von raffiniertem Aluminium bei sehr tiefen Temperaturen.* Es wurde an mehreren Proben von hinreichend angelassenem Al, welches nur sehr geringe Mengen an Verunreinigungen enthielt, der elektr. Widerstand bei den Tempp. des fl. N_2, H_2 u. He gemessen. Trägt man die absol. Tempp. graph. gegen das Verhältnis R_0/R_T auf, wo R_0 den Widerstand bei gewöhnlicher Temp. u. R_T den bei der Temp. T°K bedeuten, so sollte man in erster Annäherung erwarten, daß der Widerstand bei der Temp. des fl. He (2,2 u. 4,2°K) angenähert konstant ist. Bei diesen Tempp. kann der beobachtete Restwiderstand bei den Proben nur auf die Verunreinigungen zurückgeführt werden. Der Widerstand jeder Al-Probe zwischen 10 u.

20,4° K kann durch das Gesetz $R_T = R_r + KT^3$ (R_r = Restwiderstand) ausgedrückt werden. (C. R. hebd. Séances Acad. Sci. **238.** 686—88. 8/2. 1954.) GOTTFRIED. 136

—, *Neue magnetische Stoffe.* Es wird die Herst. von *Bismanol* beschrieben, welches durch Zusammenschmelzen von Mn u. Bi in inerter Atmosphäre bei 1300°F, Abkühlen u. Ausquetschen des überschüssigen Bi durch Druck erhalten wird. Die aus MnBi bestehenden Kristalle werden pulverisiert u. unter hohem Druck in einem starken Magnetfeld von $\geqq$10000 Oe zusammengepreßt. Die magnet. Eigg. sind denen von Alnico V ähnlich. Als permanentes magnet. Material wird *Ferroxdure*, $BaO \cdot 6\,Fe_2O_3$, genannt, welches vornehmlich zur Fokussierung von Fernsehkathodenstrahlröhren Verwendung findet. (Electronics **26.** Nr. 6. 198—99. Juni 1953.) GOTTFRIED. 137

René Gouarné und **Isaac Samuel**, *Komplexe Matrizen für charakteristische Polynome, unabhängig von den Argumenten der Elemente. Anwendung auf die Untersuchung der magnetischen Eigenschaften einiger Kohlenwasserstoffe.* Vff. zeigen die Bedingungen auf, unter denen eine komplexe Matrix u. die Matrix der Moduli ihrer Elemente das gleiche charakterist. Polynom besitzen. Die Zahl der Bedingungen ist niedrig, so daß die Anwendung der neuen Meth. vorteilhaft ist. (C. R. hebd. Séances Acad. Sci. **238.** 808—09. 15/2. 1954.) v. HARLEM. 137

Pierre Blum und **René Pauthenet**, *Ferromagnetische Untersuchung des polykristallinen und monokristallinen Zementits.* Zwischen 20,4 u. 500°K u. bei magnet. Feldstärken von 120—19500 Oe wird die Magnetisierung von polykristallinem u. einkristallinem Fe_3C gemessen. An den Einkristallen erfolgte die Messung in den verschied. ausgezeichneten Kristallachsen. Bei den Polykristallen wird die Sättigung erst bei einer Feldstärke von 19500 Oe bei tiefen Tempp. angenähert erreicht, was auf eine hohe magnet. Härte schließen läßt. Die c-Achse wurde als die Richtung leichter Magnetisierbarkeit erkannt. Die b-Achse ist die Richtung schwerster Magnetisierbarkeit, aber auch die a-Achse ist schwer magnetisierbar. Aus den Einkristallmessungen werden die Differenzen der Anisotropieenergien in den Kristallachsen a, b u. c in 10^6 erg/cm³ bestimmt: 20,4°K $E_a—E_c$ = 3,68, $E_b—E_c$ = 6,97; 290°K $E_a—E_c$ = 1,18 u. $E_b—E_c$ = 3,94. (C. R. hebd. Séances Acad. Sci. **237.** 1501—02. 9/12. 1953.) FAHLENBRACH. 137

E. W. Elcock, *Kollektiver Elektronenantiferromagnetismus.* Es werden ergänzende Ausführungen zu der Theorie von LIDIARD (C. **1954.** 6888) über die Theorie des kollektiven Elektronenantiferromagnetismus gemacht. (Proc. physic. Soc., Sect. A **67.** 295—97. 1/3. 1954. Aberdeen, Marischal Coll., Dep. of Nat. Phil.) v. HARLEM. 137

Georges Guiot-Guillain, *Der Einfluß der Ionendurchmesser der Seltenen Erden auf die ferromagnetischen Eigenschaften ihrer Ferrite.* Vf. zeigt, daß die CURIE-Punkte der früher magnet. untersuchten Ferrite der Seltenen Erden (vgl. FORESTIER u. GUIOT-GUILLAIN, C. **1953.** 1926. 8008) vom Ionenradius der Seltenen Erden in der Weise abhängen, daß sie mit wachsendem Radius parabelförmig zunehmen. Dabei sind wie früher drei Gruppen zu unterscheiden, denen drei Kurvenzüge im Schaubild CURIE-Punkt–Ionenradius entsprechen. Für die Gruppe der Ferrite mit Y, Sm, Gd, Tm u. Yb, wo früher zwei CURIE-Punkte gefunden wurden, sind auch zwei Kurvenzüge vorhanden. Der doppelte CURIE-Punkt wird durch zwei verschied. Unterstrukturen bei diesen Ferriten nach der NÉELschen Theorie des Ferrimagnetismus gedeutet. (C. R. hebd. Séances Acad. Sci. **237.** 1654—56. 21/12. 1953.) FAHLENBRACH. 137

Robert Carpenter und **Dudley Williams**, *Formen der Protonlinie in den magnetischen Resonanzspektren von Ammoniumsalzen.* (Sitzungsbericht.) Es wurden die Formen der Protonlinie in den magnet. Resonanzspektren der *Ammoniumhalogenide* (I), von $(NH_4)_2 \cdot SO_4$ (II) u. NH_4NO_3 (III) bei Zimmertemp. untersucht. Die Linienbreiten der I zeigten eine monotone Abnahme mit zunehmender Atomnummer des Halogens. Die Protonlinie des NH_4F zeigte die größte Breite von allen untersuchten Verbindungen. Die Linien von II u. III waren ziemlich schmal, die des III zeigte von allen Verbb. die geringste Breite. Die zweiten Momente der Protonlinie für die verschied. Salze wurden aus den beobachteten Linienformen abgeschätzt; sie erwiesen sich als kleiner, als man für eine starre Gitterstruktur erwarten sollte. (Physic. Rev. [2] **93.** 360. 15/1. 1954. Ohio State Univ.) GOTTFRIED. 137

S. Ramaseshan und **G. Suryan**, *Paramagnetische Resonanz bei einigen Kupfer(II)-Salzen.* Mit einer Wellenlänge von 3 cm wurde bei *Kupferammoniumchlorid, Kupfernitrat, Amminkupfernitrat* u. *bas. Kupferfluorid* paramagnet. Resonanz gefunden, nicht dagegen beim Acetat, Azurit, Carbonat, Phosphat, Arsenat, Cyanid u. Oxyd. Für das Ausbleiben der Resonanz können verschied. Gründe maßgebend sein. Von den vier ersten Salzen werden die g-Werte u. Halbwertsbreiten angegeben. Einkristalle von

Kupferammoniumchlorid u. Amminkupfernitrat zeigen in bestimmten Kristallrichtungen Anisotropie in bezug auf den g-Faktor u. die Parameter der Linienform. Beim $CuCl_2 \cdot 2\,NH_4Cl$ ergaben sich Anzeigen dafür, daß die Austauschwechselwrkg. nicht isotrop ist. (Proc. Indian Acad. Sci., Sect. A **36.** 211—16. Sept. 1952. Bangalore, Indian Inst. of Sci., Dep. of Phys.) KLEMM. 137

D. de Klerk und **R. P. Hudson,** *Der neue adiabatische Entmagnetisierungsapparat beim National Bureau of Standards.* Es wird ein neuer adiabat. Entmagnetisierungsapp. zur Erzeugung von Tempp. $<1^0$K u. zur Messung des magnet. Verh. paramagnet. Salze in diesem Temperaturgebiet beschrieben. Ein gekühlter 25 kW-Elektromagnet erzeugt in einem Luftspalt von $2^1/_4$ in. Feldstärken bis zu 25 kOe. Das an einem 2 m langen Arm befindliche DEWAR-Gefäß kann nach Entmagnetisierung u. Trennung der Pole aus dem Feld gedreht werden, so daß die Messungen durch Fe nicht beeinflußt werden. Der Dampfdruck des fl. He wird mit einer KINNEY-Pumpe auf 0,5 mm herabgesetzt, während das Hochvakuum mit einer Öl-Diffusionspumpe erreicht wird. Die magnet. Eigg. werden mit einer für Gleichstıom- u. ballist. Messungen geeigneten Gegeninduktivitäts-Meßbrücke nach HARTSHORN bestimmt (Gegeninduktivitäten bis zu 3 mH mit einer Genauigkeit von 10^{-5} mH, Phasenwinkel mit einer Genauigkeit von 0,3%). Messungen in einem äußeren Feld bis zu 600 Oe können im HELMHOLTZ-Feld vorgenommen werden. An *HeII* wurde der zweite Schall zwischen 0,05 u. 1^0K gemessen. Unterhalb von $0{,}9^0$ wurde Übereinstimmung mit den Ergebnissen von HERLIN, bei tieferen Tempp. jedoch gegenüber den Messungen von ATKINS u. OSBORNE viel höhere Werte (bei $0{,}5^0$ Faktor 2,5) gefunden. Die auf den absol. Nullpunkt extrapolierte Schallgeschwindigkeit ist 190 gegenüber 152 m/Sekunden. Die vorläufigen Messungen der magnet. Eigg. von *Cr-Methylaminalaun* scheinen mit den theoret. Voraussagen besser übereinzustimmen als diejenigen an Cr-K-Alaun. Der flache Teil der Entropie–Temp.-Kurve tritt im ersten Fall bei $S = R \cdot \ln 2$, im zweiten Fall bei $S = 0{,}4 \cdot R$ ein. (Rev. mod. Physics **25.** 292. Jan. 1953. Washington, D. C., Nat. Bur. of Stand.) WERNER SCHULZ. 137

B. Donovan und **E. H. Sondheimer,** *Galvano-magnetische Effekte bei hohen Frequenzen.* Es wird die Theorie der galvano-magnet. Effekte bei hohen Frequenzen auf der Grundlage des freien Elektronenmodells gegeben. Es folgt daraus, daß bei hohen Frequenzen die Widerstandsänderung im Magnetfeld verschwindet. (Proc. physic. Soc., Sect. A **66.** 849—51. 1/9. 1953. London, Northern Polytechnic, Dep. of Phys., u. Imperial Coll., Dep. of Math.) V. HARLEM. 137

Donald Hubbard, *Einfluß der Temperatur auf den elektrischen Widerstand und die Spannungsabweichungen (Fehler) von Glaselektroden und auf die Hygroskopizität des Glases.* Zur Klärung der Frage, welche Rolle die Hygroskopizität u. der elektr. Widerstand einer Glasmembran für ihre Eignung als p_H-Indicator spielen, hat Vf. die Anzeigefehler dreier Glassorten verschied. Hygroskopizität in Puffern vom p_H 4,1 u. 8,2 in Abhängigkeit von der Temp. u. ihrem elektr. Widerstand untersucht. Die Meßergebnisse zeigen, daß der elektr. Widerstand der Membran nicht der entscheidende Faktor für eine richtige p_H-Anzeige ist. Durch Widerstandswerte unter 1000 MΩ wird sie zwar begünstigt, diese Wrkg. kann aber durch andere Faktoren, bes. durch die Hygroskopizität oder ähnliches, wieder aufgehoben werden. Die Gründe für Abweichungen der angezeigten p_H-Werte von den theoret. faßt Vf. in folgenden Punkten zusammen: 1. Geringe Hygroskopizität des Glases, 2. eine den krit. Wert (der für jede Glassorte verschieden ist) übersteigende Membrandicke, 3. geringe chem. Beständigkeit des Glases, 4. hohe Elektrolytkonzz. u. 5. inhibierende Filme auf der Membran. (J. Res. nat. Bur. Standards **50.** 337—42. Juni 1953. Washington.) WOELK. 140

Jean D'Ans, Walter Breckheimer und **Wolfgang Bartsch,** *Über Metallpotentiale.* Metallionen, Anionen u. Lösungsmittel bilden untereinander im Gleichgewicht befindliche Komplexe. Die Gleichgewichtskonzz. der einzelnen Molekülarten bestimmen in Zusammenhang mit den entsprechenden Normalpotentialen das Potential. Bldg. u. Entladung dieser Komplexionen werden durch die Koordinationszahlen bestimmt, die sich in einfacher Weise aus der Steigung der Potentialkurve ermitteln lassen. Gestützt werden diese Anschauungen durch die Tatsache, daß zwischen 2 Elektroden, die sich in 2 untereinander im Gleichgewicht stehenden Phasen befinden, keine Potentialdifferenz besteht. (Naturwissenschaften **40.** 316. Juni 1953. Berlin-Charlottenburg, Techn. Univ., Inst. für Techn. Chem.) WOELK 140

E. L. Mackor, *Die Eigenschaften der elektrischen Doppelschicht.* 1. Mitt. *Thermodynamik der Doppelschicht auf Silberjodid und Quecksilber.* Die thermodynam. Gleichungen für die elektr. Doppelschicht auf AgJ u. auf Hg-Elektroden, beide als Zweiphasensyst. von festem u. fl. Aggregatzustand definiert, werden abgeleitet u. miteinander verglichen. Der Vgl. zeigt, daß beide Systeme sich in einer nur quantitativ verschied. Weise behandeln lassen u. auftretende Ähnlichkeiten zu einem besseren Verständnis des AgJ-Syst. (über Hg liegen genauere Kenntnisse vor) führen. (Recueil Trav. chim. Pays-Bas **70**. 663—74. Aug. 1951. Utrecht, Holland, Univ., van't Hoff Labor.) WERNER SCHULZ. 142

Paul Delahay, *Reversibilität und Irreversibilität von Elektrodenreaktionen in der oscillographischen Polarographie. Die Bewertung der Gleichung über die Stufenhöhe.* Nach einigen Umformungen werden die Gleichungen von RANDLES u. von SEVCIK über die Höhe des oscillograph. Polarogramms als gleich erkannt, mit Ausnahme einiger numer. Konstanten. Für eine reversible Elektroden-Rk. gilt die RANDLESsche Gleichung. Für einen irreversiblen Prozeß kann das Ergebnis nicht vorausgesagt werden. Die Wellenhöhe im Verlauf der Elektroden-Rk. kann durch die freie Aktivierungsenergie dieses Elektrodenprozesses erklärt werden. Aus den Versuchsergebnissen kann geschlossen werden, daß einige Elektrodenprozesse, die gewöhnlich als reversibel angesehen werden, tatsächlich eine kleine freie Aktivierungsenergie enthalten. (J. physic. Colloid Chem. **54**. 630—39. Mai 1950. Eugene, Ore., Univ. of Oregon, Dep. of Chem.) J. FISCHER. 142

M. v. Stackelberg und **V. Toome,** *Bestimmung einiger Diffusionskoeffizienten von Metallen in Quecksilber mit Hilfe der Amalgam-Tropfelektrode.* Mit Hilfe der „Amalgampolarographie" werden die Diffusionskoeffizienten von *Cd*, *In*, *Pb* u. *Na* in Hg bei 22° mit einer Genauigkeit von ca. ±3% bestimmt. Hierbei wird eine Amalgam-Tropfelektrode in einer indifferenten Elektrolytlsg. als Anode geschaltet, so daß an der Tropfelektrode durch anod. In-Lösung-Gehen des Metalls dessen Konz. auf Null herabgesetzt wird. In dem hierdurch entstehenden Konzentrationsgefälle diffundiert das Metall zur Oberfläche, u. die Stromstärke wird also durch die Diffusion bestimmt. Bei der Auswertung der Versuchsergebnisse werden der „Keileffekt", der „Verarmungs-" u. der „Rückdruckeffekt" sowie die Konvektionseffekte diskutiert. Die Verss. ergeben eine eindeutige Bestätigung der von KOUTECKÝ durchgeführten Berechnung der Diffusionsstromstärke der Tropfelektrode. (Z. Elektrochem., Ber. Bunsenges. physik. Chem. **58**. 226—30. 1954. Bonn, Univ., Inst. für physikal. Chem.) R. LEVI. 142

W. L. Cheifetz und **B. Ss. Krassikow,** *Adsorption oberflächenaktiver Substanzen und Wasserstoffüberspannung an der festen Quecksilberoberfläche.* Beim Übergang von fl. zu festem Hg (von —38 zu 41°) nimmt die Kapazität der Doppelschicht in einer Lsg. von $2n\,H_2SO_4$ in einer 80%ig. A.-Lsg. von 8 auf 11,9 $\mu\Phi/cm^2$ zu, was Vff. mit einer Zunahme der wahren Hg-Oberfläche deuten. Eine noch wesentlichere Änderung in den Kurven Kapazität–Elektrodenpotential besteht darin, daß die Kathodenzweige der im reinen Lösungsm. u. im Lösungsm. mit *Nonylalkohol* (I)-Zusatz gemessenen Kurven an festem Hg nicht mehr zusammenfallen, das heißt, daß keine vollständige Desorption des I an der festen Hg-Oberfläche erfolgt. Für die unvollständige Desorption spricht auch, daß die Verschiebung der Überspannung der H-Abscheidung bei höheren I-Konzz. u. 10 mA/cm² an der festen Elektrode 400 mV erreicht, während an der fl. keine Verschiebung auftritt. (Доклады Академии Наук СССР [Ber. Akad. Wiss. UdSSR] [N. S.] **94**. 517—18. 21/1. 1954.) AMBERGER. 143

A_4. Thermodynamik. Thermochemie.

A. M. J. F. Michels, *Verdichtete Systeme, insbesondere in der Umgebung des kritischen Punktes.* Unter der Annahme, daß Gase als eine Ansammlung von Kernen u. Elektronen mit einer durch das COULOMBsche Gesetz gegebenen Wechselwrkg. angesehen werden können, wird für die beim Zusammenpressen des Syst. auftretende Änderung der kinet. Energie der Kerne u. Elektronen eine Gleichung aufgestellt u. deren Wert für eine Reihe von Gasen (H_2, *Ar*, N_2, CO_2, C_2H_4, C_3H_6) berechnet. Der Verlauf der CO_2-Isothermen bestätigt die Vorstellungen von VAN DER WAALS. Verschied. Messungen der spezif. Wärme von CO_2 in der Nähe des krit. Punktes sind in Diagrammen wiedergegeben. (Nederl. Tijdschr. Natuurkunde **19**. 251—57. Okt. 1953.) WESLY. 148

J. de Boer, *Zustandsgleichung und intermolekulare Kräfte.* Übersicht über die Theorie des Auftretens von VAN DER WAALSschen Kräften, den theoret. Zusammenhang zwischen Zustandsgleichung u. Transporterscheinungen u. intermol. Kräften, das empir. bestimmte Potentialfeld u. die sich hierauf gründende Anwendung des Prinzips der übereinstimmenden Zustände. — 21 Literaturangaben. (Nederl. Tijdschr. Natuurkunde **19**. 231—50. Okt. 1953.) WESLY. 148

Robert J. McCarty, *Kritische Bedingungen für die Eisbildung an Kernen von Silberjodid.* (Sitzungsbericht.) Es wurde die Zeitspanne bestimmt zwischen dem Einstreuen von AgJ-Kernen in Wasserdampf u. dem Erscheinen eines mkr. Eiskristalls, u. zwar in Abhängigkeit von der Kerntemp. u. dem Wasserdampfdruck. Dieses Zeitintervall wird sehr groß bei Annäherung krit. Kombinationen von Kerntemp. u. Wasserdampfdruck. Es wurden zwei Reihen von krit. Bedingungen bestimmt, die eine entsprechend den Taupunkten, während die andere zwischen den Tau- u. Frostpunkten liegt. (Physic. Rev. [2] **92.** 1080. 15/11.; Bull. Amer. physic. Soc. **28.** Nr. 5. 8. 2/9. 1953. New Mexico, Inst. of Mining and Technol.) GOTTFRIED. 149

E. F. G. Herington, *Thermodynamische Prüfung der Daten von Dampf–Flüssigkeits-Gleichgewichten ternärer Systeme mit einigen Bemerkungen über die extraktive Destillation.* Zur Prüfung der Zuverlässigkeit isothermer, tern. Gleichgewichtsdaten entwickelt Vf. Methoden, die auf thermodynam. Grundlage beruhen u. lediglich zur Voraussetzung haben, daß das Mol-Vol. der Flüssigkeitsmischung klein ist im Vgl. zum Mol-Vol. im dampfförmigen Zustand. An Hand der Gleichgewichtsdaten für das Gemisch A.–W.-Cellosolve von BAKER, HUBBARD, HUGHET u. MICHALOWSKI (Ind. Engng. Chem., ind. Edit. **31.** [1939.] 1260) wird die Anwendbarkeit auf isobare Daten erläutert. Für die Auswahl der 3. Komponente (3) bei der extraktiven Dest. wird der Mittelwert des $\ln \bar{\alpha}_{1,2N_3}$ der beiden zu trennenden Komponenten (1) (2) in Abhängigkeit vom Molanteil N_3 errechnet. Es wird gezeigt, daß 1. für $\ln \bar{\alpha}_{1,2N_3}$ nur dann $= \ln \alpha_{1,2}$ ist, wenn beide bin. Systeme 1—3 u. 2—3 ideal sind, 2. für $N_3 = 0$ $\ln \bar{\alpha}_{1,2} = \ln \alpha_{1,2}$ ist, 3. für $N_3 \rightarrow 1$, sofern (3) flüchtig ist, $\ln \alpha_{1,2N_3}$ einem Grenzwert zustrebt, u. 4. $\ln \bar{\alpha}_{1,2N_3}$ beim Durchlaufen der Mol-Anteile der Komponente (3) von 0—1 ein Maximum oder Minimum aufweisen kann. Zur extraktiven Dest. ist die Zusatzkomponente am geeignetsten, für die der Zahlenwert der Funktion $\ln \bar{\alpha}_{1,2N_3} - \ln \bar{\alpha}_{1,2}$ am größten wird. Sind die Werte dieser Funktion für einen gegebenen Zusatzstoff klein, so ist hiermit eine weitere Unters. nicht empfehlenswert; ist der Wert dagegen groß, so ist eine experimentelle Unters. des tern. Gemisches nützlich, um den günstigsten Konzentrationswert für den Zusatzstoff zu finden. (Research **3.** 41—46. Jan. 1950. Teddington, Middlesex, D.S.I.R., Chem. Res. Labor.) STAGE. 150

W. E. Windsor, F. Sobel, V. B. Morris jr. und **M. V. Hooper,** *Kritische relative Feuchtigkeiten einiger Salze.* Es wurden die krit. relativen Feuchtigkeiten der folgenden Salze bei 25° gemessen: $Pb(ClO_4)_2$ 15%; $CaBr_2$ 18%; $SbCl_3$ 22%; *Kaliumacetat* 22%; $LiNO_3$ 24%; *Cäsiumacetat* 27%; $MgBr_2$ 33%; $MnCl_2$ 57%; $NiCl_2$ 57%; $K_2S_2O_3$ 64%; *CsCl* 66%; *Lithiumacetat* 69%; $CuCl_2$ 70%; *Natriumacetat* 73%; *Magnesiumacetat* 75%; *Bariumacetat* 89%; *Calciumacetat* 91%; *Strontiumacetat* 92%; *Cadmiumacetat* 93% u. *Kobaltacetat* 93%. Die Genauigkeit der Werte beträgt ±2%. (Rev. sci. Instruments **24.** 334. April 1953. Towson, Md., Bendix Aviation Corp., Friez Instrument Div.) GOTTFRIED. 150

T. K. Sherwood, *Massenübergang.* Der Massenübergang zwischen zwei Phasen (Extraktion, Absorption, Adsorption, Dest., Trocknung usw.) ist einer der wichtigsten Vorgänge in der chem. Technik, der häufig den Hauptanteil der Kosten des Endprod. bestimmt. Vf. diskutiert einige allg. gültige grundlegende Beziehungen u. weist bes. auf ihre Ähnlichkeit mit den Gleichungen des Wärmeüberganges u. der Flüssigkeitsreibung hin. Im Hinblick auf den weiten Bereich der physikal. Phänomene ist die Übereinstimmung zwischen Massenübergangskoeff., Wärmeübergangskoeff. u. Reibungsfaktor gut. Das gilt bei gleicher REYNOLDSscher Zahl (z. B. beim Fließen durch Röhren u. a.) bes. für die beiden ersteren, so daß man unter gewissen Bedingungen aus dem Wärmeübergangskoeff. den Massenübergangskoeff. vorhersagen kann u. umgekehrt. Die Bedeutung des Gegenstromprinzips wird bes. herausgestellt u. auf einige neuere u. mögliche zukünftige Entwicklungen hingewiesen. (Research **6.** 423—27. Nov. 1953. Cambridge, Mass., Inst. of Technol.) UMLAND. 150

A. Marín Górriz, D. Martín García und **S. Cardona Fernández del Valle,** *Physikalische Chemie der Molekulardestillation.* 4. Mitt. *Angewandte Technik. Eichung und Betrieb des Filmdestillationsgerätes nach dem Schwerkraftverfahren.* (3. vgl. C. **1953.** 7732.) Nach Erörterung der für die Ermittlung der Eliminationskurve wichtigen Variablen (Strömungsgeschwindigkeit, Temp.) wird der Betriebscyclus (10 Min. Einleitung, Umlaufdest., Endphase) u. die Eichung der Geschwindigkeiten u. der Wärmeregelung (Vorheizung, kombinierte Eichung) erläutert, ferner werden Maßnahmen während des Betriebs besprochen: Temperaturänderungen, Überhitzungen, Einleiten der Dest. bei höherer Temp., Entgasung. (An. Real Soc. españ. Física Quím., Ser. B **49.** 107—14. Febr. 1953. Madrid, Inst. L. Torres Quevedo u. Inst. A. de G. Rocasolano des C.S.I.C.) R. K. MÜLLER. 150

A. Marín Górriz, D. Martín García und **S. Cardona Fernández del Valle,** *Physikalische Chemie der Molekulardestillation.* 5. Mitt. *Herstellung von in konstanter Menge über-*

gehenden Gemischen. (4. vgl. vorst. Ref.) Gemische, die bei jeder Temp. in der Zeiteinheit die gleiche Menge Destillat liefern, werden aus verschied. Mineralölen mit VZ. 0 u. Kp. 50—200° zusammengestellt, wobei 4 Grundöle verwendet werden. Die mit 2 Ölen (eines unter Bedingungen der Mol.-Dest. zwischen 110 u. 120° vollständig destillierbar, das andere mit abgeplatteter Destillationskurve über den ganzen Temperaturbereich) erhaltenen Gemische zeigen zwischen 70 u. 180° weniger als 2 : 1 Änderung der bei jeder Temp. dest. Volumina u. geben bei 60° schon deutlich ein Destillat. Sie gestatten die vollständige Mol.-Dest. von Olivenöl bei Tempp. bis 200°. (An. Real Soc. españ. Física Quím., Ser. B **49.** 427—30. Juni 1953.) R. K. MÜLLER. 150

A. W. Tickner und **F. P. Lossing,** *Die Messung niedriger Dampfdrucke mit Hilfe eines Massenspektrometers.* (Vgl. C. **1952.** 647.) Um bei der Messung von Dampfspannungen im Gebiet kleinster Drucke den Einfl. von Verunreinigungen auszuschalten, benutzen Vff. das Massenspektrometer unter den von HONIG (J. appl. Physics **16.** [1945.] 646) angegebenen Bedingungen, bei denen eine lineare Beziehung zwischen der Intensität des Ionenstrahls einer bestimmten Substanz u. ihrem Partialdruck im Gasvorratsbehälter besteht. Die gemessenen Dampfdrucke von CH_4 (I), C_2H_2, C_2H_4 (II), C_2H_6, *Propylen, Cyclopropan* (III), *Propan, Buten-(1),* n-C_4H_{10}, *iso*-C_4H_{10}, n-C_5H_{12} u. CO_2 im Bereich zwischen 0,001 u. 10 mm Hg sind tabellar. u. die entsprechenden Dampfdruckkurven mit Anschluß an die bisher bekannten Werte graph. wiedergegeben. Aus einigen Knickpunkten der Dampfdruckkurven ergaben sich folgende Tripelpunkte: **I** —182,8°, **II** —169,1° u. **III** —127,4°. (J. physic. Colloid Chem. **55.** 733—40. Mai 1951. Ottawa, Canada, Nat. Res. Labors., Div. of Chem.) CONRAD. 150

J. R. Clement und **E. H. Quinnell,** *Atomwärme von Indium unterhalb 20° K.* Mit Hilfe einer früher beschriebenen calorimetr. Technik (vgl. C. **1954.** 380) wurden von den Vff. die Atomwärmen von n. In zwischen 1,7 u. 21,3°K u. von supraleitendem In zwischen 1,8 u. 3,396°K, der Übergangstemp. im Magnetfeld Null, gemessen. Für n. In steigt die Atomwärme von 0,002515 cal/Mol·Grad bei 1,7°K auf 1,806 bei 21,0°K u. für supraleitendes In von 0,002832 cal/Mol·Grad auf 0,01835 bei 3,396°K. Vff. entwickelten eine Meth., um getrennt die Gitter- u. elektron. Beiträge zu den Wärmekapazitäten herzuleiten. Angenommen wurde u. a., daß sich die DEBYEsche charakterist. Temp. des Gitters bei Annäherung der Temp. an den absol. Nullpunkt einer Konstanten nähert, daß ferner die Gitterwärme eines Supraleiters unabhängig von dem magnet. Zustand ist, daß die Wärmekapazität eines Supraleiters kein lineares Temperaturglied hat u. daß schließlich die Gleichung des krit. magnet. Feldes von kub. analyt. Form ist. (Physic. Rev. [2] **92.** 258—67. 15/10. 1953. Washington, D. C., Naval Res. Labor.) GOTTFRIED. 151

N. K. Pope, *Die Schmelzentropie von einatomigen Flüssigkeiten.* (Sitzungsbericht.) Vff. stellten eine Beziehung auf zwischen der Schmelzentropie von einatomigen Fll. u. der Anzahl einer bestimmten Reihe von Nachbarn in der Flüssigkeit. Es wurde eine Ordnungs-Unordnungs-Theorie des Schmelzprozesses entwickelt, bei der die Fl. mit einem Zustand identifiziert wird, in dem von jedem Atom im Mittel ein Nachbaratom sich in einen neuen Gleichgewichtszustand bewegt. Die Zahl der 1., 2. u. 3. Nachbarn ist aus Röntgen- u. Neutronenbeugungsaufnahmen zu bestimmen. Vff. stellten fest, daß in vielen Fällen, in denen derartige Messungen zur Verfügung stehen, die Zahl der in der Fl. gemessenen Nachbarn mit der aus Meßwerten der Schmelzentropie berechneten übereinstimmt. (Physic. Rev. [2] **89.** 899. 15/2. 1953. Chalk River Labor.) WASSERROTH. 154

J. J. Chessick, G. J. Young und **A. C. Zettlemoyer,** *Ein volumetrisches Calorimeter für Immersionswärmen von Festsubstanzen in flüssigem Stickstoff.* Vff. konstruierten ein Tieftemperaturcalorimeter zur Best. der beim Eintauchen einer festen Substanz in fl. N_2 frei werdenden Wärme. Die Immersionswärmen von *Magnesia „2642"* (I), *„Silene"* (Ca-Silicat), *Aluminiumoxyd* u. *Graphon* (graphitisierter Kohlenruß) waren angenähert gleich groß. Es könnte also das beim Eintauchen von 1 g einer reinen Festsubstanz entwickelte Gasvol. als Maß für die spezif. Oberfläche verwendet werden. Aus Adsorptionswerten wurden nach zwei verschied. Methoden theoret. Werte für die Immersionswärme von I in fl. N_2 berechnet, welche gut mit den experimentellen Wert übereinstimmen. Der Beitrag des Freie Energie-Terms zur Immersionswärme betrug etwa ein Drittel des $T\Delta S$-Beitrags. (Trans. Faraday Soc. **50.** 587—92. Juni 1954. Bethlehem, Pa., Lehigh Univ., Surface Chem. Labor.) KARUTZ 156

D. Costa, A. Cerniani und **G. Costantinides,** *Selbstentzündungstemperatur organischer und anorganischer Pulver.* Die Entzündungstemp. brennbarer Pulver hängt von der

Korngröße u. von der Konz. in der Luft ab. Die Versuchsapp. (vgl. COSTA u. CONSTANTINIDES, Ann. triest. Cura Univ. Trieste, Sez. 2 a, **17.** [1946—47.] 131) besteht aus einem auf eine regelbare Temp. erhitzbaren Glas- oder Quarzkolben, in welchem das zu prüfende Pulver durch Luft von Normaldruck dispergiert wird. Untersucht wurden folgende Pulver: *S, Fe, Mn, Ti, Mg; Stärke, Saccharose, Lactose, Glucose, Xylose*; verschied. Kohle- u. Kokssorten. Bei einer Konz. von durchschnittlich 0,1 g/Liter Luft u. einer mittleren Teilchengröße von ca. 40 μ schwanken die Entzündungstempp. zwischen 261° (bei Fe) u. 663° bei Koks. Während bei anorgan. Pulvern eine direkte Entzündung zu beobachten ist, kommt es bei organ. Pulvern zu einer vorzeitigen Entzündung infolge Bldg. brennbarer Gase durch Pyrolyse. (Chim. e Ind. [Milano] **34.** 645—54. Nov. 1952. Triest, Univ.) STEINER. 157

P. G. Bordoni und **M. Nuovo,** *Über die Streuung elastischer Wellen in Blei bei hoher Temperatur.* (Vgl. C. **1954.** 29; 3881.) Die mit der Fortpflanzung elast. Wellen in reinem Pb verbundene Schwingungsdämpfung nimmt mit steigender Temp. (300—600°K) u. mit abnehmender Frequenz von 40—10 kHz zu. Diese Erscheinung wird mit der fortschreitenden Deformation (creep) bei hoher Temp. u. konstanter Beanspruchung in Zusammenhang gebracht, die offenbar auf dieselbe Ursache zurückzuführen ist, nämlich die Bewegung einer zunehmenden Zahl von Versetzungen bei steigender Temperatur. Eine Schätzung der den 2 flachen Maxima der experimentellen Kurve entsprechenden Aktivierungsenergien ergibt 14000 u. 30000 cal/Mol; letzterer Wert, der der Diffusionsenergie von Pb-Atomen in Pb nahekommt, deutet darauf hin, daß die beobachtete Relaxation auf das Viscositätsverh. von Korngrenzen zurückgeht. (Nuovo Cimento [9] **11.** 127—41. 1/2. 1954. Rom, Ist. naz. di Ultracustica O. M. Corbino.) R. K. MÜLLER. 159

Max Planck, Vorlesungen über Thermodynamik. 10. Aufl. durchges. u. erw. v. M. v. Laue. Berlin: de Gruyter. 1954. (XIII + 306 S.) DM 22—.

A₅. Kolloidchemie. Grenzschichtforschung.

R. K. Iler, *Polymerisation von Polykieselsäure, hergestellt aus Natriumsilicat vom Verhältnis 3,3: 1.* Die Ergebnisse der kryoskop. Molekulargewichtsbestimmungen an Lsgg. von Polykieselsäure, die aus Natriumsilicat vom Molverhältnis $SiO_2/Na_2O = 3,3/1$ mit HCl hergestellt wurden u. einen p_H von 1,7 besitzen, werden verglichen mit denjenigen nach einer bequemen Titrationsmeth. auf empir. Grundlage (vgl. ILER u. PINKNEY, C. **1948.** I. 997). Es wird ein linearer Zusammenhang zwischen der Quadratwurzel aus dem Polymerisationsgrad u. den sogenannten X-Werten der Titrationsmeth. gefunden, so daß diese Meth. für die Unterss. angewendet werden kann. — Das Zahlenmittel des Mol.-Gew. obiger Lsgg. wächst linear mit der Quadratwurzel aus der Zeit. Die Unters. des Einfl. des p_H der Lsg. auf die Polymerisation ergibt bei einem p_H von 1,7 ein Maximum an Zeit zur Erreichung eines bestimmten Zahlenmittels des Mol.-Gewichtes. Es besteht kein Einfl. der SiO_2-Konz. in der Ausgangslsg. auf das Zahlenmittel des Mol.-Gew. bei der Ausflockung des Gels, das 6000 beträgt. Nur die Konst. der Gele ist verschieden. Der Polymerisationsgrad ist dagegen annähernd proportional dem Quadrat der SiO_2-Konzentration. Das Zahlenmittel des Mol.-Gew. der ursprünglichen Lsg. beträgt 200, was durch Extrapolation der Kurven, die die Abhängigkeit des Mol.-Gew. von der SiO_2-Konz. bei verschied. Alterungszeiten des Sols wiedergeben, auf die SiO_2-Konz. 0 gefunden wird. Es werden die Viscositäten einer 6%ig. Lsg. an SiO_2 mit dem p_H 1,7 mit fortschreitender Polymerisation gemessen. Die mitgeteilten Ergebnisse sind in Übereinstimmung mit den Annahmen VAILS (J. Soc. chem. Ind., Chem. and Ind. **44.** [1925.] T 214) über den Bildungsmechanismus der Gele. Darüber hinaus wird angenommen, daß sich das dreidimensionale Netzwerk der Kieselsäure über die ganze Lsg. erstreckt, bevor alle Polykieselsäureeinheiten angelagert sind, was das relativ niedrige Zahlenmittel des Mol.-Gew. am Gelpunkt erklärt. (J. physic. Chem. **57.** 604—07. Juni 1953. Cleveland u. Wilmington, Del., E. I. du Pont de Nemours & Co., Exper. Station, Graselli Chem. Dep.) SACKMANN. 162

Norman Hackerman und **R. A. Powers,** *Oberflächenreaktionen von Chrom in verdünnten* $^{51}CrO_4^{2-}$*-Lösungen.* Um Veränderungen an Grenzflächen zwischen Metall u. Lsg. zu untersuchen, werden 2 Methoden angewendet: 1. die radioakt. Spurenmeth., die die Rkk. zwischen dem Metall u. seiner Umgebung zu verfolgen erlaubt, 2. Messungen der Unterschiede des Kontaktpotentials zwischen 2 metall. Oberflächen. Mit Hilfe von 1. wird die Menge Chromat-Dichromat- u. saurer Chromat-Ionen, die von einer Chromoberfläche aus wss. Lsgg. adsorbiert sind, direkt durch Anwendung von ^{51}Cr in den Anionen bestimmt. Diese Aufnahme wird als Funktion der Konz. des Chromioneninhalts u. des p_H-Wertes graph. dargestellt. Nach Meth. 2. unter Verwendung einer Standard-Pt-Elektrode gemessene Kontaktpotentiale können mit keinem einfachen Prozeß wie Red. von Chromat oder Dichromat in Verbindung gebracht werden. Hydroxyl-, Sulfat- u. Chloridionen, in genügender Konz. gelöst, vermindern die Aufnahmeaktivität u. zeigen, daß eine Mitbeteiligung an der Adsorption der Metalloberfläche stattfindet. Durch diese radioakt. Spurenverss. u. Kontaktpotentialmessungen wird gezeigt, daß eine passive Chromoberfläche wahrscheinlich aus einer sehr dünnen Oxydschicht besteht, die von einer chemisorbierten Monoschicht von Anionen mit nach außen orientierten negativen Dipolen überdeckt ist. Bei Passivierung mit HNO_3 z. B. besteht die adsorbierte Schicht aus Nitrationen, unter besonderen Bedingungen kann sie langsam durch Chromat-, Dichromat- oder OH-Ionen ohne Verlust der Passivität ersetzt werden. (J. physic. Chem. **57.** 139—42. Febr. 1953. Austin, Tex., Univ., Dep. of Chem.) E. JÄGER. 166

John E. Willard, *Anwendungen von radioaktiven Spuren auf die Untersuchung von Oberflächen.* Die Möglichkeiten der Verwendung der radioakt. Spurenanalyse zum Studium von Oberflächen-Rkk. werden diskutiert. Nach Beschreibung der Methodik geht Vf. näher auf die Rkk. von verschied. gelösten Ionen mit Glasoberflächen ein. Die Reinigung dieser Oberflächen ist von großer Bedeutung für das Adsorptionsvermögen. Die Rk. von Bromdampf, der Spuren des radioakt. Isotops enthält, mit Glas zeigt, daß Oberflächen, die normalerweise als nicht reaktionsfähig angesehen werden, doch mit dem Gas reagieren. Es ist oft von Interesse zu wissen, wieviel oder welcher Typ eines Teilchens in der ihn berührenden Wand haftenbleibt (Haftkoeff.); auch dieses Problem kann mit radioakt. Methoden gelöst werden. Ferner können Rkk. von ungesätt. Dämpfen von organ. Verbb. mit Oberflächen in evakuierten Systemen mit Hilfe der radioakt. Spurenmeth. untersucht werden. Eine Anzahl anderer Anwendungen (Best. der Eindringtiefe in eine Oberfläche, Studien über die FISCHER-TROPSCH-Synth.) werden noch gestreift u. eine ausführliche Diskussion der Ergebnisse angeführt. (J. physic. Chem. **57.** 129—34. Febr. 1953. Madison, Wis., Univ., Dep. of Chem.) E. JÄGER. 166

B. N. Ghosh, *Ermittlung des wahren ζ-Potentials der Teilchen eines As_2S_3-Sols in Gegenwart gleich schnell fällender Elektrolytkonzentrationen.* (Vgl. C. **1954.** 2121.) Für eine gegebene Koagulationsgeschwindigkeit (innerhalb 25—30 Sek.) eines As_2S_3-Sols durch verschied. Elektrolyte wurde folgende Formel in guter Übereinstimmung mit den Beobachtungen gefunden: $1/\zeta_a = 1/C + m/S$, wobei ζ_a das beobachtete ζ-Potential, S die spezif. Leitfähigkeit der Lsg. bei Ggw. der krit. Elektrolytkonz. u. des Koagulats u. C u. m Konstanten bedeuten. Die Größe C läßt sich mit dem wahren ζ-Potential, wie man es nach dem elektroendosmot. bestimmten ζ_a-Potential u. mit Hilfe der Gleichung von SMOLUCHOWSKI erhält, gleichsetzen. Bei der raschen Koagulation des As_2S_3-Sols durch *KNO_3, KCl, Anilin–HCl, Pyridin–HNO_3, $AlCl_3$, $Th(NO_3)_4$, $MgCl_2$, $SrCl_2$* u. *$BaCl_2$* wird das so ermittelte wahre ζ-Potential zu ca. 46 mV gefunden. (Trans. Faraday Soc. **49.** 1477—81. Dez. 1953. Calcutta, Univ. Coll. of Sci. and Technol., Dep. of Chem.) HENTSCHEL. 168

B. N. Ghosh, S. C. Rakshit und **D. K. Chattoraj,** *Berechnung des wahren ζ-Potentials von negativ geladenen Silberjodidsolen.* Wie bereits früher gezeigt (vgl. vorst. Ref.), kann das wahre ζ-Potential von *TiO_2*- u. *As_2S_3*-Teilchen aus elektroendosmot. Messungen in Ggw. äquikoagulierender Konzz. verschied. Elektrolyte mittels der Gleichung $1/\zeta_a = 1/C + m/S$ bestimmt werden (ζ_a = ζ-Potential, berechnet aus experimentellen Daten mittels der Gleichung von SMOLUCHOWSKI, C = das wahre ζ-Potential, S = spezif. Leitfähigkeit des Elektrolyten im Gleichgewicht mit dem Koagulat u. m = Konstante). Vff. weisen nun nach, daß diese Gleichung auch für zwei AgJ-Sole in Ggw. von *KNO_3, $Ba(NO_3)_2$, $Al(NO_3)_3$*, den Mischungen der genannten Salze u. Mischungen von *$AgNO_3$* u. KNO_3 gilt. Die Konstante C wurde wie früher (l. c.) als das wahre ζ-Potential erkannt. Aus den Ergebnissen geht hervor, daß das Oberflächenpotential der Koagulate in Ggw. der untersuchten Elektrolyte von 131 mV bis 334 mV variiert, obwohl C u. damit ζ konstant bleiben. (Trans. Faraday Soc. **50.** 729—32. Juli 1954.) G. HEINRICH. 168

W. E. Roseveare und **Louise Poore,** *Methode zur Bestimmung der Intrinsicviscosität aus den bei einer Konzentration erhaltenen Daten.* Zur Best. der Größe $[\eta]$ aus der MARTINschen Gleichung $\eta_{sp}/c = [\eta]\cdot c^{k'[\eta]c}$ aus der Messung von η_{sp} bei der Konz. c führen Vff. die Substitutionen ein: $[\eta] = X/k'c$ u. $Xe^X = k'\eta_{sp}$. Zuerst wird der letztere Ausdruck experimentell bestimmt, woraus aus einem (Xe^X, X)-Diagramm der Wert X u. durch Einsetzen von X in den ersten Ausdruck der Wert von $[\eta]$ folgt (bei bekanntem k'). (J. Polymer Sci. **10.** 126. Jan. 1953. Richmond, Va., E. I. du Pont de Nemours & Co., Textile Fibers Dep.) FUCHS. 172

A. G. Ogston, *Die Dimensionen gelöster Teilchen auf Grund der dynamischen Eigenschaften ihrer Lösungen.* Es werden die allg. Grenzen bei der Best. der Abmessungen gelöster Teilchen auf Grund der dynam. Eigg. ihrer Lsgg. erörtert. Vf. vergleicht dann drei dieser Methoden (durch verschied. Kombination der Gleichungen für die Sedimentationsgeschwindigkeit, den Diffusionskoeff. u. die Viscositätszahl für $c \rightarrow 0$) unter Benutzung von Literaturwerten für verschied. gelöste Stoffe (Proteine, Polyisobutylen-Fraktionen) u. Deutung auf Grund eines Kugelmodells. Daraus läßt sich schließen, daß man zwar für die Mol.-Geww.) der gelösten Teilchen genaue Werte erhalten kann, daß aber die Abschätzung der Gestalt (Achsenverhältnis der Ellipsoide) u. das Vol. der gelösten Teilchen bestenfalls nur halbquantitativ erfolgen kann. Bes. wird gezeigt, daß die etwas modifizierte Meth. von FESSLER u. OGSTON (Änderung des Sedimentationskoeff. der gelösten Teilchen mit ihrer Konz.) wertvolle Angaben über Mol.-Gew., Gestalt u. Vol. der Teilchen allein auf Grund von Messungen der Sedimentationsgeschwindigkeit u. der Viscositätszahl zu machen erlaubt. (Trans. Faraday Soc. **49.** 1481—89. Dez. 1953. Oxford, Univ., Dep. of Chem.) HENTSCHEL. 175

Aubrey Altshuller, *Die Form von Teilchen nach Untersuchungen der Dielektrizitätskonstanten von Suspensionen.* Vf. erörtert die Veränderung der theoret. linearen Koeffizienten $\beta = (\varepsilon - \varepsilon_D)/\varepsilon_D V$ (ε_D = DK. der Teilchen, V = Volumenanteil der Teilchen) von sphär. Teilchen in verd. Suspensionen. Die linearen Koeffizienten u. die Formfaktoren f für verd. Suspensionen zum Rande hin orientierter sphäroid. Teilchen werden diskutiert u. die linearen Koeffizienten als Funktion der Teilchenform u. der DK. tabelliert. Die theoret. Behandlung der DK. heterogener Gemische mit in der Randschicht verteilten ellipsoid. Teilchen oder Bläschen von POLDER u. VAN SANTEN (C. **1946.** II. 507) wird auf den Fall verd. Suspensionen ellipsoid., im elektr. Feld orientierter Teilchen ausgedehnt. Für den Fall vollständiger Orientierung werden die Veränderungen der linearen Koeffizienten mit der Teilchenform u. der DK. in Tabellenform angegeben. Aus den mathemat. Ergebnissen schließt Vf., daß Messungen der DK. verd. Suspensionen zur Ermittlung der Teilchenform herangezogen werden können. (J. physic. Chem. **58.** 544—47. Juli 1954. Cleveland, O., Nat. Adv. Comm. for Aeronautics, Lewis Flight Propulsion Labor.) R. STEIN. 175

Philip B. Lorenz, *Spezifische Adsorptionsisothermen von Thiocyanat- und Wasserstoffionen an der freien Oberfläche von wässerigen Lösungen.* Aus den Verss. wird erkannt: Für viele anorgan. Elektrolyte ist die Oberflächenspannung mol. wss. Lsgg. eine additive Funktion der Ionenart. Die Adsorption von KCl an der freien Oberfläche wird unter der Annahme, daß sie größtenteils elektrostat. Natur ist, mit der von KCNS verglichen, um die „spezif. Adsorptionsisotherme“ des Thiocyanations zu errechnen. Über Messungen der Oberflächenspannungen von HCl-Lsgg. im Bereiche von 10^{-3} bis 2 mol. bei einer wahrscheinlichen Genauigkeit von ca. 0,01% wird berichtet. Unterhalb 0,3 mol. überschreitet die Oberflächenspannung die des reinen Wassers. Die spezif. Adsorptionsisothermen von H-Ionen an der freien Oberfläche werden errechnet u. stellen eine annähernd gerade Linie dar. (J. physic. Colloid Chem. **54.** 685—90. Mai 1950. Cambridge, Mass., Harvard Univ., Mallinckrodt Chem. Labor.) BOYE. 176

G. E. Boyd, B. A. Soldano und **O. D. Bonner,** *Ionengleichgewichte und Selbstdiffusionsgeschwindigkeiten bei desulfonierten Kationenaustauschern.* Für die Unterss. wird Polystyroldivinylbenzol-Kationenaustauscherharz unterschiedlichen Vernetzungsgrades mit eingebauten Sulfogruppen verwendet. Mittels therm. Hydrolyse (bei 180 bis 220°) kann eine schrittweise Desulfonierung u. damit eine Änderung der Kapazität des Harzes erreicht werden, wobei sich für das Austauschsyst. Na^+—H^+ eine Verminderung der Selektivitätskoeffizienten bei abnehmender Kapazität ergibt. Demgegenüber stellt sich bei dem Ag^+—Na^+-Austausch für den Selektivitätskoeff. eine Vergrößerung bei abnehmender Kapazität heraus. Bei einem um 50% desulfonierten Harz mit dem Vernetzungsgrad 16% Divinylbenzol kann die vollständige Umkehrung der Selektivität für die einzelnen Ionen aller betrachteten Austauschsysteme gezeigt werden, z. B. wird H^+ gegenüber Na^+ bevorzugt. Die Möglichkeit, daß die Zunahme der Selektivität für das H^+ auf den eventuellen Einbau von Carboxylgruppen in den Austauscher während der Desulfonierung zurückzuführen ist, kann ausgeschlossen werden. Durch vergleichende Bestimmungen wird wahrscheinlich gemacht, daß keine wesentliche Änderung in der Art u. der Dichte der Vernetzung des Harzes stattfindet. Allerdings zeigen sich bei Bestimmungen von Selbstdiffusionskoeffizienten für Na^+, Ag^+, Zn^{2+}, Y^{3+} u. La^{3+} anfängliche Zunahmen der Koeffizienten bei abfallender Austauschkapazität wie im Fall eines teilweisen Bruches von Vernetzungsbrücken am Anfang der Desulfonierung. Werden die Kapazitätskoeffizienten jedoch noch kleiner, dann nehmen die Selbstdiffusionskoeffizienten ab u. die Werte für die Aktivierungsenergien steigen. (J. physic. Chem. **58.** 456—59. Juni 1954. Oak Ridge, Tenn., Oak Ridge Nat. Labor.) BLASIUS. 177

A_6. Strukturforschung.

W. W. H. Clarke und **L. Jacob,** *Einige charakteristische Eigenschaften eines Elektronenimmersionsobjektivs für niedrige Spannungen.* Experimentelle Unterss. an einem Elektronenstrahlerzeuger für extrem niedrige Beschleunigungsspannungen (20—70 V; vgl. C. **1952.** 7288). Die Verteilung der Strahlintensität über den Raumwinkel wird mit einer Reihe von konzentr. Auffängern gemessen. Raumladungseffekte spielen eine entscheidende Rolle bei der Deutung der Ergebnisse. (Proc. physic. Soc., Sect. B **66.** 284—95. 1/4. 1953. Liverpool, Univ., George Holt Phys. Labor.) LENZ. 181

Francis W. Bishop, *Eine neue, von außen zentrier- und austauschbare Objektivapertur für das RCA EMU-Elektronenmikroskop.* Vf. beschreibt eine Vorr., welche es gestattet, während des Betriebs eines Elektronenmikroskops 5 verschied. Aperturen mit Durchmessern von 0,001—0,005 in. in den Strahlengang einzuschieben, wobei die Zentrierung von außen erfolgt. (Rev. sci. Instruments **24.** 269—71. April 1953. Los Angeles, Calif., Univ., School of Med., Atomic Energy Project.) GOTTFRIED. 181

Pierre Grivet, *Kardinalelemente eines neuen Modells einer Elektronenlinse.* Eine Tabelle für die Brennweite, Brennpunktslage, Vergrößerungsweite u. asymptot. Brennpunktslage einer magnet. Elektronenlinse der Feldform $H = H_0 \, c\, h^{-1}(x/a)$ wird mitgeteilt. Diese Zahlenwerte ergeben sich aus dem Verh. der LEGENDREschen Funktionen $P_\nu(\cos\vartheta)$ in der Umgebung ihrer Nullstellen u. von $\cos\vartheta = -1$. (C. R. hebd. Séances Acad. Sci. **234.** 73—75. 2/1. 1952.) LENZ. 181

K. M. Poole, *Elektrodenverunreinigungen in elektronenoptischen Systemen.* Unters. der Verunreinigungsschichten, die sich infolge der Zerschlagung u. anschließenden Polymerisation organ. Moll. aus dem Restgas durch den Elektronenstrahl (einige 100 V, einige mA) in elektronenopt. Apparaturen ablagern. Der elektr. Widerstand dieser Schichten wurde gemessen u. auf chem. Wege die Ggw. organ. Radikale darin nachgewiesen. Die abgelagerten Schichten bildeten sich unabhängig vom Elektrodenmaterial. Durch Heizen der Elektrode auf mindestens 250° kann die Verunreinigung unterbunden werden. (Proc. physic. Soc., Sect. B **66.** 542—47. 1/7. 1953.) LENZ. 181

Friedrich Lenz, *Zur Streuung mittelschneller Elektronen in kleinste Winkel.* Im Hinblick auf die Bildentstehung im Elektronenmikroskop interessiert vor allem das Verh. des differentiellen Streuquerschnitts für kleinste Streuwinkel. Gerade in diesem Bereich versagt aber das in der Literatur zur Berechnung der Streuquerschnitte meist verwandte THOMAS-FERMI-Modell. Unter Lösung von diesem Modell gewonnene mathemat. einfache Streuformeln für elast. u. unelast. Streuung werden angegeben, welche vor allem auf eine richtige Wiedergabe der Streuquerschnitte für kleinste Streuwinkel zugeschnitten sind. Die Übereinstimmung mit experimentellen Ergebnissen von BIBERMAN u. Mitarbeitern (C. **1950.** II. 135) ist wesentlich besser als nach früheren Streuformeln. Die mathemat. Einfachheit der Formeln erlaubt eine Anwendung des Verf. von BOTHE (Z. Physik **5.** [1921.] 63) u. MOLIÈRE (Z. Naturforsch. **3a.** [1948.] 78) zur Berechnung der Winkelverteilung bei Mehrfachstreuung mit erträglichem Rechenaufwand, selbst wenn die unelast. Streuung mitberücksichtigt wird. Die entsprechende numer. Rechnung wurde für *C*, *Cr* u. *Au* durchgeführt. (Z. Naturforsch. **9a.** 185—204. März 1954. Aachen, TH, Inst. für Elektronenoptik u. Feinmechanik.) LENZ. 181

Ernest H. Kalmus, *Präparation von Aerosolen für die Elektronenmikroskopie.* Die Aerosolteilchen werden aus der Luft auf Molekularfilter niedergeschlagen, welche aus Celluloseestern bestehen. Später werden diese Molekularfilter in Aceton gelöst u. die unlösl. Aerosolbestandteile auf mit Formvar beschickten elektronenmkr. Objektträgernetzen aufgefangen u. der Beobachtung im Elektronenmikroskop zugeführt. (J. appl. Physics **25.** 87—89. Jan. 1954. Los Alamos, N. Mex., Univ. of California, Los Alamos Sci. Labor.) LENZ. 181

R. D. Lowde, *Über die diffuse Reflexion von Neutronen an einem Einkristall.* (Vgl. C. **1954.** 9216.) Der Teil der unelast. Streuung von Neutronen an Einkristallen, der zu breiten Gebieten erheblicher Untergrundintensität Anlaß gibt, wird theoret. untersucht. Diese diffuse Reflexion ist therm. Ursprunges; sie rührt her vom Energieaustausch mit den Gitterschwingungen u. mit den therm. ungeordneten magnet. Momenten. Die Durchrechnung erfolgt in Anlehnung an u. im Vgl. mit der analogen Röntgenstreuung. Für Neutronen mit Überschallgeschwindigkeit ist die Analogie gut erfüllt; für langsamere Neutronen kommen als wesentliche Abweichungen die magnet. Streuung u. die Wellenlängenänderung bei der Streuung hinzu. Unter Vernachlässigung von Mehrquantenprozessen werden die Wirkungsquerschnitte errechnet. Dem experimentell schwer untersuchbaren diffusen Fleck im monochromat. Beugungsbild entspricht ein diffuser Streifen durch die LAUE-Reflexion bei einer LAUE-Aufnahme. Dieser diffuse

Streifen wurde bei LAUE-Beugung am 1 1 0-Reflex eines Fe-Einkristalls mit Neutronen mit maximaler Intensität bei 1,55 Å bei ca. 20° Einfallswinkel untersucht. Der so gefundene unelast. Wirkungsquerschnitt stimmt mit dem errechneten gut überein; seine Größenordnung liegt bei 10 mbarns. Die beobachtete diffuse Streuung rührt fast ausschließlich von der Wechselwrkg. mit den Gitterschwingungen her. Theorie u. Experiment werden weiter verglichen an Hand der Streifenbreite, der Lage des Streifens als Funktion des Einfallwinkels u. seiner Temperaturabhängigkeit. Gemessen wird weiter die mittlere Wellenlänge der Neutronen u. ihre Änderung bei der Streuung. Letztere liegt allerdings noch an der Grenze der Meßgenauigkeit. Aus ihr läßt sich das akust. Spektr. des Kristalls bestimmen. (Proc. Roy. Soc. [London], Ser. A **221**. 206—23. 21/1. 1954. Harwell, Atomic Energy Res. Establ.) H. C. WOLF. 181

J. Krug, B. Wagner, H. Witte und **E. Wölf,** *Röntgenographische Bestimmung der Elektronenverteilung in Kristallen.* Die Arbeiten von BRILL, GRIMM, HERMANN u. PETERS über die röntgenograph. Best. der Elektronenverteilung in Kristallen u. die daraus erhältlichen Aussagen über deren Bindungsstruktur werden mit verfeinerter Meßanordnung wieder aufgenommen. Eine erste Messung an dem schon wiederholt gemessenen *NaCl* diente zur Kontrolle. Die Messungen stimmen im Bereich starker u. mittlerer Reflexe mit älteren Arbeiten gut überein, für schwache Reflexe zeigen sich gegenüber JAMES u. FIRTH sowie BRILL u. Mitarbeitern Abweichungen, die Ergebnisse stimmen aber mit denen RENNINGERs gut überein. Neu vermessen wurde *LiF*. Für beide Substanzen wird die Elektronendichte in der durch die Atomschwerpunkte gelegten Ebene mit einer dreidimensionalen FOURIER-Meth. nach zwei verschied. Rechenverff. (Anwendung verschied. Koeffizienten) berechnet. Im Unterschied zu NaCl zeigen bei LiF einige Reflexe mit gleicher Indicesquadratsumme verschied. integrale Reflexionsvermögen. Dies kann verstanden werden als Folge der Abweichung der Dichteverteilung der Elektronen von der Kugelsymmetrie. (Naturwissenschaften **40**. 599—601. Dez. 1953. Darmstadt, TH, Eduard-Zintl-Inst.) H. C. WOLF. 182

S. R. de Groot, *Über die Beziehung zwischen der inneren Struktur und der Wechselwirkung der Moleküle.* Die Wechselwrkg. zwischen Moll. wird als eine innere Veränderung, die die getrennten Moll. erleiden, beschrieben. Diese Deformation ist während der Dauer von mol. Stößen sowie in Systemen hoher D. stark ausgeprägt u. äußert sich in meßbarem, makroskop. Maßstab. Die gefundenen theoret. Ergebnisse für Einzelatome können nicht unmittelbar mit Versuchsergebnissen verglichen werden, weil das festgestellte makroskop. Verh. (Zustandsgleichung, DK., Brechungsindex) eine Folge von überlagerten statist. u. individuellen Wirkungen ist. Mit Hilfe von statist. Theorien kann man aus den gemessenen Werten auf die individuellen Wirkungen schließen. Ein Vgl. dieser Wirkungen mit den theoret. Voraussagen zeigt, daß letztere eine gute Vorstellung von Größenordnung u. Druckverlauf der fraglichen physikal. Eigg. geben. (Nederl. Tijdschr. Natuurkunde **19**. 259—66. Okt. 1953.) WESLY. 182

Linus Pauling, *Die Abhängigkeit der Bindungsenergie von der Bindungslänge.* Vf. diskutiert am Beispiel der Elemente der 1., 2., 4., 5. u. 6. Hauptgruppe des Period. Syst. die einzelnen Faktoren, die zur Best. der Bindungsenergie von Bedeutung sind. Danach ist in einer Reihe von analogen Bindungen die Bindungsenergie dem Atomabstand im Gleichgewicht (der Bindungslänge) umgekehrt proportional. Diese Beziehung wird für einige Reihen, wie O_2, S_2, Se_2, Te_2, durch experimentelle Werte gestützt; die Anwendung der Beziehung auf andere Reihen ergibt u. a. eine Bestätigung der Werte von 170 kcal/Mol für die Dissoziationswärme von N_2 u. 139 kcal/Mol für die Sublimationswärme von C. Die Abhängigkeit der Bindungsenergie von anderen Faktoren, wie den Quantenzuständen der beteiligten Elektronen, der Resonanzenergie verschied. möglicher Bindungszustände u. der Abstoßung von nicht an der Bindung beteiligten Elektronenpaaren der gebundenen Atome, wird kurz diskutiert. (J. physic. Chem. **58**. 662—66. Aug. 1954. Pasadena, Calif., California Inst. of Technol., Gates and Crellin Labors. of Chem.) R. STEIN. 182

Arthur A. Evett und **Henry Margenau,** *Die Kräfte zwischen Wasserstoffmolekülen.* Inhaltlich im wesentlichen ident. mit der C. **1954**. 2569 referierten Arbeit. (Physic. Rev. [2] **90**. 1021—23. 15/6. 1953.) NIEMITZ. 182

R. E. Rundle, *Der Deuteriumeinfluß auf Wasserstoff-Bindungsabstände in Kristallen.* Die Beobachtung von ROBERTSON u. UBBELOHDE, daß O—H—O-Bindungen beim Ersatz von H durch D verlängert werden, wird von NORDMAN u. LIPSCOMB (C. **1954**. 2977) mit der unterschiedlichen Form der Potentialkurven erklärt, die zur Folge hat, daß die höheren Schwingungsniveaus bei der D- eher als bei der H-Bindung angeregt werden. Die danach zu erwartende Umkehr des Effektes bei tiefen **Tempp.**

trifft im einzigen gemessenen Fall, H_2O-D_2O, zu. (J. chem. Physics **21.** 937—38. Mai 1953. Ames, Io., Iowa State Coll., Inst. of Atomic Res. and Dep. of Chem.) H. C. WOLF. 182

B. S. Blaisse, *Die Kristallisation von Edelgasen als Folge von van der Waals-Kräften.* Bei niedrigem äußerem Druck ist die Kristallisation von Edelgasen eine Folge von VAN DER WAALSschen Anziehungskräften zwischen den Atomen; die Größe der elementaren Gitterzelle wird mit durch die Abstoßungskräfte bestimmt. Wenn diese bekannt sind, kann man Voraussagen über das Verh. der krist. Phase machen. Da nämlich die auf jedes Teilchen einwirkenden Kräfte additiv sind, kann man, wenigstens im Prinzip, die Zustandssumme als Funktion des Vol. bestimmen u. daraus alle Makroeigg. ableiten. Eine Potentialfunktion dieser Kräfte wird aus dem Verh. der verd. Gasphase abgeleitet. Für das Anziehungsfeld ist die Funktion der 6. Potenz des Abstandes zwischen 2 Atomen umgekehrt, für das Abstoßungsfeld der 12. Potenz des Abstandes direkt proportional. Auf diese Weise kann eine Brücke zwischen dem Verh. von Gas u. Kristall geschlagen werden. Zwischen Theorie u. Vers. besteht eine befriedigende quantitative Übereinstimmung (N_2, D_2, H_2, *He*, *Ar*, *Kr*), solange die Quanteneffekte von geringem Einfl. sind. (Nederl. Tijdschr. Natuurkunde **19.** 267—72. Okt. 1953.) WESLY. 182

Louis H. Lund, *Röntgenstreuung von einer „freien-Volumen"-Flüssigkeit.* Ausgehend von der freien Volumentheorie des fl. Zustandes von KIRKWOOD (vgl. C. **1950.** II. 2045), berechnete Vf. die Röntgenstreuung einer einatomigen Fl. durch Mittelung der Intensitätsfunktion über Konfigurationen der Atome in einem zellartigen „freien Vol."-Konfigurationsraum entsprechend einer Einzelzellenbesetzung. Es wird gezeigt, daß bereits eine Annäherung nullter Ordnung an die abgeleitete Streuungsgleichung zu der üblichen Röntgenstreuungsgleichung führt. (J. chem. Physics **21.** 1772—73. Okt. 1953. Rolla, Mo., School of Mines and Metallurgy.) GOTTFRIED. 186

M. E. Straumanis, *Absoluter Wert der Avogadroschen Zahl und die Vollkommenheit von Kristallen.* Da die experimentelle Best. der AVOGRADOschen Zahl nach der Röntgendichtemeth. wegen der Unvollkommenheiten in Kristallen zu unsicher ist, schlägt Vf. vor, als Bezugsgitter das Gitter von reinstem Calcit zu nehmen, da Calcit als nahezu vollkommener Kristall angesehen werden kann, u. als Wert von N_0 $6{,}02567 \cdot 10^{23}$ g·Mol^{-1} (physikal.) anzunehmen, der äquivalent ist $6{,}02403 \cdot 10^{23}$ g·Mol^{-1} für die AVOGADRO-Zahl, die aus Messungen an reinstem Calcit erhalten worden ist. Durch Vgl. mit dem Calcit kann man den Grad der Vollkommenheit bzw. Unvollkommenheit der Gitter aller anderen kristallinen Substanzen bestimmen. (Physic. Rev. [2] **92.** 1155—57. 1/12. 1953. Rolla, Mo., Univ., School of Mines and Metallurgy, Dep. of Metallurgy.) GOTTFRIED. 190

I. H. Christensen, C. J. Calbick und **E. E. Thomas,** *Spaltoberflächen von Germaniumkristallen.* 1. Mitt. (Sitzungsbericht.) Einkristalle von Ge wurden in den (1 1 1)-Ebenen gespalten u. die entstandenen Oberflächen opt., elektronenopt. u. röntgenograph. untersucht. Genauer beschrieben werden die Beobachtungen an 2 Proben I u. II. Beide Kristalle zeigten eine außerordentlich niedrige Bruchfestigkeit, die für Ge charakterist. ist. Beide Proben waren aus der Schmelze gezogen; bei I war ca. 25%, bei II 5—10% der Oberfläche unvollkommen. I war vom n-Typ mit $\varrho = 50\ \Omega \cdot$cm u. einer Lebensdauer der Löcher von 260 μSek., II war bei Zimmertemp. eigenleitend mit einer Donator-minus-Acceptorkonz. von $\sim 3 \cdot 10^{12}/cm^3$. (Physic. Rev. [2] **92.** 1082. 15/11; Bull. Amer. physic. Soc. **28.** Nr. 5. 10. 2/9. 1953. Bell Telephone Labor., Inc.) GOTTFRIED. 190

C. J. Calbick, I. H. Christensen und **E. E. Thomas,** *Spaltoberflächen in Germaniumkristallen.* 2. Mitt. (1. vgl. vorst. Ref.) (Sitzungsbericht.) Es wurden elektronenopt. die Bruchstreifen auf den beiden Ge-Spaltoberflächen untersucht. Hierbei wurde beobachtet, daß der unvollkommenere Kristall I entsprechend zahlreichere Sprünge zeigte als II u. daß bei I die Oberfläche in einem größeren Ausmaß rauh war als bei II. Es wird angenommen, daß die komplexe Oberflächenstruktur ihre Hauptursache in Unvollkommenheiten hat, die bereits vor der Spaltung in dem Kristall vorhanden waren. (Physic. Rev. [2] **92.** 1082. 15/11.; Bull. Amer. physic. Soc. **28.** Nr. 5. 10. 2/9. 1953. Bell Telephone Labor., Inc.) GOTTFRIED. 190

B. Honigmann, *Züchtung größerer Einkristalle von Hexamethylentetramin aus der Dampfphase.* (Vgl. C. **1953.** 819.) Das von STRANSKI u. Vf. angegebene Verf. zur Züchtung von Hexamethylentetraminkristallen aus der Dampfphase, bei dem die Substanz sich als Bodenkörper in einem evakuierten Glasröhrchen innerhalb eines Thermostaten befindet, wird dadurch abgeändert, daß statt des bisher benutzten Kühlstabs zur Verbesserung der Temperaturverteilung u. Wärmeableitung eine Cu-

Platte auf das Röhrchen aufgedrückt wird. Es zeigt sich, daß fehlerfreies Wachstum einerseits durch Verwendung von sorgfältig gereinigten, jedoch nicht ausgeheizten Röhrchen, sowie durch niedrige Kondensationstempp. beim Einsublimieren der Substanz (Verss. zwischen 20 u. 80°), andererseits durch höhere Züchtungstempp. (>80°) begünstigt wird. Diese Tatsache wird durch größere Beweglichkeit der Moll. auf der Kristalloberfläche durch Temperaturerhöhung u. Wasseradsorptionsschichten auf den Glaswänden bzw. auf der Substanz erklärt. Durch Variation der Temperaturdifferenz ΔT zwischen Kühlplatte u. Ofen, die ein Maß für die Übersättigung darstellt, werden die günstigsten Bedingungen für eine Einzelkeimbldg. ermittelt. Die entsprechenden ΔT-Werte lagen bei einer Ofentemp. von 70° zwischen 5 u. 15° u. sind bei verschied. Röhrchen verschieden. Die Einzelkeimbldg. wird auf das Vorhandensein akt. Zentren zurückgeführt. Bei Orientierung der Kristalle mit 0 1 1-Ebenen parallel zur Unterlage werden fehlerfreie Kristalle von 10·10·3 [mm] erhalten. Es wird gezeigt, inwiefern die optimale Größe fehlerfreier Kristalle von ihrer Orientierung zur Unterlage u. ihren Wärmeleitungseigg. abhängt. Auch die Wachstumsgeschwindigkeit ist in verschied. Röhrchen unterschiedlich, was ebenfalls auf verschieden starke Adsorptionsschichten zurückgeführt wird. (Z. Elektrochem., Ber. Bunsenges. physik. Chem. **58.** 322—27. 1954. Berlin-Dahlem, Fritz-Haber-Inst. der Max-Planck-Ges.) R. LEVI. 190

Giuseppe Giuseppetti, *Kristallographisch-strukturelle Untersuchungen an einer Additionsverbindung aus $CuSO_4$ und Hexamethylentetramin.* 1. Mitt. Die durch Mischen der konz. wss. Lsgg. erhaltene Additionsverb. entspricht der Zus. $CuSO_4 \cdot C_6H_{12}N_4 \cdot H_2SO_4$, D.[18] 1,88, F. 107°. Die Kristalle gehören zum monoklinen Syst. mit a:b:c = 0,745:1:0,506, $\beta = 106°6'$. Beobachtet werden {0 0 1}, {2 0 $\bar{1}$}, {1 1 0}, {0 1 1}, {1 1 $\bar{1}$}. Die Kristalle sind opt. negativ, die Ebene der opt. Achsen fällt mit (0 1 0) zusammen; α:z = +21°. Hauptbrechungsindices für Na_D: $\alpha = 1{,}493 \pm 0{,}002$, $\beta = 1{,}503 \pm 0{,}002$, $\gamma = 1{,}509 \pm 0{,}002$. Winkel der opt. Achsen 2V berechnet 75°31', gefunden (Na) 75°2'. Gitterkonstanten: $a_0 = 9{,}18 \pm 0{,}01$ (Å), $b_0 = 12{,}39 \pm 0{,}02$, $c_0 = 6{,}33 \pm 0{,}02$; Vol. der Elementarzelle (mit 2 Moll.) $U_0 = 691{,}73$ Å³; Raumgruppe C_{2h}^5 — $P2_1/a$. (Periodico Mineralog. **22.** 265—84. 1953. Pavia, Univ., Ist. di Mineral. e Petrogr.) R. K. MÜLLER. 195

A. I. Kitaigorodski, T. L. Chotzjanowa und **Ju. T. Strutschkow,** *Über die Kristallstruktur des Jods.* Mittels Schwenkaufnahmen u. nach der Meth. des zylindr. Röntgengoniometers wurde die Kristallstruktur des J neu bestimmt. Die Elementarzelle ergab a = 4,79, b = 7,26 u. c = 9,78 Å, Z = 8. Die Diskussion der Atomlagen u. der Atomkoordinaten führt zu der Annahme, daß das J-Atom merklich in Richtung der Valenzbindung ($2R_0$ = 2,68 Å) abgeflacht ist, während der mittlere intermol. Abstand J—-—J sich zu 4,10 Å ergibt. Das Ergebnis entspricht vollständig der Vorstellung über die Konfiguration der Elektronenwolke zweiatomiger Moll. vom Typus A_2. (Журнал Физической Химии [J. physik. Chem.] **27.** 780—81. Juni 1953. Moskau, Akad. der Wiss. der UdSSR, Inst. für organ. Chem.) KLEVER. 195

K. R. Andress und **K. Fischer,** *Beiträge zur Kenntnis der polymeren Metaphosphate.* 3. Mitt. *Röntgenographische Untersuchungen von Kurrolschem Kaliummetaphosphat sowie Darstellung und Untersuchung eines Bleimetaphosphates* $[Pb(PO_3)_2]_\infty$. (2. vgl. C. **1951.** II. 3279.) Das KURROLsche Kaliumsalz, ein polymeres Kaliummetaphosphat, wurde röntgenograph. untersucht. Es gelang nicht, aus der Schmelze echte Einkristalle zu erzeugen, u. deshalb konnten Röntgenaufnahmen keine exakte Raumordnung geben. Aus valenzchem. Überlegungen bleibt nur möglich, daß das Anion unendlichfach-polymer ist. — Die Elementarzelle hat die Abmessungen a = 10,24 kX, b = 4,59 kX, c = 14,06 kX, $\beta = 79{,}2 \pm 0{,}5°$; aus der D. 2,41 folgt Z = 8 KPO_3; als Raumgruppen kommen C_{2h}^5 — $P2_1/c$, C_{2h}^4 — P2/c oder C_s^2 — Pc in Betracht. Entwässert man formelreines $Pb(H_2PO_4)_2$, so findet man, daß bei 225° im DEBYE-Diagramm das $[Pb(PO_3)_2]_\infty$ auftritt. Das Existenzgebiet dieser Verb. reicht von 225 bis ca. 650°. Die röntgenograph. Unters. ergab einen pseudorhomb., der Symmetrie nach jedoch einen monoklinen Elementarkörper mit a = 7,29 ± 0,03 kX, b = 7,95 ± 0,04 kX, c = 17,28 ± 0,08 kX, $\beta = 89{,}5 \pm 0{,}5°$; aus der D. 4,74 folgt Z = 8; Raumgruppe C_{2h}^5 — $P2_1/c$. Auch dieses Phosphat wurde als wahrscheinlich unendlichfach-polymer mit kettenförmig gebautem Anion erkannt. Durch Umsetzung mit Na_2S-Lsg. erhielt man hochviscose Na-Metaphosphatlösungen. (Z. anorg. allg. Chem. **273.** 193 bis 199. Aug. 1953. Erlangen, Univ., Inst. für Anorg. Chem., Technol. Abt.) KRAJEWSKI. 195

Félix Bertaut und **Pierre Blum,** *Struktur einer neuen Modifikation von Natriumferrit ($NaFeO_2$).* Während die $NaHF_2$-Struktur des rhomboedr. α-$NaFeO_2$ mit oktaedr.

Koordination um Fe^{3+} u. Na^+ bekannt ist (vgl. HASSEL u. OTTAR, Acta chem. scand. **1.** [1947.] 929), beschreiben Vff. die Struktur einer neuen orthorhomb. β-Modifikation mit tetraedr. Koordination. β-$NaFeO_2$ bildet rötliche Nadeln nach der c-Achse. Die Elementarzelle hat die Dimensionen a = 5,672; b = 7,316; c = 5,377 Å. Für Z = 4 errechnet sich eine D. von 3,36. Als einzig mögliche Raumgruppe erhalten Vff. C_{2v}^9 — P n a. Sämtliche Atome sind in der Punktlage 4 (a) untergebracht mit folgenden Parametern: Fe (x =) 0,075; (y =) 0,128; (z =) 0,0; Na 0,40; 0,135; 0,5; O_I 0,05; 0,10; 0,33; O_{II} 0,38; 0,125; —0,10. Die O-Atome bilden in der Struktur eine verzerrte hexagonale Packung. Die Tetraeder mit den Fe- u. Na-Ionen sind über gemeinsame Ecken, nicht jedoch über gemeinsame Kanten verknüpft. Hieraus erklärt sich der um 29% größere Raumbedarf der β-Modifikation ($V_{Mol.}$ = 54,4 $Å^3$) gegenüber der α-Modifikation ($V_{Mol.}$ = 42,2 $Å^3$), bei der die Koordinationspolyeder gemeinsame Kanten haben. Jedes O-Atom hat 2 Fe u. 2 Na als nächste Nachbarn, so daß die PAULINGsche Regel gut erfüllt wird. (C. R. hebd. Séances Acad. Sci. **239.** 429—31. 2/8. 1954.) B. REUTER. 195

René de Saint Léon Langlès, *Darstellung und Struktur des wasserfreien kristallisierten neutralen Nickelcarbonats.* $NiCO_3$ wurde in 2 Formen, einer grünen (I) u. einer gelben (II) Form dargestellt. I wurde erhalten durch tropfenweise Zugabe einer $NaHCO_3$-Lsg. (0,18 Mol in 100 cm³ W.) zu einer mit HCl angesäuerten $NiCl_2$-Lsg. (0,12 Mol in 100 cm³ W.) im Autoklaven bei 250° u. einem CO_2-Druck von 120 kg/cm². Es bildet mkr. kleine, durchsichtige u. doppelbrechende grüne Rhomboeder u. wird weder von warmen konz. Säuren noch von sd. W. angegriffen. II bildet sich unter den gleichen Bedingungen wie I bei einer Temp. von 180° u. sehr konz. Lsgg. (0,22 Mol $NiCl_2$ in 25 cm³ W. u. 0,38 Mol $NaHCO_3$ in 100 cm³ W.). Während I mit einer Ausbeute von 25—30% erhalten wurde, ist die Ausbeute an II schlecht. Bei tieferen Tempp. bilden sich nur koll. Prodd., bei Tempp. zwischen 180 u. 250° ein Gemisch von I u. II. Habitus, physikal. u. chem. Eigg. von II sind dieselben wie die von I. Beim Erhitzen auf ca. 400° zers. sich beide Carbonate in CO_2 u. grünes NiO. Pulveraufnahmen ergaben für das Elementarrhomboeder von I die Dimensionen a = 5,57 Å; α = 48°43′, von II a = 5,60 Å u. α = 48°31′, beide Salze mit Z = 2. Größere Zellen mit Z = 4 haben für I a = 5,84 Å, α = 103°41′ u. für II a = 5,85 Å u. α′ = 103°34′. Magnet. Unterss. ergaben, daß das Carbonat bei der Temp. des fl. H_2 ferromagnet. wird. (Ann. Chimie [12] **7.** 568—83. Sept./Okt. 1952. Nancy, Fac. des Sci., Labor. du Prof. Bizette.)
GOTTFRIED. 195

Meyer D. Silverman und **Henry A. Levy,** *Kristallstruktur von Kaliumperruthenat $KRuO_4$.* Mit Hilfe von DEBYE-SCHERRER-Aufnahmen mit Cu-Strahlung u. WEISSENBERG-Aufnahmen mit Mo-Strahlung bestimmen Vff. die Struktur des $KRuO_4$. Es gehört zum Scheelit-Typ, Raumgruppe C_{4h}^6—$I4_1/a$ mit Z = 4, a_0 = 5,609±0,002 Å, c_0 = 12,991±0,002 Å. Ru befindet sich auf (0 0 0), K auf (0 0 ½). Kristallograph. ident. Punkte liegen auf x = 0,244, y = 0,117, z = 0,073 (±0,002). 4 O bilden jeweils ein in der c-Richtung etwas abgeflachtes Tetraeder um die Ru-Atome. Der Ru–O-Abstand ist mit 1,79 Å etwas kleiner, als der Summe der Ionenradien (1,94) entsprechen würde. Jedes K ist von 8 RuO_4-Ionen umgeben, davon 4 an der Ecke eines Quadrats mit einem K–Ru-Abstand von 3,97 Å u. die anderen 4 in Form eines Tetraeders mit einem K–Ru-Abstand von 4,29 Å. (J. Amer. chem. Soc. **76.** 3317—19. 20/6. 1954. Oak Ridge, Tenn., Nat. Labor, Chem. Div.; Knoxville, Tenn., Univ., Dep. of Chem.)
SIEWERT. 195

J. J. Antal und **A. H. Weber,** *Die Struktur von Glasoberflächen und von auf Glas niedergeschlagenen Wismutfilmen.* (Sitzungsbericht.) Vff. untersuchten die Oberflächenstruktur von Glas durch Elektronenbeugung. Die Glasoberflächen wurden mit einer sehr dünnen Bi-Schicht zur Herabsetzung der Aufladung überzogen. Bei Bi-Schichtdicken unter 10 Å ist der Beitrag des Bi zur Beugungsenergie sehr gering u. kann wegen der bevorzugten Orientierung eliminiert werden. Aus den gemessenen Daten wurden radiale Verteilungskurven berechnet. Es wurde handelsübliches Glas von 72% SiO_2, 14% Na_2O u. 11% CaO untersucht. Es ergab sich, daß die Struktur der Oberfläche des Glases im wesentlichen ein willkürliches Netzwerk von Si- u. O-Atomen ist u. daß innerhalb der Eindringtiefe der Elektronen (weniger als 10 Å) keine Alkaliatome vorhanden sind. (Physic. Rev. [2] **89.** 900. 15/2. 1953. St. Louis Univ.)
WASSERROTH. 196

Michael Drechsler, *Berechnung von Adsorptionsenergien und Platzwechselenergien an Einkristallflächen von Metallen.* Es wird eine Meth. zur Berechnung von Bindungsenergien in Mulden- u. Sattellagen sowie von Platzwechselenergien für einzelne Flächen bei physikal. Fremdadsorption entwickelt. Die Energien sind flächenspezifisch. Die Berechnung wird am Beispiel der Adsorption von *Ba* auf *W* durchgeführt. In einer

Tabelle sind die notwendigen Werte für die Ermittlung der relativen Energien beliebiger Atome an Flächen kub. raumzentrierter Kristalle zusammengestellt. Der Einfl. der flächenspezif. Energien auf die Verteilung der Sorbenden wird diskutiert. Abschließend werden Formeln für Platzwechselenergien an Kanten angegeben. (Z. Elektrochem., Ber. Bunsenges. physik. Chem. **58.** 327—34. 1954. Berlin-Dahlem, Fritz-Haber-Inst. der Max-Planck-Ges.) R. LEVI. 196

Michael Drechsler, *Vorzugsrichtungen der Oberflächendiffusion auf Einkristallflächen.* (Vgl. vorst. Ref.) Für die Flächen kub. raumzentrierter Kristalle werden Vorzugsrichtungen der Oberflächendiffusion theoret. ermittelt. Im Syst. *Ba* auf *W* gelingt es Vf., bei einem Ba-Bedeckungsgrad von $^1/_{50}$ monoatomar u. ca. 400° die gerichtete Diffusionsbewegung der Ba-Atome mittels des Feldelektronenmikroskops direkt zu beobachten. Weiter werden auch die früher von E. W. MÜLLER (C. **1950.** I. 2072) u. jetzt auch vom Vf. beobachteten Asymmetrien der Wachstumsringe, die sich beim Aufdampfen von W auf die W-Spitze des Feldelektronenmikroskops bei 1000—1500° K ausbilden, als Folge einer gerichteten Oberflächenwanderung gedeutet. Beobachtete u. gemessene Richtungen stimmen in beiden Fällen überein. Es wird nachgewiesen, daß Adatome den Rand einer Fläche bevorzugt an Abschnitten geringer Kantenenergie überschreiten. Abschließend werden auch die elektronenmkr. Beobachtungen von AHEARN u. BECKER (Physic. Rev. [2] **54.** [1938.] 448) der bevorzugten Wanderung von *Th* auf den 1 1 2-Flächen von W in Richtung von 1 1 1 in Übereinstimmung mit der Theorie gedeutet. (Z. Elektrochem., Ber. Bunsenges. physik. Chem. **58.** 334—39. 1954.) R. LEVI. 196

Michael Drechsler, *Messung von Oberflächendiffusions-Koeffizienten und Platzwechselenergien von Barium auf Wolfram-Einkristallflächen mit dem Feldelektronenmikroskop.* (Vgl. vorst. Reff.) Es wird eine Meth. entwickelt, um Diffusionskoeffizienten auf Einkristallflächen mit dem Elektronenmikroskop zu bestimmen. Die Messungen werden am Syst. Ba/W ausgeführt. Die Meth. geht von der Tatsache aus, daß die Elektronenaustrittsarbeit bei einer Bedeckung $\Theta = 0{,}65$ (Bedeckung bei monoatomarer Schicht $\Theta = 1$) u. dichtester Kugelpackung ein Minimum u. folglich die Elektronenemission ein Maximum durchläuft. Dieses Emissionsmaximum ergibt auf dem Leuchtschirm einen hellen Streifen, der bei Einsetzen von Oberflächendiffusion durch Erhöhung der Spitzentemp. zu wandern beginnt. Es ist erkennbar, daß die Diffusion auf den Flächen 1 2 2, 0 1 1, 1 2 3, 0 1 2 u. 1 1 1 bevorzugt u. auf 0 0 1 u. deren Vicinalen vergleichsweise behindert ist. Die aus dieser Linienwanderung erhaltenen Diffusionskoeffizienten weisen zwar Fehler bis zu 20% auf, unterscheiden sich jedoch bei den einzelnen Flächen eines Einkristalls teilweise um den Faktor 10^4. Durch Weiterentwicklung der Meth. ist auch die Messung absol. Platzwechselenergien von adsorbierten Fremdatomen auf bestimmten Metallkristallflächen möglich. Die so für Ba auf W ermittelten Werte stimmen mit den theoret. erhaltenen (vgl. vorst. Reff.) gut überein. (Z. Elektrochem., Ber. Bunsenges. physik. Chem. **58.** 340—45. 1954.) R. LEVI. 196

H. B. Huntington, G. A. Shirn und **E. S. Wajda,** *Selbstdiffusion in Zink.* (Sitzungsbericht.) An 99,999%ig. Zn wurde unter Verwendung von ^{65}Zn an Einkristallen die Selbstdiffusion von 300° bis zum F. gemessen, wobei nur Kristalle verwendet wurden, deren Längsachse innerhalb 10° parallel oder senkrecht zur hexagonalen Achse lag. Für die Diffusion parallel zu der hexagonalen Achse wurde in guter Übereinstimmung mit Messungen von anderer Seite eine Aktivierungsenergie von Q=21,7 kcal/Mol u. ein D_0 von 0,1 cm²/Sek. gefunden. Für die Diffusion senkrecht zu der hexagonalen Achse ergaben vorläufige Messungen die Werte Q=25,4 kcal/Mol u. $D_0 = 1{,}3$ cm²/Sekunde. (Physic. Rev. [2] **87.** 211. 1/7. 1952. Rensselaer Polytechnic Inst.) GOTTFRIED. 197

K. M. Gorbunowa und **P. D. Dankow,** *Über die Haftfähigkeit von Zinküberzügen auf Eisen als Grundlage.* Bericht über Messungen des Arbeitsaufwands zur Abtrennung eines galvan. aufgetragenen Zn-Überzuges von der Fe-Grundlage verschied. Vorbehandlung (Passivierung). Mkr. u. röntgenograph. Unterss. zeigten ferner, daß die Trennungsfläche nicht in der Kontaktebene Fe–Zn, sondern in der Nähe derselben quer durch die Zn-Kristallite verläuft. Die Ergebnisse wurden theoret. gedeutet. (Журнал Физической Химии [J. physik. Chem.] **27.** 1725—30. Nov. 1953. Moskau, Inst. für physik. Chem. der Akad. der Wiss. der UdSSR.) EHMCKE. 197

H. L. Wain, *Einige Beobachtungen über die Streckgrenze in Zink.* Die vom Vf. angestellten Zugverss. zur Best. der Streckgrenze von Zn wurden an Metalleinkristalldrähten angestellt, die vor dem Ziehen in einem offenen Ofen in Luft oder in einem Widerstandsofen in N_2-Atmosphäre geschmolzen worden waren. Zur Beseitigung von Oberflächenfilmen wurde mehrere Male NH_4Cl auf die Schmelze gestreut. Nach dieser

Behandlung wurde das Metall erneut geschmolzen, gegossen u. in Drähte von 1 mm Durchmesser gezogen, alles in N_2-Atmosphäre. Die Darst. der Einkristalldrähte geschah nach der Meth. von ANDRADE u. ROSCOE (Proc. physic. Soc. **49.** [1937.] 152). Zwischen den einzelnen Verss. wurden die Proben ohne Entfernung aus der Versuchsapp. im Ölbad bei Tempp. bis 200° angelassen. Diese Zn-Kristalle hatten einen N_2-Geh. von 0,0022 Gew.-%; Kristalle von handelsüblichem Zn hatten einen N_2-Geh. von 0,002 Gew.-%. Die mkr. Unters. ergab, daß das N_2 im Zn in fester Lsg. u. nicht als Nitrid vorliegt. Die ersten Beobachtungen, daß eine n. Streckgrenze erst nach mehrfacher Spannungsalterung beobachtet werden konnte, werden auf die Versuchstechnik zurückgeführt, wobei Spannungskonzz. in der Probe erzeugt werden, die erst durch die Spannungsalterung verschwinden. Diese Annahme konnte auch durch die weiteren Verss. bestätigt werden. Was die Größe der Streckgrenze anbetrifft, wurde gefunden, daß die obere Streckgrenze gewöhnlich bei einem Spannungszustand auftritt, der nur ca. 20% oberhalb des Wertes der unteren Streckgrenze liegt. Dieser Wert konnte jedoch durch Vermeidung von Spannungskonzentrationseinflüssen bedeutend gesteigert werden. Bei geeigneter Behandlung betrug der Unterschied zwischen den Werten der oberen u. unteren Streckgrenze 100% der unteren Streckspannung. Bei Unterss. über die Entwicklung der Streckgrenze beim Altern bei konstanter Temp. wurde festgestellt, daß, wenn die Streckgrenze erst einmal erschienen ist, eine Zunahme der Alterungszeiten zwischen den aufeinanderfolgenden Verss. eine progressive Erhöhung der Werte der Streckgrenze verursacht, u. zwar ist diese Zunahme linear proportional $\ln t$, wo t die Alterungszeit bedeutet. Um den Einfl. der Bearbeitungshärtung zu untersuchen, wurden die Proben zunächst bei 180° spannungsgealtert, bis reproduzierbare Streckgrenzenwerte beobachtet werden konnten. Hierauf wurden die Proben zwischen den einzelnen Verss. jeweils 24 Std. bei 50° angelassen. Die Folge war allmähliche Abnahme der Werte der Streckgrenze u. schließliches Verschwinden. Durch erneutes Anlassen bei 180° wurde der alte Streckgrenzenwert wieder erhalten. Diese Beobachtungen wurden auf der Grundlage der COTTRELLschen Theorie erklärt. (Proc. physic. Soc., Sect. B **65.** 886—96. 1/11. 1952. Melbourne, Dep. of Supply, Aeronautical Res. Labor.) GOTTFRIED. 200

M. J. Dumbleton und **B. W. Howlett**, *Streckgrenzen in Biegungsversuchen an Zinkkristallen.* Von reinem u. von handelsüblichem Zn wurden nach der Meth. von ANDRADE u. ROSCOE (vgl. Proc. physic. Soc. **49.** [1937.] 152) Einkristalldrähte mit einem Durchmesser von 1 mm hergestellt. Durch Biegeverss. sollten an Drähten, die vor dem Vers. keinerlei Spannungen ausgesetzt waren, die Streckgrenzen bestimmt werden. Bei Zugverss. zeigten Drähte am handelsüblichen Zn nach Spannungsalterung scharfe Streckgrenzen, während Drähte aus reinem Zn auch nach mehrmaliger Spannungsalterung keine scharfen Streckgrenzen ergaben. Biegevers. an reinem Zn, das bei den Zugverss. keine scharfen Streckgrenzen gezeigt hatte, ergaben ein gut definiertes elast. Gebiet, dem ein plast. Gebiet folgte, in dem die Geschwindigkeit der Bearbeitungshärtung allmählich abnahm. Bei dem handelsüblichen Zn wurden wie bei den Zugverss. die Streckgrenzen beobachtet. Es wird aus den Verss. geschlossen, daß vorherige plast. Deformation für das Auftreten einer scharfen Streckgrenze nicht ausschlaggebend ist u. daß die negativen Ergebnisse bei den Zugverss. auf die Grenzen der experimentellen Technik zurückzuführen sind. (Proc. physic. Soc., Sect. B **65.** 882—86. 1/11. 1952. Birmingham, Univ., Metallurgy Dep.) GOTTFRIED. 200

S. Bhagavantam, *Photoelastisches Verhalten von kubischen Kristallen. Neue Methoden zur Unterscheidung verschiedener Klassen.* Vf. untersuchte ausführlich das photoelast. Verh. von verschied. Prismen, welche verschied. Klassen des kub. Syst. angehörten, für verschied. Orientierungen. Die Prismen hatten die folgenden Kanten: [0 0 1], [1 0 0], [0 1 0]; [0 0 1], [1 1 0], [$\bar{1}$ 1 0] u. [1 1 1], [$\bar{2}$ 1 1], [0 1 $\bar{1}$]. Es konnte gezeigt werden, daß 5 der untersuchten 18 Orientierungen eine einfache experimentelle Prüfung für die Unterscheidung der Klassen T u. T_h von den Klassen T_d, O u. O_h liefern. In den Klassen T u. T_h besteht infolge der Tatsache, daß $q_{12} \neq q_{13}$ ist, eine winkelmäßige Verschiebung der Hauptachsen gewisser Schnitte des Indexellipsoids, was durch Anwendung linearer Druckspannungen verursacht u. leicht beobachtet u. gemessen werden kann. Bei einer einzigen Orientierung tritt bei allen 5 Klassen dieser Effekt auf, da $q_{11} - q_{12} \neq q_{44}$ ist. (Proc. Indian Acad. Sci., Sect. A **37.** 585—88. Mai 1953. Hyderabad, Osmania Univ., Phys. Labor.) GOTTFRIED. 200

S. Bhagavantam und **K. V. Krishna Rao**, *Photoelastisches Verhalten von kubischen Kristallen. Durch lineare Spannungen verursachte Verschiebung der Hauptachsen.* In Ergänzung der theoret. Unterss. von BHAGAVANTAM (vgl. vorst. Ref.) über die Unterscheidung der Kristallklassen T_d, O, O_h von den Klassen T u. T_h durch ihr photoelast. Verh. wurden entsprechende Messungen an $Ba(NO_3)_2$, $Pb(NO_3)_2$, NH_4- u. *K-Alaun*, welche der Klasse T_h angehören, u. an *Fluorit*, welcher der Klasse O_h angehört, durchgeführt. Beobachtet wurden an Prismen verschied. Orientierung die Drehungen der Hauptachsen in Schnitten des Indexellipsoids, welche linearen Spannungen ausgesetzt waren u. die bei den Klassen T u. T_h im Gegensatz zu den Klassen T_d, O u. O_h auftreten müssen. Die Übereinstimmung der berechneten u. beobachteten winkelmäßigen Verdrehungen war gut. Bei dem Fluorit, bei dem diese Effekte nicht beobachtet werden sollten, wurde er in einem Fall auch beobachtet. (Proc. Indian Acad. Sci., Sect. A **37.** 589—91. Mai 1953.) GOTTFRIED. 200

He mann Tertsch, Die stereographische Projektion in der Kristallkunde. Wiesbaden: Verl. f. angewandte Wissenschaften. 1954. (IV + 122 S. m. 71 Abb. i. Text.) DM 14,80.

A₇. Gleichgewichte. Kinetik.

G. C. Bhattacharya und **P. C. Sinha,** *Chinolinkomplexe von Zink- und Cadmiumsulfat und ihre Bildungswärmen.* Die Bildungswärmen zweier Komplexe von $ZnSO_4$ u. $CdSO_4$ mit Chinolin (I) werden bestimmt. I-Komplexe der Formeln $[Zn \cdot 2C_9H_7N]SO_4 \cdot 8H_2O$ (II) u. $[Cd \cdot 2C_9H_7N \cdot 2H_2O]SO_4 \cdot 4H_2O$ (III) werden durch tropfenweise Zugabe einer gesätt. Lsg. von $ZnSO_4$ oder $CdSO_4$ zu I dargestellt. Beide Komplexverbb. sind farblos u. kristallin. Die Bildungswärmen werden für II mit 15704 u. für III mit 17206 cal/Mol angegeben. Die Werte werden errechnet auf Grund der Lösungswärmen von I, II, III in 2n H_2SO_4 sowie der Lösungswärmen von $ZnSO_4$ u. $CdSO_4$ nach dem HESSschen Gesetz. II gibt im Verlauf einer Woche im Vakuumexsiccator über konz. H_2SO_4 bei 30° sein gesamtes W. ab, während III unter gleichen Bedingungen selbst über 1 Monat nur 4 Mol W. verliert. Vff. diskutieren, daß mit der Einführung von 2 innerkomplex gebundenen Wassermoll. die Beständigkeit des Komplexes zunimmt. Das von CHANG u. YÜ (Z. anorg. Chem. **243.** [1939.] 14) gefundene Ergebnis, daß bei Anwesenheit eines mehrwertigen Anions die Tendenz 2wertiger Metalle, I-Komplexe zu bilden, abnimmt, kann von Vff. nicht bestätigt werden. (J. Indian chem. Soc. **27.** 21—24. Jan. 1950. Patna, Sci. Coll., Chem. Labor.) SPARMANN. 223

N. G. Mitra und **P. C. Sinha,** *Dissoziationsdrucke und Druck–Zusammensetzungs-Isothermen von Kupfer–Pyridin-Nitraten.* Die Dissoziationsdrucke von Pyridinkomplexen mit $Cu(NO_3)_2$ werden bei verschied. Tempp. gemessen, u. nach Best. des Zusammensetzungsverhältnisses bei 30° stellen Vff. fest, daß in der festen Phase 3 beständige Komplexe gebildet werden: $Cu(NO_3)_2 \cdot 6C_5H_5N$ (8950 cal/Mol), $Cu(NO_3)_2 \cdot 5C_5H_5N$ (13420), $Cu(NO_3)_2 . 4C_5H_5N$ (14350), in Klammern die Bildungswärmen, berechnet mit Hilfe der CLAUSIUS-CLAPEYRONschen Gleichung u. der Beziehung von log p gegen 1/T. Hieraus ergibt sich, daß der 4-Pyridin-Komplex der beständigste ist. Auf Grund von Dampfdruckmessungen wird die mögliche Bldg. eines Komplexes der wahrscheinlichen Zus. $Cu(NO_3)_2 \cdot 7C_5H_5N$ diskutiert, der aber nicht beständig ist, zumal die Dissoziationsdruckmessungen nicht reproduzierbar waren. Die hier aufgeführten Komplexe mit $Cu(NO_3)_2$ sind denen mit $Cu(ClO_4)_2$, untersucht von SINHA u. RAY (C. **1949.** II. 378), ähnlich u. zeigen, daß Art u. Größe des Anions auf die Komplexbldg. keinen oder nur sehr geringen Einfl. ausübt. (J. Indian chem. Soc. **27.** 29—33. Jan. 1950. Patna, Sci. Coll., Chem. Labor.) SPARMANN. 223

M. W. Grieb und **W. H. Cone,** *Löslichkeitsbestimmung von Kalium-Zinkferrocyanid.* Die Löslichkeitsbest. wird potentiometr. durchgeführt. Es wird das Oxydationspotential Ferro–Ferricyanid/Pt einer an Zinkferricyanid u. K-Zn-Ferrocyanid gesätt. Lsg. bei 25° gegen eine gesätt. Kalomelelektrode gemessen. Das Sättigungspotential beträgt 0,710 V. Unter Benutzung der Potentialwerte für eine gesätt. Kalomelelektrode (0,246 V) u. der Normalelektrode Ferro–Ferricyanid/Pt (0,356 V) errechnet sich nach der Gleichung von NERNST $E = E_0 - (RT/nF) \ln(\alpha_{Ferro}/\alpha_{Ferri})$ als Löslichkeitsverhältnis von Ferrocyanid/Ferricyanid $7{,}1 \cdot 10^{-11}$. Aus diesem Verhältnis läßt sich die Löslichkeit des K-Zn-Ferrocyanids berechnen, wenn die Löslichkeit des Zn-Ferricyanids bekannt ist, denn die Löslichkeiten der beiden Komplexe stehen im gleichen Verhältnis wie die Anionenkonzz., da beide Substanzen zwei komplexe Anionen pro Mol. liefern. Vff. führen die Best. bei 25° colorimetr. mit K-Ferricyanid als Standardlsg. durch u. ermitteln für die Löslichkeit des Zn-Ferricyanids den Wert von $1{,}65 \cdot 10^{-4}$ Mol/Liter. Danach ergibt sich für die Löslichkeit des K-Zn-Ferrocyanids der Wert von $1{,}2 \cdot 10^{-14}$ Mol/Liter. (J. physic. Colloid Chem. **54.** 658—60. Mai 1950. Moscow, Id., Univ. of Idaho, Dep. of Chem.) LINK. 224

Gabriel Sourisseau, *Beitrag zur Frage der Stabilität der unterbromigen Säure.* An Hand einer eingehenden Besprechung der bisherigen Arbeiten über die Stabilität der HBrO u. einer umfassenden experimentellen Überprüfung in chem. (Zers. der HBrO durch Ag^+-Ionen in saurem Milieu bzw. bei Anwesenheit eines Br_2-Überschusses), potentiometr. (p_H-Messungen verschied. Mischungen von Br_2, Ag-Salzen u. Säuren, sowie Best. der Dissoziationskonstanten der HBrO) u. kinet. Hinsicht (Unters. der Reaktionsanordnung) gelangt Vf. u. a. zu folgenden Schlüssen: Für die als 1. Reaktionsschritt anzunehmende Störung des Br_2-Hydrolysengleichgewichtes durch den Zusatz von Ag-Salzen gemäß der Gleichung $Br_2 + HOH + AgR \rightarrow AgBr + HBrO + HR$ (R = Säurerest) können als Beweis gelten die Erhaltung der Oxydationskapazität des Br_2 (gegenüber As_2O_3), die Fällung der Hälfte des Br_2 durch die Ag^+-Ionen, sowie die plötzliche Änderung des Oxydationsvermögens u. des dazugehörigen p_H-Wertes beim Übergang von überschüssiges Br_2 enthaltenden Mischungen mit Ag-Salzen zu solchen mit überschüssiger Ag^+-Menge. Die Abnahme des Oxydationsvermögens im alkal. Milieu findet um so schneller statt, je schwächer die entsprechende Säure des Ag-Salzes ist, entsprechend erniedrigt sich bei Ag-Salzen schwacher Säuren der p_H der Mischung mit der Zeit, während er bei denen starker Säuren sich nur wenig ändert. Die Abnahme des Oxydationsvermögens wird ferner durch Vergrößerung der Ag^+-Ionenkonz. beschleunigt, bes. wenn sie sich der jeweiligen Löslichkeitskonz. nähert, wobei dann gemäß der als 2. Reaktionsschritt anzunehmenden Gleichung $3HBrO + 2AgR \rightarrow 2AgBr + HBrO_3 + 2HR$ die dabei gebildete $HBrO_3$ mit weiteren Ag^+-Ionen schwerlösl. $AgBrO_3$ bildet. Gleicherweise wird die Abnahme des Oxydationsvermögens durch Säurezusatz beschleunigt, zweifellos infolge der Zerstörung des HBrO-Moleküls. Bei Br_2-Überschuß findet neben der Störung des Hydrolysengleichgewichtes u. der damit verbundenen, in diesem Fall langsamen HBrO-Bldg. eine allmähliche Verdampfung des überschüssigen Br_2 statt. Die Dissoziationskonstante der HBrO ergibt sich nach 2 verschied. Methoden zu $1{,}6 \pm 0{,}4 \cdot 10^{-9}$ bei 20°. Die Diskussion der reaktionskinet. Unterss. an Mischungen mit Ag-Acetat zeigt, daß die Rk. in Abhängigkeit von der Zeit von 2. Ordnung, sonst von 3. ist. Letzterer Wert, erhalten durch Extrapolation, wird durch direkte Messungen in den ersten Std. der Rk. bestätigt. Für die Reaktionskonstante K_0 wird ein Wert von 800 ± 100 bei 20° angenommen, ausgedrückt in Mol/Liter pro Stunde. (Ann. Chimie [12] **8.** 349—409. Mai/Juni 1953.) NIEMITZ. 225

H. A. E. Mackenzie und **A. M. Milner,** *Der Austausch von Sauerstoffisotopen zwischen Wasser und hydratisiertem Chrom(III)-chlorid.* Vff. berichten über kinet. Unterss. über den Austausch von O-Isotopen zwischen W. u. $[Cr(H_2O)_6]Cl_3$, u. zwar vorwiegend in nicht angesäuerten Lösungen. In diesen konnte kein spezif. Anion-Effekt analog dem von PLANE u. TAUBE (C. **1952.** 5861) beobachteten aufgefunden werden. Die Aktivierungsenergie für den O-Austausch ist in nicht angesäuerten Lsgg. wesentlich höher als in angesäuerten. Wenn die Lsgg. genügend H- u. Cl-Ionen enthalten, erfährt etwa $^1/_3$ des Hydratwassers einen sehr schnellen O-Austausch. Es wird ein einfacher Anionenaustauschmechanismus angegeben, der mit den bekannten Tatsachen in Übereinstimmung steht u. nach den Gleichungen $[Cr(H_2O)_6]^{3+} + X^- \rightleftharpoons [Cr(H_2O)_5X]^{2+} + H_2O$ u. $[Cr(H_2O)_5X]^{2+} + X^- \rightleftharpoons [Cr(H_2O)_4X_2]^+ + H_2O$ verläuft, also einer Isomerisation bzw., falls X = OH, einer Hydrolyse entspricht, letztere vorherrschend in neutralen Lösungen. (Trans. Faraday Soc. **49.** 1437—43. Dez. 1953. Pietermaritzburg, S. Africa, Univ. of Natal, Dep. of Chem. and Chem. Techn.) NIEMITZ. 225

J. A. Allen und **D. E. Scaife,** *Die thermische Zersetzung von Nickeloxalat.* (Vgl. C. **1954.** 7143.) Vff. untersuchen die kinet. Verhältnisse bei der therm. Zers. von wasserfreiem Ni-Oxalat bei Tempp. von 280—320° durch Messung der Entwicklungsgeschwindigkeit des entweichenden CO_2; die Unters. wurde in einer reinen N_2-Atmosphäre durchgeführt. Zunächst verläuft die Rk. nach der Gleichung $V = k_1 (t—t_0)^{1/2}$, später nach $V = k_2 t$. Hierin ist V das Vol. des CO_2, t die Zeit u. t_0 ein Korrekturfaktor. Die Aktivierungsenergien betragen für die beiden Reaktionsteile 47,6 bzw. 36,4 kcal. Es wird angenommen, daß der geschwindigkeitsbestimmende Vorgang der 1. Rk. die Diffusion von Anionen zur freien Oberfläche u. bei der 2. Rk. der Übergang von Elektronen vom Oxalation ist. Durch Röntgenunters. kann gezeigt werden, daß metall. Ni ausschließlich während des 2. Reaktionsteiles vorliegt. (J. physic. Chem. **58.** 667—71. Aug. 1954. Hobart, Tasmania Univ., Dep. of Chem.) SIEWERT. 225

Rudolf Schenck, *Bedingungen und Gang der Photosynthese.* Im biochem. Syst. der Photosynth. kann nur das ionisierte W. prim. Objekt des Lichtangriffs sein. Die für die Rk. $2H_2O \rightarrow 4H + O_2$ erforderlichen Energiequanten entsprechen der Wellenlänge 365 mμ. In Ggw. von Acceptoren für den nascierenden H (bei der Assimilation: CO_2) verschiebt sich die Wellenlänge des zur Wrkg. befähigten Lichtes nach Rot, u. zwar nach WARBURG bis zu ca. 644 mμ entsprechend 44 kcal/Mol. Nach energet. Betrachtungen auf Grund des bekannten chem. Verh. von Oxalsäure ist an Stelle des von WARBURG angenommenen Primärschrittes der Photosynth. $4H + 4CO_2 = 2H_2C_2O_4$, der 54,5 kcal/Mol erfordern würde, wahrscheinlicher $4H + 2CO_2 = H_2C_2O_3 \cdot H_2O$ (*Glyoxylsäurehydrat*, **I**) zu setzen, wozu 44 kcal/Mol ausreichen. Mit der Bldg. von I ist die eigentliche Photosynth. abgeschlossen. Die Kondensation von I zu Hexose unter CO_2- u. H_2O-Abspaltung u. unter Wärmeentw. ist ein rein chem. Vorgang, der die Hälfte des in die Photosynth. eingetretenen CO_2 zurückliefert. Die Photolyse hat jedoch insofern einen sek. Einfl. auf die Kohlenhydratbldg., als das Auftreten von H im status nascens die Abspaltung u. Weiter-Rk. des Acceptors CO_2 aus CO_2-Donatoren begünstigt. Hierdurch ist auch zu erklären, warum sich das Auftreten von I bei der Belichtung bisher der Beobachtung entzogen hat. Außer der Assimilation bietet das W. als Photolyt noch weitere Photosynthesemöglichkeiten: So ist H_2O_2-Bldg. mit mol. O_2 mit einem Molquant entsprechend einer Wellenlänge von 2,49 μ thermodynam. möglich, u. ebenso die Bldg. von NH_3 aus atmosphär. N_2 bei einer Wellenlänge von 749 mμ. (Naturwissenschaften **38.** 280. Juni 1951. Marburg.) Reitz. 226

B. Anorganische Chemie.

Herman B. van der Heijde, *Tracer-Untersuchungen an einer bisher unbekannten Nebenreaktion der Tetrathionatzersetzung durch Sulfid.* 4. Mitt. *Über Reaktionen von anorganischen Säuren des Schwefels.* (Kurze Mitt.) (3. vgl. C. **1953.** 6832.) Die mit der Rk. $O_3S^*S^\dagger S^\dagger S^*O_3^{2-} + S^{2-} \rightarrow 2S^\dagger S^*O_3^{2-} + S$ verlaufende Neben-Rk. $O_3S^*S^\dagger S^\dagger S^* \cdot O_3^{2-} + S^{2-} + S^\dagger S^*O_3^{2-} + S^\dagger + S^*O_3^{2-} + S$ wurde untersucht, indem eine Tetrathionatlsg. — hergestellt aus $SS^*O_3^{2-}$ u. J_2 — mit einer Formaldehyd–H_2SO_3-Lsg. mit HCHO-Überschuß versetzt wurde. Anschließend wurde überschüssige Na_2S-Lsg. langsam zugegeben. Bei der Analyse wurden folgende Ndd. erhalten: 1. $HgCl_2 \cdot 2HgS + S$ durch Zugabe von gepufferter $HgCl_2$-Lsg. (vom Thiosulfat-S†-Atom); 2. $BaSO_4$ durch $BaCl_2$-Lsg. in Essigsäure (Thiosulfat-S*-Atom); 3. $HgCl_2 \cdot 2HgS + BaSO_4$ durch zusätzliche $Na_2S_2O_3$- u. $HgCl_2$-Lsg., 4. $BaSO_4$ durch alkal. Oxydation mit Br_2 u. Zusatz von $BaCl_2$ (von SO_3^{2}-Ionen). Aus der gesamten Aktivität der 4. Fällung u. der spezif. Aktivität des zentralen Thiosulfat-S-Atoms der Ausgangslsg. berechnet sich, daß bei der Zers. von 1 mMol $S_4O_6^{2-}$ 0,03 mMol. SO_3^{2-} entstehen. (Recueil Trav. chim. Pays-Bas **72.** 510—12. Juni 1953. Amsterdam, Inst. voor Kernphys. Onderzoek.) Moslé. 253

Margot Goehring, Herakles-Wolfgang Kaloumenos und **Josef Messner,** *Zur Kenntnis der schwefligen Säure.* 2. Mitt. *Über das Amid der Imidodisulfinsäure.* (1. vgl. C. **1951.** I. 977.) Vff. beschreiben die Darst. des Amids der Imidodisulfinsäure *$HN(SO \cdot NH_2)_2$* (**I**). Gasförmiges SO_2 reagiert mit überschüssigem, trockenem NH_3 bei —15 bis —20° zu einer Verb. $SO_2 \cdot 2NH_3$, die sich beim Erwärmen exotherm unter Violettfärbung u. NH_3-Abgabe zersetzt. Nach dem Behandeln dieses Stoffes mit Nitrobenzol läßt sich daraus I auskristallisieren. Ausbeute: aus 40 g $SO_2 \cdot 2NH_3$ 0,3—0,75 g $HN(SO \cdot NH_2)_2$. Besser entsteht I durch Rk. von fl. NH_3 im Überschuß mit $SOCl_2$ bei —80°. Aus dem Reaktionsprod. wird I mit heißem Nitrobenzol extrahiert u. nach dem Auskristallisieren mehrmals mit Bzl., CS_2 u. Ae. zur Reinigung von N_4S_4 gewaschen. Aus 25 g $SOCl_2$ entstehen 10—15 g **I.** Eigg.: gelbe Kristalle, gut lösl. in W., Pyridin, Methanol, wenig lösl. in A., Nitrobenzol, unlösl. in Bzl., Ae., CS_2. Die gelbe wss. Lsg. ist ziemlich beständig, auch gegen Oxydationsmittel, u. hat ein charakterist. Absorptionsspektr. (Maximum bei 2800 Å). In 100%ig. Ameisensäure wird KJ oxydiert gemäß $HN(SONH_2)_2 + 2H_2O + 2e^- = 3NH_3 + S + SO_4^{2-}$. Ein hellgelbes Trisilbersalz *$AgN(SO \cdot NHAg)_2 \cdot 3H_2O$* konnte dargestellt werden. Nach Zerewitinoff-Tschugaeff konnten 3 akt. H-Atome pro Mol. nachgewiesen werden. (Z. anorg. allg. Chem. **264.** 48—53. Jan. 1951. Heidelberg, Univ., Chem. Inst.) Schiller. 253

Harald Schäfer und **Otto Braun,** *Neue Komplexverbindungen des Bors.* 6. Mitt. *Borsäure und Oxyverbindungen.* (5. vgl. C. **1950.** II. 1443.) Beim Zusammenschmelzen von B_2O_3 u. *Brenzcatechin* (**I**) u. anschließender Dest. im Vakuum erhält man das *Anhydrid der Monobrenzcatechinborsäure* (**II**) (vgl. nebenst. Formel). **II** ist von Interesse, da **I** hier mit ebenem, dreibindigem B einen Ringschluß eingeht, während in allen bisher bekannten Borsäureverbb. die Liganden tetraedr. um das B-Atom angeordnet sind. **II** reagiert mit Basen unter Auffüllung der Elektronenlücke am Bor. Vff. erhielten die Verbb. **II** · *2 Chinolin* u. **II** · *2 Piperidin*. Die Neigung dieser Verbb. zum Abspalten eines Teiles der Base erklärt sich daraus, daß **II** eine 2-bas. Lewis-Säure darstellt, deren

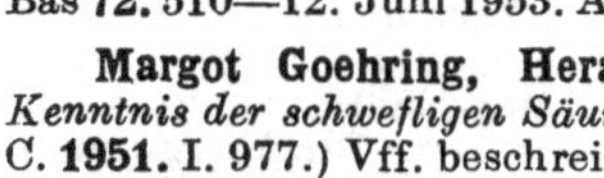
II

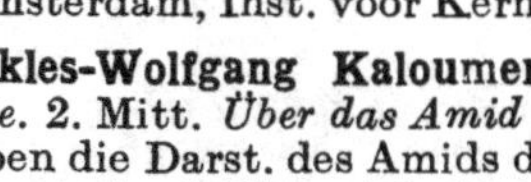
III

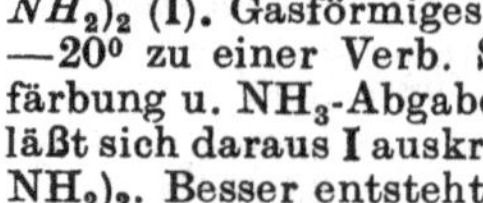
IV

2. Stufe erwartungsgemäß geringere Elektronenaffinität als die erste Stufe besitzt. Mit Basen, die in Nachbarstellung zum bas. Atom eine OH-Gruppe enthalten, entstehen elektr. neutrale Borkomplexe. Aus **II** mit *8-Oxychinolin* entsteht **III**, mit *Acetylaceton* **IV** (vgl. Formeln). **III** u. **IV** sind gut kristalline gelbe Verbindungen. **IV** stellt das Zwischenglied zwischen dem bekannten *Di-Brenzcatechinborsäure* (**V**)- u. dem *Di-Acetylacetonborsäure*-Komplexion (**VI**) dar u. ist isomer mit einem Salz, das als Kation **VI** u. als Anion **V** enthält, bisher aber unbekannt ist. (Naturwissenschaften **39**. 280—81. Juni 1952. Stuttgart, TH, Inst. f. anorg. Chem., u. Max-Planck-Inst. f. phys. Chem. der Metalle.) PLUST. 258

V. V. Deshpande und **M. B. Kabadi,** *Zustand von Zinkhydroxyd in Natriumhydroxydlösungen.* In Lsgg. von krist. $Zn(OH)_2$ in NaOH-Lsgg. liegt neben Na-Zinkat koll. $Zn(OH)_2$ vor. Vff. bestimmen das letztere durch Ausflockung mit K_2SO_4 u. Filtration nach 24 Std. unter N_2-Atmosphäre. Der relative Anteil des gefällten $Zn(OH)_2$ sinkt mit steigender NaOH-Konz. in 1n—6nNaOH von ca. 10—0,1%. Der Rest wird als Na-Zinkat angesehen. Oberhalb 6n—8nNaOH liegt nur noch Zinkat vor. Die Menge des koll. gelösten $Zn(OH)_2$ bei gegebener NaOH-Konz. sowie die NaOH-Grenzkonz., oberhalb deren keine Fällung mehr erfolgt, sind abhängig von der Art der Darst. des Hydroxyds u. der Herstellungstemp. der Lsg. (untersuchter Bereich 35—75°). Der relative Anteil des gefällten $Zn(OH)_2$ nimmt mit steigender Herstellungstemp. der Lsg. zu bis zu einem Maximum bei ca. 55°. Der Verlauf ist ähnlich dem der Gesamtlöslichkeit, so daß man annehmen muß, daß bei gegebener NaOH-Konz. die Löslichkeitsunterschiede bei verschied. Tempp. davon abhängen, in welchem Ausmaße $Zn(OH)_2$ koll. in Lsg. geht. (J. Univ. Bombay [N. S.] **22**. Nr. 3. Sekt. A 42—46. Nov. 1953. Bombay, Inst. of Sci.) UMLAND. 288

Egon Wiberg, Max Schmidt und **Andreas G. Galinos,** *Die Verbindungen $HAlCl_4 \cdot 2R_2O$ und $HAlBr_4 \cdot 2R_2O$. Zur Kenntnis von Halogenosäuren $HMeX_4$, der dritten Hauptgruppe des Periodensystems.* 1. Mitt. Vff. zeigen, daß die Halogensäuren $HMe^{III}X_4$ (X = Halogen), die den bekannten Salzen $M^I(Me^{III}X_4)$ zugrunde liegen, zwar in reiner Form nicht stabil sein können, jedoch ihre Ätheradditionsverbb. $HMeX_4 \cdot 2R_2O_2$ darstellbar sind. Hierzu wird wasserfreies $AlCl_3$ in etwas mehr als der stöchiometr. notwendigen Menge äther. HCl gelöst u. bei —20° gerührt, wobei sich aus dem sofort ausfallenden Öl weiße Kristalle vom F. 46° bilden. Sie brennen mit grüner Flamme, rauchen u. zerfließen an der Luft u. gehen im Vakuum unter HCl- u. Ätherverlust in $AlCl_3$-Ätherat über. Die Verb. ist unlösl. in Bzl. u. Ae., lösl. in Nitrobenzol, Chlf. u. fl. SO_2. Das Mol.-Gew. wurde mit 159 als die Hälfte des theoret. berechneten (318) gefunden. — Analog läßt sich als hellgelbes Öl, das bei ~ —30° erstarrt, die Verb. $HAlBr_4 \cdot 2R_2O$ darstellen. Beide Verbb. eignen sich gut zur Darst. von Estern u. zur Anregung von Ionenkettenpolymerisationen. (Angew. Chem. **66**. 443. 7/8. 1954. München, Univ., Inst. für Anorgan. Chemie.) SIEWERT. 294

Egon Wiberg, Max Schmidt und **Andreas G. Galinos,** *Die Verbindungen $HGaCl_4 \cdot 2R_2O$ und $HGaBr_4 \cdot 2R_2O$. Zur Kenntnis von Halogenosäuren $HMeX_4$, der dritten Hauptgruppe des Periodensystems.* 2. Mitt. (1. vgl. vorst. Ref.) Analog zu den l.c. beschriebenen Verbb. bildet sich beim Auflösen von Ga oder wasserfreiem $GaCl_3$ bzw. $GaBr_3$ in konz. äther. HCl bzw. HBr $HGaCl_4 \cdot 2R_2O$ bzw. $HGaBr_4 \cdot 2R_2O$; die Verbb. erstarren bei —25° bzw. —70°, sie lösen sich nicht in Bzl., mäßig in Ae. u. gut in Nitrobenzol u. Chloroform. Beide Verbb. katalysieren Polymerisationen u. Veresterungen bei Raumtemperatur. (Angew. Chem. **66**. 443. 7/8. 1954.) SIEWERT. 295

Egon Wiberg, Max Schmidt und **Andreas G. Galinos,** *Die Verbindungen $HInCl_4 \cdot 2R_2O$ und $HInBr_4 \cdot 2R_2O$. Zur Kenntnis von Halogenosäuren $HMeX_4$, der dritten Hauptgruppe des Periodensystems.* 3. Mitt. (2. vgl. vorst. Ref.) Beim Auflösen von In bzw. wasserfreiem $InCl_3$ oder $InBr_3$ in konz. äther. HCl bzw. HBr bilden sich farblose bis gelbe Öle, die bei —35 bzw. —80° erstarren. Es handelt sich um die Verbb. $HInCl_4 \cdot 2R_2O$. u. $HInBr_4 \cdot 2R_2O$. Die Verbb. sind unlösl. in Bzl., mäßig lösl. in Ae. u. gut lösl. in Nitrobenzol u. Chloroform. Sie eignen sich gut für Polymerisationen u. Veresterungen. Die Rk. mit H_2O ist gemäßigter als bei den entsprechenden Al- u. Ga-Verbb., auch der Zersetzungsdruck ist niedriger. (Angew. Chem. **66**. 444. 7/8. 1954.) SIEWERT. 296

Egon Wiberg, Max Schmidt und **Andreas G. Galinos,** *Die Verbindung $HTlCl_4 \cdot 2R_2O$. Zur Kenntnis von Halogenosäuren $HMeX_4$, der dritten Hauptgruppe des Periodensystems.* 4. Mitt. (3. vgl. vorst. Ref.) Aus der Lsg. von wasserfreiem $TlCl_3$ in überschüssiger konz. HCl scheidet sich ein farbloses Öl der Zus. $HTlCl_4 \cdot nR_2O$ aus, daß nur schwer vom Ätherüberschuß befreit werden kann. Es erstarrt bei ~ —80°. Zur vollständigen Hydrolyse muß man die Verb. einige Zeit mit H_2O schütteln. Sie ist unlösl. in Bzl., schlecht in Ae. u. sehr gut in Nitrobenzol u. Chlf. löslich. Da $TlBr_3$ nicht beständig ist, wurde die Darst. der Br-Verb. nicht versucht. — Zusammenfassend kann gezeigt werden, daß mit steigendem At.-Gew. des Zentralatoms die Reaktionsfreudigkeit der Halogenosäuren der 3. Hauptgruppe des Period. Syst. gegen H_2O ab- u. die therm. Beständigkeit zunimmt. Die FF. fallen in der gleichen Richtung. (Angew. Chem. **66**. 444. 7/8. 1954.) SIEWERT. 297

B. B. Cunningham, D. C. Feay und **M. A. Rollier,** *Terbiumtetrafluorid. Darstellung und Eigenschaften.* Durch Überleiten von elementarem Fluor über die Trifluoride (dargestellt durch Fällen der Lsgg. der Oxyde in konz. HCl mit HF) wurden CeF_4 (monoklin), PrF_3 (hexagonal), NdF_3 (hexagonal), DyF_3 (orthorhomb.), SmF_3 (hexagonal) u. das neue TbF_4 (monoklin; a = 12,1 Å, b = 10,3 Å, c = 7,9 Å, β = 126°) dargestellt. PrF_4 ist auf diese Weise nicht erhältlich. — TbF_4 geht bei 23std. Erhitzen in Luft auf 215—320° in TbF_3, bei weiterem 16—20std. Erhitzen auf 400—430° in Tb–Oxyfluorid (rhomboedr., a = 6,689 ± 0,007 Å, β = 33,40 ± 0,2°) u. bei weiterem 7std. Erhitzen auf 600° in ein Oxyd wechselnder Zus. über. TbF_4 wird von W. nicht angegriffen, löst sich aber in angesäuerten $Al(NO_3)_3$-Lösungen. (J. Amer. chem. Soc. **76**. 3361—63. 5/7. 1954. Berkeley, Calif., Univ. of California, Dep. of Chem. and Radiation Labor.) FORCHE. 311

O. M. Hilal, *Über die Reindarstellung von Erbiumsalzen.* Die Abtrennung des Er aus einem Oxydgemisch, das neben Y u. etwas Yb geringe Mengen Er enthielt, wurde durch eine Reihe von Trennmethoden versucht. Am erfolgreichsten erwies sich die Trennung der 3 Komponenten durch fraktionierte Fällung der Hydroxyde mit NH_3 u. etwas Luft als Trägergas aus wss. Salzlösungen. Die spektroskop. u. magnet. Unterss. zeigten, daß sich Yb in den Spitzenfraktionen anreichert u. daß mit sinkendem Geh. an Yb u. Y der Trenneffekt bei der fraktionierten Fällung mit NH_3 abnimmt. (Z. anorg. allg. Chem. **273**. 241—46. Aug. 1953. Alexandria, Univ., Fac. of Sci., Chem. Dep.) KRAJEWSKI. 314

Berthe Charreton, *Über die Konstitution des basischen Bleichlorids, -bromids, -chromats und -sulfats in alkalischem Medium.* Gibt man zu einer alkal. Salzlsg. ein neutrales Pb-Salz, bildet sich ein Nd. u. das p_H der Lsg. sinkt. Stellt man nun mit einer starken Base das Ausgangs-p_H wieder her, hängt die Zus. des Nd. von dem Verhältnis der Mengen des zugegebenen Salzes u. der Base ab. Es wird die Zus. des bas. Pb-Chlorids, -Bromids, -Chromats u. -Sulfats untersucht: $PbCl_2 \cdot 3PbO$ in Ggw. von 0,1n KCl bei p_H 9,85—11,10; $PbBr_2 \cdot 3PbO$ in Ggw. oder Abwesenheit von KBr bei p_H 9,16 bis 10,5; $PbCrO_4 \cdot PbO$ bei p_H 9,5—11,5; $PbSO_4 \cdot 3PbO$ bei p_H 10,25—10,60. (C. R. hebd. Séances Acad. Sci. **238**. 812—13. 15/2. 1954.) FRETZDORFF. 328

Alfred Romwalter, *Über die Verbindung $Pb_3Ca_2J_2O_4 7H_2O$.* (Magyar Kémiai Folyóirat [Ung. Z. Chem.] **58**. 144—46. Mai 1952. — C. **1953**. 6442.) PLANK. 328

Wilhelm Klemm, Anorganische Chemie. 8. Aufl. Berlin: de Gruyter. 1954. (184 S. m. 18. Abb.) = Sammlung Göschen Bd. 37. DM 2,40.

C. Mineralogische und geologische Chemie.

R. O. Roberts, *Geochemische Untersuchungen in Nigeria in den Jahren 1948 und 1949.* (Colonial Geol. Mineral Resourc. **3**. 347—57. 1953. Geol. Surv. Nigeria.) ENSSLIN. 378

Marc Vuagnat, *Über ein Phänomen der Metasomatose in den Grünsteinen des Montgenèvre (Hautes Alpes).* An der Grenze eines Serpentinbandes gegen Diabas in der Ophiolithregion des Montgenèvre liegen Kugeln, die aus drei Schalen bestehen. Der Kern ist diabas., ebenso die erste innere Zone, die jedoch stärker chloritisiert ist als der Kern. Die zweite äußere Zone ist andersartig, brecciös tuffit. struiert u. enthält neben chlorit., auch serpentinisierte Bestandteile. Metasomat. Vorgänge werden dafür verantwortlich gemacht. Chem. Analyse des Kerns (I), der inneren Zone (II) u. der äußeren Zone (III): SiO_2 34,92 (I); 29,87 (II); 38,50 (III). TiO_2 1,80; 1,85; 0,11. Al_2O_3 15,18; 12,80; 1,70. Fe_2O_3 1,79; 5,57; 6,33. FeO 6,44; 3,35; 0,97. MnO 0,30; 0,65; 0,09. MgO 20,05; 32,95; 38,40. CaO 9,27; 0,00; 0,00. Na_2O 1,22; 1,28; 0,98. K_2O 0,06; 0,29; 0,05. H_2O^+ 8,54; 11,10; 12,37. H_2O^- 0,46; 0,16; 0,57. P_2O_5 0,17; 0,18; 0,00. Summe 100,20; 100,05; 100,07. (Bull. Soc. franç. Minéralog. Cristallogr. **76**. 438—50. Okt./Dez. 1953. Genève, Univ.) LÖFFLER. 378

V. A. Zans, *Bauxitvorräte Jamaikas und ihre Entwicklung.* Der Bauxit gehört zu dem Terra rossa-Typ. Er ist feinpulvrig bis mittelweich u. porös. Der Tonerdegeh. beträgt ca. 50%, neben bis 20% Fe_2O_3, weniger als 3% SiO_2, ca. 2% TiO_2 u. 27% gebundenem Wasser. Das Haupttonerdemineral ist *Gibbsit* neben wenig *Böhmit.* Eisen ist als *Hämatit* u. in den gelben Bauxiten als *Goethit* vorhanden. (Colonial Geol. Mineral Resourc. **3**. 307—33. 1953. Jamaica, Geol. Surv. Dep.) ENSSLIN. 380

F. Kraut und **J. Prouvost,** *Über die Bleizinkerzlagerstätten der Gegend von Nontron (Dordogne).* Die Pb–Zn-Erzlagerstätten von Saint-Martin-le-Pin (I), Saint-Pardoux-la-Riviere (II) u. Nontron (III) sind verschied. Tiefenstufen einer einzigen vom Granit ausgehenden, am Kontakt mit den umgebenden Sedimenten ausgelösten Mineralisation. Hydrothermale Mineralisation dieses Typs erzeugt im magmafernen Teil sulfat. (*Baryt*) u. bleiarme, im magmanäheren Teil quarzige u. bleireiche Lagerstätten. I befindet sich in der oberen, magmafernen Zone der Mineralisation als Imprägnierungslagerstätte von Arkosen. III liegt in der tieferen Zone als klass. Gangspaltenfüllung. II nimmt eine Mittelstellung in der Tiefenzone zwischen I u. III ein, da neben Baryt *Quarz, Calcit, Bleiglanz* u. andere Erze auftreten. (Bull. Soc. franç. Minéralog. Cristallogr. **76.** 451—56. Okt./Dez. 1953. Paris, Labor. de Minéralogie du Muséum.)
LÖFFLER. 380

J. F. de Wet, *Untersuchungen über Chromite.* 3. Mitt. *Schwankungen in der Zusammensetzung des reinen Chromitminerals aus dem östlichen Chromitgürtel, Lydenburg-Distrikt.* (2. vgl. HEYSTEK, C. **1953.** 827.) Das reine isolierte Chromitmaterial wurde analysiert. Es ergeben sich hierbei zwei getrennte Gruppen von Chromiten. Der Steelport-Typ enthält 46,5—47,5% Cr_2O_3 u. 24—26% Fe als FeO mit dem Verhältnis Cr:Fe wie 1,65 ± 0,07 u. der Typ östliche Mittelgruppe 43—45% Cr_2O_3 u. 28—32% Fe als FeO mit dem Verhältnis Cr:Fe wie 1,3 ± 0,05. (J. chem. metallurg. Mining Soc. South Africa **52.** 143—55. Jan. 1952.) ENSSLIN. 380

Ennia Castegnaro, *Die Diorite von Klausen bei Bozen (Chiusa, Bolzano). Chemisch-petrographische Studie.* An den Klausener Dioriten werden die petrograph. Grundfacies u. der Chemismus des Komplexes untersucht unter besonderer Berücksichtigung der Rolle des SiO_2 u. des Alkali u. der metasomat. Einflüsse. Die Eruptivgesteine stammen aus Alkali–Kalk-Magma mit Injektion von saurem K_2O-Magma, die in dem vorhandenen Gestein metasomat. wirkte u. zur Entstehung von mineralog. nicht im Gleichgewicht stehenden Gestein führte. (Periodico Mineralog. **22.** 167—248. 1953. 3 Tafeln. Padua, Ist. di Mineral. e Petrogr. u. Centro Studi di Petrogr. e Geol. del C. N. R.)
R. K. MÜLLER. 380

Christophe-Michel-Lévy und **A. Sandréa,** *Der Högbomit von Frain (Tschechoslowakei).* Der Peridotit–Pyroxenolit (*Ariégit*) von Windschau bei Frain an der Taya, Mittelmähren, besteht aus 40% Titanaugit, 40% Olivin u. 20% Spinell + opake Minerale. Im Spinell (*Pleonast*) sind opake, parallel gelagerte 1—3 μ breite längliche Einschlüsse enthalten, die durch Spektralanalyse u. Röntgendiagramm als Högbomit $(Fe, Mg)_6(Al, Fe)_{16}(Ti)O_{32}$ identifiziert werden. Dimensionen der quadrat. Zelle für Högbomit: a = 8,34 ± 0,02 Å, c = 7,96 ± 0,02 Å; für die kub. Zelle des Pleonast a = 8,08 Å. (Bull. Soc. franç. Minéralog. Cristallogr. **76.** 430—33. Okt./Dez. 1953. Paris, Sorbonne, Labor. de Minéralogie, u. Labor. de Minéralogie du Muséum.) LÖFFLER. 380

Bartolo Baldanza, *Beitrag zur Kenntnis des Uranocircits.* An Uranocircit, $Ba(UO_2)_2 \cdot (PO_4)_2 \cdot 8\,H_2O$, wird durch opt. Unterss. festgestellt, daß es sich um ein negativ-einachsiges Mineral handelt. Die Röntgenunters. ergibt Zugehörigkeit zur Raumgruppe D_{4h}^1 (= P4/mmm) mit den Zellparametern a_0 = 6,95 Å u. c_0 = 8,44 Å. Die Pulverdiagramme verschied. Proben stimmen untereinander u. mit einem künstlichen Präp. gut überein. (Periodico Mineralog. **22.** 249—64. 1953. 3 Tafeln. Cambridge, Mass., Harvard Univ.) R. K. MÜLLER. 380

Hamáčková-K. Konfř, *Der Fluorgehalt im Flußgebiet der böhmischen Elbe.* Der mittlere F-Geh. im W. des Flußgebiets der böhm. Elbe beträgt 0,2—0,4 mg/Liter. Die Sávaza weist mit 0,5 mg den höchsten, die Wilde Adler mit weniger als 0,05 mg den niedrigsten F-Geh. auf. (Voda **32.** 67—68. Mai. 90—91. Juni 1952.) STEINER. 393

Marvin H. Wilkening, *Änderung der natürlichen Radioaktivität in der Atmosphäre mit der Höhe.* (Vgl. C. **1953.** 1287.) (Sitzungsbericht.) Es wurde die vertikale Verteilung von *Rn* u. seinen Zerfallsprodd. in der unteren Atmosphäre mit Hilfe von Flugzeugen u. in Bodenstationen verschied. Höhe untersucht. Der untersuchte vertikale Höhenbereich erstreckte sich von 4000—16000 Fuß. Gefunden wurde, daß bei schönem Wetter die Aktivität angenähert linear mit der Höhe abnimmt u. auf die Hälfte des Wertes bei einer Höhe von 2500 Fuß oberhalb der Bodenstation abgesunken ist. Unter idealen Bedingungen läßt sich der allg. Abfall der Aktivität mit der Höhe durch die Abnahme der D., den radioakt. Zerfall u. den vertikalen Transport durch Diffusion in die Atmosphäre erklären. (Physic. Rev. [2] **92.** 1080. 15/11.; Bull. Amer. physic. Soc. **28.** Nr. 5. 8. 2/9. 1953. New Mexico, Inst. of Mining and Technol.) GOTTFRIED. 396

I. Gerald Bowen, *Schwankungen des atmosphärischen Ozongehaltes in Albuquerque.* (Sitzungsbericht.) Messungen der Konz. des Oberflächen-O_3 in Albuquerque zeigten am Morgen Maxima, die unter gewissen meteorolog. Bedingungen auftraten. Diese Maxima traten gewöhnlich dann auf, wenn die stabile Nachtzeitabfallgeschwindigkeit in den unteren Schichten adiabat. wurde. Oft ist das am Morgen beobachtete Maximum das höchste am ganzen Tag. Die Geschwindigkeit der Oberflächenerwärmung ist zuweilen zur Zeit der O_3-Maxima herabgesetzt, gleichzeitig mit der Zerstörung der stabilen Abfallgeschwindigkeit. Dies tritt nicht auf, wenn Oberflächenwinde während der Nacht die niedere Luft auf beträchtliche Kälte gebracht haben. (Physic. Rev. [2] **92.** 1080. 15/11.; Bull. Amer. physic. Soc. **28.** Nr. 5. 8. 2/9. 1953. Univ. of New Mexico.)

GOTTFRIED. 396

Arno Schüller, Die Eigenschaften der Minerale. Ein Lehr- und Hilfsbuch z. Bestimmen von mineralischen Rohstoffen u. Kristallformen. T. 2. Berlin: Akademie-Verl. 1954. 2. Mineralchemische Tabellen u. qualitativ-chemische Nachweisverfahren. (602 S. m. 49 Abb.) DM 42—.

D. Organische Chemie.

D_1. Allgemeine und theoretische organische Chemie.

M. J. S. Dewar und **R. Pettit,** *Berechnung der Bindungsordnungen, Resonanzenergien und Energien der Molekülzustände mit Hilfe einer einfachen Störungsmethode.* Zur Vereinfachung der langwierigen Berechnungen in der L. C. A. O.-M. O.-Meth. hat DEWAR (C. **1953.** 9102) die Anwendung von Störungsmethoden in der M. O.-Theorie eingeführt. Mit Hilfe einer solchen Meth. berechnen Vff. jetzt die Resonanzenergien B, Energien der einzelnen Molekülzustände C u. die Bindungsordnungen D in polycycl. aromat. KW-stoffen. Ausgegangen wird dabei von den Eigenfunktionen für das entsprechende monocycl. konjugierte Polyen, die „Kranzbindungen" (Naphthalin: 9, 10) werden als Störung behandelt. B-Werte u. nach L. C. A. O. berechnete Resonanzenergien A sind nicht gleich groß, vielmehr gilt bei den Acenen $A = 1{,}28\ B - 0{,}56$ (in γ-Einheiten), bei den übrigen Verbb. allg. $A = 1{,}35\ B - 0{,}70$. Die C-Werte u. die Werte für die Übergangsenergien entsprechen bei Berechnung nach beiden Methoden einander gut, die benutzte Näherung ist hier also nutzbringend anwendbar. Diskrepanzen in den D-Werten u. den daraus bestimmten Bindungslängen werden diskutiert. — Die Störungsmeth. sagt voraus, daß Brückenbindung zwischen Atomen 1 u. 5 in *Cyclodecapentaen* (**I**) keinen Einfl. auf die D-Werte besitzt, *Azulen* (**II**) also die gleichen D-Werte besitzt wie **I.** Die Bindungen in *Phenanthren* sollten alle die gleiche Länge besitzen. — Berechnungen wurden im einzelnen durchgeführt für *Naphthalin, Anthracen, Phenanthren, Naphthacen, 3.4-Benzophenanthren, Triphenylen, Chrysen, 1.2-Benzanthracen, Pentacen, 1.2;3.4-, 1.2;5.6-* u. *1.2;7.8-Dibenzanthracen, Picen, Pentaphen,* **II** u. *Pentalen.* (J. chem. Soc. [London] **1954.** 1617—24. Mai. London, Queen Mary Coll.)

KRESZE. D 10

D. P. Craig und **I. G. Ross,** *Die Triplett-Triplett-Absorptionsspektren einiger aromatischer Kohlenwasserstoffe und verwandter Verbindungen.* Vff. nahmen die Triplett-Triplett (T-T)-Absorptionsspektren (als Diagramme angegeben) von *Naphthalin* (**I**), *Anthracen* (**II**), *Phenanthren* (**III**), *Fluoren* (**IV**), *Chrysen* (**V**), *Pyren* (**VI**), *1.2-Benzanthracen* (**VII**), *1.2;5.6-Dibenzanthracen* (**VIII**), *3.4-Benzpyren* (**IX**), *Chinolin* (**X**), *Isochinolin* (**XI**), *5.6-* (**XII**) u. *7.8-Benzochinolin* (**XIII**), *1.2-* (**XIV**) u. *3.4-Benzacridin* (**XV**) in fester Lsg. in Ae.-Isopentan-A. (4 : 4 : 1 im Vol.; „EPA") bzw. Isopentan-Methylcyclohexan (5 : 1) (Kühlung durch fl. N_2) im Bereich von 7500—2650 Å (bzw. bis zum Einsetzen der n. Elektronenabsorption) auf. Der erwartete $^3E_{2g} \rightarrow {}^3B_{1u}$-Übergang (vgl. PARR, CRAIG u. ROSS, C. **1951.** II. 2574) in *Bzl.* wurde nicht gefunden, ebenso nicht die entsprechende Absorption bei *Hexamethylbenzol, Diphenyl, Diphenylamin* u. *Pyridin.* Die T-Zustände sind Ursache für das (reversible) Auftreten gelber, bei **V** u. **VIII** roter Färbungen. Die Ergebnisse sind in Übereinstimmung mit MCCLUREs Befunden (vgl. C. **1954.** 274); im Gegensatz zu diesen wurde aber festgestellt, daß nur weniger als 5% der Moll. jeweils im T-Zustand sich befinden. **I—III** zeigen ähnliche, einfache T-T-Spektren, wobei **I** u. **III** stärker als **II** absorbieren, **II** hat kurzlebigere T-Zustände u. emittiert vermutlich sehr wirksam das absorbierte Licht als Fluorescenz. Die Spektren von **IV** u. **V** sind intensiver, aber nur schwach aufgelöst, **V** zeigt einen neuen Übergang bei ca. 25000 cm^{-1}; **VII** u. **VIII** geben ebenfalls kräftige T-Absorptionen bei guter Auflösung. Im Gegensatz zu MCCLURE (l. c.) fanden Vff. auch bei **VII** in EPA-Lsg. eine neue Bande bei 17000 cm^{-1}, die entweder einer Verunreinigung oder einem Photooxydationsprod. zuzuschreiben ist. **VI** u. **IX** absorbieren nur relativ schwach, **VI** hat offenbar 2 höhere T-Zustände. Während **X** u. **XI** schwach absorbieren, konnte keine T-T-Absorption bei *Pyridin* u. *Acridin* gefunden werden. Bei **XII—XV** treten in EPA Photo-Rkk. auf, dadurch verursachte Verfärbungen (gelborange) gehen nach Ende der Bestrahlung zum Teil nicht zurück. Aus der Geschwindigkeitsabnahme der T-T-Absorption, die streng nach der 1. Ordnung verläuft,

werden die durchschnittlichen Verweilszeiten der T-Zustände ermittelt, sie liegen für **I**—**XI** zwischen 0,3 u. 5,7 Sek.; nur bei **II** u. **IX** bei 0,1 Sekunden. Bei längerer Bestrahlung trat, bes. bei **I** u. **IV**, langsame Abnahme der T–T-Absorption ein, während die Singulettspektren unverändert blieben. Der Effekt nimmt anscheinend mit der Verdünnung zu u. kann vielleicht auf Photozers. zurückgeführt werden. — Kritik der Meßmeth., Beschreibung der Apparatur. (J. chem. Soc. [London] **1954.** 1589—1606. Mai. London, Univ. Coll., William Ramsay & Ralph Forster Labors., u. Tallahassee, Fla., State Univ.)
GNAUCK. D 118

Liebe F. Cavalieri, Jack J. Fox, Audrey Stone und **Naishun Chang,** *Über die Natur des Xanthins und substituierter Xanthine in Lösung.* Die UV-Spektren verschied. methylierter Xanthine wurden in W. als Funktion des p_H aufgenommen u. dabei gefunden, daß sich die Verbb. auf Grund charakterist. Merkmale ihrer Spektren in 2 Klassen einteilen lassen: Zu der einen gehören *Theophyllin, 3-Methylxanthin, Theobromin* u. *Coffein,* zu der anderen *Xanthin* (**I**), *1-Methylxanthin, 1.7-Dimethylxanthin* [*Paraxanthin*], *Xanthosin* (**III**) u. *7-Methylxanthin* (**II**). Unterhalb der ersten Dissoziationsstufe stimmen die Spektren beider Klassen überein (Typ des Coffeins), Vff. schließen daraus, daß die ungeladenen Xanthine in der Carbonylform vorliegen. — Der Zusammenhang zwischen p_H u. spektraler Verschiebung erlaubt, eine Reihenfolge der Ionisation der verschied. H-Atome anzugeben, die allg. 3, 7, 1 ist. — Die aus den Spektren errechneten scheinbaren Dissoziationskonstanten stehen in guter Übereinstimmung mit den potentiometr. bestimmten. Im Gegensatz zu früheren Ansichten wird von Vff. gezeigt, daß **I, II** u. **III** 2 Dissoziationsstufen aufweisen. — Der Zusammenhang zwischen scheinbaren Dissoziationskonstanten u. Struktur der Verbb. wird diskutiert. (J. Amer. chem. Soc. **76.** 1119—22. 20/2. 1954. Sloan-Kettering-Inst. for Cancer Res.)
GOMPPER. D 118

Robert C. Hirt und **D. J. Salley,** *Ultraviolettabsorptionsspektren von Derivaten des symmetrischen Triazins.* 1. Mitt. *Aminotriazine.* Es wird über die im Gebiet 3200 bis 5000 Å gemessenen Absorptionsspektren der folgenden Triazinderivv. berichtet: a) Die Monoamino-symm.-triazine: *2-Amino-* u. *2-Amino-4.6-dichlor-symm.-triazin*; b) die Diamino-symm.-triazine: *2.4-Diamino-*[*Formoguanamin*], *2.4-Diamino-6-chlor-*, *2.4-Diamino-6-heptadecyl-* [*Stearoguanamin*] u. *2.4-Diamino-6-methyl-symm.-triazin* [*Acetoguanamin*]; c) *2.4.6-Triamino-symm.-triazin* [*Melamin*], *Hexamethyl-, Triäthylol-, Hexamethoxymethyl-, Hexamethylol-* u. *Trimethylolmelamin, N.N-Diäthyl-, N.N-Diallyl-, N.N-Dimethyl-* u. *N-Monoäthylmelamin* sowie *N.N.N'.N'-Tetraäthylol-, N.N-Diäthylol-, N.N'-Diäthylol-, N-Monoäthylol-* u. *N.N'-Dimethylolmelamin.* Die Substitution eines H durch eine Aminogruppe im symm.-Triazin bringt neue Elektronen, die mit denen des Ringes in Wechselwrkg. treten u. Änderungen in Intensität u. Lage der Banden verursachen. Die Triazine mit 0, 1, 2 u. 3 N-Atomen am Ring bilden eine Folge von PLATTschem Typ (vgl. J. chem. Physics **19.** [1951.] 101). (J. chem. Physics **21.** 1181—84. Juli 1953. Stamford, Conn., Amer. Cyanamid Comp., Res. Labor.)
RUDOLPH. D 118

Yehuda Hirshberg, *Photochromie in der Reihe der Bianthrone.* Wird *Bianthron* (**I**) in Lsg. bei —60° mit Licht der Wellenlänge 3650 Å bestrahlt, so ändert sich seine Farbe von Grün nach Rotbraun. Die Verfärbung ist beim Erwärmen auf Zimmertemp. rückgängig zu machen. Diese Erscheinung ist offenbar von der photochem. Umwandlung von **I** zu *Helianthron* u. *Naphthodianthron,* die beim Bestrahlen bei gewöhnlicher Temp. eintritt, völlig verschieden. Ebenfalls reversibel lassen sich nachst. **I**-Derivv. photochem. umwandeln: *4.4'-Dimethoxybianthron* (grünlich–dunkelgrün), *4.4'-Dimethylbianthron* (grünlich–tiefblau) u. *4.4'-Dibrombianthron* (gelbgrün–dunkelgrün). Dieser Effekt ist auf **I**-Derivv. u. Xanthylidenanthrone beschränkt, während die ähnlich aufgebauten Benzhydrylidenanthrone sich beim Bestrahlen mit Licht obiger Wellenlänge nicht verändern. (C. R. hebd. Séances Acad. Sci. **231.** 903—04. 30/10. 1950.)
ZIMMER. D 119

Yehuda Hirshberg und **Ernst Fischer,** *Tieftemperaturphotochromismus und seine Beziehung zum Thermochromismus.* Bei der Belichtung der Lsgg. von *Dianthron, Dixanthylen, Xanthylidenanthron* u. einigen Derivv. bei —70 bis —150° mit Licht $\lambda < 450$ mμ bilden sich die reversiblen, gefärbten Modifikationen dieser Verbb. (Photochromismus). Ihre Spektren werden mit den Spektren der reversiblen, gefärbten Modifikationen, die bei Erhitzen der Lsgg. dieser Verbb. entstehen (Thermochromismus), verglichen. Beide Modifikationen sind identisch. Die physikal. Daten beider Formen werden gemessen u. ihre Ursachen auf Grund der Feinstruktur diskutiert. — Außer den genannten Verbb. werden untersucht: *2.2'-Dibrom-, -Dimethoxy-, -Dimethyl-, 3.3'-Dibrom-, 4.4'-Dimethoxy-, -Dimethyl-, -Dibromdianthron, 3.4;3'.4'-Dibenzodian-*

thron, 1.1'- u. *4.4'-Dimethoxydixanthylen.* (J. chem. Soc. [London] **1953.** 629—36. Febr. Rehovoth, Israel, Daniel Sieff Res. Inst., Weizmann Inst. of Sci.)

Macholdt. D 119

Yehuda Hirshberg und **Ernst Fischer,** *Vielfache reversible Farbänderung, hervorgerufen durch Bestrahlung bei tiefen Temperaturen.* In Fortsetzung früherer Unterss. (vgl. vorst. Reff.) beobachteten Vff. auch noch bei 105° K reversible Farbänderungen von Verbb. der *Spiropyran*-Serie bei Bestrahlung, wenn sie in einer Mischung von Methylcyclohexan u. PAe. gelöst sind. Farbänderungen treten auf bis 163° K, bei höheren Tempp. noch unterhalb 273° K verschwinden alle Farben, die ursprünglich farblose Modifikation wird wiedergebildet. Von den verschied. beobachteten Modifikationen jeder Verb. zeigt nur eine Luminescenz. Im einzelnen wurden untersucht: *Dibenzospiropyran, Benzo-β-naphthospiropyran, 3-* u. *3'-Methylbenzo-β-naphthospiropyran* sowie *3.3'-Trimethylendi-β-naphthospiropyran.* (J. chem. Physics **21.** 1619—20. Sept. 1953. Rehovoth, Israel, Weizmann Inst. of Sci., Daniel Sieff Res. Inst.)

v. Harlem. D 119

Gustav Kortüm, Walter Theilacker, Hannelore Zeininger und **Heinrich Elliehausen,** *Zur Frage der Thermochromie.* 2. Mitt. *Methylsubstituierte Dehydrodianthrone.* (1. vgl. C. **1951.** I. 2413.) Die spektrograph. Unters. der Thermochromie substituierter Äthylene (Dehydrodianthron [**I**]-Verbb.) wird auf tetramethylsubstituierte **I**-Derivv. erweitert. *2.4.5'.7'-Tetramethyldehydrodianthron* (**II**) ist zwar noch thermochrom (in Dimethylphthalat λ_{max} ca. 14600 cm^{-1}), seine Umwandlungswärme in den angeregten Zustand **B** ist aber mit 6,7 ±0,3 kcal/Mol.fast doppelt so groß wie bei **I.** *1.3.6'.8'-* (**III**) u. *1.4.5'.8'-Tetramethyldehydrodianthron* (**IV**) sind bei gleichen Tempp. nicht mehr thermochrom. Die Spektren der in konz. H_2SO_4 gelösten wie der aus diesen Lsgg. durch W. ausgefällten Verbb. werden untersucht. Die Messungen zeigen, daß es sich bei Form **B** wohl um eine angenähert ebene Konfiguration des Mol. (Biradikalett) handelt. Bei tiefen Tempp. (—78°) gehen die **I**-Derivv. vermutlich photochem. in echtes Biradikal über. Die sonst (l. c.) als **10.10'**-Dihydrodianthron bezeichnete Verb. wird hier **Dianthron** genannt.

V e r s u c h e: *2.4-Dimethylanthron* (**V**), F. 157°; aus 500 (g) Glykol, 140 Na_2SO_3, 80 NaOH u. 60 1.3-Dimethylanthrachinon; 3 Std. bei 165—170°; Nadeln aus Eisessig (**VI**); bis 90% (Ausbeute). — *1.4-Dimethylanthron* (**VII**), F. 113°, analog **V**; bis 90%. — *2.4.2'.4'-Tetramethyldianthron* (**VIII**), $C_{32}H_{26}O_2$, F. 186—187°; 30 g 1.3-Dimethylanthron in sd. **VI** tropfenweise mit wss. $FeCl_3$ versetzt u. 1 Std. gekocht; bei 40° mit CH_3OH verd.; 45—50%. — *1.3.1'.3'-Tetramethyldianthron* (**IX**), $C_{32}H_{26}O_2$, F. 223—224°, analog **VIII**; bis 55%. — *1.4.1'.4'-Tetramethyldianthron* (**X**), $C_{32}H_{26}O_2$, F. 209°, analog **VIII** aus **VII**, aber ohne CH_3OH; schwerlösl. aus **VI**; bis 75%. — *Dehydrodianthrone*: *2.4.5'.7'-Tetramethyl-* (**II**), $C_{32}H_{24}O_2$, F. 280° (Zers.); heiße Lsg. von **VIII** in $HOCH_2 \cdot CH_2OC_2H_5$ (**XI**) mit KOH in W. langsam versetzt, 10 Min. gekocht u. in 3%ig. $K_2S_2O_8$ gegossen; tiefgrüne amorphe M.; ging schnell in der Hitze in die gelbe Form über; umkrist. aus **XI**; 70—75%. — *1.3.6'.8'-Tetramethyl-* (**III**), $C_{32}H_{24}O_2$, F. 286° (Zers.); heiße Lsg. von 30 g **IX** in wenig **XI** portionsweise mit 300 g KOH in 300 cm^3 Glykol versetzt, ½ Std. gekocht u. in viel W. u. $K_2S_2O_8$ eingerührt: unbeständiger, sich schnell heiß in die gelbe Form umlagernder Nd.; aus **VI** schmutzigbraun; 20%; aus n-Butanol, hellgelbe Nadeln. — *1.4.5'.8'-Tetramethyldehydrodianthron* (**IV**), $C_{32}H_{24}O_2$, F. 348° (Zers.), aus **X** analog **III**; blaßgelbe Kriställchen, aus $C_6H_5NO_2$; nach 1. Kristallisation 15—18%. — *2.4-5'.7'-Tetramethyl-meso-naphthodianthron*, $C_{32}H_{20}O_2$, F. 400° (Zers., Pyridin), aus **II** in 2%ig. sd. Pyridinlsg. durch 20std. Hg-Quarzlampenbestrahlung; verfilzte Nadeln; fast 100%. (Chem. Ber. **86.** 294—307. 1953. Hannover, TH, Org.-chem. Inst., u. Tübingen, Univ., Phys.-chem. Inst.)

Lehmstedt. D 119

Ralph Setton, Jean Lecomte und **Louis Hackspill,** *Infrarotabsorptionsspektren der Verbindungen* $(COCs)_2$. Vff. untersuchten die *blaue* (**I**) u. *gelbe Form* (**II**) der Verb. $(COCs)_2$ (vgl. Setton, C. R. hebd. Séances Acad. Sci. **238.** [1954.] 2323) infrarotspektrograph. zwischen 600 u. 4000 cm^{-1}. Die bei Metallcarbonylen gefundenen Banden bei 2000—2200 u. 1800—1850 cm^{-1} traten nicht auf, ebensowenig die Banden von ionisierten Carboxylgruppen.

I II

I hat 2 starke Banden bei 1560 u. 1585 cm^{-1} (Schulter), sie werden C=C- u. C=O-Doppelbindungen zugeschrieben, deren „Wertigkeit" kleiner als 2 ist. Die bei 1275 cm^{-1} beobachtete Bande wird einer einfachen C—O-Bindung zugeordnet, die — wie die gegenüber der entsprechenden Bande von Carbonsäureestern erhöhte Wellenzahl anzeigt — als „verstärkte, einfache" Bindung zu werten ist. Eine mittlere Bande bei 620 cm^{-1} wird den Cs—O-Bindungen zugeschrieben. **II** zeigt gegenüber **I** nach 1345 1380 u. 1590 cm^{-1} verschobene Banden. Das erste u. letzte Maximum wird den „in"

u. „außer“-Phase-Valenzschwingungen von C—O-Gruppen zugeschrieben, deren Bindungszustand zwischen 1 u. 2 klass. Valenzen liegt. Nebenst. Formeln für **I** u. **II** sind demzufolge nur als „Grenzformeln“ zu verstehen. (C. R. hebd. Séances Acad. Sci. **238.** 2472—75. 28/6. 1954.) GNAUCK. D 120

Akiyoshi Wada und **Yonezo Morino,** *Die Energiedifferenz der beiden Rotationsisomeren des 1.2-Dichloräthans in verschiedenen Lösungen.* (Vgl. WADA, J. chem. Physics **22.** [1954.] 198.) Vf. ermittelten die Energiedifferenz ΔE zwischen den Rotationsisomeren des *1.2-Dichloräthans* (I) im reinen Stoff, in n-Heptan- u. in Benzollsg. bei verschied. Mischungsverhältnissen mit der Gleichung $n_g/n_t = w \exp(-\Delta E/kT)$, wobei n_g u. n_t die Mol-Zahl der gauche- u. der trans-Form, w eine Konstante (für **I** 1,93 bei n. Temp.) bedeuten. Das Isomerenverhältnis n_g/n_t wurde RAMAN-spektroskop. bei 754 u. 654 cm^{-1}, welche Banden trans- bzw. gauche-I zugeordnet werden, bestimmt. Die Ergebnisse (Stabilisierungsenergien $\delta E = \Delta E_{gas} - \Delta E_{lös.}$) sind in guter Übereinstimmung mit den l. c. berechneten. Die δE-Werte für Benzol- u. Acetonlsgg. können jedoch nicht durch ein einfaches elektrostat. Modell erklärt werden, sondern unterstützen die frühere Annahme einer Art von Nahewirkungskraft. (J. chem. Physics **22.** 1276—77. Juli 1954. Bunkyo-ku, Tokio, Japan, Univ., Fac. of Sci., Dep. of Chem.) GNAUCK. D 120

L. M. Swerdlow und **N. L. Pachomowa,** *Schwingungsspektren und die Konstanten der potentiellen Energie des Äthylens und seiner Deuteroderivate.* Ausführliche Darst. der C. **1954.** 4811 referierten Arbeit; zahlreiche Tabellen über die Interpretation der einzelnen Linien. (Журнал Экспериментальной и Теоретической Физики [J. exp. theoret. Physik] **26.** 64—78. Jan. 1954. Saratow, Staatl. Univ.) AMBERGER. D 120

D. E. Mann, N. Acquista und **Earle K. Plyler,** *Das Schwingungsspektrum des Chlortrifluoräthylens.* Ausführliche Mitt. des C. **1954.** 6448 referierten Sitzungsberichtes. (J. chem. Physics **21.** 1949—53. Nov. 1953. Washington, D. C., Nat. Bur. of Stand.) RUDOLPH. D 120

D. E. Mann, N. Acquista und **Earle K. Plyler,** *Schwingungsspektrum von Bromtrifluoräthylen.* (Vgl. vorst. Ref.) Das Infrarotspektr. von gasförmigem $CF_2{=}CFBr$ (angenommene Raumgruppe C_s) von 2—52 μ wird als Diagramm u. Tabelle mit Zuordnungen angegeben. Das Spektr. ist dem des Chlortrifluoräthylens (l. c.) sehr ähnlich; außer im Gebiet unter 500 cm^{-1}, wo bei ca. 355 (β-CFBr-„wagging“-Frequenz), bei ca. 370 (δ-CFBr) u. bei 311 cm^{-1} (ϱ-CF_2) Banden auftreten, sowie nach der Analyse u. den Kombinationstönen bei ca. 160 cm^{-1} ϱ-CFBr u. die Twistingfrequenz bei ca. 150 cm^{-1} liegen müßte. Mit den C=C-, C—F- u. C—Br-Abständen von 1,31; 1,31 bzw. 1,90 Å u. den Winkeln zwischen FCF u. FCBr von 114° errechnen sich die Trägheitsmomente zu 193,6; 591,4 bzw. 785,0 · 10^{-40} g · cm^2, aus denen nach der Näherungsformel für den starren, rotationsharmon. Oscillator die thermodynam. Funktionen C_p^0/R, $(H^0 - E_0^0)/RT$, $-(F^0 - E_0^0)/RT$ u. S^0/R zwischen 200 u. 1500° K (Tabelle) errechnet wurden. (J. chem. Physics **22.** 1199—1202. Juli 1954. Washington, D. C., Nat. Bur. of Stand.) GNAUCK. D 120

Armand Hadni, *Bestimmung und Deutung der niederen Infrarotfrequenzen von Dimethyläther; Anwendung auf die Berechnung thermodynamischer Funktionen.* Im Infrarotspektr. von gasförmigem *Dimethyläther* wurde mit dem früher beschriebenen Spektrographen (vgl. HADNI, J. Physique Radium **15.** [1954.] 375) die akt. Schwingung bei 270 cm^{-1} (ν_{21}, CH_3-Torsionsschwingung) u. bei 412,2 cm^{-1} (ν_7, Skelettdeformationsschwingung) gefunden. Zwischen 1250 u. 650 cm^{-1} werden 2 Parallelbanden bei 1176,5 u. 1103 cm^{-1} (mit P-, Q- u. R-Zweigen) beobachtet, die möglicherweise in Resonanz sind u. ν_{16} (parallele Wedelschwingung) bzw. ν_{17} (asymm. C—O-Schwingung) der Symmetrie B_1 zugeordnet werden. Für die symm. C—O-Schwingung (ν_6, Symmetrie A_1) werden 932 cm^{-1} (mit P- u. R-Zweig) gemessen. Eine Bande der senkrechten CH_3-Wedelschwingung (ν_{20}, B_2) liegt vermutlich bei 940 cm^{-1}, wird aber vom R-Zweig der C—O-Bande überdeckt; eine weitere, nur RAMAN-akt. (ν_{10}, A_2) hat 918 cm^{-1}. Die 2 Banden bei 1176,5 u. 1103 cm^{-1} sind dissymm., was durch Überlagerung schwacher Banden bei 1172 u. 1098 cm^{-1} erklärt werden kann, die auf eine weitere parallele CH_3-Wedel-Schwingung bei 1135 cm^{-1} (ν_5, A_1) zurückgeführt werden. Mit den erhaltenen Daten werden die Funktionen C_p^0 u. S^0 zwischen 200 u. 370° K berechnet. Die Übereinstimmung mit calorimetr. bestimmten Werten ist gut u. bestätigt die getroffenen Zuordnungen. (C. R. hebd. Séances Acad. Sci. **239.** 349—51. 26/7. 1954.)
GNAUCK. D 120

Marcel Fétizon, Hubert Fritel und **Pierre Baranger,** *Über einige Anomalien im Infrarotspektrum von 1.4-Diketonen.* Rektifiziertes *Acetylaceton* (I, $Kp._{26}$ 89,1—89,3°, $n_D^{19,5}$ 1,4267, $D.^{20}_4$ 0,9740, Oberflächenspannung γ^{19} 35 dyn/cm, UV-λ_{max} 270 u. 225 mμ, log ε = 1,49 u. 2,60) wurde infrarotspektrograph. untersucht. Es wurden außer den n. Banden eine schwache bei 1621 u. 2 weitere bei 3424 u. 3520 cm^{-1} bemerkt, die auch bei fl., nicht aber bei krist. 1.4-Diketonen (in CCl_4) bisher beobachtet wurden. Der Vgl. mit dem Infrarotspektr. von 3-Methylcyclopenten-(2)-on (UV-λ_{max} 225 mμ) beweist, daß die Bande bei 1621 cm^{-1} diesem zuzuschreiben ist. Die beiden anderen bei 3424 u. 3520 cm^{-1} werden dem Ketol 3-Methylcyclopentanol-(3)-on zugeordnet. Vff. nehmen an, daß diese **I** begleitenden Stoffe durch Cyclisierung von **I**, möglicherweise begünstigt durch Katalyse infolge Alkaligeh. des Glasgefäßes der Dest., u. folgende Dehydratisierung entstanden sind. (C. R. hebd. Séances Acad. Sci. **238.** 2542—44. 28/6. 1954.) GNAUCK. D 120

Dilip Kumar Ghosh, *Über die Absorptionsmaxima einiger organischer Flüssigkeiten im Mikrowellengebiet.* 1. Mitt. Vf. untersucht die Absorption der Wellenlänge 3,18 cm in *Chlf., Äthylenchlorid, Äthylenbromid* u. *Glycerin* bei verschied. Temperaturen. Die Absorptionsmaxima liegen bei —45, —10, 21, 100° u. stimmen nicht mit den nach der Gleichung von COLE u. COLE berechneten überein. Die beobachteten scharfen Absorptionsmaxima sprechen ferner gegen die bei dieser Gleichung vorausgesetzte kontinuierliche Verteilung der Relaxationszeit. Aus den Meßergebnissen werden nach der Theorie von DEBYE die Radien der Rotoren berechnet, die sich durchweg als zu klein erweisen. Die Ursache hierfür liegt vielleicht im Vorhandensein von Dimeren in der Fl., das in der Theorie nicht berücksichtigt ist. (Indian J. Physics Proc. Indian Assoc. Cultivat. Sci. 27 (**36**). 511—19. Okt. 1953. Calcutta, Indian Assoc. Cult. Sci., Opt. Dep.) GUIDO HARTMANN. D 121

P. Tuomikoski, A. Airola und **T. Huuskonen,** *Ein neues Verfahren zur Bestimmung der Molpolarisation in verdünnten Lösungen.* Zur Berechnung der spezif. Polarisation ∞P_2 eines gelösten Stoffs bei unendlicher Verdünnung leiten Vff. aus der HEDESTRAND-Gleichung den Ausdruck $\infty P_2 = [(3\, d\varepsilon/dw)/(\varepsilon_1 - 1)(\varepsilon_1 + 2)] + \infty v_2/v_1$ ab (ε = DK., Index 1 für Lösungsm., 2 für gelösten Stoff, v = spezif. Vol., w = Gewichtsanteil des gelösten Stoffs). Aus der isothermen spezif. Volumenänderung bei der Lsg., Δv, kann dabei $\infty v_2 = v_2 + [d(\Delta v)/dw]$ bestimmt werden. Vff. beschreiben Pyknometer u. Verf. zur Messung von Δv, als Beispiel wird angegeben: *Diäthylamin* (**I**) in *Bzl.*, $\infty v_2/v_1$ = 1,253; *Pyrrol* (**II**) in *Heptan* (**III**) $\infty v_2/v_1$ = 1,067, **II** in *Bzl.* $\infty v_2/v_1$= 0,991. — *Bzl.*, $D.^{25}{}_4$ 0,8735; **I**, $D.^{25}{}_4$ 0,7001; **II**, $D.^{25}{}_4$ 0,9651; **III** $D.^{25}{}_4$ 0,7147. (Trans. Faraday Soc. **49.** 786—88. Juli 1953. Helsinki, Univ., Inst. of Phys.) KRESZE. D 132

Walter G. Nielsen und **George K. Fraenkel,** *Paramagnetismus in einer thermochromen Verbindung.* (Vgl. **Hirshberg,** C. **1954.** 10673.) Vff. berichten über Messungen der paramagnet. Resonanzabsorption von *Bianthron* (**I**) im kristallinen Zustand u. in Lsg. mit verschied. Lösungsmitteln bei verschied. Temperaturen. **I** ist n. ein lichtgelber Kristall. Bei Erwärmung auf ca. 265° wird er zunächst lichtgrün u. bei längerer Erwärmung auf dieser Temp. dunkelgrün ohne Änderung der Kristallform. Auf 265° erwärmte Proben zeigen bei dieser Temp. paramagnet. Absorption, die auch erhalten bleibt, wenn die Probe auf Zimmertemp. abgekühlt wird. Proben, die nicht über 190° erwärmt wurden, zeigen keine paramagnet. Resonanz. Der g-Faktor betrug 2,0036. Lsgg. von **I** in Dekalin u. Dimethylphthalat zeigen ebenfalls paramagnet. Resonanz, hauptsächlich im Temperaturbereich von 140—200°. Aus den Ergebnissen wird geschlossen, daß **I** teilweise im paramagnet. Zustand in Lsg. existiert, der Anteil dieses Zustandes nimmt mit der Temp. zu. Ist die Temp. hoch genug, so wird auch der feste Körper in den paramagnet. Zustand umgewandelt. Dafür, daß der paramagnet. Zustand ein Triplettzustand ist, liegen keine Andeutungen vor. (J. chem. Physics **21.** 1619. Sept. 1953. New York, N. Y., Columbia Univ., Dep. of Chem.) v. HARLEM. D 137

Mary L. Kilpatrick und **Edward Fackenthal,** *Säurestärken der Phenylessigsäuren.* Durch elektrometr. u. colorimetr. Messungen untersuchten Vff. das Verhältnis der Dissoziationskonstanten von substituierten u. unsubstituierten Essigsäuren (Mono-, Di- u. Triphenylessigsäure in Methanol, A. u. W.). Im letzten Fall kam die Löslichkeitsmeth. von LÖWENHERZ zur Anwendung. Beim Übergang von der mono- zur disubstituierten Säure steigt das Verhältnis der Dissoziationskonstanten in allen Lösungsmitteln an, durch Einführung der 3. Phenylgruppe ergibt sich in W. keine Änderung, in den beiden anderen Lösungsmitteln dagegen eine Abnahme. Dies läßt sich nach Ansicht der Vff. auf die Bldg. eines Dimeren der Triphenylessigsäure 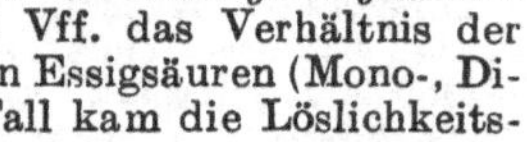 zurückführen. Die Abnahme der Löslichkeit in W. mit steigender Phenylgruppenanzahl läßt sich durch unterschiedliche Solvatation deuten. (J. electrochem. Soc. **100.** 185—93. April 1953. Philadelphia, Pa., Univ. of Pennsylvania, Dep. of Chem.) WOELK. D 138

Charlotte T. Davis und **T. A. Geissman**, *Basische Dissoziationskonstanten einiger substituierter Flavone.* Die pK_a-Werte von *Flavon* (**I**; —1,2), *4'-Methoxy-* (**II**, —0,8), *2'.6'-Dimethyl-4-methoxy-*-(**III**, —1,7), *2'.4'.6'-Trimethyl-* (**IV**, —2,05) u. *2'.3.4'.6'-Tetramethylflavon* (**V**, —2,45) werden aus spektrophotometr. Werten der untersuchten Verbb. in H_2SO_4 verschied. Konzz. nach einer neuen Meth. unter Verwendung der Hammettschen Säurefunktion berechnet. Die pK_a-Werte werden mit dem von Acetophenon (—6,05) verglichen u. der Einfl. der Substituenten auf die Mesomerie der Flavone diskutiert.

Versuche: **II**, F. 158,5—159°, aus 2'-Oxy-4-methoxychalkon durch Oxydation mit SeO_2. **III**, $C_{18}H_{16}O_3$, F. 122,5—123° (A.), aus 2.6-Dimethyl-4-oxybenzaldehyd (F. 190—191°, durch Rk. von 3.5-Dimethylphenol u. HCN mit HCl bei Ggw. von $AlCl_3$ in Bzl. erhalten), mit Methyljodid → 2.6-Dimethyl-4-methoxybenzaldehyd, F. 47—48°, dann mit o-Oxyacetophenon u. wss. NaOH in A. (→ 2.6-Dimethyl-2'-oxy-4-methoxychalkon, F. 125—125,5° [A.]), u. Oxydation mit SeO_2. **IV**, $C_{18}H_{16}O_2$, F. 116—117° (A.), aus o-Acetylphenyl-2.4.6-trimethylbenzoat (F. 68,5—69,5° [Methanol–PAe.], durch Rk. von 2.4.6-Trimethylbenzoylchlorid u. o-Oxyacetophenon in Pyridin erhalten), mit Na in Ameisensäureäthylester (→ o-Oxy-ω-2.4.6-trimethylbenzoylacetophenon, F. 73,5—74° [A.]), daraus mit konz. H_2SO_4 nach 3 Std. auf Wasserbad. **V**, $C_{19}H_{18}O_2$, F. 133,5—134° (PAe.), aus o-Oxy-ω-mesitoylacetophenon, Methyljodid u. Na in Methanol, 4 Std. auf Wasserbad, Vakuumdest., Rückstand unter N_2 mit 48%ig. HJ erwärmen. — **III** gibt mit konz. H_2SO_4 in Ae. *2'.6'-Dimethyl-4'-methoxyflavonhydrogensulfat*, F. 170,5—171°. (J. Amer. chem. Soc. **76**. 3507—11. 5/7. 1954. Los Angeles, Calif., Univ., Dep. of Chem.) G. Paulig. D 139

Ju. W. Wodsinski und **I. A. Korschunow**, *Über den Mechanismus der Elektroreduktion einiger Aldehyde und Ketone an der Quecksilbertropfelektrode im neutralen Elektrolyten.* Es werden mit einer Vieltropfenkathode Polarisationskurven von *Benzaldehyd, Benzophenon, Benzalacetophenon* in 0,5 n LiCl mit Zusatz von 50% A. ermittelt, die eine Analogie zu den Bedingungen der Elektrored. an der Hg-Tropfkathode ergeben. Vff. nehmen an, daß bei der Red. von aliphat. Aldehyden (*Acetaldehyd, Butyraldehyd* u. *Isovaleraldehyd*) zunächst freie Radikale entstehen, die dann ein Elektron u. ein H-Ion unter Bldg. des Alkohols anlagern; bei *Benzophenen, Benzaldehyd, Benzoin* u. *Acetophenon* dagegen dimerisieren die entstandenen Radikale unter Glykolbildung. (Журнал Физической Химии [J. physik. Chem.] **27**. Nr. 1. 63—68. Jan. 1953. Gorki, Univ.) A. Kunze. D 141

Paul Féderlin, *Polarographische Untersuchungen an Aldehyden.* 3. Mitt. *Die α-chlorierten und α-bromierten Aldehyde mit 4 und 7 Kohlenstoffatomen.* In Forts. früherer Unterss. (2. vgl. C. R. hebd. Séances Acad. Sci. **232**. [1951.] 60) wurden polarograph. Unterss. α-chlorierter u. α-bromierter Aldehyde mit 4 u. 7 C-Atomen durchgeführt mit dem Ergebnis, daß in großen Zügen das Verh. an der Hg-Tropfelektrode ähnlich ist, daß jedoch die mit wachsender Kettenlänge abnehmende Hydratation der Aldehydgruppe gewisse Unterschiede bedingt. Die Ggw. merklicher Mengen an freiem Aldehyd läßt allmählich den durch Diffusion bedingten Strom gegenüber dem kinet. bedingten in den Vordergrund treten. Die Halbwellenpotentiale aller durch das Halogen hervorgerufenen polarograph. Wellen werden mit wachsender Kettenlänge weniger negativ, ein Effekt, der bes. deutlich bei den α-bromierten Verbb. ist. Im einzelnen untersucht wurden: *α-Brom-n-butyr-, -n-hept-, α-Chlorisobutyr-, -butyr-, Dibrombutyr-* u. *-heptaldehyd.* (C. R. hebd. Séances Acad. Sci. **237**. 254—56. 20/7. 1953.) Niemitz. D 142

R. W. Schmid und **E. Heilbronner**, *Zur Kenntnis der polarographischen Reduktion aromatischer Aldehyde.* Die Halbstufenpotentiale $E_{1/2}^{(1)}$ der 1. polarograph. Stufe der hier untersuchten Verbb. *Benzaldehyd, Zimtaldehyd* (**I**), *α-Naphthaldehyd* (**II**), *β-Naphthaldehyd* (**III**), *9-Anthracenaldehyd* (**IV**) u. *9-Phenanthrenaldehyd* (**V**) sind im sauren u. schwach alkal. Bereich (bis ca. p_H 9) eine lineare Funktion des p_H, u. zwar verschiebt sich $E_{1/2}^{(1)}$ gemäß $R-CHO + e^- + H^+ \rightleftharpoons R-\dot{C}H-OH$ (**VI**) je p_H-Einheit um ca. 0,06 mV. In stärker alkal. Bereich werden die Halbstufenpotentiale p_H-unabhängig gemäß $R-CHO + e^- \rightleftharpoons R-\dot{C}H\ddot{O}^-$ (**VII**) u. gehen in den Grenzwert $E_{1/2}^{(1)*}$ über. Die Polarogramme weisen außer der 1. noch eine 2. Stufe auf, deren $E_{1/2}^{(2)}$ im Beobachtungsintervall von p_H 3—8 relativ p_H-unabhängig ist u. bei p_H 7—8 mit der 1. Stufe zu einer Stufe mit doppeltem Diffusionsstrom verschmilzt. Gleichzeitig mit dem Übergang von $E_{1/2}^{(1)}$ in $E_{1/2}^{(1)*}$ fällt $i_d^{(1)}$ auf die Hälfte des ursprünglichen Wertes zurück, was durch eine Protonenverarmung in der Reaktionszone bedingt sein kann. **I, II, III** u. **IV** weisen bei $p_H > 10$ eine 3. Stufe auf, deren $i_d^{(3)}$ mit zunehmendem p_H ansteigt. Zusätzlich zeigt **I** noch eine schlecht definierte 4. Stufe. Unter Verwendung der LCAO–MO-Theorie wurden $E_{1/2}^{(1)0}$ (die auf p_H 0 extrapolierten Halbstufenpotentiale) mit den Differenzen der π-Elektronenenergien nullter Näherung $W_{\pi,\, Aldehyd} - W_{\pi,\, Radikal(VI)}$ sowie $E_{1/2}^{(1)0}$ analog mit der Energieänderung der Rk.: Aldehyd ⇌ Radikalion (**VII**) verglichen u. in beiden Fällen eine befriedigende Korrelation festgestellt. — Die Messungen wurden in üblicher Weise in einem BRITTON-ROBINSON-Puffer [1931], der zur Steigerung des Lösungsvermögens 50% A. enthielt, ausgeführt. Maxima wurden durch Zusatz von Gelatine bzw. (bei **V**) Tylose gedämpft. (Helv. chim. Acta **37.** 1453—66. 2/8. 1954. Zürich, ETH, Org.-chem. Labor.) MOISAR. D 142

Osamu Manabe, Shinji Honda und **Hachiro Hiyama,** *Nitrochlorbenzolderivate.* 3. Mitt. *Thermische Analyse des triadischen Systems Chlorbenzol–o-Nitrochlorbenzol–p-Nitrochlorbenzol.* (Vgl. Chem. and chem. Ind. [Kagaku to Kogyo] **3.** [1950.] Nr. 1, 4, 6 u. 7.) Um Anhaltspunkte für die Trennung der o- u. p-Isomeren zu gewinnen, wurde das dreidimensionale Schmelzpunktsdiagramm für *Chlorbenzol* (**I**)–*o-Nitrochlorbenzol* (**II**)–*p-Nitrochlorbenzol* (**III**) bestimmt. Am günstigsten ist ein Zusatz von 89,8 **I** zu 100 des Eutektikums (F. —14°; 47,9% **I** + 32% **II** + 20,1% **III**), wobei sich theoret. 14,49 **II** u. 7,13 **III** isolieren lassen. (J. chem. Soc. Japan, ind. Chem. Sect. [Kōgyō Kagaku Zassi] **54.** 796—98. Dez. 1951. Osaka, Univ. [Orig.: japan.]) SCHULER. D 150

M. E. Winfield, *Die katalytische Dehydratation von 2.3-Butandiol zu Butadien.* 2. Mitt. *Adsorptionsgleichgewicht.* (1. vgl. Commonwealth Australia, Council sci. ind. Res. J. **18.** [1945.] 412.) Vf. mißt die Adsorptionsisothermen von *W.*, *Methyläthylketon* (**I**), *Butandiol-(2.3)* (**II**), *Methylvinylcarbinol* (**III**) u. *Butadien* (**IV**) bei Tempp. bis 200° an ThO_2 in Hinblick auf die Dehydratations-Rk. von **II** zu **III** u. **IV** unter katalyt. Wrkg. des ThO_2. Diese Unters. wurde teilweise durch Polymerisations- u. Dehydratations-Rkk. gestört. Es kann beträchtliche Red. der zur Adsorption verfügbaren ThO_2-Oberfläche eintreten. Vf. nimmt an, daß W. in größerer Menge von ThO_2 aufgenommen wird, als durch Adsorption erklärt werden kann. W. verzögert die katalyt. Dehydratation. Bei Tempp. wenig über 50° wird **III** durch ThO_2 zu **IV** dehydratisiert, während **I** bei Zimmertemp. an ThO_2 Selbstkondensation unter Bldg. eines Methylheptenons erleidet. Auch bei recht tiefen Tempp. bringt die Dimerisierung von **IV** feststellbare Red. der verfügbaren ThO_2-Oberfläche hervor. Es muß daher mit einem Aktivitätsverlust des ThO_2 gerechnet werden, wenn es zur Dehydratation von **II** verwendet wird, obgleich **IV** nur schwach adsorbiert wird. (Austral. J. sci. Res., Ser. A **3.** 290—305. Juni 1950. Melbourne, C. S. I. R. O., Div. of Ind. Chem.) J. MATTNER. D 176

D. Sette, A. Busala und **J. C. Hubbard,** *Energieübertragung bei Zusammenstößen in cis- und trans-Dichloräthylendämpfen.* Um die großen Unterschiede in der Struktur von fl. halogenierten KW-stoffen näher zu beleuchten, wurde die Ultraschallgeschwindigkeit u. Absorption in dampfförmigem cis- u. trans-Dichloräthylen bei 34,7° bei 0,425; 1,985 u. 2,982 MHz in Abhängigkeit vom Druck zwischen 12 u. 250 mm Hg mit dem akust. Interferometer gemessen. Die gewonnenen Ergebnisse lassen sich unter Zugrundelegung der idealen Gasgleichung durch die Annahme von 2 Relaxationsfrequenzen für jeden Dampf befriedigend deuten. Die mol. Absorption pro Wellenlänge, die nach der KNESERschen Formel aus den Dispersionsdaten berechnet wurde, stimmt qualitativ mit den Meßwerten überein. Die spezif. Wärmen nehmen für beide Dämpfe mit wachsendem Druck ab. — Die Ergebnisse zeigen, daß das Energiegleichgewicht zwischen äußeren u. inneren Freiheitsgraden für die trans-Form, die kein Dipolmoment besitzt, wesentlich schneller erreicht wird als für die cis-Form mit beträchtlichem Dipolmoment. Es scheinen also in dem betrachteten Temperaturbereich nur die Nahkräfte für Übergänge zwischen translator. u. Schwingungsenergiezuständen verantwortlich zu sein. (J. chem. Physics **20.** 1899—1902. Dez. 1952. Washington, D. C., Catholic Univ. of America.) FALKENHAGEN. D 182

D. Ll. Hammick und **A. M. Roe,** *Die Molekularstruktur der Sydnone.* Der Sydnonring wird von EARL (Chem. and Ind. **1953.** 746) wie **I** formuliert, während andere Autoren (HILL u. SUTTON, C. **1950.** I. 2227, BAKER, OLLIS u. POOLE, C. **1950.** I. 2226 u. C. **1952.** 4767) glauben, daß am Grundzustand des Sydnonringes die Grenzform **II** überwiegenden Anteil besitzt. Vff. finden, daß bei der Darst. der mesoion. Verb. *Besthornsrot* (**III**) aus Chinaldinsäure u. Essigsäureanhydrid nur ein Mechanismus formuliert werden kann, der analog ist dem von BAKER für die Sydnone vorgeschlagenen. Vergleiche mit den Enolbetainen werden gezogen. Wenn **III** in das Hydrochlorid

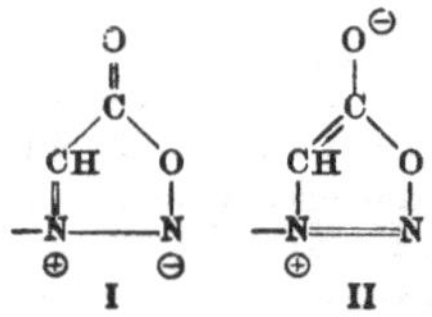

I II

übergeht, vermindert sich die Intensität der Infrarotabsorption der Carbonylgruppe (6,12 μ konjugiert) beträchtlich u. eine neue Carbonylbande erscheint schwach bei 5,8 μ (unkonjugiert); für eine Hydroxylabsorption liegt kein Beweis vor. — Vff. nehmen daher für die Sydnone Elektronenstruktur nach **II** an. (Chem. and Ind. **1953**. 900. 22/8. Oxford, Univ., Dyson Perrins Labor.) FECHTER. D 182

L. A. K. Staveley und **M. A. P. Hogg**, *Eine dilatometrische Untersuchung des Übergangs in Methylalkohol.* Vff. untersuchen den Übergang des *Methylalkohols* (**I**) von der bei höheren Tempp. stabilen Form in die bei tieferen Tempp. stabile. Der Umwandlungspunkt liegt bei 159° K. Mit Hilfe eines besonderen Dilatometers werden die Volumenänderungen von **I** in Ggw. von Isopentan (in dem fester **I** wenig lösl. ist) untersucht u. dabei festgestellt, daß an Stelle einer Umwandlung zwei stattfinden, die nur um 3° voneinander getrennt sind. Die 1. Umwandlung ist eine sehr plötzliche (Phasenänderung 1. Ordnung), während die 2. allmählich verläuft. Die Volumenkontraktion beträgt beim Erstarren von **I** 2,75 cm^3/Mol, 0,49 cm^3/Mol bei der ersten u. 0,14 cm^3/Mol bei der 2. Umwandlung. (J. chem. Soc. [London] **1954**. 1013—16. März. Oxford, Inorganic Chem. Labor.) v. SCHIESZL. D 190

D. C. Phillips, *Die Kristall- und Molekularstrukturen von Ephedrinhydrochlorid. Ephedrinhydrochlorid* (**I**) sowie das isomorphe *Ephedrinhydrobromid* (**II**) kristallisieren aus A. in monoklinen sphenoidalen Prismen mit den gut entwickelten Pinakoiden {1 0 0} u. {0 0 1}; sehr gute Spaltbarkeit nach (0 0 1). Für **I** hat die Elementarzelle die Dimensionen a = 12,65 ± 0,02 Å; b = 6,09 ± 0,02 Å; c = 7,32 ± 0,02 Å; β = 102° 15′ ± 15′; Raumgruppe ist $P\,2_1$; Z = 2. Die Struktur von **I** wurde aufgeklärt unter Zuhilfenahme der von **II** beobachteten Intensitäten. PATTERSON- u. FOURIER-Projektionen führten zu den folgenden Parametern (wegen der Bezifferung vgl. nebenst. Figur): C_1: [x(0 1 0)] = 0,4008; [x(0 0 1)] = 0,3960; [y(0 0 1)] = 0,3242; [z(0 1 0)] = 0,7863; C_2: 0,5142; 0,5160; 0,2856; 0,8297; C_3: 0,5790; 0,5788; 0,4450; 0,7830; C_4: 0,5360; 0,5368; 0,6288; 0,6390; C_5: 0,4211; 0,4184; 0,6688; 0,6420; C_6: 0,3578; 0,3576; 0,5110; 0,6970; C_7: 0,2324; 0,2350; 0,5480; 0,6418; C_8: 0,1970; 0,1960; 0,7040; 0,7766; C_9: 0,1963; 0,1970; 0,6070; 0,9672; C_{10}: 0,0478; 0,0470; 0,9608; 0,8060; O: 0,1700; 0,1700; 0,3582; 0,6252; N: 0,0857; 0,0832; 0,8006; 0,6974; Cl: 0,1250; 0,1240; 0,0000; 0,3257. Die mittleren C–C-Längen im Benzolring u. im restlichen Mol. sind 1,39 bzw. 1,53 Å; die Valenzwinkel in der C-Kette sind größer als der Tetraederwinkel. Jedes Cl-Atom ist 3,12 u. 3,20 Å von 2 N-Atomen entfernt, so daß die N- u. Cl-Atome fest in einer Schraube um die Schraubenachse gebunden sind. Diese beiden Abstände scheinen von 2 Typen zu sein, wobei der kürzere Abstand kleiner ist als die Summe der Ionenradien. Jedes Cl-Atom scheint noch an ein O-Atom gebunden zu sein, u. zwar beträgt der Abstand 3,06 Å. Die übrigen intermol. Abstände sind vom VAN DER WAALS-Typ. (Acta crystallogr. [Copenhagen] **7**. 159—65. 10/2. 1954. Cardiff, Univ. Coll., Viriamu Jones Labor.) GOTTFRIED. D 195

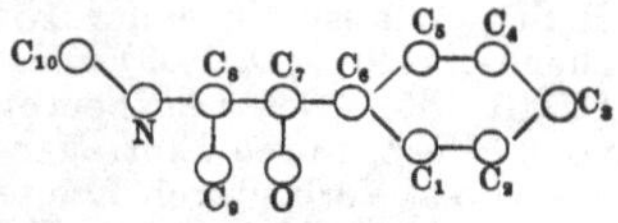

R. Gay und **J. Clastre**, *Beugungsdiagramm eines Mikrokristalls durch Röntgenstrahlen.* Drehkristallaufnahmen an einem Nädelchen des *Abietomaleinsäuremonoäthylesters* (vgl. BRUS u. Mitarbeiter, Bull. Soc. chim. France, Mém. [5] **17**. [1950.] 1034) mit den Dimensionen 0,2 × 0,07 × 0,037 mm ergaben eine rhomb. Zelle mit den Dimensionen a = 19,65 Å; b = 17,85 Å; c (Nadelachse) = 7,34 Å. (J. Physique Radium **11**. 81 S. Nov. 1950.) GOTTFRIED. D 195

Thomas H. Goodwin und **Christina M. Thomson**, *Kristallstruktur von heterocyclischen Verbindungen.* 1. Mitt. *Furoesäure.* Furoesäure krist. triklin mit den Zelldimensionen a = 10,24 ± 0,02 Å; b = 6,80 ± 0,02 Å; c = 3,81 ± 0,02 Å; α = 92° 57′; β = 94° 16′; γ = 106° 10′. Raumgruppe ist $C_i^1 - P\bar{1}$; Z = 2. Doppelte FOURIER-Projektionen führten zu den folgenden Parametern: C_1 (x =) 0,367; (y =) 0,113; (z =) 0,133; C_2: 0,267; 0,228; 0,203; C_3: 0,291; 0,414; 0,347; C_4: 0,156; 0,440; 0,387; C_5: 0,071; 0,258; 0,253; O (Ring): 0,137; 0,132; 0,150; O_1: 0,323; —0,054; 0,006; O_2: 0,492; 0,208; 0,170. Innerhalb der Fehlergrenzen ist das einzelne Mol. planar. Die C—O-Abstände der Carboxylgruppe betragen 1,16 u. 1,26 Å, die im Ring 1,30 u. 1,31 Å; der Abstand C—C zwischen Ring u. Carboxylgruppe ist 1,47 Å. Zwischen benachbarten Moll. bestehen starke H-Bindungen; die so verbundenen Moll. sind nicht koplanar, was eine Stütze für die Theorie ist, daß H-Bindungen ihrem Charakter nach elektrostat. Natur sind, u. es sich nicht um Resonanzerscheinungen handelt. Die Struktur im Kristall ist eine ziemlich offene, welche aus Schichten von Zick-Zack-Ketten von Moll. besteht. Jede Kette ist in Paare von Moll. geteilt, die durch H-Bindungen fest gebunden sind, während zwischen diesen Paaren verhältnismäßig große

Abstände bestehen. (Acta crystallogr. [Copenhagen] **7.** 166—73. 10/2. 1954. Glasgow, Univ., Chem. Dep.) Gottfried. D 195

Joseph L. Labinowitz und **E. C. Wagner,** *Einschränkung der Tautomerie im Amidinsystem durch Wasserstoffbindung. Der Fall des 4(7)-Nitrobenzimidazols.* Vff. dehnen ihre Unterss. über den Einfl. der Chelatbldg. auf die Tautomerie des Amidinsyst. (vgl. Runner, Kilpatrick u. Wagner, C. **1947.** E. 186) auf *4(7)-Nitro-* (I) bzw. *5(6)-Nitrobenzimidazol* (II) aus. Die Chelatringbldg. bei I läßt sich aus den folgenden Eigg. erkennen: I ist deutlich flüchtig u. sublimiert leicht, II dagegen nicht. Das gleiche gilt für die 2-Methyl-, 2-Äthyl- u. 2-Phenylderivate. Polarograph. Red. erfolgt bei I über den gesamten p_H-Bereich bei niedrigerem Potential als bei II. Im Sinne der Chelatbldg. sind die Unterss. allerdings nur um den Neutralpunkt zu werten, da im stark alkal. Bereich leichter zu reduzierende chinoide Nitronsäurestrukturen von I bevorzugt vorliegen. — Auch die katalyt. Hydrierung von I u. II mit Pd-Kohle in A. zeigt, daß I rascher hydriert wird (Verhältnis der relativen Geschwindigkeiten ist 3:2 bei 25° u. 2:1 bei 30 u. 75°). Die Basenstärke von I u. II ist prakt. gleich, da die Chelatbldg. die Fähigkeit des N-Atoms, ein Proton zu binden, kaum beeinflußt, dagegen ist die Säurestärke von I gegenüber II red., da in I das Proton durch die Chelatbldg. fester gebunden ist. Eine kryoskop. Mol.-Gew.-Best. in Phenanthren zeigt, daß II stärker assoziiert (intermol. H-Bindung) ist. Der Faktor M_x/M_o beträgt bei II 1,09 bis 1,13, für I dagegen ist er prakt. gleich eins. Nur die UV-Spektren zeigen bei I u. II keine Unterschiede, die auf eine Chelatbldg. schließen lassen.

Versuche: *3.5-Dinitro-4-chlorbenzolsulfonsaures Kalium,* F. 300° (Aufschäumen); durch Sulfurierung von o-Nitrochlorbenzol mit rauchender (25% SO_3) H_2SO_4 u. anschließender Nitrierung durch Zusatz eines Gemisches von roter rauchender HNO_3 (D. 1,59) u. rauchender H_2SO_4. Durch Zusatz von KCl wird das K-Salz gefällt; 65—70% (Ausbeute). — *3.5-Dinitro-4-aminobenzolsulfonsaures Kalium,* aus vorst. Verb. durch Eintragen in konz. NH_3; 97%. — *2.6-Dinitroanilin,* F. 137—139°; aus vorst. Verb. durch Erhitzen (12 Tage) mit H_2SO_4 (3 Volumenteile H_2O + 66 Volumenteile H_2SO_4), aus A. Kristalle; 75—85%. — (Alle folgenden FF. sind korrigiert.) *1.2-Diamino-3-nitrobenzol* (III), F. 159°, aus vorst. Verb. in A. durch Red. mit einer wss. Lsg. von Na_2S u. $NaHCO_3$, aus A. tiefrote Kristalle; 70—80%. — *4(7)-Nitrobenzimidazol* (I), $C_7H_5O_2N_3$, F. 240°, aus vorst. Verb. durch Erhitzen mit Ameisensäure, Reinigung durch Sublimation, aus A.-W. Kristalle; 80%; Gesamtausbeute über alle Stufen 37%. — *1.2-Diamino-4-nitrobenzol,* F. 199°, durch Red. von 2.4-Dinitroanilin in Methanol mit Na_2S u. $NaHCO_3$, aus A. Kristalle; 50—55%. — *5(6)-Nitrobenzimidazol* (II), F. 204—205°, aus vorst. Verb. mit Ameisensäure, aus W., dann wss. A. Kristalle; 80%. — *2-Phenyl-4(7)-nitrobenzimidazol,* $C_{13}H_9O_2N_3$, F. 135°, zu III u. 10%ig. wss. NaOH-Lsg. wird Benzoylchlorid gegeben, Reinigung durch Sublimation; 15%. — *2-Methyl-4(7)-nitrobenzimidazol,* F. 217—218°, aus III, Acetanhydrid u. konz. HCl; sublimiert in gelben Nadeln; 75%. — *2-Äthyl-4(7)-nitrobenzimidazol,* $C_9H_9O_2N_3$, F. 160—161°, analog vorst. Verb. mit Propionsäureanhydrid. Reinigung durch Chromatographie in Bzl. an Al_2O_3 (Entw. mit Bzl.-A.), dann Sublimation; 28%. — *2-Methyl-5(6)-nitrobenzimidazol,* F. 220—221°, analog aus 1.2-Diamino-4-nitrobenzol; 65%. (J. Amer. chem. Soc. **73.** 3030—37. Juli 1951. Philadelphia, Pa., Univ., Dep. of Chem. and Chem. Engng.) Gralheer. D 221

Joseph E. Coleman, H. B. Knight und **Daniel Swern,** *Reaktionen von Fettstoffen mit Sauerstoff.* 12. Mitt. *Eine neue Methode zur Anreicherung langkettiger Peroxyde.* (11. vgl. Swern u. Mitarbeiter, C. **1952.** 6624.) Vff. entwickeln eine neue Technik zur Anreicherung langkettiger Peroxyde, die bei der Autoxydation von Ölsäuremethylester (I) anfallen. Mit Harnstoff (II) bilden I u. verschied. nichtperoxyd., aber sauerstoffhaltige Verbb. (allg. nur geradkettige) gut kristallisierende Anlagerungsverbindungen. Die Peroxyde hinterbleiben nach Abfiltrieren der Komplexe im Filtrat u. bilden nach Evaporieren des Lösungsm. hellgelbe Öle. Das Autoxydationsgemisch von I mit einem Geh. von 4—37% Peroxyd liefert ein Peroxydkonzentrat von 70—90% Peroxydgeh. mit einer Zurückgewinnung (Ausbeute) an Peroxyd von 50—95%. Als Lösungsm. dient Methanol. Durch Variation der Mengenverhältnisse von II u. Lösungsm. kann man den Geh. an Peroxyd oder die Ausbeute erhöhen. Die Vorzüge der neuen Meth. gegenüber früheren sind Einfachheit, Arbeiten bei Zimmertemp., hohe Ausbeuten u. die Tatsache, daß die Ansätze leicht vervielfacht werden können. Um die allg. Anwendbarkeit zu zeigen, werden Peroxydkonzentrate von Linolsäure (von 7 auf 30%), von Linolensäure (von 7 auf 15%) u. von Elaidinsäuremethylester (von 18 auf 72%) hergestellt. (J. Amer. chem. Soc. **74.** 4886—89. 5/10. 1952. Philadelphia, Pa., Eastern Regional Res. Labor.) G. Winkler. D 223

J. H. Purnell und **S. T. Bowden,** *Mischbarkeitsphänomene in ternären Systemen, die Diphenyläther, Wasser und einen aliphatischen Alkohol oder Säure enthalten.* Dem Syst. *Diphenyläther* (I) u. W. (II) werden *Methylalkohol, A., n-* u. *Isopropylalkohol, Essigsäure, Propionsäure* u. *n-Buttersäure* zugesetzt u. ihr Einfl. auf die Mischbarkeit von I u. II untersucht. Die Binodalkurven der tern. Systeme werden angegeben u. die Untersuchungsmeth. näher beschrieben. Eine einfache Gleichung für das Maximum der Binodalkurven wird angegeben, die als Variable die Zahl der C-Atome enthält u. für Alkohole als 3. Komponente anwendbar ist. (J. chem. Soc. [London] **1954.** 539—46. Febr. Cardiff, Univ. Coll., Tatem Labors.) V. SCHIESZL. D 224

Alfred W. Francis, *Ternäre Systeme mit zwei getrennten Binodalkurven.* Untersucht werden die Systeme *Methanol* (I)–*n-Pentan–Nitrobenzol* (II); I–*n-Heptan* (III)–II; I–*2.2.4-Trimethylpentan* (IV)–II; I–*Methylcyclohexan* (V)–*Anilin*; I–V–*o-Nitrobiphenyl, Essigsäure*–III–II; *β.β-Dichloräthyläther* (VI, *Chlorex*)–IV–II, VI–III–II. Das Syst. I–II–IV wurde bei 0, 10, 14, 14,1, 15, 20, 25, 29,65 u. 42,6° gemessen. Alle diese Systeme besitzen 2 getrennte Binodalkurven. (J. Amer. chem. Soc. **76.** 393—95. 20/1. 1954. Paulsboro, N. J., Socony-Vacuum Labors, Res. and Developm. Dep.) V. SCHIESZL. D 224

N. W. Luft, *Bei der inneren Rotation auftretende lockere Übergangszustände.* Durch Verss. von GOMER u. Mitarbeiter (C. **1954.** 2999) war gezeigt worden, daß die Aktivierungsenergie der Rekombination E' von Methylradikalen in Übereinstimmung mit theoret. Schätzungen Null ist. Die hohe Ausbeute wurde durch die Annahme erklärt, daß der Übergangszustand für die Methylrekombination locker ist, das heißt, daß die sich vereinigenden Radikale ihre Rotationsfreiheit im Übergangszustand beibehalten. Vf. zeigt an Hand von Beispielen rechner., daß sich die Annahmen einer Aktivierungsenergie der Rekombination $E' = 0$ sowie die der nichtbehinderten Rotation im Übergangszustand nur auf die besonderen Fälle anwenden läßt, bei denen die Dissoziationsenergie nicht zu klein ist. Als Beispiele werden Äthan u. Hexaphenyläthan angeführt. Für beide Verbb. sind die Kurven für die Potentialenergie u. die Abstoßenergie in Abhängigkeit von der Bindungslänge graph. wiedergegeben. Vf. kommt auf Grund seiner Unterss. zu dem Ergebnis, daß die aus monomol. Zersetzungsgeschwindigkeiten hergeleiteten Dissoziationsenergien überprüft werden müßten. So ist bes. die experimentelle Dissoziationsenergie von Hydrazin mit $E \sim 60$ kcal, entsprechend einem mittleren Frequenzfaktor von $4 \cdot 10^{12}$ Sek.$^{-1}$ sicher zu niedrig. Eine versuchsweise Abschätzung ergibt $D(NH_2 \cdots NH_2) = 66 \pm 4$ kcal/Mol, das ist $\Delta Hf(NH_2) = 46$ kcal/Mol u. $D(H \cdots NH_2) = 107$ kcal/Mol. (J. chem. Physics **21.** 754—55. April 1953. Cheadle Hulm, Cheshire.) GOTTFRIED. D 225

Roux, Vaillant und **Daudel,** *Energieberechnungen zur Untersuchung der Umlagerungen bei einigen Derivaten der gem.-Diphenylindane.* Am Beispiel der Umlagerung des *Tritylphenylcarbinols* (I) in Tetraphenyläthylen zeigen Vff., daß die Richtung der Umlagerung aus dem Gewinn an π-Elektronenenergie ΔE_π beim Übergang des I entsprechenden Carboniumions in das 1.1.2.2-Tetraphenyläthylcarboniumion voraussagbar ist. ΔE_π wird dabei nach der Näherung von ROUX u. DAUDEL (C. **1952.** 2812) abgeschätzt. Die Betrachtungsweise bewährt sich auch bei der Erklärung der Umlagerungen von *2.2-Diphenyl-3-brom-* u. *3.3-Diphenyl-2-bromindanon*; dagegen müßten nach den ΔE_π bei der Dehydratation von *2.2-Diphenyl-, 1.2.2-* u. *2.2.3-Triphenylindanol* keine Indene, wie beobachtet, sondern Isoindene entstehen. Vff. nehmen zur Erklärung dieses Widerspruches an, daß bei der letzten Umlagerung Energieänderungen im σ-Elektronensyst. Bedeutung besitzen. (Bull. Soc. chim. France, Mém. [5] **20.** 491—93. Mai 1953. Paris, Coll. de France, Labor. de Chim. Organ., u. Centre de Chim. théor.) KRESZE. D 225

Michel Niclause und **André Combe,** *Die Oxydationskinetik organischer Substanzen in der Gasphase. Theoretische Untersuchung über einen Mechanismus der thermischen langsamen Oxydation.* Vff. untersuchten auf Grund theoret. Überlegungen ausführlich den Reaktionsmechanismus der langsamen therm. Oxydation von organ. Substanzen RH zum Peroxyd RO_2H, die, wie allg. angenommen wird, nach den Rkk. $R^- + O_2 \rightarrow RO_2^-$ u. $RO_2^- + RH \rightarrow RO_2H + R^-$ vor sich geht. Es werden eingehend die Einflüsse der verschied. Bedingungen (Konzz., kurze u. lange Ketten, Temp.) auf die Rkk. diskutiert u. Überlegungen über die autokatalyt. Zers. des Hydroperoxyds in freie Radikale angestellt. Hierfür hängt die Reaktionsgeschwindigkeit bei höherer O_2-Konz. nur wenig von der Anfangskonz. des O_2 ab, jedoch sehr viel stärker von der Anfangskonz. der organ. Substanz. (Rev. Inst. franç. Pétrole Ann. Combustibles liquides **8.** 311—54. Juli 1953. Nancy, École Nat. Supérieure des Ind. Chim., Fac. des Sci.) ROEDER. D 225

A. A. Dobrinskaja und **M. B. Neiman,** *Untersuchung der Entflammungsbedingungen von Gasgemischen.* 22. Mitt. *Einfluß von Beimengungen an Äthylperoxyd und Acetaldehyd auf die Kinetik der Kaltflammenoxydation von Butan.* (21. vgl. C. **1952.** 5710.) Zusätze von *Diäthylperoxyd* (I) oder *Acetaldehyd* (II) verkürzen die Induktionsperiode (τ Sek.) bei der Oxydation von Butan im Gemisch mit O_2 bei 310° u. 333 mm Hg nach $\log x = b - k\tau$ (x = I- bzw. II-Konz. in mm Hg, b = 0,2 für I, 0,1 für II, k = 0,09 für I, 0,4343 für II). In beiden Fällen entstehen in der Induktionsperiode organ. Peroxyde, die bei —0,2 bis —0,1 (I) bzw. zwischen —0,25 bis —0,6 V (II) reduzierbar sind, u. Aldehyde im Verhältnis 1:15—16. Die latente Verdampfungswärme von I wird zu 7400 cal/Mol bestimmt. (Известия Академии Наук СССР, Отделение Химических Наук [Nachr. Akad. Wiss. UdSSR, Abt. chem. Wiss.] **1953.** 623—28. Juli/Aug. Inst. für chem. Physik der Akad. der Wiss. der UdSSR.)

R. K. MÜLLER. D 225

Daniel Swern, Joseph E. Coleman, H. B. Knight, C. Ricciuti, C. O. Willits und **C. Roland Eddy,** *Reaktionen von Fettstoffen mit Sauerstoff.* 14. Mitt. *Polarographische und infrarot-spektrophotometrische Untersuchung von Peroxyden aus autoxydiertem Methyloleat.* (13. vgl. C. **1954. 10733.**) Vff. untersuchen die Autoxydation von Methyloleat bei 35—120° im Dunkeln oder bei Bestrahlung mit UV-Licht. Die Reaktionsprodd., die entweder direkt bestimmt oder mit der Harnstoffmeth. (vgl. COLEMAN u. Mitarbeiter, C. **1954.** 10680) als Konzentrate angereichert werden, untersuchen Vff. jodometr. u. polarograph. u. stellen fest, daß Hydroperoxyde nicht die einzige peroxyd. Substanz darstellen, sondern 28% (des Gesamtperoxydgeh.) in vermutlich cycl. Form vorliegen. Diese Annahme wird gestützt durch die Tatsache, daß das red. Peroxydkonzentrat in manchen Fällen einen obiger Differenz entsprechenden Geh. an α-Glykolen aufweist. Außerdem stimmt der Oxirangeh. mancher Konzentrate mit obiger Differenz überein. Die infrarot-spektrophotometr. Unters. des trans-Geh. der Autoxydationsprodd. ergibt, daß das gebildete Hydroperoxyd fast vollständig als trans-Verb. (trans-Methyloctadecenoathydroperoxyd) vorliegt. Nach Ansicht der Vff. ist es äußerst unwahrscheinlich, daß die cis-Verb. jemals isoliert worden ist, da die Radikalnatur des Oxydationsvorganges deren Bldg. in merkbarem Grade ausschließt. Die Ergebnisse werden nur unwesentlich durch die Einw. von UV-Licht oder die Ggw. von Metalldesaktivatoren beeinflußt. (J. Amer. chem. Soc. **75.** 3135—37. 5/7. 1953. Philadelphia, Pa., Eastern Reg. Res. Labor.) G. WINKLER. D 225

H. B. Knight, E. F. Jordan jr., R. E. Koos und **Daniel Swern,** *Reaktionen von Fettstoffen mit Sauerstoff.* 15. Mitt. *Bildung von 9.10-Dioxystearinsäure und Spaltprodukten bei der Oxydation von Ölsäure und Methyloleat in Essigsäure.* (14. vgl. vorst. Ref.) Vff. untersuchen die Autoxydation von Ölsäure (I) u. Methyloleat (II) in Essigsäure bei 25—30, 65 (maximale Reaktionsgeschwindigkeit) u. 115—120° mit einem Co-Salz (Co-Acetat oder -Oleat) als Katalysator. Die Zus. der Oxydationsprodd. [*9.10-Dioxystearinsäure* (III), F. ≧128°; Spaltprodd., nicht oxydierte u. oxydierte Prodd., Polymere] in Abhängigkeit von der Oxydationsdauer ist tabellar. wiedergegeben. Die besten Ausbeuten an III (12—17%) u. an Spaltprodd. (hauptsächlich *Methylester* von *C_6—C_{12}-mono-* u. *-dibas. Säuren,* 64—68%) werden bei 65° erhalten. Vff. diskutieren einen Mechanismus für die Bldg. von trans-9.10-Epoxystearinsäure sowohl aus I als auch aus II bei der Autoxydation ohne Lösungsm. (in Essigsäure wird durch Ringöffnung das Oxyacetoxyderiv. erhalten, das bei der Hydrolyse III liefert) u. nehmen an, daß sowohl im lösungsmittelfreien Syst. als auch in Essigsäure die Rk. nicht über eine Epoxydierung des Olefins durch Peroxyd verläuft. (J. Amer. Oil Chemists' Soc. **31.** 93—96. März 1954. Philadelphia, Pa., East. Reg. Res. Labor.)

G. WINKLER. D 225

M. Naudet, E. Sambuc, P. Desnuelle und **G. Reutenauer,** *Untersuchung der Aminolyse von Glyceriden mit Äthanolamin im Unterschuß.* Einstd. Einw. von 3,15 Mol Äthanolamin (I) auf 1 Mol Glycerinfettsäuretriester bei 80° in Ggw. von 0,5 Gew.-% $NaNH_2$ führte zu prakt. vollständiger Aminolyse (92,9% Fettsäureoxyäthylamid), Metallhydroxyde als Katalysator waren weniger wirksam. Es wurde die Aminolyse mit weniger als 3 Mol I pro Mol Triglycerid unter sonst gleichen Bedingungen untersucht. Die Zus. des Reaktionsgemisches wurde teils experimentell, teils rechner. bestimmt u. die Aufteilung der Fettsäure auf die Glycerinhydroxyle sowie NH_2- u. OH-Gruppen des I daraus entnommen. Die Best. des Glycerins erfolgte in wss. Phase; Best. der Ester- u. Säurezahl sowie der Monoglyceride im petrolätherlösl. Anteil. Die N-Best. der Petrolätherlsg. ergab direkt den an NH_2 gebundenen Anteil der Fettsäure, da nie freie Aminogruppen gefunden wurden. Das Vorhandensein von diacyliertem I ergab sich zunächst aus der Tatsache, daß die mit Glycerin veresterte Fettsäure (Glycerinhydroxyl nach Abzug des freien Glycerins u. Monoglycerids) geringer war als die gefundene Esterzahl. Nach den Ergebnissen erfolgt die Aminolyse bevorzugt, die Verteilung der Fettsäure auf die OH-Gruppen von Glycerin u. I ist statistisch. Das Reaktionsgemisch aus Triglycerid u. 60—75% I sollte nach Sulfonierung den höchsten Anteil an oberflächenakt. Stoffen haben. Testung eines derartigen sulfonierten Prod. ergab, daß es den an ein Waschmittel gestellten Anforderungen nur teilweise genügte. (Bull. Soc. chim. France, Mém. [5] **19.** 476—80. Mai/Juni 1952. Marseille, Fac. des Sci., Labor. Nat. des Matières Grasses I. T. E. R. G.)

MANTHEY. D 225

Masaya Okano und **Yoshiro Ogata,** *Kinetik der Diazotierung von Anilinen.* Die Diazotierungsgeschwindigkeiten von *Anilin* in wss. H_2SO_4 bei 0° wurden gemessen Kupplung des gebildetenDiazoniumsalzes mit β-Naphthol u. Best. des Azobenzols). Im p_H-Bereich von 0,6—3,3 ist die Rk. 1. Ordnung hinsichtlich der Anilin- u. 2. Ordnung hinsichtlich der HNO_2-Konzentration. Durch die p_H-Abhängigkeit wird als geschwindigkeitsbestimmender Vorgang der Angriff von $HN_2O_3^+$ wahrscheinlich gemacht. Durch Konkurrenz-Rk. von *m-* u. *p-Toluidin, -Chlor-* u. *-Nitranilin* sowie *p-Methoxy-* u. *p-Äthoxyanilin* im Gemisch mit *Sulfanilsäure* bei 0° wurden die Relativgeschwindigkeiten der Diazotierung bestimmt u. ein ϱ-Wert von —1,96 für die HAMMETTsche Gleichung berechnet. (J. Amer. chem. Soc. **75.** 5175—77. 5/11. 1953. Kyoto, Japan, Univ., Dep. of Ind. Chem.) LOHAUS. D 225

Charles C. Price und **William J. Belanger,** *Die Verseifungsgeschwindigkeit einiger Alkyl-m- und -p-dialkylaminobenzoate.* Vff. untersuchten die Verseifungsgeschwindigkeiten von Benzoesäureestern, m- u. p-Toluylsäureestern, m- u. p-Dimethylamino-, -Diäthylamino- u. -Di-n-propylaminobenzoesäureestern in 80%ig. Methanol (Methylester), 80%ig. A. (Äthylester) bzw. 80%ig. n-Propanol (n-Propylester), teilweise auch in 60%ig. Aceton bei 25 u. 40°. Die Verseifungsgeschwindigkeiten nehmen mit der Größe der Alkylgruppen in den Aminogruppen ab, was sowohl auf ster. Ursachen als auch auf verstärkte Elektronenabgabe an den Benzolkern bei größer werdendem Alkyl zurückgeführt werden kann. Der Einfl. der Solvatation in den verschied. Medien wird diskutiert.

V e r s u c h e [FF. korr.; in () E (kcal); log PZ; σ_{25} (Konstante der HAMMETT-Gleichung), σ_{40}-Werte vgl. Original; *Me. Methylester, Ät. Äthylester, Pr. n-Propylester*]: *Benzoesäure, Me.* (I), Kp.$_{15}$ 86°; n_D^{25} 1,5140 (18,4; 10,1; 0). *Ät.* (II), Kp.$_{21}$ 103°; n_D^{25} 1,5025 (16,9; 9,3; 0). *Pr.* (III), Kp.$_{14}$ 113°; n_D^{25} 1,4981 (15,6; 8,4; 0). — *m-Toluylsäure, Me.*, Kp.$_{0,04}$ 64,5°; n_D^{25} 1,5133 (19,0; 10,4; —0,069). *Ät.*, Kp.$_{0,2}$ 71,5°; n_D^{25} 1,5030 (17,8; 9,9; —0,069). *Pr.*, Kp.$_{0,1}$ 79,5°; n_D^{25} 1,4978 (16,5; 8,9; —0,069). — *p-Toluylsäure, Me.*, F. 35,5—36°; Kp.$_{0,4}$ 69,5° (19,1; 10,3; —0,170). *Ät.*, Kp.$_{0,1}$ 66,5°; n_D^{25} 1,5056 (17,9; 9,7; —0,170). *Pr.*, Kp.$_{0,07}$ 91,5°; n_D^{25} 1,4996 (16,8; 8,9; —0,170). — Die Ester der Aminosäuren durch Kochen der Säure mit alkoh. HCl. *m-Dimethylaminobenzoesäure,* F. 150—151°. *Me.* (IV), Kp.$_{0,03}$ 76°; n_D^{25} 1,5582 (19,1; 10,3; —0,140). *Ät.* (V), Kp. $_{0,04}$ 77°; n_D^{25} 1,5443 (17,0; 9,1; —0,136). *Pr.*, Kp.$_{0,05}$ 105,5°; n_D^{25} 1,5365 (16,5; 8,7; —0,132). — *p-Dimethylaminobenzoesäure,* F. 235—236°. *Me.* (VI), F. 102°; Kp.$_{0,05}$ 102° (21,0; 10,4; —0,774). *Ät.* (VII), F. 62—64°; Kp.$_{0,02}$ 112° (19,5; 9,6; —0,703). *Pr.*, F. 37—38°; Kp.$_{0,02}$ 127°; k_{40} 1,17·10^{-4}. — *m-Diäthylaminobenzoesäure,* F. 89—90°. *Me.* (VIII), Kp.$_1$ 134°; n_D^{25} 1,5447 (19,6; 10,5; —0,231). *Ät.* (IX), Kp.$_5$ 160°; n_D^{25} 1,5333 (17,3; 9,1; —0,220). *Pr.* (X), Kp.$_{0,15}$ 100°; n_D^{25} 1,5272 (16,4; 8,5; —0,215). — *p-Diäthylaminobenzoesäure,* F. 191—193°. *Me.*, F. 46—47°; Kp.$_{0,05}$ 117° (21,4; 10,5; —0,902). *Ät.*, F. 43°; Kp.$_{1,5}$ 134° (20,4; 10,1; —0,808). *Pr.*, Kp.$_{0,2}$ 130°; n_D^{25} 1,5573. — *m-Diallylaminobenzoesäure* (XI), F. 91°. — *p-Diallylaminobenzoesäure* (XII), F. 126—126,5°. — *m-Di-n-propylaminobenzoesäure,* $C_{13}H_{19}O_2N$, F. 89—89,3° (Nadeln aus wss. A., nach dem Wiederschmelzen F. 80—80,5°); durch Hydrierung des Na-Salzes von **XI** in W. (RANEY-Ni, 1700 lbs./sq.in.); 96% (Ausbeute). *Me.*, Kp.$_{1,0}$ 117°; n_D^{25} 1,5317 (19,5; 10,4; —0,261). *Ät.*, Kp.$_{0,2}$ 110°; n_D^{25} 1,5232 (18,2; 9,7; —0,262). *Pr.*, Kp.$_{0,2}$ 114°; n_D^{25} 1,5193 (16,7; 8,6; —0,259). — *p-Di-n-propylaminobenzoesäure,* F. 142—142,2°; wie vorst. aus **XII**. *Me.*, F. 36,5—37,2°; Kp.$_{0,03}$ 110,5° (22,5; 11,2; —0,927). *Ät.*, F. 34,0—34,8°; Kp.$_{0,05}$ 93° (20,2; 9,9; —0,815). *Pr.*, Kp.$_{0,05}$ 140°; n_D^{25} 1,5466 (19,5; 9,4; —0,783). — $k_{25}\cdot10^3$ in 60%ig. Aceton [in () σ]: **I** 9,20; **II** 3,04; **III** 2,03; **IV** 4,25 (—0,146); **V** 1,29 (—0,157); **VI** 0,210 (—0,714); **VII** (0,0633 (—0,709); **VIII** 2,13 (—0,276); **IX** 0,651 (—0,282); **X** 0,416 (—0,290). (J. Amer. chem. Soc. **76.** 2682—84. 20/5. 1954. Notre Dame, Ind., Univ., Dep. of Chem.) J. ROTHE. D 225

J. Vène und **J. Tirouflet,** *Kinetik der Öffnung und des Schlusses von Lactonringen. Struktureinfluß.* 1. Mitt. *Alkalische Hydrolyse von Phthaliden.* Ausführliche Wiedergabe der C. **1953.** 6457 u. 7055 sowie C. **1954.** 5491 referierten Arbeiten. Diskussion der Neutralsalzwrkg. (NaCl; kein Salzeffekt!) sowie Wrkg. des Wassergeh. des Lösungsm. (A.). Mit fallendem Wassergeh. vermindern sich die Aktivierungsenergien u. Stoßzahl-

faktoren; —I-Effekte (Halogen in 4- u. 6-Stellung) sowie +E-Effekte (—NH_2 u. —OCH_3 in 5-Stellung) werden im gleichen Sinne stärker wirksam (Erhöhung bzw. Verminderung der Reaktionsgeschwindigkeitskonstanten). In 6-Stellung wachsen die —I-Effekte in der Folge $NH_2 < NHCOCH_3 < NHCOC_6H_5$, in 7-Stellung macht sich ster. Hinderung der $NHCOC_6H_5$-Gruppe bemerkbar. Vgl. mit den Ergebnissen der alkal. Hydrolyse entsprechend substituierter Benzoesäureester beweist, daß analoge Mechanismen ablaufen müssen. — Darst. der Phthalide vgl. Tirouflet, Bull. Soc. sci. Bretagne **16.** [1951]. *4-* (F.) 87°, *5-* 154°, *6-* 112° u. *7-Chlor-* 149°, *5-* 165°, *6-* 99° u. *7-Brom-* 143°, *7-Jod-* 137°, *4-* 159°, *5-* 197°, *6-* 184° u. *7-Amino-* 123°, *4-* 129°, *5-* 117° u. *6-Methoxy-* 120°, *4-* 187°, *5-* 204°, *6-* 223° u. *7-Acetamido-* 137°, *4-* 215°, *5-* 191°, *6-* 225° u. *7-Benzamidophthalid* 158°. (Bull. Soc. chim. France, Mém. [5] **21.** 211—19. Febr. 1954. Rennes, Fac. des Sci., Labor. de Chim. Organ. et Biol.)
Gnauck. D 225

J. Vène und **J. Tirouflet,** *Kinetik der Öffnung und des Schlusses von Lactonringen. Struktureinfluß.* 2. Mitt. *Untersuchung von o-substituierten Phthaliden (7-Derivate). Anwendung der Hammettschen Gleichung.* (1. vgl. vorst. Ref.) Auf Ergebnisse vorst. Ref. wird die Hammettsche Gleichung angewendet. Es zeigt sich, daß diese bei *o-substituierten Phthaliden* P. im Gegensatz zu o-substituierten Benzoesäureestern befriedigend erfüllt ist. Die ster. Effekte von o-Substituenten sind also gegenüber den letzten stark herabgesetzt. Vff. erklären dies mit dem Ausbleiben der freien Rotation der Carboxyl(= Lacton-)gruppe der P. sowie einem größeren Abstand des Carbonyl-O-Atoms vom benachbarten Substituenten. (Bull. Soc. chim. France, Mém. [5] **21.** 220—26. Febr. 1954.) Gnauck. D 225

Jacques Boileau, *Kinetik der Reaktion von Aldehyden mit Nitroparaffinen.* 2. Mitt. (1. vgl. C. **1954.** 4598; 3. vgl. C. **1954. 10693.**) Einige aromat. Aldehyde werden mit Nitroparaffinen in verschied. Lösungsmitteln in Ggw. von Alkylaminen als Katalysator umgesetzt. Die Kinetik der Rk. wird durch Umsetzen des nicht reagierten Aldehyds mit Hydroxylamin, HCl u. Rücktitration mit NaOH verfolgt. Die gewählten Amine reagieren nicht mit den Aldehyden, die prim. Nitroparaffine nur in Ggw. der Amine, sek. Nitroparaffine auch ohne Katalysator. Es handelt sich um Gleichgewichts-Rkk.; die angeführten Reaktionsordnungen sind zeitabhängig. Die Reaktionsgeschwindigkeit (RG) ist über ein weites Konzentrationsgebiet der Katalysatorkonz. proportional u. wächst mit steigender Basenstärke des Amins (Diäthylamin: Triäthylamin (**I**): Dimethylbenzylamin, Verhältnis der RG 70:19:1). Bei Wechsel des Lösungsm. erfolgt Anstieg der RG in der Reihenfolge Äther, Benzole, Alkohole (Verhältnis der RG Dioxan:Bzl.:Methanol = 1:10:162; A.-W. [50/50] ca. 34000). Außerdem steigt dabei die Reaktionsordnung von ca. 1 auf 3. Ein trockenes Gemisch Benzaldehyd (**II**)-Nitromethan (**III**)-**I** reagierte nicht; um die Rk. in Gang zu bringen, war Zusatz von wenig W. erforderlich. Bei der Rk. der Nitrobenzaldehyde mit **III** in Methanol ist das Verhältnis der RG, o:m:p = 1:2,2:3,5 (3. Ordnung, Gleichgewicht bei 85% Rk.); die entsprechenden Daten von **II** sind RG 0,15, 2. Ordnung, Gleichgewicht bei 63%. Die Rk. von m-Nitrobenzaldehyd (**IV**) mit **III**, Nitroäthan, 1-Nitropropan, 2-Nitropropan (reagiert ohne Katalysator), 2-Nitroäthanol in Methanol mit **I** gibt Verhältnis der RG 1:0,8:0,6:0,006:2. Die Rk. von **IV** in **III** als Lösungsm. ist fast unabhängig von der Aldehydkonz., dagegen proportional der Katalysatormenge. Bei Wechsel des Aldehyds steigt sie in der Reihenfolge **IV**, **II**, Zimtaldehyd, Piperonal (**V**), Cuminaldehyd u. bleibt jedesmal von der Aldehydkonz. unabhängig. Die Aktivierungsenergien der Rk. **IV** + Nitroäthan sowie o-, m- (**IV**) u. p-Nitrobenzaldehyd + **III** in Methanol mit **I** wurden zwischen 0 u. 17° bestimmt. Es wurden in der angegebenen Reihenfolge **14700**, **15200**, **10600** u. **13400** cal gefunden. Die Rk. **III** + **IV** führt zu einem echten Gleichgewicht, das auch von Nitroalkohol her erreicht wird. Bei **V** ist dies nicht der Fall. Für die Rk. **V** + **III** wurde die Gleichgewichtslage in Abhängigkeit vom Lösungsm. bestimmt (% Aldehyd, die im Gleichgewicht verbraucht sind): 30% (in Methanol); 33% (in Methanol-W., 75:25); 18% (in Benzylalkohol); 0% (in Butyläther); 0% (in Ae.); 67% (in **III**). Die Ergebnisse deuten auf einen komplexen Reaktionsablauf. Eine umfassende Erklärung wird nicht gegeben. (Bull. Soc. chim. France, Mém. [5] **21.** 758—60. Juni 1954. Labor. Centr. des Poudres, Ec. norm. sup.) Manthey. D 225

Elias J. Corey, *Die Decarboxylierung von α.β-ungesättigten Malonsäurederivaten über β.γ-ungesättigte Intermediärprodukte.* 2. Mitt. *Der Einfluß der α-Substituenten auf die Zusammensetzung der Produkte und auf die Geschwindigkeit.* (1. vgl. C. **1953.** 7761.) Die Decarboxylierung von folgenden *Isopropylidenmalonsäurederivv.* der allg. Zus. $(CH_3)_2C{=}C(X)\cdot COOH$ mit X=CN (**I**), $CONH_2$ (**II**), $COOC_2H_5$ (**III**), COOH (**IV**), $CON(CH_3)_2$ (**V**) führte bei 111° in Pyridin zu den entsprechenden beiden α.β- u. β.γungesätt. Isomeren der allg. Zus. $(CH_3)_2C{=}CHX$ u. $CH_2{=}C(CH_3){\cdot}CH_2X$, die der gleichen *Isopropenylmethylmalonsäurederivv.* von der allg. Zus. $CH_2{=}C(CH_3){\cdot}C(CH_3)(X){\cdot}$ COOH (**VI, VII, VIII, IX** u. **X**) bei 95° in Pyridin führte zu den analogen ungesätt. Isomeren $(CH_3)_2C{=}C(CH_3)X$ u. $CH_2{=}C(CH_3){\cdot}C(CH_3)HX$. Die auf Grund der Messung von n_D u. der aufgenommenen Infrarotspektren erhaltenen Analysenergebnisse lieferten folgende Mengen an $\beta.\gamma$-ungesätt. Reaktionsprod. (in %) u. folgende Geschwindigkeitskonstanten (in Min.$^{-1}$) 1. Ordnung bei der Zers. von **I**: 80, 0,028; **II**: 80, 0,024; **III**: 75, 0,02; **IV**: 93, 0,067; **V**: 28, 0,001; **VI**: 80, 3,0; **VII**: 72, 0,5; **VIII**: 50, 0,05; **IX**: 95, 0,092; **X**: 90, 0,02. In 0,03 mol. Cu-(II)-Acetat-Lsg. in Pyridin lieferte die Decarboxylierung von **I** unter gleichen Bedingungen bei starker Reaktionsbeschleunigung 89% der $\alpha.\beta$- u. 11% der $\beta.\gamma$-ungesätt. Verb., die von **VI** 75% $\beta.\gamma$- u. 25% $\alpha.\beta$-ungesätt. Verbindung. Der Zusatz von N-Äthylpiperidin erhöhte die Geschwindigkeit der Zers. von **VI, VII, VIII, IX** u. **X** in jedem Fall. Zur Deutung der Ergebnisse nimmt Vf. an, daß als geschwindigkeitsbestimmender Schritt ein Proton vom γ-C-Atom abgespalten wird unter gleichzeitiger Wanderung des Protons der COOH-Gruppe zum α-C-Atom. Das Anion wird leichter decarboxyliert als die nicht ionisierte Verbindung. Auf Grund dieses Mechanismus können bei **IV** zwei COOH-Gruppen an der Isomerisierung teilnehmen. Die Geschwindigkeitskonstanten der Decarboxylierung von **IV** u. **IX** sind anders zu werten als die übrigen, da bei ihnen ein statist. Faktor von 2 zu berücksichtigen wäre. **I** kann in geringem Maße direkt decarboxylieren. Dies wurde durch die Zers. der *Pivalylidencyanessigsäure* unter gleichen Bedingungen zum *trans-β-tert.-Butylacrylonitril* gezeigt. Die Geschwindigkeit dieser Rk. war 0,14mal so groß wie bei **I**, die Rk. ließ sich durch Cu-(II)-Ionen nicht beeinflussen. Der Einfluß der CN-Gruppe auf die Decarboxylierung von **I** u. **VI** läßt sich nicht ohne weiteres erklären. Die geringe Größe der Geschwindigkeitskonstanten der Zers. von **V** u. **X**, sowie die geringe Menge an $\beta.\gamma$-ungesätt. Reaktionsprod. bei **V** zeigen die größere Stabilität der beiden Verbb. durch die $CON(CH_3)_2$-Gruppe. **V** scheint in größerem Maße direkt zu decarboxylieren.

Versuche: *Isopropylidenmalonamidsäureäthylester* (**XI**), $C_8H_{13}O_3N$, F. 109 bis 110° (Chlf.–PAe.), **III** wurde in Bzl. mit PCl_5 behandelt u. das entstandene Säurechlorid bei —20° unter Rühren zu konz. NH_3 getropft, 55% (Ausbeute). *Isopropylidenmalondimethylamidsäureäthylester* (**XII**), $C_{10}H_{17}O_3N$, Kp.$_{0,3}$ 94°, analog **XI** mit 25%ig. wss. Dimethylamin, n_D^{20} 1,4780, 69%. — *Isopropylidenmalonsäuremonoamid* (**II**), $C_6H_9O_3N$, F. 158,5—159° (Zers.) (Aceton), aus **XI** durch Verseifen mit KOH in wss. A., 20 Std. bei 25°, pK_a 3,95 (25°), 71,5%. *Isopropylidenmalonsäuredimethylamid* (**V**), $C_8H_{13}O_3N$, F. 175—176° (Zers.) (Aceton), aus **XII**, 59%. — *Isopropenylmethylmalonamidsäureäthylester* (**XIII**), $C_9H_{15}O_3N$, analog **XI** aus **VIII**, Reinigung durch Dampfdest. bei 100° (0,5 mm), n_D^{20} 1,4763, 75,5%. *Isopropenylmethylmalondimethylamidsäureäthylester* (**XIV**), $C_{11}H_{19}O_3N$, Kp.$_{1,5}$ 94—96°, aus **VIII**, n_D^{20} 1,4670. — *Isopropenylmethylmalonsäuremonoamid* (**VII**), $C_7H_{11}O_3N$, F. 97° (Zers., Aceton–CCl_4), durch Verseifen von **XIII**, 12 Tage, pK_a 3,42 (25°), 65%. *Isopropenylmethylmalonsäuredimethylamid* (**X**), $C_9H_{15}O_3N$, F. 75—76°, aus **XIV**. — *Isopropenylmethylcyanessigsäureäthylester*, $C_9H_{13}O_2N$, Kp.$_{0,8}$ 48°, durch Erhitzen von **XIII** mit $POCl_3$, 55 Min., n_D^{20} 1,4372, 82,7%. *Isopropenylmethylcyanessigsäure* (**VI**), $C_7H_9O_2N$, Reinigung durch Dampfdest. bei 75—85° (0,1 mm), n_D^{20} 1,4570, 88%. — *α.β-Dimethyl-β-propencarbonsäureamid*, $C_6H_{11}ON$, F. 104,5—105,0°, durch Decarboxylierung von **IX** über das Säurechlorid, Reinigung durch Sublimation bei 90° (0,5 mm), ε (905 cm^{-1}) 57,5, 68%. — Gemisch von *Isopropenylmethyl-* u. *Isopropylidenmethylacetonitril*, aus vorst. Verb. durch Dest. über P_2O_5, n_D^{20} 1,4335. — *β-Methylcrotonsäureamid*, F. 118—119°, analog aus **IV** durch Decarboxylierung u. Chlorierung, ε (905 cm^{-1}) 55,8, 58%. — *Trimethylacrylsäureamid*, F. 133—134°. — *β.β-Dimethylacrylsäureamid*, F. 108,5—109,5°. — *Pivalylidencyanessigsäure*, aus Pivalinaldehyd u. dem Na-Salz der Cyanessigsäure. — *trans-β-tert.-Butylacrylonitril*, Kp.$_{52}$ 83—84°, aus vorst. Verb., n_D^{20} 1,4349. (J. Amer. chem. Soc. 75. 1163—67. 5/3. 1953. Urbana, Ill., Univ., Noyes Chem. Labor.)

L. FISCHER. D 225

Elias J. Corey und **Gideon Fraenkel**, *Die Existenz eines 1.2-Additions-, 1.2-Eliminierungsmechanismus für die Decarboxylierung.* Es wurde die Decarboxylierung von *Benzylidenmalonsäuremonoäthylester* (**I**), *Benzylidencyanessigsäure* (**II**) u. *Benzylidenmalonsäure* (**III**), sowie der *p-Nitro-* (**IV**), *p-Methyl-* (**V**) u. *p-Methoxybenzylidencyanessigsäure* (**VI**), des *Mesityliden-* (**VII**), *2.6-Dichlorbenzylidencyanessigsäure-* (**VIII**) u. *2.6-Dichlorbenzylidenmalonsäuremonoäthylesters-* (**IX**) in Pyridin bei 111° untersucht u. der Fortgang der Rk. durch Best. der entwickelten Menge CO_2 quantitativ verfolgt. Das cis–trans-Isomerengemisch **I** liefert bei 85% Ausbeute an CO_2 reinen *trans-Zimtsäureäthylester*, während die reine cis-Verb. **II** ein Gemisch von 65% *trans-* u.

35% *cis-Zimtsäurenitril* lieferte. Der unvollständige Reaktionsverlauf bei **I** ist vermutlich auf eine Umesterung von **I** zu Benzylidenmalonsäure u. dem Diäthylester zurückzuführen. Die Decarboxylierung von **III** verläuft angenähert gleich der von **I** u. **II**. Die Ggw. von N-Äthylpiperidin hemmt die Rk. von **I** u. **II**, hingegen wirken Pyridiniumsalze reaktionsbeschleunigend auf **I** bis **VI**. Ebenso steigert Thioessigsäure ganz erheblich die Geschwindigkeit der Reaktion. Die Verbb. **VII**, **VIII** u. **IX** werden fast gar nicht decarboxyliert. — Die Decarboxylierung ist eine Rk. 2. Ordnung, die in Ggw. von Pyridiniumsalzen in eine Rk. 1. Ordnung übergeht. Die Reihenfolge der Reaktionsfähigkeit bei den p-substituierten Verbb. im Vgl. zu **II** ist p-NO_2 > p-H· > p-CH_3 > p-OCH_3. Auf Grund der experimentellen Befunde stellen Vff. die Geschwindigkeitsgleichung: $dCO_2/dt = k'[HA][C_5H_5NH^+] + k''[HA]^2$, wobei [HA] = Konz. der undissoziierten Säure ist u. k'/k'' wenigstens 350 beträgt, auf. Zur Erklärung der Rk. wird folgender 1.2-Additions-, 1.2-Eliminierungsmechanismus angenommen: $ArCH{=}C(X)COOH + C_5H_5N + C_5H_5NH^+ \underset{k_{-1}}{\overset{k_1}{\rightleftharpoons}} ArCH(C_5H_5N^+){-}CH(X)\cdot COOH + C_5H_5N \xrightarrow{k_2} ArCH{=}CHX + CO_2 + C_5H_5NH^+$. Bei der Decarboxylierung der Verbb. **IV**, **V** u. **VI** wird eine Abweichung von der HAMMETTschen Beziehung gefunden, die auf eine vergrößerte Resonanzwechselwrkg. der p-Substituenten mit den durch die Rk. direkt angegriffenen Gruppen (CN, $COOC_2H_5$, COOH) zurückgeführt wird.

Versuche: *Thioessigsäure*, Kp. 92,8—93,0°. — *Benzylidenmalonsäuremonoäthylester* (**I**), F. 85—90° (Ligroin). — *Benzylidencyanessigsäure* (**II**), F. 180°. — *p-Methoxybenzylidencyanessigsäure* (**VI**), F. 229—230°. — *p-Methylbenzylidencyanessigsäure* (**V**), F. 209—210°. — *p-Nitrobenzylidencyanessigsäure* (**IV**), F. 208—209° (A.-W.), aus p-Nitrobenzaldehyd u. Cyanessigsäure in Ggw. von Piperidinacetat in Acetonitril, 4 Std. am Rückfluß, 38,7%. — *Mesitylidencyanessigsäure* (**VII**), $C_{13}H_{13}O_2N$, F. 193,2—195,5° (A.), analog **IV** aus Mesitylaldehyd in Pyridin bei 70°. — *Benzylidenmalonsäure* (**III**), F. 195—196°. — *trans-Zimtsäureäthylester*, Kp.$_{0,5}$ 98—99°, durch Decarboxylierung von **I**, n_D^{20} 1,5597, 77%. — Die Geschwindigkeitskonstanten bei 111° in Pyridin betrugen bei **II** 2,1 ($\cdot 10^{-3}$ *l*·/Mol·min); **IV** 7,3; **V** 1,7 u. **VI** 0,66. (J. Amer. chem. Soc. **75**. 1168—72. 5/3. 1953. Urbana, Ill., Univ., Noyes Chem. Labor.)

L. FISCHER. D 225

Henry C. McBay und **Ozie Tucker**, *Thermische Zersetzung von Peroxydikohlensäuredialkylestern in Lösung: Reaktionen freier Alkoxyradikale in reinen Lösungsmitteln.* Vff. untersuchen die therm. Zers. von *Peroxydikohlensäuredialkylestern* (R = Methyl, Äthyl, n-Propyl, Isopropyl, n-Butyl, Isobutyl u. —C_2H_4Cl) in Lösungsmitteln, a) die mindestens ein durch freie Radikale leicht abtrennbares H-Atom enthalten (z. B. Cumol, p-Cymol), b) aus denen H-Atome nur schwierig abgespalten werden (z. B. Trimethylessigsäure u. -methylester). Die Zers. vorst. Ester liefert freie Alkoxyradikale, die unter H-Abspaltung aus dem Lösungsm., unter Disproportionierung oder nach beiden Mechanismen weiterreagieren. Der Betrag der H-Abspaltung u./oder Disproportionierung ist abhängig von der Temp., von der Art des Lösungsm. u. der des Peroxydes. In Lösungsmitteln vom Typ a) wird die Bldg. von Alkylarylalkylkohlensäureestern beobachtet. — Die Tendenz der Alkoxyradikale, H-Atome aus dem Lösungsm. abzuspalten (zur Disproportionierung) nimmt in der Reihenfolge $OCH_3 > OC_2H_5 > OC_3H_7 > OC_4H_9$ ab (zu). Die möglichen Reaktionsmechanismen werden von Vff. diskutiert.

Versuche: *Peroxydikohlensäurediisopropylester*, durch portionsweise Zugabe (30—50 Min.) von Na_2O_2 zu Chlorkohlensäureisopropylester in Ae./W. unter Rühren bei —15°, 4 Std. Rühren bei < 15°, Konzentrierung der äther. Lsg. u. Kristallisation bei —80°; 0,5 Mol geben bei therm. Zers. (3 Std. bei 135—140°) in Trimethylessigsäure (Kp. 50°, F. 34°) *α.α.α'.α'-Tetramethyladipinsäure*, F. 190° (W.), 3 g, *Aceton*, 25 g, *Isopropanol*, 27 g, *Trimethylessigsäureisopropylester*, Kp. 126°, 6,5 g u. CO_2, 40,6 g. — *Peroxydikohlensäuredimethylester*, durch Zugabe von Na_2O_2 (1 Std.) zu Chlorkohlensäuremethylester (Kp. 70—74°) in Isopropylbenzol/W. bei < 10° u. 4½ Std. Rühren. — Die Darst. der anderen Peroxyde erfolgt wie vorst., Zus. der Reaktionsprodd. in Abhängigkeit von Temp. u. Lösungsm. ist tabellar. wiedergegeben. — *Peroxydikohlensäurediäthylester*; 0,27 Mol geben bei 2—3 std. Zers. (110—115°) in p-Cymol (Kp.$_{12}$ 61°, $n_D^{25.5}$ 1,4878) 1,5 g *Acetaldehyd*, 18,2 g *CO_2*, 21,2 g *A.*, *2.3-Di-p-tolyl-2.3-dimethylbutan*, F. 152—154° (95%ig. A.), 26,8 g, u. *2-p-Tolylpropyl-(2)-äthyläther*, $C_{12}H_{18}O$, Kp.$_{0,5}$ 63—63,5°, n_D^{26} 1,4994 [durch wiederholte Dest. aus Prod. vom Kp.$_1$ 69—85°, vermutlich *Kohlensäure-[2-p-tolylpropyl-(2)-äthyl]-ester*, 20 g]. — *Peroxydikohlensäuredi-[β-chloräthyl]-ester*; 0,13 Mol gibt bei Zers. in Isopropylbenzol (125—130°) *2.3-Diphenyl-2.3-dimethylbutan*, F. 115—116° (A.), 12,2 g, *Kohlensäure-[2-phenylpropyl-(2)-β-chloräthyl]-ester*, 14,8 g, *Chloracetaldehyd*, Kp. 85—86° [*2.4-Dinitrophenylhydrazonderiv.*,

$C_8H_6O_4N_4$ (nach Verlust von HCl), F. 135—136°], 3 g, *β-Chloräthanol*, Kp. 130—131°, 16,1 g u. CO_2, 10,45 g. (J. org. Chemistry **19.** 869—83. Juni 1954. Atlanta, Ga., Univ., u. Morehouse Coll., Chem. Labor.) G. WINKLER. D 225

Robert H. Schuler und **Chester T. Chmiel,** *Gasproduktion bei der Photolyse von flüssigem Methyljodid.* Die bei der Photolyse von fl. *Methyljodid* (I) mit der Hg-Linie 2537 Å auftretenden, gasförmigen Prodd. wurden analysiert u. die Quantenausbeuten bestimmt. In der fl. Phase entstand Methylenjodid; im Gasraum wurden nur Methan (II), Äthan (III) u. J_2 gefunden. Ihre Quantenausbeuten waren 0,023; 0,007 u. 0,008. H_2 wurde nicht gefunden. Die Quantenausbeuten sind temperaturunabhängig. Wird dem I J_2 zugesetzt, so wird die Ausbeute an II u. III prozentual gleich erniedrigt. Vff. führen dies auf opt. Abschirmung durch I–J_2-Komplexe im Innern der Lsg. zurück. Es wird ein Reaktionsmechanismus diskutiert, der mit den Ergebnissen in Einklang ist u. bei dem prim. entstandene „heiße" Radikale (nicht-BOLTZMANNsche, temperaturunabhängige Energieverteilung) entweder mit J_2 zu I u. J oder mit I zu II bzw. III reagieren. (J. Amer. chem. Soc. **75.** 3792—96. 5/8. 1953. Buffalo, N. Y., Canisius Coll., Dep. of Chem.) A. WELLER. D 226

R. Cornubert und **J. Phélisse,** *Beitrag zur Untersuchung von Raney-Nickel.* 1. Mitt. *Herstellung von Katalysatoren maximaler Aktivität.* Systemat. u. grundlegende Unters. der Herst. von RANEY-Ni, um die widersprechenden Angaben der Literatur (Beschreibung der Entwicklung, 20 Zitate) zu klären. — Zur Unters. gelangen AlNi-Legierungen der folgenden Zus. (die %-Angaben in der Reihenfolge für Ni, Al, Fe, Co): *AN 50* (7 Proben) 49,3—49,8%, 48,9—49,9%, 0,4—0,9%, 0,02—0,20%. *AN 40* 40,25%, 58,85%, 0,45%, 0,08%. *AN 33* 32,8%, 66,55%, 0,35%, 0,08%. *AN 20* 20,0 %, 79,6%, 0,25%, 0,08%. *AN 5* 5,1%, —, 0,10%, —. Die Prüfung der aus diesen Legierungen erhaltenen Katalysatoren (Kat.) erfolgt mit handelsüblichem H_2 an jeweils 4 g reiner Zimtsäure (I) in 100 cm³ 95%ig. A. bei n. Temp. u. einem Druck von 1 m Wassersäule (geschüttelt 120 Schwingungen/Min.). I nimmt theoret. 605 cm³ H_2 (0°, 760 Torr), nach vorheriger Sättigung (Sätt.) des Kat. 630 cm³, ohne Sätt. 680 cm³ H_2 auf. Die Absorptionskurve ist bei 550 cm³ reproduzierbar (Gerade); der Punkt 550 cm³ wird von einem Kat. aus AN 20 in 8 Min. erreicht, der Endpunkt in 11 Min. (Schreibweise für diese Aktivität: 550:8/11). Für AN 50 werden auf diese Weise keine reproduzierbaren Werte erhalten; hingegen werden die Kurven reproduzierbar, wenn vor der Herst. des Kat. AN 50 einer Siebanalyse unterzogen wird u. die Zugabe zur NaOH-Zersetzungslsg. nach streng eingehaltener Meth. erfolgt: Wird z. B. AN 50 der Korngröße von 200 Maschen (AN 50/200) mit einer Geschwindigkeit von 2 g je 5 Min. in NaOH zers., dann wird ein Kat. von 550:13/22 (reproduzierbar) erhalten. Siebanalyse der Legierung AN 50: Alle Fraktionen zeigen gleiche chem. Analyse u. geben bei c = 30%, Eintragezeit für 2 g, m = 5 Min., l = 5 Waschungen folgende Hydrieraktivitäten: *AN 50/80* 550:9/48, *AN 50/100* 550:33/40, *AN 50/120* 550:23/32 u. *AN 50/200* 550:13/22. Die Alkalikonz. ist in den Grenzen c = 20—30% ohne Einfluß. Hingegen werden bei verschied. Eintragsgeschwindigkeit m folgende Werte erhalten: m = 2 550:17/27, m = 10 550:12/20. Die Anzahl der Waschungen *l* ist gleichfalls von großer Wichtigkeit: Für *l* = 1, 3, 9, 12 wird erhalten (550:) 10/18, 12/21, 23/34, 33/43. — Der Einfl. der Zersetzungstemp. (30 Min. bei *l* = 9, m = 5) zeigt sich wie folgt: 30° (550:) 63/90, 40° 39/60, 50° 29/45, 60° 26/40, 70—100° 24/35. — Ein Kat., der vor der Hydrierung mit H_2 gesätt. wird (25 cm³ in 15 Min.), arbeitet etwas schneller. Es wird weiter festgestellt, daß Katt. aus AN 20 die Doppelbindungen rascher absättigen als solche aus AN 50. Katt. eines Typs mit maximaler Wrkg. werden als C-Katalysatoren bezeichnet; Katt. vom Typ C*50 (maximale Aktivität 550:7,5/12) sind außerordentlich pyrophor im Gegensatz zu C*20 (höchste erreichte Aktivität von 550:3,75/7). Die Temperatureinfl. auf die Herst. dieser beiden Typen ist gleichfalls entgegengesetzt. Katt. vom Typ C*50 entgasen in Bzl. unter Erwärmung u. Verlust der Aktivität; sie bleiben jedoch pyrophor. Typ C*20 zeigt diese Erscheinungen nicht. — Die Unters. der weiteren Legierungen *AN 5, AN 33, AN 40* in analoger Weise führt mit geringen Abweichungen zu Aktivitäten von 550:8/12. — Eine Legierung mit 68,5% Ni führt zu einem inakt. Katalysator. — Bei der Hydrierung von Chinon, α.α'-Dibenzylcyclohexanon u. Campher zeigt sich CX 20 den anderen Katt. überlegen. (Bull. Soc. chim. France, Mém. [5] **19.** 399—403. März/April 1952. Nancy, Fac. des Sci., École nat. Sup. des Ind. Chim., Labor. de Chim. organ.) ROTTER. D 227

R. Cornubert und **Jean Phélisse,** *Beitrag zur Untersuchung von Raney-Nickel.* 2. Mitt. *Selektive Hydrierung von α.β-ungesättigten Ketonen mit Nickelkatalysatoren, die durch freie oder aus Chloroform entbundene Chlorwasserstoffsäure oder durch Kohlendioxyd gedämpft wurden.* (1. vgl. vorst. Ref.) Es wird beobachtet, daß in Ggw. der in vorst. Ref. beschriebenen Ni-Katalysatoren (Kat.) *C 20* (aus AN 20) C=C-Doppelbindungen rascher als mit *C 50* abgesätt. werden, während die Hydrierung der Carbonylgruppe in

Ggw. von C50 wieder rascher verläuft (z. B. bei Dibenzylidenaceton; I). Bei Benzylidenaceton (II) ist diese Selektivität um so ausgeprägter, je öfter der Kat. gewaschen wird, d. h. je weitergehend als Alkali entfernt ist, das nach DÉLÉPINE u. HOREAU [1935] den Aktivator bei der CO-Hydrierung darstellt. Am besten eignet sich dazu ein 12mal gewaschener Kat. aus AN20: Die II-Hydrierkurve ist dabei aus 2 Zweigen verschied. Neigung zusammengesetzt, in der der Knickpunkt die Aufnahme von 1 Mol H_2 unter Bldg. von *Benzylaceton* darstellt, die weitere Sättigung aber zum *Benzylisopropanol* in theoret. Ausbeute führt. In diesem Falle u. bei I erweist sich *CX20* (vorst. Ref.) am aktivsten. Wird I, II oder Dibenzylidencyclohexanon (III) jedoch in Ggw. geringer Mengen von HCl oder Chlf. enthaltendem A. hydriert, dann wird 1 Mol H_2 rasch aufgenommen, während die weitere Aufnahme nur sehr langsam verläuft. — Während Alkali-Ggw. nur die CO-Gruppen-Red. aktiviert, auf die Red. der Doppelbindung ohne Einfl. ist, bremst die Ggw. von HCl die Red. von CO — sehr stark. Auch CO_2 vermindert die Aktivität gegenüber der CO-Gruppenhydrierung, ohne jedoch den Wert von „chloroformiertem" Ni zu erreichen. — Beschreibung der Hydrierungen von I, II u. III in A. mit H_2-gesätt. Kat. (6 Typen verschied. Waschdauer, Korngröße usw.) mit u. ohne CO_2, Chlf. oder HCl u. Wiedergabe der Ergebnisse in 8 Diagrammen von Hydrierkurven; 24 Literaturangaben. (Bull. Soc. chim. France, Mém. [5] **19.** 403—07. März/April 1952.) ROTTER. D 227

R. Cornubert und **Max Réal**, *Beitrag zur Untersuchung von Raney-Nickel.* 3. Mitt. *Neue Untersuchungen über die selektive Hydrierung von ungesättigten Ketonen; mit verschiedenen Chlorverbindungen gedämpfte und abgebrannte Nickelkatalysatoren.* (2. vgl. vorst. Ref.) In Fortsetzung der Unterss. über die Dämpfung der Aktivität von RANEY-Ni gegenüber verschied. Reduktions-Rkk. durch HCl-Wrkg. werden weitere Chlorverbb. untersucht. Diese lassen sich in 2 Gruppen einteilen: 1. CCl_4, Tetrachloräthan (I), Tetrachloräthylen (II), Trichloräthylen (III), die die Red. der Carbonylgruppe hindern, d. h. bei der Red. von z. B. Benzylidenaceton (V) nur *Benzylaceton* (VI) liefern u. infolge von $NiCl_2$-Bldg. Grünfärbung der Reaktionslsg. geben; 2. Dichloräthan (IV), das die Anlagerung von 2 H_2 kaum verlangsamt u. nicht hindert, d. h. aus V die Bldg. von *Benzylisopropanol* (VII) gestattet u. die Grünfärbung der Reaktionslsg. nicht gibt. — Tatsächlich handelt es sich um Schaffung eines sauren Milieus, denn auch die Hydrierung in Ggw. von Essigsäure führt nur zum VI, in stärkerem Maße noch mit geringen Mengen Monochlor- (VIII) u. Trichloressigsäure (IX), wobei die Reaktionslsgg. gleichfalls grün werden. — CS_2 hindert, je nach Menge, die Rk. vollständig oder gar nicht. — Abweichend von MÉTAYER (Ann. Chimie [12] **4.** [1949.] 202) wird gefunden, daß sich Styryläthylketon (X) entsprechend den hier wiedergegebenen Bedingungen bei n. Druck u. n. Temp. hydrieren läßt. — α-Allylcyclohexanon (XI) u. α.α-Diallylcyclohexanon (XII) verhalten sich gegenüber den gedämpften Katt. wie die bisher beschriebenen ungesätt. Ketone mit konjugierten Doppelbindungen. — Um bei stereoisomeren Cyclanonen, die in Ggw. von HCl leicht in Gleichgewichtsmischungen von Isomeren übergehen, die Beeinflussung durch HCl zu vermeiden, wird eine neue Art der Desaktivierung für Ni-Katt. eingeführt, die partielle Verbrennung der weniger pyrophoren C20-Katt. an der Luft. Mit diesem „abgebrannten" Ni („nickels enflammés") kann V zu VI, X zu *Methylbenzylaceton*, XI u. XII zu α-*Propyl*- u. α.α-*Dipropylcyclohexanon* red. werden. — Durch Arbeiten in Ggw. von Chlf. wird Crotonaldehyd in *Butanal* mit 80% Ausbeute umgewandelt.

V e r s u c h e : Hydrierung von V (2 g in 100 cm³ 95%ig. A. mit nichtneutralisiertem C20,12 aus 25 g An20) in Ggw. verschied. Chlorverbindungen: Durch Zugabe von 0,22 —10 g Chlf. steigt die Hydrierzeit für die Aufnahme von 1 Mol H_2 von 23 auf 70 Min.; in Ggw. von 0,5—1 g Chlorverb. werden folgende Hydriereffekte erzielt (1. Zahl cm³ H_2-Aufnahme, 2. Zahl Zeit, 3. Zahl % VI-Semicarbazon): CCl_4 330 (cm³), 7 (Min.), 65%; I 330, 18, 60%; II 330, 9, 60%; III 330, 15, 60%; IV 330, 3, 0%; VIII 400, 1100, 58%; IX 525, 900, 15%; Essigsäure 340, 102, —. — Mit 0,06—0,25 g CS_2 wird VII erhalten, die Rk. wird bei steigender Menge jedoch langsamer u. ist bei 0,5 g CS_2 gleich Null. — Gewöhnliches Bzl. u. thiophenfreies addieren 2 H_2 mit der gleichen Schnelligkeit, — „*Abgebrannter" Ni-Kat.*, neutralisiert (C 20.1) verliert unter A. seine Aktivität in 24 Std. nicht: Wird C 20.12 auf der Platte eines ALLIHN-Rohres unter ständigem Umarbeiten mit einem Ni-Spatel abgesaugt, dann entzündet er sich nach Abtrocknen des A. langsam. Nach 20minütigem Umrühren wird er zur Hydrierung in A. mit H_2 gesätt.: 2 g V nehmen in 140 Min. 1 Mol H_2 u. 470 cm³ in 1350 Min. auf. — *Styryläthylketon* (X), $C_{11}H_{12}O$, F. 38°, Kp.$_{20}$ 150°, *Oxim*, F. 89—90°; *Phenylhydrazon*, $C_{17}H_{18}N_2$, F. 72°; *Semicarbazon*, $C_{12}H_{15}ON_3$, F. 145°. Die Hydrierung von 10 g X in 100 cm³ absol. A. mit Katalysator aus 25 g AN20 ergibt: Mit neutralisiertem C20.1, nach 8 Min. Sättigung der Doppelbindung, nach 1250 Min. *Alkohol* $C_{11}H_{16}O$, F. 20°, Kp.$_{22}$ 132—135°; *Phenylurethan*,

$C_{18}H_{21}O_2N$, F. 85°; 80%. Mit nichtneutralisiertem C20.1 werden $2H_2$ in 75 Min. gebunden. Mit neutralisiertem C20.1 u. 3 g Chlf., Aufnahme von 1700 cm^3 H_2 in 800 Min. zum *Methylbenzylaceton*, $C_{11}H_{14}O$, Kp. 129—130°; *Semicarbazon*, $C_{12}H_{17}ON_3$, F. 132°. Mit neutralisiertem „abgebranntem" C20.1 werden nach 1075 Min. 995 cm^3 H_2 absorbiert u. die vorige Verb. mit 65% Ausbeute erhalten. — *α-Allylcyclohexanon* (**XI**), *Oxim*, F. 71°. — *α-Propylcyclohexanol*, aus **XI** in Ggw. von neutralisiertem C20.1; *Phenylurethan* (*cis-* u. *trans-Gemisch*), F. 93—96°. — *α-Propylcyclohexanon*, aus **XI** mit C20.1 wie vorst. u. 0,5 g Chlf. oder mit „abgebranntem" C20.1; *Oxim*, F. 69°; 60%. — *α.α-Diallylcyclohexanon* (**XII**) mit 10—15%. *α.α'-Derivv.* verunreinigt, wie **XI**; *Oxim*, F. 77°; 70%. Mit C20.2 wird ein Alkoholisomerengemisch erhalten; Phenylurethan, $C_{19}H_{29}O_2N$, F. 72—82°. — *α.α-Dipropylcyclohexanon*, aus **XII** mit neutralisiertem C20.1 u. 0,5 g Chlf.; *Oxim*, F. 95°; 76%; mit „abgebranntem" C20.1; 70%. — *Butanal*, Kp. 75—78°, durch Hydrierung von 60 g Crotonaldehyd in 50 cm^3 Ae. mit 60 g mit Essigsäure neutralisiertem C20.1 u. 15 g Chlf., nach 235 Min. werden 18,5 Liter H_2 addiert; 83%; *Semicarbazon*, F. 95°; 66%. (Bull. Soc. chim. France, Mém. [5] **19**. 407—10. März/April 1952.) ROTTER. D 227

R. Cornubert und **C. Kaziz,** *Beitrag zur Untersuchung von Raney-Nickel.* 4. Mitt. *Neue Untersuchungen über die selektive Hydrierung von α.β-ungesättigten Ketonen.* (3. vgl. vorst. Ref.) Die bisherigen Ergebnisse werden bei der Hydrierung von 3.5-Dimethylcyclohexen-(2)-on (I) zu *3.5-Dimethylcyclohexanon* (**II**) weitgehend bestätigt. Die Selektivität der 12mal gewaschenen Ni-Katalysatoren (Kat.) ist so groß, daß bei Unterbrechung nach Aufnahme von 1 Mol H_2 **II** in 96—98%ig. Ausbeute neben sehr wenig *3.5-Dimethylcyclohexanol* (**III**) entsteht. Die Absorptionskurve für die Sättigung der Doppelbindung ist in allen Fällen bei mehreren Verss. ident., während die der Carbonylgruppenhydrierungen Streuungen zeigt. Wird die Kat.-Menge fortschreitend verringert, dann tritt Verlangsamung der H_2-Aufnahme ein, die natürliche Selektivität bleibt jedoch erhalten, wobei bei ganz geringen Kat.-Mengen die Anlagerung über 1 Mol H_2 hinaus so langsam wird wie bei gedämpften Katalysatoren. Die Bldg. von **III** wird in jedem Falle nachgewiesen, sie verdoppelt sich, wenn man bei 15 g **I** von 30 g AN20 auf 3 g zurückgeht. Auch während des Alterns bleibt die Selektivität prakt. konstant. — Frisch hergestelltes Ni besitzt höhere Aktivität als unter A. mit Korkverschluß aufbewahrtes. — Durch steigenden Zusatz an dämpfenden Stoffen mit „potentiellem" HCl (z. B. Chlf.) wird die Aktivität für Carbonylhydrierung verringert, aber nie ganz aufgehoben (bei 2,8 g Chlf. noch 2,5% **III**). Bei gleichbleibender Kat.- u. Chloroformmenge, aber steigender Keton- u. Lösungsmittelmenge werden nur geringe Änderungen gefunden (Ansteigen der **III**-Ausbeute von 7,5 auf 11%). — Die Hydrierung unter Zusatz freier HCl oder anderer Säuren ist weniger interessant als die durch kontinuierliche Neubldg. aus Chlf. oder anderen Cl-Verbb., da die freie HCl das Ni rasch angreift; die Hydriergeschwindigkeit bleibt bei steigender Säuremenge jedoch konstant; Ameisensäure zeigt gleiche Hemmwrkg. wie HCl, Essigsäure geringere. — Ggw. von NaOH beschleunigt die Hydrierung, in absol. A. weniger als mit geringen Wassermengen; es besteht jedoch ein Optimum, 0,003 Mol Triäthylamin erhöhen die Hydrieraktivität, während sie durch die folgenden Basen der Reihenfolge nach vermindert wird: Diäthylamin, Monoäthylamin, Piperidin, Pyridin. — Ggw. von NH_3 führt zur Bldg. von *Cyclohexylaminen.* (Bull. Soc. chim. France, Mém. [5] **19**. 410—13. März/April 1952.) ROTTER. D 227

D_2. Präparative organische Chemie.

Vera Evdokimoff, *Reduktionen mit Ni–Al-Legierung. Anwendungen auf die Synthese des Norephedrins und anderer pharmakologisch aktiver Amine.* 1. Mitt. Mit Ni–Al-Legierung u. Alkali werden Reduktionsverss. an Sulfoosazonen, Monophenylhydrazonen von Diketonen u. Triketonen an α-Isonitrosoketonen gemacht, die in den meisten Fällen die erwarteten Prodd. (Diamine, Oxyamine) liefern u. zum Teil präparatives Interesse haben. Die Red. verläuft n. beim p-Sulfoosazon des Phenylglyoxals zu *Phenyläthylendiamin* (brauchbare Darst. wegen Zugänglichkeit des Sulfoosazons) u. beim Sulfoosazon des Diacetyls zu *2.3-Diaminobutan*, dagegen anomal beim Benzilsulfoosazon, wo statt des erwarteten Diphenyläthylendiamins das *cis-1.2-Diphenyloxyäthylamin* (I) entsteht. Als Zwischenstufe wird dabei das Benzilmonosulfophenylhydrazon angenommen, das sek. aus dem Sulfoosazon entstehen kann oder möglicherweise direkt beim Vers. der Darst. des Sulfoosazons an dessen Stelle entsteht (das Reaktionsprod. kann wegen großer Löslichkeit nicht rein isoliert werden u. wird ohne Reinigung red.). Während bei der Bldg. von Diphenyloxyäthylamin aus Benzoinoxim mit Na-Amalgam der Literatur nach cis- u. trans-Form gleichzeitig entstehen, kann bei vorliegendem Verf. nur die cis-Form (I) rein isoliert werden. Es gelingt auch, die Ausbeute an Oxyamin (I) aus Benzoinoxim durch Anwendung der Ni–Al-Legierung an Stelle von Na-Amalgam zu verbessern (85%), aus Benzoinsulfophenylhydrazon werden nach dem gleichen Verf. 80% **I** gewonnen; beide Male entsteht nur die cis-Form. — Die Red. des Monophenylhydrazons von Phenylglyoxal verläuft n. zum *Phenyläthanolamin*, die des Isonitrosoacetylanisols zum *Aminomethyl-p-methoxyphenylcarbinol* u. die des Isonitrosopropiophenons zum *cis-Norephedrin*. Bei der Oxyamindarst. nach dieser Meth. scheint sich also die cis-Konfiguration bevorzugt zu bilden. — Unerwartet verläuft die Red. des Phenyl-ω-formylacetophenon (II) — die zum 1-Phenyl-2-amino-1.3-propandiol u. damit zum Chloromycetin führen könnte — zum *Mandelsäureamid* (**III**) in 15% Ausbeute, die Identität von **III** wird durch Derivv. u. bes. durch den quantitativen Übergang in C_6H_5CHO, NH_3 u. CO_2 bei der Oxydation mit HJO_4 sichergestellt. Die Deutung seiner Bldg. über einen prim. entstandenen Iminodiketoaldehyd $C_6H_5COC(NH)CHO$, der nach Anlagerung von H_2O an die Imindoppelbindung unter CH_2O-Abspaltung Phenylglyoxalamid gibt, wird dadurch gestützt, daß diese letztere Verb. bei der Red. mit Ni–Al tatsächlich **III** in guter Ausbeute liefert. — Anders als **II** verhält sich trotz analoger Struktur das ω-Phenylhydrazono-ω-acetylacetophenon, aus dem nur *Phenyläthanolamin* erhalten wird, wohl durch hydrolyt. Abspaltung des Acetyls u. nachfolgende Reduktion.

V e r s u c h e : Allg. Arbeitsweise bei den Redd.: Die Substanz u. überschüssige Ni–Al-Legierung (50%ig) werden in kleinen Portionen zu überschüssiger 5%ig. NaOH gegeben (Wasserkühlung). Benzilsulfoosazon u. Benzoinsulfophenylhydrazon werden als Na-Salze in wss. Lsg. verwendet. Reaktionsdauer 1—2 Std. bis zum Auftreten starker H_2-Entw. u. Entfärbung. So werden erhalten: *Phenyläthylendiamin*, aus Phenylglyoxalsulfoosazon (hergestellt aus 1 Mol ω-Bromacetophenon in Essigsäure, 3 Mol Phenylhydrazin-4-sulfonsäure u. 4 Mol Na-Acetat, ½ Std. Rückfluß; direkt red.); *Dibenzoylderiv.*, F. 217°. — *2.3-Butylendiamin*, aus Diacetylsulfoosazon (Herst. analog vorst. Osazon, Molverhältnis 1:2,3:3, wss. Suspension; direkt red.), *Dibenzoylderiv.*, F. 318°. — *cis-1.2-Diphenyloxyäthylamin* (I), F. 161° (A.), aus Benzilsulfoosazon (Molverhältnis wie bei vorst. Osazon, 1 Std. mit Na-Acetat in wss. Suspension, dann mit Essigsäure stark angesäuert noch 3 Std. kochen; wird direkt red.); aus Benzoinsulfophenylhydrazon (hergestellt mit Na-Acetat in wss. Suspension, Molverhältnis 1:1,3:2 Mol); 80% Rohprod. (Ausbeute); oder aus α-Benzoinoxim; 85% (roh). — *Phenyläthanolamin*, aus Phenylglyoxalmonophenylhydrazon; *Pikrat*, F. 153—154°; *N-Benzoylderiv.*, F. 145°. — *β-Oxy-β-[p-methoxyphenyl]-äthylamin*, aus Isonitrosoacetylanisol, F. 120°; *Benzoylderiv.*, F. 152°; 71%. — *dl-Norephedrin*, F. 104—105° (Ae.), aus Isonitrosopropiophenon; 80%; *N-Benzoylderiv.*, F. 143°. — *Mandelsäureamid* (**III**), F. 132°, aus ω-Phenyl-ω-formylacetophenon (**II**), F. 103°; 15%; *Monobenzoylderiv.*, F. 162° (A.); *Monoacetylderiv.*, F. 113° (aus Äthylacetat). (Gazz. chim. ital. **81**. 725—34. Aug./Sept. 1951. Rom, Ist. Superiore di Sanità, Labor. di Chim.) V. DECHEND. 460

Wadie Tadros, Labib Ekladius und **Alfy Badie Sakla**, *Reduzierende Wirkung von Glykolen in alkalischem Medium*. 1. Mitt. *Mechanismus der Bildung von Stilbenen aus substituierten Benzaldehyden*. Einw. von Na oder NaOH in Äthylenglykol auf substituierte Benzaldehyde (3 Std. am Rückfluß) führte zur Bldg. entsprechend substituierter Stilbene (6—8% Ausbeute), Benzylalkohole (8—10%) u. Benzoesäuren (4%) sowie Harz. Desoxyanisoin (I) ergab bei gleicher Behandlung *1.2-Di-p-methoxyphenyl-äthanol* sowie *p-Oxyphenyl-4-methoxybenzylketon*, dessen Konst. durch FRIEDEL-CRAFTS-Synth. u. Abbau des äthylierten Ketons mit NaOH zu p-Äthoxybenzoesäure sichergestellt wurde. Anisoin gab bei gleicher Rk. *Hydroanisoin* (**II**, F. 168°) u. wenig **I**; **II** blieb unverändert. Vff. schließen daraus, daß weder Hydrobenzoine noch Desoxybenzoine als Zwischenprodd. der Stilbenbldg. aus Benzaldehyden in Betracht kommen. Die Benzylalkohole konnten auch durch Red. der Aldehyde mit $LiAlH_4$ dargestellt werden. — *4.4'-Dimethoxystilben*, $C_{16}H_{16}O_2$, F. 214° (Essigsäure oder Bzl.); *p-Anisalkohol*, F. 25° (PAe.), [*p-Nitrobenzoat*, F. 93—94°]; *p-Anissäure*, F. 184°, aus p-Anisaldehyd. — *2.2'-Dimethoxystilben*, $C_{16}H_{16}O_2$, F. 136°, aus o-Anisaldehyd. — *3.3'-Dimethoxystilben*, $C_{16}H_{16}O_2$, F. 98°; *m-Anisalkohol*, $C_8H_{10}O_2$, F. 29 bis 30° [*3.5-Dinitrobenzoat*, $C_{15}H_{12}O_7N_2$, F. 120—121°]; *m-Anissäure*, F. 105—106°, aus m-Anisaldehyd. — *2.2'-Diäthoxystilben*, $C_{18}H_{20}O_2$, F. 88°; *o-Äthoxybenzylalkohol*, $C_9H_{12}O_2$, F. 31—32° [*3.5-Dinitrobenzoat*, $C_{16}H_{14}O_7N_2$, F. 109°]; *o-Äthoxybenzoesäure* (*Amid*, F. 110°), aus o-Äthoxybenzaldehyd. — *4.4'-Diäthoxystilben*, $C_{18}H_{20}O_2$, F. 207°; *p-Äthoxybenzylalkohol*, $C_9H_{12}O_2$, F. 27°; *p-Äthoxybenzoesäure*, $C_9H_{10}O_3$, F. 195°, aus p-Äthoxybenzaldehyd. — *4.4'-Di-n-propoxystilben*, $C_{20}H_{24}O_2$, F. 194—195° (auch aus 2.2.2-Trichlor-1.1-di-[p-n-propoxyphenyl]-äthan u. Na in Bzl. 16 Std. am Rückfluß); *p-n-Propoxybenzylalkohol*, $C_{10}H_{14}O_2$, F. 28—29°; *p-n-Propoxybenzoesäure*, $C_{10}H_{12}O_3$, F. 141—142°, aus p-n-Propoxybenzaldehyd. — *4.4'-Diisopropoxystilben*, $C_{20}H_{24}O_2$, F. 145°; *p-Isopropoxybenzylalkohol*, $C_{10}H_{14}O_2$, F. 27—28°; *p-Isopropoxybenzoesäure*, $C_{10}H_{20}O_3$, F. 163°, aus p-Isopropoxybenzaldehyd. — *4.4'-Di-n-butoxystilben*, $C_{22}H_{28}O_2$, F. 187°; *p-n-Butoxybenzylalkohol*, $C_{11}H_{16}O_2$, F. 30—31°; *p-n-Butoxybenzoesäure*, $C_{11}H_{14}O_3$, F. 145—146°, aus p-n-Butoxybenzaldehyd. — *4.4'-Di-n-amyloxystilben*, $C_{24}H_{32}O_2$, F. 174°; *p-n-Amyloxybenzylalkohol*, $C_{12}H_{18}O_2$, F. 33°; *p-n-Amyloxybenzoesäure*, $C_{12}H_{16}O_3$, F. 122°, aus p-n-Amyloxybenzaldehyd. — *4.4'-Di-n-heptyloxystilben*, $C_{28}H_{40}O_2$, F. 158—159°; *p-n-Heptyloxybenzylalkohol*, $C_{14}H_{22}O_2$, F. 48°, aus p-n-Heptyloxybenzaldehyd. — *4.4'-Di-n-octyloxystilben*, $C_{30}H_{44}O_2$, F. 155°; *p-n-Octyloxybenzylalkohol*, $C_{15}H_{24}O_2$, F. 49°, aus p-n-Octyloxybenzaldehyd. — *4.4'-Di-[dimethylamino]-stilben*, $C_{18}H_{22}N_2$, F. 260° (fahlgelbe Kristalle); *p-Dimethylaminobenzylalkohol* (*Methojodid*, $C_{10}H_{16}ONJ$, F. 232°), aus p-Dimethylaminobenzaldehyd; zeigt keine östrogene Aktivität. — *1.2-Di-p-methoxyphenyläthanol*, $C_{16}H_{18}O_3$, F. 110° (verd. Essigsäure), aus Desoxyanisoin (**I**) u. Na in Äthylenglykol 3 Std. am Rückfluß; aus dem Filtrat: *p-Oxyphenyl-4-methoxybenzylketon*, $C_{15}H_{14}O_3$, F. 175° (verd. A.). — *p-Äthoxyphenyl-4-methoxybenzylketon*, $C_{17}H_{18}O_3$, F. 101—102° (A.), a) aus p-Methoxyphenylacetylchlorid in thiophenfreiem Bzl. u. trockenem Phenetol unter Eiskühlung u. Einw. von wasserfreiem $SnCl_2$ in Bzl., 12 Std.; b) aus p-Oxyphenyl-4-methoxybenzylketon in alkoh. $NaOCH_3$, 15 Min. am Rückfluß, Zugabe von Äthyljodid, dann 1½ Std. am Rückfluß. — *4-Äthoxybenzyl-4-p-methoxyphenylketon*, F. 100° (A.), analog. — *Anisil*, F. 133°, durch Einw. von Na in Glycerin auf Anisoin, 1½ Std. bei 190—195°; *Monoxim*, F. 131°. (J. chem. Soc. [London] **1954**. 2351—53. Juli 1954. Cairo, Ägypten, Univ., Fac. of Sci., Chem. Dep.) GNAUCK. 460

Friedrich Weygand, Hans Grisebach und **Helmut Simon,** *Eine Verbesserung der Synthese von $^{14}C_{(2)}$-Pteroyl-l-glutaminsäure.* Die Ausbeute an *$^{14}C_{(2)}$-Pteroyl-l-glutaminsäure* konnte gegenüber dem früheren Verf. (vgl. C. **1954**. 4365) durch Anwendung der Synth. von WEISBLAT u. Mitarbeitern (Abstracts of Papers, XII. International Congress of Pure and Applied Chemistry [1951.] 76) auf $^{14}C_{(2)}$-2.4.5-Triamino-6-oxypyrimidinsulfat (**I**) auf 18% erhöht werden.

Versuche: *$^{14}C_{(2)}$-Pteroyl-l-glutaminsäure*, durch Umwandlung von **I** in das Hydrochlorid, Zugabe von N-[N'-(p-Toluolsulfonyl-2-keto-3.3-diäthoxypropyl)-p-aminobenzoyl]-*l*-glutaminsäurediäthylester in Eisessig bei Zimmertemp. unter N_2; nach 45 Min. 2 Std. kochen, p-Toluolsulfosäurerest mit HBr/Eisessig abspalten, Estergruppen mit 10%ig. NaOH verseifen, mit W. verd. u. neutralisieren. Nach Zugabe von Eisessig fällt die Säure aus; Reinigung vgl. Original. (Chem. Ber. **86**. 1389—90. 1953. Heidelberg, Univ., Chem. Inst.) PFLEIDERER. 480

Dietrich Jerchel, Lore Dippelhofer und **Dorle Renner,** *Über langkettige Sulfoxyde, Sulfone und Sulfoximine.* Eine Anzahl von Sulfoxyden, Sulfonen u. Sulfoximinen mit langen Alkylketten wurde aus den Sulfiden dargestellt u. auf Oberflächenaktivität sowie auf wachstumshemmende Wrkg. bei Bakterien geprüft. Die langkettigen Sulfoxyde sind auf Grund ihrer Wrkg. auf die Oberflächenspannung wss. Lsgg. als Seifen anzusprechen. Die Sulfone sind in W. sehr schwer lösl. u. zeigen kaum Oberflächeneffekte. Die Sulfoximine sind ihnen in ihren Eigg. ähnlich. — Die Synth. der Sulfide gelingt am besten aus langkettigem Bromid u. kurzkettigem Mercaptid, umgekehrt nur schlecht; z. B. entstand aus Cetylmercaptid u. CH_3J hauptsächlich *Cetyldimethylsulfoniumjodid.* Disulfide [gemeint sind Verbb. $R \cdot S \cdot (CH_2)_x \cdot S \cdot R$] mit langkettigem R bzw. großem x waren am besten aus langkettigen Mercaptiden bzw. Dimercaptiden u. den entsprechenden kurzen Di- bzw. Monohalogeniden zugänglich. Die Sulfoxyde wurden aus den Sulfiden am besten in W. oder Aceton mit Perhydrol erhalten. Je größer R bzw. x war, desto schwerer erfolgte die Oxydation, die langkettigsten Sulfide werden in Eisessig oxydiert. Da die Sulfoxyde in Tetrahydrofuran/Eisessig in Ggw. von HCl aus KJ Jod freimachen, konnte der Grad der Oxydation jodometr. bestimmt werden. — Die Wachstumshemmung von *p-Oxyphenyldodecylsulfid*, *-sulfoxyd* (**I**) u. *p-Oxyphenylhexadecylsulfoxyd* an Staph. aureus 511 wurde untersucht. Die Wrkg. von **I** ist beträchtlich, gegen Bact. coli jedoch nur schwach. Die Ultrarotspektren von *Dihexyl-* sowie *Hexadecylphenylsulfid*, *-sulfoxyd* (**IV**), *-sulfon* u. *-sulfoximin* sind abgebildet; den verschied. S-Verbb. konnten charakterist. Banden zugeordnet werden.

Versuche: *Octylmethylsulfid*, $Kp._{40}$ 108°. — *Dodecylmethylsulfid*, $Kp._{15}$ 135°. — *Cetylmethylsulfid*, $Kp._{20}$ 183°. — Nachst. Sulfide wurden nach KUHN u. DANN (Ber. dtsch. chem. Ges. **73**. [1940.] 1092) aus äquivalenten Mengen Mercaptan u. Alkylbromid in absol. A. in Ggw. von $NaOC_2H_5$ dargestellt: *Äthylen-bis-decylsulfid*, $C_{22}H_{46}S_2$, F. 42 bis 42,5° (A.), $Kp._{19}$ 106°; 70% (Ausbeute). — *Tetramethylen-bis-methylsulfid*, $C_6H_{14}S_2$, $Kp._{26}$ 115°; 73%. — *Hexamethylen-bis-methylsulfid*, $C_8H_{18}S_2$, $Kp._{19}$ 140°; 85%. —

Hexamethylen-bis-octylsulfid, $C_{22}H_{46}S_2$, F. 33—34° (A.); 96%. — *Hexamethylen-bis-dodecylsulfid*, $C_{30}H_{62}S_2$, F. 52° (A.); 73%. — *Hexamethylen-bis-cetylsulfid*, $C_{38}H_{78}S_2$, F. 61—62° (A.); 70%. — *Dekamethylen-bis-methylsulfid*, $C_{12}H_{26}S_2$, Kp.$_{19}$ 206°; 72%. — *Di-n-hexylsulfid*, Kp.$_{18}$ 142—143°; 81%. — *n-Cetylphenylsulfid*, $C_{22}H_{38}S$, F. 47° (Aceton), aus Cetylbromid u. Bleithiophenolat bei 180—200° (2 Std.); 86%. — *n-Dodecyl-p-oxyphenylsulfid*, $C_{18}H_{30}OS$, F. 88° (Bzl.); 76%. — *n-Cetyl-p-oxyphenylsulfid*, $C_{22}H_{38}OS$, F. 96° (Bzl. u. CH_3OH); 97%. — Zur Darst. der Sulfoxyde wurden vorst. Sulfide in Aceton bzw. Eisessig mit 30%ig. H_2O_2 bei Zimmertemp. oder unter Rühren bei 60—70° oxydiert: *n-Octylmethylsulfoxyd*, $C_9H_{20}OS$, F. 40—40,5° (PAe.); 75%. — *n-Dodecylmethylsulfoxyd*, $C_{13}H_{28}OS$, F. 64° (A.); 90,5%. — *n-Cetylmethylsulfoxyd*, $C_{17}H_{36}OS$, F. 75° (A.); 83%. — *Äthylen-bis-n-decylsulfoxyd*, $C_{22}H_{46}O_2S_2$, F. 139—140° (Bzl.); 74%. — *Tetramethylen-bis-methylsulfoxyd* (**II**), $C_6H_{14}O_2S_2$, F. 110—111° (Essigester); 64%. — *Hexamethylen-bis-methylsulfoxyd*, $C_8H_{18}O_2S_2$, F. 113—114° (Ausfällung durch Ae.); 70%. — *Hexamethylen-bis-n-octylsulfoxyd*, $C_{22}H_{46}O_2S_2$, F. 117—118° (Aceton); 97%. — *Hexamethylen-bis-dodecylsulfoxyd*, $C_{30}H_{62}O_2S_2$, F. 120° (Methyläthylketon); 70%. — *Hexamethylen-bis-n-cetylsulfoxyd*, $C_{38}H_{78}O_2S_2$, F. 118—119° (Methyläthylketon); 91%. — *Dekamethylen-bis-methylsulfoxyd*, $C_{12}H_{26}O_2S_2$, F. 119 bis 120° (Aceton/Bzn.); 87%. — *Di-n-hexylsulfoxyd* (**III**), $C_{12}H_{26}OS$, F. 60° (A.); 81%. — *n-Cetylphenylsulfoxyd* (**IV**), $C_{22}H_{38}OS$, F. 62° (A./W.); 91%. — *n-Dodecyl-p-oxyphenylsulfoxyd* (**I**), $C_{18}H_{30}O_2S$, F. 51° (Aceton/W.); 76%. — *n-Cetyl-p-oxyphenylsulfoxyd*, $C_{22}H_{38}O_2S$, F. 62° (CH_3OH/Aceton); 71%. — Die Sulfone wurden aus den Sulfiden in Eisessig durch tropfenweise Zugabe von überschüssigem 30%ig. H_2O_2 bei Zimmertemp. u. anschließendes Kochen (30—120 Min.) dargestellt: *n-Octylmethylsulfon*, $C_9H_{20}O_2S$, F. 62° (PAe.); 95%. — *n-Dodecylmethylsulfon*, $C_{13}H_{28}O_2S$, F. 79 bis 80° (Aceton/W.); 89%. — *n-Cetylmethylsulfon*, $C_{17}H_{36}O_2S$, F. 88—88,5° (A.); 88%. — *Äthylen-bis-decylsulfon*, $C_{22}H_{46}O_4S_2$, F. 161° (Bzl.); 90%. — *Hexamethylen-bis-methylsulfon*, $C_8H_{18}O_4S_2$, F. 162—163° (Aceton); 75%. — *Hexamethylen-bis-octylsulfon*, $C_{22}H_{46}O_4S_2$, F. 139° (Aceton u. A.); 60%. — *Hexamethylen-bis-n-dodecylsulfon*, $C_{30}H_{62}O_4S_2$, F. 143° (A. oder Bzl.); 90%. — *Hexamethylen-bis-n-cetylsulfon*, $C_{38}H_{78}O_4S_2$, F. 139° (Bzl./PAe.); 92%. — *Dekamethylen-bis-methylsulfon*, $C_{12}H_{26}O_4S_2$, F. 131° (Aceton); 96%. — *Di-n-hexylsulfon*, $C_{12}H_{26}O_2S$, F. 74° (A./W.); 69%. — *n-Cetylphenylsulfon*, $C_{22}H_{38}O_2S$, F. 53° (Aceton/W.); 91%. — *Tetramethylen-bis-methylsulfoximin*, $C_6H_{16}O_2N_2S_2$, F. 138°, aus **II** in Chlf. + konz. H_2SO_4 durch Zugabe von HN_3 in Chlf. unter Rühren innerhalb von 3 Std., dann Zusatz von Eiswasser, Neutralisieren der abgetrennten wss. Schicht, Eindampfen u. Extrahieren mit A.; im Rückstand das Sulfoximin; hygroskop. Nadeln aus Isopropanol; 8,6%. — *Di-n-hexylsulfoximin*, $C_{12}H_{27}ONS$, F. 61°, aus **III** in Chlf. + konz. H_2SO_4 u. HN_3 (20%ig. in Chlf.) innerhalb von 3 Std. bei 43—46°; Nadeln aus PAe.; 29%. — *n-Cetylphenylsulfoximin*, $C_{22}H_{39}ONS$, F. 56° (PAe.). Aus **IV** in Chlf. mit H_2SO_4 u. HN_3 das *schwefelsaure Salz*, $C_{22}H_{39}ONS \cdot H_2SO_4$; hieraus durch Lösen in A., Versetzen mit alkoh. NaOH u. Fällen mit W. das freie Sulfoximin; 76%. (Chem. Ber. **87**. 947—55. 1954. Mainz, Univ., Organ.-chem. Inst., u. Heidelberg, Max-Planck-Inst. für Med. Forsch., Inst. für Chem.) CLEVE. 600

Piero Pino und **Raffaele Ercoli**, *Über einige Derivate des α-Methylacroleins.* α-Methylacrolein (**I**), durch Oxydation von α-Methylallylalkohol (aus Isobutylen) hergestellt, gibt bei der Bromierung zwischen 0 u. 10° *α.β-Dibromisobutyraldehyd* (**II**). Dieser reagiert mit Anilin heftig; ein Reaktionsprod. kann nicht isoliert werden. Mit Hydrazinsalzen liefert **II** 4-Methylpyrazol; dessen Bldg. wahrscheinlich über ein 4-Methyl-4-brom-Δ^2-pyrazolin verläuft. — Die Darst. des Diäthylacetals von **II** (vgl. HEINER u. RATHBONE, J. chem. Soc. [London] **1945**. 595) gelingt nicht aus **II** mit A. u. HCl (hierbei entsteht ein schwer zu reinigendes Gemisch von Polyäthoxyderivv.), dagegen mittels Äthylorthoformiat in absol. A. mit guter Ausbeute. Das Prod. wird durch alkoh. KOH sehr leicht in das *Diäthylacetal des β-Brom-α-methylacroleins* (**III**) umgewandelt. **III** gibt mit wss. HBr *β-Brom-α-methylacrolein* (**IV**). **IV** ist sehr reaktionsfähig, wahrscheinlich besitzen die beiden mesomeren Formen $^{(+)}CHBrCCH_3{=}CHO^{(-)}$ (**VII**) u. $^{(-)}CHBrCCH_3{=}CHO^{(+)}$ (**VIII**) größere Bedeutung. **VII** dürfte den größeren Beitrag liefern, was die größere Beweglichkeit des Br-Atoms im freien Aldehyd im Vgl. zum Diacetal, z. B. bei Behandeln mit alkoh. oder wss. KOH, erklärt, wobei letzteres unverändert bleibt, ersterer das Br verliert. **IV** gibt mit wss. Alkali das Alkalisalz von *β-Oxy-α-methylacrolein* (tautomere Form des Methylmalondialdehyds), mit Hydroxylamin·HCl statt des Oxims das *4-Methylisoxazol*, u. mit Anilin das Dianil des Methylmalondialdehyds als Bromhydrat. Aus **III** entsteht wahrscheinlich bei letzterer Rk. zunächst in Ggw. starker Säure freier Aldehyd, der mit Anilin intermediär das Hydrobromid des Monoanils u. dann das Dianilhydrobromid bildet. — Aus dem Acetal **III** werden das Semicarbazon u. das 2.4-Dinitrophenylhydrazon von **IV** erhalten.

Versuche: *α-Methylacrolein* (I), nicht rein isoliert, wasserhaltig, Kp. 64—74°, durch Eintropfen von Methylallylalkohol in SeO_2-Suspension in sd. Dioxan; 53% (Ausbeute). — *α.β-Dibromisobutyraldehyd* (II), $C_4H_6OBr_2$, Kp.$_{20}$ 81—83°, aus wasserhaltigem I in trockenem CS_2 mit Br_2 bei 0°; D.$^{29.8}$ 1,9194, $n_D^{29.8}$ 1,5243; 80%. — *4-Methylpyrazol*, Kp.$_6$ 98—100°, aus II u. Hydrazinchlorhydrat in wss.-alkoh. Lsg.; *Pikrat*, F. 139,5° (W.). — *Diäthylacetal von* II, $C_8H_{16}O_2Br_2$, Kp.$_{16}$ 116—118° aus II in absol. A. mit Äthylorthoformiat, $D._4^{24.4}$ 1,496, $n_D^{24.4}$ 1,4824; 68%. — *Diäthylacetal von β-Brom-α-methylacrolein* (III), $C_8H_{15}O_2Br$, Kp.$_{13}$ 85—87°, aus vorst. Verb. mit alkoh. KOH (30 Min. Rückfluß); n_D^{20} 1,4567; 70%. — *α-Methyl-β-bromacrolein* (IV), C_4H_5OBr, Kp.$_{20}$ 50—51°, aus III durch mäßiges Erwärmen (10 Min. Wasserbad) mit wss. HBr, n_D^{20} 1,5164; 52%. *2.4-Dinitrophenylhydrazon*, $C_{10}H_9O_4N_4Br$, F. 209° (Zers.), aus III dargestellt, scharlachrot (aus Bzl., dann aus viel A.). *Semicarbazon*, $C_5H_8ON_3Br$, aus A., F. 154° (Zers.), aus III. — *4-Methylisoxazol*, C_4H_5ON, Kp. 126—127°, aus III mit wss. Lsg. von $NH_2OH \cdot HCl$ (30 Min. Wasserbad). — *Dianil des Methylmalondialdehyds*, $C_{16}H_{16}N_2$, F. 135°, aus IV mit Anilin in Dioxan, durch kurzes Erwärmen (Wasserbad) des erhaltenen *Hydrobromids* (F. 225°) mit alkoh. KOH. (Gazz. chim. ital. **81.** 757—63. Aug./Sept. 1951. Mailand, Ist. di Chim. ind. del Politechnico, Centro Studi di Chim. ind. del C. N. R.) V. DECHEND. 660

Jacques Boileau, *Darstellung von β-Ketoaldehyden.* 3. Mitt. (2. vgl. C. **1954.** 10684.) Einige aldolähnliche Kondensationen werden durchgeführt. Wie im Fall der Nitroalkohole (vgl. C. **1954.** 4598) lassen sich auch hier leichtzersetzliche Verbb. durch Neutralisation ihrer Na-Derivv. mit wasserfreien organ. Säuren in äther. Lösungsmitteln isolieren. Aus Aceton (I) bzw. Methyläthylketon (II) u. Methylformiat (III) wird so Formylaceton (**VI**) bzw. sein Homologes gewonnen. Das Aldol aus Benzaldehyd u. Diäthylmalonat konnte nicht isoliert werden. Verss., Cyanacetaldehyd u. Nitroacetaldehyd (IV) aus III u. Acetonitril bzw. Nitromethan (V) darzustellen, mißlangen. IV wurde aus Nitroäthan durch SeO_2-Oxydation oder durch Einw. von CO auf V in kleinen Ausbeuten erhalten.

Versuche: *Formylaceton* (VI), Kp.$_{70}$ 49°, Kp.$_{24}$ 30°, zu 200 cm³ Ae. u. 23 g Na-Draht wird ein Gemisch aus 58 g I u. 60 g III gegeben. Über Nacht stehenlassen. Das gelbliche Na-Deriv. des Formylketons (75% [Ausbeute]) wird in Ae. suspendiert u. mit wasserfreier Chloressigsäure in Ae. neutralisiert; farblose, campherartig riechende Fl.; Infrarotspektr. zeigt OH- u. C=C-Bande; Violettfärbung mit $FeCl_3$-Lsg.; n_D^{18} 1,366; D.^{20} 1.097; 30—40% (Ausbeute). SCHIFF*sche Base* mit *p-Toluidin*, F. 68°, mit *α-Naphthylamin*, F. 130°. — *Triacetylbenzol*, F. 158° (A.); aus der äther. oder wss. Lsg. von VI beim Stehenlassen. — *α-Acetylpropionaldehyd*, F. 145°, analog VI aus II u. III; 60%. — *Nitroacetaldehyd* (IV), F. 55°; gelbe Kristalle. *Semicarbazon*, F. 295—300° (Zers.); orangefarben. (Bull. Soc. chim. France, Mém. [5] **21.** 761—62. Juni 1954. Labor. Centr. des Poudres, Ec. norm. sup.) MANTHEY. 740

Michel Koulkes, *Über die Hydratation tertiärer aliphatischer α-Acetylenamine.* Es sollte untersucht werden, ob bei der Hydratation von aliphat. disubstituierten Acetylenen zu Ketonen ein ähnlicher orientierender Effekt, wie er bei Carboxyl- bzw. Phenylgruppen bekannt ist, auch durch Aminogruppen ausgeübt wird. Vf. untersuchte die Hydratation von *1-Dimethylaminoheptin-(2)* (I), *1-Diäthylaminoheptin-(2)* (II) u. *1-Dimethylaminooctin-(2)* (III) u. stellte fest, daß stets *β-Aminoketone* gebildet werden.

Versuche: *1-Dimethylaminoheptanon-(3)* (IV), $C_9H_{19}ON$, Kp.$_{15}$ 89—90°, aus I u. verd. H_2SO_4 in Ggw. von HgO durch 1std. Kochen u. Dampfdest.; n_D^{22} 1,4310; D.^{20} 0,8658; 88% (Ausbeute). *Jodmethylat*, $C_{10}H_{22}ONJ$, F. 128—129°, aus A. Nadeln. *Oxalat*, F. 116—117° (Essigester). — *Butylvinylketon*, $C_7H_{12}O$, Kp.$_{15}$ 42—43°, aus IV·HCl bzw. IV-Jodmethylat durch Zers. in glykol. HCl bei 160—175° bzw. in sd. W.; n_D^{18} 1,4305; D.^{20} 0,8434; 52 bzw. 72%. — IV, Kp.$_8$ 76°, wird auch aus vorst. Verb. u. Dimethylamin durch 8—10std. Rk. in Ae. bei n. Temp. erhalten. — *1-Chlorheptanon-(2)*, Kp.$_{14}$ 85—87°, durch 2std. Rk. von Amyl-MgBr mit $CdCl_2$ in Ae., Abdest., Rk. mit Chloracetylchlorid in Bzl. unter N_2 u. Zers. mit verd. H_2SO_4; n_D^{19} 1,4393; 40%. — *1-Dimethylaminoheptanon-(2)*, $C_9H_{19}ON$, Kp.$_{12}$ 81,5—82°, aus vorst. Verb. u. Dimethylamin in Ae.; n_D^{17} 1,4315; D.^{20} 0,8613; 83%. *Jodmethylat*, $C_{10}H_{22}ONJ$, F. 147 bis 148°. *Oxalat*, F. 122°. — *1-Diäthylaminoheptanon-(3)*, $C_{11}H_{23}ON$, Kp.$_{15}$ 112°, aus II wie IV; Öl, n_D^{16} 1,4400. *Oxalat*, $C_{13}H_{25}O_5N$, F. 104°. — *1-Diäthylaminoheptanon-(2)*, Kp.$_{0,3}$ 72°; n_D^{23} 1,4340. *Oxalat*, $C_{13}H_{25}O_2N$, F. 79—80°. — *1-Dimethylaminooctanon-(3)*, $C_{10}H_{21}ON$, Kp.$_{0,5}$ 68°, aus III; Öl, n_D^{15} 1,4375; D.^{20} 0,860; 90%. *Jodmethylat* (V), $C_{11}H_{24}ONJ$, F. 133—134°. — *Amylvinylketon*, $C_8H_{14}O$, Kp.$_{16}$ 59—60°, aus V durch therm. Zersetzung. (Bull. Soc. chim. France, Mém. [5] **21.** 39—42. Jan. 1954. Centre Nat. de la Rech. Scient. et Labor. Central des Serv. Chim. de l'État.)

VON DER HORST. 940

D. O. Holland und **J. H. C. Nayler**, *Versuche zur Synthese von Methionin.* Es wurden die bekannten Synthesen von *Methionin* (**I**) aus *β-Methylmercaptopropaldehyd* (**II**) über *α-Amino-γ-methylmercaptobutyronitril* (**III**) u. über *5-[2'-Methylmercaptoäthyl]-hydantoin* (**IV**) näher untersucht. Die Schwierigkeiten bei der Hydrolyse des rohen **III** können durch die Reinigung über das n. *Sulfat* oder das *Dihydrogenphosphat* überwunden werden, weil diese sich in guter Ausbeute rein bilden u. bei der Hydrolyse dann keine Harzbldg. mehr auftritt. Die direkte Darst. von **III** aus **II**, die BARGER u. COYNE (C. **1929**. I. 1212) mit nur geringem Erfolg gelang, liefert Ausbeuten von ca. 90%, wenn mit NH_3 gesätt. wird; wahrscheinlich wird dadurch die Bldg. des entsprechenden Iminodinitrils wesentlich vermindert. Dieses, *Bis-[1-cyan-3-methylmercaptopropyl]-amin* (**V**), wird das Hauptprod. bei der Umsetzung von **II** mit KCN u. NH_4Cl in W. sein. — Die Angabe von PIERSON u. Mitarbeitern (C. **1949**. I. 678), daß bei der Darst. von **I** über **IV** die entsprechende Hydantoinsäure, *γ-Methylmercapto-α-ureidobuttersäure* (**VI**) nebenbei auftritt, kann von Vff. nicht bestätigt werden, dagegen konnte wenig **VI**-*Amid* isoliert werden. Für **VI** wird ein gegenüber den Angaben von HILL u. ROBSON (C. **1936**. I. 4918) um ca. 30° niedrigerer F. festgestellt. — Aus **III** u. CO_2 entsteht *N-[1-Carbamido-3-methylmercaptopropyl]-N'-[1-cyan-3-methylmercaptopropyl]-harnstoff* (**VII**) neben **IV** u. **V**; bei höherer Temp. werden nur noch **IV** u. viel **V** erhalten. Daß **IV** auf diesem Wege in nur geringer Menge gebildet wird, wird dadurch erklärt, daß **III** eine zu schwache Base ist, als daß sie die Ringöffnung des intermediär auftretenden *4-[β-Methylmercaptoäthyl]-5-iminooxazolidons-(2)* bewirken könnte. Tatsächlich werden in Ggw. von 1 Mol $(C_2H_5)_3N$ aus CO_2 u. **III** 90% **IV** gebildet. Als Zwischenprod. wird dabei das Carbamat *[NC·CH(CH₂CH₂SCH₃)·NH·COO][HN(C₂H₅)₃]* auftreten, denn wenn die Rk. in Bzl. ausgeführt wird, entsteht ein Öl, das mit CS_2 unter CO_2-Entw. *Triäthylaminsalz der 1-Cyan-3-methylmercaptopropyldithiocarbaminsä re* (**IX**) bildet, welches auch aus **III**, CS_2 u. $(C_2H_5)_3N$ entsteht. Es liefert in heißem W. *5-[2'-Methylmercaptoäthyl]-2.4-dithiohydantoin* (**VIII**); daß der hierfür festgestellte F. um ca. 10° höher liegt als von CATCH u. Mitarbeitern (J. chem. Soc. [London] **1947**. 1609) angegeben, ist dadurch zu erklären, daß deren Prod. das isomere 5-Amino-2-mercapto-4-[2'-methylmercaptoäthyl]-thiazol enthielt, wie bewiesen wird. Dieses Rohprod. gibt bei der Rk. mit NH_4OH reines **VIII**. — Der Vers., das rohe Gemisch aus **II**, NH_4Cl, NaCN, NH_3 u. wss. A. mit $CO_2 + (C_2H_5)_3N$ umzusetzen, führte nur zu wenig **VII** u. $(C_2H_5)_3N·HCl$. — Die Darst. von **I** über **III** u. **IV** bei Verwendung von 1,1 Mol $(C_2H_5)_3N$ gelingt nunmehr, wenn **IV** nicht isoliert wird, in 79%ig. Ausbeute.

Versuche: *α-Amino-γ-methylmercaptobutyronitril* (*Methioninnitril*; **III**): Zu 59 g NH_4Cl, 53 g NaCN, 350 cm³ konz. NH_4OH u. 200 cm³ mit NH_3 gesätt. A. werden 52 g **II** tropfenweise bei 15—20° zugefügt; nach mehreren Std. wird eingeengt; orangerotes Öl; 95,5% (Ausbeute). *Sulfat*, $C_{10}H_{20}N_4S_2·H_2SO_4$, in absol. A. gewonnen; F. 176° (Zers.) nach Lösen in wenig W. u. Fällen mit A.; 70,9%. Daraus **III**; 75%. **III**-*Dihydrogenphosphat*, $C_5H_{10}N_2S·H_3PO_4$, ebenfalls in A. hergestellt; F. 114—118° (A.). — *S-Benzylisothiuronium-α-oxy-γ-methylmercaptobutyrat*, $C_{13}H_{20}O_3N_2S_2$, aus 5 g α-Oxy-γ-methylmercaptobutyronitril durch 80minütiges Erhitzen mit verd. HCl, Einstellen auf p_H 7 mit $NaHCO_3$, Ausäthern u. Zugabe von 2 g *S-Benzylisothiuroniumchlorid* in A. zur wss. Lsg.; Nadeln aus W., F. 157°; 4,4 g. — *5-[2'-Methylmercaptoäthyl]-hydantoin* (*Methioninhydantoin*; **IV**), $C_6H_{10}O_2N_2S$: a) 16,2 g NaCN, 99 g $(NH_4)_2CO_3$ u. 30 cm³ **II** in 50%ig. A. 12 Std. auf 50—55° erhitzt u. eingeengt; die Mutterlauge wird mit konz. HCl auf p_H 1 eingestellt; F. 108° (W.); 90% roh; b) 16,2 g NaCN, 63,3 g $(NH_4)_2CO_3$, 30 cm³ **II** u. 45,6 cm³ Triäthylamin in 50%ig. A. bei Raumtemp. 24 Std. stehenlassen; 89% roh; c) CO_2 wird 1 Std. durch eine Lsg. von 10,9 g **III** u. 11,6 cm³ $(C_2H_5)_3N$ in 50%ig. A. geleitet; 89,5%. — *γ-Methylmercapto-α-ureidobutyramid*, $C_6H_{13}O_2N_3S$: Die Endlsgg. von dem nach dem ersten Verf. dargestellten **IV** werden eingedampft u. der Rückstand mit absol. A. ausgezogen; nach Entfernung des Lösungsm. wird die M. mit etwas Äthylacetat erhitzt; F. 173,5—174,5° (Zers.); Nadeln aus 80%ig. A.; 0,92 g. — *γ-Methylmercapto-α-ureidobuttersäure* (**VI**), $C_6H_{12}O_3N_2S$: 2 g **I** u. 1,1 g NaOCN in W. 15 Min. erhitzt, mit HCl auf p_H 3 angesäuert; aus W. Nadeln, F. 138—139° (Zers.). — *N-[1-Carbamido-3-methylmercaptopropyl]-N'-[1-cyan-3-methylmercaptopropyl]-harnstoff* (**VII**), $C_{11}H_{20}O_2N_4S_2$: Durch Lö en von 2,87 g **III** in wss. A. u. mehrtägiges Durchleiten von CO_2; F. 161° (A.); 0,77 g. Aus den mit verd. HCl angesäuerten Mutterlaugen wurde durch Extraktion mit Ae. **IV** erhalten; 0,22 g. Das zurückbleibende Öl ist wahrscheinlich hauptsächlich *Bis-[1-cyan-3-methylmercaptopropyl]-amin* (**V**). Die saure wss. Lsg. wird alkalisiert, mit Ae. extrahiert u. liefert dann unverändertes **III**; 0,3 g. — *N.N'-Bis-[1-carbamido-3-methylmercaptopropyl]-harnstoff*, $C_{11}H_{22}O_3N_4S_2$: 2,5 g **VII** in W. 30 Min. erhitzt, dann wurde eingedampft; aus A. dünne Nadeln, F. 216° (Zers.); 0,42 g. — *Triäthylaminsalz der 1-Cyan-3-methylmercaptopropyldithiocarbaminsäure* (**IX**), $C_{12}H_{25}N_3S_3$:

CO_2 20 Min. lang in 1,28 g **III**, 1,4 cm³ $(C_2H_5)_3N$ u. absol. A. bei 0° eingeleitet u. 1 cm³ CS_2 zugefügt; nach beendeter Gasentw. Zugabe von Ae.; Umfällen aus absol. A. mit Ae.; F. 136° (Zers.); 1,17 g; auch erhältlich durch Zugabe von CS_2 zu **III** u. $(C_2H_5)_3N$ in A. bei 0° u. Verdünnen mit Ae.; 65%. — *5-[2'-Methylmercaptoäthyl]-2.4-dithiohydantoin* (**VIII**), $C_6H_{10}N_2S_3$: 1 g **IX** wird in W. erhitzt; F. 222° (Zers.; A.); 0,4 g. — *Methionin* (**I**), F. 260° (Zers., W.): a) **III** mit konz. HCl 2 Std. erhitzt u. eingeengt; 2maliges Abdampfen mit W., in wenig W. gelöst, mit $(C_2H_5)_3N$ erwärmt, eingedampft u. mit A. ausgekocht; 90,7%. b): **III**-Dihydrogenphosphat wird 1½ Std. mit H_2SO_4 gekocht, dann wird mit NH_4OH neutralisiert; 85,7% c): Zu 29,5 g NH_4Cl, 26,5 g NaCN, W. u. A., mit NH_3 bei ca. 15° gesätt., wird tropfenweise 50 cm³ **II** bei 4—8° zugesetzt, die Temp. während 16 Std. auf ca. 17° gebracht u. eingeengt; nach Zugabe von konz. HCl eingeengt, mit HCl 1,5 Std. erhitzt, vom Säureüberschuß befreit, in W. gelöst, mit NaOH gekocht u. auf p_H 6 eingestellt; 47,9 g nach Aufarbeitung auch der Mutterlaugen. d): Zu 16,2 g NaCN u. 63,6 g $(NH_4)_2CO_3$ in 50%ig. A. werden 45,6 cm³ $(C_2H_5)_3N$ u. 30 cm³ **II** zugefügt; nach mehreren Std. wird mit A. verd.; zum alkoh.-wss. Filtrat wird $Ba(OH)_2$-Lsg. zugesetzt, 36 Std. erhitzt, das filtrierte Hydrolysat wird mit $(NH_4)_2CO_3$ versetzt, es wird abfiltriert, eingedampft u. in A. aufgeschlämmt; 35,3 g. e) 4std. Hydrolyse von **IV** mit $Ca(OH)_2$-Lsg. im Autoklaven bei 150° liefert 76% **I**, 48std. Kochen der Komponenten 66,3%; im letzteren Fall tritt nebenbei etwas **VI** auf. f) 6std. Erhitzen von 1 g **VII** mit $Ca(OH)_2$ u. W. auf 150° im Rohr liefert 0,57 g **I**. (J. chem. Soc. [London] **1952**. 3403—09. Sept. Betchworth, Surrey, Beecham Res. Labors. Ltd.) FREYTAG. 950

K. A. Piez, *Die Trennung der Diastereoisomeren des Isoleucins und Oxylysins durch Ionenaustauschchromatographie.* Synthet. *Oxylysin* (**I**) u. eine Mischung von *Oxy-D-lysin* u. *Allooxy-D-lysin* wurden durch Chromatographie an einer *Dowex 50*-Säule (30 × 0,9 cm) u. durch fraktionierte Elution bei verschied. p_H-Werten in die Racemate bzw. die D-Isomeren von **I** u. *Allo*-**I** getrennt. In einem *DL-Isoleucin* (**II**)-Präp. wurden mittels einer 100 cm-Säule ca. 40% *Alloisoleucin* (**III**) nachgewiesen u. eine Mischung von D-**II** u. D-**III** getrennt. Die Trennung von *Oxy-L-prolin* u. *Allooxy-D-prolin* gelang durch fraktionierte Eluierung einer 100 cm-Säule mit Pufferlsg. von p_H 3,30. (J. biol. Chemistry **207**. 77—80. März 1954. Bethesda, Md., U. S. Publ. Health Serv., Dep. of Health, Educat., and Welfare, Nat. Inst. of Health, Nat. Inst. of Dental Res.) K. MAIER. 950

T. Ja. Medwed und **M. I. Kabatschnik,** *Eine neue Methode der Synthese von Aminophosphonsäuren.* 2. Mitt. *Reaktion von Ketonen mit Dialkylphosphiten und Ammoniak.* (1. vgl. C. **1954**. 10699.) Auch Ketone reagieren in Ggw. von NH_3 mit Dialkylphosphiten; die Rk. verläuft sogar leichter als bei den Aldehyden. Aus Aceton, NH_3 u. Diäthylphosphit (**I**) entsteht *α-Aminoisopropylphosphonsäurediäthylester.* Die Rk. wurde noch mit Methyläthylketon (**II**), Methylpropylketon (**III**) u. Dipropylketon (Butyron; **IV**) durchgeführt u. gab die entsprechenden Verbindungen. Auch alicycl. u. aliphat.-aromat. Ketone reagieren in dieser Weise, z. B. Cyclohexanon (**V**), Acetophenon (**VI**) u. Benzophenon (**VII**). Die freien Phosphonsäuren werden durch Verseifen mit verd. HCl (1:1) im Rohr bei 110—135° erhalten. Diese sind innere Salze, schm. bei höherer Temp. u. krist. aus Wasser. Die α-Aminogruppe läßt sich mittels HNO_2 durch die Oxygruppe ersetzen. Aus α-Amino-α-phenyläthylphosphensäure wird so *α-Oxy-α-phenyläthylphosphonsäure,* ident. mit einem nach CONANT u. COYNE (J. Amer. chem. Soc. **44**. [1922.] 2530) auf anderem Wege erhaltenen Präp., gebildet.

Versuche: *α-Aminoisopropylphosphonsäure,* $C_3H_{10}O_3NP \cdot H_2O$, F. 258°; aus dem Diäthylester in 91%ig. Ausbeute. *Diäthylester,* $C_7H_{18}O_3NP$, Kp.$_{3}$ 65—66°; a) aus 15 g Aceton, 35 g **I** u. 75 ml 10%ig. absol.-alkoh. NH_3, 3 Std. im Rohr bei 100°; 24,3 g; b) in 12 g Aceton u. 28 g **I** wird NH_3 eingeleitet u. nach Beendigung der exothermen Rk. 3 Std. auf 50° u. 2 Std. auf dem sd. Wasserbad erhitzt; 17 g. Hellgelbe Fl.; $D.^{20}_4$ 1,0437; n_D^{20} 1,4327. *Pikrat* des *Diäthylesters,* $C_{13}H_{21}O_{10}N_4P$, F. 175° (absol. A.). — *α-Amino-sek.-butylphosphonsäure,* $C_4H_{12}O_3NP \cdot H_2O$, Zers. 262°. *Diäthylester,* $C_8H_{20}O_3NP$, Kp.$_{5}$ 87—88°; aus **II** analog Vorst.; $D.^{20}_4$ 1,0381; n_D^{20} 1,4397; 36%. *Pikrat* des *Diäthylesters,* $C_{14}H_{23}O_{10}N_4P$, F. 166°. — *α-Aminoamyl-(2)-phosphonsäure,* $C_5H_{14}O_3NP \cdot H_2O$, Zers. 262—263°. *Diäthylester,* $C_9H_{22}O_3NP$, Kp.$_{2}$ 82—83°; aus **III**; 32,3%. — *α-Aminoheptyl-(4)-phosphonsäure,* F. 192° (absol. A. + Essigester). *Diäthylester,* $C_{11}H_{26}O_3NP$, Kp.$_{3}$ 106—108°; aus **IV**, **I** u. NH_3-Gas; $D.^{20}_4$ 1,0034; n_D^{20} 1,4447; 33%. — *α-Aminocyclohexylphosphonsäure,* $C_6H_{14}O_3NP \cdot H_2O$, F. 238°. *Diäthylester,* aus **V**, **I** u. 10%ig. absol.-alkoh. NH_3, 7 Std. im Rohr bei 100°; Isolierung als *Pikrat,* $C_{16}H_{25}O_{10}N_4P$, F. 172°; 19%. — *α-Amino-α-phenyläthylphosphonsäure,* $C_8H_{12}O_3NP \cdot H_2O$, F. 235°. *Diäthylester,* aus **VI**; Isolierung als *Pikrat,* $C_{18}H_{23}O_{10}N_4P$, F. 174—175°; 33%. — *α-Aminodiphenylmethylphosphonsäure,* $C_{13}H_{14}O_3NP \cdot 2\,H_2O$, F. 232° (wss. A.). *Diäthylester,* aus

VII; Isolierung als *Hydrochlorid*, $C_{17}H_{23}O_3NClP$, F. 144° (A. + Ae.); 13%. (Известия Академии Наук СССР, Отделение Химических Наук [Nachr. Akad. Wiss. UdSSR, Abt. chem. Wiss.] **1954**. 314—22. März/April. Zelinsky-Inst. für organ. Chem. der Akad. der Wiss. der UdSSR.) R. KNOBLOCH. 980

Alessandro Ballio, *Bromierung des 1-Oxy-2.4-dimethoxybenzols.* (*Ein Fall von elektrophiler Substitution in „meta"-Stellung zum Phenolhydroxyl*). Bei der Bromierung von 1-Oxy-2.4-dimethoxybenzol (**I**) in Chlf. oder Essigsäure bei Raumtemp. entsteht mit guter Ausbeute 1-Oxy-2.4-dimethoxy-5-brombenzol (**II**). Es erfolgt also Substitution in meta-Stellung zum OH, womit bei dieser Rk. mit typ. elektrophilem Substituenten die orientierende Wrkg. der beiden OCH_3 in **I** die des OH überwiegt, ebenso wie dies bei der Bldg. von 2.4-Dimethoxy-5-oxyacetophenon aus 1-Acetoxy-2.4-dimethoxybenzol durch FRIESsche Verschiebung der Fall ist (vgl. C. **1950**. II. 1563). Die Struktur des Bromierungsprod. **II** wird durch seine Überführung in das bekannte 1.2.4-Trimethoxy-5-brombenzol oder durch Synth. aus 2.4-Dimethoxy-5-bromacetophenon (**III**) bewiesen.

Versuche: *1-Oxy-2.4-dimethoxy-5-brombenzol* (**II**), $C_8H_9O_3Br$, F. 89—90° (PAe.) a) aus **I** mit Br_2 in Chlf. oder Essigsäure (innerhalb 1 Std. zutropfen, Raumtemp.), 72—84% (Ausbeute), oder b) aus 1-Acetoxy-2.4-dimethoxy-5-brombenzol (**IV**) durch 2std. Kochen mit 10%ig. methylalkoh. NaOH. — *1-Acetoxy-2.4-dimethoxy-5-brombenzol* (**IV**), $C_{10}H_{11}O_4Br$, F. 108—109° (Essigsäure), a) aus **II** durch 3std. Kochen mit Acetanhydrid, b) aus **III** [F. 140—142°, aus 2-Oxy-4-methoxy-5-bromacetophenon durch 16std. Kochen mit $(CH_3)_2SO_4$ u. wasserfreiem K_2CO_3 in Aceton] in Essigsäure mit Peressigsäurelsg., 3 Std. bei 60°, dann über Nacht bei Raumtemp.; 75,3%. — *1.2.4-Trimethoxy-5-brombenzol*, F. 53° (PAe.), aus **II** mit $(CH_3)_2SO_4$ + K_2CO_3 in Aceton (5 Std. Kochen); gibt mit dem aus **IV** durch Verseifen zu 1-Oxy-2.4-dimethoxy-5-brombenzol (**II**) u. Methylieren erhaltenen Präp. keine F.-Depression. (Gazz. chim. ital. **81**. 782—85. Aug./Sept. 1951. Rom, Univ., C. N. R., Centro di Chim. gen., Labor. di Chim organ.) v. DECHEND. 1060

U. P. Basu und **K. R. Chandran,** *Einige Derivate des 4-Aminodiphenylsulfons.* Die Darst. der nachst. Oxy- bzw. Nitroderivv. des 4-Acetamido- bzw. 4-Acetamidomethyldiphenylsulfons erfolgte durch Rk. von p-Acetamido (**I**)- bzw. p-Acetamidomethylbenzolsulfinsäure mit p-Benzochinon oder durch Kochen von I-Na u. 2.4-Dinitrochlorbenzol in Alkohol. Sie wurden durch 1std. Kochen mit 17%ig. HCl u. Neutralisation mit Soda in die freien Basen übergeführt. 1std. Kochen der Acetamidooxyverbb. mit 10%ig. NaOH u. Dimethylsulfat, Gießen in Eiswasser u. Kristallisation aus A. lieferte die entsprechenden Dimethyläther. — *2.5-Dioxydiphenylsulfone*: *4'-Aminomethyl-*, *Hydrochlorid*, $C_{13}H_{13}O_4NS \cdot HCl$, F. 250—251° (Zers.). *Acetylderiv.*, $C_{15}H_{15}O_5NS$, F. 243 bis 244° (CH_3OH). *Dimethyläther*, $C_{15}H_{17}O_4NS$, F. 275—276° (Zers.); Nadeln. — *4'-Amino-*, *Dimethyläther*, $C_{14}H_{15}O_4NS$, F. 165—166° (A.). *Cinnamoylderiv.*, $C_{21}H_{17}O_5NS$, F. 297—298°, durch kurzes Kochen in A.; Prismen. *Cinnamalderiv.*, $C_{21}H_{17}O_4NS$, F. 216—217° (A.), durch 1std. Kochen mit Zimtaldehyd in A.; feine gelbe Nadeln. *Salicylidenderiv.*, $C_{19}H_{15}O_5NS$, F. 235—236° (A.), feine orangegelbe Nadeln. — *2.4-Dinitrodiphenylsulfone*: *4'-Amino-*, $C_{12}H_9O_6N_3S$, F. 220° (Aceton–A.), orangefarbene Kristalle. *Acetylderiv.*, $C_{14}H_{11}O_7N_3S$, F. 231—232°, gelbliche Nadeln. *Cinnamoylderiv.*, $C_{21}H_{15}O_7N_3S$, F. 253—255° (Aceton), blaßgelbe Kristalle. *Cinnamalderiv.*, $C_{21}H_{15}O_6N_3S$, F. 187—188°, durch Zugabe von Aceton zur alkoh. Lsg.; rotes Kristallpulver. *Salicylidenderiv.*, $C_{19}H_{13}O_7N_3S$, F. 201—202° (Aceton–A.), gelbes Kristallpulver. (J. Indian chem. Soc. **27**. 123—26. März 1950. Calcutta, Bengal. Immunity Res. Inst.) HILDEGARD BAGANZ. 1090

Albert H. Greer und **G. B. L. Smith,** *Strukturisomerien des Sulfanilylmethylaminoguanidins.* (Vgl. C. **1950**. II. 2419.) Vff. synthetisierten 3 strukturisomere Sulfanilylmethylaminoguanidine nach verschied. Methoden. *1-Sulfanilyl-3-methyl-3-aminoguanidin* (**I**) wurde durch Kondensation von Acetylsulfanilylchlorid (**II**) mit 1-Methyl-1-aminoguanidin u. anschließende Hydrolyse oder durch Hydrolyse von Ca-N⁴-Acetylsulfanilylcyanamid u. Addition von Methylhydrazin (**III**) oder aus **II** u. S-Methylisothioharnstoff u. Umsetzung mit **III** gewonnen, *1-Sulfanilyl-1-methyl-3-aminoguanidin* (**IV**) durch Umsetzung von N⁴-Acetylsulfanilmethylamid-Na mit BrCN, Desacetylierung des *N⁴-Acetylsulfanilylmethylcyanamids* (**IX**) u. Rk. mit Hydrazin (**V**)-Hydrat. **IV** konnte auch aus S-Allyl-N-methylisothioharnstoff u. **II**, dann Desacetylierung u. Umsetzung mit **V** dargestellt werden. Bei dem Vers., **II** u. S-Methyl-N-methylisothioharnstoff umzusetzen, wurde nur *N⁴-Acetylsulfanilylmethylcyanamid* (**IX**) isoliert. Die Rk. von **II** mit Methylnitroguanidin u. Hydrierung in Ggw. von Pd bzw. die Rk. von **II** mit 1-Methyl-3-aminoguanidin (**VII**)-sulfat führte zu *1-[N⁴-Acetylsulfanilyl]-1-methyl-3-aminoguanidin* (**X**), das nach Hydrolyse **IV** ergab. Der Nachw. der Hydrazingruppe in **I** u. **IV** erfolgte durch Darst. von Benzylidenderivv. u. durch JAMIESON-Titration. *1-Sulfanilamido-3-methylguanidin* (**VI**) wurde durch Methylierung von Sulfanilylthiosemicarbazid mit Dimethylsulfat u. Umsetzung mit CH_3NH_2 erhalten, ebenso durch Umsetzung von **II** mit 4-Methylthiosemicarbazid, Desacetylierung, Methylierung u. Rk. mit NH_3. Wurde p-Nitrobenzolsulfochlorid (**VIII**) mit **VII**-Sulfat umgesetzt, so wurde nach Red. an Stelle von **IV VI** erhalten. Wurde **VII**-Jodid angewandt, so wurde **II** isoliert. Alle übrigen Rkk. konnten an Stelle von **II** mit **VIII** durchgeführt werden. Die Leichtigkeit der Aminierung bzw. der Aminolyse der Zwischenprodd. nimmt in der Reihenfolge der Substituenten $NH_2 \gg NHCOCH_3 > NO_2$ ab.

Versuche: *1-Sulfanilyl-3-methyl-3-aminoguanidin* (I), $C_8H_{13}O_2N_5S$, F. 215 bis 216°, a) durch Zugabe von 0,11 Mol 1-Methyl-1-aminoguanidin u. 0,1 Mol **II** zu 0,23 Mol K_2CO_3 in W. u. Aceton bei 10—15°, 3std. Rühren bei Raumtemp., Abtrennen des *1-[N⁴-Acetylsulfanilyl]-3-methyl-3-aminoguanidins* ($C_{10}H_{15}O_3N_5S$, F. 249—251° (W.) 65% [Ausbeute]), Erhitzen mit 10%ig. HCl u. Einstellen des Filtrats auf p_H 5; Nadeln aus W.; 59%; b) durch ½std. Kochen von Ca-N⁴-Acetylsulfanilylcyanamid mit 10%ig. NaOH, Ansäuern mit verd. HCl, Aufnehmen in NaOH, erneutes Ansäuern, Abtrennen des *Sulfanilylcyanamids* [$C_7H_7O_2N_3S$, F. 290—295° (Zers.); 65%], Aufnehmen in Isopropanol, Zutropfen von **III**, 24std. Kochen, Einengen des Filtrats u. Zugabe von W.; 40,5%; c) durch Neutralisation von 0,09 Mol **III**-Sulfat mit 40%ig. KOH, Zugabe der gleichen Menge KOH, Zugabe der Lsg. zu 0,03 Mol Sulfanilyl-S-methylisothioharnstoff in W., 3std. Kochen u. Eindampfen zur Hälfte; 61%. *Benzylidenderiv.*, $C_{15}H_{17}O_2N_5S$, F. 188—190° (30%ig. A.), durch Zugabe von Benzaldehyd zu I in W. + 2 Tropfen Eisessig u. kurzes Erwärmen auf 45°. — *N⁴-Acetylsulfanilmethylamid, Na-Salz*, $C_9H_{11}O_3N_2SNa$, durch Zugabe von 0,01 Mol Na-Isopropylat in Isopropanol zu 0,075 Mol N⁴-Acetylsulfanilmethylamid (F. 185—189°) in Isopropanol; 80%. — *N⁴-Acetylsulfanilylmethylcyanamid* (**IX**), $C_{10}H_{11}O_3N_3S$, F. 179—182° (80%ig. A.), durch Zugabe vorst. Verb. zu BrCN in absol. Isopropanol, ½std. Schütteln, 1std. Erwärmen auf dem Dampfbad, Schütteln mit W. u. Waschen des Nd. mit 5%ig. NaOH u. W.; 63%. — *1-[N⁴-Acetylsulfanilyl]-1-methyl-3-nitroguanidin*, $C_{10}H_{13}O_5N_5S$, F. 163—165° (Zers.; 90%ig. A.), durch Zugabe von **II** zu Methylnitroguanidin in absol. Pyridin bei 10°, 2std. Erwärmen auf 65°, Zugabe der gleichen Menge W., Neutralisation mit konz. HCl, Eindampfen im Vakuum bei 40°, Ansäuern mit konz. HCl u. Zugabe von Isopropanol–Ae. (1 : 1); 34%. — *1-[N⁴-Acetylsulfanilyl]-1-methyl-3-aminoguanidin* (**X**), $C_{10}H_{15}O_3N_5S$, F. 193—195° (W.), a) durch Hydrierung vorst. Verb. in W. in Ggw. von 5%ig. Pd-Kohle bei 25° u. 50 lbs./sq.in.; 81%; b) durch Zugabe von 0,17 Mol **II** zu 0,13 Mol **VII**-Sulfat in Pyridin bei 10—15°, 2std. Erwärmen auf dem Dampfbad, Neutralisation mit verd. HCl, Eindampfen im Vakuum, Ausziehen mit A. u. Ansäuern; 43%. — *Sulfanilylmethylcyanamid*, $C_8H_9O_2N_3S$, F. 119—122°, durch 1std. Erwärmen von **IX** mit 15%ig. HCl auf dem Wasserbad u. Neutralisation des Filtrats mit 10%ig. NaOH; 60%. — *1-Sulfanilyl-1-methyl-3-aminoguanidin* (**IV**), $C_8H_{13}O_2N_5S$, F. 165 bis 168° (50%ig. A. u. dann W.), a) durch 30std. Kochen von 0,02 Mol vorst. Verb. mit 0,04 Mol 85%ig. **V**-Hydrat in Isopropanol in Ggw. von wenig $NaHSO_3$; 65%. *N⁴-Acetylderiv.* (**X**), $C_{10}H_{15}O_3N_5S$, F. 195—198°, durch Behandlung von **IX** mit **V**-Hydrat; 35%; gibt nach Desacetylierung **IV**. b) Durch Kochen von Methylthioharnstoff mit Allylbromid in A., Eindampfen im Vakuum, Aufnehmen des *S-Allyl-N-methylisothioharnstoffhydrobromids* in Aceton, das wasserfreies Soda enthielt, 1std. Rühren mit **II**, 4std. Kochen, Eindampfen des Filtrats im Vakuum, 1std. Kochen des Rückstands mit 4%ig. alkoh. HCl, Eindampfen, Aufnehmen in A., Einstellen mit NH_4OH auf p_H 5, Behandlung von 0,01 Mol *1-Sulfanilyl-S-allyl-N-methylisothioharnstoff* [$C_{11}H_{15}O_2N_3 \cdot S_2$, F. 150—152° (A.)] mit 0,03 Mol 85%ig. **V**-Hydrat, 1std. Kochen nach 24std. Stehen, Ausziehen mit Ae. u. Ansäuern der wss. Lsg.; 82%. c) Durch 1std. Erhitzen von **X** mit 10%ig. HCl-A. (1 : 1), Einstellen des Filtrats mit 40%ig. wss. NaOH auf p_H 5—6; 66%. d) Durch 2std. Kochen von **X** mit 5%ig. äthanol. HCl, Eindampfen, Zugabe von W. u. Behandlung mit verd. NH_4OH; 80%. *Benzylidenderiv.* von **IV**, $C_{15}H_{17}O_2N_5S$, F. 278—280° (Zers.), durch 1std. Kochen mit Benzaldehyd u. einem Tropfen konz. HCl in Alkohol. — *1-[N⁴-Acetylsulfanilyl]-4-methylthiosemicarbazid* (**XIII**), F. 225—227° (Zers.), durch Zugabe von **II** zu 4-Methylthiosemicarbazid in absol. Pyridin bei 10—15°, 1std. Erwärmen auf 60—65°, Gießen in 10%ig. HCl, Aufnehmen des Nd. in verd. NaOH u. Neutralisation mit verd. HCl; 79%. — *1-Sulfanilyl-4-methylthiosemicarbazid* (**XI**), $C_8H_{12}O_2N_4S_2$, F. 242—245° (Zers.), durch 1std. Kochen vorst. Verb. mit 15%ig. HCl u. Einstellen des Filtrats mit 40%ig. NaOH auf p_H 6; 79%. — *1-[p-Nitrobenzolsulfonamido]-3-methylguanidin* (**XII**), $C_8H_{11}O_4N_5S$, F. 155 bis 158° (W.), durch Zugabe von **VIII** zu **VII**-Sulfat in Pyridin bei 10—15°, 2std. Erwärmen auf dem Dampfbad, Eindampfen im Vakuum u. Zugabe von W.; blaßgelbe Kristalle;

55%. — *1-Sulfanilamido-3-methylguanidin* (**VI**), $C_8H_{13}O_2N_5S$, F. 143—144° (Zers.; W.), a) Durch 2std. Kochen von Sulfanilylthiosemicarbazid u. Dimethylsulfat in W., Neutralisation mit 40%ig. NaOH, Zugabe von CH_3NH_2 (25%ig.), Kochen bis zur beendeten Mercaptanentw., Eindampfen u. Mischen mit A. + Ae. (1 : 1); 28%. b) Durch 2std. Kochen von **XI** in W. mit Dimethylsulfat, Neutralisation mit 40%ig. NaOH, 2std. Kochen mit konz. NH_4OH unter vermindertem Druck, Einengen im Vakuum u. Zugabe von W.; 55%. c) Durch Hydrierung von **XII** in A. in Ggw. von 5%ig. Pd-Kohle bei Raumtemp. u. 50 lbs./sq.in. u. Eindampfen des Filtrats im Vakuum bei 30°; 56%. — Nachst. Verbb. wurden durch entsprechende Rkk. mit **VIII** dargestellt: *1-[p-Nitrobenzolsulfonyl]-3-methyl-3-aminoguanidin*, $C_8H_{11}O_4N_5S$, F. 256—260°. — *1-[p-Nitrobenzolsulfonyl]-1-methyl-3-nitroguanidin*, $C_8H_9O_6N_5S$, F. 153—155°. — *1-Sulfanilyl-1-methyl-3-nitroguanidin*, $C_8H_{11}O_4N_5S$, F. 140—142°, durch Hydrierung vorst. Verb. in Ggw. von RANEY-Ni. — *1-[p-Nitrobenzolsulfonyl]-1-methyl-3-aminoguanidin*, $C_8H_{11}O_4 \cdot N_5S$, F. 209—210°. — *1-[N⁴-Acetylsulfanilyl]-S-methylthiosemicarbazid*, $C_{10}H_{14}O_3N_4S_2$, F. 173—175° (Zers.), aus Acetylsulfanilylthiosemicarbazid u. CH_3J. — *1-Sulfanilyl-S-methylthiosemicarbazid*, $C_8H_{12}O_2N_4S_2$, F. 150—153° (Zers.). — *N⁴.S-Dimethylthiosemicarbazid, Hydrojodid*, $C_3H_9N_3S \cdot HJ$, F. 160—163° (Zers.). — *1-[N⁴-Acetylsulfanilyl]-4-S-dimethylthiosemicarbazid, Hydrojodid*, $C_{11}H_{16}O_3N_4S_2 \cdot HJ$, F. 208—210° (Zers.), aus **XIII** u. CH_3J. (J. Amer. chem. Soc. **76**. 1141—45. 20/2. 1954. Brooklyn, N. Y., Polytechn. Inst. of Brooklyn, Dep. of Chem.) HILDEGARD BAGANZ. 1090

Roberto Trave, *Chlormethylierung der Oxyacetophenone.* 2. Mitt. (1. vgl. C. **1954**. 64.) Die Chlormethylierung des p-Oxyacetophenons (**I**) u. des p-Methoxyacetophenons (**II**) mit HCHO im HCl-Strom ergibt die entsprechenden Monochlormethylderivv. (**III** u. **V**). Versucht man, durch Arbeiten mit HCHO-Überschuß bei höherer Temp. 2 CH_2Cl-Reste einzuführen wie beim o-Oxyacetophenon, so erhält man ausschließlich Harze durch Polykondensation. — Der Vers., analog wie beim o-Oxyketon vom Monochlorderiv. **III** mit NaCN oder KCN zum Nitril u. durch Oxydation nach DAKIN zum Nitril der Homogentisinsäure zu kommen, mißlingt; schon die Rk. mit NaCN gibt polymere Stoffe, auch bei Blockieren des OH mit $—COCH_3$. Daher wird vom Methoxyderiv. **V** ausgegangen, das am besten durch direkte Chlormethylierung von **II** (viel schlechter aus **III** mit CH_2N_2) erhalten u. in die m-Cyanmethylverb. (**VI**) übergeführt wird. Die für die DAKINsche Rk. erforderliche Entmethylierung von **VI** mit Anilin-HJ gelingt ebensowenig wie die verseifende Entmethylierung mit HBr in Essigsäure; daher wird in 2 Stufen — alkal. Verseifung der CN-Gruppe zur *2-Methoxy-5-acetylphenylessigsäure* (**VII**), dann Entmethylierung mit HBr — gearbeitet. Bei der so gewonnenen *2-Oxy-5-acetylphenylessigsäure* (**VIII**) versagt die Oxydation nach DAKIN; daher wird die Oxydation zur *Homogentisinsäure* (**X**) mittels Peressigsäure bewirkt. Diese Meth. (BALLIO, C. **1950**. II. 1563) liefert auch bei den Zwischenprodd. **VI** u. **VII** die entsprechenden Oxyderivv. **IX** u. **XI**. Die Entmethylierung von **IX**, die den Weg zum Homogentisinsäurenitril öffnen könnte, gelingt nicht. — Aus **VII** wird mit NaOCl die *2-Methoxy-5-carboxyphenylessigsäure* (**XIII**) erhalten. — Mittels der WILGERODT-Rk. mit Morpholin u. S bei gewöhnlichem Druck entsteht aus der Ketosäure **VII** die *Methoxyphenylendiessigsäure* (**XII**), wahrscheinlich über ein Morpholidthiomorpholid (**XV**), das bei der Kristallisation in das rein isolierbare Dimorpholid (**XIV**) übergeht; letzteres gibt bei saurer Verseifung **XII**. Auch eine aus der Mutterlauge von **XV** als Morpholinsalz isolierte Verb. gibt bei Hydrolyse die Säure **XII** sowie Morpholin u. S u. hat wahrscheinlich die Struktur einer Thiomorpholidsäure.

V e r s u c h e : *3-Chlormethyl-4-oxyacetophenon* (**III**), $C_9H_9O_2Cl$, F. 160° (Zers.), aus **I** mit 40%ig. HCHO + HCl in HCl-Gasstrom (7—8 Std. bei 20°); aus viel Bzl.; Ausbeute (roh) 90%. Gibt im Acetanhydrid + Acetylchlorid *3-Chlormethyl-4-acetoxyacetophenon*, $C_{11}H_{11}O_3Cl$, F. 70—71° (Äthylacetat + PAe.). — *3-Chlormethyl-4-methoxyacetophenon* (**V**), $C_{10}H_{11}O_2Cl$, F. 118° (Methanol), a) aus **III** mit CH_2N_2 in Ae.; (roh) 40%; b) aus **II** analog **III**, jedoch 5 Std. bei 30—35°; (roh) 90%. — *Nitril* der *2-Methoxy-5-acetylphenylessigsäure* (**VI**), $C_{11}H_{11}O_2N$, F. 114° (W.), aus **V** mit NaCN in wss.-alkoh. Lsg. (½ Std. Rückfluß); 78%. — *2-Methoxy-5-acetylphenylessigsäure* (**VII**), $C_{11}H_{12}O_4$, F. 129,5° (W.), aus **VI**, durch 6std. Kochen mit wss. NaOH. *p-Nitrophenylhydrazon*, $C_{17}H_{17}O_5N_3$, F. 205—206°. — *2-Oxy-5-acetylphenylessigsäure* (**VIII**), $C_{10}H_{10}O_4$, F. 186 (W.), aus **VII** in Eisessig mit wss. HBr (D. 1,48), mit HBr-Gas sättigen, dann 4 bis 5 Std. sd. lassen; *p-Nitrophenylhydrazon*, $C_{16}H_{15}O_5N_3$, F. 150°. — *Nitril* der *2-Methoxy-5-oxyphenylessigsäure* (**IX**), $C_9H_9O_2N$, F. 111° (W.), aus **VI** in Eisessig mit 25%ig. Peressigsäure (3 Std. bei 30—35°, dann 3 Std. bei 60—65°). — *Homogentisinsäure* (**X**), $C_8H_8O_4$, F. 149°, aus **VIII** in Eisessig analog **IX**. — Ebenso: *2-Methoxy-5-oxyphenylessigsäure* (**XI**), $C_9H_{10}O_4$, F. 119—120° (W.). — *6-Methoxy-1.3-phenylendiessigsäure* (**XII**), $C_{11}H_{12}O_5$, F. 172° (W.), aus **VII** mit Morpholin u. S (14 Std. Rückfluß) u. 8std.

Kochen des mit 25%ig. A. abgeschiedenen, aus W. krist. *Dimorpholids* (**XIV**), $C_{19}H_{26}O_5N_2$, F. 141° in essigsaurer Lsg. mit H_2SO_4. Durch Verseifen der aus der Mutterlauge von **XIV** erhaltenen S-haltigen viscosen M. wird weitere **XII** gewonnen; Gesamtausbeute 32%. — *2-Methoxy-5-carboxyphenylessigsäure* (**XIII**), $C_{10}H_{10}O_5$, F. 259° (W.), aus **VII** in wss. NaOH mit NaOCl-Lsg. (einige Min. Wasserbad). (Gazz. chim. ital. **81**. 773—81. Aug./Sept. 1951. Mailand, Univ., Ist. di Chim. ind.) V. DECHEND. 1180

N. A. Pušin und **M. Smilanić**, *Über das Molekulargewicht der Benzoesäure*. Die kryoskop. Best. des Mol.-Gew. der *Benzoesäure* (I) in Essigsäure ergab den Wert 121,4; in Bzl. u. Äthylendibromid wurden für I Werte von 245,0—246,4 gefunden. Somit erscheint I in diesen beiden Lösungsmitteln in dimerer Form $(C_7H_6O_2)_2$. (Гласник Хемиског Друштва Београд [Ber. chem. Ges. Belgrad] **17**. 153—54. 1952. Belgrad, Univ., Techn. Fak., Inst. für physikal. u. Elektrochem.) V. WILPERT. 1210

R. N. Haszeldine, *Perfluoramine*. Inhaltlich ident. mit der C. **1951**. II. 3154 referierten Arbeit. (Research **3**. 430—31. Sept. 1950. Cambridge, Univ., Chem. Labor.) FORCHE. 1310

M. I. Kabatschnik und **T. Ja. Medwed**, *Eine neue Methode der Synthese von α-Aminoalkylphosphonsäuren*. 1. Mitt. (2. vgl. C. **1954**. **10695**.) Inhaltlich ident. mit der C. **1952**. 6519 referierten Arbeit. Da die Bldg. von α-Aminoarylphosphonsäureestern (am Beispiel von Benzaldehyd durchgeführt) auch beim Erhitzen von α-Oxyarylphosphonsäureestern mit alkoh. NH_3 erfolgt, ist zu vermuten, daß NH_3 selbst diese Rk. ebenso katalysiert, wie dies für C_2H_5ONa festgestellt wurde. Das gleiche gilt für die Rk. von α-Oxyalkylphosphonsäureestern mit NH_3. Demnach sind bei der Umsetzung von Aldehyden mit Dialkylphosphiten u. NH_3 α-Oxyalkyl (aryl) phosphonsäuredialkylester als prim. Reaktionsprodd. anzusehen, die dann weiter reagieren. Ein entsprechendes Schema auf elektronentheoret. Grundlage wird gegeben. Nachzutragen sind die Ergebnisse weiterer Versuche. *Pikrat* des *α-Aminobenzylphosphonsäurediäthylesters*, $C_{17}H_{21}O_{10}N_4P$, F. 174°. — *α-Amino-p-methylbenzylphosphonsäure*, $C_8H_{12}O_3NP$, F. 276°; durch Verseifen des Diäthylesters mit verd. HCl (1 : 1), 3 Std. im Rohr bei 110—120°. *Diäthylester*, aus p-Toluylaldehyd u. Diäthylphosphit in 10%ig. absol.-alkoh. NH_3, einige Std. im Rohr bei 100°; Isolierung als *Hydrochlorid*, $C_{12}H_{21}O_3NClP$, F. 148° (Zers.); 8% (Ausbeute). *Pikrat* des *Diäthylesters*, $C_{18}H_{23}O_{10}N_4P$; F. 187° (Zers.). — *α-Amino-p-isopropylbenzylphosphonsäure*, $C_{10}H_{16}O_3NP$, F. 267° (Zers.). *Diäthylester*, aus Cuminaldehyd; Isolierung als *Hydrochlorid*, $C_{14}H_{25}O_3NClP$, F. 167° (Zers.); 35%. — *α-Amino-p-methoxybenzylphosphonsäure*, $C_8H_{12}O_4NP$, F. 278—279°. *Diäthylester*, aus Anisaldehyd; *Hydrochlorid*, $C_{12}H_{21}O_4NClP$, F. 160°; 32%. — *α-Amino-3-methoxy-4-oxybenzylphosphonsäure*, $C_8H_{12}\cdot O_5NP$, F. 215°. *Diäthylester*, aus Vanillin; *Hydrochlorid*, $C_{12}H_{21}O_5NClP$, F. 181° (Zers.); 32%. (Известия Академии Наук СССР, Отделение Химических Наук [Nachr. Akad. Wiss. UdSSR, Abt. chem. Wiss.] **1953**. Nr. 5. 868—78. Sept./Okt. Inst. für organ. Chem. der Akad. der Wiss. der UdSSR.) R. KNOBLOCH. 1380

A. N. Nessmejanow, **O. A. Reutow** und **O. A. Ptitzyna**, *Über neue Möglichkeiten zur Synthese von Organoantimonverbindungen aus den Diazoniumdoppelsalzen mit Antimontrichlorid*. (Vgl. C. **1953**. 8844.) Die Zers. der Doppelsalze aus Aryldiazoniumchloriden + $SbCl_3$ mit Fe in Aceton führt hauptsächlich zu Verbb. vom Typus Ar_2SbCl_3, seltener Ar_3SbCl_2 oder Gemischen beider. Die Meth. liefert bessere Ausbeuten als die früher angegebenen Methoden.

Versuche: *Diphenylantimontrichlorid* (I), F. 171—172°; man setzt 3,3 g Fe-Pulver allmählich zu einer auf 0° abgekühlten Suspension von 25 g $C_6H_5N_2Cl\cdot SbCl_3$ in 75 ml Aceton unter Rühren hinzu, läßt noch einige Zeit einwirken, verdampft die filtrierte Lsg., zerreibt den Rückstand mit 50 ml 5n HCl, gibt 25—30 ml A. hinzu u. fällt durch Eingießen in 5%ig. NH_3 + Eis 9 g $(C_6H_5)_2SbOOH$, die durch Kristallisation aus 5n HCl in I übergeführt werden; 85% (Ausbeute). — *Di-p-nitrophenylantimontrichlorid*, $(O_2NC_6H_4)_2SbCl_3$, sintert bei 190°; aus (p) $O_2NC_6H_4N_2Cl\cdot SbCl_3$; 97%. — *Di-p-tolylantimontrichlorid*, F. 155—156°; aus Bzl. oder 5n HCl Kristalle; 71%. — *Bis-[2.4-dimethylphenyl]-antimontrichlorid* (**II**), $(C_8H_9)_2SbCl_3$, aus 2.4-$(CH_3)_2C_6H_3N_2Cl\cdot SbCl_3$; auf Zusatz von A. zu dem analog Vorst. erhaltenen Reaktionsprod. fällt $(C_8H_9)_2SbCl_2(OH)$ (**III**) aus, dessen Lsg. in Aceton beim Eingießen in W. $(C_8H_9)_2SbOOH$ (**IV**) abscheidet; von letzterem werden weitere Mengen beim Eingießen des alkoh. Filtrats in NH_3 erhalten; **IV** liefert **II** beim Behandeln mit 5n HCl + Bzl. u. Verdampfen der benzol. Lsg.; aus feuchtem Bzl. Kristalle mit 1 H_2O vom F. 169—170°; Ausbeute an **II** 96% (hierbei die Ausbeute an **III** u. **IV** auf **II** umgerechnet u. einbezogen). — *Tri-o-phenetylantimondichlorid*, $(C_2H_5OC_6H_4)_3SbCl_2$, F. 230—231°; aus (o) $C_2H_5OC_6H_4\cdot N_2Cl\cdot SbCl_3$; 49% neben 42% *Di-o-phenetylantimontrichlorid*, $(C_2H_5OC_6H_4)_2SbCl_3$, F. 149—150°. — *Di-o-chlorphenylantimontrichlorid*, aus (o) $ClC_6H_4N_2Cl\cdot SbCl_3$; isoliert als *Di-o-chlorphenylstibinsäure* (**V**), 86% neben 9% *Di-o-chlorphenylchlorstibin*, F. 94 bis 95°. Aus **V** werden *(o-ClC$_6$H$_4$)$_2$SbOOCOCH$_3$* u. *(o-ClC$_6$H$_4$)$_2$Sb(OH)$_2$Cl*, F. 174—175°, hergestellt. — *Di-p-chlorphenylantimontrichlorid*, F. 149—150°; aus (p)ClC$_6$H$_4$N$_2$Cl·SbCl$_3$; 85% neben 10% *Tris-p-chlorphenylantimondichlorid*, F. 193—194°. — *Di-p-bromphenylantimontrichlorid*, (BrC$_6$H$_4$)$_2$SbCl$_3$, F. 159°; aus (p)BrC$_6$H$_4$N$_2$Cl·SbCl$_3$; 90% neben 9% *Tris-p-bromphenylantimondichlorid*, F. 198,5—199°. — *Di-p-jodphenylantimontrichlorid*, aus (p)JC$_6$H$_4$N$_2$Cl·SbCl$_3$; isoliert als *(p-JC$_6$H$_4$)$_2$Sb(OH)Cl$_2$*, F. 145 bis 146°; 85%. — *Tri-o-anisylantimondichlorid*, (CH$_3$OC$_6$H$_4$)$_3$SbCl$_2$, F. 245°; aus (o)CH$_3$OC$_6$H$_4$N$_2$Cl·SbCl$_3$; 67% neben 9% *Di-o-anisylchlorstibin*, (CH$_3$OC$_6$H$_4$)$_2$SbCl, F. 111—112°; aus Chlf. + A. Kristalle. (Доклады Академии Наук СССР [Ber. Akad. Wiss. UdSSR] [N. S.] **91**. Nr. 6. 1341—44. 21/8. 1953.) R. KNOBLOCH. 1380

Dorothy V. Nightingale, Floyd B. Erickson und **James M. Shackelford**, *Die Reaktion von Nitroparaffinen und alicyclischen Ketonen*. 2. Mitt. (1. vgl. C. **1951**. I. 1292.) Durch Einw. von Nitromethan (**I**) auf die 3 isomeren Methylcyclohexanone konnten in Ggw. von Piperidin die entsprechenden *Methyl-1-nitromethylcyclohexene-(1)* in unterschiedlichen Ausbeuten erhalten werden; die Konst. der dabei als Nebenprodd. auftretenden Verbb. wurde noch nicht aufgeklärt. Bei *3-Methylcyclohexen-(2)-on-(1)*, *3-Methyl-5-n-propylcyclohexen-(2)-on-(1)* u. *Isophoron* erfolgt mit **I** in Ggw. von Piperidin 1.4-Addition. Mit C$_2$H$_5$ONa als Katalysator tritt keine Rk. ein. Der Umsatz von **I** mit *Cyclohexandion-(1.2)* u. *Cyclohexandion-(1.4)* läßt unter den gleichen Bedingungen nur harzige Prodd. entstehen; dagegen konnte die 1.2-Addition an diese Verbb. durch Zugabe von festem K$_2$CO$_3$ erreicht werden. Mit dem gleichen Kondensationsmittel gelang die 1.2-Addition von **I**, Nitroäthan u. 1-Nitropropan an *Acenaphthenchinon*. Aus **I** u. Aceanthrenchinon, Anthrachinon u. den Naphthochinonen wurden keine definierten Prodd. erhalten.

Versuche: *1-Nitromethyl-4-methylcyclohexen-(1)*, C$_8$H$_{13}$O$_2$N, durch 24std. Erwärmen von 4-Methylcyclohexanon, **I** u. Piperidin; Kp.$_{10}$ 100—104°; n$_D^{20}$ 1,4821; 29% (Ausbeute). Daneben eine *Verb. C$_{16}$H$_{24}$O$_3$N$_2$*, F. 257—258° (Zers.) (Glykoläther); 4,5%. — *1-Nitromethyl-3-* oder *-5-methylcyclohexen-(1)*, C$_8$H$_{13}$O$_2$N, wie vorst. aus 3-Methylcyclohexanon, Kp.$_{12}$ 94—97°; n$_D^{20}$ 1,4835; 30%. Daneben eine *Verb.*, *C$_{16}$H$_{24}$O$_3$N$_2$*, F. 260—261° (Zers.); 0,9%. — *1-Nitromethyl-2-* oder *-6-methylcyclohexen-(1)*, C$_8$H$_{13}$O$_2$N, Kp.$_9$ 92—93°; n$_D^{20}$ 1,4894; 8,3%. — *1-Nitromethylcyclohexen-(1)*: Zu Cyclohexanon u. **I** wird bei 5° wasserfreies Methylamin gegeben u. 17 Tage bei 8—10° gehalten; nach Ansäuern mit 10%ig. HCl ausäthern; Kp.$_{12}$ 95—96°, n$_D^{25}$ 1,4850; 48%. — *3-Methyl-3-nitromethylcyclohexanon-(1)*, C$_8$H$_{13}$O$_3$N, aus 3-Methylcyclohexen-(2)-on-(1) u. **I** in Ggw. von Piperidin nach 24std. Erhitzen; Kp.$_1$ 123—124°; n$_D^{20}$ 1,4891; 37,5%. *Semicarbazon*, C$_9$H$_{16}$O$_3$N$_4$, F. 169,5—170,5°. — *3-Nitromethyl-3.5.5-trimethylcyclohexanon-(1)*, C$_{10}$H$_{17}$O$_3$N, Kp.$_2$ 130—132°; n$_D^{20}$ 1,4911; 9,2%. *Oxim*, C$_{10}$H$_{18}$O$_3$N$_2$, F. 114—115°. — *3-Methyl-3-nitromethyl-5-n-propylcyclohexanon-(1)*, C$_{11}$H$_{19}$O$_3$N, Kp.$_1$ 134—135°; n$_D^{20}$ 1,4794; 25%. *Semicarbazon*, C$_{12}$H$_{22}$O$_3$N$_4$ F. 130—132°. — *2-Oxy-2-nitromethylcyclohexanon-(1)*, C$_7$H$_{11}$O$_4$N, aus Cyclohexandion-(1.2) u. **I** mit festem K$_2$CO$_3$ nach 10 Min. Erhitzen; krist. aus absol. A. unter Tiefkühlung mit festem CO$_2$; F. 92,5—93°; 35%. *2.4-Dinitrophenylhydrazon*, C$_{13}$H$_{15}$O$_7$N$_5$, F. 173—174°. — *4-Oxy-4-nitromethylcyclohexanon-(1)*, C$_7$H$_{11}$O$_4$N, wie vorst. aus Cyclohexandion-(1.4); F. 124,5—125°; 9%. *2.4-Dinitrophenylhydrazon*, C$_{13}$H$_{15}$O$_7$N$_5$, F. 93,5—94,5°. — *Additionsverb.* aus *Acenaphthenchinon* u. **I**, C$_{13}$H$_9$O$_4$N, in Ggw. von alkoh. KOH gebildet; Nd. mit kalter 20%ig. HCl 1 Std. rühren; aus Dioxan/PAe., hellgelbe Kristalle, F. 127—128°; 25%. — *Additionsverb. mit Nitroäthan*, C$_{14}$H$_{11}$O$_4$N, 133—134°; 31%. — *Additionsverb. mit 1-Nitropropan*, C$_{15}$H$_{13}$O$_4$N, F. 139—140°; 19%. (J. org. Chemistry **17**. 1005—08. Juli 1952. Columbia, Mo., Univ. of Missouri, Dep. of Chem.) KÜHNEL. 1810

Albert Mondon, *Die Umlagerung von 1.2.5-Triolen durch Säuren*. Als Ausgangsprod. für die Cyclisierung von Isoprenketten zu mehrkernigen Ringverbb. (vgl. auch C. **1953**. 3069) diente das 1-[1'-Oxycyclohexyl-(1')]-4-methyl-4-oxypentin-(2) (**I**), das bei milden Bedingungen unter H$_2$O-Anlagerung in *1-[1'-Oxycyclohexyl-(1')]-4-methyl-4-oxypentanon-(3)* (**II**) übergeht. **II** bildet kein Semicarbazon, in der Kälte aber ein gelbes *Dinitrophenylhydrazon*. In der Wärme entsteht ein um 1 Mol H$_2$O ärmeres *Dinitrophenylhydrazon*, das sich wahrscheinlich vom $\Delta^{1'}$-Keton ableitet. Der Nachw. von **II** wurde durch Abbau mit Na-Wismutat zu *Aceton* u. *γ-[1-Oxycyclohexyl-(1)]-propionsäurelacton* erbracht. **II** lagert sich leicht in das innere *Halbacetal* **III** um, von dem

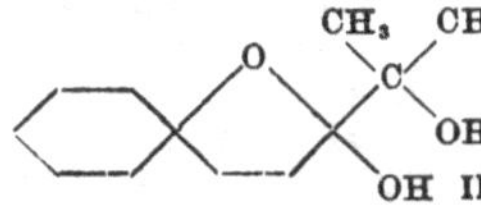
III

2 Mol unter Abspaltung von 2 Mol H$_2$O ein hochschm., chem. indifferentes, keine CO-Gruppen enthaltendes Prod., vermutlich **IV**, bilden. **II** wird über Pt in Ggw. von Alkali langsam, über RANEY-Ni in schwachalkal. Lsg. schnell red., das entstehende *1-[1'-Oxycyclohexyl-(1')]-4-methyl-3.4-dioxy-*

pentan (**V**) fällt hierbei zunächst in einer instabilen Modifikation vom F. 96° an, die bei Rekristallisation in die stabilere Modifikation vom F. 116° übergeht. Letztere entsteht neben **III** als alleiniges Prod. bei der Hydrierung mit $LiAlH_4$. Die Spaltung

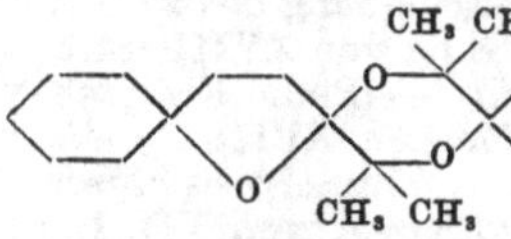

IV

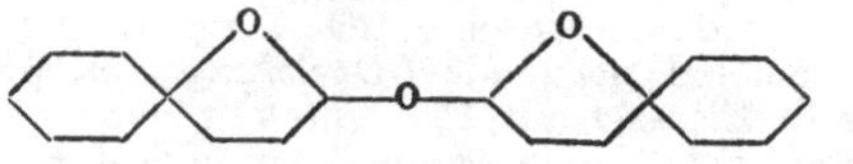

VI

von **V** mit Pb-Tetraacetat liefert neben Aceton *Bis-[cyclohexan-2-spirotetrahydrofuryl-(5)]-äther* (**VI**), wobei der zunächst entstehende *β-[1-Oxycyclohexyl-(1)]-propionaldehyd* über das *innere Halbacetal* unter H_2O-Abspaltung kondensiert. **V** wird mit Acetanhydrid u. Pyridin zu *1-[1'-Oxycyclohexyl-(1')]-4-methyl-3-acetoxy-4-oxypentan* (**VII**) acetyliert, mit Acetanhydrid u. Eisessig in der Hitze dagegen zum 1 Mol H_2O ärmeren *1-Cyclohexen-(1')-yl-4-methyl-3-acetoxy-4-oxypentan* (**VIII**), aus dem durch Verseifung u. Hydrierung *1-Cyclohexyl-4-methyl-3.4-dioxypentan* gebildet wird (nachgewiesen durch sein Verh. gegenüber Pb-Tetraacetat). — Beim Stehen von **VII** in H_3PO_4 tritt H_2O-Abspaltung zu **VIII** ein, beim Erwärmen auf 80° bildet sich hingegen ein Gemisch aus *Cyclohexan-2-spiro-5-isopropylidentetrahydrofuran* (**IX**) u. *Cyclohexan-2-spiro-5-[α-methylvinyl]-tetrahydrofuran* (**X**). Beide Verbb. nehmen bei der Hydrierung 1 Mol H_2 auf, **X** jedoch stets mehr als die berechnete Menge, da hier die labile O-Brücke zum Teil aufgespalten wird. Die Hydrierungsprodd. beider Verbb. sind identisch. Die Hydrolyse von **IX** ergibt *1-[1'-Oxycyclohexyl-(1')]-4-methylpentanon-(3)* (**XI**), von dem ein *Dinitrophenylhydrazon* u. ein *Semicarbazon* dargestellt werden konnten. **XI** entsteht auch aus **IX** durch längeres Stehen, die Rückverwandlung in **IX** erfolgt leicht durch langsame Dest. (Reaktionsmechanismus dieses Kreisprozesses vgl. Original). Analog entsteht aus **II** bei der Vakuumdest. über **III** die Verb. **XII**. Diese färbt sich beim Behandeln mit Tetranitromethan braun u. nimmt bei katalyt. Hydrierung 1 Mol H_2 auf. Zum Nachw. der semicycl. Doppelbindung in **IX** wurde dieses mit 1 Mol Benzopersäure in das Epoxyd **XIII** verwandelt, das bei Aufspaltung mit W. u. wenig J_2 **II** u. **IV** bildet. Die Behandlung von **IX** mit überschüssiger Benzopersäure lieferte unter Aufnahme von 2 O-Atomen *1'-Cyclohexen-(1')-yl-4-methyl-4-oxypenten-(1)-on-(3)* (**XV**), nachgewiesen als *Dinitrophenylhydrazon*. **XIII** lagert sich leicht in **XII** um u. bildet dann unter erneuter Aufnahme von 1 O-Atom das Epoxyd **XIV**, da bei der Hydrolyse in saurer Lsg. unter Abspaltung von 2 Mol H_2O **XV** entsteht, ebenfalls erhältlich aus **XII** mit Benzopersäure sowie aus **II** durch Rk. mit Ameisensäure (**XV** wird hier aus dem anfallenden Gemisch als *Dinitrophenylhydrazon* abgetrennt; Reaktionsmechanismus vgl. Original). Die Bldg. größerer Mengen **XI** durch Umsetzung von **V** in kalter konz. H_2SO_4 erfolgt quantitativ, die Reinigung über das *Semicarbazon* ergibt aber nur unscharf schm. Verbindungen. Durch chromatograph. Trennung werden zwei Verbb. erhalten, die im F. u. Misch-F. zwar ident. sind, in ihren Kristallformen, ihren Hydrolysegeschwindigkeiten, ihren Kpp. u. n_D-Werten aber Unterschiede aufweisen, die bei den Hydrierungsprodd. wieder verschwinden. Die Red. der Semicarbazone nach Wolff-Kishner ergibt das gleiche Glykol, *1-[1'-Oxycyclohexyl-(1')]-4-methyl-3-oxypentan* (**XXIV**). Vf. vermutet daher, daß es sich bei beiden

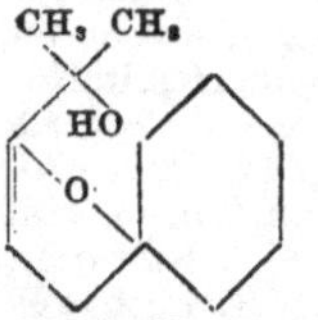

XII

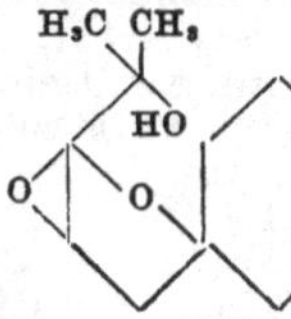

XIV

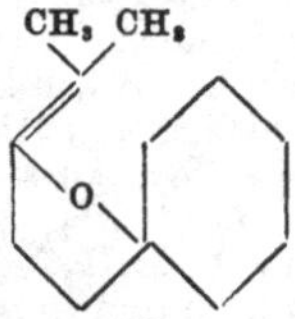

IX

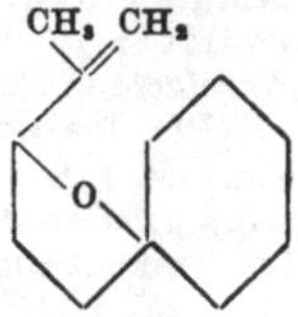

X

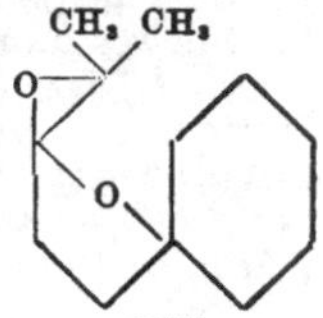

XIII

Verbb. um die strukturisomeren Formen **XVI** u. **XVII** handelt, die beim Erwärmen in ein Gleichgewicht übergehen. Beim Erhitzen von **V** in verd. H_2SO_4 entsteht *1-Cyclohexen-(1')-yl-4-methylpentanon-(3)* (**XVIII**), das auch stets in kleinen Mengen als Nebenprod. bei der Umsetzung von **V** oder **VII** mit H_3PO_4 anfällt. Es bildet ein *Semicarbazon* u. *Dinitrophenylhydrazon*; eine Verschiebung der Doppelbindung zur Carbonylgruppe hin wurde nicht festgestellt (UV). Bei der Spaltung des Dinitrophenyl-

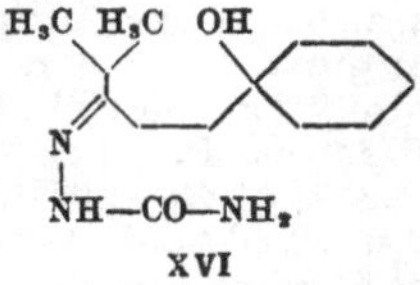

XVI

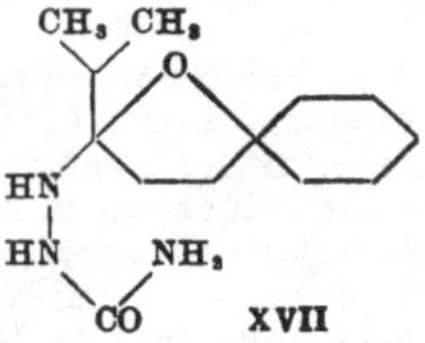

XVII

hydrazons mit Brenztraubensäure wird ein *gesätt. Keton*, entstanden durch Anlagerung der Säure an die Doppelbindung, zurückgewonnen. Die Benzopersäurebehandlung von **XVIII** führt unter Aufnahme von 2 O-Atomen zur Bldg. eines *Epoxydesters*, der nach Spaltung u. Verseifung eine *Glykolsäure* ergibt; die Einschiebung des 2. O-Atoms erfolgt daher zwischen CO- u. Isopropylgruppe. Die Hydrierung von **XVIII** ergibt das angenehm riechende *1-Cyclohexyl-4-methylpentanon-(3)* (**XXI**). — Beim Erhitzen von **V** in Eisessig auf 130° entsteht neben **VIII** u. geringen Mengen **XVIII** *Cyclohexan-5-spiro-2-[2'-oxyisopropyl]-tetrahydrofuran* (**XIX**); quantitativ entsteht es durch Erhitzen von **V** in Bzl. mit wenig J_2 oder durch katalyt. Hydrierung von **XII**. Die Behandlung von **XIX** mit $POCl_3$ liefert **X**, Erhitzen mit Toluolsulfonsäure oder H_2SO_4 **XVIII**. — Alle Umlagerungen des Triols **V** in **XVIII** durch Säuren verlaufen über verschied. Zwischenprodd., deren Struktur durch folgende Synth. gesichert wurde. 1-Oxycyclohexylacetylen liefert über seine GRIGNARD-Verb. mit Isobutyraldehyd *1-[1'-Oxycyclohexyl-(1')]-4-methyl-3-oxypentin-(1)*, das nach Hydrierung der Dreifachbindung in **XXIV** u. bei der Oxydation der sek. Oxygruppe nach BOWDEN u. Mitarbeitern (J. chem. Soc. [London] **1946.** 39) in das empfindliche *1-[1'-Oxycyclohexyl-(1')]-4-methylpentin-(1)-on-(3)* übergeht. Bei der Hydrierung entsteht hieraus **XI** (bei Weiterbehandlung mit sd. H_2SO_4 **XVIII**) oder durch Dest. direkt **IX**. Da die Umlagerungsprodd. von **V** nicht zur Cyclisierung geeignet sind, wurde aus **VII** durch Abspaltung der beiden tert. OH-Gruppen mit $POCl_3$ *1-Cyclohexen-(1')-yl-3-acetoxy-4-methylpenten-(4)* (als Nebenprod. wenig **XVIII**, das durch Verseifung mit GIRARD-T-Reagens abgetrennt wird) dargestellt u. hieraus durch Verseifung *1-Cyclohexen-(1')-yl-4-methyl-3-oxypenten-(4)* (**XX**), nachgewiesen durch Hydrierung u. Oxydation zu **XXI**. Cyclisierungsverss. an **XX** bzw. am Acetylderiv. mit Säuren lieferten nur Harze, mit BF_3 in Bzl. entstanden neben Polymerisaten destillierbare Prodd., die aus dem *ungesätt. Alkohol* **XXII** u. dem *Keton* **XXIII** bestanden. Der ungesätt. Alkohol gab nach Entfernen des Ketons mit GIRARD-T durch Hydrierung u. Oxydation **XXIII**.

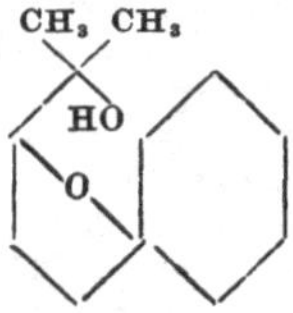

XIX

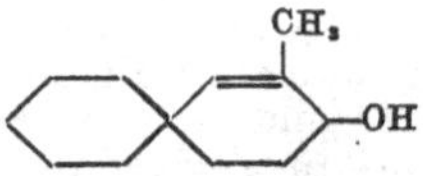

XXII

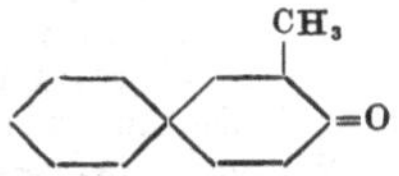

XXIII

Versuche: *1-[1'-Oxycyclohexyl-(1')]-4-methyl-4-oxypentanon-(3)* (**II**), $C_{12}H_{22}O_3$, F. 65—66°, durch Eintragen von **I** in ein Gemisch von $HgSO_4$ + 85%ig. Ameisensäure unter Rühren u. Kühlen, Gießen des Filtrats in gesätt. $(NH_4)_2SO_4$-Lsg., Ausziehen mit Bzl., Abdampfen u. Chromatographie an Al_2O_3 aus Pentan; λ_{max} 270 mμ (ε = 160 in CH_3OH); 82% (Ausbeute); bei Dest. von 38,5 g des Rohprod. werden 33 g **XII** (Kp.$_{1,5}$ 103—105°) erhalten, die beim Stehen zu **II** kristallisieren (als Nebenprod. bei der Rk. wenig **IV**). *2.4-Dinitrophenylhydrazon*, $C_{18}H_{26}O_6N_4$, F. 152°, aus **II** oder **XII** in methanol. Lsg. mit wenig konz. HCl; aus CH_3OH gelbe Nadeln. *2.4-Dinitrophenylhydrazon vom F. 134°*, $C_{18}H_{24}O_5N_4$, aus **II** in CH_3OH + konz. H_2SO_4 u. Dinitrophenylhydrazin unter Erwärmen; aus CH_3OH gelbe Nadeln; λ_{max} 360 mμ (ε = 10600 in CH_3OH). — **IV**, $C_{24}H_{40}O_4$, F. 181° (Ae. oder PAe.), entsteht bei allen Rkk. von **II** in kleiner Menge; sublimierbar im Hochvakuum bei 120°; nicht hydrierbar u. nicht acetylierbar. — *γ-[1-Oxycyclohexyl-(1)]-propionsäurelacton*, F. 28° (Pentan), durch 18std. Schütteln von **II** mit Na-Wismutat in verd. H_3PO_4 bis zur Entfärbung, Abfiltrieren, Entfernen des *Acetons* als *p-Nitrophenylhydrazon* (F. 148° [A.]; 82%), Aussalzen u. Ausäthern. — *1-[1'-Oxycyclohexyl-(1')]-4-methyl-3.4-dioxypentan* (**V**), $C_{12}H_{24}O_3$, F. 116° (aus Ae. nach Zusatz von PAe.), a) durch 3std. Hydrierung von **II** in CH_3OH + 4n NaOH über Pt, Neutralisieren mit HCl, Abdampfen des CH_3OH, Aufnehmen in Ae. u. Zufügen von PAe.; 87%; b) aus **II** in CH_3OH + 10n NaOH durch ³/₄std. Hydrierung über RANEY-Ni, Abdampfen des Filtrats u. Aufnehmen in sd. Essigester; beim Abkühlen krist. **V** in derben Kristallen vom F. 96°; 89%; nach mehrmaligem Umkristallisieren entsteht hieraus eine Modifikation vom F. 116°; c) durch Zutropfen von 40,76 g **II** zu $LiAlH_4$ in Ae., Stehen, Zers. mit Essigester, Hydrolysieren mit W., Aufnehmen des abfiltrierten Nd. in sd. Essigester, Einengen u. Zufügen von PAe.; es krist. **V** vom F. 116°; 25,2 g. — *Bis-[cyclohexan-2-spirotetrahydrofuryl-(5)]-äther* (**VI**), $C_{18}H_{30}O_3$, F. 89° (nach Sublimation im Vakuum), aus 121 mg **V** u. Pb-Tetraacetat in absol. Chlf. + Bzl. durch ½std. Stehen, Ausschütteln mit W. u. Abdampfen der organ. Phase; 73 mg. Aus der wss. Lsg. *Aceton*. — *1-[1-Oxycyclohexyl-(1')]-4-methyl-3-acetoxy-4-oxypentan* (**VII**), $C_{14}H_{26}O_4$, F. 89—91°, aus **V** u. Acetanhydrid in Pyridin durch 12—15std. Stehen u. Dest. bei

150°/0,06 mm (Bad); Nadeln aus Essigester u. Pentan; 96%. — *1-Cyclohexen-(1')-yl-4-methyl-3-acetoxy-4-oxypentan* (**VIII**), $C_{14}H_{24}O_3$, $Kp._{0,4}$ 120°, aus 5 g **V** in Eisessig, Acetanhydrid u. K-Acetat durch 12std. Erhitzen auf 130° (Bad), Abdampfen bei 12 mm, Aufnehmen in Ae., Auswaschen mit Na_2CO_3 u. Rektifikation des äther. Rückstandes; n_D^{20} 1,4789; 2,5 g; entfärbt Br_2; gibt mit Tetranitromethan Braunfärbung; nimmt bei Hydrierung H_2 auf. — *1-Cyclohexen-(1')-yl-4-methyl-3.4-dioxypentan*, $Kp._{0,2}$ 112°, aus **VIII** durch 1std. Erwärmen mit methanol. KOH u. Abdampfen; n_D^{19} 1,4910; bei Spaltung mit Pb-Tetraacetat entsteht neben *Aceton* ein scharfriechendes Öl (*2.4-Dinitrophenylhydrazon*, F. 111—112°, dunkelgelbe, moosartige Kristalle aus CH_3OH); red. in der Hitze FEHLINGsche Lösung. — *1-Cyclohexyl-4-methyl-3.4-dioxypentan*, F. 62°, aus 3,5 g vorst. Verb. durch Hydrierung in Essigester über Pt; Prismen aus PAe.; 3,35 g; liefert bei 1std. Behandlung mit kalter konz. H_2SO_4, Gießen auf Eis u. Ausäthern **XXI** (*2.4-Dinitrophenylhydrazon*, F. 99°). — *Verb.* $C_{12}H_{20}O$, $Kp._{12}$ 101—105°, durch 14std. Stehen von 5,2 g **V** in H_3PO_4 (D. 1,72), Gießen auf Eis, Ausäthern u. Dest.; 4,61 g (roh); bildet kein Dinitrophenylhydrazon u. ist nicht acetylierbar; gibt bei Hydrierung in Eisessig über Pt in 15 Min. ein *Hydrierungsprod. vom* $Kp._{12}$ *98—100°*, das langsam Br_2 entfärbt u. nicht mit Phenylisocyanat reagiert. — 4std. Rk. von **VII** mit H_3PO_4 wie vorst. liefert **VIII**; 4std. Erwärmen der Reaktionsmischung auf 80°, Gießen auf Eis, Ausäthern u. Rektifikation ergibt ein Gemisch aus **IX** u. **X** vom $Kp._{14}$ 98—103° (n_D^{22} 1,4718—1,4742) u. eine Fraktion mit **IX**, $C_{12}H_{20}O$, $Kp._{14}$ 105—111°; n_D^{22} 1,4808 bis 1,4846; **IX** u. das Gemisch von **IX** + **X** verwandeln sich beim Stehen in ein zähfl. Öl u. nehmen beim Hydrieren über Pt H_2 auf. *Semicarbazon* des Gemisches von **IX** + **X**, F. 92—94°; bildet sich nur langsam in geringer Ausbeute. Aus der **IX** enthaltenden Fraktion ein *Semicarbazon vom F. 99—102°*, $C_{13}H_{25}O_2N_3$; Misch-F. der Semicarbazone beider Fraktionen F. 95—100°. — *1-[1'-Oxycyclohexyl-(1')]-4-methyl-3-oxypentan* (**XXIV**), $C_{12}H_{24}O_2$, F. 81° (nach Sublimation), aus 0,8 g des Semicarbazons vorst. Fraktion von **IX** durch 14std. Erhitzen mit Na in absol. A. im Autoklaven auf 220°, Verdünnen u. Ausäthern; 0,62 g; die gleiche Verb. entsteht bei der Red. des Semicarbazons des Gemisches von **IX** + **X**; sie gibt ein glasartiges *Phenylurethan*. — Bei 12std. Behandlung von **IX** in Chlf. mit äquimol. Mengen Benzopersäure, Auswaschen mit NaOH, Abdampfen, Aufnehmen in W. u. 12std. Schütteln mit wenig $HClO_4$, Ausziehen mit PAe., Abdampfen des Extraktes u. Hochvakuumsublimation wird **IV** u. aus dem öligen Rückstand **II** isoliert. — *1-Cyclohexen-(1')-yl-4-methyl-4-oxypenten-(1)-on-(3)* (**XV**), $Kp._{10}$ 130°, aus **IX** wie vorst. mit überschüssiger Benzopersäure, Schütteln mit $HClO_4$ wie vorst. u. Dest.; entfärbt Br_2 u. reagiert mit Pb-Tetraacetat. *2.4-Dinitrophenylhydrazon*, $C_{18}H_{22}O_5N_4$, F. 201°, leuchtendrote Nadeln aus CH_3OH + Dioxan; λ_{max} 390 mμ ($\varepsilon = 10100$ in CH_3OH); entsteht ebenfalls aus **XII** u. überschüssiger Benzopersäure, ferner durch 2std. Erwärmen von **II** u. 100%ig. Ameisensäure auf 80°, Gießen in W. u. Ausäthern. — Die Umsetzung von 10 g **V** mit konz. H_2SO_4 ergibt nach Gießen auf Eis, Aufnehmen in Ae. u. Dest. 8,4 g eines Öls, das bei 1 mm zunächst bei 70°, dann konstant bei 63° übergeht (7,3 g). Das hieraus erhaltene *Semicarbazon* schm. zunächst bei 95—99°, nach mehrmaligem Umkristallisieren bei 100—103°, bei weiterem Umkristallisieren sinkt der F. wiederum um mehrere Grade ab. Die Chromatographie an Al_2O_3 aus Bzl. ergibt nach Elution mit Bzl. + wenig CH_3OH *2 Semicarbazone* [**XVI** u. **XVII**(?)] vom F. 96—100°, aus denen durch Spaltung 2 *Enoläther* ($C_{12}H_{20}O$, $Kp._{13}$ 103,5°, n_D^{22} 1,4745, u. $Kp._{13}$ 100,5°, n_D^{22} 1,4712) entstehen, die je ca. 20% **II** enthalten. Die Hydrierung in Eisessig über Pt liefert aus beiden das gleiche *Hydrierungsprod.* vom $Kp._{13}$ 96,5—97,5°, n_D^{21} 1,4568 u. 1,4571, das nicht acetylierbar ist u. keine Rkk. mit Ketonreagentien eingeht. Bei der Red. von **XVI** u. **XVII** nach WOLFF-KISHNER mit Na in absol. A. entsteht **XXIV**, das ferner durch 38std. Erhitzen von 10 g **V** in Eisessig auf 130°, Gießen in W., Extrahieren mit Bzl. u. Rektifikation als höhersd. Fraktion vom $Kp._{0,08}$ 96—109° (n_D^{19} 1,4790; 4,7 g) entsteht. — *Cyclohexan-5-spiro-2-[2'-oxyisopropyl]-tetrahydrofuran* (**XIX**), $Kp._{0,05}$ 64—67°, a) bei vorst. Eisessigbehandlung nach Abtrennen von ca. 10% **XVIII** mit GIRARD-T-Reagens; 5,2 g (roh); b) durch 10std. Erhitzen von 2 g **V** in absol. Bzl. mit wenig J_2 u. Dest.; n_D^{21} 1,4702; 1,4 g; c) aus **XII** durch Hydrierung in CH_3OH über Pt; liefert bei 1std. Kochen in absol. Pyridin mit $POCl_3$, Gießen auf Eis + HCl, Ausäthern u. Dest. 85% **X**. — *1-Cyclohexen-(1')-yl-4-methylpentanon-(3)* (**XVIII**), $C_{12}H_{20}O$, $Kp._{10}$ 113°, a) durch 2std. Kochen von 2,9 g **X** mit Toluolsulfonsäure in Bzl. u. Dest.; n_D^{20} 1,4752; 2,3 g; riecht angenehm. *Semicarbazon*, F. 110°, Nadeln aus CH_3OH; λ_{max} 227,5 mμ ($\varepsilon = 10200$ in CH_3CH). *2.4-Dinitrophenylhydrazon*, $C_{18}H_{24}O_4N_4$, F. 91,5°, gelbe Nadeln aus CH_3OH; λ_{max} 362,5 mμ ($\varepsilon = 18450$ in CH_3OH); b) durch Erhitzen von **V** mit 20%ig. H_2SO_4, 2 Std. auf 125°, Ausäthern u. Dest.; 80%. — *1-Cyclohexyl-4-methylpentanon-(3)* (**XXI**), $Kp._{10}$ 111°, aus **XVIII** durch Hydrierung in CH_3OH über Pd-Kohle; n_D^{20} 1,4592; riecht angenehm. *2.4-Dinitrophenylhydrazon*, $C_{18}H_{26}O_4N_4$, F. 99°, orangefarbene derbe Kristalle aus CH_3OH. — *Verb. $C_{15}H_{24}O_4$*, F. 116°, aus dem 2.4-Dinitrophenylhydrazon von **XVIII** durch 15std. Erwärmen mit Brenztraubensäure, Eisessig, Chlf. u. wss. HCl auf 60°, Abdekantieren vom Dinitrophenylhydrazon der Brenztraubensäure, Verdünnen mit Ae., Auswaschen bis zur farblosen Wasch-Fl., Abdampfen u. Hochvakuumsublimation bei 90°; λ_{max} 280 mμ (ε = 25 in Hexan); zeigt positive Jodoform-Rk. auf Methylketon. *2.4-Dinitrophenylhydrazon*, F. 182°, blaßgelbe Nadelbüschel aus CH_3OH + Dioxan. — *1-[1'-Oxycyclohexyl-(1')]-4-methyl-3-oxypentin-(1)*, $C_{12}H_{20}O_2$, F. 76°, Kp.$_1$ 118—119°, aus 1-Oxycyclohexyläthin in Ae. durch Zufügen von etwas CuCl, dann C_2H_5MgBr, 12std. Erwärmen unter Rühren, Zufügen von Isobutyraldehyd in absol. Ae., 6std. Erwärmen unter Rühren, Zerlegen mit Eis + HCl, Ausäthern, Abdampfen u. Vakuumdest.; feine Nadeln aus PAe.; 80%; bei der Hydrierung in Essigester über Pt entsteht **XXIV**. — *1-[1'-Oxycyclohexyl-(1')]-4-methylpentin-(1)-on-(3)*, Kp.$_{0,9}$ 113—114°, aus 5,9 g vorst. Verb. in Aceton durch Oxydation mit CrO_3 in H_2SO_4 unter Kühlung, Verdünnen u. Ausäthern; Dest. unter N_2; n_D^{20} 1,4922; λ_{max} 217,5 mμ (ε = 4040 in Hexan); 4 g. *2.4-Dinitrophenylhydrazon*, $C_{18}H_{22}O_5N_4$, F. 125°, aus CH_3OH orangegelbe Nadeln; λ_{max} 367,5 mμ (ε = 9240 in CH_3OH). — *Cyclohexan-2-spiro-5-isopropylidentetrahydrofuran* (**IX**), Kp.$_{10}$ 96—98°, aus 3,31 g vorst. Verb. in Essigester durch $^3/_4$std. Hydrieren über Pt; n_D^{19} 1,4778; 2 g (als höhersd. Anteil **XXIV**); gibt Tetranitromethan-Rk., aber kein 2.4-Dinitrophenylhydrazon. *Semicarbazon*, $C_{13}H_{25}O_2N_3$, F. 99—100°, Kristalle aus CH_3OH; λ_{max} 227,5 mμ (ε = 9160 in CH_3OH). **IX** geht beim Stehen langsam in **XI** (n_D^{19} 1,4785) über, nimmt bei katalyt. Hydrierung 1 Mol H_2 auf u. lagert sich bei 2std. Erhitzen mit 20%ig. H_2SO_4 auf 120° in **XVIII** um. — *1-Cyclohexen-(1')-yl-4-methyl-3-acetoxypenten-(4)*, Kp.$_{12}$ 136°, aus **VII** in Pyridin u. $POCl_3$ u. Erhitzen, Gießen in Eis + HCl, Ausäthern u. Dest.; n_D^{22} 1,4752; 80%. Daneben geringe Mengen **XVIII**. — *1-Cyclohexen-(1')-yl-4-methyl-3-oxypenten-(4)* (**XX**), $C_{12}H_{20}O$, Kp.$_{10}$ 128—131°, aus 16,1 g vorst. Verb. durch Verseifen mit methanol. KOH u. Abtrennen von **XVIII** mit GIRARD-T; Gießen der Mischung in Eiswasser, Zufügen von Na_2CO_3 u. Isolieren; n_D^{22} 1,4926; liefert bei Hydrierung über Pt in CH_3OH *1-Cyclohexyl-4-methylpentanol-(3)* (Kp.$_{10}$ 123°; n_D^{20} 1,4667). *Phenylurethan*, F. 58 bis 68°, aus Pentan lange Nadeln. Der Alkohol gibt bei der Oxydation mit CrO_3 in Aceton wie oben **XXI**. — *2.4-Dinitrophenylhydrazon* von **XXIII**, $C_{18}H_{24}O_4N_4$, F. 138°, aus 5 g **XX** durch 12std. Rk. in absol. Bzl. mit BF_3, Auswaschen mit W. u. Dest.; aus der Fraktion vom Kp.$_{10}$ 132—142° (n_D^{17} 1,4841; 1,6 g) durch Rk. mit 2.4-Dinitrophenylhydrazin; orangefarbene Nadeln aus CH_3OH. Aus der ketonfreien Fraktion (**XXII**) entsteht durch Hydrierung über Pt in Eisessig u. Oxydation mit CrO_3 wie vorst. ebenfalls **XXIII**. (Liebigs Ann. Chem. **585**. 43—67. 1954. Kiel, Univ., Organ.-chem. Inst.) LEHWALD. 1870

A. Killen Macbeth, B. Milligan und **J. B. Shannon**, *Reaktionen α, β-ungesättigter cyclischer Aldehyde und Ketone.* 11. Mitt. (±)-*cis- und* (±)-*trans-Piperitol.* (10. vgl. J. chem. Soc. [London] **1952**. **4748**; 9. vgl. C. **1953**. 3068.) Zur Darst. von (±)-*cis-* u. *trans-Piperitol* (**I** u. **II**) wurde (—)-Piperiton durch $NaOC_2H_5$ racemisiert u. mit $LiAlH_4$ während 1 Std. unter Rühren u. 2 Std. am Rückfluß reduziert. Aus den erhaltenen **I–II**-Mischungen wurde die höchstsd. Fraktion, Kp.$_{0,5}$ 66—70°, in das (±)-*trans-Piperityl-3.5-dinitrobenzoat* (**IV**) übergeführt u. durch Verseifung **II** erhalten. Aus den niedrigen Fraktionen, Kp.$_{0,5}$ 60—66°, wurde analog **I** dargestellt. Die MEERWEIN-PONNDORF-Rk. mit (±)-Piperiton u. Al-Isopropylat während 15 Std. bei nur teilweiser Red. ergab nach Fraktionierung nur 15% **I**- u. 8% **II**-*3.5-Dinitrobenzoat.* Die Konfiguration von **I** u. **II** wurde durch Red. zu (±)-*Neomenthol* bzw. (±)-*Isomenthol* bestätigt.

Versuche: **II**, Kp.$_{0,2}$ 66—69°, aus der **I–II**-Mischung der Red. von (±)-Piperiton, über **IV** [$C_{17}H_{20}O_6N_2$, F. 65° (PAe.)] u. 15 Min. Kochen mit absol. methanol. KOH; D.$^{25}_4$ 0,9217; n_D^{25} 1,4767; *p-Nitrobenzoat*, $C_{17}H_{21}O_4N$, gelbe Nadeln aus PAe., F. 72°; *Phthalimidoacetat*, $C_{20}H_{23}O_4N$, F. 88° (PAe.); *Phenylurethan*, $C_{17}H_{23}O_2N$, F. 85,5° (PAe.); *α-Naphthylurethan*, $C_{21}H_{25}O_2N$, F. 107—107,5° (PAe.). — (±)-*Isomenthyl-3.5-dinitrobenzoat* (**V**), F. 128° (PAe.), aus **II** durch Hydrierung mit RANEY-Ni in A. bei 100° u. 1000 lb. während 2 Std.; 50% (Ausbeute). — **I**, F. 28°, analog **II**, über das (±)-*cis-Piperityl-3.5-dinitrobenzoat*, $C_{17}H_{20}O_6N$, F. 98° (PAe.); *Phthalimidoacetat*, $C_{20}H_{23}O_4N$, F. 122° (PAe.); *Phenylurethan*, F. 110,5° (PAe.); *α-Naphthylurethan*, $C_{21}H_{25}O_2N$, F. 128,5° (PAe.). — (±)-*Neomenthylhydrogenphthalat*, F. 175° (Bzl.), durch Hydrierung von **I** analog **V** bei 130° u. 130 lb. (J. chem. Soc. [London] **1953**. 901—02. März. Adelaide, Univ., Johnson Chem. Labors.) GNAUCK. 1900

P. Seifert und **H. Schinz**, *Zur Herstellung α, β-ungesättigter, cyclischer Aldehyde.* α.β-Ungesätt., cycl. Aldehyde werden nach einem neuen Verf., welches einem früher beschriebenen (vgl. C. **1948**. II. 50) ähnelt, aber einfacher u. kürzer ist, dargestellt. Zur Darst. von *1-Methylcyclohexen-(2)-aldehyd-(3)* (**I**) wird 1-Methylcyclohexanon-(2) in *1-Methyl-3-oxymethylencyclohexanon-(2)* (**II**) verwandelt u. die Oxymethylengruppe durch Verätherung geschützt; nach Red. der Ketogruppe mit $LiAlH_4$ wird die Äthergruppe mit H_2SO_4 hydrolysiert, wobei gleichzeitig W. aus dem durch Umlagerung entstandenen Aldehyd abgespalten wird. **II** wird am besten mit Isobutanol in Bzl. in Ggw. von wenig p-Toluolsulfonsäure veräthert, wobei W. mit Bzl. abdest. wird. Zur Darst. von *1.1-Dimethylcyclohexen-(2)-aldehyd-(3)* (**III**) wird der *Isobutyläther von* **II** (**V**) methyliert (vgl. JOHNSON u. POSVIC, C. **1948**. I. 582) u. entsprechend umgesetzt. **III** gibt durch $KMnO_4$-Oxydation *α.α-Dimethyladipinsäure*, die durch Erhitzen mit $Ba(OH)_2$ in *1.1-Dimethylcyclopentanon-(2)* übergeht; daneben entsteht in geringem Maße vielleicht *1.1-Dimethylcyclopentanon-(3)*. **I** u. **III** werden mit Ag_2O zu den entsprechenden *Carbonsäuren* oxydiert u. mit $LiAlH_4$ zu den *prim. Alkoholen* reduziert. **III** wird mit Aceton in wss. $Ba(OH)_2$ zum *Keton* **IV** kondensiert, dessen UV-Absorptionskurve der von β-Jonon analog ist. Im Geruch ist jedoch keine Ähnlichkeit mit Jononen vorhanden.

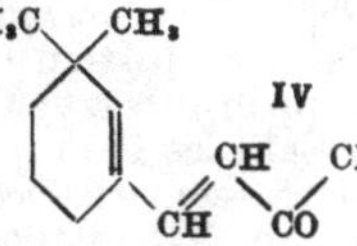

IV

V e r s u c h e : (FF. im Kupferblock) *1-Methyl-3-isobutoxymethylencyclohexanon-(2)* (**V**), $Kp._{0,05}$ 105—110°, aus **II** u. Isobutanol in Bzl. in Ggw. von wenig p-Toluolsulfonsäure durch 4std. Kochen unter Wasserabscheidung; n_D^{20} 1,4860; 71% (Ausbeute). — *1-Methyl-3-isopropoxymethylencyclohexanon-(2)*, $Kp._{0,08}$ 74—78°. — *1-Methyl-3-methoxymethylencyclohexanon-(2)*, $Kp._{11}$ 95—100°, aus **II** u. Dimethylsulfat in 10%ig. NaOH durch 2std. Schütteln bei Zimmertemp. u. 1 Std. bei 50°; 45%. — *1-Methylcyclohexen-(2)-aldehyd-(3)* (**I**), $C_8H_{12}O$, $Kp._{11}$ 65—68°, aus **V** durch Red. mit $LiAlH_4$ in Ae., anschließende Ätherspaltung u. gleichzeitige Wasserabspaltung mit konz. H_2SO_4 unterhalb 5° in Eiswasser; $D.^{20}{}_4$ 0,9426; n_D^{20} 1,4864; 80%. *2.4-Dinitrophenylhydrazon*, $C_{14}H_{16}O_4N_4$, F. 197—199° (Chlf.-Methanol). *Semicarbazon*, F. 197,5 bis 199° (Methanol). — *1.1-Dimethyl-3-isobutoxymethylencyclohexanon-(2)*, $Kp._{0,1}$ 90—95°, aus **V**, Methyljodid u. K in tert.-Butanol nach 20std. Stehen; 47%. — *1.1-Dimethyl-3-isopropoxymethylencyclohexanon-(2)*, $C_{12}H_{20}O_2$, $Kp._{0,01}$ 81°, aus 1.1-Dimethyl-3-oxymethylencyclohexanon-(2) u. Isopropanol analog **V**; $D.^{25}{}_4$ 0,9613; n_D^{25} 1,1837. — *1.1-Dimethyl-3-methoxymethylencyclohexanon-(2)*, $C_{10}H_{16}O_2$, $Kp._{11}$ 111°; $D.^{22}{}_4$ 1,0006; n_D^{22} 1,4950. — *1.1-Dimethylcyclohexen-(2)-aldehyd-(3)* (**III**), $C_9H_{14}O$, $Kp._{14}$ 77—80°, aus vorst. Verb. wie **I**; $D.^{20}{}_4$ 0,9333; n_D^{20} 1,4834; 60%. *2.4-Dinitrophenylhydrazon*, $C_{15}H_{18}O_4N_4$, F. 187—189,5° (Chlf.-Methanol). — Oxydation von 1,38 g **III** mit $KMnO_4$ in PAe. bei 0—5° führt zu einer nicht kristallisierenden Rohsäure, die bei der trockenen Dest. mit 0,22 g $Ba(OH)_2$ bei 200—400° 0,7 g rohes *1.1-Dimethylcyclopentanon-(2)* liefert; *Semicarbazon*, $C_8H_{15}ON_3$, F. 180—182°; *2.4-Dinitrophenylhydrazon*, $C_{13}H_{16}O_4N_4$, F. 141—141,5°, aus dem Semicarbazon; daneben krist. aus der Mutterlauge in geringer Menge ein isomeres *Dinitrophenylhydrazon*, $C_{13}H_{16}O_4N_4$, F. 117—123° (unscharf). — *2-Isobutoxymethylencyclohexanon-(1)*, $C_{11}H_{18}O_2$, $Kp._{0,05}$ 78—81°, aus 2-Oxymethylencyclohexanon-(1) analog **V**; n_D^{26} 1,4865; 70%. — *Cyclohexen-(1)-aldehyd-(1)*, $Kp._{11}$ 60—61°, aus vorst. Verb. analog **I** neben viel Harz; n_D^{19} 1,4914; 23%; *2.4-Dinitrophenylhydrazon*, $C_{13}H_{14}O_4N_4$, F. 212—212,5°. — *1.1-Dimethylcyclohexen-(3)-aldehyd-(4)*, $Kp._{11}$ 80—85°, aus 1.1-Dimethyl-4-oxymethylencyclohexanon-(3) ($Kp._{11}$ 95—105°) über den in 67%ig. Ausbeute entstehenden Isobutyläther analog **I**; 46%. *2.4-Dinitrophenylhydrazon*, $C_{15}H_{18}O_4N_4$, F. 231—232° (Chlf.-Methanol). — *Cyclopenten-(1)-aldehyd-(1)*, $Kp._{12}$ 40—42°, aus 4 g Cyclopentanon über 2-Oxymethylencyclopentanon-(1), $Kp._{11}$ 90—95°, u. den Isobutyläther, (2,2 g) $Kp._{11}$ 134—136°; 0,37 g. *2.4-Dinitrophenylhydrazon*, $C_{12}H_{12}O_4N_4$, F. 209—210° (Chlf.-Methanol). — *1-Methylcyclohexen-(2)-carbonsäure-(3)*, $C_8H_{12}O_2$, $Kp._{0,05}$ 85°, aus 1,1 g **I** u. Ag_2O durch 2tägiges Schütteln in wss. alkoh. NaOH; $D.^{19}{}_4$ 1,0508; n_D^{19} 1,4936; 1,1 g. — *1.1-Dimethylcyclohexen-(2)-carbonsäure-(3)*, F. 83—86°, aus 1,5 g **III** analog vorst. Verb. mit anschließender Hochvakuumsublimation; 1,57 g; *Benzylthiuroniumsalz*, $C_{17}H_{24}O_2N_2S$, F. 155 bis 157° (Methanol-W.). — *1-Methyl-3-oxymethylcyclohexen-(2)*, $C_8H_{14}O$, $Kp._{11}$ 88°, aus **I** u. $LiAlH_4$ in Ae. in 1 Std.; $D.^{21}{}_4$ 0,9428; n_D^{21} 1,4830; 83%. *Allophanat*, $C_{10}H_{16}O_3N_2$, F. 172—173° (wss. Methanol). — *1.1-Dimethyl-3-oxymethylcyclohexen-(2)*, $C_9H_{16}O$, $Kp._{11}$ 88—92°, aus **III**; $D.^{21}{}_4$ 0,9254; n_D^{21} 1,4790; 69%. *Allophanat*, $C_{11}H_{18}O_3N_2$, F. 163—164° (Methanol). — Kondensation von 5 g **III** mit Aceton in wss. $Ba(OH)_2$ durch 96std. Schütteln u. anschließende Reinigung des isolierten Öls mit GIRARD-Reagens P gibt das *Kondensationsprod.* **IV**, $C_{12}H_{18}O$, $Kp._{0,06}$ 74°; $D.^{20}{}_4$ 0,9488; n_D^{20} 1,5312; 3,5 g roh; λ_{max} 285 mμ (log ε = 4,1). *2.4-Dinitrophenylhydrazon*, $C_{18}H_{22}O_4N_4$, F. 187—188°; rote Kristalle aus Chlf.-Methanol. (Helv. chim. Acta **34**. 728—35. 15/3. 1951. Zürich, ETH, Organ.-chem. Inst.) KINDSCHER. 1920

B. J. Abadir, J. W. Cook, J. D. Loudon und **D. K. V. Steel,** *Tropolone.* 5. Mitt. *Halogencycloheptatrienone.* (4. vgl. C. **1954.** 9998.) Vff. zeigen, daß nicht in allen Rkk. Tropolon (**III**) u. seine Derivv. als Vinyloge der entsprechenden Carbonsäure aufgefaßt werden können. — In inertem Lösungsm. liefert **III** mit $SOCl_2$ bei n. Temp. **III**-*Hydrochlorid,* in der Wärme entsteht *2-Chlorcycloheptatrienon* (**I**), daneben wird wahrscheinlich *o-Chlorbenzaldehyd* gebildet. **I** entsteht auch mit PCl_3, die entsprechende *Bromverb.* mit PBr_3. α-Bromtropolon (**V**) liefert mit $SOCl_2$ *2.3-* (oder *2.7-*) *Dichlorcycloheptatrienon* (**II**), in dem die Stellung der Cl-Atome nicht festgelegt wurde. In **I** läßt sich das Cl-Atom schon in wss. Medium durch die OH-Gruppe unter Bldg. von **III** ersetzen; in Ggw. von Alkali wird dabei viel *Benzoesäure* gebildet. Ebenso wird das Cl-Atom bei Umsetzung mit anionoiden Agentien durch die entsprechenden Gruppen ersetzt: CH_3ONa liefert **III**-*Methyläther,* NH_3 *Aminocycloheptatrienon,* das Na-Salz des Thio-p-kresols (**IV**) *p-Tolylmercaptocycloheptatrienon.* **II** verhält sich ebenso, jedoch reagiert auch mit überschüssigem Amin immer nur 1 Cl-Atom. Bei der Hydrolyse von **II** entsteht ausschließlich *o-Chlorbenzoesäure.* Mit **IV**-Na konnte je nach der angewandten Menge eine *Chlor-p-tolylmercapto-* (**IV**) oder eine *Bis-[p-tolylmercapto]-verb.* erhalten werden. — Auch das Br-Atom in **V** ist beweglich: Da Na-Salz liefert mit **IV** in Pyridin *p-Tolymercaptotropolon* u. bei langem Erhitzen mit 50%ig. Alkali, allerdings in schlechter Ausbeute, eine Substanz, die wahrscheinlich *α-Oxytropolon* ist u. wie **V** beim Schmelzen mit Alkali *Salicylsäure* bildet. Verss., ein Ditropolonyl durch Erhitzen von **V** mit Cu-Pulver zu erhalten, schlugen fehl. **V**-Na gibt mit CuCN in sd. Pyridin *α-Cyantropolon,* welches zu *Tropolon-α-carbonsäure* verseift werden konnte; diese wurde zu **III** decarboxyliert u. gab beim Schmelzen mit Alkali *Phthalsäure.* Aus **V**-Methyläther u. NH_3 in CH_3OH entstand wahrscheinlich ein *Aminobromcycloheptatrienon,* welches jedoch nicht rein gewonnen werden konnte. — Weder **I** noch **II** konnten in Ggw. von $AlCl_3$ mit aromat. KW-stoffen umgesetzt werden.

Versuche: *Tropolon* (**III**)-*Ammoniumsalz,* $C_7H_9O_2N$, aus **III** u. konz. NH_4OH; gelb; F. 145—150°, nach mehrfacher Kristallisation aus alkoh. NH_3 125—130°. — *α-Bromtropolon* (**V**)-*Ammoniumsalz,* $C_7H_8O_2NBr$, F. 185—190°. — **III**-*Hydrochlorid,* $C_7H_7O_2Cl$, F. 119—125°, durch Mischen von **III** in Bzl. mit $SOCl_2$. — *2-Chlorcycloheptatrienon* (**I**), C_7H_5OCl, F. 63—64°, durch Erhitzen vorst. Mischung, Einengen, Dest. bei 90° Badtemp./2 mm, Lösen in Bzl. u. Ausziehen mit gesätt. $NaHCO_3$-Lsg.; Nadeln aus Leichtbenzin; die Bisulfitverb. liefert nach Rk. mit Sodalsg. u. Ausziehen mit Bzl. 1) bei $KMnO_4$-Oxydation *o-Chlorbenzoesäure,* F. 143—144°, 2) *o-Chlorbenzaldehyd-2.4-dinitrophenylhydrazon,* $C_{13}H_9O_4N_4Cl$, F. 205°, 3) das *Semicarbazon,* F. 239—240°. **I** entsteht auch aus **III** in Bzl. u. PCl_3 durch 1std. Kochen u. fraktionierte Destillation. — *2-Bromcycloheptatrienon,* C_7H_5OBr, F. 117—119°, aus **III** u. PBr_3 in Bzl.; Blättchen. — *2.3-* (oder *2.7-*) *Dichlorcycloheptatrienon* (**II**), $C_7H_4OCl_2$, F. 129—130°, durch 5std. Kochen von **V** u. $SOCl_2$ in Bzl. u. nachherige Sublimation bei 80°/2 mm; Nadeln aus Leichtbenzin. — *Benzoesäure,* F. 119—120°, entsteht bei $^1/_2$std. Erhitzen von **I** mit 3%ig. NaOH auf 50—60°, Ansäuern u. Ausäthern oder beim Kochen von **I** mit W., auch beim Kochen mit CH_3OH u. dann mit Säure. — Wird **I** mit konz. NH_4Cl-Lsg. erhitzt, angesäuert u. ausgeäthert, kann etwas **III** als *Cu-Tropolon* isoliert werden. — Nach 4std. Erhitzen von **I** mit gesätt. CH_3ONa—CH_3OH-Lsg. auf 80° im Rohr u. Ausäthern wird **III**-*Methylätherhemihydrat,* F. 35—36°, erhalten. — *2-Aminocycloheptatrienon,* C_7H_7ON, F. 100—101°, entsteht aus **I** u. 10%ig. methanol. NH_3 durch 4std. Erhitzen auf 100° u. Sublimation bei 80°/1 mm; aus Bzl.-CH_3OH gelbliche Nadeln. — *2-[p-Tolylmercapto]-cycloheptatrienon,* $C_{14}H_{12}OS$, F. 148°, aus **I**, **IV** u. NaOH durch Aufkochen u. Verdünnen mit W.; gelbe Nadeln aus Bzl.–Leichtbenzin. — 1std. Erhitzen von **II** mit 3%ig. Alkali auf 60° u. Ansäuern liefert *o-Chlorbenzoesäure.* — *(?)-Chlor-(?)-diäthylaminocycloheptatrienon,* $C_{11}H_{14}ONCl$, F. 56°, durch 2std. Kochen von **II**, Diäthylamin u. Bzl. u. nachherige Sublimation bei 80°/2 mm; aus Bzl.–Leichtbenzin orangefarbene Prismen. — *(?)-Chlor-(?)-p-toluidinocycloheptatrienon,* $C_{14}H_{12}\cdot ONCl$, F. 121° (Bzl.), durch $^1/_2$std. Kochen von **II** u. p-Toluidin in Xylol; aus Bzl. gelbe Nadeln. — *(?)-Chlor-(?)-p-tolylmercaptocycloheptatrienon* (**VI**), $C_{14}H_{11}OClS$, F. 165° (Bzl.–Leichtbenzin), aus gleichmol. Mengen **II** u. **IV** in NaOH; gelbe Nadeln. — *2.3-* (oder *2.7-*) *Bis-[p-tolylmercapto]-cycloheptatrienon,* $C_{21}H_{18}OS_2$, F. 266° (Bzl.), ebenso aus 2 Mol **IV** u. 1 Mol **II**; dunkelgelbe Kristalle. — Bzl. reagiert in Ggw. von $AlCl_3$ weder mit **I** noch mit **II**. Nach mehrstd. Kochen von **II** mit m-Xylol in Ggw. von $AlCl_3$ wurden 70% **II** zurückgewonnen; Chromatographie an Al_2O_3 ergab daneben eine nicht identifizierte *Verb.*, F. 279—281°; aus PAe. Prismen. — *α-[p-Tolylmercapto]-tropolon,* $C_{14}H_{12}O_2S$, F. 175°, durch 1std. Kochen von **V**-Na, **IV** u. Pyridin; gelbliche Nadeln aus CH_3OH; gibt als Na-Salz mit RANEY-Ni in A. *Tropolon* (**III**), F. 49°. — Nach $^1/_2$std. Schmelzen von **V** mit KOH u. wenig W. bei 300—310°, Lösen in verd.

H_2SO_4, Ausäthern u. Sublimation entsteht *Salicylsäure*, F. 160°. —*α-Oxytropolon*, $C_7H_6O_3$, F. 244° (Zers.), durch 5std. Kochen von 0,5 g **V**-Na mit 50%ig. NaOH, Ansäuern, kontinuierliches Ausäthern u. Sublimation bei 150°/1 mm; aus Bzl.–CH_3OH gelbe Kristalle; Ausbeute 0,05 g; gibt bei der Alkalischmelze *Salicylsäure*. — 2std. Erhitzen von **V** mit Cu-Pulver auf 250°, Ausäthern in Ggw. von Mineralsäure u. fraktionierte Sublimation liefert **III**, das bei 40°/1 mm, u. unverändertes **V**, welches bei 85°/1 mm sublimiert. — Nach 15std. Kochen von **V**-Na, CuCN u. Pyridin, Ansäuern, Ausäthern u. Sublimation bei 130—150° (Badtemp.)/2 mm wird unreines *α-Cyantropolon*, F. 165°, gelbe Blättchen aus Bzl.–CH_3OH, erhalten. Es liefert durch 12std. Erhitzen mit 30%ig. KOH, Ansäuern, kontinuierliches Ausäthern u. Sublimation bei 140—160° Badtemp./1—2 mm *Tropolon-α-carbonsäure*, $C_8H_6O_4$, F. 212—213° (Zers.); gelbe Nadeln aus Bzl.–CH_3OH. Diese läßt sich durch Erhitzen auf 240—250° in **III** überführen u. gibt bei der Alkalischmelze u. nachheriger Sublimation *Phthalsäureanhydrid*, F. 130—131°. — 8std. Erhitzen von **V**-Methyläther mit einer 15%ig. Lsg. von HN_3 in CH_3OH auf 110°, Eindampfen u. Sublimation bei 110° Badtemp./1 mm führt zu einem *Aminobromcycloheptatrienon*, C_7H_6ONBr, F. 140°; aus Bzl. gelbe Nadeln. — 2std. Kochen von **II** in A. mit RANEY-Ni lieferte ein bei 70—80°/2 mm destillierendes Öl; ebenso gab **VI** ein bei 50—60°/2 mm sd. Öl. (J. chem. Soc. [London] **1952**. 2350—53. Juni. Glasgow, Univ.) NITZSCHKE. 1960

Andre S. Dreiding und **Stewart N. Nickel**, *Reaktionen organometallischer Reagentien mit 2-Oxymethylencyclohexanon und seinem Isopropyläther*. Aus 2-Oxymethylencyclohexanon (**I**) wurde mit CH_3MgJ neben CH_4 *2-Äthylidencyclohexanon* (**II**) erhalten, analog reagierte die 4-Methylverbindung. Nach früheren Ergebnissen (vgl. DREIDING u. HARTMANN, J. Amer. chem. Soc. **75**. [1953.] 939) wird angenommen, daß der erste Reaktionsschritt die Bldg. eines Enolatsalzes ist. **I** reagierte mit CH_3Li ebenso, die Bldg. von *Cyclohexanon* (10%) wird mit einer Aldolrückspaltung erklärt. Entsprechend ergab auch die Rk. von C_6H_5MgBr mit **I** *2-Benzylidencyclohexanon*, das nebenbei gefundene *1-Phenyl-2-*[*α-oxybenzyl*]*-cyclohexanol* (**III**) wird auf Rk. des **I**-Tautomeren, 2-Formylcyclohexanon, zurückgeführt. Zur Lenkung der Rk. auf die Carbonylgruppe wurden die gleichen Rkk. mit 2-Isopropoxymethylencyclohexanon (**V**) durchgeführt. Mit CH_3MgJ entsteht jedoch vielleicht infolge 1.4-Addition u. Isopropylabspaltung **II**, mit $LiCH_3$ ebenfalls **II**, aber daneben — unter 1.2-Addition — auch *1-Formyl-2-methylcyclohexen-*(*1*). Bei der Rk. mit C_6H_5Li konnte die Zwischenstufe (*2-*[*α-Isopropoxybenzyl*]*-cyclohexanon*; **IV**) der 1.4-Addition gefaßt werden; daneben entstand auch wenig *1-Formyl-2-phenylcyclohexen* (1), während die Red. mit $LiAlH_4$ — unter 1.2-Addition — *1-Formylcyclohexen-*(*1*) ergab. Die IR-Spektren von **III** u. **IV** (tabellar.) u. die UV-Maxima der dargestellten Verbb. sind angegeben.

V e r s u c h e : *2-Äthylidencyclohexanon* (**II**), $Kp._{17}$ 68—70°, $K._{12}$ 58—64°, a) durch Zugabe von CH_3MgJ in Ae. zu **I** [$Kp._{0,1}$ 39—40°] unter Rühren bei —10°, nach 2 Std. Zugabe von 5%ig. HCl unter Rühren, n_D^{23} 1,4925, 61%; b) durch Zugabe von CH_3Li in Ae. zu **I** in Ae. unter Rühren (2 Std.) bei —40°, 1 Std. bei n. Temp., dann HCl zugeben, n_D^{25} 1,4938; 25%; c) analog a) aber mit **V**, n_D^{25} 1,4908; 67%; *2.4-Dinitrophenylhydrazon*, $C_{14}H_{16}O_4N_4$, F. 219—220° (dunkelrote Platten aus Äthylacetat); *Semicarbazon*, F. 191—192° (A.). — *2-Benzylidencyclohexanon*, F. 54—55° (PAe.), durch Zugabe von C_6H_5MgBr in Ae. zu **I** in Ae. unter Rühren bei —10° (2 Std.), 1 Std. bei n. Temp., Zers. mit HCl; 48%; [*Semicarbazon*, F. 195—197° (Zers.); *2.4-Dinitrophenylhydrazon*, $C_{19}H_{18}O_4N_4$, F. 184—185° (rote Platten aus Äthylacetat)]; daneben: *1-Phenyl-2-*[*α-oxybenzyl*]*-cyclohexanol* (**III**), $C_{19}H_{22}O_2$, F. 148—148,7° (Methanol), 9,5%. — *2-Äthyliden-4-methylcyclohexanon*, $Kp._{21}$ 70—80°, analog **II** a) aus 2-Oxymethylen-4-methylcyclohexanon [$Kp._{0,2}$ 44—45°]; *2.4-Dinitrophenylhydrazon*, $C_{15}H_{18}O_4N_4$, F. 213,5 bis 214° (Zers.; rote Platten aus Äthylacetat). — *1-Formyl-2-methylcyclohexen-*(*1*), aus **V** mit CH_3Li analog **II** b), n_D^{25} 1,5088; 34% (über die Na-Bisulfitverb.); *2.4-Dinitrophenylhydrazon*, F. 190—191° (glänzende rote Platten aus Äthylacetat). — *2-*[*α-Isopropoxybenzyl*]*-cyclohexanon* (**IV**), $C_{16}H_{22}O_2$, F. 71,5—72° (PAe.), aus C_6H_5Li u. **V** in Ae. bei —60°, wie oben; 40%; *2.4-Dinitrophenylhydrazon*, $C_{22}H_{26}O_5N_4$, F. 171—172° (glänzende gelbe Platten aus Äthylacetat); daneben das *2.4-Dinitrophenylhydrazon des 1-Formyl-2-phenylcyclohexens-*(*1*), $C_{19}H_{18}O_4N_4$, F. 202—203° (kastanienbraune Platten aus Äthylacetat). — *1-Formylcyclohexen-*(*1*), $Kp._{18}$ 69—71°, aus **V** in Ae. u. $LiAlH_4$, 24 Std. am Rückfluß, mit W. zers.; n_D^{25} 1,4928; 82%; *2.4-Dinitrophenylhydrazon*, F. 219—220° (orangerote Platten aus Äthylacetat); *Semicarbazon* F. 211—212° (A.). (J. Amer. chem. Soc. **76**. 3965—68. 5/8. 1954. Detroit, Mich.; Detroit Inst. of Cancer Res., Rollin H. Stevens Memorial Labor u. Wayne Univ., Dep. of Chem.)

GNAUCK. 1980

Christoph Grundmann und **Gerhard Ottmann,** *Über Darstellung und Konstitution der isomeren Cycloheptatriencarbonsäuren.* Die Darst. von *Norcaradiencarbonsäureester* (**I**) aus Bzl. u. Diazoessigester (**XI**) nach BUCHNER [1885] in größerem Maßstab im Stahlautoklaven gelingt nur unter Ausschluß jeder Spur von Schwermetallen; unter dieser Bedingung u. bei Erhöhung des Überschusses an Bzl. auf 20:1 wurden Ausbeuten von ca. 75% an rohem **I** erzielt, der stets kleinere Mengen an *β-Cycloheptatriencarbonsäureäthylester* (**VII**) enthält. Die Darst. von **XI** nach einer verbesserten Meth. wird beschrieben. — *α-Cycloheptatriencarbonsäure* (**II**) wird über *Norcaradiencarbonsäureamid* (**VIII**) dargestellt. **VIII** unterliegt in ammoniakal. Milieu rasch sek. Veränderungen; laufende Abtrennung erhöht die Ausbeute. Die Abtrennung von reinem **VIII** wird dadurch erleichtert, daß die Amidierung von **I** schneller als die von **VII** erfolgt. — *β-Cycloheptatriencarbonsäure* (**III**) bildet sich neben einer öligen *Säure* $C_8H_8O_2$ (**VI**) durch therm. Umlagerung von **I** u. Verseifung. **VI** unterscheidet sich von *γ-Cycloheptatriencarbonsäure* (**IV**) wesentlich durch die Geschwindigkeit der katalyt. Hydrierung; **VI** gibt keine Farb-Rk. mit konz. H_2SO_4 u. wird durch Alkali nicht zu **IV** umgelagert. Vff. ziehen für **VI** die Struktur einer *stereoisomeren Norcaradiencarbonsäure* oder einer *Bicyclo-[0.2.3]-heptadiencarbonsäure* in Erwägung u. schreiben **I** die trans-Struktur zu. — **IV** entsteht zu ~50% aus **II** u. **III** direkt, aus *δ-Cycloheptatriencarbonsäure* (**V**) über **III**, durch Kochen mit alkoh. KOH. Der Rest des Ausgangsmaterials verharzt. Ersatz von A. durch Methanol bzw. von KOH durch NOH gibt Gemische von **IV** mit **II** oder **III**. — **V** ist nur durch erschöpfende Methylierung des Anhydroekgonins (**IX**) zugänglich. Bei dieser Rk. ist **III** sek. Prod., entstanden durch die unter Einw. überschüssigen Alkalis schnell verlaufende Umlagerung von **V**. — Durch katalyt. Hydrierung gehen **II**—**V** in *Cycloheptancarbonsäure* (**X**) über. Die Kurven der UV-Absorptionsspektren von **III**, **IV** u. **V** sind fast ident. u. entsprechen dreifach ungesätt., konjugierten cycl. Carbonsäuren; die Absorptionskurve von **II** weicht dagegen stark ab. Die Strukturen von **II**—**V** werden diskutiert. Auf Grund der Spektren der Reaktionsfolge **IX** → **V** → **III** → **IV** u. der größeren Verseifungsgeschwindigkeit des Amids von **II** (α-H-Atom) gegenüber den Amiden von **III**—**V** schreiben Vff. **II**—**V** folgende Strukturformeln zu: **II** = *Cycloheptatrien-(2.4.6)-carbonsäure-(1)*, **III** = *Cycloheptatrien-(1.3.6)-carbonsäure-(1)*, **IV** = *Cycloheptatrien-(1.3.5)-carbonsäure-(1)* u. **V** = *Cycloheptatrien-(1.4.6)-carbonsäure-(1)*. — Bei der Umlagerung von **I** mit Alkali zu **II** bzw. therm. zu **III** wird neben Sprengung des Cyclopropanringes Verschiebung aller Doppelbindungen angenommen. Die Entstehung ident. Tetrabromide aus **II**, **III** u. **V** wird ebenfalls durch Wanderung von Doppelbindungen erklärt.

Versuche: (FF. korr.) *Diazoessigsäureäthylester* (**XI**), Kp.$_{10}$ 42°, aus Glykokollesterhydrochlorid in W. mit $NaNO_2$ u. H_2SO_4, wobei nach jeder Zugabe von H_2SO_4 sofort mit Ae. durchgeschüttelt u. die Ae.-Lsg. abgegossen wird; die vereinigten Ae.-Lsgg. werden mit Sodalsg. kräftig durchgeschüttelt; 90% (Ausbeute). — *Norcaradiencarbonsäureäthylester* (**I**), Kp.$_{12}$ 104—109°, aus **XI** u. Bzl. unter 25 at N_2; im 8,5-Liter-Autoklaven aus SM-Stahl mit eingesetztem 3-Liter Erlenmeyerkolben durch 4std. Erhitzen auf 136° 55%, im 2-Liter-Autoklaven aus VA-Stahl mit verschlossenem Glaseinsatz 69—75%. **I** nimmt in Cyclohexan in Ggw. von PtO_2 2 Mol H_2 zum *Norcarancarbonsäureester* auf. — *Norcaradiencarbonsäureamid* (**VIII**), F. 141°, aus **I** unter W. durch 5maliges 24std. Einleiten von NH_3; 47—50%; luftempfindlich. — *α-Cycloheptatriencarbonsäure* (**II**), F. 71—72°, aus **VIII** u. wss. NaOH unter N_2 durch 2std. Kochen; 71%. *Methylester*, $C_9H_{10}O_2$, Kp.$_{0,3}$ 45,5°, Kp.$_1$ 63—64°, $D.^{23}_4$ 1,062, n_D^{25} 1,5271. *p-Bromphenacylester*, $C_{16}H_{13}O_3Br$, F. 102—103° (absol. A.). — *β-Cycloheptatriencarbonsäure* (**III**), F. 56° (aus Bzn. oder nach Sublimation bei 45°/0,5 mm), aus **I** durch 4std. Erhitzen auf 150° u. Verseifen mit methylalkoh. KOH; 56%. *Methylester*, Kp.$_{12}$ 102—104°, $D.^{27}_4$ 1,0761, n_D^{25} 1,5358, gelbstichig. *p-Bromphenacylester*, F. 80° (absol. A.). — *γ-Cycloheptatriencarbonsäure* (**IV**), Kp.$_{0,6}$ 103—104°, aus **II** oder **III** mit absol.-alkoh. KOH durch 48std. Kochen; lösl. in Ligroin, n_D^{26} 1,5670; 40—50%. *Methylester*, Kp.$_{16}$ 106—107°, n_D^{25} 1,5335, hellgelb. *p-Bromphenacylester*, F. 70—71° (absol. A.). — *δ-Cycloheptatriencarbonsäure* (**V**), F. 31°, Kp.$_{0,3}$ 100—101°, aus **IX**-Äthylester in Ae. durch erschöpfende Methylierung; Reinigung durch Sublimation (28°/0,1 mm), n_D^{27} 1,5656. *Methylester*, Kp.$_{10}$ 99—100°, gelbstichig, $D.^{24}_4$ 1,0813, n_D^{25} 1,5311. *p-Bromphenacylester*, F. 75—76°. — Hydrierung von **II**—**V** in Cyclohexan-Eisessig (1:1) in Ggw. von PtO_2 bei 20—25° ergab unter Aufnahme von 3 Mol H_2 *Cycloheptancarbonsäure* (**X**), Kp.$_{0,5}$ 103°, n_D^{28} 1,4700 —1,4710. *p-Bromphenacylester*, F. 98,5—99,5°. Die Methylester von **II**—**V** nehmen bereits in Cyclohexan allein 3 Mol H_2 auf. — *Fl. bicycl. (?) Säure $C_8H_8O_2$* (**VI**), Kp.$_{0,3}$ 105—107°, aus den öligen Mutterlaugen von **III** durch mehrfaches Fraktionieren im Vakuum; n_D^{29} 1,5592. *p-Bromphenacylester*, $C_{16}H_{13}O_3Br$, F. 67,7—76,9°, aus absol. A. Schuppen. *Methylester* Kp.$_{15}$ 102,5 bis

105°, n_D^{20} 1,5259; katalyt. Hydrierung in Eisessig u. Verseifung gab **X**. (Liebigs Ann. Chem. **582**. 163—77. 1953. Berlin, Humboldt-Univ., II. Chem. Inst., u. Columbus, O., State Univ., Res. Foundat., Labor.) HELMUT HOFMANN. 2010

Christoph Grundmann, Gerhard Ottmann und **Gottfried Gollmer,** *Versuche zur Darstellung von Abkömmlingen des Methylencycloheptatriens.* Verss. zur Darst. des Methylencycloheptatriens u. seiner Abkömmlinge durch Kondensation der Cycloheptatriencarbonsäureester (vgl. vorst. Ref.) mit Benzaldehyd, Benzophenon oder Aceton waren vergeblich. *β-Cycloheptatrienylcarbinol* [**III**; aus β-Cycloheptatriencarbonsäuremethylester (**I**) mit $LiAlH_4$] sowie *β-Cycloheptatrienyldimethylcarbinol* [**IV**; aus **I** u. CH_3MgJ (**VII**) in 2fachem Überschuß bei —20°] verharzen bei der Wasserabspaltung. Rk. von **I** mit **VII** bei Tempp. > —10° gibt neben **IV** *1-Isopropenylcycloheptatrien-(1.3.6)* (**V**). Die Isolierung von **IV** oder **V** erfolgte durch Dest. über Na oder über den Ag-Komplex von **IV**. Umsatz von **I** mit C_6H_5MgBr (**VIII**) oberhalb 0° ergab keine destillierbaren Prodd., unterhalb —15° neben 75% Harz etwas *2-Phenylcycloheptadien-(3.6)-carbonsäure-(1)-methylester* (**VI**), entstanden durch 1.4-Addition, sowie **III**, entstanden durch Red. von **I**. Das gesuchte β-Cycloheptatrienyldiphenylcarbinol spaltet vermutlich spontan W. ab, worauf sich das entstehende Diphenylmethylencycloheptatrien sofort polymerisiert. Bei der Einw. von Lithiumphenyl auf **I** konnte *β-Cycloheptatrienylphenylketon* nachgewiesen werden. — Die Rkk. des γ-Cycloheptatriencarbonsäuremethylesters (**II**) gleichen denen von **I**. Mit **VIII** entsteht u. a. *2-Phenylcycloheptadien-(3.5)-carbonsäure-(1)-methylester,* mit C_6H_5Li auch *γ-Cycloheptatrienylphenylketon.* *α-Cycloheptatrienyldimethylcarbinol,* aus α-Cycloheptatriencarbonsäuremethylester (**IX**) u. **VII**, ist gerade noch isolierbar, das bei der Red. von **IX** mit $LiAlH_4$ zu erwartende α-Cycloheptatrienylcarbinol spaltet dagegen sofort W. ab unter Bldg. von *1-Methylencycloheptatrien-(2.4.6),* das sich seinerseits sofort polymerisiert. Die größere Beständigkeit der Carbinole der β- u. γ-Reihe gegenüber dessen der α-Reihe erklärt sich vielleicht dadurch, daß bei den α-Verbb. bei der Wasserabspaltung keine Allylumlagerung erforderlich ist. Durch C_6H_5Li u. **VIII** wird das aktivierte α-H-Atom von **IX** durch Phenyl ersetzt. 4.5-Benzocycloheptatrien-(2.4.6)-on-(1) (**XII**) liefert mit mol. Mengen **VII** bzw. Lithiummethyl ein unlösl. Komplexsalz, das mit W. **XII** zurückbildet. In sd. Toluol mit 3fachem Überschuß an **VII** bildet sich *1.3-Dimethyl-4.5-benzocycloheptatrien-(1.4.6)* (**XI**).

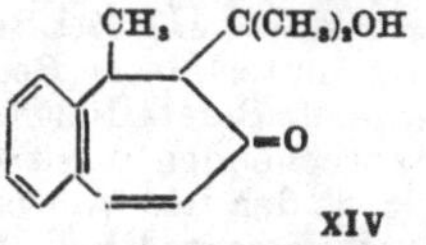

XIV

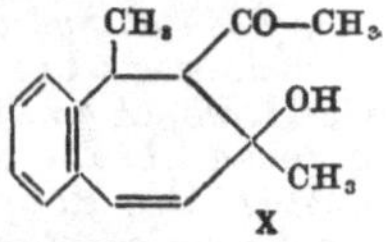

X

4.5-Benzocycloheptatrien-(2.4.6)-on-(1)-carbonsäure-(2) (**XIII**) gibt mit **VII** *3-Methyl-4.5-benzocycloheptadien-(4.6)-on-(1)-carbonsäure-(2),* die leicht CO_2 zu *3-Methyl-4.5-benzocycloheptadien-(4.6)-on-(1)* abspaltet. Dieses Keton reagiert mit **VII** glatt unter 1.2-Addition, das entstehende tert. Carbinol spaltet spontan W. ab zu **XI**. Der *Äthylester* von **XIII** reagiert mit **VII** oder Lithiummethyl unter 1.4-Addition u. Angriff auf die funktionellen Gruppen. Es entsteht ein *Ketoalkohol* mit einer leicht hydrierbaren Doppelbindung, von dessen möglichen Formulierungen (**XIV** u. **X**) Vff. **X** aus ster. Gründen bevorzugen.

V e r s u c h e (FF. u. Kpp. korr.): *β-Cycloheptatrienylcarbinol* (**III**), $C_8H_{10}O$, Kp.$_1$ 78—79°, aus **I** mit $LiAlH_4$ in Ae. unter N_2 bei —10°; D.$^{23}_4$ 1,0454, n_D^{25} 1,5510; 82,7% (Ausbeute); sehr luftempfindlich. — *β-Cycloheptatrienyldimethylcarbinol* (**IV**), $C_{10}H_{14}O$, Kp.$_{0,3}$ 66—67,5°, aus **I** u. **VII** bei —15° unter N_2; D.$^{23}_4$ 0,994; 64%. Reindarst. von **IV** aus dem Gemisch mit *1-Isopropenylcycloheptatrien-(1.3.6)* (**V**) durch Extrahieren mit wss. $AgNO_3$-Lsg. n_D^{25} 1,5304; 0,5 g aus 15 g **I**. — **V**, $C_{10}H_{12}$, Kp.$_{12,5}$ 73—74°, neben **IV** aus 10 g **I** u. **VII** bei 30° u. Dest. über Na; gelbliche Fl.; n_D^{28} 1,5457; 1,3 g. Ozonisation in Eisessig ergab *Formaldehyd* (35%). — *1-Isopropenylcycloheptatrien-(1.3.5),* $C_{10}H_{12}$, Kp.$_{12,5}$ 73,5—73,7°, wie **V** aus **II**; n_D^{26} 1,5554. Ozonisation ergab 37% HCHO. — *2-Phenylcycloheptadien-(3.6)-carbonsäure-(1)-methylester* (**VI**), $C_{15}H_{16}O_2$, F. 47,5—48° aus 11,6 g **I** u. **VIII** (aus 73 g Brombenzol) bei —15° unter N_2; 2,5 g; daneben 1 g **III**. — *β-Cycloheptatrienylphenylketon,* $C_{14}H_{12}O$, Kp.$_{0,33}$ 97—99°, aus 10 g **I**, 4,63 g Li u. 60 g Brombenzol unter N_2 bei —20° (3 Std.); gelbstichiges Öl; n_D^{28} 1,6009; 1,1 g. — *γ-Cycloheptatrienylcarbinol,* $C_8H_{10}O$, Kp.$_2$ 74—75°, aus **II** mit $LiAlH_4$ unter N_2 bei —10°; schwachgelbes Öl, D.$^{32}_4$ 1,0311, n_D^{25} 1,5439; 49,5%. — *γ-Cycloheptatrienyldimethylcarbinol,* $C_{10}H_{14}O$, Kp.$_9$ 94—95°, aus **II** u. **VII** unter N_2 bei —20 bis —22°; schwachgelbes Öl, n_D^{26} 1,5281; licht- u. luftempfindlich. — *2-Phenylcycloheptadien-(3.5)-carbonsäure-(1)-methylester,* $C_{15}H_{16}O_2$, Kp.$_{0,34}$ 111—113°, aus 7 g **II** u. **VIII** wie **VI**; hellgelbes Öl, n_D^{26} 1,5709; sehr luftempfindlich. — *γ-Cycloheptatrienylphenylketon,* $C_{14}H_{12}O$, Kp.$_{0,35}$ 107—109°, aus 9,5 g **II** wie oben; hellgelbe Fl., n_D^{30} 1,5932; 2,3 g. — Umsetzung von 10,4 g **IX** mit $LiAlH_4$ in 3 Std. bei —15° u. Verseifen gab 4,9 g **IX** zurück, daneben 4 g Schmiere. — *α-Cycloheptatrienyldimethylcarbinol,*

$C_{10}H_{14}O$, Kp.$_{10}$ 95—98°, aus 10 g **IX** u. **VII** (aus 52 g Methyljodid) unter N_2 bei —20° (5 Std.); ölige Fl.; n_D^{28} 1,5256; 4,1 g + 4,9 g Harz; sehr luftempfindlich. — *1-Phenylcycloheptatrien-(2.4.6)-carbonsäure-(1)-methylester*, $C_{15}H_{14}O_2$, Kp.$_{0,8}$ 118—120°, a) aus **IX** u. **VIII** unter N_2 bei —22° (4 Std.); dickfl. Öl; $n_D^{24,5}$ 1,5773; 64%; sehr luftempfindlich; b) aus **IX** u. Lithiumphenyl unter N_2 bei —22°; 25%. — *1.3-Dimethyl-4.5-benzocycloheptatrien-(1.4.6)* (**XI**), $C_{13}H_{14}$, Kp.$_{12}$ 125°, aus **XII** in Toluol u. **VII** in 3fachem Überschuß durch Kochen unter N_2; Öl; $D.^{20}{}_4$ 1,005, n_D^{20} 1,5889; 58%; entfärbt sofort Br_2 in Eisessig. *Maleinsäureanhydridaddukt*, $C_{17}H_{16}O_3$, F. 148°, Kp.$_{12}$ 220—230°, aus **XI** u. Maleinsäureanhydrid durch Erhitzen im Vakuum auf 100°; aus Ae. rechteckige Plättchen. — *3-Methyl-4.5-benzocycloheptadien-(4.6)-on-(1)-carbonsäure-(2)*, Zers. bei 90°, aus **XIII** u. **VII**; Nadeln aus Ae.; 70%; nicht rein erhalten, bei Zimmertemp. langsame Zers., mit alkoh. $FeCl_3$ violette Färbung. — *3-Methyl-4.5-benzocycloheptadien-(4.6)-on-(1)*, $C_{12}H_{12}O$, Kp.$_{12}$ ca. 160°, aus vorst. Säure durch CO_2-Abspaltung; gelbliches Öl; $D.^{20}{}_4$ 1,082, n_D^{20} 1,6086; 90%; entfärbt langsam Br_2 in Eisessig. *Semicarbazon*, $C_{13}H_{15}ON_3$, F. 186—187°, aus A. Stäbchen. Das Keton gibt mit **VII XI**, 80%. — *3-Benzyl-4.5-benzocycloheptadien-(4.6)-on-(1)-carbonsäure-(2)*, Zers. bei 90°, aus **XIII** u. Benzylmagnesiumchlorid; 73%, nicht rein erhalten, zers. sich bei Zimmertemp., mit alkoh. $FeCl_3$ rotbraune Färbung. — *3-Benzyl-4.5-benzocycloheptadien-(4.6)-on-(1)*, F. 48°, Kp.$_{12}$ 220°, aus 1,85 g vorst. Säure durch Erhitzen auf 110°; 0,95 g. *Semicarbazon*, $C_{19}H_{19}ON_3$, F. 191—193°, gelbliche Nadeln aus A. u. CCl_4. — **XIII**, *Äthylester*, $C_{14}H_{12}O_3$, F. 74—75°, aus **XIII**, A. u. $SOCl_2$; gelbliche Prismen aus Ae.; 70%. — **XIV** bzw. **X**, $C_{15}H_{18}O_2$, F. 149—152°, aus vorst. Ester mit Lithiummethyl (60) bzw. **VII** (32,5%) bei 0°; Nadeln aus Bzl.; sehr säureempfindlich, bildet kein Semicarbazon. (Liebigs Ann. Chem. **582.** 178—95. 1953.) HELMUT HOFMANN. 2010

G. Fodor und **J. Kiss**, *Die Stereochemie der 2-Aminocyclopentanole*. Vff. untersuchen den stereochem. Verlauf der N→O-Acylwanderung bei den diastereomeren. (±)-2-Acylaminocyclopentanole mit HCl u. $SOCl_2$. Mit HCl bei Zimmertemp. in Dioxan reagiert cis-2-Benzamidocyclopentanol (cis-**I**) unter Bldg. von *cis-2-Aminocyclopentylbenzoathydrochlorid* (cis-**II**). Bei Behandlung von cis-**II** mit Alkali bildet sich cis-**I** zurück. trans-**I** reagiert unter diesen Bedingungen nicht. Bei 100° geben cis- u. trans-**I** cis-**II**, womit eine bequeme Darstellungsmeth. von *cis-2-Aminocyclopentanol* aus trans-**I** gegeben ist. Die entsprechenden p-Nitrobenzamidoverbb. (cis- u. trans-**Ia**) reagieren analog. Das Hauptprod. der Rk. von cis- u. trans-**Ia** mit $SOCl_2$ ist *2-p-Nitrophenyl-cis-4.5-cyclopentanooxazoliniumchlorid* (**III**). Die Ringbldg. erfolgt also in der cis-Reihe durch Kondensation, in der trans-Reihe durch nucleophile Substitution. Dasselbe gilt für die N → O-Acylwanderung.

Versuche: (±)-*trans-2-Aminocyclopentanolhydrochlorid*, nach MCCASLAND u. SMITH (J. Amer. chem. Soc. **72.** [1950.] 2190); 48% (Ausbeute). Die *Acylderivv.* daraus (trans-**I** bzw. trans-**Ia**) wurden nach ADAMS (J. Amer. chem. Soc. **59.** [1937.] 2256) dargestellt; mit p-Nitrobenzoylchlorid bei 50° entstand *2-p-Nitrobenzamidocyclopentyl-p-nitrobenzoat*, $C_{19}H_{17}O_7N_3$, F. 170—172°. — (±)-*cis-2-Benzamidocyclopentanol* (cis-**I**). Erhitzen von trans-**I** in Dioxan mit 5nHCl in Dioxan auf 100° → *cis*-**II**, das mit Alkali cis-**I** liefert; 72%. — (±)-*2-p-Nitrophenyl-cis-4.5-cyclopentanooxazoliniumchlorid* (**III**), $C_{12}H_{12}O_3N_2 \cdot HCl$, F. 159—161° (Zers.), aus trans-**Ia** mit $SOCl_2$ in Essigester. — (±)-*2-p-Nitrophenyl-cis-4.5-cyclopentanooxazolin*, F. 133 bis 135°, aus cis-**Ia** in Dioxan mit $SOCl_2$ nach Zusatz von PAe. bilden sich zwei Schichten; aus der oberen krist. *2-Chlor-1-p-nitrobenzamidocyclopentan* ($C_{12}H_{13}O_3N_2Cl$, F. 123 bis 124°) unbekannter Konfiguration; die untere Schicht liefert nach Verreiben mit W. u. Alkalisieren die Base. *Pikrat*, $C_{18}H_{15}O_{10}N_5$, aus Dioxan–PAe., F. 193—195°. — *Pikratmonohydrat des cis-2-Aminocyclopentyl-p-nitrobenzoats*, $C_{18}H_{17}O_{11}N_5 \cdot H_2O$, F. 166 bis 168° (Zers.), a) aus vorst. Pikrat durch Kristallisation aus 96%ig. A.; b) aus dem entsprechenden Aminoesterhydrochlorid mit Na-Pikrat. — (±)-*cis-2-Aminocyclopentyl-p-nitrobenzoathydrochlorid*, F. 191—192° (Zers.), a) aus **III** durch Erhitzen mit feuchtem Dioxan; aus Dioxan–PAe. (5:2) Nadeln; b) aus trans-**Ia** (12 g) in trockenem Dioxan durch Erhitzen mit 7nHCl in Dioxan auf 100° (2 Std.); 8,4 g. — *2-Oxycyclopentylammonium-p-nitrobenzoat*, $C_{12}H_{16}O_5N_2 \cdot H_2O$, aus den Mutterlaugen vorst. Verb. als in W. unlösl. Bestandteil. Gibt nach Lösen in Alkali u. Ansäuern p-Nitrobenzoesäure. — Die Acylwanderungen wurden in trockenem Dioxan mit bekannter HCl-Konz. in 15 Std. bei 25° oder in 2 Std. im Rohr bei 100° durchgeführt. (J. chem. Soc. [London] **1952.** 1589—92. Mai. Szeged, Univ., Inst. of Organ. Chem.) GRALHEER. 2120

William E. McEwen, Marie Gilliland und **Bertram I. Sparr**, *Anwendung der Schmidt-Reaktion auf einige asymmetrische Diaryläthylene*. An Hand der von Säure katalysierten Umsetzung von *1.1-Diphenyläthylen* (**I**) mit N_3H, bei der neben *Acetophenon* (**II**)

u. *Anilin* (III) *3-Methyl-1.1.3-triphenylindan* (IV) entsteht, wird eine elektronentheoret. Deutung der SCHMIDT-Rk. für Olefine gegeben. Als Zwischenprod. entsteht ein Carboniumion, das entweder mit einem 2. Molekül I zu IV weiterreagieren kann oder mit N_3H den nebenstehenden Komplex bildet. Durch Abspaltung von N_2 u. Wanderung der Phenylgruppe mit ihrem Bindungselektronenpaar vom C- zum N-Atom entsteht Acetophenonanil, das zu II u. III hydrolysiert wird. Bei p-substituierten Verbb. besteht für den Phenylrest je nach Art des Substituenten eine verschieden große Wanderungstendenz, für die sich folgende Reihe aufstellen läßt: *p-Anisyl* > *p-Tolyl* > *p-Diphenyl* > *Phenyl* > *p-Chlorphenyl* > *Methyl*. Die gleiche Reihenfolge gilt für die Wanderungstendenz der einzelnen Gruppen bei der Pinakolinumlagerung.

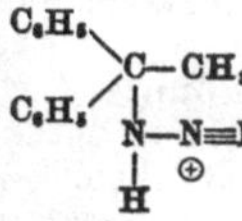

Versuche: *1-p-Anisyl-1-p-diphenylyläthylen* (V), $C_{21}H_{18}O$, F. 159,8—160,6°, durch GRIGNARD-Rk. von p-Bromdiphenyl u. p-Methoxyacetophenon (VIII) in Ae., Hydrolyse mit NH_4Cl-Lsg. u. H_2O-Abspaltung durch 90 Min. Kochen mit 25%ig. H_2SO_4, Plättchen aus absol. A.; 52% (Ausbeute). — *p-Anisyl-p-tolyläthylen* (VI), $C_{16}H_{16}O$, F. 73,8—74,3°, aus p-Bromtoluol analog V, aus A. Plättchen. — *1-p-Diphenylyl-1-p-tolyläthylen* (VII), $C_{21}H_{18}$, F. 100,5—101°, durch GRIGNARD-Rk. von p-Bromtoluol in Ae. u. p-Phenylacetophenon in Benzol. Nach H_2O-Abspaltung mit 20%ig. H_2SO_4 wird das getrocknete Prod. mit einer alkoh. Lsg. von Essigsäure u. Girard „T" 1 Std. am Rückfluß gekocht, in Sodalsg. gegossen u. mit Ae. extrahiert, Plättchen aus A.; 38%. — *Acetophenon* (II), durch Zutropfen von konz. H_2SO_4 unter Rühren u. Eiskühlung zu einer Suspension von NaN_3 in Chlf. u. anschließend von I in Chlf. bei 25° auf dem Wasserbad während meherer Stunden. Dabei wird Säureschicht dunkelgrün. 1 Std. weiterrühren, über Nacht stehenlassen, mit Eis versetzen u. nach gründlichem Rühren Chloroformschicht abtrennen; 55%. *2.4-Dinitrophenylhydrazon*, F. 248—249°. *3-Methyl-1.1.3-triphenylindan* (IV), $C_{28}H_{24}$, F. 144—145° (A.), durch Erwärmen des Destillationsrückstandes mit A.; 26%. — *Anilinhydrochlorid*, F. 196—197°, durch Wasserdampfdest. der mit NaOH versetzten Säureschicht u. Auffangen in HCl; 41%. — Analog II wurden aus asymm. substituierten Diphenyläthylenen folgende *Acetophenone* gewonnen: *p-Methoxy-* (VIII), aus 1-Phenyl-1-p-anisyläthylen; 8% (neben 49% II). III u. *p-Anisidin* wurden qualitativ festgestellt. — *p-Methyl-* (IX), a) aus 1-Phenyl-1-p-tolyläthylen; 8% (neben 40% II). III u. *p-Toluidin* wurden qualitativ festgestellt; b) aus VI, 39% (neben 8% VIII). — *p-Phenyl-*, a) aus 1-Phenyl-1-p-diphenylyläthylen; 17% (neben 39% II); b) aus V; 36% (neben 11% VIII); c) aus VII; 21% (neben 6% IX). — *p-Chlor-*, aus 1-Phenyl-1-p-chlorphenyläthylen; 29% (neben 18% II). (J. Amer. chem. Soc. **72.** 3212—13. Juli 1950. Lawrence, Kans., Univ., Chem. Labor.) E. FRANCK. 2210

Robert E. Lyle, Nathan B. Martin jr. und **Herbert L. Fielding,** *Molekulare Umlagerungen.* 3. Mitt. *Die Retropinakolin-Umlagerung von 2.2-Diphenylcycloalkanolen.* (2. vgl. J. org. Chemistry **18.** [1953.] 1058; vgl. auch 1., C. **1953.** 7787.) Im Gegensatz zur bei der Retropinakolin-Umlagerung von Diarylalkylmethyl-alkylcarbinolen beobachteten Arylwanderung wurden bei Dehydrierung von 2.2-Diphenylcycloalkanolen nur die Cycloalkylidendiphenylmethane erhalten, so daß bei den untersuchten 6- u. 7gliederigen Ringverbb. Alkylwanderung mit der Tendenz einer Ringverengung bevorzugt ist.

Versuche: *Cyclohexylidendiphenylmethan* (I), F. 82,8—83,6 (Methanol), aus 2.2-Diphenylcycloheptanol a) durch Zusatz von P_2O_5 u. 1std. Erhitzen auf dem Dampfbad; 75% (Ausbeute); b) durch Zusatz von PBr_3 u. 6std. Erhitzen auf dem Dampfbad nach Abklingen der zuerst heftigen Rk.; 46%; c) mit $SOCl_2$ wie unter b); 56%; d) durch dreimalige Dest. bei n. Druck aus dem Destillat (Kp. 368—372°) nach Zusatz von Methanol bzw. als *Cyclohexylidendiphenylmethanoxyd* (II) durch Oxydation des restlichen Öls mit Peressigsäure; 48% (Gesamtausbeute). — II, F. 120,5—121°. Zu I in Eisessig wurde 45%ig. Peressigsäure + wasserfreies Na-Acetat gegeben u. 2 Std. gerührt; 95%. — *2.2-Diphenylcyclohexanol* (III), $C_{18}H_{20}O$, F. 82,5—83°, durch Red. von 2.2-Diphenylcyclohexanon mit $LiAlH_4$ in trockenem Ae.; 92%. — *Cyclopentylidendiphenylmethan* (IV), F. 60,8—61,2°. Behandeln von III mit PBr_3 wie oben unter b) gab Öl, $Kp._8$ 175—180°; 75%. Hieraus durch Kühlung mit Trockeneis–Aceton krist. IV. — Dest. bei n. Druck von III gab 75% III zurück. — Die UV-Spektren von I u. IV wurden bestimmt. (J. Amer. chem. Soc. **75.** 4089—90. 20/8. 1953. Durham, Univ. of New Hampshire, Dep. of Chem.) MANTHEY. 2260

Gloria G. Lyle, Rupert A. Covey und **Robert E. Lyle,** *Molekulare Umlagerungen.* 4. Mitt. *Die Pinakolin-Umlagerung von [1-Oxycyclohexyl]-methylphenylcarbinol.* (3. vgl. vorst. Ref.) *[1-Oxycyclohexyl]-phenylketon* wurde durch Rk. von Phenyl–Li mit dem

Li-Salz von 1-Oxycyclohexancarbonsäure (**I**) gewonnen u. daraus mit Methyl–MgJ *[1-Oxycyclohexyl]-methylphenylcarbinol* dargestellt, das in kalter konz. H_2SO_4 umgelagert wurde. Die Umlagerung führte zu einem Ketongemisch, aus dem 28% *[1-Phenylcyclohexyl)-methylketon* (**II**) als Semicarbazon isoliert wurden. Aus dem Filtrat konnte *2-Methyl-2-phenylcycloheptanon* (**III**) in 62% ig. Ausbeute gewonnen werden. **III** bildet kein Semicarbazon, aber ein Oxim u. ein 2.4-Dinitrophenylhydrazon. Die Struktur von **III** wird durch das UV-Spektr. belegt. **II** wird auch aus 1-Phenylcyclohexancarbonsäurechlorid (**IV**) u. Dimethylcadmium gewonnen. Die wahrscheinlichen Mechanismen der Pinakolinumlagerung im proton. Medium bzw. der durch LEWIS-Säuren katalysierten Umlagerung werden diskutiert.

Versuche: *[1-Phenylcyclohexyl]-methylketon* (**II**), F. 33—35° (PAe.), Kp.$_6$ 125°, durch Zugabe der zehnfachen Menge $Cd(CH_3)_2$ in Bzl. zur Lsg. von **IV** in Bzl. u. 1½std. Kochen; 70% (Ausbeute). *2.4-Dinitrophenylhydrazon*, F. 136—137° (A.). *Oxim*, F. 137—138° (A.). *Semicarbazon*, F. 217—218° (A.). — *[1-Oxycyclohexyl]-phenylketon*, F. 46—48° (PAe.), durch Zugabe von trockenem **I**–Li-Salz (aus **I** u. Li_2CO_3 in heißem W.) zur Lsg. von Phenyl–Li (aus Brombenzol u. Li) in Ae. u. 7std. Kochen; 28%. — *[1-Oxycyclohexyl]-methylphenylcarbinol*, F. 107,5—108° (A.), aus vorst. Verb. u. CH_3MgJ in Ae., 12 Std. stehenlassen; 100%. — *2-Methyl-2-phenylcycloheptanon* (**III**), $C_{14}H_{18}O$, Kp.$_{11}$ 162—164°, durch Zugabe von 5 g vorst. Verb. zu 40 cm³ konz. H_2SO_4 bei 0°; nach 45 Min. auf Eis gießen u. mit Ae. extrahieren; Dest. gibt nur eine Fraktion vom Kp.$_{13}$ 165—168°; Lösen in A.–W. u. Zugabe von Semicarbazid·HCl fällt **II**-*Semicarbazon*. Extraktion des Filtrats mit PAe. u. Ae., dann Dest. gibt **III** n_D^{25} 1,5365; 1,96 g. *2.4-Dinitrophenylhydrazon*, $C_{20}H_{22}O_4N_4$, F. 134,6—136,0° (A.), hell orangefarbene Kristalle. *Oxim*, $C_{14}H_{19}ON$, F. 164,1—165,0° (A.). (J. Amer. chem. Soc. **76.** 2713—15. 20/5. 1954. Durham, N. H., Univ., Dep. of Chem.) MANTHEY. 2260

C. A. Grob und **J. A. Rumpf**, *Die Synthese von cis- und trans-8-Methyl-1-hydrindanon.* Im Zusammenhang mit Syntheseverss. in der Stereoidreihe wurde *8-Methyl-1-hydrindanon* (**I**) als Modell benötigt. Die Synth. von **I** ging von 2-Methyl-2-carbäthoxycyclohexanon (**III**) aus u. führte über *cis*-(**IIa**) u. *trans-β-[2-Methyl-2-carboxycyclohexyl]-propionsäure* (**IIb**). **III** wurde durch Anlagerung von C_2H_2 in *1-Äthinyl-2-methyl-2-carbäthoxycyclohexanol* (**IVa**) umgewandelt. Als Nebenprod. entstand wahrscheinlich *α-Methylpimelinsäureäthyl-tert.-butylester.* Verseifung von **IVa** mit 15% ig. KOH u. Hydrierung lieferte die isomeren *1-Äthyl-2-methyl-2-carboxycyclohexanole* (**VIa** u. **b**), die auch über ihre *Äthylester* (**V**) dargestellt werden konnten. Bei Verseifung von **V** mit 50% KOH entstand nur die tiefschm. Säure **VIb.** Vff. nehmen für diese Isomerisierung einen Retroaldolmechanismus an. Um die Äthinylgruppe in **IVa** um 1 C-Atom zu verlängern, wurde das Na-Deriv. von **IVa** mit CO_2 unter Druck oder mit Chlorkohlensäureäthylester behandelt. Dabei wurden keine eindeutigen Resultate erzielt. Red. von **IVa** mit desaktiviertem Pd-Katalysator führte zum *Vinylalkohol* (**VII**), der den Bedingungen einer anionotropen Umlagerung unterworfen wurde. Eine 72std. Behandlung mit 10% ig. H_2SO_4 in wss. Dioxan lieferte unveränderten **VII.** Die durch Trichloressigsäure katalysierte Allylumlagerung nach DIMROTH (Ber. dtsch. chem. Ges. **71.** [1938.] 1333) ergab nur geringe Mengen *β-[2-Methyl-2-carbäthoxycyclohexyliden]-äthanol* (**IX**). Vff. erklären das Vorherrschen von **VII** bei diesen Gleichgewichts-Rkk. auf G- und ster. Gesichtspunkte. Die Einw. von $SOCl_2$ bzw. PBr_3 auf **VII** führte zu dem **IX** entsprechenden *Chlorid* (**VIII**) bzw. *Bromid*, deren Strukturen durch Ozonabbau bewiesen wurden. Eine Cyclisierung der beiden Halogenide über ihre GRIGNARD-Verbb. gelang nicht. Erst nach längerer Reaktionsdauer fand zwischen **VIII** u. Mg eine Umsetzung statt, wobei sich geringe Mengen eines Öls (*1.4-Bis-[2-methyl-2-carbäthoxycyclohexyliden]-butan?*) bildeten, das bei der Ozonisierung **III** u. *Bernsteinsäure* lieferte. Aus CuCN u. **VIII** wurde *β-[2-Methyl-2-carbäthoxycyclohexyliden]-propionitril* (oder *β-[6-Methyl-6-carbäthoxycyclohexen-(1)-yl]-propionitril*) (**X**) gebildet. In Ggw. von Dimethylformamid entstand *2-Vinyl-3-methyl-3-carbäthoxycyclohexen* (**XIII**). Rk. von **X** mit HCl-haltigem A. lieferte den *Diäthylester* der entsprechenden *Säure* (**XI**), der vermutlich durch *1-Vinyl-1-cyan-2-methyl-2-carbäthoxycyclohexan* verunreinigt war. Durch Verseifung des Esters konnte nur wenig **XI** gewonnen werden, die durch Hydrierung in **IIa** übergeführt wurde. Bei der totalen Verseifung von **X** entstand ebenfalls ein Säuregemisch, aus dem 2 isomere *Acrylsäuren* (**XII**) isoliert wurden. Hydrierung der tieferschm. **XII** ergab **IIb**, Hydrierung des Gemischs **IIa** u. **b.** Die Überführung von **IIa** u. **IIb** in *cis-* bzw. *trans-***I** ist bekannt. — Die UV-Spektren von **X, XI, XII** u. **XIII** werden angegeben.

Versuche (FF. korr.): *1-Äthinyl-2-methyl-2-carbäthoxycyclohexanol* (**IVa**), $C_{12}H_{18}O_3$, Kp.$_{13}$ 123—124°, n_D^{14} 1,4730, durch Zugabe von **III** zu einer bei 0° mit Acetylen gesätt. Lsg. von K in tert.-Butanol unter N_2 + Ae. bei —10° im Laufe von

$2^1/_2$ Std., dann 14std. Einleiten C_2H_2 bei Zimmertemp., Ausschütteln mit NH_4Cl-Lsg. u. Ätherextraktion; ca. 53% (Ausbeute). **IV a** ließ sich nicht mit Dinitrobenzoylchlorid verestern; mit $HgCl_2$ + KJ wurde eine grüne, amorphe *Hg-Verb.* erhalten. — *1-Äthinyl-2-methyl-2-carboxycyclohexanol, Isomerengemisch* (**IV**), durch Verseifen von **IV a** mit 15%ig. KOH in A.; wachsartiges Prod., dest. bei 130—150° (Bad)/0,02 mm; 98%. *p-Bromphenacylester* (*Gemisch*), $C_{18}H_{19}O_4Br$, F. 125—145°, daraus der eine isomere *Ester*, F. 146—148°, Blättchen. *Benzylthiuroniumsalz* (*Gemisch*), F. 155—165°; 91%; daraus das eine *Isomere*, $C_{18}H_{24}O_3N_2S$, F. 164—167° (wss. A.). Bei der Verseifung von **IV a** mit 50%ig. wss. KOH entstanden *2-Methylcyclohexanon* u. eine ölige Säure, die keinen festen p-Bromphenacylester lieferte. Das gleiche gilt für ihr Hydrierungsprodukt. — *1-Äthyl-2-methyl-2-carbäthoxycyclohexanol* (**V**), $C_{12}H_{22}O_3$, Kp.$_{14}$ 119—123°, durch Hydrierung von **IV a** in A. in Ggw. von Pd-Norit; campherartig riechendes Öl, n_D^{15} 1,4647. — *Höherschm. 1-Äthyl-2-methyl-2-carboxycyclohexanol* (**VI a**), $C_{10}H_{18}O_3$, F. 90—93° (Ae.-PAe. bzw. wss. A.), a) durch Verseifen von **V** mit 15%ig. KOH in A. u. Dest. des Säuregemischs **VI** (98%); **VI a** krist. nach Anreiben mit PAe.; der ölige Rückstand enthielt **VI b**; b) durch Hydrierung von **IV** in A. in Ggw. von Pd-Norit bei 25°/720 mm; daneben **VI b.** 6std. Kochen mit 50%ig. KOH bewirkt keine Isomerisierung von **VI a.** *p-Bromphenacylester*, $C_{18}H_{23}O_4Br$, F. 111—112° (A.). — *Tieferschm. Isomeres* (**VI b**), F. ca. 30°, durch 5std. Kochen von **V** mit 50%ig. wss. KOH, Dest. bei 130 bis 140° (Bad)/0,02 mm; 96%. *p-Bromphenacylester*, F. 52—54° (Ae.-PAe.), tetragonale Prismen. — *1-Vinyl-2-methyl-2-carbäthoxycyclohexanol* (**VII**), $C_{12}H_{20}O_3$, Kp.$_{12}$ 119 bis 120°, durch Hydrierung von 5 g **IV a** mit desaktiviertem Pd-Katalysator; campherähnlich riechendes Öl; n_D^{17} 1,4710; 3,8 g (roh). Keine Umsetzung mit Dinitrobenzoylchlorid. — *β-[2-Methyl-2-carbäthoxycyclohexyliden]-äthylbromid*, $C_{12}H_{19}O_2Br$, Kp.$_{0,01}$ 85—90°, n_D^{20} 1,5093, a) durch Zugabe von PBr_3 zu **VII** in Pyridin bei —15° (4 Std.), dann 14 Std. bei 18° u. Zugabe von Ae. u. kalter wss. $KHCO_3$-Lsg.; 55%; b) durch Zugabe von PBr_3 in Chlf. zu **VII** in Pyridin + Chlf., sonst wie a); 64%. Ozonisierung führte zu **III.** — *2-[p-Nitrophenyl]-9-methyl-4.5.6.7-tetrahydro-3-indazolon*, $C_{14}H_{15}O_3N_3$, F. 132—133° (A.), durch 20 Min. Kochen von **III** u. p-Nitrophenylhydrazin in Eisessig u. Zugabe von W.; Blättchen; 87%. — *β-[2-Methyl-2-carbäthoxycyclohexyliden]-äthylchlorid* (**VIII**), $C_{12}H_{19}O_2Cl$, Kp.$_{0,02}$ 70°, Kp.$_{11}$ 128—134°, durch Zugabe von $SOCl_2$ zu **VII**, 5 Std. bei 0°, 14 Std. bei 20°, 2 Std. bei 80°; n_D^{15} 1,4913; 88%. Ozonisierung von **VIII** führt zu **III** u. *Chloressigsäure*(*p-Bromphenacylester*, $C_{10}H_8O_3ClBr$, F. 105—107°). 5std. Kochen von **VIII** u. Ag-3.5-Dinitrobenzoat in Ae. ergibt das *3.5-Dinitrobenzoat* von **IX**, $C_{19}H_{22}O_8N_2$, F. 74—75° (PAe. bzw. A.); 71%. — *β-[2-Methyl-2-carbäthoxycyclohexyliden]-propionitril* (?) (**X**), $C_{13}H_{19}O_2N$, Kp.$_{0,01}$ 74—75°, $n_{D18,5}$ 1,4792, a) durch 4std. Rühren von **VIII**, CuCN u. wenig KJ bei 18°, 3 Std. bei 80° u. 4 Std. bei 120°; 58% (roh); b) durch 2std. Rk. von **VIII** mit CuCN in sd. Dimethylformamid; 44% (roh); daneben *2-Vinyl-3-methyl-3-carbäthoxycyclohexen* (**XIII**), $C_{12}H_{18}O_2$, Kp.$_{12}$ 108°, n_D^{22} 1,4903; 37%. — *β-[2-Methyl-2-carbäthoxycyclohexyliden]-propionsäureäthylester* (?), $C_{15}H_{24}O_4$, Kp.$_{10}$ 159—161°, Kp.$_{0,03}$ 115—123°, durch 4std. Kochen von **X** in HCl-haltigem A.; $n_D^{19,5}$ 1,4708; 79% (roh). — *β-[2-Methyl-2-carboxycyclohexyliden]-propionsäure* (oder *β-[6-Methyl-6-carboxycyclohexen-(1)-yl]-propionsäure*) (**XI**), $C_{11}H_{16}O_4$, F. 168 bis 174° (Isopropyläther), durch Verseifen vorst. Verb. in wss. Methanol + Alkali über den öligen Halbester, im Gemisch mit sauren Nebenprodd.; Hydrierung führt zu **II a.** — *Gemisch isomerer Säuren* $C_{11}H_{16}O_4$, durch mehrstd. Kochen von **X** in einer Lsg. von KOH in wss. A.; 53%; daraus die *isomeren β-[2-Methyl-2-carboxycyclohexyl]-acrylsäuren* (**XII**), F. 188—189° (Isopropyläther; Hydrierung führt zu **II b**) u. F. 210—213° (aus A./W. kugelige Aggregate, die sich bei 190° in Stäbchen umwandeln). — *Cis-* u. *trans-β-[2-Methyl-2-carboxycyclohexyl]-propionsäure* (**II a** bzw. **II b**), $C_{11}H_{18}O_4$, durch Hydrierung vorst. Säuregemischs in Eisessig in Ggw. von Pt; **II b**, F. 177—179° (Isopropyläther); **II a**, F. 103—105° (Bzl.-PAe., dann wss. A.). — *trans-8-Methyl-1-hydrindanon* (trans-**I**), Öl, n_D^{26} 1,4815, durch 3std. Erhitzen des Ba-Salzes von 490 mg **II b** auf 320°; 70 mg (roh); Rückgewinnung von 55% **II b.** *Semicarbazon*, $C_{11}H_{19}ON_3$, F. 232—234° (n-Butanol), bei 200° Umwandlung der Blättchen in rechteckige Stäbchen. (Helv. chim. Acta **37.** 1479—93. 2/8. 1954. Basel, Univ., Organ.-Chem. Anstalt.) JOHN. 2650

R. N. Lacey, *Derivate der Acetessigsäure*. 1. Mitt. *Die Reaktion von Diketen mit 1.2- und 1.3-Ketolen unter Bildung von γ- und δ-Lactonen.* Diacetonalkohol (**V**) liefert mit Diketen (**I**) bei 80—90° in Ggw. von Triäthylamin (**II**) *1.1-Dimethyl-3-oxobutylacetoacetat*, das mit Alkali sogleich zu *3-Acetyl-5.6-dihydro-4.6.6-trimethyl-1.2-pyranon-(2)* (**III**) cyclisiert. **III** ließ sich hydrieren u. liefert nach Hydrolyse *4.6-Dimethylheptadien-(3.5)-on-(2)* (**IV**), *Mesityloxyd* u. wenig *4.6-Dimethylheptadien-(3.6)-on-(2)*. Durch Erhitzen von **III** mit p-Toluolsulfonsäure auf 100° wurde **IV** erhalten. Acetaldol ergab mit **I** in Ggw. von **II** *Crotonaldehyd, Aceton* u. harzartige Produkte. Aus β-Oxy-α.α-dimethylpropionaldehyd wurde unter gleichen Bedingungen ein Gemisch des entsprechenden Acetoacetats u. Lactons, in sd. Toluol 75% Lacton erhalten. Aus Isobutyraldehydaldol u. I wurde das ungesätt. Lacton isoliert. Während Salicylaldehyd u. o-Oxyacetophenon in sd. Toluol in Ggw. von II *3-Acetyl-* bzw. *3-Acetyl-4-methylcumarin* liefern, mißlang die Darst. von III aus V nach der gleichen Methode. 4-Oxy-butanon-(2) u. 4-Oxy-3-methylpentanon-(2) liefern Acetoacetate, die sich nicht cyclisieren lassen. Während Butyroin in Bzl. mit I in Ggw. von II unter Bldg. eines Gemisches reagierte, wurde in sd. Toluol das Lacton erhalten. Analog konnten Propionoin, Acetoin u. 2-Oxycyclohexanon in die Lactone übergeführt werden. Benzoin lieferte bei 60—70° ein Gemisch, in sd. Toluol das Lacton. Während das aus Phenacylalkohol erhaltene Acetoacetat in sd. Toluol in Ggw. von Pyridin (VI) in das Lacton überging, lieferte das aus Acetol erhaltene Acetoacetat unter gleichen Bedingungen nur Harz. Die Darst. einiger γ- oder δ-ungesätt. Lactone gelang auch durch Rk. von Methylacetoacetat (VII) mit Ketolen in Toluol oder Xylol in Ggw. von VI, Piperidin, II oder ihren Acetaten, jedoch mit schlechteren Ausbeuten. 1-Methylpropin-(2)-ylacetoacetat ergab mit $HgCl_2$ in wss. A. *α-Methylacetonylacetoacetat*, das durch Kochen mit Toluol u. wenig Piperidin in das entsprechende Lacton übergeführt werden konnte.

Versuche (FF. korr.; KOFLER-Block): *Diketen* (I), $Kp._{60}$ 57—59°, n_D^{20} 1,4352 bis 1,4370. — *1.1-Dimethyl-3-oxobutylacetoacetat*, $C_{10}H_{16}O_4$, $Kp._{0,5}$ 78—83°, durch Zutropfen von I zu V u. II bei 80—90°; n_D^{20} 1,4425; 85% (Ausbeute). — *3-Acetyl-5.6-dihydro-4.6.6-trimethyl-1.2-pyranon-(2)* (III), $C_{10}H_{14}O_3$, F. 48°, durch Zugabe vorst. Verb. zu 0,5 n alkoh. KOH unterhalb 25°, Neutralisation mit CH_3COOH, Gießen in W. u. Extraktion mit Ae.; Prismen aus PAe.; 92%. *Semicarbazon*, $C_{11}H_{17}O_3N_3$, F. 204° (Zers.), Prismen aus Isopropanol. *2.4-Dinitrophenylhydrazon*, $C_{16}H_{18}O_6N_4$, F. 136°, aus A. orangefarbene Nadeln. — *3-Acetyl-3.4.5.6-tetrahydro-4.6.6-trimethyl-1.2-pyranon-(2)*, $C_{10}H_{16}O_3$, F. 56—57°, $Kp._{0,1}$ 80—83°, durch Hydrierung vorst. Verb. in Isopropanol in Ggw. von RANEY-Ni; n_D^{20} 1,4670, aus Ae.-PAe. Platten. — *4.6-Dimethylheptadien-(3.5)-on-(2)* (IV), $C_9H_{14}O$, $Kp._{17}$ 80—83°, durch 1std. Kochen von III mit 20%ig. NaOH, Neutralisation mit CH_3COOH, Ausziehen mit Ae. u. Destillation. *Semicarbazon*, $C_{10}H_{17}ON_3$, F. 153—154°, Platten aus wss. CH_3OH. Daneben *Mesityloxyd*. — *3-Acetyl-5.6-dihydro-5.5-dimethyl-1.2-pyranon-(2)*, $C_9H_{12}O_3$, $Kp._{13}$ 144—148°, durch Kochen von I mit β-Oxy-α.α-dimethylpropionaldehyd in Toluol in Ggw. von II; n_D^{20} 1,4859; 75%. Erhitzen der Komponenten ohne Lösungsm. auf 60° führte zu einem Gemisch von Keton u. Lacton. *2.4-Dinitrophenylhydrazon*, $C_{15}H_{16}O_6N_4$, F. 183°, aus A. orangerote Nadeln. — *3-Acetyl-5.6-dihydro-5.5-dimethyl-6-isopropyl-1.2-pyranon-(2)*, $C_{12}H_{18}O_3$, $Kp._{0,5}$ 119—122°, a) durch Behandlung von β-Oxy-α·γ-trimethylvaleraldehyd ($Kp._{15}$ 92 bis 96°, n_D^{20} 1,4437) in Toluol, das wenig II enthielt, mit I, 2std. Kochen unter Abfangen des gebildeten W. u. Dest.; n_D^{20} 1,4870; 77,5%; b) durch 5std. Kochen des Aldehyds mit VII, Piperidin u. CH_3COOH; 57%. *2.4-Dinitrophenylhydrazon*, $C_{18}H_{22}O_6N_4$, F. 162—163°, orangefarbene Nadeln aus CH_3COOH. — *3-Acetylcumarin*, F. 122°, durch 1/2std. Kochen von Salicylaldehyd u. den im vorst. Vers. angegebenen Komponenten, Entfernung des Lösungsm. u. Waschen des Rückstands mit Bzl.-PAe.; 45%. — *3-Acetyl-4-methylcumarin*, $C_{12}H_{10}O_3$, F. 102—103°, aus o-Oxyacetophenon wie vorst.; Nadeln aus wss. CH_3OH. *2.4-Dinitrophenylhydrazon*, $C_{18}H_{14}O_6N_4$, F. 220—221°, orangefarbene Nadeln aus CH_3COOH. — *3-Oxobutylacetoacetat*, $C_8H_{12}O_4$, $Kp._{0,5}$ 117 bis 120°, durch Rk. von 4-Oxybutanon-(2) in Chlf. mit I in Ggw. von II bei 60°; n_D^{20} 1,4461. — *1.2-Dimethyl-3-oxobutylacetoacetat*, $C_{10}H_{16}O_4$, $Kp._{0,5}$ 112—114°, durch Zugabe von I zu 4-Oxy-3-methylpentanon-(2) u. wenig II bei 65—75° u. 1/2std. Erhitzen auf 60°; n_D^{20} 1,4460; 86%. — *3-Acetyl-2.5-dihydro-4.5-dipropylfuranon-(2)*, $C_{12}H_{18}O_3$, $Kp._{15}$ 161—163°, a) aus I, Butyroin u. II in Bzl. bei 60—70°. *2.4-Dinitrophenylhydrazon*, $C_{18}H_{22}O_6N_4$, F. 127°, rote Nadeln aus Isopropanol; b) durch 2std. Kochen in Toluol; n_D^{20} 1,4847; 80%; c) durch 3std. Kochen von Butyroin, VII, Xylol, VI u. CH_3COOH; 67,5%. — *3-Acetyl-4.5-diäthyl-2.5-dihydrofuranon-(2)*, $C_{10}H_{14}O_3$, $Kp._{12}$ 140—142°, aus Propionoin wie vorst. unter b); n_D^{20} 1,4896; 84,5%. *2.4-Dinitrophenylhydrazon*, $C_{16}H_{18}O_6N_4$, F. 140,5°, rote Nadeln aus Butanol. — *3-Acetyl-2.5-dihydro-4.5-dimethylfuranon-(2)* (VIII), $C_8H_{10}O_3$, $Kp._{12}$ 134—138°, aus Acetoin; n_D^{20} 1,4915; 68,5%. *2.4-Dinitrophenylhydrazon*, $C_{14}H_{14}O_6N_4$, F. 177°, rote Prismen aus wss. CH_3COOH. *Dimere Verb.*, $C_{16}H_{20}O_6$, F. 240°, durch Kochen des Lactons mit wss. Na-Acetat in A.; Nadeln aus wss. CH_3OH. *2.4-Dinitrophenylhydrazon*, $C_{22}H_{24}O_9N_4$, F. 270° (Zers.), rote Nadeln aus wss. CH_3COOH. — *3-Acetyl-2.5-dihydro-4.5-diundecylfuranon-(2)*, aus Lauroin; Öl. — *3-Acetyl-2.4.5.6.7.7a-hexahydrobenzofuranon-(2)*, $C_{10}H_{12}O_3$, $Kp._{0,5}$ 124—126°, durch Zugabe von I zu der sd. Lsg. von 2-Oxycyclohexanon in Bzl. u. II; n_D^{20} 1,5230. *2.4-Dinitrophenylhydrazon*, $C_{16}H_{16}O_6N_4$, F. 196°, rote Nadeln aus Essigester. — *3-Acetyl-2.5-dihydro-4.5-diphenylfuranon-(2)*, $C_{18}H_{14}O_3$, F. 109—110°, a) durch Behandlung von Benzoin u. II mit I; schwach grüne Nadeln aus Isopropanol; b) durch $1^1/_2$std. Kochen von Benzoin, VII u. Piperidin in Toluol; 56%. — *Phenacylacetoacetat*, $C_{12}H_{12}O_4$, F. 88°, durch Zugabe von I zu Phenacylalkohol in Chlf. u. Trimethylamin bei 55—60°; Nadeln aus CH_3OH. — *3-Acetyl-2.5-dihydro-4-phenylfuranon-(2)*, $C_{12}H_{10}O_3$, F. 107 bis 108°, a) durch 1std. Kochen des vorst. Esters in Toluol mit VI; gelbgrüne Nadeln aus wss. CH_3OH; b) durch 1std. Erwärmen mit CH_3OH u. 10%ig. wss. NaOH auf 50°. — *Acetonylacetoacetat*, $C_7H_{10}O_4$, $Kp._{0,2}$ 98—100°, aus 1-Oxypropanon-(2) u. II in Bzl. durch Behandlung mit I bei 60—70°; n_D^{20} 1,4531. *Bis-2.4-dinitrophenylhydrazon*, $C_{19}H_{18}O_{10}N_8$, F. 208—209°, orangefarbene Granulate aus wss. CH_3COOH. — *1-Methylpropin-(2)-ylacetoacetat*, $C_8H_{10}O_3$, $Kp._{12}$ 95—98°, durch Zugabe von I zu Butin-(3)-ol-(2) u. II bei 60—70°; n_D^{20} 1,4441; 82%. Liefert nach 2std. Kochen mit Toluol u. Piperidin VIII. — *α-Methylacetonylacetoacetat*, $C_8H_{12}O_4$, $Kp._{12}$ 124°, durch 2std. Kochen des vorst. Esters mit $HgCl_2$ in wss. A.; n_D^{20} 1,4400. (J. chem. Soc. [London] **1954**. 816—22. März. Hedon, Hull, Brit. Ind. Solvents, Dev. Dep.) HORST BAGANZ. 3061

R. N. Lacey, *Derivate der Acetessigsäure. 2. Mitt. Die Umlagerung von 3-Acyl-2.5-dihydrofuranon-(2)-derivaten in Furan-3-carbonsäuren.* (1. vgl. vorst. Ref.) Die durch Kondensation von Diketen mit aliphat. oder aromat. Acyloinen erhaltenen ungesätt. Lactone liefern durch Erhitzen mit CH_3COOH/HCl, H_2SO_4, BF_3-Ätherat oder wasserfreiem $AlCl_3$ *β-Furoesäuren*. 3-Acetyl-2.5-dihydro-4.5-diphenylfuranon-(2) (III) geht beim Stehen an der Luft oder schneller beim Erwärmen mit CH_3COOH in Ggw. von O_2 in *3-Acetyl-2.5-dihydro-5-oxy-4.5-diphenylfuranon-(2)* (I) über. I liefert mit alkal. $KMnO_4$ *Benzil* u. *Oxalsäure*, nach CLEMMENSEN-Red. *2-Methyl-4.5-diphenyl-3-furoesäure* (IV). Aus Benzoin u. Methylbenzoylacetat wurde in sd. Xylol in Ggw. von Piperidiniumacetat das entsprechende *β.γ*-ungesätt. Lacton (II) erhalten, das durch CH_3COOH/HCl bei 100° *2.4.5-Triphenyl-3-furoesäure* ergab, die zum *2.3.5-Triphenylfuran* decarboxyliert wurde. II geht beim Stehen an der Luft in eine 5-Oxyverb. über. Die Ergebnisse zeigten, daß sich die Lactone des vorst. Typs zu *β*-Furoesäuren umlagern lassen, wenn R″ = CH_3 oder C_6H_5, R = Alkyl, Carboxyl, Äthoxycarbonyl oder H u. R′ = Alkyl oder C_6H_5 sind. Wenn R′ = H ist, findet keine Umlagerung statt.

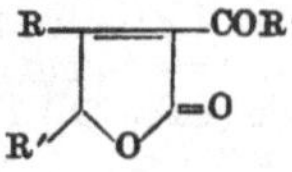

V e r s u c h e (FF. korr.; KOFLER-Block): *2-Methyl-4.5-dipropyl-3-furoesäure*, $C_{12}H_{18}O_3$, F. 61°, durch Zugabe von 3-Acetyl-2.5-dihydro-4.5-dipropylfuranon-(2) in CH_3COOH zu konz. HCl, 1std. Erhitzen auf 100° u. Zugabe von W.; Nadelbüschel aus wss. CH_3OH; 96% (Ausbeute). Die Oxydation mit sodaalkal. $KMnO_4$ ergab *n-Buttersäure* u. *Oxalsäuredihydrat* (F. 100—101°). *2.5-Dioxo-4-propyloctan-3-carbonsäure, Bis-2.4-dinitrophenylhydrazon*, $C_{24}H_{28}O_{10}N_8$, F. 113—114°, durch Behandlung der Furoesäure mit wss.-alkoh. 2.4-Dinitrophenylhydrazinsulfat; dunkelrote Nadeln aus wss. CH_3OH. — *4.5-Diäthyl-2-methyl-3-furoesäure*, $C_{10}H_{14}O_3$, F. 105—106°, aus 3-Acetyl-4.5-diäthyl-2.5-dihydrofuranon-(2) wie vorst. beschrieben; Prismen aus wss. CH_3OH; 80%; die gleiche Ausbeute beim Ersatz der CH_3COOH durch Dioxan; bei $AlCl_3$ statt HCl 34%, bei BF_3-Ätherat 68%, bei H_2SO_4 57%. — *2.4.5-Trimethyl-3-furoesäure*, F. 130—131°, durch $^1/_2$std. Erhitzen von 3-Acetyl-2.5-dihydro-4.5-dimethylfuranon-(2) CH_3COOH u. konz. HCl auf 100°; Prismen aus wss. CH_3OH; 83%. — *2-Methyl-4.5-diundecyl-3-furoesäure*, $C_{28}H_{50}O_3$, F. 74° (Dichloräthan), durch 2std. Erhitzen des aus Diketen u. Lauroin erhaltenen Lactons mit CH_3COOH u. konz. HCl auf 100°. — *2-Methyl-4.5-diphenyl-3-furoesäure* (IV), $C_{18}H_{14}O_3$, F. 212°, durch 1std. Rk. aus 3-Acetyl-2.5-dihydro-4.5-diphenylfuranon-(2) (III) bei 100°; Platten aus Essigester; 64%. — *3-Acetyl-2.5-dihydro-5-oxy-4.5-diphenylfuranon-(2)* (I), $C_{18}H_{14}O_4$, F. 181°, durch mehrwöchentliches Stehen von III an der Luft, Ausziehen mit Ae., Schütteln der äther. Lsg. mit Sodalsg. u. Ansäuern; Nadeln aus Bzl.–PAe. *2.4-Dinitrophenylhydrazon*, $C_{24}H_{18}O_7N_4$, F. 204° (Zers.), orangefarbene Mikrokristalle aus wss. CH_3COOH. *Benzylthiuroniumsalz*, $C_{26}H_{24}O_4N_2S$, F. 103°, Nadeln aus Isopropanol. *Acetat*, $C_{20}H_{16}O_5$, F. 91 bis 92°, durch 1std. Erhitzen mit Acetylchlorid u. Pyridin auf 90°; aus Essigester–PAe. Nadeln. *Benzylidenderiv.*, $C_{25}H_{18}O_4$, F. 185°, Nadeln. Durch 5std. Kochen von I mit amalgamiertem Zn u. konz. HCl, Verdünnen u. Ausziehen mit Ae. wurde IV erhalten. Als Nebenprod. von I wurde aus dem sodaalkal. Auszug *Benzoesäure* (F. 122°) isoliert. Die Dest. der äther. Lsg. ergab *Benzil* ($Kp._1$ 120—155°, F. 95—96°). — *4.5.6.7-Tetrahydro-2-methylbenzofuran-3-carbonsäure*, $C_{10}H_{12}O_3$, F. 165—166° (Essigester–PAe.), aus 3-Acetyl-2.4.5.6.7.7a-hexahydrobenzofuranon-(2); 90%. — *3-Benzoyl-2.5(oder 2.3)-dihydro-4.5-diphenylfuranon-(2)* (II), $C_{23}H_{16}O_3$, F. 137—138°, durch 5std. Kochen von Benzoin, Methylbenzoylacetat, Piperidin u. CH_3COOH in Xylol unter Abscheidung des wss. CH_3OH u. Einengen des Filtrats; aus Essigester–PAe. gelblich-grüne Nadeln. — *3-Benzoyl-2.5-dihydro-5-oxy-4.5-diphenylfuranon-(2)*, $C_{23}H_{16}O_4$, F. 196°, durch mehrmonatiges Stehen von II an der Luft, Absorption der Bzl.–Essigester-Lsg. an Al_2O_3 u. Eluierung mit dem gleichen Lösungsm.; aus Essigester–PAe. Nadeln. — *2.4.5-Triphenyl-3-furoesäure*, $C_{23}H_{16}O_3$, F. 257° (CH_3COOH), durch $1^1/_2$std. Erhitzen von **II** mit $CH_3 \cdot COOH$–HCl auf 100°. — *2.3.4-Triphenylfuran*, F. 92—93°, durch 3std. Erhitzen der vorst. Verb. mit Diäthylanilin in Ggw. von $CuCrO_3$ u. Aufnehmen in Ae.; Nadeln aus Isopropanol. (J. chem. Soc. [London] **1954**. 822—26. März.) HORST BAGANZ. 3061

N. N. Ssuworow, W. K. Antonow und **Je. M. Rochlin,** *Synthese phenylsubstituierter γ-[Indolyl-(3)]-buttersäuren.* Aus δ-Formylvaleriansäureäthylester (**I**) u. N.N-Diphenylhydrazin (**II**) wurde das Diphenylhydrazon hergestellt, das durch Behandeln mit konz. H_2SO_4 in A. *γ-[1-Phenylindolyl-(3)]-buttersäureäthylester* (**III**) gab. Analog bildete sich aus **I** u. Diphenylyl-(4)-hydrazin (**IV**) *γ-[5-Phenylindolyl-(3)]-buttersäureäthylester* (**V**). Aus δ-Benzoylvaleriansäure (**VI**) u. Phenylhydrazinhydrochlorid (**VII**) entstand beim Kochen mit A. in Ggw. von konz. H_2SO_4 *γ-[2-Phenylindolyl-(3)]-buttersäureäthylester* (**VIII**); analog wurde *γ-[2-p-Tolylindolyl-(3)]-buttersäureäthylester* (**IX**) synthetisiert. Alle erhaltenen Ester wurden zu den freien Carbonsäuren verseift. Die Prüfung auf Wirksamkeit als Stimulatoren der Wurzelbldg. bei der Bohne ergab, daß die **V** entsprechende Carbonsäure akt., die **III** entsprechende wenig akt. ist; völlig inakt. sind die Carbonsäuren aus **VIII** u. **IX**.

V e r s u c h: *δ-Formylvaleriansäureäthylester* (**I**), $Kp._4$ 86—88°; nach BAER (J. Amer. chem. Soc. **64**. [1942.] 1419) durch oxydative Spaltung von Cyclohexanolon mit $(CH_3CO_2)_4Pb$ in absol. A. + Bzl.; $D._4^{18}$ 0,9994; n_D^{18} 1,4316. — *δ-Benzoylvaleriansäure* (**VI**), F. 69—70,5°; durch Kondensation von polymerem Adipinsäureanhydrid mit Bzl. in Ggw. von $AlCl_3$; analog *δ-[p-Toluyl]-valeriansäure* (**X**), F. 152,5—153°; 64% (Ausbeute). — *Diphenylyl-(4)-hydrazin* (**IV**), F. 133—134,5°; durch Diazotieren von 4-Aminodiphenyl u. anschließend Red. mit Na_2SO_3; 32%. — *γ-[1-Phenylindolyl-(3)]-buttersäure*, $C_{18}H_{17}O_2N$, F. 134,5—135°; durch Verseifen des Äthylesters in sd. absol.-alkoh. KOH; aus A. gelbliche Nadeln; 90%. *Äthylester* (**III**), $C_{20}H_{21}O_2N$, $Kp._2$ 207 bis 210°; man läßt 5,4 g **I** u. 6,9 g **II** in 20 ml absol. A. über Nacht aufeinander einwirken, setzt 2,8 ml konz. H_2SO_4 u. 30 ml absol. A. hinzu u. kocht 4 Std.; dickes Öl; n_D^{25} 1,5944; 5,5 g. — *γ-[2-Phenylindolyl-(3)]-buttersäure*, $C_{18}H_{17}O_2N$, F. 138—139°; durch Verseifen des Äthylesters; 80%. *Äthylester* (**VIII**), $C_{20}H_{21}O_2N$, F. 108,5—109,5° (Heptan); durch 4std. Kochen von 3,1 g **VI** u. 2,16 g **VII** in 12 ml absol. A. + 1,2 ml konz. H_2SO_4; 82%. — *γ-[2-p-Tolylindolyl-(3)]-buttersäure*, $C_{19}H_{19}O_2N$, F. 137,5—138°. *Äthylester* (**IX**), $C_{21}H_{23}O_2N$, F. 102—103°; aus **X** u. **VII**; 70%. — *γ-[5-Phenylindolyl-(3)]-buttersäure*, $C_{18}H_{17}O_2N$, F. 151,5—152,5°. *Äthylester* (**V**), $C_{20}H_{21}O_2N$, F. 105,5 bis 107° (wss. A.); $Kp._1$ 195—202°; aus **I** u. **IV**; 13%. (Доклады Академии Наук СССР [Ber. Akad. Wiss. UdSSR] [N. S.] **91**. 1345—48. 21/8. 1953. Moskau, Chem.-Technol. Mendelejew-Inst.) R. KNOBLOCH. 3081

O. F. Ginsburg, *Über Farbstoffe mit Antipyrinkernen.* 3. Mitt. (2. vgl. Журнал Общей Химии [J. allg. Chem.] **22** (**84**). [1952.] 715.) Aromat. Aldehyde, wie Nitrobenzaldehyde, α-Naphthaldehyd, p-Chlorbenzaldehyd u. Vanillin, liefern mit Antipyrin in salzsaurer wss. oder wss.-alkoh. Lsg. Verbb. vom Typus des Bis-(antipyryl]-phenylmethans, die als Leukoverbb. der aus ihnen durch Oxydation entstehenden Carbinolbasen, deren Salze Farbstoffe sind, angesprochen werden können. Die analoge Rk. mit Benzaldehyd ist von KNORR (Liebigs Ann. Chem. **238**. [1887.] 203, 1160) beschrieben. Letztere werden analog den Triphenylmethanfarbstoffen in wss. Lsg. teilweise hydrolysiert. Ein Vgl. der Basendissoziationskonstanten (K_0) der Carbinole zeigt, daß die Einführung in die C_6H_5-Gruppe einer NO_2-Gruppe oder von Cl in p-Stellung zum zentralen C-Atom die Basizität des Carbinols vermindert u. folglich die Hydrolyse des entsprechenden Farbstoffes steigert. Hervorzuheben ist, daß *Bis-[antipyryl]-p-chlorphenylcarbinol* stärker bas. als *Bis-[antipyryl]-p-nitrophenylcarbinol* ist ($K_0 = 1{,}11 \cdot 10^{-8}$ bzw. $3{,}16 \cdot 10^{-10}$); trotzdem ist der Farbstoff aus letzterem etwas tieferfarbig. In 60%ig. wss. Aceton ist die Hydrolyse der Farbstoffe ca. 10 mal höher als in Wasser. Wie schon früher an ähnlichen Farbstoffen festgestellt, findet auch hier bei Alkalizusatz eine „langsame Neutralisation" (Umlagerung in das Carbinol) statt.

V e r s u c h e: *Bis-[antipyryl]-o-nitrophenylmethan* (*4.4'-[o-Nitrobenzal]-bis-[1-phenyl-2.3-dimethylpyrazolon-(5)]*; analog sind die nachst. Verbb. konstituiert), $C_{29}H_{27}O_4N_5$, F. 214—215°, aus 0,02 Mol Antipyrin (**I**) u. 0,01 Mol o-Nitrobenzaldehyd in alkoh. HCl bei Zimmertemp.; man verd. mit W., saugt den Nd. ab u. erwärmt ihn mit Na_2CO_3-Lsg.; aus Toluol Kristalle; 69% (Ausbeute). *Hydrochlorid*, $C_{29}H_{27}O_4N_5 \cdot HCl$, F. 125—126° (Zers.). *Pikrat*, $C_{29}H_{27}O_4N_5 \cdot C_6H_3O_7N_3$, F. 163—164° (A.). — *Bis-antipyryl]-m-nitrophenylmethan*, $C_{29}H_{27}O_4N_5$, F. 214° (Toluol); 97%. *Hydrochlorid*, $C_{29}H_{27}O_4N_5 \cdot HCl$, F. 179—180° (Zers.). *Pikrat*, $C_{29}H_{27}O_4N_5 \cdot C_6H_3O_7N_3$, F. 237° (A.). — *Bis-[antipyryl]-α-naphthylmethan*(**II**), $C_{33}H_{30}O_2N_4$, F. 254° (Toluol, A. oder Aceton); 92%. —

Bis-[antipyryl]-p-nitrophenylmethan (III), $C_{29}H_{27}O_4N_5$, F. 232° (A.); 74,6%. *Hydrochlorid*, $C_{29}H_{27}O_4N_5 \cdot HCl$, F. 218—221° (Zers.); aus 3% ig. HCl. *Pikrat*, $C_{29}H_{27}O_4N_5 \cdot C_6H_3O_7N_3$, F. 248—249° (A.). — *Bis-[antipyryl]-p-chlorphenylmethan* (IV), $C_{29}H_{27}O_2N_4Cl$, F. 169° (aus Toluol + Ligroin); 66,3%. *Hydrochlorid*, $C_{29}H_{27}O_2N_4Cl \cdot HCl$, F. 201—203° (Zers.). *Pikrat*, $C_{29}H_{27}O_2N_4Cl \cdot C_6H_3O_7N_3$, F. 218—220° (A.). — *Bis-[antipyryl]-m-methoxy-p-oxyphenylmethan*, $C_{30}H_{30}O_4N_4$, F. 146—148° (50% ig. A.); aus I u. Vanillin; man löst den Nd. in heißem W. u. fällt mit CH_3CO_2Na-Lsg.; 95%. *Hydrochlorid*, $C_{30}H_{30}O_4N_4 \cdot HCl$, F. 125—126° (Zers.). *Pikrat*, $C_{30}H_{30}O_4N_4 \cdot C_6H_3O_7N_3$, F. 208—209° (A.). — O x y d a t i o n d e r L e u k o v e r b b. z u d e n F a r b s t o f f e n. Alle Leukoverbb. liefern Farbstoffe. *Bis-[antipyryl]-p-nitrophenylcarbinol*, $C_{29}H_{27}O_5N_5$, F. 180—181°; 5 g Hydrochlorid von III werden in 50 ml konz. HCl warm gelöst; zur Lsg. setzt man 0,5 g $NaNO_2$ u. tropfenweise 1,2 ml HNO_3 (D. 1,4) hinzu, kocht kurz auf, filtriert u. macht die Lsg. mit verd. NaOH alkal.; Kristalle aus Bzl. + Bzn.; 2,95 g. *Pikrat*, $C_{29}H_{27}O_5N_5 \cdot C_6H_3O_7N_3$, F. 130—133° (A.). — *Bis-[antipyryl]-p-chlorphenylcarbinol* $C_{29}H_{27}O_3N_4Cl$, F. 137—139°; aus IV. — *Bis-[antipyryl]-α-naphthylcarbinol*, aus 8 g II werden ca. 3 g erhalten. *Pikrat*, $C_{39}H_{33}O_{10}N_7$, F. 235—236°. (Журнал Общей Химии, [J. allg. Chem.] **23** (**85**). 1677—82. Okt. 1953. Leningrad, Technol. Inst., Porai — Koschitz-Labor. für Technol. organ. Farbstoffe.) OEHRN. 3122

William L. Garbrecht und **Robert M. Herbst**, *Die Synthese einiger 5-Aminotetrazolderivate*. 4. Mitt. *Die Umlagerung einiger monosubstituierter 5-Aminotetrazolderivate*. (3. vgl. C. **1954**. **4617**.) *5-Alkylaminotetrazole* lagern sich bei ihrem F. in die entsprechenden *1-Alkyl-5-aminotetrazole* um, während *1-Aryl-5-aminotetrazole* in sd. Xylol die entsprechenden alkalilösl. *5-Arylaminotetrazole* bilden. Die Umwandlung verläuft quantitativ, so daß hier eine gute Meth. zur Darst. der auf andere Weise schwer zu erhaltenen 5-Arylaminotetrazole gegeben ist. Verschied. Reaktionsmechanismen der therm. Umlagerung sowie verschied. Strukturen der dabei zu erwartenden Zwischenprodd. werden diskutiert, z. B. die Umwandlung über substituierte Guanylazide u. anschließende Cyclisierung zu einem Prod. mit einer N-Brücke im Tetrazolring, wobei die Stelle der Ringöffnung davon abhängt, ob ein Alkyl- oder Arylsubstituent vorliegt. *1-[p-Nitrophenyl]-5-aminotetrazol*, das Umlagerung zu *5-[p-Nitrophenylamino]-tetrazol* erfährt, wird sowohl durch Rk. von p-Nitrophenylcyanamid mit HN_3 als auch durch Nitrierung von 1-Phenyl-5-aminotetrazol (II) erhalten, während bei der Nitrierung von 5-Phenylaminotetrazol eine *Dinitroverb.* entsteht, deren Struktur noch nicht einwandfrei bewiesen wurde. Bei der Einw. von HN_3 auf m-Nitrophenylcyanamid wird *1-[m-Nitrophenyl]-5-aminotetrazol* erhalten u. zu *5-[m-Nitrophenylamino]-tetrazol* umgelagert, während bei der o-Verb. das *5-[o-Nitrophenylamino]-tetrazol* (I) direkt gebildet wird; die Bldg. von *1-[o-Nitrophenyl]-5-aminotetrazol* konnte nur einmal beobachtet u. nicht reproduziert werden. — Von den erhaltenen 5-Arylaminotetrazolen wurden die pK_a-Werte in 50% ig. Methanol bestimmt. Außerdem wurden die UV-Absorptionsspektren verschied. 5-Arylaminotetrazole bzw. der entsprechenden 1-Aryl-5-aminotetrazole in A. aufgenommen u. der Zusammenhang zwischen dem Verlauf der UV-Absorptionskurven mit der Struktur der einzelnen Verbb. diskutiert.

V e r s u c h e (FF. korr.): Durch 5 Min. Erwärmen von 1 g 5-Benzylaminotetrazol auf 180—185° u. Ausschütteln mit KOH wird *1-Benzyl-5-aminotetrazol*, F. 190,5 bis 191,5°, erhalten; feine Nadeln aus 50% ig. A.; 0,7 g (Ausbeute). — *5-Phenylaminotetrazol*, $C_7H_7N_5$, F. 205—206°, durch 1std. Kochen von 2 g II in Xylol, Lösen in verd. KOH, Filtrieren u. Neutralisieren; pK_a 5,49; aus A. Nadeln; 1,8 g. — *5-[p-Nitrophenylamino]-tetrazol*, $C_7H_6O_2N_6$, F. 221—223° (Zers.), a) durch 2std. Erhitzen von 2 g aus p-Nitrophenylcyanamid u. HN_3 erhaltenem 1-[p-Nitrophenyl]-5-aminotetrazol in Xylol; pK_a 4,34; aus Acetonitril blaßgelbe Nadeln; 1,9 g; b) durch Erhitzen der durch Nitrierung von II erhaltenen Verb. in Xylol. — *1-[-m-Nitrophenyl]-5-aminotetrazol*, $C_7H_6O_2N_6$, F. 226,5—228° (Zers. nach Schrumpfen ab 170°), durch 14std. Kochen von 6 g m-Nitrophenylcyanamid in Xylol mit HN_3 u. A. u. Einengen; aus Acetonitril feine, gelbe Nadeln; roh 6,3 g. — Aus 2 g vorst. Verb. entsteht durch 2std. Kochen in Xylol, Lösen in verd. KOH, Filtrieren u. Neutralisieren *5-[m-Nitrophenylamino]-tetrazol*, $C_7H_6O_2N_6$, F. 226° (Zers.); pK_a 4,85; aus A. feine, blaßgelbe Nadeln; 1,9 g. — *5-[o-Nitrophenylamino]-tetrazol* (I), $C_7H_6O_2N_6$, F. 211° (Zers.), durch 2std. Kochen von 3,9 g o-Nitrophenylcyanamid in Xylol mit HN_3 u. absol. A., Einengen, Lösen in verd. KOH u. Neutralisieren; pK_a 4,08; aus Acetonitril sehr feine, hellgelbe Nadeln; roh 3,1 g; bei Durchführung der Rk. bei 50 bzw. 60° Wiedergewinnung des Ausgangsmaterials, bei 70° wird ein Gemisch aus letzterem u. I erhalten. (J. org. Chemistry **18**. 1269—82. Okt. 1953. East Lansing, Mich., Michigan State Coll., Kedzie Chem. Labor.)

BUCHTA. 3184

Fritz Arndt, Lotte Loewe, Resat Ün und **Ertugral Ayça,** *Cumarindiol und Cumarin-Chromon-Tautomerie.* Als Beitrag zur Chemie der Endiole wurde *Cumarindiol* (**XIV**; *3.4-Dioxycumarin*) aus 4-Oxycumarin (**I**) dargestellt. — **I** tautomerisiert in Lsg. teilweise zu *2-Oxychromon,* das wegen seines stärker sauren Charakters von Diazomethan bevorzugt methyliert wird u. so als *2-Methoxychromon* (**III**) abgefangen werden kann. Die 3-substituierten Derivv. von **I** zeigen ebenfalls die Cumarin–Chromon-Tautomerie: *3-Brom-4-oxycumarin* (**IV**) wurde schon von HUEBNER u. LINK (vgl. J. Amer. chem. Soc. **67**. [1945.] 99) mit CH_2N_2 umgesetzt u. ergab *3-Brom-4-methoxycumarin* (**V**) u. einen höher schm. Stoff unbekannter Konstitution. Dieser wurde nun als *3-Brom-2-methoxychromon* (**VI**) erkannt u. mit 25%ig. HCl glatt von **V** abgetrennt; es ist im Gegensatz zu **V** sehr leicht verseifbar. Beim Verseifen von **V** mit konz. HCl entsteht *3-Chlor-4-oxycumarin* (**VII**), das auch aus **IV** u. HCl gebildet wird u. sich gegenüber CH_2N_2 wie **IV** verhält. Negative Substituenten in 3-Stellung scheinen also die Tautomerisierung zur Chromonform zu begünstigen, positive wie —COOR sie zurückzudrängen; so bildet 4-Oxycumarincarbonsäure-(3)-ester mit CH_2N_2 ausschließlich das Methylderiv. der Cumarinform. Beim Behandeln von **V** bzw. **VI** in Methanol mit Na-Methylat wurden *3.4-Dimethoxycumarin* (**X**) bzw. (dieses in schlechter Ausbeute) das bas. *2.3-Dimethoxychromon* (**XII**) gewonnen. Die Verseifung von **XII**, wozu 90%ig. H_2SO_4 notwendig ist, ergab **XIV**, die Verseifung von **X** *3-Oxy-4-methoxycumarin* (**XI**), das unerwarteterweise auch aus **IV** u. CH_3ONa entsteht. Die zweite Methoxygruppe von **X** konnte nicht verseift werden; es trat Ringspaltung ein. — Aus **XIV** entstehen mit CH_2N_2 ausschließlich *2.3-Dioxychromonderivv.*; **XIV** reagiert also hierbei als *Chromondiol,* im festen Zustand liegt es zweifellos als Cumarinderiv. vor. Es gleicht dem Thiacumarindiol weitgehend, ist aber leichter oxydierbar u. mit Jod u. TILLMANS-Reagens wie Ascorbinsäure titrierbar. Alle theoret. möglichen O-Methylderivv. des Cumarin-Chromondiols sind beschrieben. — *4-Oxy-3-acetamidocumarin* (II) zeigt mit CH_2N_2 ebenfalls Cumarin–Chromon-Tautomerie.

V e r s u c h e: *2-Methoxychromon* (**III**), $C_{10}H_8O_3$, F. 108° (Bzl.), aus 3 g **I** u. CH_2N_2 in Ae.; 0,5 g (Ausbeute); daneben 2 g *4-Methoxycumarin,* F. 125°, **III** wird mit kalter HCl schnell abgetrennt u. aus der Lsg. mit Sodalsg. gefällt, wobei teilweise Verseifung zu **I** eintritt, welches mit Alkali abgetrennt wird. — *4-Methoxy-3-carbäthoxycumarin* (unter Mitarbeit von **Müzeyyen Türgen**), $C_{13}H_{12}O_5$, F. 95—97° (A.), aus 0,2 g 4-Oxy-3-carbäthoxycumarin (F. 101°) u. CH_2N_2; 0,2 g. — *3-Brom-4-methoxycumarin* (**V**), $C_{10}H_7O_3Br$, F. 90—91° (Methanol) u. *3-Brom-2-methoxychromon* (**VI**), $C_{10}H_7O_3Br$, F. 150° aus 6 g 3-Brom-4-oxycumarin (**IV**; F. 194—195°) u. CH_2N_2; **VI** wird in HCl gelöst, wobei teilweise Rückbldg. von **IV** eintritt; Ausbeute 3,5 g **V** u. 0,1 g **VI**. — *3-Chlor-4-oxycumarin* (**VII**), $C_9H_5O_3Cl$, F. 206—207°, durch 1—2std. Kochen von **V** oder **I** mit konz. HCl; 100%. — *3-Chlor-4-methoxycumarin* (**VIII**), $C_{10}H_7O_3Cl$, F. 86—87° (Methanol), u. *3-Chlor-2-methoxychromon* (**IX**), $C_{10}H_7O_3Cl$, F. 154—155° (Methanol) (mitbearbeitet von **Ragip Ginkök**), aus **VII** u. CH_2N_2 in Ae., wobei **IX** direkt auskrist. (0,18 g) u. **VIII** durch Eindampfen u. Ausziehen mit HCl als Rückstand gewonnen wird (0,6 g). — *3.4-Dimethoxycumarin* (**X**), $C_{11}H_{10}O_4$, F. 80° (CH_3OH, dann PAe.), durch $1^1/_2$std. Kochen von 0,23 g Na in Methanol mit 2,53 g **V**; Nädelchen; 1,1 g. — *3-Oxy-4-methoxycumarin* (**XI**), $C_{10}H_8O_4$, F. 114° (Eisessig, dann wss. Methanol), a) durch Lösen von 0,1 g **X** in konz. HCl; Nädelchen; 0,06 g; b) durch 11std. Kochen von 0,25 g Na in Methanol mit 1,3 g **IV**; 0,8 g Na-Salz, das mit verd. HNO_3 **XI** ergab. — *2.3-Dimethoxychromon* (**XII**), $C_{11}H_{10}O_4$, F. 85° (PAe.), durch 11std. Kochen von 0,45 g **VI** mit 0,04 g Na in Methanol, Eindampfen u. Versetzen mit W. (Ansäuern der abdekantierten Lsg. liefert **IV**; 0,1 g); 0,1 g; lösl. in 20—25%ig. HCl; in konz. HCl entsteht ein schwerlösl. *Hydrochlorid.* Mit 90%ig. H_2SO_4 entsteht **XIV**. — *4-Oxy-3-aminocumarin* (**XIII**), $C_9H_7O_3N$, F. 225° (A.), durch Eintragen von 7,9 g 3-Isonitroso-2.4-dioxochroman (dargestellt aus **I** u. Nitrit nach ANSCHÜTZ [1909]; Zers. bei 169° [ANSCHÜTZ: 149°]) in die halbgesätt. Lsg. von $SnCl_2$ in konz. HCl u. Zerlegung des Chlorostannats (13 g) durch Einleiten von H_2S; 5 g. — *Diazoanhydrid,* $C_9H_4O_3N_2$, Zers. bei 160° (A.), aus 1,5 g **XIII** in verd. HCl u. $NaNO_2$ unter starker Kühlung; schwach gelbliche Kristalle; 1,15 g. — *Cumarindiol* (**XIV**), $C_9H_6O_4$, F. 235° (Zers.), durch vorsichtiges Erhitzen von 0,3 g vorst. Verb. mit genau 90%ig. H_2SO_4 auf 150—160°; 0,22 g. *Phenylhydrazinsalz,* F. 156°. *Diacetylderiv.* (wahrscheinlich Cumarin-Form), $C_{13}H_{10}O_6$, F. 138 bis 139° (A.). — *3-Oxy-2-methoxychromon,* $C_{10}H_8O_4$, F. 150° (Bzl.), aus 0,3 g **XIV** in Ae. u. CH_2N_2; 0,2 g; gibt bei weiterer Rk. mit CH_2N_2 **XII**. Dieses kann auch direkt aus **XIV** erhalten werden; dabei konnte in keinem Fall **X** nachgewiesen werden. — *4-Oxy-3-methoxycumarin,* $C_{10}H_8O_4$, F. 161°, aus 0,3 g **XIV** in 5%ig. NaOH u. Dimethylsulfat; 0,13 g. 0,2 g ergaben mit CH_2N_2 0,2 g **XII**, aber kein **X**. — *4-Oxy-3-acetamidocumarin* (**II**), F. 228—230° (A.) (HUEBNER u. LINK [l. c.]: 222—224°), aus **XIII** durch kurzes Erwärmen mit wenig Essigsäureanhydrid bis eben zur Lösung; seidige Nadeln. — *Cumarino-(3.4)-methyloxazol*, $C_{11}H_7O_3N$, F. 180° (A.), durch 3 Min. Kochen von **XIII** mit Essigsäureanhydrid; liefert beim Erwärmen mit NaOH **II**. — *4-Methoxy-3-acetamidocumarin*, $C_{12}H_{11}O_4N$, F. 170° (A.), u. *2-Methoxy-3-acetamidochromon*, $C_{12}H_{11}O_4N$, F. 135°, aus 2,4 g **II** in absol. Ae. u. CH_2N_2; Trennung durch 25%ig. HCl, etwas Chromonverb. wurde direkt isoliert; 1,7 g u. 0,53 g; aus dem salzsauren Auszug wurde mit Sodalsg. **II**, aus der Methoxyverb. zurückgebildet, erhalten. (Chem. Ber. **84**. 319—29. 1951. Istanbul, Univ., Inst. für Allg. Chem.) G. DRECHSLER. 3211

Edwin Plažek, *Über eine Synthese des 3.5-Dinitropyridins.* Die Nitrierung von 2-Oxy-5-nitropyridin führt zu *2-Oxy-3.5-dinitropyridin*, das mit PCl_5 in *2-Chlor-3.5-dinitropyridin* (**I**) übergeht. Mit Hydrazinhydrat entsteht aus **I** je nach den Reaktionsbedingungen *symm.-Bis-[3.5-dinitropyridyl-(2)]-hydrazin* (**II**) bzw. *[3.5-Dinitropyridyl-(2)]-hydrazin* (**III**). Äquimol. Mengen **I** u. **III** vereinigen sich zu **II**. Die Verbb. **II** u. **III** lassen sich durch Oxydation mit Ag-Salzen in *3.5-Dinitropyridin* (**IV**) überführen. Durch Red. von **IV** gelangt man zum *3.5-Diaminopyridin.*

Versuche: *2-Oxy-3.5-dinitropyridin*, $C_5H_3O_5N_3$, F. 176°, aus 20 g 2-Oxy-5-nitropyridin mit rauchender HNO_3 u. rauchender H_2SO_4; gelbe Nadeln aus 20%ig. CH_3COOH; 14 g (Ausbeute). — *2-Chlor-3.5-dinitropyridin* (**I**), $C_5H_2O_4N_3Cl$, F. 68° (Ligroin), aus 20 g vorst. Verb. mit 30 g PCl_5 u. 1 cm³ $POCl_3$ in 20 Min. auf dem sd. Wasserbad, auf Eis gießen, Nd. abfiltrieren u. mit Bzl. aufkochen, filtrieren u. mit Ligroin fällen; 17 g. — *symm.-Bis-[3.5-dinitropyridyl-(2)]-hydrazin* (**II**), $C_{10}H_6O_8N_8$, F. 276—278° (Zers.), durch Erhitzen von 20 g **I** in A. mit 10 g Hydrazinhydrat; 17 g; oder aus **I** u. **III** in A., 15 Min. Kochen; rotes Kristallpulver aus Eisessig oder p-Cymol. — *[3.5-Dinitropyridyl-(2)]-hydrazin* (**III**), $C_5H_5O_4N_5$, F. 173°, bei Zimmertemp. aus 8 g **I** u. 8 g Hydrazinhydrat in Methanol; fast schwarze, grünlich schillernde Kristalle aus A.; 7,2 g. — *Aceton-[3.5-dinitropyridyl-(2)]-hydrazon*, $C_8H_9O_4N_5$, F. 157°, rotbraune Kristalle aus W. + Aceton. — *3.5-Dinitropyridin* (**IV**), $C_5H_3O_4N_3$, F. 106° (A.), durch 2std. Kochen von **II** oder **III** mit Ag-Acetat in H_2O. — *3.5-Diaminopyridin*, F. 109 bis 110°, aus **IV** durch Red. mit Sn u. HCl, 1std. Kochen, mit W. verdünnen u. mit 50%ig. KOH bis zur klaren Lsg. versetzen u. mit Ae. extrahieren. (Recueil Trav. chim. Pays-Bas **72**. 569—75. Juni 1953. Wroclaw, Polen, TH, Organ.-chem. Inst.) PFLEIDERER. 3231

C. R. Kolder und **H. J. Den Hertog,** *Synthese und Reaktionsfähigkeit von 5-Chlor-2.4-dioxypyridin.* Es wird die Synth. von *5-Chlor-2.4-dioxypyridin* (**I**) beschrieben. Die Rk. zwischen 4-Nitropyridin-N-oxyd u. SO_2Cl_2 führt zu *2.4-Dichlorpyridin* (**II**), wobei die Bldg. von *2.3.4.5-Tetrachlorpyridin* als Nebenprod. nachgewiesen wurde. Bei der Behandlung von **II** mit NH_4OH resultiert ein Isomerengemisch von *2-Amino-4-chlorpyridin* u. *2-Chlor-4-aminopyridin* (**III**). Zur Überführung von **III** in *4-Chlor-2-äthoxypyridin* (**IV**) wurde zuerst Cl durch die Äthoxygruppe u. dann die Aminogruppe durch Cl ersetzt. Bei der Chlorierung von **IV** erreicht man eine Substitution an $C_{(5)}$ zu *4.5-Dichlor-2-äthoxypyridin* (**V**). Durch Erhitzen von **V** mit wss. alkoh. NaOH auf 160° kann als Hauptprod. *5-Chlor-2.4-diäthoxypyridin* (**VI**) isoliert werden, das mit konz. HCl in **I** übergeht. Die Konst. von **I** konnte durch Chlorierung zum bekannten *2.4.5-Trichlorpyridin* (**IX**) bewiesen werden. Das Cl-Atom in **I** ist im Gegensatz zum Br-Atom in 5-Brom-2.4-dioxypyridin (vgl. C. **1953**. 7807 u. früher) fest gebunden u. zeigt keine Neigung zur Wanderung nach $C_{(3)}$ beim Erhitzen mit konz. HCl auf 200°.

Versuche (FF. korr.): *2.4-Dichlorpyridin* (**II**), $Kp._{1,5}$ 73—75°, durch 6std. Erhitzen von 4-Nitropyridin-N-oxyd mit SO_2Cl_2 im Rohr auf 110°, Gießen auf Eis, Neutralisieren u. Wasserdampfdest.; 25—30% (Ausbeute) bzw. 35—40% unter Berücksichtigung des wiedergewonnenen Ausgangsmaterials; aus dem Rückstand durch Erhitzen mit konz. NH_4OH im Rohr auf 180° *4-Amino-2.3.5-trichlorpyridin*, F. 147 bis 148° (Ligroin–Bzl.). — *2-Amino-4-chlorpyridin*, F. 130—131°, u. *4-Amino-2-chlorpyridin* (**III**), F. 91—91,5°, **II** wird mit NH_4OH (D. 0,9) 5 Std. im Rohr auf 170—180° erhitzt, mit NaOH alkal. machen, mit Ae. extrahieren u. den Ae.-Rückstand mit sd. Ligroin fraktioniert extrahieren; **III** (60%) ist schwerer, das Isomere (20%) leichter löslich. — *4-Amino-2-äthoxypyridin*, F. 88—89° (Ligroin–Bzl.), aus **III** durch 6std. Erhitzen mit Natriumäthylatlsg. auf 160°; 60—65%. — *4-Chlor-2-äthoxypyridin* (**IV**), F. —1 bis +1°, aus vorst. Verb. in mit HCl gesätt. Lsg. mit $NaNO_2$ unter Kühlung; nach einigen Std. alkal. machen u. mit Ae. extrahieren; 85—90%. *Pikrat*, $C_7H_8ONCl \cdot C_6H_3O_7N_3$, F. 130—131°, aus A. gelbe Nadeln. — *4.5-Dichlor-2-äthoxypyridin* (**V**), $C_7H_7ONCl_2$, F. 56—57° (A.), aus **IV** in Eisessig durch Einleiten von Cl_2; nach 1½ Std. alkal. machen u. mit Ae. extrahieren; 75—80%. — *5-Chlor-2.4-diäthoxypyridin* (**VI**), $C_9H_{12}O_2NCl$, F. 56,5—57° (wss. A.), u. *5-Chlor-2-äthoxy-4-oxypyridin* (**VII**), $C_7H_8O_2NCl$,

F. 201,5—202° (Bzl.-Ligroin), aus **V** durch 8std. Erhitzen auf 160° mit NaOH in 50%ig. A.; beim Verdünnen mit W. scheidet sich **VI** ab; 60%; Extraktion des Filtrats mit Ae. gibt 35—40% **VII**. — *5-Chlor-2.4-dioxypyridin* (**I**), $C_5H_4O_2NCl$, F. 273—274° (Zers.), aus **VI** mit 25%ig. HCl im Rohr bei 160° in 4 Std., Eindampfen, Rückstand in A. aufnehmen u. mit Ligroin fällen u. bei 180°/0,2 mm sublimieren; 95—100%. — *4.5-Dichlor-2-oxypyridin* (**X**), $C_5H_3ONCl_2$, F. 231° (Zers.; Bzl.), aus **V** wie vorst.; 90—100%. — *5-Chlor-4-äthoxy-2-oxypyridin* (**VIII**), $C_7H_8O_2NCl$, F. 209,5—210,5° (Bzl.-Ligroin), **X** wird mit Na-Äthylat im Rohr 6 Std. auf 180° erhitzt, Abdest. des A., Neutralisieren, Ae.-Extraktion, Aufnehmen des Nd. in absol. A. u. Zusatz von Bzl. gibt **I**; aus dem Filtrat durch Einengen **VIII**. — *2.4.5-Trichlorpyridin* (**IX**), F. 8,5 bis 9° (wss. A.). a) aus **X** mit $POCl_3$ bei 120—130° in $2^1/_2$ Std.; auf Eis gießen, alkal. machen u. mit Dampf dest.; b) wie a) aus **I**. Identifizierung von **IX** durch Umsatz mit NH_4OH (D. 0,9) bei 160° zu *4-Amino-2.5-dichlorpyridin*, F. 125,5—126° (Ligroin). *Pikrat*, F. 164—165°. — *2.4-Dibrom-5-chlorpyridin*, $C_5H_2NClBr_2$, F. 61,5—62,5° (wss. A.), aus **I** mit $POBr_3$ in 3 Std. bei 160°. — *3-Brom-5-chlor-2.4-dioxypyridin* (**XI**), $C_5H_3O_2NClBr$, F. 258—259° (Zers.), aus **I** in 48%ig. HBr mit Br_2 bei 100° in 3 Std. aus A.-Bzl. Nadeln. — *3-Brom-2.4.5-trichlorpyridin*, C_5HNCl_3Br, F. 37—37,5° (wss. A.), aus **XI** mit $POCl_3$ wie oben. — *2.3.4-Tribrom-5-chlorpyridin*, $C_5HNClBr_3$, F. 77,5—78,5°, aus **XI** mit $POBr_3$; aus wss. A. Nadeln. (Recueil Trav. chim. Pays-Bas **72.** 285—95. April 1953. Wageningen, Agricult. Univ., Labor. of Organ. Chem.) PFLEIDERER. 3231

J. E. Saxton, *Kondensationen von 2.4-Dimethylpyrrolen.* Untersucht wurde die Kondensation von 2.4-Dimethylpyrrol (**I**) mit Acetonylaceton (**II**) in Ggw. von Zn-Acetat u. Essigsäure. Es entsteht dabei *1.3.5.8-Tetramethylpyrrocolin* (**III**). Bei der Selbstkondensation von **I** in Ggw. von Zn-Acetat u. Essigsäure entsteht eine mit **III** *isomere Base* (wahrscheinlich *1.3.5.7-Tetramethylpyrrocolin* [**IV**]), die ein *Methojodid* (**Va** oder **b**) bildet.

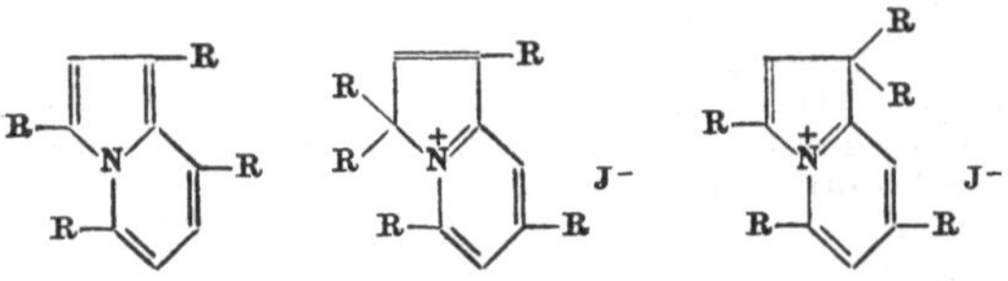

III R = CH_3 Va Vb

Versuche: *1.3.5.8-Tetramethylpyrrocolin* (**III**), $C_{12}H_{15}N$, F. 135°, Darst. aus **I** u. **II** mit Zn-Acetat in 90%ig. Essigsäure bei 24std. Kochen (nach PLANCHER [1902]), oder aus 5 g **I**, 7,5 g **II** in 25 cm³ A. mit HCl-Gas unter Kühlung bis Farb-Rk. mit EHRLICHS-Reagens negativ, dann alkal. stellen u. mit Dampf abtreiben; lange Prismen aus A.; 2 g (Ausbeute). — *Oktahydro-1.3.5.8-tetramethylpyrrocolin*, $C_{12}H_{23}N$, Kp.$_8$ 86—87°, aus vorst. Verb. (1,5 g) in A. mit RANEY-Ni/H_2 bei 80 at, 100°; Öl; 1,0 g. *Pikrat*, $C_{12}H_{23}N \cdot C_6H_3O_7N_3$, F. 172—177°, gelbe Rhomben. — *1.3.5.7-Tetramethylpyrrocolin* (?) (**IV**), $C_{12} \cdot H_{15}N$, F. 74—75°, Darst. aus 5 g **I** mit 22,5 g Zn-Acetat in 150 cm³ Essigsäure bei 24std. Kochen, weiter wie oben; Prismen aus CH_3OH. *Methojodid*, $C_{12}H_{15}N \cdot CH_3J$, F. 245 bis 248°, aus der Base beim Erhitzen auf 100° im Einschlußrohr 1 Std.; aus W. oder A. Rhomben. — Aus dem Methojodid mit p-Dimethylaminobenzaldehyd beim Kochen in A. mit Piperidin intensive Rotfärbung u. Nd., der nicht krist. erhalten werden konnte. (J. chem. Soc. [London] **1951.** 3239—41. Nov. Oxford, Univ., Dyson Perrins Labor.) GOEBEL. 3231

Wilhelm Prodinger und **Oskar Svoboda,** *Über die Darstellung und die Eigenschaften des Indooxins. Indooxin* (*Chinolin-5.8-chinon-5-[8-oxychinolyl-(5)-imid]*) (**I**) wird durch Kondensation von 5 Amino-8-oxychinolin (**IV**) mit 8-Oxychinolin (**II**) über das *Indooxin-Na* (**III**) in wesentlich besserer Ausbeute als nach dem Verf. von BERG u. BECKER (C. **1940.** I. 2510), welche **I** aus **II** u. NH_2OH in sodaalkal. Lsg. gewannen, dargestellt; auch das *Dihydrochlorid* wurde gewonnen. Aus **III** kann **I** wegen der Unbeständigkeit seiner mineralsauren Lsgg. nur mit organ. Säuren gewonnen werden. Die Absorptionsspektren von **I** in A., Aceton, Bzl. u. Dioxan im Bereich von 350—720 mμ u. die von **III** in W. u. CO_2-freiem W. dest. sowie in CH_3COOH u. NaOH werden aufgenommen u. diskutiert.

Versuche: *5-Amino-8-oxychinolin* (**IV**)-*Hydrochlorid*, ähnlich wie nach LIPPMANN u. FLEISSNER [1889] durch Zutropfen von $NaNO_2$-Lsg. zu **II** in HCl bei —5°, $^1/_2$std. Rühren bei 0°, Suspendieren des Nd. in konz. HCl, Zugabe von $SnCl_2 \cdot 2\,H_2O$ im Verlauf von 45 Min. unter Rühren $< 5°$, Lösen des Doppelsalzes in W. u. mehrstd. Stehen unter H_2S-Druck; zur Reinigung Lösen in wenig W. u. Sättigen mit HCl bei 0°; ockerfarbig; roh 82% (Ausbeute). *Sulfat*, durch Lösen vorst. Verb. in W. u. H_2SO_4 (1 : 4), Erhitzen auf 70° u. Zugabe von sd. A.; aus A. u. etwas konz. H_2SO_4 verfilzte, grünliche Nadeln. — *Indooxin-Na* (**III**), $C_{18}H_{10}O_2N_3Na$, a) ähnlich wie nach BERG u. BECKER (l. c.) durch Zugabe von Sodalsg. zu **II** in Methanol u. $NH_2OH \cdot HCl$

in W. u. 6std. Durchsaugen von Luft; enthält **II**; 31,5%; b) durch Zugabe von **II** in Methanol zu **IV**-Sulfat in W., dann von kaltgesätt. Sodalsg. u. kurzes Erwärmen; Trocknen in einer mit Toluol geheizten Trockenpistole unter Absublimieren von **II**; 89,9%; c) durch Erhitzen von **IV**-Hydrochlorid u. **II** mit Methanol u. W. bis zur Lösung, Versetzen mit kaltgesätt. Sodalsg. u. Aufarbeitung analog b). — *Indooxin* (I), $C_{18}H_{11}O_2N_3$, F. 252° (Bzl.; KOFLER-Block; Beginn des Schmelzens bei 250,5°), durch Extraktion von **III** mit absol. Bzl. u. 2%ig. CH_3COOH unter Feuchtigkeitsabschluß *Dihydrochlorid*, $C_{18}H_{11}O_2N_3 \cdot 2\,HCl$, durch Einleiten von scharf getrocknetem HCl in die gesätt. Lsg. von I in absol. Bzl. u. Durchleiten völlig trockener Luft; äußerst hygroskopisch. (Mh. Chem. **85**. 23—28. 15/2. 1954. Wien, Geolog. Bundesanst., Chem. Labor. u. Univ., II. Chem. Labor.) BUCHTA. 3231

K. Eiter und **O. Svierak**, *3-(N)-4-[Pyrazolo-(4'.5')]-chinolin.* Vff. beweisen im Gegensatz zu den Angaben von OCKENDEN u. SCHOFIELD (C. **1954**. 10239), daß *3-(N)-4-[Pyrazolo-(4'.5')]-chinolin* (I) wohl nach dem früher beschriebenen Verf. (vgl. EITER u. NAGY, Mh. Chem. **80**. [1949.] 607) zugänglich ist u. stellen fest, daß die von OCKENDEN u. SCHOFIELD (l. c.) für I angegebene Bezeichnung als 3H-1.2.6-Triaza-4.5-benzinden nicht korrekt ist, da das Acetylderiv. bekannt ist, welches sich nur von der von Vff. angegebenen Konst. für I ableiten kann. — Außerdem wird festgestellt, daß bei der von SCHOFIELD u. THEOBALD (C. **1953**. 6250) durchgeführten Umsetzung von diazotiertem 3-Aminolepidin mit Pyridin nicht 3-[Pyridyl-(x)]-lepidin (**II**), sondern I entsteht. Als Beweis wird der Misch-F. des angeblichen Dipikrats von **II** u. des Pikrats von I angegeben.

V e r s u c h e (FF. korr.): *3-(N)-4-[Pyrazolo-(4'.5')]-chinolin* (I), F. 223° (Aceton u. Hochvakuumsublimation), durch tropfenweise Zugabe von $NaNO_2$-Lsg. zu 0,14 g 3-Aminolepidin in 2n H_2SO_4 unter Kühlung u. dauerndem Tüpfeln mit KJ-Stärkepapier bis zur deutlichen Blaufärbung, $^1/_2$std. Stehen in Eis, Eintropfen in sd. W., Alkalisieren, Filtrieren, Sättigen mit CO_2, 12std. Extrahieren mit Ae. u. Eindampfen roh 0,09 g (Ausbeute). *Pikrat*, $C_{10}H_7N_3 \cdot C_6H_3O_7N_3$, F. 276—278° (Zers.; Methanol), durch Zugabe benzol. Pikrinsäurelsg. zu I in Methanol. (Mh. Chem. **85**. 283—85. 1954. Wien, Univ., II. Chem. Labor.) BUCHTA. 3231

A. G. Caldwell, *Mögliche Trypanocide der N-heterocyclischen Reihe.* 6. Mitt. *Verbindungen, die sich von Phenanthridin-9-aldehyden ableiten.* (5. vgl. WALLS, C. **1952**. 6854.) *Phenanthridin-9-aldehyd* (I) u. substituierte Vertreter lassen sich aus 9-Methylphenanthridin (II) bzw. den entsprechenden Substitutionsprodd. u. SeO_2 am besten in Dioxan gewinnen. Dabei entstehen *1.2-Bis-[phenanthridinyl-(9')]-äthylen* (**III**)-*Derivv.* als Nebenprodd., deren Konst. durch Synth. aus dem Aldehyd u. der Methylverb. in Acetanhydrid sichergestellt ist. In wss. Dioxan geben **I** u. **II** hauptsächlich *1.2-Bis-[phenanthridinyl-(9')]-äthanol* (**IV**), **III** u. wenig *1.2.3-Tris-[phenanthridinyl-(9')]-propan* (**V**); in wss. A. entsteht **IV** ausschließlich. Es spaltet in sd. Dioxan langsam, in Acetanhydrid schnell W. ab unter Bldg. von **III**. **V** wird in guter Ausbeute aus **I** u. **II** in Ggw. von konz. H_2SO_4 erhalten. Daß das Auftreten der Äthylenverbb. als Nebenprodd. bei der Darst. der Aldehyde auf die leichte Dehydratisierung der zunächst entstehenden entsprechenden Äthanole durch SeO_2 zurückzuführen ist, geht daraus hervor, daß **IV** mit SeO_2 in sd. Dioxan **III** in guter Ausbeute liefert. — Im Gegensatz zu *1.2-Bis-[3'-carbäthoxyaminophenanthridinyl-(9')]-äthylen* liefert **III** mit Dimethylsulfat in Nitrobenzol, wenn auch in geringer Ausbeute, ein *Bis-quartärsalz.* — Zu der Gewinnung der aus **I** u. seinen Derivv. mit GIRARD-Reagens P (**VIII**) u. T (**IX**) entstehenden Quartärsalze ist die Verwendung von Essigsäure als Katalysator nicht notwendig. Die $Fe(OH)_2$-Red. des aus *3-Nitrophenthridin-9-aldehyds* (**VI**) mit **VIII** erhaltenen Deriv. zu der Aminoverb. gelang nicht. — Während **I**, die 3-(**VII**) u. die 7-Carbäthoxyaminoverb. mit α-(**X**) u. γ-Picolinmethojodid (**XI**) in Ggw. von Piperidin zu den entsprechenden *Phenanthridinylvinylpyridiniumsalzen* reagieren, entstanden bei dieser Rk. aus **VI** nur Harze, u. aus *2.7-Bis-[carbäthoxyamino]-phenanthridin-9-aldehyd* konnte nur in einem Fall ein nichtdefiniertes Prod. erhalten werden. — Die aus **I** erhaltenen GIRARD-Verbb. sind gegenüber Streptokokken in vitro gut wirksam, die entsprechenden Carbäthoxyaminoverbb. wesentlich weniger gut; bei den sowohl in vivo als auch in vitro gut wirksamen Phenanthridinylvinylpyridiniumsalzen sind die Amino- u. Carbäthoxyaminoverbb. die wirksamsten. **III** ist gegenüber Streptokokken in vitro gut, in viro wenig aktiv. Die einzige Verb. mit trypanocider Wirksamkeit ist das aus **VII** u. 6-Acetamidochinaldinmethochlorid bei nachheriger Hydrolyse dargestellte *6-Amino-2-[2'-(3''-aminophenanthridinyl-(9''))-vinyl]-1-methylchinoliniumbromid*, welches gegen Trypanosoma rhodesiense eine geringe Aktivität besitzt, die wahrscheinlich auf die 6-Aminochinaldiniumgruppe zurückzuführen ist.

Versuche: *Phenanthridin-9-aldehyd* (I), F. 140—141,5°, durch 6½ std. Kochen von 2 g **II** mit SeO_2 in Dioxan + wenig W., Verdünnen des Filtrats mit A. (wonach **III** ausfällt; 150 mg [Ausbeute]), Eindampfen nach Filtration, Ausziehen mit sd. nHCl u. Alkalisieren; aus Aceton–Leichtbenzin blaßgelbe Nadeln; 1,2 g. *Semicarbazon*, F. 240° (Zers.). *Semicarbazonhydrochlorid*, $C_{15}H_{13}ON_4Cl$, aus CH_3OH kleine gelbe prismat. Nadeln, F. ca. 215° (Zers.). — *1-[2'-Oxo-2'-(N'-phenanthridinyl-(9'')-methylenhydrazino)-äthyl]-pyridiniumchlorid*, $C_{21}H_{17}ON_4Cl$, F. 245° (Zers.), aus **I** u. **VIII** in sd. A.; aus CH_3OH feine blaßgelbe Nadeln. Ebenso *N.N.N-Trimethyl-N-[2-oxo-2-(N''-phenanthridinyl-(9')-methylenhydrazino)-äthyl]-ammoniumchlorid*, $C_{19}H_{21}ON_4Cl$, F. ca. 240° (Zers.), aus **IX**; aus A. blaßgelbe Nadeln. — *7-Carbäthoxaminophenanthridin-9-aldehyd*, $C_{17}H_{14}O_3N_2$, F. 240° (Zers.), aus 5 g 7-Carbäthoxyamino-9-methylphenanthridin durch 6 std. Kochen mit SeO_2 in etwas W. enthaltendem Dioxan; aus Aceton gelbe Nadeln; 3,8 g; aus den Se-Rückständen wurden durch Extraktion mit sd. $C_6H_5NO_2$ 350 mg des *Äthylenderiv.* gewonnen. *Semicarbazon*, $C_{18}H_{17}O_3N_5$, in Pyridin dargestellt, F. 275—280° (Zers.), aus wss. Dimethylformamid blaßgelbe Nadeln. *Semicarbazonhydrochlorid*, $C_{18}H_{18}O_3N_5Cl$, F. ca. 215° (Zers.); rot. — *1-[2'-Oxo-2'-(N'-{7''-carbäthoxyaminophenanthridinyl-(9'')-methylen}-hydrazino)-äthyl]-pyridiniumchlorid*, $C_{24}H_{22}O_3N_5Cl$, F. ca. 260° (Zers.), aus 5 g Aldehyd u. 3,5 g **VIII** in sd. CH_3OH; gelbe Nadeln; 4,5 g. *N.N.N-Trimethyl-N-[2-oxo-2-(N''-{7'-carbäthoxyaminophenanthridinyl-(9')-methylen}-hydrazino)-äthyl]-ammoniumchlorid*, $C_{22}H_{26}O_3N_5Cl$, F. 230° (Zers.), aus CH_3OH gelbe Nadeln. — *2-Carbäthoxyaminophenanthridin-9-aldehyd*, $C_{17}H_{14}O_3N_2$, F. 198—199°, aus 3,5 g 2-Carbäthoxyamino-9-methylphenanthridin; gelbe Nadeln aus A.; Platten aus Dioxan; 2,25 g; daneben 120 mg *Äthylenverbindung*. — *3-Carbäthoxyaminophenanthridin-9-aldehyd* (**VII**), $C_{17}H_{14}O_3N_2$, F. 188—189°, aus 40 g 3-Carbäthoxyamino-9-methylphenanthridin; aus Bzl. gelbe Nadeln; 27,8 g; daneben 3,5 g des *Äthylenderivats*. — *3-Nitrophenanthridin-9-aldehyd* (**VI**), $C_{14}H_8O_3N_2$, F. 241 bis 242°, aus 5 g 3-Nitro-9-methylphenanthridin; aus Bzl. tiefgelbe Nadeln; 3,3 g; daneben die *Äthylenverbindung*. — *1-[2'-Oxo-2'-(N'-{3''-nitrophenanthridinyl-(9'')-methylen}-hydrazino)-äthyl]-pyridiniumchlorid*, $C_{21}H_{16}O_3N_5Cl$, gelbe Nadeln aus Aceton, F. 260° (Zers.). — *2.7-Bis-[carbäthoxyamino]-phenanthridin-9-aldehyd*, $C_{20}H_{19}O_5N_3$, F. 270—275° (Zers.), durch 7 std. Kochen von 2 g 2.7-Bis-[carbäthoxyamino]-9-methylphenanthridin u. SeO_2 in wasserhaltigem Dioxan, Kochen der nach Filtration ausgeschiedenen Kristalle mit 2nHCl u. der danach ausgefallenen Substanz mit $NaHCO_3$; aus Dioxan gelbe Platten oder Nadeln; 450 mg. — Nach 4 std. Kochen von 1 g vorst. Verb. mit 500 mg **VIII** in A., Ausziehen der festen Anteile mit sd. W. u. Verdünnen des Extrakts mit Dioxan wird *1-[2'-(N'-{2''.7''-Dicarbäthoxyaminophenanthridinyl-(9'')-methylen}-hydrazino)-2'-oxoäthyl]-pyridiniumchlorid*, $C_{27}H_{27}O_5N_6Cl$, das bis 350° nicht schm., erhalten; aus CH_3OH gelbe flache Nadeln. — *1.2-Bis-[phenanthridinyl-(9')]-äthylen* (**III**), $C_{28}H_{18}N_2$, F. 305—306°, durch 10 minütiges Kochen von 500 mg **I** mit 500 mg **II** in Acetanhydrid; aus Nitrobenzol tiefgelbe Nadeln; 800 mg. — Ebenso wurden die folgenden 1.2-Bis-[phenanthridinyl-(9')-äthylene gewonnen u. aus Nitrobenzol krist.: *7'-Carbäthoxyamino-*, $C_{34}H_{28}O_4N_4$, orangefarbene Nadeln, F. 310° in vorerhitztem Bad, > 360° bei langsamem Erhitzen. — *3'-Carbäthoxyamino-*, gelbe Nadeln, die bis 340° nicht schmelzen. — *3'-Nitro-*, $C_{28}H_{16}O_4N_4$, schm. nicht bis 360°; tieforangefarbene Nadeln. — 7 std. Kochen von je 1 g **I** u. **II** in feuchtem Dioxan ergibt zunächst **III** (nach Reinigung 300 mg); wird die Mutterlauge mit A. verd., fällt ein Nd., der nach Auskochen mit Bzl. als Rückstand 50 mg **V** u. aus der benzol. Lsg. 200 mg **IV** liefert; aus dem Filtrat des Nd. können weitere 250 mg **IV** isoliert werden. — *1.2-Bis-[phenanthridinyl-(9')]-äthanol* (**IV**), $C_{28}H_{20}ON_2$, F. 191—192°, durch 3½ std. Kochen von je 1,5 g **I** u. **II** in 80%ig. A.; Nadeln aus Bzl., dann Chlf.–Leichtbenzin; 1,95 g. 6 std. Kochen von 200 mg **IV** in Dioxan gibt **III**; 30 mg; ebenso entsteht **III** aus **IV** in sd. Acetanhydrid. Auch 4 std. Kochen von 900 mg **IV** in feuchtem Dioxan mit SeO_2 führt zu **III**; 700 mg. — *1.2.3-Tris-[phenanthridinyl-(9')]-propan* (**V**), $C_{42}H_{29}N_3$, F. 264—266°, durch 1½ std. Erhitzen von 2 g **II**, 1 g **I** u. wenig konz. H_2SO_4 auf 145° (Badtemp.), anschließendes Erwärmen mit 2nNaOH, Auskochen mit A., heiße Filtration u. Kristallisation des Rückstandes aus Pyridin als Verb. $C_{42}H_{29}N_3 \cdot C_5H_5N$; 2,1 g; das Pyridin wird durch Lösen in alkoh. 2nHCl u. Fällen mit Alkali abgespalten; aus Dioxan kleine Platten. **V** entsteht auch durch 6 std. Kochen von 200 mg **IV** u. 500 mg **II** in Dioxan; 80 mg; außerdem wird **V** durch 6 std. Kochen von 500 mg **I** mit 2,5 g **II** in Dioxan erhalten. — **III**-*Dimethochlorid*, $C_{30}H_{24}N_2Cl_2$, F. 255° (Zers.), durch 5 minütiges Erhitzen von 8 g **III** in $C_6H_5NO_2$ mit Dimethylsulfat auf 180°, Lösen in W. u. Zugabe von HCl; aus A. kleine gelbe Nadeln; 3 g. — 1-Methylpyridiniumjodide: *2-[2'-(Phenanthridinyl-(9'')-vinyl]-*, $C_{21}H_{17}N_2J$, F. 224—226° (Zers.), durch 2½ std. Kochen von 2,4 g **X** mit 3 g **I** in CH_3OH u. wenig

Piperidin; aus W. oder A. feine gelbe Nadeln; 2,25 g. — Ebenso *4-[2'-(Phenanthridinyl-(9'')-vinyl]-*, $C_{21}H_{17}N_2J$, F. 295° (Zers.), aus 5 g **XI** u. 4,6 g **I** (4 Std.); tiefgelbe Nadeln aus CH_3OH; 6,75 g. — *2-[2'-(7''-Carbäthoxyaminophenanthridinyl-(9''))-vinyl]-*, $C_{24}H_{22}O_2N_3J$, F. 248° (Zers.), aus 600 mg **X** u. 750 mg Aldehyd in A. + wenig Piperidin durch 3std. Kochen; aus CH_3OH orangefarbene Nadeln; 1,05 g. — *2-[2'-(7''-Aminophenanthridinyl-(9''))-vinyl]-*, $C_{21}H_{18}N_3J$, F. 234—235° (CH_3OH), durch ½std. Erhitzen vorst. Verb. mit H_2SO_4 auf 150°, Verdünnen, Neutralisieren mit NH_4OH u. Zugabe von KJ; tiefrote Nadeln. — *4-[2'-(7''-Carbäthoxyaminophenanthridinyl-(9''))-vinyl]-*, $C_{24}H_{22}O_2N_3J$, F. 265° (Zers.), orangefarbene Nadeln aus W., wie vorst. aus **XI**; 900 mg. — *4-[2'-(7''-Aminophenanthridinyl-(9''))-vinyl]-*, $C_{21}H_{18}N_3J$, F. 257—258°, aus W. kleine rote Nadeln. — *2-[2'-(3''-Carbäthoxyaminophenanthridinyl-(9''))-vinyl]-*, $C_{24}H_{22}O_2N_3J$, F. 242° (Zers.), aus 1,2 g **X** u. 1,5 g **VII**; aus CH_3OH orangefarbene Nadeln; 1,7 g. — *2-[2'-(3''-Aminophenanthridinyl-(9''))-vinyl]-*, $C_{21}H_{18}N_3J$, dunkelrote Nadeln aus CH_3OH, F. 215° (Zers.). — *4-[2'-(3''-Carbäthoxyaminophenanthridinyl-(9''))-vinyl]-*, $C_{24}H_{22}O_2N_3J$, F. 255° (Zers.), aus 5 g **VII** u. 4 g **XI**; aus CH_3OH orangefarbene Nadeln; 7,7 g. — *4-[2'-(3''-Aminophenanthridinyl-(9''))-vinyl]-1-methylpyridiniumbromid*, $C_{21}H_{18}N_3Br$, aus CH_3OH tiefrote Nadeln, F. 270—271°. — *6-Acetamido-2-[2'-(3''-carbäthoxyaminophenanthridinyl-(9''))-vinyl]-1-methylchinoliniumchlorid*, $C_{30}H_{27}O_3N_4Cl$, F. 260° (Zers.), durch 3std. Kochen von 4,5 g 6-Acetamidochinaldinmethochlorid, 5 g **VII** u. etwas Piperidin in A.; aus CH_3OH rote Nadeln; 7,5 g. — Daraus *6-Amino-2-[2'-(3''-aminophenanthridinyl-(9''))-vinyl]-1-methylchinoliniumbromid*, $C_{25}H_{21}N_4Br$, Zers. etwas über 280°, aus viel CH_3OH tiefrote Platten. (J. chem. Soc. [London] **1952**. 2035—41. Juni. Beckenham, Kent, Wellcome Res. Labors., Chem. Div.) NITZSCHKE. 3231

William Bradley und **Harry E. Nursten,** *Bildung von Flavanthronen aus 2-Aminoanthrachinonderivaten.* Vff. klärten die Bldg. des *3.3'-Di-tert.-butylflavanthrons* (**I**) aus **2-Amino-1-brom-3-tert.**-butylanthrachinon (**II**) in Ggw. von Na-Acetat u. Cu-Acetat experimentell dahingehend auf, daß zunächst ein Teil des Ausgangsmaterials zum *2-Amino-3-tert.-butylanthrachinon* entbromiert wird, welches dann mit unverändertem **II** kondensiert.

Versuche: 2std. Erhitzen von **II** mit Na-Acetat u. Cu-Acetat u. chromatograph. Isolierung ergab *3.3'-Di-tert.-butylindanthron*, *3.3'-Di-tert.-butylindanthronazin* u. *2-Amino-3-tert.-butylanthrachinon*; dagegen ließen sich weder *2.2'-Diamino-3.3'-di-tert.-butyl-1.1'-dianthrachinonyl* noch **I** nachweisen. — Der Umsatz von **II** mit 2-Amino-3-tert.-butylanthrachinon in C_6H_5Cl in Ggw. von Na-Acetat u. wenig Cu-Acetat lieferte neben **I** das *3.3'-Di-tert.-butylindanthronazin.* (J. chem. Soc. [London] **1952.** 2944. Juli. Leeds, Univ.) KÜHNEL. 3231

Kwan-Chung Tsou und **Arnold M. Seligman,** *Synthese von 2-Naphthyl-β-D-glucopyruronosid und 2-Naphthyl-β-D-glucofururonolacton und ihr Verhalten gegen β-D-Glucuronidase.* Die Synth. von *β-Naphthyl-β-D-glucopyruronosid* (**II**) gelingt durch katalyt. Oxydation von *β-Naphthyl-β-D-glucopyranosid* (**I**). — Aus der Triacetylverb. des D-Glucofururonolactons (**III**) entstand durch Schmelzen mit β-Naphthol in Ggw. von p-Toluolsulfonsäure *β-Naphthyl-diacetyl-β-D-glucofururonolacton.* Nach Abspaltung der Acetylgruppen kann aus *β-Naphthyl-β-D-glucofururonamid* durch Einw. von $NaNO_2$ *β-Naphthyl-β-D-glucofururonolacton* (**IV**) gewonnen werden. — β-D-Glucuronidase hydrolysiert **II** leicht, während **IV** nicht angegriffen wird. Die Angreifbarkeit eines Substrates durch β-D-Glucuronidase setzt dementsprechend das Vorhandensein eines Pyranoseringes voraus.

Versuche: *β-Naphthyl-β-D-glucopyruronosid* (**II**), F. 150—151° (Äthylacetat), aus **I** in wss. Lsg. durch Einleiten von O_2-Gas in Ggw. von Pt-Schwarz u. $NaHCO_3$ auf dem Wasserbad (1 Std. unter Rühren), dann Kühlen, Ausfällen von **II** als *Pb-Salz* u. Einw. von H_2S; $[\alpha]_D^{21}$ —101° (c = 1,37 in A.) u. —112° (c = 2,08 in Dioxan); 55% (Ausbeute). *p-Toluidinsalz*, $C_{23}H_{25}O_7N$, F. u. Misch-F. 186,5—187°. **II** u. das **II**-p-Toluidinsalz geben positiven Resorcintest; Hydrolyse von **II** mit heißer 6 n HCl oder heißer 6 n NaOH spaltet β-Naphthol ab; **II** ist beständig gegen 50%ig. CH_3COOH u. 6 n HCl bei 0°. *Brucinsalz, Dihydrat*, $C_{39}H_{42}O_{11}N_2 \cdot 2\,H_2O$ F. 164°. — *Triacetyl-β-D-glucofururonolacton*, F. 193—194° (Nadeln aus A. u. Essigsäure), aus **III** u. Essigsäureanhydrid mit BF_3 in Ae. durch 1std. Stehen bei Raumtemp.; 90%. — *β-Naphthyl-diacetyl-β-D-glucofururonolacton*, $C_{20}H_{18}O_8$, F. 231—232° (Methylcellosolve), aus vorst. Verb. durch 85 Min. Erhitzen mit β-Naphthol u. p-Toluolsulfonsäure auf 100°; $[\alpha]_D^{22}$ —4,8° (c = 1,0 in Pyridin); 80%. — *β-Naphthyl-β-D-glucofururonamid*, $C_{16}H_{17}O_6N$, F. 157—158° (Nadeln aus 75%ig. A.), aus vorst. Verb. in absol. CH_3OH durch Sättigen mit NH_3 bei 0° u. 3std. Schütteln bei 4°, Eindampfen u. Zufügen von wenig W.; Kristalle; $[\alpha]_D^{25}$ —152° (c = 1,5 in Dioxan). — *β-Naphthyl-β-D-glucofururono-*

lacton (**IV**), $C_{16}H_{14}O_6$, F. 185—186° (Zers.), aus vorst. Verb. in 50%ig. Essigsäure durch langsame Zugabe von $NaNO_2$ (4 Std.), Eindampfen u. Zugabe von wenig W.; $[\alpha]_D^{23}$ —115° (c = 1,1 in Dioxan). *Monohydrat*, $C_{16}H_{14}O_6 \cdot H_2O$, F. 178—178,5° (Zers.), durch Zugabe der äquivalenten Menge W. u. Trocknen der Lsg. über $CaCl_2$. (J. Amer. chem. Soc. **74.** 5605—08. 20/11. 1952. Cambridge u. Boston, Mass., Harvard Univ., Chem. Labor., Dep. of Surgery of Beth Israel Hospital u. Harvard Med. School.) ROSSOW. 3400

Heisaburo Kondo und **Toshio Watanabe,** *Über die Alkaloide von Stephania japonica, Miers.* 10. Mitt. *Protostephanin.* 3. Mitt. (75. Mitt. *über Menispermaceae-Alkaloide.*) (74. vgl. J. pharmac. Soc. Japan [Yakugakuzasshi] **70.** [1950.] 152.) *Protostephanin* (**I**) der Zus. $C_{16}H_{10(12)} \cdot (OCH_3)_4 \cdot NCH_3$ gibt beim HOFMANNschen Abbau ein Des-N-Prod., welches bei der $KMnO_4$-Oxydation eine Diphenyldicarbonsäure u. ein Phenanthrenchinon, bei der O_3-Oxydation einen Diphenyldialdehyd liefert. Bei der Zn-Staubdest. von **I** entsteht ein Tetramethoxyphenanthren (Absorptionsspektren s. Original).

Versuche: *Protostephanin* (**I**), $C_{21}H_{27}O_4N$, F. 90—95°, aus krist. CH_3OH-haltigem **I** (F. 70—75°) durch Erhitzen im Vakuum; aus Ae. Prismen. *Hydrobromid*, F. 185°, aus Aceton Oktaeder, aus W. als Mono- oder Halbhydrat. — *Tetramethoxydiphenyldicarbonsäure* $C_{18}H_{18}O_8$, F. 212° (Zers.), durch $KMnO_4$-Oxydation des Des-N-Prod. von **I** in Aceton; aus Ae. hexagonale Tafeln oder Prismen. *Dimethylester* $C_{20}H_{22}O_8$, F. 119° (Aceton/PAe.), aus der Säure mit CH_2N_2. — *Tetramethoxyphenanthrenchinon* $C_{18}H_{16}O_6$, F. 268° (Zers.), rote Prismen, neben vorst. Diphensäure. — Der Ozonabbau des Des-N-Prod. in Chlf. gab HCHO u. den *Dialdehyd* $C_{18}H_{18}O_6$, F. 175°. *Dioxim*, $C_{18}H_{20}O_6N_2$, F. 245—246°, Prismen. — Die Zn-Staubdest. von **I** gab die *Verb.* $C_{18}H_{18}O_4$, F. 161°. *Pikrat*, F. 184°, bräunlichviolette Nadeln. — *5.6.5'.6'-Tetramethoxydiphenyldialdehyd-(2.2')*, F. 135°, aus Isovanillin über *2-Bromisovanillin* (F. 207°), daraus mit Dimethylsulfat *2-Bromveratrumaldehyd* (F. 83°) u. hieraus mit Cu-Pulver bei 250° während 2 Std. der Dialdehyd; nicht ident. mit dem oben beschriebenen Dialdehyd. — *5.6.5'.6'-Tetramethoxydiphenyldicarbonsäure-(2.2')*, $C_{18}H_{18}O_8$, F. 220°, aus 2-Bromveratrumsäure (F. 204—205°) in einer ULLMANN-Synthese. *Dimethylester*, $C_{20}H_{22}O_8$, F. 147—148°; nicht ident. mit der oben beschriebenen Dicarbonsäure aus dem Des-N-Produkt. (Annu. Rep. ITSUU Lab. **1950.** 37—41. [Orig.: deutsch.]) NEZEL. 3500

Heisaburo Kondo, Toshiharu Nakamura, Masako Fujii und **Toshiko Kato,** *Über die Alkaloide von Stephania japonica, Miers.* 11. Mitt. *Protostephanin.* 4. Mitt. *Synthese der Tetramethoxyphenanthrene.* (76. Mitt. *über Menispermaceae-Alkaloide.*) (10. bzw. 3. bzw. 75. vgl. vorst. Ref.) Es werden *1.2.5.6-* u. *1.2.6.7-Tetramethoxyphenanthren* synthetisiert. Beide Verbb. sind nicht ident. mit dem Prod. der Zn-Staubdest. von Protostephanin.

Versuche: *3.4-Dimethoxy-2-nitro-α-[2'.3'-dimethoxyphenyl]-zimtsäure*, $C_{19}H_{19}O_8N$, F. 226,5° (aus Ae. Säulen), aus o-homoveratrumsaurem Natrium u. 2-Nitroveratrumaldehyd mit Essigsäureanhydrid bei 110—140° während 50 Std. im Bombenrohr. — *3.4-Dimethoxy-2-amino-α-[2'.3'-dimethoxyphenyl]-zimtsäure*, aus vorst. Säure u. $FeSO_4$ in ammoniakal. Lösung. Hieraus nach Diazotierung u. Verkochung. *1.2.5.6-Tetramethoxyphenanthrencarbonsäure-(10)*, $C_{19}H_{18}O_6$, F. 168—170°, seidenglänzende Kristalle (CH_3OH). — *1.2.5.6-Tetramethoxyphenanthren*, $C_{18}H_{18}O_4$, F. 64—66°, Nadeln (Ae.), durch Decarboxylierung vorst. Säure mit Chinolin in Ggw. von Cu-Pulver. *Pikrat*, F. 148°, rotbraune Nadeln (CH_3OH). — *3.4-Dimethoxy-6-nitro-α-[2'.3'-dimethoxyphenyl]-zimtsäure*, $C_{19}H_{19}O_8N$, F. 190—192°, aus o-homoveratrumsaurem Natrium u. 6-Nitroveratrumaldehyd wie oben; gelbe Oktaeder (Essigester). Daneben *3.4-Dimethoxy-6-nitrozimtsäure*, $C_{11}H_{11}O_6N$, F. 287°, feine gelbe Nadeln (Aceton). — *3.4-Dimethoxy-6-amino-α-[2'.3'-dimethoxyphenyl]-zimtsäure*, F. 215 bis 220°. — *1.2.6.7-Tetramethoxyphenanthrencarbonsäure-(10)*, $C_{19}H_{18}O_6$, F. 270—273,5°, lange platte Rhomben (Aceton). — *1.2.6.7-Tetramethoxyphenanthren*, $C_{18}H_{18}O_4$, F. 183—184,5°, Nadeln (Aceton/A.). *Pikrat*, F. 129,5°, rotbraune seidige Nadeln (Bzl.). (Annu. Rep. ITSUU Lab. **1950.** 41—45. [Orig.: deutsch].) NEZEL. 3500

Heisaburo Kondo, Masakichi Satomi und **Toshiko Odera,** *Über die Alkaloide von Stephania japonica, Miers.* 12. Mitt. *Protostephanin.* 5. Mitt. *3.4.3'.4'-Tetramethoxydiphensäure.* (77. Mitt. *über Menispermaceae-Alkaloide.*) (11. bzw. 4. bzw. 76. vgl. vorst. Ref.) Nachdem die von BOGOSSLOWSKI (C. **1937.** II. 4312) über 5.6.5'.6'-Tetramethoxydiphensäure gemachten Angaben von WATANABE weder bei einer Nacharbeitung noch auf einem anderen Synthesewege (vgl. vorvorst. Ref.) bestätigt werden konnten, untersuchten Vff. auch dessen Angaben über *3.4.3'.4'-Tetramethoxydiphensäure* (**I**). Sie kamen aber auch hier zu anderen Ergebnissen. In 15%ig. Ausbeute erhielten sie aus Hemipinsäuremethylester-(2) *6-Nitro-2.3-dimethoxybenzoesäuremethylester* u. nach Red. der Nitrogruppe, Diazotierung u. Verkochung in Ggw. von Cu_2O I.

Versuche: *Opiansäuremethylester*, F. 84—85°, aus der Säure mit CH_2N_2, Nadeln (A.). *Semicarbazon*, F. 204—205°, Nadeln (A.). — *Hemipinsäuremethylester-(2)*, F. 113°, aus vorst. Ester durch Oxydation mit $KMnO_4$. — *6-Nitro-2.3-dimethoxybenzoesäuremethylester*, $C_{10}H_{11}O_6N$, F. 78—80°, durch Behandeln des vorst. Esters in Essigsäure in Ggw. von einigen Tropfen H_2SO_4 mit rauchender HNO_3 (D. 1,53) bei 140—150° Badtemp. während 20 Min., Eingießen in W., Alkalieren u. Extrahieren mit Äther. Aus der sodaalkal. Lsg. nach Ansäuern *6-Nitrohemipinsäure*, $C_{10}H_9O_8N$, F. 156—158°. — *6-Amino-2.3-dimethoxybenzoesäuremethylesterhydrochlorid*, F. 190°. — *6-Amino-2.3-dimethoxybenzoesäurehydrochlorid*, F. 174°. *Freie Säure*, F. 92—95°, Nadeln (A.). — *6-Nitro-2.3-dimethoxybenzoesäure*, F. 186—188°, gelbliche, hexagonale Platten. Hieraus mit RANEY-Ni/H_2 6-Amino-2.3-dimethoxybenzoesäure, F. 90—92°. — *3.4.3'.4'-Tetramethoxydiphensäure* (I), F. 212—213°. Das Hydrochlorid der vorst. Aminosäure (0,87 g) wird diazotiert u. in eine Lsg. von 1,7 g $CuSO_4$, 8 ml W. u. 2,45 ml 28%ig. NH_4OH-Lsg. u. 1,16 g Hydroxylaminhydrochlorid in 2,5 ml W. u. 3 ml konz. NH_4 bei starker Eiskühlung eingetropft, dann bei 20° u. 80° gerührt. Beim Ansäuern scheidet sich die Säure aus; nicht ident. mit der aus Protostephanin erhaltenen Tetramethoxydiphensäure. *Dimethylester*, $C_{20}H_{22}O_8$, F. 156 bis 158. (Annu. Rep. ITSUU Lab. **1950.** 45—50. [Orig.: engl.]) NEZEL. 3500

Heisaburo Kondo und **Toshio Watanabe**, *Über die Alkaloide von Stephania japonica, Miers.* 13. Mitt. *Protostephanin.* 6. Mitt. (78. Mitt. *über Menispermaceae-Alkaloide.*) (12. bzw. 5. bzw. 77. vgl. vorst. Ref.) *Protostephanin* (I) wurde einigen Rkk. unterworfen, die auf Alkaloide der Morphinreihe Anwendung finden. Dabei trat bei der Einw. von konz. HCl unter energ. Bedingungen bei 100° in Ggw. von $SnCl_2$ im geschlossenen Rohr wahrscheinlich nur Demethylierung ein. Die entstandenen, sehr labilen Phenolbasen gaben bei der Methylierung mit Dimethylsulfat zum Teil I zurück. Die Einw. von Acetanhydrid bei 150° im Bombenrohr lieferte keine Substanzen, aus denen N freigemacht worden war. Bei noch höheren Tempp. trat undurchsichtige Zers. ein. Hydrierung von I über Pd-Kohle oder PtO_2 in Eisessig bei 20° blieb ohne Erfolg. Mit Maleinsäureanhydrid entstand ein *Anlagerungsprod.*, $C_{21}H_{27}O_4N \cdot C_4H_2O_3 \cdot 0,5H_2O$, F. 201° (Zers.), rhomb. Prismen, das mit Pd-Kohle zur *Verb.* $C_{21}H_{29}O_4N \cdot C_4H_2O_3 \cdot H_2O$, F. 154—155°, hydriert wurde. Danach scheint I ein Paar konjugierte Doppelbindungen zu enthalten. (Annu. Rep. ITSUU Lab. **1950.** 50—53. [Orig.: engl.]) NEZEL. 3500

Nicholas A. Milas, Pauls Davis, Igor Belič und **Dragutin A. Fleš**, *Synthese von β-Carotin.* Vff. kondensieren ihren $C_{(14)}$-Aldehyd (I) (MILAS u. Mitarbeiter, C. **1949.** II. **426**) mit C_2H_2 zum sek. *$C_{(16)}$-Äthinylcarbinol* (II). II wird in die GRIGNARD-Verb. übergeführt u. mit *Octen-(4)-dion-(2.7)* zum *Tetrol* (III) kondensiert. Nach partieller Hydrierung der Acetylenbindungen zu Doppelbindungen mittels Pd/$CaCO_3$ wurde das Raektionsprod. mit 4 Mol Pyridinhydrobromid in sd. Pyridin zu *β-Carotin* (**IV**) dehydratisiert. Nach Chromatographie an $Ca(OH)_2$ wurde **IV** aus Bzl./CH_3OH in

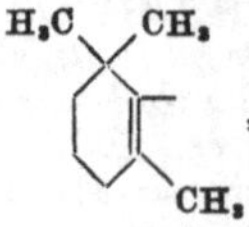 = R

I R—CH=CH—CH(CH_3)—CHO

II R—CH=CH—CH(CH_3)—CH(OH)—C≡CH

III R—CH=CH—CH(CH_3)—CH(OH)—C≡C—C(CH_3)(OH)—CH_2—CH
‖
R—CH=CH—CH(CH_3)—CH(OH)—C≡C—C(CH_3)(OH)—CH_2—CH

Form roter, hexagonaler u. rhom. Blättchen, F. 179—181°, erhalten. λ_{max} 429; 454 ($E_{1\,cm}^{1\%}$ ca. 2000); 484 mμ (in Bzl.) (J. Amer. chem. Soc. **72.** **4844.** Okt. 1950. Cambridge, Mass., Inst. of Technol., Dep. of Chem.) POMMER. 3550

Mogens A. Schou, *Tautomere Umwandlung von Xanthopterin.* Die Änderung der H^+-Konz. hat reversible Veränderungen der opt. Eigg. (Fluorescenz u. UV-Absorption) u. der Empfindlichkeit gegenüber enzymat. Oxydation von *Xanthopterin* (I; nur die Enolform wird durch I-Oxydase zu Leukopterin oxydiert) zur Folge. Die Erscheinung kann durch Annahme einer reversiblen *Keto-Enol*-Umwandlung, die an den C-Atomen 6 u. 7 stattfindet, erklärt werden. Die 1. Säuredissoziationskonstante von I ist ca. 6,5. Bei höheren p_H-Werten liegt I hauptsächlich als Enolation vor. In stärker saurer Lsg. bei Zimmertemp. sind nahezu gleiche Mengen undissoziiertes Enol- u. Ketotautomeres vorhanden. Das Verhältnis Enol-/Ketoform ändert sich mit der Temperatur. Die Ketoform von I fluoresciert nicht u. wird in Ggw. von I-Oxydase nicht oxydiert. Sie dissoziiert u. isomerisiert sich zur Enolform relativ langsam, während letztere sofort dissoziiert. Beim Übergang von der Enol- zur Ketoform verschiebt sich das UV-Maximum nach kürzeren Wellenlängen. Es konnte durch Bldg. eines komplexen

Fe-Salzes (λ_{max} 450 mμ) mittels überschüssigen $FeCl_3$ gezeigt werden, daß das Keto-Enol-Gleichgewicht zugunsten der Enolform verschoben wird. (Arch. Biochemistry **28.** 10—29. Aug. 1950. Kopenhagen, Univ., Inst. für Cytophysiol.) K. MAIER. 3550

Hans K. Krüsi, *Die Euphorbia-Harze.* 5. Mitt. *Oxydativer Abbau in der Seitenkette des Euphols.* (4. vgl. HAINES und WARREN, C. **1951.** II. 3028.) Dehydrierung von Euphylacetat mit N-Bromsuccinimid führte zu einem Acetatgemisch, das ein neues *Euphatrienylacetat* enthielt. Die Oxydation des Gemisches mit CrO_3 ergab neutrale u. saure Reaktionsprodd. im Verhältnis 1:2. Aus dem Neutralteil waren keine krist. Substanzen zu isolieren. Aus der sauren Fraktion wurden dagegen nach Veresterung mit CH_2N_2 u. Chromatographie der *Methylester einer Diketoacetoxysäure,* $C_{28}H_{40}O_6$, F. 170—171°, erhalten; hieraus durch alkal. Hydrolyse die *Oxydiketosäure* $C_{25}H_{36}O_5$, F. 233—234°; λ_{max} 272 mμ, u. aus ihr durch Veresterung mit CH_2N_2 der *Methylester der Oxydiketosäure,* $C_{26}H_{38}O_5$, F. 185—186°. Die UV-Absorption entspricht der von Diketodihydroeuphylacetat, so daß die C_{25}-Diketooxysäure als tetracycl. Abbauprod. des Euphols anzusehen ist, das die Hydroxylgruppe der Ausgangsverb. besitzt, ·CO·C:C·CO· als Chromophor u. eine sek. Carboxylgruppe enthält. (J. chem. Soc. [London] **1950.** 2864—66. Okt. Pietermaritzburg, Univ. of Natal.) NEZEL. 3600

W. E. Bachmann und **Fausto Ramirez,** *Phenylketone und Derivate von Desoxyequilenin- und Desoxyisoequileninzwischenprodukten.* Vff. untersuchten die Umsetzung von cis- u. trans-[2-Carbomethoxy-2-methyl-1.2.3.4-tetrahydrophenanthryl-(1)]-essigsäurechlorid mit Diphenylcadmium zu den entsprechenden *2-Carbomethoxy-2-methyl-1-phenacyl-1.2.3.4-tetrahydrophenanthrenen* (**I** bzw. **IV**). **I** wurde über das Bromid in *cis-1-Benzoyl-oxymethyl-2-carbomethoxy-2-methyl-1.2.3.4-tetrahydrophenanthren* (**II**) übergeführt. **II** lieferte bei der Einw. von Pyridin das *Lacton.* Einw. von $(CH_3COO)_4Pb$ auf **II** führte statt zu einer Spaltung zu einem Oxydationsprod., wahrscheinlich zu *1-Phenylglyoxylyl-2-carbomethoxy-2-methyl-1.2.3.4-tetrahydrophenanthren* (**III**). **III** lieferte bei der Behandlung mit KOH *2-Methyl-1.2.3.4-tetrahydrophenanthrencarbonsäure-(2)* u. bei der Oxydation mit alkal. Peroxyd Benzoesäure u. nicht weiter untersuchte saure Produkte.

V e r s u c h e: *cis-2-Carbomethoxy-2-methyl-1-phenacyl-1.2.3.4-tetrahydrophenanthren* (**I**), $C_{25}H_{24}O_3$, F. 133—134°, aus cis-[2-Carbomethoxy-2-methyl-1.2.3.4-tetrahydrophenanthryl-(1)]-essigsäure über das Säurechlorid mit Diphenylcadmium in Ae.–Bzl., Nadeln aus CH_3OH; 68% (Ausbeute); mit konz. H_2SO_4 rote Farbreaktion. *2.4-Dinitrophenylhydrazon,* $C_{31}H_{28}O_6N_4$, F. 193—194°, orangerote rhomb. Platten aus CH_3OH. Beim Erhitzen von **I** mit 85%ig. KOH wurde *cis-[2-Carboxy-2-methyl-1.2.3.4-tetrahydrophenanthryl-(1)]-essigsäure,* F. 227—229°, gebildet, nach Hochvakuumdest. (180°/0,01 mm) Kristalle aus CH_3OH. — *cis-1-Benzoylbrommethyl-2-carbomethoxy-2-methyl-1.2.3.4-tetrahydrophenanthren,* $C_{25}H_{23}O_3Br$, F. 146—147°, aus **I** durch Einw. von Br_2 in Eisessig, das Rohprod. wurde an Al_2O_3 mit PAe.–Bzl. (3:1) chromatographiert, glitzernde Nadeln aus CH_3OH; 82%. — *cis-1-Benzoyl-oxymethyl-2-carbomethoxy-2-methyl-1.2.3.4-tetrahydrophenanthren* (**II**), $C_{25}H_{24}O_4$, F. 167—168°, aus der vorst. Verb. durch Einw. von Na-Formiat in sd. CH_3OH, Nadeln aus CH_3OH; mit konz. H_2SO_4 hellgelbe Farb-Rk., red. FEHLINGsche Lösung. *2.4-Dinitrophenylhydrazon,* $C_{31}H_{28}O_7N_4$, F. 236—237°, gelbe Sechsecke aus Essigsäure. — *cis-1-Benzoyl-oxymethyl-2-carboxy-2-methyl-1.2.3.4-tetrahydrophenanthrenlacton,* aus **II** durch Erhitzen in wss. Pyridin oder bei der Einw. von Cu-Sulfat in Pyridin, farblose Flüssigkeit. *2.4-Dinitrophenylhydrazon,* $C_{30}H_{24}O_6N_4$, F. 222—223°, feine gelbe Nadeln aus Essigester–CH_3OH. — *1-Phenylglyoxylyl-2-carbomethoxy-2-methyl-1.2.3.4-tetrahydrophenanthren* (?; **III**), *Mono-2.4-dinitrophenylhydrazon,* $C_{31}H_{26}O_7N_4$, F. 214—215°, **II** wurde mit $(CH_3COO)_4Pb$ in verd. Essigsäure erhitzt, das Rohprod. nach der Entfernung des Pb als $PbSO_4$ mit 2,4-Dinitrophenylhydrazin in CH_3OH gefällt, mkr. karmesinrote Platten aus CH_3OH. — *2-Methyl-1.2.3.4-tetrahydrophenanthrencarbonsäure-(2),* $C_{16}H_{16}O_2$, a) aus **III** durch Behandlung mit KOH, nach Dest. Plättchen aus Aceton–PAe., F. 183—185°; b) aus 1-Keto-2-carbomethoxy-2-methyl-1.2.3.4-tetrahydrophenanthren durch Red. mit Zn-Amalgam u. HCl, das isolierte Prod. wurde mit CH_2N_2 verestert, dest. (Kp.$_{0,05}$ 100—120°) u. verseift, nach Vakuumdest. Plättchen aus CH_3OH, F. 192—193°. — Einw. von 30%ig. H_2O_2 in methanol. NaOH auf **III** lieferte neben anderen Prodd. *Benzoesäure,* F. 121—122°; 40%. — *trans-2-Carbomethoxy-2-methyl-1-phenacyl-1.2.3.4-tetrahydrophenanthren* (**IV**), $C_{25}H_{24}O_3$, F. 120 bis 121°, aus trans-[2-Carbomethoxy-2-methyl-1.2.3.4-tetrahydrophenanthryl-(1)]-essigsäure wie oben bei der cis-Verb., nadelartige Prismen aus CH_3OH; 56—62%; mit konz. H_2SO_4 orange Farbreaktion. *2.4-Dinitrophenylhydrazon,* $C_{31}H_{28}O_6N_4$, F. 215 bis 216°, rote rechteckige Platten aus Essigester–CH_3OH. **IV**-*Monobromderiv.,* $C_{25}H_{23}O_3Br$,

F. 129—130°, aus **IV**, wie bei der cis-Verb., Rosetten aus PAe.; 50%. (J. Amer. chem. Soc. **72**. 2525—27. Juni 1950. Ann Arbor, Mich., Univ., Chem. Labor.) BIENECK. 3750

W. E. Bachmann und **Fausto Ramirez**, *Untersuchungen über die Konfiguration der C/D-Ringverbindung von Steroiden. Die zu Desoxyequilenin und Desoxyisoequilenin gehörenden Lactame.* (Vorl. Mitt. vgl. C. **1949**. E. 1209.) Um die trans-Verknüpfung der C/D-Ringe in den weiblichen Sexualhormonen zu bestätigen, untersuchten Vf. zwei Lactame, *dl-16-Azadesoxyisoequilenin* (**Ic**) u. *dl-16-Azadesoxyequilenin* (**IIc**). **Ic** u. **IIc** wurden aus *cis-* bzw. *trans-[2-Carbomethoxy-2-methyl-1.2.3.4-tetrahydrophenanthryl-(1)]-essigsäure* (**Ia** bzw. **IIa**), über die daraus durch CURTIUS-Abbau erhaltenen *cis-* u. *trans-1-Aminomethyl 2-carbomethoxy-2-methyl-1.2.3.4-tetrahydrophenanthrenhydrochloride* (**Ib** bzw. **IIb**), gewonnen. Die schwerere Bldg. von **IIc**, seine größere Neigung zur Spaltung durch wss. Alkali u. seine Umlagerung in das diastereomere Lactam **Ic** bei der Behandlung mit Pd bei 250° machen die trans-Konfiguration des Lactamringes in **IIc** wahrscheinlich.

V e r s u c h e : *cis-* u. *trans-[2-Carbomethoxy-2-methyl-1.2.3.4-tetrahydrophenanthryl-(1)]-essigsäuren* (**Ia** u. **IIa**) wurden nach BACHMANN u. WILDS (J. Amer. chem. Soc. **62**. [1940.] 2084) dargestellt. Die einzige Veränderung war, daß bei der Darst. des 1-Keto-2-carbomethoxytetrahydrophenanthrens die Decarbonylierung mit Glaspulver unter N_2 durchgeführt wurde; 75% (Ausbeute). — *cis-1-Aminomethyl-2-carbomethoxy-2-methyl-1.2.3.4-tetrahydrophenanthren, Hydrochlorid* (**Ib**), $C_{18}H_{22}O_2NCl$, F. 212 bis 213° (Zers.), **Ia** wurde mit $SOCl_2$ in das Säurechlorid übergeführt, dieses in verd. Aceton mit Na-Azid in das Azid umgewandelt (das Azid zers. sich bei 80° unter Gasentw.), welches nach Zers. durch Erhitzen der benzol. Lsg. u. anschließende Hydrolyse des Isocyanates mit konz. HCl **Ib** lieferte, fadenförmige Kristalle aus CH_3OH-Essigester; 71—80%. *Pikrat*, $C_{24}H_{24}O_9N_4$, F. 194—195°, kanariengelbe Nadeln. — *trans-1-Aminomethyl-2-carbomethoxy-2-methyl-1.2.3.4-tetrahydrophenanthren, Hydrochlorid* (**IIb**), $C_{18}H_{22}O_2NCl$, F. 241—242° (Zers.), aus **IIa** analog **Ib**; fadenförmige Kristalle; 71—80%. *Pikrat*, F. 239—240°, glitzernde dunkelgelbe rhomb. Platten. Der freie *trans-Aminoester* konnte aus **IIb** durch Neutralisation als farblose Fl. gewonnen werden. — *dl-16-Azadesoxyisoequilenin* (**Ic**), $C_{17}H_{17}ON$, F. 205—206°, a) durch Einw. von 50%ig. KOH auf das aus **Ia** über das Azid dargestellte Isocyanat, nach Sublimation bei 0,05 mm Prismen aus CH_3OH; b) durch Behandlung von **Ib** mit wss. Alkali in quantitativer Ausbeute. Blieb bei Einw. von KOH in sd. wss. CH_3OH unverändert. — *dl-16-Azadesoxyequilenin* (**IIc**), $C_{17}H_{17}ON$, F. 234—236°, aus **IIb** durch Einw. von KOH in sd. wss. CH_3OH, rhomb. Platten aus CH_3OH. — Beim Ansäuern der alkal. Mutterlauge von **IIc** konnte die freie *1-Aminomethyl-2-methyl-1.2.3.4-tetrahydrophenanthrencarbonsäure-(2)* isoliert werden, F. 270°, Kristalle aus CH_3OH. *Pikrat*, $C_{23}H_{22}O_9N_4$, F. 252 bis 254°, aus 95%ig. A. kurze gelbe Nadeln. — **IIc** ließ sich durch alkal. Hydrolyse in wss. CH_3OH quantitativ in die Aminosäure umwandeln. — Vgl. der relativen Bildungsgeschwindigkeit der beiden Lactame: Bei der Einw. von NaOH auf eine wss. Lsg. von **Ib** unter Ae. bei 30° wurden 60% **Ic** gebildet. Bei der gleichen Behandlung von **IIb** konnte kein **IIc** isoliert werden. — **IIc** ließ sich beim Erhitzen mit der gleichen Menge 5% Pd/Holzkohle-Katalysator auf 245—250° für 8 Min. in **Ic** umlagern. (J. Amer. chem. Soc. **72**. 2527—29. Juni 1950. Ann Arbor, Mich., Univ., Chem. Labor.)

BIENECK. 3750

F. Galinovsky, E. Kerschbaum und **H. Janisch**, *Enolhalogenide des Testosterons.* Durch Umsetzung von Testosteron (**I**) mit überschüssigem α-Brompropionylbromid (**IIa**) wird in guter Ausbeute das Enolbromid *3-Brom-$\Delta^{3.5}$-androstadien-17-ol-α-brompropionat* (**III**) erhalten, das sich zum *Alkohol* (**IV**) verseifen läßt. Durch Umsetzung von **I** mit α-Chlorpropionylchlorid (**IIb**) werden die entsprechenden *Chlorverbb.* erhalten. Bei der Hydrierung von **IV** in Eisessig in Ggw. von PtO_2 wurde unter Aufnahme von 3 Mol H_2 neben *Androstan-17-ol* hauptsächlich *Ätiocholan-17-ol* erhalten. Die entsprechende Hydrierung von 3-Chlor-$\Delta^{3.5}$-cholestadien führte zu *Cholestan*. Zum Konstitutionsbeweis werden die UV-Spektren angegeben. **III** ist im Vesiculardrüsentest an kastrierten Ratten unwirksam.

V e r s u c h e (FF. im Vakuumröhrchen): *3-Brom-$\Delta^{3.5}$-androstadien-17-ol-α-brompropionat* (**III**), $C_{22}H_{30}O_2Br_2$, F. 169—170°, aus **I** u. **IIa** (Kp. 155°); 3 Std. auf dem Wasserbad; Nadeln aus Aceton–A.; 61% (Ausbeute). — *3-Brom-$\Delta^{3.5}$-androstadien-17-ol* (**IV**), $C_{19}H_{27}OBr$, F. 148—149° (Aceton), aus 0,6 g **III** u. 1n-alkoh. KOH (1 Std. auf dem Wasserbad); 0,36 g. — *3-Chlor-$\Delta^{3.5}$-androstadien-17-ol-α-chlorpropionat*, $C_{22}H_{30}O_2Cl_2$, F. 157° (nach Chromatographie aus Aceton), aus 0,5 g **I** u. **IIb** (Kp. 112°) analog **III**; 0,2 g. Beim Vers. der Darst. von *3-Chlor-$\Delta^{3.5}$-androstadien-17-ol-benzoat* aus **I** u. Benzoylchlorid wurde dieser Ester in ebenso geringer Ausbeute erhalten. — *3-Chlor-$\Delta^{3.5}$-androstadien-17-ol*, $C_{19}H_{27}OCl$, F. 148°, analog **IV**; aus A.-W. Nadeln. — Bei der

Hydrierung von 0,31 g **IV** in Eisessig mit PtO_2 (8 Std. bei 18°/745 Torr) wurden nach chromatograph. Trennung des Rohprod. (0,24 g) 0,18 g *Ätiocholan-17-ol* (F. 96°, Benzineluate nach erneuter Chromatographie aus Methanol) u. 0,03 g *Androstan-17-ol* (F. 161 bis 162°, Nadeln aus Aceton) erhalten. Die entsprechende Hydrierung von 0,4 g 3-Chlor-$\Delta^{3.5}$-cholestadien in Dioxan lieferte 0,1 g *Cholestan*, F. 79—80° (Aceton). (Mh. Chem. **84.** 193—98. 15/2. 1953. Wien, Univ., II. Chem. Labor., u. Fa. Sanabo, wiss. Labor.) H.-J. KOCH. 3750

Donna B. Cosulich, Doris R. Seeger, Marvin J. Fahrenbach, Kenneth H. Collins, Barbara Roth, Martin E. Hultquist und **James M. Smith jr.**, *Analoga der Pteroylglutaminsäure.* 9. Mitt. *Derivate mit Substituenten am Benzolring.* (8. vgl. C. **1952.** 5262.) Die Darst. von im Benzolring substituierten *Pteroyl-* bzw. *4-Aminopteroylglutaminsäuren* (Bezifferung vgl. 6. Mitt., C. **1952.** 5259) aus den entsprechend substituierten 4-Aminobenzoylglutaminsäuren, 1.1.3-Tribromaceton (**III**) u. 6-Oxy-2.4.5-triaminopyrimidin bzw. 2.4.5.6-Tetraaminopyrimidinsulfat (**IX**) wird beschrieben. Die Synth. der 4-Aminobenzoylglutaminsäuren gelang ausgehend von den entsprechenden 4-Nitrotoluolen durch Oxydation zu den *4-Nitrobenzoesäuren.* Umsatz der Säurechloride mit Glutaminsäure bzw. der Azide mit Glutaminsäurediäthylester (**V**) u. Red. mit Zn/Cu; sie wurden meist ohne Isolierung weiterkondensiert. 4-Carbäthoxaminobenzoylglutaminsäure (**VI**) konnte chloriert u. nitriert werden. Die Hydrolyse der Carbäthoxygruppe in der *3-Chlor-4-carbäthoxaminobenzoylglutaminsäure* (**VII**) gelang unter energ. Bedingungen. Beim 3.5-Dinitroderiv. (**IV**) konnte dagegen nur die *4-Amino-3.5-dinitrobenzoesäure* gefaßt werden. Bei der Umsetzung von 4-Aminobenzoylglutaminsäure (**VIII**) mit JCl resultierte wahrscheinlich *4-Amino-3.5-dijodbenzoylglutaminsäure.* Direkte Substitution von Pteroylglutaminsäure (I) u. 4-Aminopteroylglutaminsäure (**II**) gelang durch Nitrierung; die entstandenen 3'.5'-Dinitroderivv. konnten allerdings nicht ganz rein erhalten werden, doch bestätigen die UV-Spektren die angenommene Struktur. Die Jodierung von **I** führte wahrscheinlich zu *3'-Jodpteroylglutaminsäure.* Die biol. Wirksamkeiten der dargestellten Substitutionsprodd. von **I** u. **II** werden mit derjenigen von **I** verglichen; die UV-Maxima u. -Minima sind angegeben.

V e r s u c h e: *3'-Jodpteroylglutaminsäure* (?), $C_{19}H_{18}O_6N_7J$, aus **I** in 20%ig. HCl bei 15° mit JCl, Erwärmen auf 30° u. Umfällen aus Lauge mit Säure; gelb. — *4-Amino-3.5-dijodbenzoylglutaminsäure,* $C_{12}H_{12}O_5N_2J_2$, F. 224,5° (Zers.; verd. A.), aus 26,6 g **VIII** in W. durch Zugabe von 32,48 g JCl innerhalb 10 Min. u. Umfällen; 25 g (Ausbeute). — *4-Carbäthoxaminobenzoylglutaminsäure* (**VI**), $C_{15}H_{18}O_7N_2$, F. 175,4—177,5° (W.), aus **VIII** u. Chlorameisensäureäthylester in alkal. Lsg. bei 10—20° u. Ansäuern; bei p_H 2,5—3 fällt das Mono-Na-Salz aus, bei p_H 1 **VI**; 57,5%. — *4-Carbäthoxamino-3.5-dinitrobenzoylglutaminsäure* (**IV**), $C_{15}H_{16}O_{11}N_4$, F. 203,5—204° (W.), durch Eintragen von 3,38 g **VI** in 70%ig. HNO_3 + konz. H_2SO_4 bei 0—5° u. Gießen in Eis + W. nach 1 Std.; 1,5 g. Die direkte Nitrierung von **VIII** verlief erfolglos. Die Hydrolyse von **IV** mit 2nH_2SO_4 ergab *4-Amino-3.5-dinitrobenzoesäure,* F. 255—256°. *3'.5'-Dinitropteroylglutaminsäure* (**X**), $C_{19}H_{17}O_{10}N_9 \cdot H_2O$. 4,9 g **I** in konz. H_2SO_4 werden bei 0° mit 70%ig. HNO_3 versetzt; nach 2—3 Min. auf Eis gießen, gelben Nd. durch Erwärmen auf 40° lösen u. mit NaOH auf p_H 1 einstellen; 3,3 g gelbes Material; Reinigung durch Lösen in verd. NaOH u. Ansäuern mit 30%ig. Essigsäure. Spaltung von 2 g **X** in n-NaOH bei 95—100° durch 16std. Einleiten von O_2 u. Einstellen auf p_H 3 ergab 0,52 g *2-Amino-4-oxypteridin-6-carbonsäure* u. aus dem Filtrat vermutlich *4-Amino-3.5-dinitrobenzoylglutaminsäure.* Kochen von 2 g **X** in 2nH_2SO_4 über Nacht unter N_2 ergab 0,842 g *2-Amino-4-oxypteridin-6-aldehyd* u. 0,19 g Nadeln vom F. 205,5 bis 207°.— *3'.5'-Dinitro-4-aminopteroylglutaminsäure,* $C_{19}H_{18}O_9N_{10} \cdot 3H_2O$, analog **X** durch Nitrierung von 6,9 g **II**; 0,1374 g. — *3-Chlor-4-carbäthoxaminobenzoylglutaminsäure* (**VII**), $C_{15}H_{17}O_7N_2Cl$, F. 165—166,2° (W.), aus **VI** durch Chlorierung in Eisessig u. konz. HCl bei 20—30°; 81,5%. — *4-Amino-3-chlorbenzoylglutaminsäure* (**XI**), $C_{12}H_{13}O_5N_2Cl$, F. 150—151° (W.), aus **VII** durch 3std. Erhitzen mit 5nNaOH auf 50—60° u. Neutralisieren; 41%. Bei der Hydrolyse findet keine Racemisierung der L-Glutaminsäure statt. — *4-Amino-3-chlorbenzoesäure,* F. 225—227° (50%ig. A.), aus 2 g **XI** durch 10 Min. Kochen in 40%ig. NaOH; 0,2 g. — *3'-Chlorpteroylglutaminsäure,* aus 15 g **XI**, 25,4 g 2.4.5-Triamino-6-oxypyrimidinsulfat u. 36,8 g **III**; 43 g Rohprod.; zur Reinigung wurden 9,5 g in 5 Liter 0,1nNaOH bei 70—75° gelöst, mit 30%ig. $CaCl_2$-Lsg. behandelt, filtriert, mit $ZnCl_2$ auf p_H 10,84 u. dann auf p_H 2,5 eingestellt u. gekühlt; nach zweimaliger Wiederholung 5,1 g von 79,6%ig. Reinheit. — *4-Amino-3'-chlorpteroylglutaminsäure,* aus 150 g **XI**, 274 g **IX** u. 442 g **III** 1200 g feuchtes Rohprod., daraus nach Reinigung wie vorst. 17,5 g von 85,4%ig. Reinheit. — *2-Chlor-4-nitrobenzoesäure* (**XII**), F. 142—143° (W.), durch Oxydation von 2-Chlor-4-nitrotoluol mit $KMnO_4$ in alkal. Lsg.; 53%. — *2-Chlor-4-nitrobenzoylchlorid*, aus **XII** mit PCl_5; öliges Rohprod., identifiziert als *Amid* (F. 166°). — *2-Chlor-4-nitrobenzoesäuremethylester*, F. 75,5—76,7°, aus **XII** in absol. Methanol u. konz. H_2SO_4, 18 Std. Kochen; 91—96%. — *2-Chlor-4-nitrobenzhydrazid*, $C_7H_6O_3N_3Cl$, F. 156—157°, aus vorst. Verb. u. Hydrazinhydrat in Methanol, 18 Std. bei Zimmertemp.; 79%. — *2-Chlor-4-nitrobenzoylglutaminsäurediäthylester*, $C_{16}H_{19}O_7N_2Cl$, F. 98—98,5°, aus 21,5 g vorst. Verb. in verd. Essigsäure u. Isopropylacetat durch Überführung bei 0° mit $NaNO_2$ in das *Azid* u. Zugabe von dessen Lsg. in Isopropylacetat zu **V** in W.; 22,7 g. — *4-Amino-2'-chlorpteroylglutaminsäure*, durch Verseifung von 4,8 g vorst. Verb. mit 2nNaOH, Red. der Säure mit Zn-Staub u. $CuSO_4$ bei p_H 3—4 zu *4-Amino-2-chlorbenzoylglutaminsäure* u. Kondensation ohne Isolierung mit 7 g **IX** u. 9,2 g **III**; 7,6 g Rohprod.; aus 6,5 g wurden nach Reinigung wie oben 0,413 g von 82%ig. Reinheit erhalten. — *2.3-Dichlor-4-nitrobenzoesäure*, $C_7H_3O_4NCl_2$, F. 135,8—143° (W.), aus 43,3 g 2.3-Dichlor-4-nitrotoluol durch Oxydation mit $K_2Cr_2O_7$ in H_2SO_4 bei 62—65°; 5,7 g, 20,5 g Ausgangssubstanz zurück. Die Oxydation mit verd. HNO_3 bei 140° gibt Ausbeuten von 7—16%. — *2.3-Dichlor-4-nitrobenzoylglutaminsäure*, $C_{12}H_{10}O_7N_2Cl_2$, F. 79—83°, durch Überführung von 1 g vorst. Verb. mit $SOCl_2$ in das *Säurechlorid* u. dessen Rk. mit 0,62 g Glutaminsäure bei p_H 11; nach 1½ Std. auf 70° erhitzen, filtrieren u. ansäuern; nach mehrfachem Umfällen aus $NaHCO_3$-Lsg. 0,340 g. — *2.5-Dichlor-4-nitrobenzoesäure*, $C_7H_3O_4NCl_2$, F. 207—210° (50%ig. A.), aus 5 g 2.5-Dichlor-4-nitrotoluol durch Oxydation mit $K_2Cr_2O_7$ in 80%ig. H_2SO_4 bei 65°; 1,2 g. — *2.5-Dichlor-4-nitrobenzoylchlorid*, F. 62—64° (Bzn.), aus 0,5 g vorst. Verb. mit $SOCl_2$ u. etwas Pyridin; 0,284 g. — *2.5-Dichlor-4-nitrobenzoylglutaminsäure*, $C_{12}H_{10}O_7N_2Cl_2$, F. 182—185°, aus 2,5 g vorst. Verb. mit Glutaminsäure wie oben; 0,22 g. — Die Kondensationsprodd. aus *4-Amino-2.5-dichlorbenzoylglutaminsäure* (aus vorst. Verb. durch Red.) u. **IX** + **III** bzw. 2.2.3-Trichlorbutyraldehyd wurden nicht gereinigt. — *2.6-Dichlor-4-nitrobenzoesäure*, $C_7H_3O_4NCl_2$, F. 175,6—176,4° (W.), aus 2.6-Dichlor-4-nitrotoluol mit verd. HNO_3 im Rohr bei 140° in 16,5 Std.; 62—69%. *Methylester*, $C_8H_5O_4NCl_2$, F. 121,5 bis 123,5° (CH_3OH), über das *Chlorid*. — *2.6-Dichlor-4-nitrobenzoylglutaminsäure*, $C_{12}H_{10}O_7N_2Cl_2$, F. 215—220°, aus vorst. Säurechlorid mit Glutaminsäure. — *3-Methyl-4-nitrobenzoesäure*, F. 216—217°, durch Oxydation eines Gemisches von 2- u. 4-Nitro-m-xylol (25:75) mit CrO_3 in Eisessig; 25%. *Methylester*, F. 80—81°. *3-Methyl-4-nitrobenzhydrazid*, $C_8H_9O_3N_3$, F. 149—150° (W.), aus vorst. Ester u. Hydrazinhydrat in Methanol; 86%. — *3-Methyl-4-nitrobenzoylglutaminsäurediäthylester*, $C_{17}H_{22}O_7N_2$, F. 66,5—67,4°, aus vorst. Verb. über das *Azid* u. **V**; 62,8%. — *3'-Methylpteroylglutaminsäure*, $C_{20}H_{21}O_6N_7 \cdot 2,5H_2O$, aus vorst. Verb. wie oben; 27—36% (roh). — *4-Amino-3'-methylpteroylglutaminsäure*, $C_{20}H_{22}O_5N_8 \cdot 2H_2O$, analog. — *3.5-Dimethyl-4-nitrobenzoylchlorid*, $C_9H_8O_3NCl$, F. 52—53° (Bzn.), aus 4-Nitromesitylensäure u. $SOCl_2$. — *3.5-Dimethyl-4-nitrobenzoesäuremethylester*, F. 107,5—109°, aus der Säure mit Methanol u. H_2SO_4; 97%. — *3.5-Dimethyl-4-nitrobenzhydrazid*, $C_9H_{11}O_3N_3$, F. 172,8—173,7°, aus vorst. Verb. mit Hydrazinhydrat in Methanol u. Umfällen aus verd. Säure mit NH_4OH; 86%. — *3.5-Dimethyl-4-nitrobenzoylglutaminsäurediäthylester*, $C_{18}H_{24}O_7N_2$, F. 87,5—89° (A. + W.), aus vorst. Verb. über das Azid u. Kondensation mit **V**; 68%; Weiterverarbeitung wie oben gab ein rohes Reaktionsprod., das nicht gereinigt wurde. — *4-Amino-3'.5'-dimethylpteroylglutaminsäure*, $C_{21}H_{24}O_5N_8$, wie oben. (J. Amer. chem. Soc. **75**. 4675—80. 5/10. 1953. Bound Brook, N. Y., Amer. Cyanamid Co., Calco Chem. Div., Res. Dep.) PFLEIDERER. 3800

Taizo Matsukawa, Shojiro Yurugi und **Toshiro Matsuoka**, *Reaktionsprodukte aus Thiamin und Pflanzenbestandteilen der Gattung Allium: Nachweis von Allithiamin und seinen Homologen.* Vff. setzen die alkoh. Extrakte von 18 *Allium*-Arten mit Thiamin (**I**) um u. weisen neben dem bereits bekannten *Allithiamin*, [*2-(2'-Methyl-4'-aminopyrimidyl-(5')-methylformamido)-5-oxy-Δ²-pentenyl-(3)*]-*allyldisulfid* (**IIa**) 2 neue Homologe (**IIb** u. **c**) nach. Analog der Spaltung von **IIa** mit Cystein (**III**), wobei die SH-Verb. von **I** u. S-Allylmercaptocystein (**IVa**) entstehen, wurden nunmehr mittels Papierchromatographie neben **IVa** noch *S-Methyl-* u. *-Propylmercaptocystein* (**IVb** u. **c**) festgestellt. Dies spricht für die Existenz von 2 neuen Alliinhomologen. Verb. **IIa** entsteht nach Ansicht der Vff. aus der Thiol-Form von **I** durch Rk. mit Allicin, einem Sekundärprod. des Knoblauchs, hervorgegangen durch enzymat. Spaltung des Alliins. Bei Inaktivierung des Enzyms durch Behandlung mit sd. W. wird kein **IIa** gebildet. Verb. **IVb** wurde aus allen Alliumarten erhalten.

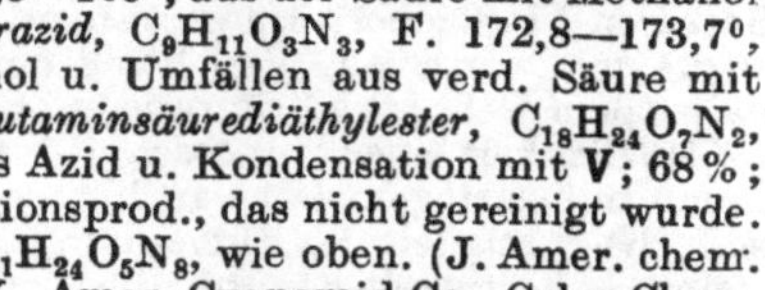

II

a $R = CH_2 \cdot CH = CH_2$
b $R = CH_3$
c $R = CH_2 \cdot CH_2 \cdot CH_3$

Versuche: Die Alkoholextrakte der zerriebenen Pflanzenzwiebeln wurden mit **I** bei 50—60° u. p_H 8 umgesetzt, das Lösungsm. abdest., der Rückstand mit Ae. extrahiert. Nach Vertreiben des Ae., Lösen des erhaltenen Sirups in 3%ig. Essigsäure, Filtration, Einstellen der gelbgrünen Lsg. auf p_H 6, Zufügen von **III**·HCl, Verweilen bei Raumtemp. u. Einstellung der Lsg. auf p_H 1 wurde chromatographiert. Zur Entw. diente ein Gemisch aus Essigsäure, Butanol u. W. (1 : 4 : 5), zum Nachw. der S-Verbb. Ninhydrin u. Thiolreagens nach CHARGAFF u. Mitarbeitern (J. biol. Chemistry **175.** [1948.] 67). R_F-Werte: *Cystin* 0,03; **III** 0,23; **IVb** 0,43; **IVa** 0,61, **IVc** 0,7; ferner *S-Äthyl-* 0,56 u. *S-Butylmercaptocystein* 0,78. (Science [Washington] **118.** 325—27. 18/9. 1953. Osaka, Japan, Takeda Pharmaceut. Ind. Ltd., Res. Labor.) HANSCHKE. 3800

Alan J. Henry und **Harold King,** *Die Isolierung und Identifizierung von (—)-Stachydrinäthylesterperjodid aus der Wurzel von Courbonia virgata.* Die alkoh. Extrakte der Wurzeln von *Courbonia virgata* enthalten curareähnlich wirkende quartäre Ammoniumbasen. Nach Abtrennung der mengenmäßig stark vorhandenen Tetramethylammoniumbase über das Perjodid mit KJ_3 u. durch Zers. mit heißem W. aus den entfetteten u. mit bas. Pb-Acetat gereinigten Alkoholextrakten gelang es Vff., in den weniger leicht zersetzlichen Perjodiden ein Perjodid krist. zu isolieren u. als (—)-*Stachydrinäthylestertrijodid,* $C_9H_{18}O_2NJ_3$, in derben Prismen zu isolieren. — (—)-*Stachydrinäthylesterpikrat,* $C_9H_{18}O_2N \cdot C_6H_2O_7N_3$, F. 101°. Nach Behandlung des Perjodids mit Ag-Pulver in wss. A. wurde $[\alpha]_D^{20}$ —4,4° (als Jodid berechnet) gefunden. — (—)-*Stachydrinäthylesterchloroaurat,* $C_9H_{18}O_2NCl_4Au$, F. 61—62°, kleine Nadeln. *Chloroplatinat,* F. 195° (Zers.), winzige Nadelbüschel. — Ein Synthesevers. des (—)-Stachydrinäthylesters aus L-Prolin, $[\alpha]_D^{25}$ —85,5°, durch Methylierung mit CH_3J/NaOH, Behandlung mit überschüssigem AgCl, alkal. Verseifung von gegebenenfalls gebildetem Methylester u. Veresterung mit A./HCl führte wahrscheinlich zum *Racemat des Äthylesters* (opt.-inakt.); *Pikrat,* F. 103—104°, *Goldsalz,* F. 58—60°; *Platinsalz,* F. 196—198°. Wenn die alkal. Verseifung vermieden wurde, enthielt das Reaktionsprod. wohl noch Methylester, wodurch die FF. verändert waren. (J. chem. Soc. [London] **1950.** 2866—68. Okt. Khartoum, Wellcome Chem. Labors., Nat. Inst. for Med. Res.) NEZEL. 3950

D_3. Makromolekulare Chemie.

R. A. Resnikowa, A. D. Saiontschkowski und **Ss. Ss. Wojutzki,** *Plastifizierung von Polyvinylchlorid mit einem Butadien–Nitrilcopolymeren.* 1. Mitt. *Der Einfluß der Butadien- und Nitrilgruppen in Butadien–Nitrilcopolymeren auf die gegenseitige Verträglichkeit der Polymeren und auf die Wirkung der Plastifizierung.* Das Auffinden eines hochmol. Weichmachungsmittels für *Polyvinylchlorid* (**I**) würde die bekannten Nachteile (Ausschwitzen, Flüchtigkeit, mechan. Schwächung usw.) der niedrigmol. Weichmacher beseitigen. Bei der vorliegenden Unters. wurde das mehrfach in der Literatur erwähnte Butadien-Nitrilcopolymer verwendet, u. zwar fünf Copolymere des Butadiens u. Acrylonitrils mit verschied. Verhältnis der Nitril- u. Butadiengruppen im Molekül. Mit steigendem Geh. an Nitrilgruppen im Copolymer sinkt dessen Quellfähigkeit, was auf die Möglichkeit einer Vernetzung hinweist. Die Erhöhung des Geh. von Butadienpolymeren mit geringem Geh. an Nitrilgruppen oder hohem Geh. von Butadiengruppen setzt die Festigkeit des Filmes herab. Die Schwächung von **I** wird nicht nur durch die geringere Festigkeit der Butadienpolymeren, sondern durch deren schlechte Verträglichkeit mit **I** hervorgerufen. Vff. kommen zu dem Schluß, daß das Mol. des hochpolymeren Weichmachers polare u. unpolare Gebiete enthalten muß. Die polaren Gebiete im Mol. des Weichmachers ermöglichen durch Wechselwrkg. mit den polaren Gruppen des Polymeren das Verteilen u. somit die gegenseitige Verträglichkeit. Die unpolaren Gebiete schirmen die polaren im Polymermol. ab u. schwächen die Wechselwrkg. der Moleküle. Ist die Anzahl der unpolaren Gebiete im Mol. des Weichmachers gering oder fehlen sie ganz, so ist wohl die Verträglichkeit des Weichmachers mit dem Polymer gut, die plastifizierende Wrkg. jedoch nur unbedeutend. Wenn hingegen im Mol. des Weichmachers die polaren Gebiete fehlen, so ist die Verträglichkeit gering, u. das Gemisch ist heterogen, was eine Verringerung der Festigkeit u. Elastizität zur Folge hat. Die optimale plastifizierende Wrkg. wies das Polymer mit 63,9% Nitril- u. 63,1% Butadiengruppen auf (Verhältnis 1 : 2). Die Anzahl der Gruppen von **I** entspricht der der Butadiengruppen. (Коллоидный Журнал [Kolloid-J.] **15.** 108—16. März/April 1953. Moskau, Zentral-Forschungsinst. für Ledere rsatzmittel.) A. AMBURGER. 4010

A. I. Jurshenko und **N. Ss. Zwetkow,** *Der Einfluß der Konzentration des Initiators auf die Geschwindigkeit der Polymerisation von Polystyrol in Emulsionen.* Die Unterss. der Polymerisationsgeschwindigkeit von Styrol wurden mit Hilfe der dilatometr. Meth. in N_2 unter vermindertem Druck u. unter ununterbrochenem Mischen durchgeführt. Der p_H-Wert wurde mit einer Glaselektrode gemessen. Als Initiatoren wurden *K-Persulfat, Na-Perborat* u. Dimethylphenylcarbinolhydroperoxyd, als Emulgator *Dibutylnaphthalinsulfonsäure* (*Nekal*) verwendet. Das Styrol enthielt 99,8% Monomere. Vff. fanden, daß die Polymerisationsgeschwindigkeit des Styrols in Emulsionen mit allen in Anwendung gebrachten Initiatoren der Peroxydart zunächst mit steigender Konz. des Peroxyds anwächst u. dann wieder sinkt. Die kinet. Gleichung $v = k\sqrt{c_{In.}}$ ist nur bei geringer Konz. des Initiators anwendbar. Im Falle von wenig beständigen Peroxyden wird das Maximum auf der Kurve $v_{Pol.}$ — $c_{In.}$ nach der Seite der geringeren Konzz. des Peroxyds verschoben. Die Polymerisationsgeschwindigkeit ist bei Anwendung von therm. beständigeren Initiatoren größer. Bei fallendem p_H verschiebt sich das Maximum der Polymerisationsgeschwindigkeit nach der Seite der größeren Konzz. des Initiators. Mit steigendem p_H-Wert sinkt die Polymerisationsgeschwindigkeit des Styrols, u. das Maximum wird weniger ausgesprochen. Ein erhöhter Geh. des Emulgators vergrößert das Gebiet der Peroxydkonzz., in der die beschleunigende Wrkg. des Initiators beobachtet wird. Das Auftreten der Maxima der Polymerisationsgeschwindigkeit im Falle einer Emulsionspolymerisation wird damit in Verbindung gebracht, daß die Bldg. freier Radikale, die den Polymerisationsprozeß initiieren, u. das Wachstum der akt. Ketten des Polymeren an verschied. Stellen des Polymerisationssyst. stattfinden. Das freie Radikal kann entweder — durch Wechselwrkg. mit anderen freien Radikalen — zu einem inakt. Teilchen werden oder das Wachstum der Polymerkette initiieren. Die Geschwindigkeit der Verausgabung der Radikale wird durch die Geschwindigkeit ihrer Wiedervereinigung u. die Geschwindigkeit, mit der die Radikale auf die Micellen des Emulgators treffen u. den Polymerisationsprozeß hervorrufen, bestimmt. Die Verringerung der Polymerisationsgeschwindigkeit bei steigender Konz. des Initiators kann nicht durch die Verringerung der Initiationsgeschwindigkeit erklärt werden. Folglich steht die Verlangsamung des Polymerisationsprozesses mit der Rk. des Abreißens der Kettenbldg. in den Micellen in Verbindung. Der Kettenabbruch findet sowohl infolge der Wiedervereinigung der Radikale als auch infolge der Wrkg. des Inhibitors, der aus der wss. Lsg. in die Micellen eindringt, statt. Die Anreicherung solcher Inhibitoren wird durch die Konzz. des Initiators u. des Emulgators bestimmt. (Коллоидный Журнал [Kolloid-J.] **15.** 136—44. März/April 1953. Lwow, Univ., Lehrstuhl für physikal. u. Kolloid-Chem.) A. Amburger. 4010

A. C. Zettlemoyer und **E. T. Pieski,** *Cumaron-Indol-Harze. Molekulargewichtsverteilung.* Zwei handelsübliche Cumaron-Indol-Harze u. ein Indolpolymerisat wurden durch Fällung (Bzl., Äthylacetat u. Methanol als Lösungsm.-Fällungsmittel-Kombinationen) bei 25° fraktioniert u. die Mol.-Geww. der Fraktionen durch Gefrierpunktserniedrigung in Bzl. bestimmt. Das Durchschnittsmol.-Gew. der 3 Harze betrug 624, 749 bzw. 689. Hochmol. Bestandteile wurden in Übereinstimmung mit der Theorie, nach der reaktionskinet. keine großen Moll. entstehen können, nicht gefunden. Auch enthielten die Harze keine monomeren oder dimeren Verbb., da diese bei der Dest. entfernt worden waren. In den Harzen lagen Trimere u. vor allem Tetramere vor. (Ind. Engng. Chem. **45.** 165—67. Jan. 1953. Bethlehem, Pa., Lehigh Univ.) Schäff. 4010

E. T. Pieski und **A. C. Zettlemoyer,** *Cumaron-Indol-Harze. Viscositäten der geschmolzenen Harze.* (Vgl. vorst. Ref.) An 3 handelsüblichen Cumaron-Indol-Harzen u. deren Fraktionen wurden die Viscositäts-Temp.-Kurven ($\log \eta$ gegen 1/T) im Bereich von 0,1—10000 Poise bestimmt. Sie zeigen eine deutliche Aufwärtskrümmung. Die Aktivierungswärmen ΔH des viscosen Fließens nehmen bei konstantem Mol.-Gew. mit der Temp. ab, u. zwar bis auf ca. 15—20 kcal. ΔH erreicht einen konstanten, maximalen Wert bei konstanter Viscosität u. genügend hohen Mol.-Gewichten. Die $\log \eta/(1/T)$-Kurven von Proben mit sehr verschied. Polymolekularität können sich überschneiden. Um die Eyring-Theorie des Fließens auf die Fließeigg. der untersuchten Polymerisate anwenden zu können, muß man folgenden Fließmechanismus annehmen: bei geringen Viscositäten bewegen sich die Ketten in Segmenten von der Größenordnung bis zu monomeren Einheiten; bei hohen Viscositäten ist die Fließeinheit viel größer, u. zwar in manchen Fällen so groß wie das ganze Molekül. Für eine monomere Einheit bei Polyindol wurde ein ΔH-Wert von ca. 13 kcal ermittelt. An Hand dieses Wertes wurden die Größen der Fließeinheiten bei verschied. Viscositäten berechnet. Das anomale Fließverh. der Polymerisate wird auf die großen Seitengruppen u. die relativ große Unbeweglichkeit der Polymerisatketten u. die dadurch verursachte große ster. Behinderung innerhalb der Moll. u. zwischen den Mol.-Ketten zurückgeführt. (Ind. Engng. Chem. **45.** 167—73. Jan. 1953.) Schäff. 4010

R. W. Stafford und **J. F. Shay,** *Saure und alkoholische Komponenten von Polyestern.* Zur Analyse von ungesätt. *Polyesterharzen* wird als Trennverf. von den Füllstoffen

Acetonextraktion bei n. Temp., Fällung des Polyesters mit PAc. u. Identifizierung der vernetzenden Komponenten im nichtgefällten Anteil durch Infrarotunters. vorgeschlagen. Bei verminderter Acetonlöslichkeit wird zur quantitativen Abtrennung Einw. von sd. Benzylamin bei Ggw. von NH_4Cl (vgl. STAFFORD u. Mitarbeiter, Analytic. Chem. **21.** [1949.] 1454) angewendet. Die aus den Dicarbonsäuren entstandenen Dibenzylamide werden entweder durch selektive Lösungsmittel getrennt oder durch Infrarotanalyse identifiziert (Infrarotspektren von 700—1700 cm^{-1} angegeben von *Adipin-*, *Sebacin-*, *Fumar-* [I] u. *Phthalsäuredibenzylamid* [II]). Bei den Reaktionsbedingungen entsteht aus Malein- bzw. Citraconsäure stets durch Umlagerung I bzw. Itaconsäuredibenzylamid, aus Diallylphthalat II u. aus Harnstoff–Formaldehyd-Harzen Dibenzylharnstoff. Eine andere Möglichkeit zur Abtrennung von Dicarbonsäuren besteht in der Verseifung zu den Di-K-Salzen mit 0,5n absol. alkoh. KOH, die UV-spektrograph. bestimmt werden können, die Isolierung der Alkoholfraktion aus der Verseifungslsg. wird beschrieben, zu ihrer Identifizierung wird Infrarotunters. vorgeschlagen [Infrarotspektren angegeben von *2-Methoxymethyl-2.4-dimethylpentandiol-(1.5)*, *2-Äthoxymethyl-2.4-dimethylpentandiol-(1.5)*, *2-Methylpentandiol-(1.3)* u. *2-Äthylhexandiol-(1.3)*]. — Beispiel der Trennung u. Analyse eines Handelspräparats. (Ind. Engng. Chem. **46.** 1625—27. Aug. 1954. Stamford, Conn., American Cyanamid Co.) GNAUCK. 4010

Mansel Davies und **D. R. J. Hill,** *Die Kinetik einer nichtkatalysierten Polykondensationsreaktion.* Zwischen 166 u. 255° wurde die Umsetzung von *Adipinsäure* (I) mit *Pentamethylenglykol* (II) unter Verwendung von *Diphenyläther* (III) als Lösungsm., jedoch in Abwesenheit von Katalysatoren, untersucht. Die Mengen von I, II u. III sowie die von zugesetztem W. wurden in weiten Grenzen variiert. Die Verss. zeigen, daß der Einfl. von III auf den Reaktionsverlauf nur gering ist. Die Reaktionsordnung für die Polyesterbldg. ändert sich im Laufe der Rk.; der Befund läßt sich bei Zugrundelegung eines termol. Aktivierungsschrittes zu Beginn der Rk. verstehen. Für Konzz. von II oberhalb 0,7 Mol/Liter läßt sich die Geschwindigkeitskonstante 2. Ordnung darstellen durch $10^4 \exp[-(12{,}9 \pm 0{,}9)/RT]$. Verss. unter Verwendung von Diäthylanilin an Stelle von III zeigen, daß das Lösungsm. keinen wesentlichen Einfl. auf den Reaktionsmechanismus besitzt. (Trans. Faraday Soc. **49.** 395—404. April 1953. Aberystwyth, Univ. Coll. of Wales, Edward Davies Chem. Labor.) FUCHS. 4010

G. J. Antlfinger und **C. H. Lufter,** *Polymerisationsstopper.* Die Unterss., das als Polymerisationsstopper bei der 5°-Emulsionsredoxpolymerisation von *Butadien* u. *Styrol* (I) bisher verwendete tox. u. verfärbende Dinitrochlorbenzol zu ersetzen, führten zum Befund, daß 0,2 Teile einer Lsg. von S in I (auf 100 Teile Monomeres) ebenfalls geeignet sind. Noch günstigere Eigg. weisen Kombinationen von Na-Dimethyldithiocarbamat mit S (Goodrite Shortstop 3954) oder Na-Polysulfid (Shortstop 3955) auf. Diese Mischungen eignen sich sowohl bei der 5°-Polymerisation (Fe-Pyrophosphat–Zucker–Hydroperoxyd-Syst.) als auch bei den üblichen 50°-Rezepturen für GR–S mit Persulfat oder Hydroperoxyd–Zucker-System. (Ind. Engng. Chem. **45.** 182—86. Jan. 1953. Avon Lake, O., B. F. Goodrich Chem. Co.) SCHÄFF. 4030

R. A. Stewart und **H. Leverne Williams,** *Die Beziehung zwischen den Polymerisations- und Mischpolymerisationsreaktionen mit Alfinkatalysatoren und der Herstellung von Masterbatchmischungen.* Vff. untersuchten die Polymerisation von *Butadien* (I) u. die Mischpolymerisation von I mit *Styrol* (II), *α-Methylstyrol* (III) oder *Isobutylen* mit Alfinkatalysatoren (vgl. MORTON, C. **1951.** I. 402). Die Aktivität der Katalysatoren (geprüft durch I-Polymerisation) wird durch kleine Änderungen in der Herst. beeinflußt; sie nimmt im Verlauf einer 5tägigen Lagerung des Katalysators zu. W., Alkohole, Ketone u. CH_3COOH wirken bereits bei Konzz. von ca. 1% im Monomeren als Katalysatorgifte. Techn. n-Pentan (95%ig.) u. rohes Crackpropylen können an Stelle der reinen Materialien bei der Katalysatorherst. verwendet werden. I-Mischpolymerisate mit II oder III enthalten mehr an der II-Komponente als die entsprechenden Emulsionspolymerisate mit Ausnahme der in Ggw. von Circosol 2 HX (Öl) im Reaktionsmedium erhaltenen Polymerisate. Verss. mit dem Ziel, eine Vernetzung durch Zumischung von Vinylcrotonat oder Dibinylbenzol zu erreichen, ergaben kein festeres Gel. Bei I tritt Polymerisation nur oberhalb einer Mindestkonz. an Katalysator ein u. erreicht dann bei steigender Katalysatorkonz. schnell Umsätze bis 100%. Diese Mindestkonz. ist um so geringer, je niedriger die Konz. an inerten Verdünnungsmitteln im Reaktionssyst. ist. Die Viscositätszahl des I-Polymerisats (Werte bis über 20) steigt mit zunehmender Reaktionstemp. u. fällt mit wachsendem Umsatz. Bei I–II-Mischpolymerisaten steigt die Viscositätszahl mit dem Umsatz; ihr Gelgeh. ist geringer. Die Viscositätszahl dieser Mischpolymerisate ist viel kleiner als die der I-Polymerisate;

sie benötigen außerdem höhere Katalysatorkonzentrationen. Die Polymerisation findet auch in Ggw. von Butanen, Butylenen, KW-stofffölen, wie Circosol 2 HX, Ruß u. Stearinsäure, u. zwar bei höherem Katalysatorbedarf statt. Die Zugabe dieser Materialien vor oder gleich nach der Polymerisation verbessert die Verarbeitbarkeit der Prodd. stark. Die physikal. Auswertung der erhaltenen Masterbatchmischungen zeigt, daß die erwünschten Eigg. beibehalten werden. (Ind. Engng. Chem. **45.** 173—82. Jan. 1953. Sarnia, Ontario, Can., Polymer Corp. Ltd., Res. & Development Div.) SCHÄFF. 4030

Daniel Swern, Joseph E. Coleman, H. B. Knight, K. T. Zilch, H. J. Dutton, J. C. Cowan und **J. M. Gyenge,** *Peroxyde von autoxydiertem Methyloleat und -linoleat als Initiatoren bei der Darstellung von synthetischem Butadien–Styrol-Kautschuk.* (*Reaktionen von Fettstoffen mit Sauerstoff.* 13. Mitt.) (12. vgl. COLEMAN u. Mitarbeiter, C. **1954.** 10680.) Bei der Copolymerisation von *Butadien* u. *Styrol* nach der Meth. ohne Anwendung von Dextrose bei 41° F, bei der $6 \cdot 10^{-4}$ Mol Initiator pro 100 g Monomeres verwendet wird, ergaben *Methyloleatperoxyd* (I) u. *Methyllineolatperoxyd* (II) höhere Polymerisationsgeschwindigkeiten u. Umsätze als Cumolhydroperoxyd (III) u. gleich große Umsatzgeschwindigkeiten im Vgl. zu p-Menthanhydroperoxyd (IV). Bei Anwendung der Peroxyd–Dextrose-Vorschrift bei 122° F wurde sowohl bei niedrigem als auch bei hohem Dextrosegeh. nur etwa halbmal soviel I ($1{,}5 \cdot 10^{-4}$ Mol) als III oder IV auf einer mol. Grundlage verwendet, um gleiche Umsatz- u. Polymerisationsgeschwindigkeiten zu erhalten. In der Redoxvorschrift mit niedriger Dextrose bei 41° F, die $6 \cdot 10^{-4}$ Mol Initiator pro 100 g Monomeres benutzt, ergab II etwas höhere Umsätze als III oder IV, dagegen in der Aminvorschrift niedrigere Umsätze. — Zur Darst. der Konzentrate von I u. II vgl. l. c. u. ZILCH u. Mitarbeiter (C. **1953.** 2211). (J. Polymer Sci. **11.** 487—90. Nov. 1953. Philadelphia, Pa., East. Reg. Res. Labor.; Peoria, Ill., North. Reg. Res. Labor.; Akron, O., Univ., Gov. Labor.) G. WINKLER. 4030

D. Tischtschenko und **T. Fedorischtschew,** *Thermische Depolymerisation von Cellulose.* Desacetylierte *Baumwollcellulose* (I) (94% α-Cellulose, 0,13% Asche) beginnt sich beim Erhitzen in W. im Autoklaven bei 230° zu lösen. Bei 235° waren in 10 Min. 20% in Lsg. gegangen. Diese Anteile besitzen einen hohen Reduktionswert: 47% (nach BERTRAND). Beim Erhitzen von I im Hg-Dampf beobachtet man bei 255° die ersten Zersetzungserscheinungen, wobei in $2^1/_2$ Std. 22% der I-Einwaage als braune M. abdest.; bei 270° im gleichen Zeitraum 72,5%. (Журнал Прикладной Химии [J. angew. Chem.] **26.** 393—96. April 1953. Holztechn. Kirow-Akad., Lehrstuhl für organ. Chem.) ULMANN. 4050

D. J. Manners, *Perjodatoxydation von Glykogenen.* Bei der Perjodatoxydation von fünf verschied. Glykogenen u. zwei Glykogen-α-dextrinen konnten weder durch anschließende Chromatographie noch durch Glucoseoxydase merkliche Mengen Glucose nachgewiesen werden. Vf. schließt daraus, daß diese Glykogene nur 1.4- u.1.6-Bindungen enthalten. (Biochem. J. **55.** XX—XXI. Sept. 1953. Edinburgh, Univ., Dep. of Chem.) BAUMANN. 4050

San-ichiro Mizushima, Takehiko Shimanouchi und **Masamichi Tsuboi,** *Intramolekulare Rotation und die Struktur von Hochpolymeren.* 2. Mitt. *Weitere Untersuchungen über die Struktur der Polypeptidkette.* (1. vgl. Bull. chem. Soc. Japan. **21.** [1948.] 1.) Für die Konfiguration der Polypeptidkette des α-*Keratins* wurden die Strukturen BBB ··· u. BBEBBE ··· vorgeschlagen. Aus den Bindungsabständen u. -winkeln des *Glycylglycins* (HUGHES u. MOORE, J. Amer. chem. Soc. **71.** [1949.] 2618) errechnet sich für die Länge einer Periode 5,14 Å in Übereinstimmung mit dem gefundenen Wert von 5,14 Å; der N—H···O-Abstand in der B-Form beträgt 2,52 Å. Bei Annahme der BBEBBE····-Konfiguration lassen sich die Reflexe des α-Keratins einfach erklären. Wenn der Mechanismus der Streckung des Keratins auf der Umwandlung der BBEBBE···· in die EEE····-Konfiguration beruht, errechnet sich die Elongation zu ca. 90%. — Für die Annahme, daß die Aminosäurereste der Polypeptidkette in der B-Form vorliegen, wurden weitere Beweise durch Unterss. an einfachen Amiden gebracht. Auf Grund der RAMAN-, Ultrarot- u. UV-Spektren u. der Best. des Dipolmomentes liegt *N-Methylacetamid* (I) in der trans-Form vor, in Übereinstimmung mit der Annahme, daß die in der Hauptkette von Polypeptiden enthaltenen Peptidbindungen trans-Konfiguration haben. I hat, ebenso wie *N-Äthylacetamid* u. *N-Cyclohexylacetamid,* die ebenfalls in trans-Konfiguration vorliegen, 2 Absorptionsmaxima bei 3,0 μ u. 3,2 μ (aus der N—H-Schwingung). Andererseits haben die in *cis*-Konfiguration vorliegenden *S-Valerolactam,* *ε-Caprolactam* u. *Diketopiperazin* 2 Absorptionsmaxima bei 3,1 μ u. 3,2 μ. Da *Eialbumin, Pferdeserumalbumin* u. andere Proteine

Absorptionsmaxima bei 3,0 μ u. 3,2 μ haben (mit Ausnahme von *Salmin*, das bei 3,1 μ absorbiert), wird für die Polypeptidkette *trans*-Konfiguration angenommen. Durch Ultrarotmessungen wird gezeigt, daß *Acetylglycin-N-methylamid* (II) u. ähnliche Verbb. in der B-Form vorliegen. In sehr verd. Lsgg. haben diese Verbb. auf Grund der N—H-Schwingung Absorptionsmaxima bei 2,9 μ u. 3,0 μ (N—H-Gruppe im freien Zustand bzw. in i n t r a mol. H-Bindung). Das Verhältnis der Intensität der 3,0 μ-Bande zu der der 2,9 μ-Bande ist in verd. II-Lsg. unabhängig von der Konz., während bei I u. *Acetanilid*, bei denen nur i n t e r mol. H-Bindungen ausgebildet sind, die Intensität der 3,0 μ-Bande mit steigender Verdünnung abnimmt, bis sie prakt. verschwindet. Daraus folgt, daß Verbb. wie II in der B-Form vorliegen können; dies ist wiederum ein Beweis für die Existenz der B-Form für in der Polypeptidkette vorliegende gewisse Aminosäurereste. Von anderen Autoren vorgeschlagene Konfigurationen werden diskutiert. (Bull. chem. Soc. Japan **23.** 176—80. Nov. 1950. Tokyo, Univ., Fac. of Sci., Chem. Labor.) K. F. Müller. 4070

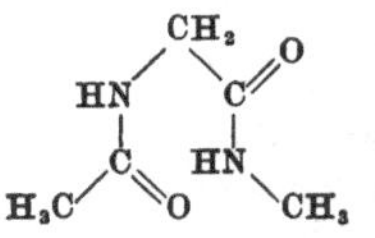

Walter L. Koltun, David F. Waugh und **Richard S. Bear**, *Eine Röntgenuntersuchung von ausgewählten Typen von Insulinfibrillen.* Röntgenograph., zum Teil mittels Kleinwinkelaufnahmen, wurden untersucht: Fibrillen, die aus nativem *Insulin* (I) erhalten worden waren, sowie solche von vollkommen methylverestertem u. vollständig acetyliertem I, von I, welches 8—11 Phenylazogruppen pro Mol. (Mol.-Gew. 12000) enthielt, sowie sogenannte Phenolfibrillen. Wegen der Darst. der Verbb. vgl. Waugh u. Mitarbeiter, C. **1954. 1961**). Ganz allg. ergab sich, daß alle Verbb. sehr wenig diffuse Interferenzen u. stark bogenförmige Reflexe enthalten u. daß ferner alle Diagramme sehr ähnlich sind. Hieraus kann man schließen, daß die Verbb. nicht wesentlich verschied. Faserstrukturen bilden. Kleinwinkelreflexe führen zu einer Faserperiode von 48,5 Å, die größten Äquatorinterferenzen auf Netzebenenabstände von 55 u. 30,8 Å; das angenäherte Verhältnis $\sqrt{3}:1$ dieser beiden Reflexe deutet auf eine hexagonale Packung mit $a = 61{,}6$ Å hin. Die beiden Äquatorinterferenzen lassen sich jedoch auch durch eine rhomb. Zelle mit den Dimensionen 55 u. 30,8 Å senkrecht zu der Faserachse erklären. Auf eine Übereinstimmung in der monomeren Struktur u. der Packung weisen hin: Die Ähnlichkeit dieser Zelle mit der von Low gefundenen Elementarzelle von rhomb. Insulinsulfat mit $a = 44$ Å; $b = 51{,}4$ Å; $c = 30{,}4$ Å, die Ähnlichkeit zwischen den von den Insulinfibrillen u. von dem Faserdiagramm des schnell getrockneten Insulinsulfats beobachteten kleinen Netzebenenabständen sowie die Ähnlichkeit in den Herstellungsbedingungen der Fibrillen u. der Kristallisation von Insulinsulfat bei $p_H < 3{,}5$. Charakterist. für die Insulinfibrillen ist ein meridionaler Netzebenenabstand von 4,8 Å, der bei anderen kristallinen u. denaturierten Insulinen fehlt; er entspricht wahrscheinlich der 10. Ordnung der Faserperiode 48,5 Å. — Gemessen wurde noch die Formdoppelbrechung von I. Aus der erhaltenen Kurve ist zu ersehen, daß I wie andere Faserproteine positive Form- u. positive wahre Doppelbrechung besitzt. Den Hauptanteil liefert die Formdoppelbrechung, während die wahre Doppelbrechung $1{,}8 \cdot 10^{-4}$ beträgt. Der Brechungsindex der Fibrillen beträgt 1,55. (J. Amer. chem. Soc. **76.** 413—17. 20/1. 1954. Cambridge, Mass., Inst. of Technol.) Gottfried. 4070

Louis Frederick Fieser u. **Mary Fieser**, Lehrbuch der organischen Chemie. Dt. Übers. u. Bearb. v. **Hans R. Hensel**. Weinheim/Bergstr.: Verl. Chemie. 1954. (XX + 1244 S.) DM 56,—.

Heinrich Hopff, Alfred Müller u. **Friedrich Wenger**, Die Polyamide. Berlin, Göttingen, Heidelberg: Springer. 1954. (XII + 423 S. m. 80 Abb.) DM 43,20.

E. Biologische Chemie. Physiologie. Medizin.

E_1. Allgemeine Biologie und Biochemie.

Hans Lettré, *Zur Wirkung von Atmungskatalysatoren auf die Zellteilung.* Tier. Zellen sind während der Zellteilung obligat nichtrespirator. in ihrem Stoffwechsel. Atmungskatalysatoren (natürliche u. künstliche Farbstoffe, synthet. Isoalloxazin- u. Nicotinsäureamidderivv. sowie Porphyrinabkömmlinge) sollten die wegfallende Atmung ersetzen u. damit den Teilungsbeginn verhindern oder den Teilungsablauf modifizieren. Bei Zusatz von 9—18 γ/cm^3 *Pyocyanin* (Farbstoff von Bact. pyocyaneus) zum Kulturmedium wandern die Fibroblasten aus dem explantierten Kulturstück aus u. bilden eine Wachstumszone, die gegenüber den Kontrollkulturen verkleinert ist u. fast keine Mitosen zeigt. Mit geringeren Dosen treten Mitosen in n. Zahl auf. Durch Kombination mit Colchicin konnte diese Verminderung der Mitosen ebenfalls hervorgerufen werden, während Colchicin allein nicht stark mitosehemmend ist. (Naturwissenschaften **39.** 483. 1952. Heidelberg, Univ., Inst. für exp. Krebsforschung.) W. D. Weinmann. 4150

M. H. F. Wilkins und **B. Battaglia,** *Notiz über die Herstellung von Proben orientierter Spermaköpfe für Röntgenbeugungs- und Ultrarotabsorptionsuntersuchungen, sowie über eine Art pseudomolekulares Verhalten von Sperma.* Die Köpfe mancher Samenfäden (z. B. von *Sepia*) enthalten *Nucleoprotein* (I)-Moll., die parallel zur Längsrichtung der Köpfe liegen. Aus Spermatophoren oder der Samenleiter-Fl. können faserige oder blättrige Proben erhalten werden, die aus einer Anhäufung parallel angeordneter intakter Samenfäden bestehen. Derart gewonnene Proben dienten zu Ultrarot- u. Röntgenstrahlenstreuungsunterss. der Molekülstruktur des Zell-I, wobei Ähnlichkeiten in der Form der Moll. u. der biol. Körpereinheit festgestellt wurden. (Biochim. biophysica Acta [Amsterdam] **11.** 412—15. Juli 1953. London, King's Coll., Med. Res. Counc., Biophys. Res. Unit., u. Naples, Staz. Zool.) K. MAIER. 4150

B. S. Oppenheimer, Enid T. Oppenheimer und **Arthur Purdy Stout,** *Sarkome, hervorgerufen bei Nagetieren durch Einbettung verschiedener hochpolymerer Kunststoffe.* Wie Verss. mit Albinoratten u. -mäusen zeigten, rufen hochpolymere Kunststoffe (*Cellophan, Polyäthylen,* handelsüblich u. rein, sowie *Polyvinylchlorid*) nach Einbettung in die Tiere in 10—45% aller Fälle Sarkome, hauptsächlich Fibrosarkome, hervor, die sich transplantieren lassen. Diese Tumorbldg. beruht nicht auf einer mechan. Reizung durch die Fremdkörper, denn durch eingebettete Glasfäden werden keine Tumoren hervorgerufen. Gründliche Extraktion von Cellophan mit Methanol ändert nichts an dessen cancerogener Wrkg.; der Extrakt ist völlig wirkungslos. (Proc. Soc. exp. Biol. Med. **79.** 366—69. März 1952. Columbia, N. Y., Univ., Cancer Res. Inst., Coll. of Phys. and Surg.) H. SCHEURLEN. 4160

André Morice, *Der Einfluß des Alkohols auf die Entstehung des Speiseröhrenkrebses.* 1951 wurden bei 25 Fällen von Oesophaguskrebs 22=88% Trinker festgestellt. Ein ähnliches Ergebnis ergab eine Unters. von 50 Fällen von Oesophaguskrebs in den Jahren 1952/53. Andere mögliche Ursachen, wie Syphilis, Nicotinmißbrauch usw., wurden hierbei mit Sicherheit ausgeschlossen. (Bull. Acad. nat. Méd. **138** ([3] **118**). 175—76. März 1954. Caën, Centre Hôp. Reg.) WELTZIEN. 4160

Guido Giacomo Tedeschi, *Wirkung des o-, m-, p- und α-Toluenthiols auf transplantierte und induzierte Tumoren.* (Vorl. Mitt.) Bei experimentellen Tumoren (Methylcholantren, Benzpyren, EHRLICHsches Adenocarcinom) wurde die Wrkg. von *o-*, *m-* u. *p-Thiokresol* sowie von *Mercaptotoluol* (I) untersucht. Sämtliche Substanzen zeigten eine hemmende Wrkg. auf das Wachstum der Tumoren; sie wurden intravenös verabfolgt. Die stärkste Hemmung wurde mit I in der oxydierten Form (Disulfid) erzielt. (Ricerca sci. **23.** 1814—21. Okt. 1953. Roma, Univ., Ist. di fisiol. gen.) P. G. SCHEURLEN. 4160

Stanley P. Reimann, *Ein Bericht über den Fortschritt der Mikroskopie in der Chemotherapie des Krebses.* Übersichtsref. über die Chemotherapie des Krebses mit Antimetaboliten (*Äthionin, Pterine*), Hormonen sowie mit *N-Lost,* Bestrahlung u. Bakterienpolysacchariden. (Trans. Stud. Coll. Physicians Philadelphia [4] **21.** 1—13. Juni 1953. Philadelphia, Pa., Lankenau Hosp. Res. Inst. and Inst. for Cancer Res.) H. SCHEURLEN. 4160

Mary L. Petermann, Mary G. Hamilton und **H. Christine Reilly,** *Die basischen Proteine von Aspergillus fumigatus mit tumorinhibierenden Eigenschaften.* Extrakte des Kulturfiltrates von Aspergillus fumigatus zeigen bei Sarkomen der Maus eine inhibierende u. gegen Gewebe eine tox. Wirkung. Vff. untersuchten diesen Extrakt u. trennten die Proteine durch Fraktionieren mit A. u. Elektrophorese. Sie fanden, daß die wirksame Proteinfraktion einen isoelektr. Punkt von 10,0 besitzt (λ_{max} 280 mμ, ε_{280} =15,7). Verss., die Reinigung der Proteine mit Ionenaustauschern durchzuführen, schlugen fehl. Das wirksame Protein enthält kein Cystein. (Arch. Biochem. Biophysics **37.** 117—30. Mai 1952. New York, N. Y., Sloan-Kettering Inst. for Cancer Res., Divs. of Prot. Chem. and Exp. Chemotherapy.) H. SCHEURLEN. 4160

Rulon W. Rawson, *Hormonale Kontrolle des neoplastischen Wachstums.* Verss. zur Krebserzeugung durch Östrogene u. durch Schilddrüsenhormone u. die hormonelle therapeut. Beeinflussung des Krebswachstums. — 83 Literaturangaben. (Bull. New York Acad. Med. [2] **29.** 595—611. Aug. 1953. New York, N. Y., Univ., Med. Coll., Sloan-Kettering-Div.) H. SCHEURLEN. 4160

Hans Schmölling, *Die Hormonbehandlung des weiblichen Mamma- und Genitalcarcinoms.* Überblick über die verschied. Behandlungsmethoden (Dosierung, Nebenerscheinungen) der weiblichen Mamma- u. Genitalcarcinome mit *Diäthylstilböstrol, α-Brom-α.β.β-triphenyläthylen, Dienöstrol, p-Oxypropiophenon, Progesteron, Testosteron, Methyltestosteron, Methylandrostendiol* u. *Cortiron.* (Zbl. Gynäkol. **75.** 1214—25. 1953. Greifswald, Univ., Frauenklinik.) H. SCHEURLEN. 4160

Roger Baker, *Untersuchungen über die Krebsverhütung in der Urologie.* 1. Mitt. *Prostata.* Durch Best. der *sauren* u. *alkal. Phosphatase* im Serum wurde bei Patienten mit Prostatakrebs die Wrkg. von Östrogenen untersucht. 0,25—0,5 mg *Stilböstrol* werden in ihrer Wrkg. durch eine zusätzliche Injektion von 10 mg *Testosteronpropionat* neutralisiert. Schon tägliche Mengen von 0,25 mg *Östrogen* inaktivieren Prostatakrebs. Vermutlich sind auch noch geringere Mengen wirksam, da nach Injektion von 0,25 mg die Östrogenausscheidung im Urin stark ansteigt. (Ann. Surgery **137.** 29—35. Jan. 1953. Chicago, Ill., Univ., Dep. of Surg., Div. of Urology.) H. SCHEURLEN. 4160

P. Rosti und **O. Zangaglia,** *Veränderungen der Plasmagerinnung bei Kaninchen unter der Behandlung mit Bis-[2-chloräthyl]-β-naphthylamin. Bis-[2-chloräthyl]-β-naphthylamin,* das in der Therapie der Lymphogranulomatose u. bei chron. myeloischer Leukämie eingesetzt werden kann, ruft im Experiment an Kaninchen eine Senkung des Prothrombinspiegels u. der Plastrine hervor. Auch der Antithrombin-Geh. nimmt zu. (Arch. Scienze med. **96** (**78**). 515—20. Okt. 1953. Pavia, Univ., Ist. di Clin. Med. Gen-
P. G. SCHEURLEN. 4160

Arthur von Krogh Anderson, Essentials of physiological chemistry. 4th ed. New York: Wiley. 1953. (487 S. m. Abb., Diagr.) $ 5,—.

M. L. Johnson and **Michael Abercrombie,** eds., New biology. 14. Baltimore: Penguin Bks. 1953. (128 S. m Abb., Diagr.) $ —,50.

Petr F. Milovidov, Physik und Chemie des Zellkernes. T 2. Berlin-Nikolassee: Borntraeger. 1954. = Protoplasma-Monographien. Bd. 21. 2. (VI + 479 S. m. 10 Abb.) Vorgeb. Schluß d. T. 1. Literaturverz. S. 530—664. T. 1 u. 2. zus. DM 175,—.

A. G. Everson Pearse, Histochemistry theoretical and applied. Londres: J. & A. Churchill. 1953. (530 S. m. 109 Abb., 4 Pl. u. 25 Taf.) fr. 60.—.

E_2. Enzymologie. Gärung.

G. Gomori und **R. D. Chessick,** *Histochemische Untersuchungen zur Hemmung der Esterasen.* Mit Hilfe der Tween-, der Cholinester- u. Azofarbstofftechnik wurde versucht, die *Esterasen* (I) auf Grund von Substratspezifität, sowie von Aktivierungs- u. Hemmungseffekten einzuteilen. Histochem. Unterss. mit verschied. Substraten, z. B. *Tween 60, α-Naphthol-, β-Naphthol-, Naphthol-AS-Acetat, Lauroyl-, Myristoyl-, Palmitoylcholin* u. Inhibitoren, z. B. *Taurocholat, Phemerol* (quaternäre NH_4-Base), *Prostigmin, Eserin, Fluorid, Arsanilat, Diisopropylfluorphosphat,* zeigten, daß eine genaue Unterscheidung u. Klassifizierung der einzelnen **I**-Typen nicht möglich ist, da sich Substratspezifitäten u. Inhibitoreffekte in unregelmäßiger, unübersichtlicher Weise überschneiden. (J. cellular comparat. Physiol. **41.** 51—63. Febr. 1953. Chicago, Ill., Univ., Dep. of Med.) K. MAIER. 4210

Kerstin Svanborg und **Karl Myrbäck,** *Stärkeabbau durch α-Amylasen.* Vff. hydrolysieren *Kartoffelstärke* (I) (1,89%ig. Lsg., p_H 6,9—5,3), *α-Dextrin* (**II**) (aus **I**, Polymerisationsgrad: 6,1) u. *Dextrinsäuren* (**III**) (aus **II** durch Oxydation mit J in alkal. Lsg.) mit verschied. *α-Amylasen* (**IV**) (Malz-α-**IV**, Speichel-**IV**, Pilz-**IV**, u. zum Vgl. β-Amylase [**V**]) bei 30°. Es wird festgestellt, daß die Hydrolysegeschwindigkeit von **I** durch Malz-α-**IV** im Anfangsstadium fast doppelt so groß ist, wie die durch Speichel- u. Pilz-**IV**, jedoch stark abnimmt, sobald ein Hydrolysegrad von 16% erreicht ist, wobei große Mengen von *Glucose* (**VI**) gebildet werden. Die übrigen **IV** dagegen lassen kaum **VI**-Bldg. erkennen, obwohl sie die Hydrolyse von **I** bis ca. 30% bewirken. Auch aus **II** entstehen durch Einw. von Malz-α-**IV** große Mengen **VI** als Hauptprod., die übrigen **IV** u. **V** dagegen liefern nur unvergärbare Produkte. Die **III** werden von allen **IV** unter Bldg. von *Maltose* angegriffen. Aus den Versuchsergebnissen kann geschlossen werden, daß **IV** (bes. Malz-α-**IV**), die als Hauptprod. bei der Hydrolyse **VI** bilden, die red. Endkette des Substratmol. angreifen, die in den **III** als COOH-Gruppe vorliegt. (Ark. Kemi **6.** Nr. 9. 113—21. 1953. Stockholm, Univ., Inst. for Organ. Chem. and Biochem.) FAHRNLAENDER. 4210

Karl Myrbäck und **Barbro Persson,** *Einwirkung von Heparin auf die β-Amylase aus Gerste.* Vff. stellen durch Best. des Verzuckerungsgrades 2%ig. Kartoffelstärkelsgg. fest, daß *β-Amylase* (I) aus Gerste durch *Heparin* (**II**) inaktiviert wird. Jedoch ist ohne vorhergehende Incubation (60 Min.) von **I** mit **II** die Wrkg. von **II** sehr gering. Die Inaktivierungs-Rk., die relativ langsam verläuft, findet nur in saurer Lsg., etwa bei p_H 3,5 statt. Durch Zusatz größerer Mengen an Acetatpuffer- oder NaCl-Lsg. (in Konzz. $\geq$ 0,5%) während der Incubation der **I** mit **II** wird **I** vor Inaktivierung bewahrt. Die einmal durch **II** inaktivierte **I** wird durch NaCl oder höhere Acetatpufferkonzz. (p_H 5—7) nur wenig reaktiviert. Aus den Ergebnissen wird geschlossen, daß **II** mit den bas. Gruppen der **I** prim. eine zunächst reversible Salzbldg. eingeht u. sek.

eine Denaturierung der I stattfindet, indem Komplexe mit höherem II-Geh. entstehen. (Ark. Kemi 5. Nr. 44. 477—88. 1953. Stockholm, Univ., Inst. for organ. Chem. and Biochem.) FAHRNLAENDER. 4210

Leon W. Cunningham jr., *Reaktivierung von durch Diäthyl-p-nitrophenylphosphat gehemmtem α-Chymotrypsin durch Hydroxylamin.* Die Reaktivierungskinetik von durch *Diäthyl-p-nitrophenylphosphat* (I) gehemmtem *α-Chymotrypsin* (II) mittels NH_2OH wird in Abhängigkeit von Temp., p_H u. Proteinkonz. untersucht u. die Kristallisation der I–II-Verb. beschrieben. Reaktivierung von II mit NH_2OH ist unter optimalen Bedingungen nur zu höchstens 40% der ursprünglichen Aktivität möglich. Die II-Aktivität wird mit *Acetyl-L-tyrosinäthylester* als Substrat in Tris-[oxymethyl]-aminomethan–HCl-Puffer potentiometr. verfolgt. Der Verlauf der Hemmung mit I wird an Hand der Absorption des frei werdenden Nitrophenolations bei 400 mμ gemessen (vgl. HARTLEY u. KILBY, Biochemic. J. **50.** [1952.] 627). Die Reaktivierungs-Rk. ist unter vereinfachenden Annahmen 1. Ordnung, die Aktivierungsenergie beträgt zwischen 0 u. 25° 11,4 kcal/Mol. Die oberhalb 37° zu beobachtende Abweichung von der Reaktionsordnung ist wohl eher einem zerstörenden Einfl. der Temp. als Änderungen der Kinetik zuzuschreiben. Die Reaktivierung hat ein Optimum zwischen p_H 6,7 u. 7,0. Vf. diskutiert dieses unter der Annahme, daß p_H-abhängige ionisierte Formen der I–II-Verb. u. des NH_2OH die reaktivierungsfähigen Komponenten sind. Zwischen akt. II u. der I–II-Verb. kann keine Gleichgewichts-Rk. gefunden werden. Ebenso hat die Proteinkonz. keinen Einfl. auf die Reaktivierung. Da während der Rk. keine Änderung der NH_2OH-Konz. gemessen werden kann, diskutiert Vf. einen katalyt. Reaktivierungsmechanismus über *Diäthylphosphohydroxamsäure,* die rasch wieder hydrolysiert wird, als Zwischenstufe (vgl. WILSON, J. biol. Chemistry **199.** [1952.] 113 u. WAGNER-JAUREGG u. HACKLEY, J. Amer. chem. Soc. **75.** [1953.] 2125). Warum die Reaktivierung nur bis zu 40% der ursprünglichen Aktivität erfolgt, kann nicht geklärt werden. Vf. diskutiert u. a. Möglichkeiten von aktivitätsmindernden Veränderungen während des Hemmungs–Reaktivierungs-Prozesses. (J. biol. Chemistry **207.** 443—58. März. 1954. Seattle, Wash., Univ. of Washington, Dep. of Biochem.) PRCHAL. 4210

C. Francke und **W. N. Robert,** *Paradoxer, atypischer und negativer Ausfall der kombinierten Bestimmung der alkalischen Phosphatase und der Thymoltrübung.* Krit. Betrachtung über den differentialdiagnost. Wert der Höhe der *alkal. Serumphosphatase* (I) u. des Ausfalles des Thymoltrübungstestes (T.t.) zur Unterscheidung der verschied. Gelbsuchtformen. In 47 von 55 Ikterusfällen fanden Vff. Übereinstimmung mit der Regel, wonach bei Verschlußikterus die I-Werte hoch liegen u. der T.t. niedrige Werte ergibt, während beim Parenchymikterus die Verhältnisse umgekehrt liegen. Bei den restlichen 8 Patienten fand sich zum Teil paradoxes Verh., so daß Vff. krit. Beurteilung dieser Proben für erforderlich halten. (Nederl. Tijdschr. Geneeskunde **97.** 279—83. 31/1. 1953. s'Gravenhage, Nebo-Ziekenhuis, Int. Afdeling.) IPPEN. 4210

C. Massimo und **G. Ignesti,** *Über das Verhalten der alkalischen Phosphatase und der Nucleinsäuren in der normalen Magenschleimhaut, beim Ulcus und bei epithelialen Magentumoren, mit besonderer Berücksichtigung des Verhältnisses Phosphatase–Thymonucleinsäure.* Histochem. Unterss. zeigten, daß sich *alkal. Phosphatase* (I), *Thymo-* (II) u. *Ribonucleinsäure* (III) in der n. Magenschleimhaut nahezu gleichsinnig verhalten. Bes. eng sind die Beziehungen zwischen I u. II. I, II u. III sind beim Ulcus, bes. beim callösen Ulcus des Magens erhöht, bes. deutlich I u. II. Bei malignen Gewächsen ist diese Zunahme noch stärker. Hier ist I am stärksten vermehrt. Die engen Beziehungen zwischen I einerseits u. II u. III andererseits lassen es als wahrscheinlich erscheinen, daß I bei der Proteinsynth. beteiligt ist. (Sperimentale **103.** 298—304. 1953. Firenze, Arcispedale di S. M. Nuova.) P. G. SCHEURLEN. 4210

H. G. Hers und **T. Kusaka,** *Die Umwandlung von Fructose-1-phosphat in der Leber.* Der Mechanismus der Umwandlung von *Fructose-1-phosphat* (I) in *Fructose-6-phosphat* (VII) durch Leberextrakte u. -homogenate (Ratte, Kaninchen, Meerschweinchen) wurde aufgeklärt. I wird durch *Aldolase* (II) in *Glycerinaldehyd* (III) u. *Phosphodioxyaceton* (IV) übergeführt u. IV teilweise durch *Phosphotrioseisomerase* zu *Phosphoglycerinaldehyd* (V) isomerisiert. Die beiden Triosephosphate kondensieren sich unter II-Einw. zu *Fructosediphosphat* (VI). Ohne Mg^{2+} bleibt die Rk. stehen u. nur kleine I-Mengen verschwinden, da das Gleichgewicht dieser Rkk. stark zugunsten von I verschoben ist. In Ggw. von Mg^{2+} wird VI von *Hexosediphosphatase* (VIII) zu VII u. anorgan. Phosphat hydrolysiert u. das Gleichgewicht der Aldolase-Rkk. zugunsten der I-Abnahme verschoben. Nach der Gesamtbilanz bilden sich je Mol verbrauchten I 1 Mol III, 0,5 Mol anorgan. *P* u. 0,5 Mol teilweise zu *Glucose-6-phosphat* isomerisiertes VII. Durch n. Hydrolyse verschwinden ferner kleine Mengen von I u. Triosephosphaten. Eine direkte 1stufige Um-

wandlung von **I** in **VII** durch eine *Phosphofructomutase* findet nicht statt. In Ggw. von *Adenosintriphosphat* (**IX**) wird **III** durch eine *Triokinase* (**X**) zu **V** phosphoryliert. In den verwendeten unvollständig gereinigten Präpp. entsteht dann schließlich durch **II**-Kondensation eines 2. Mol. **III** mit dem aus **V** gebildeten **IV I**. Die Spaltung von **I** u. **VI** beruht anscheinend auf einer einzigen **II**, die von Muskel-**II** deutlich verschieden ist. Bei Substratsättigung ist sie gegenüber beiden Estern gleich wirksam, jedoch ist die Affinität zu **VI** 100fach größer als die zu **I**. Die in den Extrakten enthaltene **VIII** braucht unbedingt Mg^{2+}-Ionen, spaltet spezif. die an $C_{(1)}$ von **VI** sitzende Phosphatgruppe ab u. unterscheidet sich von dem durch GOMORI gereinigten Enzym durch ein stärker saures p_H-Optimum. Ein neues Enzym, **X**, wurde teilweise gereinigt (Fällung von zentrifugiertem Meerschweinchenleberextrakt mit gesätt. $(NH_4)_2SO_4$ in Ggw. von Tris-[oxymethyl]-aminomethanpuffer, p_H 8, u. Dialyse des gelösten Nd. gegen $5 \cdot 10^{-3}$mol. $NaHCO_3$). **X** phosphoryliert in Ggw. von **IX** D-**III**, DL-**III** u. *Dioxyaceton* mit annähernd gleicher Geschwindigkeit. (Biochim. biophysica Acta [Amsterdam] **11.** 427—37. Juli 1953. Louvain, Belgique, Univ., Labor. de Chim. Physiol.)
K. MAIER. 4210

Dwight B. McNair Scott und **S. S. Cohen,** *Der oxydative Abbauweg im Kohlenhydratstoffwechsel bei Escherichia coli.* 1. Mitt. *Isolierung und Eigenschaften von Glucose-6-phosphatdehydrogenase und 6-Phosphogluconatdehydrogenase.* Vff. berichten über die Abtrennung u. partielle Reinigung von *Glucose-6-phosphatdehydrogenase* (**I**) u. *Phosphogluconatdehydrogenase* (**II**) aus *Escherichia coli*-Extrakten; für die red. Wrkg. von **I** u. **II** auf Triphosphopyridinnucleotide (**III**) in Ggw. ihrer Substrate wurden optimale Bedingungen ermittelt (Tabellen). **I** ist ohne 2wertige Kationen inakt.; dialysierte **II** besitzt auch ohne Salz etwas Aktivität; beide Enzyme werden durch 2wertige Kationen aktiviert, u. zwar stark durch Mg^{2+} u. Ca^{2+} (Chloride); einwertige Kationen (Chloride) vermögen wohl **II**, aber nicht **I** zu aktivieren; Na-Phosphat, -Bicarbonat u. -Citrat bewirken bei **I** ca. 10% der Aktivität von Ca^{2+} u. Mg^{2+}, wirken jedoch in Ggw. von Ca^{2+} u. Mg^{2+} hemmend; Na-Sulfat u. -Phosphat aktivieren **II** zu 88 bzw. 65% der mit Ca^{2+} erreichten Werte u. wirken in Ggw. von Ca^{2+} nur in hoher Konz. hemmend. In Systemen mit Ca^{2+} oder Mg^{2+} wirkt Zusatz von Cu^{2+}, Cd^{2+} u. Zn^{2+} merklich hemmend. Die MICHAELIS-Konstante für den Enzym–Substrat-Komplex liegt für **I** in der Gegend von $3 \cdot 10^{-4}$, für **II** bei $3 \cdot 10^{-5}$. **I** besitzt ein p_H-Optimum bei 7,7—8,6, **II** bei p_H 6,6—7,7. Beide Enzyme zeigen bei 37° maximale Aktivität; ohne Substrat tritt jedoch rascher Aktivitätsverlust ein; Pufferlsgg., Albumin u. Mg^{2+} haben eine Schutzwrkg., dagegen nicht **III** u. Ca^{2+}. **I** red. **III** nicht in Ggw. von Phosphogluconat, u. **II** reagiert nicht in Ggw. von Glucose-6-phosphat. (Biochem. J. **55.** 23—33. Aug. 1953. Philadelphia, Pa., Univ. of Pennsylvania, School of Med., Dep. of Physiol. Chem. u. Children's Hosp. of Philadelphia, Dep. of Pediatrics.)
GOEBEL. 4210

Dwight B. McNair Scott und **S. S. Cohen,** *Der oxydative Abbauweg im Kohlenhydratstoffwechsel bei Escherichia coli.* 2. Mitt. *Quantitative Untersuchungen von Glucose-6-phosphatdehydrogenase und 6-Phosphogluconatdehydrogenase.* (1. vgl. vorst. Ref.) *Escherichia coli Stamm B* (**I**), der in Glucose gewachsen ist, baut $8,5 \cdot 10^7$ Moll. *Glucose*/Zelle/Min. ab. Enzymextrakte oxydieren *Glucose-6-phosphat* (**II**) in einem Verhältnis äquivalent $2,6—6,9 \cdot 10^7$ Moll./Zelle/Min. u. *6-Phosphogluconat* (**III**) $2,0—3,8 \cdot 10^7$ Moll./Zelle/Minute. Auf K-Gluconat gewachsene **I** oxydieren $6,3 \cdot 10^7$ Moll. *Gluconat*/Zelle/Min.; **II** wird durch Enzymextrakte im Verhältnis äquivalent $2,2—5,2 \cdot 10^7$ u. **III** äquivalent $1,5—2,6 \cdot 10^7$ Moll./Zelle/Min. abgebaut. Zellen, die ihre C-Quellen verbraucht hatten, enthielten weniger **II**- u. **III**-*Dehydrogenase,* solche, die ihre N-Quellen aufgebraucht hatten, besaßen noch hohe Enzymaktivität, bes. **III**-*Dehydrogenase.* (Biochem. J. **55.** 33—36. Aug. 1953.) GOEBEL. 4210

Morris Goldberg und **D. R. Sanadi,** *Einführung von markiertem Kohlendioxyd in Brenztrauben- und α-Ketoglutarsäure.* Vff. untersuchen die Einführung von $^{14}CO_2$ in *Brenztraubensäure* (**I**) mittels der katalyt. Wrkg. von *Brenztraubensäureoxydase* (**II**) aus Taubenherzmuskel. Es werden für die Rk. keine Co-Faktoren benötigt [der einzige bekannte Co-Faktor für **II** ist *Protogen* (**IV**) oder *Thioctsäure,* der Bestandteil eines stärker komplexen Coenzyms ist]; jedoch erhöht zugesetzte Cocarboxylase (**III**) die Reaktionsgeschwindigkeit um das 3—4fache. Ohne Mg^+- oder **III**-Zusatz wird keine Decarboxylierung von **I** zu Acetoin beobachtet; die einzige **II**-Wrkg. besteht wahrscheinlich in der Einführung von CO_2, vermutlich über eine AustauschRk. **I** $\rightleftharpoons$ Acetaldehydenzym + CO_2. Ein analoges Gleichgewicht zwischen $^{14}CO_2$ u. α-Ketoglutarsäure wird durch α-Ketoglutarsäureoxydase aus Schweineherz (enthält **IV** u. **III**) katalysiert. Zugabe von **III**, Diphosphopyridinnucleotid (**V**), Coenzym A (**VI**) oder Cystein ändert die Reaktionsgeschwindigkeit nicht. ^{14}C-markierte Ameisen- u. Bernsteinsäure werden nicht eingeführt (mit oder ohne Zusatz von **V** u. **VI**). — Die Ketosäuren wurden über die 2.4-Dinitrophenylhydrazone gereinigt durch Verteilungschromatographie an einer Silicagelkolonne oder Umkristallisation (mit Träger) bis zu konstant spezif. Aktivität. (J. Amer. chem. Soc. **74.** 4972—73. 5/10. 1952. Madison, Wis., Univ., Inst. for Enzyme Res.) G. WINKLER. 4210

I. Zelitch und **Severo Ochoa,** *Oxydation und Reduktion von Glykolsäure und Glyoxylsäure in Pflanzen.* 1. Mitt. *Glykolsäureoxydase.* Aus Spinatblättern wurde *Glykolsäureoxydase* (mit Riboflavinphosphat als prosthet. Gruppe) gewonnen, ein Enzym, das in Ggw. von O_2 die Oxydation von *Glykolsäure* (**I**) zu *Glyoxylsäure* (**II**) u. von L-Milchsäure (**III**) zu *Brenztraubensäure* (**IV**) unter Bldg. von H_2O_2 katalysiert. Wird anwesende Katalase durch CN^- blockiert, so oxydiert das gebildete H_2O_2 nichtenzymat. **II** u. **IV** weiter zu HCOOH, CH_3COOH, CO_2 u. H_2O. Isolierung, Anreicherung u. Bestimmungsmethoden werden eingehend beschrieben. Absorptionsmaxima des Enzyms 276, 360—365 u. 450 mμ; p_H-Optimum für **I**-Oxydation 8,3, für **III**-Oxydation 8,0—8,5; MICHAELIS-Konstanten $3{,}8 \cdot 10^{-4}$ bzw. $2{,}0 \cdot 10^{-3}$ Mol. (J. biol. Chemistry **201.** 707—18. April 1953. New York, N. Y., Univ. Coll. of Med., Dep. of Pharmacol.) SCHLOTTMANN. 4210

I. Zelitch, *Oxydation und Reduktion von Glykolsäure und Glyoxylsäure in Pflanzen.* 2. Mitt. *Glyoxylsäurereduktase.* (1. vgl. vorst. Ref.) Gewinnung u. Teilreinigung eines neuen Enzyms, *Glykolsäurereduktase* (**I**) aus Spinatblättern werden beschrieben. **I** katalysiert (bei p_H 7,5) die Red. von *Glyoxylsäure* (**II**) zu *Glykolsäure* (**III**) durch red. Pyridinnucleotide (DPNH u. TPNH [= Di- bzw. Triphosphopyridinnucleotid]; relative Reaktionsgeschwindigkeiten 5:1). Das teilgereinigte Präp. enthält Alkoholdehydrase u. zeigt keine Milchsäuredehydraseaktivität. In Ggw. von DPN oder TPN u. **II** oder **III** wirkt das Syst. **I**-Glykolsäureoxydase als H_2-Überträger von DPNH bzw. TPNH auf O_2, wonach ihm eine wichtige Rolle bei Respirationsvorgängen im grünen Blatt zukommen dürfte. (J. biol. Chemistry **201.** 719—26. April 1953.) SCHLOTTMANN. 4210

Enzo Boeri, Herrick Baltscheffsky, Roger Bonnichsen und **Karl-Gustav Paul,** *Die Oxydation von Cystein durch Cytochromoxydase und Cytochrom c.* Mittels einer amperometr. Meth. zu Best. von *Cystein* (**I**) u. *Cystin* (**II**) wurde bestätigt, daß ein Syst. aus O_2 + Herzmuskelpräp. (*Cytochromoxydase* [**III**]) + *Cytochrom c* (**IV**) + **I** **I** nur zu **II** oxydiert. Die Rk. hängt von der verfügbaren O_2-Menge ab. Beim Durchleiten von O_2 u. bei Verwendung niedriger **I**-Konzz. verläuft die Rk. rascher als bei manometr. Versuchen. Die Rk. ist hinsichtlich der **I**-Konz. von 1. Ordnung. Der Wert „μ" berechnet sich aus den Konstanten bei 25 u. 37° zu 11800 cal·Mol^{-1}. Zunahme der **I**-Konz. vermindert infolge **III**-Hemmung durch **I** die Geschwindigkeitskonstante. Der maximale Wirkungsgrad (Geschwindigkeitskonstante/mg **III**-Präp.) wird bei niedriger **III**-Konz. erhalten. Diese niedrigen Konzz. sind bei Best. der **III**-Aktivität eines Präp. zu verwenden, wenn **I** das Substrat bildet. **IV**-Zusatz steigert (jedoch nicht hyperbol.) die Geschwindigkeitskonstante. Autoxydables **IV** oxydiert **I** wesentlich langsamer als dies n. **IV** tut, u. nur nichtautoxydables **IV** fördert die Katalyse der **I**-Oxydation durch **III** u. O_2. Bei niedrigen wie hohen **I**-Konzz. beträgt für die Aktivität des Syst. O_2 + **III** + **IV** + **I** der optimale p_H-Wert ca. 8,0. Die Kinetik der Red. von *Ferri*-**IV** durch **I** ist typ. bimolekular. Das p_H-Optimum der Rk. beträgt 8,8. (Acta chem. scand. **7.** 831—44. 1953. Stockholm, Med. Nobelinst., Biokem. avdelningen.) K. MAIER. 4210

Robert A. Altenbern und **Riley D. Housewright,** *Stereospezifische Asparaginasen in glatten Brucella abortus, Stamm 19.* In durch Beschallung erhaltenen Extrakten aus der glatten Variante von Brucella abortus (vgl. Arch. Biochem. Biophysics **36.** [1952.] 345) werden durch fraktionierte Fällung mit Essigsäure eine *L-Asparaginase* (**I**) u. eine schneller als **I** desamidierende *D-Asparaginase* (**II**) nachgewiesen. **I** ist gegenüber wiederholtem Einfrieren u. Wiederauftauen labil, **II** hingegen ziemlich stabil. L-Asparagin beeinflußt die Desamidierung von D-Asparagin durch **II** nicht. Ebenso nicht umgekehrt. Beide Enzyme scheinen vom Sulfhydryltyp zu sein. Sie werden gehemmt durch N-Äthylmaleinimid u. p-Chlormercuribenzoat, dagegen nicht durch Jodacetat u. Furacin. Cystein vermag nur unwesentlich zu reaktivieren. Ohne Einfl. bleiben Salze wie $MgSO_4$, $MnSO_4$, $FeSO_4$, $CoCl_2$, $CaCl_2$, sowie die Behandlung des Extraktes mit 2.2'-Dipyridyl oder Äthylendiamintetraessigsäure. Die Aktivität von **II** steigt gleichmäßig von p_H 5,6 bis p_H 8,0 an, **I** hingegen zeigt bei p_H 8,0 ein scharfes Optimum. Die MICHAELIS-Konstanten von **I** u. **II** sind deutlich verschieden. Die Möglichkeit, daß eine Racemase oder Transaminase die Stereospezifität vortäuscht, wird durch Verss. ausgeschlossen. Vff. diskutieren die Beziehungen zum Mechanismus der Asparaginoxydation. (Arch. Biochem. Biophysics **49.** 130—37. März 1954. Washington 25, D. C., U. S. Army, Chem. Corps.) PRCHAL. 4210

Feodor Lynen und **Severo Ochoa**, *Enzyme des Fettsäurestoffwechsels.* Zusammenfassende Darst. (78 Literaturzitate) der Kenntnisse über die Zwischenprodd. beim biol. Ab- u. Aufbau der Fettsäuren; die Intermediärprodd. sind S-Acylderivv. des Coenzyms A. Die Biosynth. wird durch Wiederholung eines Kreislaufes von **4** aufeinander folgenden Rkk. verwirklicht: 1. Kondensation von 2 Mol Acetyl-CoA zu Acetoacetyl-CoA u. Bldg. von Coenzym A (CoA–SH); 2. Red. des Acetoacetyl-CoA zu β-Oxybutyryl-CoA; 3. Dehydratisierung des β-Oxybutyryl-CoA zu Crotonyl-CoA; 4. Red. des Crotonyl-CoA zu Butyryl-CoA. Ein neuer Kreislauf beginnt mit Butyryl-CoA, das mit 1 Mol Acetyl-CoA zu β-Ketocaproyl-CoA u. Co–SH umgesetzt wird. Weitere Rkk. wie vorher dargestellt. 8malige Wiederholung dieses Cyclus führt zu Stearyl-CoA. Die genannten 4 Reaktionsstufen sind reversibel; die biol. Fettsäureoxydation verläuft in umgekehrter Richtung, nachdem die Fettsäure durch Überführung in das entsprechende S-Acyl-CoA aktiviert ist. Die Aktivierung erfolgt entweder durch Mitwrkg. von ATP u. CoA, AMP u. Pyrophosphat oder durch Überführung des CoA aus gewissen Acyl–CoA-Verbb. (z. B. Acetyl-CoA, Succinyl-CoA). Ausführungen über Isolierung u. Identifizierung einiger Schlüsselenzyme des Fettsäurestoffwechsels. (Biochim. biophysica Acta [Amsterdam] **12.** 299—314. Sept./Okt. 1953.)
TÄUFEL. 4210

Helmut Beinert, R. M. Bock, Dexter S. Goldman, D. E. Green, H. R. Mahler, Sanae Mii, P. G. Stansly und **S. J. Wakil**, *Die Rekonstruktion des die Fettsäure oxydierenden Systems von tierischen Geweben.* An Hand der neuesten Literatur wird der folgende biol. wichtige Umsatz erörtert, an dem 7 verschied. Enzyme beteiligt sind; es bedeuten: ATP = Adenosintriphosphat, CoA = Coenzym A; DPN = Diphosphopyridinnucleotid. Butyrat $\xrightarrow[(a)]{\text{ATP, CoA}}$ Butyryl-CoA $\xrightarrow[(b)]{-2\varepsilon}$ Crotonyl-CoA $\xrightarrow[(c)]{H_2O}$ β-Oxybutyryl-CoA $\xrightarrow[(d)]{\text{DPN}}$ Acetoacetyl-CoA $\xrightarrow[(f)]{\text{CoA}}$ 2 Acetyl-CoA $\xrightarrow[(g)\quad(h)]{\text{2 Malat, DPN}}$ 2 Citrat. Darin bedeuten (a) das Fettsäure-aktivierende Syst., (b) Fettsäure-CoA-Dehydrogenase, (c) ungesätt. Acyl-CoA-Hydrase, (d) β-Oxyacyl-CoA-Dehydrogenase, (e) Acetoacetyl-CoA-spaltendes Enzym, (f) Äpfelsäuredehydrogenase, (g) das Citronensäure-kondensierende System. Die Enzyme a—e sind aus den Mitochondrien von Rinderleber isoliert worden. Ergänzende Ausführungen zum obigen Schema unter Hinweis auf die Ergebnisse der Verss. zur Darst. der Enzyme u. Angaben über ihre Wirkungsweise; alle Rkk. erweisen sich als reversibel. Die enzymat. Bldg. von Butyrylcoenzym A aus Acetylcoenzym A wird erneut bestätigt; die Identifizierung des Butyrylcoenzyms A erfolgt als Butyrylhydroxamsäure nach der chromatograph. Abtrennung von den anderen Acylderivaten. (J. Amer. chem. Soc. **75.** 4111—12. 20/8. 1953. Madison, Univ. of Wisconsin, Inst. for Enzyme Res.) TÄUFEL. 4210

Yvonne Moulé, *Bedeutung der Wirkung der Temperatur auf die Hydrolyse von Triricinolein durch die Ricinuslipase.* Zur Gewinnung eines hochakt. *Lipase*-**Präp.** wird die geschälte u. zerkleinerte Ricinussaat 6—7 Std. im KUMAGAWA-App. bei 56° mit absol. trocknem Aceton extrahiert; der vorsichtig vom Aceton befreite Rückstand enthält noch 90% der ursprünglichen Lipaseaktivität u. ist gut haltbar. Verss. über die Hydrolyse von Ricinusöl (2,5 g) werden mit diesem **Präp.** in Mengen mit bekannter Aktivität) in Ggw. von 2 ml Essigsäure/Ammoniumacetatpuffer (p_H 4,7) durchgeführt; Titration der in Freiheit gesetzten Fettsäuren nach Zugabe von A./Ae. = 2/1 mit n/5-NaOH (WILLSTÄTTER u. WALDSCHMIDT-LEITZ, Hoppe-Seyler's Z. physiol. Chem. **134.** [1924.] 161). Messungen der Hydrolyse während 30 Min. im Bereich bis 50° sowie bei 20° bzw. 30° in den Zeiten von 20 Min. bis 24 Stunden. Mit ansteigender Temp. (> 25°) fällt Q_{10} allmählich ab, was nicht auf die Thermolabilität der Lipase zurückzuführen ist, da diese sich im Milieu des Ricinusöles als relativ stabil erweist, sondern auf die Empfindlichkeit des Enzyms gegenüber W.; das Ricinusöl entfaltet der Ricinuslipase gegenüber eine Art Schutzwirkung. (Bull. Soc. Chim. biol. **35.** 759—70. 1953. Paris, École des Hautes Études, Labor. de Chimie physiol. et d'Enzymologie.)
TÄUFEL. 4210

George R. Drysdale und **Henry A. Lardy**, *Fettsäureoxydation durch ein lösliches Enzymsystem aus Mitochondrien.* Verss. mit Extrakten aus Acetontrockenpulvern der Mitochondrien von Rattenleber, hergestellt nach SCHNEIDER u. a. (Manometric techniques and tissue metabolism, Minneapolis 1949); Extraktion der lösl. Enzyme aus dem Acetontrockenpulver (0,5—0,7 g) mit 10 ml W. bzw. einem verd. neutralen Puffer während 30 Min. bei 0°; Zentrifugieren bei 0°, 3 Std. bei 120000 g liefert einen vollständig klaren gelben Proteinextrakt, der für alle Verss. herangezogen wird; er ist stabil gegen Lyophilisation u. Gefrieren, verliert rasch seine Aktivität bei der Dialyse gegen verd. neutrale Puffer, ist aber prakt. ohne Aktivitätsverlust im anaeroben Milieu kurz dialysierbar. Ermittlung der Wrkg. der Fettsäuredehydrogenase der Präpp. durch Messung der Red. von 2.6-Dichlorphenolindophenol; systemat. Verss. zur Feststellung der Aktivierung der Fettsäureoxydation durch *Adenosintriphosphat* (*ATP*) sowie durch *Hydroxylamin* unter Auswertung der Angaben des Schrifttums; die analyt. Erfassung der gebildeten Reaktionsprodd. (Acetoacetat, Citrat, Hydroxamsäuren) erfolgt nach den Verff. der Literatur. Fernerhin werden Verss. zur Prüfung der Mitochondrienextrakte hinsichtlich zusätzlicher enzymat. Wirkungen durchgeführt (Glutamin-, Succin-, Äpfelsäuredehydrogenase, Diphosphopyridinnucleotid, Cytochromreduktase, Citrat-„condensing-Enzyme", Acetoacetat-„condensing-Enzyme"). Aus den graph. u. tabellar. dargestellten Ergebnissen wird gefolgert, daß das aus Mitochondrien hergestellte, aus wasserlösl. Protein bestehende Präp. zur Oxydation von 1 Mol Fettsäure 1 Mol ATP braucht. Die in Ggw. von ATP erfolgende Rk. der freien Fettsäuren mit Hydroxylamin weist darauf hin, daß im Enzympräp. ein Ferment zugegen ist, dessen Wrkg. die Ggw. des Coenzyms A voraussetzt u. dessen Spezifität von der gleichen Art ist wie diejenige, der die Fettsäuren oxydierenden Enzyme. Die Fettsäuren werden enzymat. zu Acetoacetat oxydiert; dabei liefern die in der Carboxylgruppe mit ^{14}C markierten Fettsäuren ein Acetoacetat, das sowohl in der Carbonyl- wie in der Carboxylgruppe isotop markiert ist. In Ggw. von Hydroxylamin entsteht bei der Oxydation die entsprechende Acetohydroxamsäure. In Ggw. von Oxalacetat werden die Fettsäuren vollständig zu Citrat umgesetzt. ^{14}C im Bicarbonat tritt im Carboxyl des Acetoacetates auf bei der enzymat. Oxydation von Isovalerianat sowie bei der Kondensation von Acetylcoenzym A unter Heranziehung von Acetylphosphat u. Transacetylase. (J. biol. Chemistry **202.** 119—36. Mai 1953. Madison, Wis., Univ., Dep. of Biochemistry, Coll. of Agriculture, u. Inst. for Enzyme Res.) TÄUFEL. 4210

Agnar P. Nygaard, *Die Hydrolyse von Mitochondrienlecithin beeinflussende Faktoren.* (Vgl. C. **1953.** 7314.) Nachdem festgestellt worden ist, daß partielle Hydrolyse von Mitochondrienphospholipiden durch *Lecithinase A* (I) vollständige Inaktivierung eines zwischen *Bernsteinsäuredehydrogenase* u. *Cytochrom c* lokalisierten Faktors bewirkt, wurde nunmehr nachgewiesen, daß Oxydation von *Succinat* (II) oder Zusatz von *Adenosintriphosphat* (III) vorübergehend die Inaktivierungswrkg. von I auf das *Bernsteinsäureoxydasesyst.* (IV) unterdrückt u. die Oxydation von II in Ggw. von zugesetztem III (oder *Adenosin-5-phosphat*) die Hemmung von IV u. der Hydrolyse von *Mitochondrienlecithin* zu *Lysolecithin* (V) fast vollständig verhindert. Die Wrkg. von II + III wird durch *2.4-Dinitrophenol* teilweise zerstört. Demnach ist anscheinend III bei der Kondensation von Fettsäure u. V zu *Lecithin* beteiligt u. in den Mitochondrien lokalisiert. (Arch. Biochem. Biophysics **43.** 493—94. April 1953. Ithaca, N. Y., Cornell Univ., Labor. of Enzyme Chem.) K. MAIER. 4210

Wold. Lindquist, *Hochmolekulare Verbindungen aus Bierhefe*: 1. Mitt. *Proteine.* Aus gefriergetrockneter Hefe wurden nach Zerkleinerung mittels Kugelmühle Extrakte (auf p_H 6,8 abgepufferte 0,2 mol. NaCl-Lsg.) hergestellt, die 60% des Gesamt-N enthielten. An Salzfällungs-, Sedimentations-, Diffusions- u. Elektrophoresediagrammen wird gezeigt, daß ein beträchtlicher Teil aus wohldefinierten Verbb. besteht. Für eine Verb. wurde ein Mol.-Gew. von 98000 berechnet. (Biochim. biophysica Acta [Amsterdam] **10.** **443**—52. März 1953. Upsala, Univ., Inst. of Physical Chem.) LENHARD. 4270

F. F. **Nord**, ed., **Advances in enzymology and related subjects of biochemistry. V. 15. New York: Interscience. 1954. (557 S. m. Abb.) $ 11.—.**

E₃. Mikrobiologie. Bakteriologie. Immunologie.

T. Kishida, M. Wada und **S. Yamaguchi,** *Wirkung von B_1-Analogen (Antimetaboliten) auf Mikroorganismen.* 1. Mitt. Auf synthet. Nährböden wurde das Wachstum von Candida albicans durch *Diallylsulfid* gehemmt, während Staphylococcus aureus u. E. coli nicht beeinflußt wurden. *Oxythiamin* stimulierte das Wachstum von C. albicans, während es auf St. aureus inhibitor. wirkte. (J. Kyoto prefect. med. Univ. **53.** 937—39. Sept. 1953. Kyoto Pref. Med. Univ., Dep. of Microbiol. [Orig.: japan., Auszug: engl. S. 981.]) KRUSEN. 4310

Friedrich Zilliken, Phyllis N. Smith, Catharine S. Rose und **Paul György,** *Enzymatische Synthese eines Wachstumsfaktors für Lactobacillus bifidus var. Penn.* Aus Lactose u. N-Acetyl-D-glucosamin wurden mit Hilfe einer zellfreien Enzymaufbereitung aus Lactobacillus bifidus var. Penn zwei isomere Disaccharide von Galaktose u. N-Acetyl-D-glucosamin synthetisiert, die sich lediglich in ihrer Rk. gegen MORGAN-ELSON-Reagens unterschieden. Das MORGAN-ELSON-negative, als *Galaktosido-N-acetyl-D-glucosamin* erkannte Prod. besaß eine sehr starke wachstumssteigernde Wrkg.

u. war ident. mit dem von TOMARELLI gefundenen Disaccharid, während die MORGAN-ELSON-positive Verb. relativ unwirksam im Wachstumstest war. (J. biol. Chemistry **208.** 299—305. Mai 1954. Philadelphia, Pa., Univ. of Pennsylvania, School of Med., Dep. of Physiol. Chem. and Pediatrics.) ZELLER 4310

Thodor Dimmling, *Zur Frage der Hemmung des Schwärmvermögens von Bact. proteus.* (Vgl. C. **1950.** II. 662.) Durch *Tibatin*-Zusatz u. Zugabe von 10% Menschenblut zur Nähragarplatte konnte das Schwärmen von B. proteus nur sehr unvollkommen verhindert werden. Z. Hyg. Infektionskrankh. **130.** 671—79. 1950. Würzburg, Univ., Inst. für Hygiene u. Mikrobiol.) GERBER. 4310

R. Mamelak und **J. H. Quastel,** *Aminosäurewechselwirkungen in obligaten Anaerobiern (Cl. sporogenes).* Bei anaeroben Aminosäure-Rkk. in Cl. sporogenes (**I**) treten Aminosäurewasserstoffdonatoren (**II**) u. -acceptoren (**III**) in Wettstreit infolge der H-Übertragung durch Diphosphopyridinnucleotid zwischen **II** u. **III**. Die mol. H_2-Absorption von **III** ist bei Ggw. von **II** stark unterdrückt. Ferricyanide wirken in **I** als H-Acceptoren, die mit **III** konkurrieren. Bei der anaeroben Alanin–Prolin-Rk. in **I** wurden Salze der *Brenztraubensäure* (**IV**) durch Überführung in Lactat bei Ggw. der Milchsäuredehydrogenase tier. Gewebe als Zwischenglied festgestellt. Bei Zusatz von Taubenleberextrakt zu **I**-Extrakten geben anaerob. Aminosäure-Rkk. ebenso wie die **IV**-Aminosäure-Rk. Anlaß zur Sulfanilamidacetylierung. Ggw. von **IV** u. α-ketoglutarsauren Salzen beschleunigt die Alanin-Rk. in **I**, wobei diese durch die nichtenzymat. Rk. mit dem bei der Alaninoxydation gebildeten H_2O_2 wirken. Aussetzen von **I** an Luft, O_2 oder H_2O_2 wirkt tox. auf die Aminosäureoxydation u. die anaerob. Rkk., was durch **IV** oder *Thiolverbb.* (**V**) verhindert wird. Nachfolgende Zugabe von **V** kehrt diesen tox. Effekt auf den Enzymmechanismus um, so daß vermutet wird, daß die aminosäureaktivierenden Enzyme Thiolenzyme sind, die durch O_2 oder H_2O_2 in die inerte S-S-Form umgewandelt werden. Durch Behandlung mit **V** kann diese in die aktive SH-Form zurückgeführt werden. Aminosäureaktivierende Enzyme, insbes. *Aminosäurereduktasen*, sind höchst empfindlich gegen organ. Arsenoxyde, die dadurch hemmend auf die Aminosäure-Rk. in **I** wirken. (Biochim. biophysica Acta [Amsterdam] **12.** 103—20. Sept./Okt. 1953. Montreal, Can., General Hosp., Research Inst.) GERDA SCHULZE. 4320

Yasushi Nishiwaki, Hiroshi Kawai und **Toshiko Furukubo,** *Tödliche Wirkungen von ³²P auf Bakterien.* Escherichia coli communis wurde in 0,03 n Säure der Wrkg. von $^{32}PO_4^{3-}$ mit 0,0049—0,197 mc ausgesetzt (21 Std. Kühlschrank), der Abfall der Keimzahl pro cm³ beobachtet u. in Kurven dargestellt sowie mit der Berechnung des „sensitiven Volumens" für die β- u. Röntgenstrahlung verglichen. (Jap. J. Bacteriol. **8.** 941—43. Dez. 1953. Osaka, Städt. Mediz. Univ. [Orig.: japan.]) SCHULER. 4330

J. Gootjes, A. J. Zwart Voorspuij und **W. Th. Nauta,** *Untersuchungen über die tuberkulostatische Aktivität einiger aromatischer Oxyverbindungen.* Um den Einfl. der Methyl-, Carboxyl- u. Hydroxylgruppe der *Orsellinsäure* (**III**) auf die Aktivität zu untersuchen, wurden zahlreiche aromat. Oxyverbb., in der Hauptsache Derivv. der **III**, auf ihre tuberkulostat. Wrkg. in vitro auf LOEWENSTEIN-Medium, modifiziert nach BEEUWKES, u. auf YOUMANS-Medium (vgl. J. Bact. **51.** [1946.] 703) gegen *Mycobacterium tuberculosis $H_{37}Rv$* getestet. Von diesen Verbb. zeigten die *2-Oxy-4-alkoxybenzoesäuren* bemerkenswerte tuberkulostat. Aktivität.

Versuche: (Werte in Klammern bedeuten die Konzz., bei denen noch vollständige Hemmung des Bakterienwachstums eintritt, in γ/cm³ angegeben; 1. Zahl auf LOEWENSTEIN-, 2. Zahl auf YOUMANS-Medium.) — *Benzoesäuren*: *2.4-Dioxy-* [> 100; > 100]. *Methylester* (**I**), [> 25; 25]. — *2-Oxy-4-methoxy-*[25; 25]. — *2-Oxy-4-äthoxy-*[25; 25]. — *2-Oxy-4-n-propoxy-*, F. 161—164°, Darst. analog **II**, [100; 100]. *2-Oxy-4-n-butoxy-* [>100; >100]. — *2-Oxy-4-n-amyloxy-*, F. 118—119°, Darst. analog **II**, [>100; 0,5]. — *2-Oxy-4-n-hexoxy-*, F. 122°, Darst. analog **II**, [>100; 0,5]. — *2-Oxy-4-n-heptoxy-*, (**II**) $C_{14}H_{20}O_4$, F. 108°, durch 18std. Erhitzen von 9,4 g **I** u. 10 g Heptylbromid in einer Lsg. von 1,2 g Na in 30 cm³ absol. A. u. Verseifen des entstandenen Esters mit 2 nNaOH, 4,5 g (Ausbeute) [>100; 1]. — *2-Oxy-4-n-lauroxy-*, F. 97,5—99°, Darst. analog **II**, [>100; >100]. — *2-Oxy-4-(butoxydiäthoxy)-*, F. 57 bis 58,5° [>100; 50]. — *4-(Butoxydiäthoxy)-*, [>100; >100]. — *2.4-Dimethoxy-* [>25; >25]. — *2.4-Diacetoxy-* [>25; 25]. — *3.4-Dimethoxy-* [>8; >8]. — *2-Oxy-4-äthoxy-5-jod-* [>100; >100]. — *2.4-Dioxy-3.5-dijod-* [>8; 5]. — *2-Oxy-4-chlor-* [>25; 8]. *6-Oxy-2-methyl-* [>8; >8]. — *6-Methoxy-2-methyl-* [>8; 5]. — *6-Amino-2-methyl-* [>8; 8]. — *4-Oxy-2-methyl-* [>25; 8]. — *4-Methoxy-2-methyl-* [>25; 25]. — *4.6-Dioxyisophthalsäure* [>8; 00]. — *3.4-Dimethoxyzimtsäure* [>8; >8]. — Folgende

Toluole: *3.5-Dioxy-* [>25; 8]. — *3-Oxy-5-methoxy-* [>25; >25]. — *3.5-Dimethoxy-* [>25; 8]. — *3.5-Diäthoxy-* [>25; 8]. — *2-Methoxy-4-oxy-* [>25; 25]. — *2-Methoxy-4-amino-* [>25; 25]. — *2.5-Di-tert.butylbenzochinon* [>25; >25]. — *2.5-Di-tert.butyl-1.4-dioxybenzol* [>25; >25]. — *2-Methyl-1.4-dioxybenzol* [>15; 5]. — *4-Methoxyphenol* [25; >25]. (Antonie van Leeuwenhoek **19**. 237—44. 1953. Amsterdam, N. V. Koninklijke Pharmaceut. Fabrieken v/h Brocades-Stheeman & Pharmacia; „Vrije Univ.", Chem. Labor.; Leyden, Univ., Hospital, Dep. for Internal Diseases.) RUTKOWSKI. 4330

A. J. Zwart Voorspuij und **C. A. G. Nass**, *Die kombinierte Wirkung von p-Aminosalicylsäure und Streptomycin mit Isonicotinsäurehydrazid in vitro*. Eine Meth. zur Unters. u. graph. Darst. der Simultanwrkg. der Systeme PAS (**I**)-Isoniazid (**II**) u. Streptomycin (**III**)-**II** mit Hilfe des Tuberkelbakterienstammes H_{37}Rv wird beschrieben. Es scheint eine definierte Synergie in Mischungen zu bestehen, die 99% **I** u. 1% **II** enthalten. Additiv bzw. leicht antagonist. scheinen Mischungen von **III** + **II** zu wirken. (Antonie van Leeuwenhoek **19**. 225—36. 1953. Leyden, Univ. Hospital, Dep. for Internal Diseases u. Inst. for Preventive Med., Statistical Dep., u. Amsterdam, N. V. Koninklijke Pharmaceutische Fabrieken v/h Brocades-Stheeman & Pharmacia, Res. Dep.) RUTKOWSKI. 4330

Josef Klosa, *Über einige Derivate des Disalicylosulfids* (*Bis-[3-carboxy-4-oxyphenyl]-sulfid*). Vf. beschreibt die Isolierung von *Bis-[3-carboxy-4-oxyphenyl]-sulfid* (**I**) aus Kulturfiltraten eines Stammes von *Penicillium notatum*, der *Penicillin* erzeugt, aber kein Notatin bildet, nach Zusatz von *Salicylsäure* (**II**) zur Nährlsg.; **I** wird nur gebildet, wenn die Pilzstämme mindestens 5 Generationsfolgen hindurch mit steigenden Mengen **II** versetzt werden. Aus Kulturfiltraten solcher *Penicillium notatum-Stämme*, die *Notatin* erzeugen, kann kein **I** isoliert werden. Das synthet. dargestellte (Darst. von **I** u. verschied. Derivv. beschrieben) u. das wie vorst. isolierte **I** zeigen im KIRCHNER-Nährboden eine tuberkulostat. Wirksamkeit in einer Verdünnung von $1:2\cdot10^6$; selbst bei Verfütterung von 3 g/kg Maus wurden keine Anzeichen von tox. Wrkg. beobachtet. Auffallend ist die durch **I** beobachtete Stimulierung des Pilzwachstums.

Versuche: *Bis-[3-carboxy-4-oxyphenyl]-sulfid*, (**I**), $C_{14}H_{10}O_6S$, F. 273—274° (A., W.), a) aus Kulturfiltraten von *Penicillium notatum*, der kein Notatin erzeugt (Nährboden nach CZAPEK-DOX mit 6% Melasse, 0,05% Cysteinhydrochlorid, 0,5% Phenylessigsäure u. 0,1% **II**), nach Zusatz von **II** in steigenden Mengen 5 Generationsfolgen hindurch (Aufarbeitung ausführlich beschrieben), 1,3—1,8 g (Ausbeute/100 Liter Kulturfiltrat), b) durch portionsweises Eintragen von 4 g Zn-Staub in Gemisch von 30 g Methylsalicylat u. 24 cm³ Thionylchlorid u. Extraktion mit $CHCl_3$ nach 3 Std., Verseifung des *Dimethylesters* (**IV**, F. 146—147°, 20 g) durch 3std. Kochen mit 10%ig. NaOH; gibt bei 6std. Kochen mit 25%ig. H_2O_2 in Eisessig *Bis-[3-carboxy-4-oxyphenyl]-sulfon* (**III**), $C_{14}H_{10}O_8S$, F. 303—305°; gibt bei 1std. Erwärmen mit Zn HNO_3 auf dem Wasserbad *5-Nitrosalicylsäure*, $C_7H_5O_5N$, F. 227° (W.). — *Bis-[3-carbmethoxy-4-oxyphenyl]-sulfon*, $C_{16}H_{14}O_8S$, F. 204—205°, Darst. wie **III**, 86%; gibt bei alkal. Verseifung **III**. — *Bis-[3-dimethylcarbaminyl-4-oxyphenyl]-sulfid*, $C_{18}H_{20}O_4N_2S$, F. 102—103° ($CHCl_3$), durch 10std. Schütteln von 2 g **IV** in A. mit 8 cm³ 30%ig. Dimethylaminlsg., 1 Std. Kochen u. 24 Std. Stehenlassen, 1,3 g. — *Bis-[3-monomethylcarbaminyl-4-oxyphenyl]-sulfid*, $C_{16}H_{16}O_4N_2S$, F. 225—226°, Darst. analog vorst. Verb., 60%. — *Bis-[3-carbäthoxydimethylamino-4-dimethylaminoäthoxyphenyl]-sulfid*, $C_{30}H_{46}O_6S$, F. 268—270° (Rohprod.), F. >350° (Eisessig), durch 18std. Kochen von **I** mit Dimethylaminoäthylchlorid in Isopropanol. — *Bis-[3-carbäthoxypiperidino-4-äthoxypiperidinophenyl]-sulfid*, $C_{42}H_{62}O_6N_4S$, F. >350° (Zers.), aus **I** u. Piperidinoäthylchlorid (**V**) wie vorst., 65%. — *Bis-[3-carbäthoxypiperidino-4-oxyphenyl]-sulfid*, $C_{28}H_{35}O_6N_2S$, F. 260—261°, aus **I** u. weniger **V** wie vorstehend. (Z. Naturforsch. **7b**. 415—16. Juli 1952. Berlin-Altglienicke) G. WINKLER. 4340.

A. Eugenia Orthey und **H. L. Gilman**, *Die antibakterielle Wirkung von Penicillin, Streptomycin und Sulfanilamid gegenüber starken Suspensionen von Vibrio fetus in samenhaltigen Nährböden*. Bericht über den Einfl. von *Penicillin* (**I**), *Streptomycin* (**II**) u. *Sulfanilamid* (**III**) allein oder in Kombination in verschied. Konzz., bei verschied. Zeiten u. Tempp. auf die Lebensfähigkeit von V. fetus in einem mit Citrat gepufferten Eigelb–Samen-Gemisch. Unter den angegebenen Bedingungen zeigte allein **II** Hemmwrkg. auf den Erreger u. nur in der Anfangsphase der **II**-Einw.; Kombination von **I**, **II** u. **III** war nicht wirksamer als **II** allein. Minimale Hemmkonz. von **II** = 2000 γ/ml; Betonung, daß die Erregerkonz. erheblich höher war als im Samen von Rindern mit Vibriosis. (J. Dairy Sci. **37**. 407—15. April 1954. Ithaca, N. Y., New York State Veterinary Coll., Dep. of Pathol. and Bacteriol.) DOSSMANN. 4340

A. Eugenia Orthey und **H. L. Gilman,** *Die antibakterielle Wirkung von Penicillin und Streptomycin gegenüber Vibrio fetus bei im natürlich infizierten Samen gefundenen Konzentrationen.* (Vgl. vorst. Ref.) Angabe von Verss. mit *Penicillin* (**I**) u. *Streptomycin* (**II**) zur Best. der Hemmwrkg. gegenüber 10 Stämmen von V. fetus bei Konzz., wie sie bei der Vibriosis vorliegen. Um die Lebensfähigkeit des Erregers zu erhalten, ist bei Zusatz von **II** zur Kultur eine bedeutend größere Dichte der Bakterienpopulation pro ml erforderlich als mit **I**. Kombination von 500 E. **I** u. 500 γ/ml **II** töteten alle Erreger bis zu $225 \cdot 10^7$/ml bei einer Einwirkungszeit von 6 Std.; diese Zahl liegt über derjenigen bei natürlichen Sameninfektionen. Bei 200 natürlich infizierten Samenproben konnte mit der angegebenen **I** + **II**-Konz. + 0,3% *Sulfanilamid*/ml niemals der Erreger nachgewiesen werden. (J. Dairy Sci. **37.** 416—24. April 1954.)
DOSSMANN. 4340

C. Prina und **G. Dragoni,** *Die Wirkung des Streptomycins und der Pankreaslipase auf den Tuberkelbacillus und die Phagocytosetätigkeit der Leukocyten in vivo.* Durch *Streptomycin* oder *Pankreaslipase* können am Bact. KOCH Veränderungen hervorgerufen werden, die seine Phagocytose durch Granulocyten beschleunigen. (Arch. Scienze med. **96** (**78**). 521—28. Okt. 1953. Pavia, Univ., Ist. die Patologia Generale.)
P. G. SCHEURLEN. 4340

Akisa Tsukiyama, *Experimentelle Untersuchungen über die Entwicklung und Umkehr der Resistenz von Tuberkelbacillen gegen Streptomycin.* 1. Mitt. *Über die Entwicklung der Resistenz von Tuberkelbacillen und nichtpathogenen säurefesten Bacillen gegen Streptomycin in vitro.* Bei Tbc-Bacillen ist unter Beibehaltung des gleichen Typs u. Stamms die Erscheinung der Streptomycinresistenz mit der Größe der Überimpfungsdosis variabel. Bei menschlichen u. Rinder-Tbc-Bacillen unter Verwendung von KIRCHNER-Bouillon mit *Streptomycin* (**I**) zeigt sich in Fortzüchtungsverss. in der 2.—3. Generation nur geringer Fortschritt in der **I**-Resistenz, die aber in der **3.—4.** Generation rasch in Erscheinung tritt. Beim Typ der Vogel-Tbc-Bacillen u. bei säurefesten nichtpathogenen Keimen tritt die Resistenz vergleichsweise rascher ein. Bei säurefesten Keimen tritt bei anfänglicher Einw. von **I** Streckung der Form u. Vermehrung der Zahl der FONTESschen Körnchen u. eine gewisse Abschwächung der Kochfestigkeit ein, welche Tendenzen aber nach mehreren Generationen in **I**-KIRCHNER-Bouillon verschwinden. Auch wurde beobachtet, daß resistent gewordene Stämme nach einiger Zeit in KIRCHNER-**I**-Bouillon ihre Fortpflanzungsfähigkeit einbüßten. (Jap. J. Bacteriol. **8.** 319—25. Juni 1953. Hiroshima Med. Coll. [Orig.: japan.])
SCHULER. 4340

A. Marco, L. Taviani und **V. Zavaglio,** *Resistenz des Mycobacterium tuberculosis gegenüber verschiedenen Pharmacis.* (Vgl. C. **1954.** 10762.) Unterss. über die einfache u. gekreuzte Resistenz eines bestimmten Stammes von KOCH (H_{37}) gegenüber *Isonicotinsäurehydrazid, Streptomycin, Imidazolcapronsäurehydrazid, p-Aminosalicylsäurehydrazid, Diaminophenylsulfon.* (Sperimentale **103.** 275—81. 1953. Farmitalia, Labor. Ricerche.)
P. G. SCHEURLEN. 4340

Mirko Beljanski, *Vergleich von Antibioticis gegenüber resistenten Bakterienstämmen mit empfindlichen Stämmen derselben Art. Streptomycin* (**I**)-resistente Stämme von *Staphylococcus aureus* u. *Escherichia coli* wurden mit **I**-empfindlichen Stämmen der gleichen Art verglichen. Die Wachstumskurven zeigen für die resistenten gegenüber den empfindlichen Stämmen eine um mehrere Std. längere latente Phase. Der Geh. an *Ribonucleinsäure* ist in den resistenten Stämmen erheblich höher als in den sensiblen, dagegen wurde eine Anhäufung der anderen untersuchten Bakterienbestandteile wie *Proteine, Orthophosphate, Ribomononucleotide, Desoxyribomononucleotide* u. *Desoxyribonucleinsäure* nicht festgestellt. (Ann. Inst. Pasteur **83.** 80—101. Juli 1952. Inst. Pasteur, Labor. de Chimie biologique.)
DOSSMANN. 4340

Franklin R. Cole und **Raymond W. Vanderwyk,** *Ein Überblick über die antibiotische Wirkung verschiedener Pilze aus der Ordnung der Melanconialen.* 23 von 55 Species aus der Ordnung der Melanconialen besaßen eine antibiot. Wrkg., besonders gegen Pseudomonas aeruginosa. Bac. subtilis oder Escherichia coli wurden in keinem Falle beeinflußt. (J. Amer. pharmac. Assoc., sci. Edit. **43.** 56—58. Jan. 1954. Boston, Massachusetts College of Pharmacy.)
ZELLER. 4340

Diamante D. Vacca und **Robert A. Walsh,** *Die antibakterielle Wirkung eines Extraktes aus Ascophyllum nodosum.* Monatlich hergestellte alkoh. Extrakte von Ascophyllum nodosum wurden gegen 11 verschied. Bakterienstämme auf ihre antibakterielle Wrkg. geprüft. Keine Wrkg. wurde gegen Bac. subtilis beobachtet; baktericid wirkte der Extrakt gegen M. pyogenes var. albus, Proteus vulgaris, Brucella melitensis, S. typhosa u. Kl. pneumoniae. Die Wirkungsstärke des Extraktes zeigte deutlich saisonbedingte Unterschiede. Chem. konnten in dem Extrakt Na, N, S u. Fe nachgewiesen werden; K u. Halogene fehlten. (J. Amer. pharmac. Assoc., sci. Edit. **43.** 24—26. Jan. 1954.) Zeller. 4340

Stephen Zamenhof, Grace Leidy, Patricia L. Fitzgerald, Hattie E. Alexander und **Erwin Chargaff,** *Polyribophosphat, die typenspezifische Substanz von Haemophilus influenzae, Typ b.* Vff. fanden, daß es sich bei der typenspezif. Substanz von *Haemophilus influenzae,* Typ b, die in den Desoxypentose- u. Pentosenucleinsäure-Fraktionen von Bakterienextrakten vorkommt, um ein *Polymeres von Ribosephosphorsäure* (PRP) handelt. Der Nachw. gelang infolge geringer Substanzmengen bisher lediglich durch Papierchromatographie. Eine der H_3PO_4-Bindungen an der Ribose ist gegen milde alkal. oder saure Hydrolyse stabil u. sitzt wahrscheinlich am $C_{(2)}$ oder $C_{(3)}$ des Zuckers; die zweite Phosphorsäurebindung wird leicht hydrolyt. gespalten u. dürfte bei Annahme der Furanoseform des Zuckers am $C_{(5)}$ liegen. PRP red. nicht u. wird durch Alkali in dialysierbare phosphorsäurehaltige Bruchstücke gespalten, die ebenfalls nicht reduzieren; wahrscheinlich liegt für PRP eine Polyribophosphatkette mit 3.5-Phosphorsäureesterbrücken vor, an die eine ebensolche Kette 1.1′-glykosid. gebunden ist. Bei alkal. oder mildem saurem Abbau dürfte *Disaccharid-3.3′-diphosphat* entstehen, das bei enzymat. Dephosphorylierung *1.1′-Riboseribosid* liefert. Über strukturelle Gründe für die immunolog. Aktivität von PRP, seine evtl. Verzweigung, seine Rolle bei der enzymat. Phosphorolyse u. die opt. Konfiguration des Pentoseteils kann noch nichts ausgesagt werden. (J. biol. Chemistry **203.** 695—704. Aug. 1953. New York, N. Y., Columbia Univ., Coll. of Physicians and Surg. u. Babies Hosp., Dep. Biochem. and Pediatr.) Goebel. 4350

Sonia Brieux, *Bestimmung von Kationen und Phosphaten in Allantoisflüssigkeit, die mit dem Virus „A" der Influenza infiziert wurde.* Vf. stellte eine bedeutende Zunahme des *K*-Geh. in der infizierten *Allantoisflüssigkeit* (I) des Hühnerembryos fest, gleichzeitig eine Erhöhung der Werte für anorgan. Phosphat. Dagegen bestanden im Ca-, Mg- u. Na-Geh. zwischen infizierter u. nichtinfizierter **I** keine signifikanten Unterschiede. (Rev. Inst. Malbrán **15.** 265—67. 1950/53. Buenos Aires, Minist. de Salud. Publ. de la Nación.) Thiele. 4374

Stanley M. Viscia und **Donald C. Brodie,** *Die fungistatische Wirkung in vitro bei einer Serie von Acridinsalzen.* Eine Anzahl von 9-Aminoacridinsalzen mit verschied. Anionen, einschließlich Fettsäuren (Acetat, Propionat, Butyrat, Capronat, Caprylat, Undecylat, Undecylenat, Laurat, Laurysulfat, Myristat, Palmitat, Stearat, Oleat, Benzoat, Salicylat, Sorbat) wurden hergestellt u. auf ihre fungistat. Wrkg. gegen Trichophyton mentagrophytes untersucht. Am günstigsten wirkten Acridincapronat u. -undecylat sowie -undecylenat. (J. Amer. pharmac. Assoc., sci. Edit. **43.** 52—54. Jan. 1954. San Francisco, Calif., Univ. of California, Coll. of Pharmacy.) Zeller. 4380

Charles F. Carter and Alice Smith, Principles of microbiology. 2nd ed. St. Louis: C. V. Mosby. 1954. (604 S. m. Abb.) $ 5,00.

E_4. Pflanzenchemie. Pflanzenphysiologie. Pflanzenpathologie.

M. Ss. Shukow, *Der Einfluß einwertiger und zweiwertiger Kationen auf die Bildung lyophiler Kolloide in den Zellen und Geweben von Pflanzen.* In Verss. mit verschied. alten Pflanzen von *Hafer, Mais* u. *Zuckerrübe,* die mit Nährmischungen mit verschied. Geh. an K-, Na-, Ca- u. Mg-Salzen versorgt worden waren, ergab sich, daß der Geh. an lyophilen Kolloiden in den Zellen u. Geweben der Pflanzen, unabhängig von ihrem Alter, um so höher ist, je mehr 1 wertige Kationen u. je weniger 2 wertige Kationen in der Nährlsg. enthalten sind. Nach dem abnehmenden Einfl. auf die Bldg. lyophiler Kolloide ergibt sich die Reihe: K—Na—Mg—Ca. Mit zunehmendem Alter der Pflanze nimmt der Geh. an lyophilen Kolloiden im Gewebe zu, bedingt durch die Ca-Anreicherung in den alternden Organen u. Geweben. (Доклады Академии Наук СССР [Ber. Akad. Wiss. UdSSR] [N. S] **92.** Nr. 1. 169—72. 1/9. 1953.) Lebtag. 4450

K. A. Clendenning und **P. R. Gorham,** *Intracelluläre Verteilung von assimiliertem ^{14}C nach kurzer Einwirkung auf Wasserpflanzen.* Unterss. an Nitella, Chara u. Riccia zur Frage, ob das erste Zwischenprod. der Photosynth. noch an das Synthesenferment gebunden ist, oder ob es frei in der Zelle diffundieren kann. Pflanzen wurden 10 Sek. bis 25 Min. bei starkem Licht, aerob u. anaerob bei Dunkelheit $^{14}CO_2$ ausgesetzt. Nach Tötung durch 5 Min. langes Homogenisieren bei Höchstgeschwindigkeit oder durch Eintauchen in fl. N erfolgte eine Fraktionierung in Zellwände, Chloroplasten, cytoplasmat. Protein u. Zellsaft. Die absol. u. spez. Aktivität der einzelnen Fraktionen wurde bestimmt. Der ^{14}C-Einbau erfolgte wesentlich verstärkt, wenn die CO_2-Einw. bei Licht erfolgte. Im Dunkeln ist bei den Chloroplasten der Einbau besser unter anaeroben Bedingungen als unter aeroben. Die höchste Aktivität wurde grundsätzlich im Zellsaft gefunden. Die spez. Aktivität ist immer größer als die der anderen Fraktionen u. gleich oder größer als die der Waschwässer von Chloroplasten u. cytoplasmat. Protein. Die in den ersten Sek. der Photosynth. gebildeten Verbb. scheinen in freiem Zustand vorzuliegen u. durch Diffusion im Zellsaft gleichmäßig verteilt zu werden. (Arch. Biochem. Biophysics **37.** 56—71. Mai 1952. Ottawa, Nat. Res. Labor., Div. of Appl. Biology.) W.-D. WEINMANN. 4460

P. R. Gorham und **K. A. Clendenning,** *Stimulation der „hill-reaction" isolierter Chloroplasten durch Anionen.* Vff. versuchten, die einander ähnliche stimulierende Wrkg. der Anionen auf verschied. „in vitro-Prozesse" auf eine allg. physikal. Basis zurückzuführen. Spinat, „Swiss chard", Zuckerrübe u. Hirse werden in Erde, in Nährlsg. mit Cl u. Nährlsg. ohne Cl gezogen. Die gewonnenen Chloroplasten werden auf Cl untersucht u. ihre photochem. Aktivität gemessen. Bei rohen Chloroplastensuspensionen (Zellsaft u. Cytoplasma gegenwärtig) sind wenig Beziehungen zwischen Aktivität u. Cl-Geh. zu finden. Durch erschöpfendes Waschen der Chloroplasten mit 0,5 mol. Zuckerlsg. ist höchstens eine Erniedrigung der Aktivität auf 50% zu erreichen. Erfolgt nun Zusatz von 10^{-2} mol. KCl, so tritt eine 100%ig. Aktivitätssteigerung ein. Nur durch Entfernung von Zellsaftcytoplasma kann die Aktivität stark red. oder ausgelöscht werden. Es ist daher anzunehmen, daß auch andere Ionen außer Cl entfernt werden müssen, um den photosynthet. Prozeß zum Erliegen zu bringen. Durch Belichtungsverss. konnte wahrscheinlich gemacht werden, daß Cl direkt auf die Chloroplasten wirkt u. nicht indirekt durch die Aufhebung von Belichtungsschäden. Diese Ergebnisse sowie vor allem die Verschiebung des p_H-Optimums durch den Anionenzusatz zeigen deutlich die Ähnlichkeit der Anionenwrkg. in der „hill-reaction" u. der Stärkehydrolyse durch Amylase u. lassen Vff. vermuten, daß eine Änderung des elektrokinet. Potentials der kolloidalen Oberfläche erfolgt, wodurch enzymat. Reaktionsgeschwindigkeiten verändert werden können. (Arch. Biochem. Biophysics. **37.** 199 bis 223. Mai 1952. Ontario, Ottawa, Nat. Res. Laboratories, Div. of Appl. Biology.) W. D. WEINMANN. 4460

Traute Becker, *Wuchsstoff- und Säureschwankungen bei Kalanchoe blossfeldiana in verschiedenen Licht-Dunkelwechseln.* Zur Feststellung der tagesperiod. Wuchsstoff- u. Säureschwankungen in Laub- u. Blütenblättern von *Kalanchoe blossfeldiana* bei verschied. photoperiod. Bedingungen wurden im Laufe von 24 Std. in 3std. Abständen Extrakte hergestellt, indem mit Methanol extrahiert, im Vakuum abgedampft u. der Rückstand mit bidest. W. aufgenommen wurde. Die Prüfung auf Wuchsstoffwrkg. erfolgte mit dem Kressewurzeltest, die Best. des Gesamtsäuregehaltes durch Titration mit NaOH gegen Phenolphthalein. Die Unterss. ergaben, daß der extrahierbare Wuchsstoff tagesperiod. schwankt, wobei nicht festgestellt werden konnte, ob es sich um einen einzelnen oder um verschied. Stoffe handelt. Bei allen untersuchten Licht-Dunkel-Rhythmen war die Wuchsstoffwrkg. der Extrakte, die in der photophilen Phase hergestellt wurden, hoch, bei Extrakten der skotophilen Phase gering. Das Wuchsstoffmaximum wurde bei Blütenblättern immer 3—6 Std., bei Laubblättern 3—9 Std. nach Lichtbeginn gefunden. Auch der Gesamtsäuregehalt in den Blättern schwankte tagesperiod., wobei die Maxima u. Minima abhängig vom Beleuchtungswechsel waren, indem sie bei kurzen Lichtzeiten früher erreicht wurden als bei langen. Bei längeren Dunkelzeiten als 12 Std. begann die Abnahme des Säuregeh. bereits vor Lichtbeginn, längere Lichtzeiten als 9 Std. ergaben eine Zunahme vor Dunkelheitsbeginn, so daß vermutet wird, daß auch innere Faktoren an der Steuerung der tagesperiod. Schwankungen des Gesamtsäuregeh. beteiligt sind. (Planta **43.** 1—24. 1953. Göttingen, Univ., Pflanzenphysiol. Inst.) BEINERT. 4485

Hans Söding und **Edith Raadts,** *Über das Verhalten des Wuchsstoffes der Koleoptilenspitze gegen Säure und Lauge.* Zur Klärung der Frage nach der chem. Natur der natürlichen Pflanzenwuchsstoffe erfolgte das Auffangen des Wuchs toffes aus Spitzen von Haferkoleoptilen in doppelt dest. W., Behandlung mit Säuren bzw. Laugen u. Prüfung im Avenatest am Tageslicht. Die Unterss. ergaben, daß der aus den Koleoptilspitzen in W. diffundierende Wuchsstoff durch 3std. Kochen mit n HCl zerstört wird, während er bei Behandlung mit heißer NaOH oder KOH erhalten bleibt. Es kann sich daher nicht um Auxin a oder b handeln, da Auxin a säurefest u. laugenempfindlich, Auxin b gegen Säure u. Laugen empfindlich ist. Der Haferwuchsstoff kann auch nicht mit Heteroauxin ident. sein, da er bei Abdampfen mit HCl zerstört wird u. gegenüber Abdampfen mit NH_4OH beständig ist, während Heteroauxin dadurch inaktiviert wird. Er unterscheidet sich auch durch sein großes Mol.-Gew. vom Heteroauxin. Vff. sehen den Wuchsstoff der Haferkoleoptilen als ein mit dem Heteroauxin verwandtes Indolderiv. an, wobei die Frage, ob es sich um eine einheitliche Substanz oder um ein

Gemisch ähnlicher Substanzen handelt, noch offenbleibt. (Planta **43.** 25—36. 1953. Hamburg, Staatsinst. für Angew. Bot.) BEINERT. 4485

Hanne-Lore Wiedow und **Hermann v. Guttenberg,** *Über die Abhängigkeit der Wirkstoffbildung von Licht und Photosynthese.* Zur Klärung der Frage, wie sich verschied. Wirkstoffe gegenüber Licht u. Photosynth. verhalten, wurde *Phaseolus vulgaris* unter Glasglocken mit u. ohne CO_2 auf sterilem Sand + Ziegelstückchen unter Zugabe von Nährsalz- u. Glucoselsg. angezogen. Der Nachw. der Wuchsstoffe erfolgte durch den Avenatest, wobei zwischen Auxin u. Heteroauxin unterschieden wurde (Auxin = der durch Säure u. Erbsenenzym unzerstörbare Wuchsstoff). Der *Vitamin-B_1*-Geh. wurde mit dem Phykomycestest, *Vitamin C* mit Dichlorphenolindophenol nachgewiesen. Es ergab sich, daß bei Kultur in CO_2-freier Luft am Licht der Zusatz von Heteroauxin oder Vitamin C die Bldg. von Auxin auslöste, das heißt, diese Auxinsynth. verläuft unabhängig von der Photosynth., ist aber an Licht gebunden. Die Bldg. von Heteroauxin ist weder von der Photosynth. noch vom Licht abhängig, während die Bldg. von Vitamin B_1 durch die Photosynth. gefördert wird. Vitamin C kann ohne Photosynth. gebildet werden, die photosynthet. Zuckerbldg. bewirkt jedoch eine höhere Vitamin-C-Produktion. Vff. sehen darin eine Bestätigung früherer Versuchsergebnisse, die zeigten, daß Heteroauxin als Auxinaktivator dient; nunmehr muß auch Vitamin C als aktivierende Substanz angesehen werden. (Planta **41.** 589—612. (1953. Rostock, Univ., Bot. Inst.) BEINERT. 4485

Rodolfo Cortesi, *Fluor und Fluorosen der Pflanzen.* Aus der Literatur werden Angaben über den n. F-Geh. von Pflanzen zusammengestellt. Eine Lokalisierung des F in bestimmten Pflanzenteilen gelang auch mit mikrochem. Verff. nicht. An Reben u. Apfelbäumen mit anomal hohem F-Geh. (festgestellt in den Blättern) werden keine morpholog., anatom. u. cytolog. Anomalien festgestellt. Es wird darauf hingewiesen, daß neben den häufig allein berücksichtigten Fabrikabgasen auch Boden u. W. zu einem höheren F-Geh. der Pflanzen beitragen können. Von „Pflanzenfluorosen" im Sinne einer Vergiftung der Pflanzen bei höherem F-Geh. scheint man nicht sprechen zu können. Ein höherer F-Geh. scheint weder die Pflanzen zu schädigen, noch ihre Resistenz gegen Bakterien, Pilze, Insekten usw. zu erhöhen. Bei Wiederkäuern, nicht aber bei Pferden, kann Futter mit höherem F-Geh. zu chron. F-Vergiftung führen. (Boll. chim. farmac. **92.** 443—50. Dez. 1953. Genf, Univ.) R. K. MÜLLER. 4495

W. O. James, Plant Respiration, Oxford: The Clarendon Press. 1953. (282 S. m. 66 Abb., 42 Taf.) fr 30,—.

E5. Tierchemie. Tierphysiologie. Tierpathologie.

Peter Gedigk und **Günter Strauss,** *Zur Histochemie des Hämosiderins.* Mittels histolog. Methoden wurden *Hämosiderin* (I)-Ablagerungen in Milz, Leber, Knochenmark u. einzelnen anderen Organen auf ihre Zus. hin untersucht. Neben dem *Eisenanteil* (Berliner Blau-Rk.) lassen sich *Polysaccharide* (Perjodsäure–Leukofuchsin-Rk.), *Proteine* (Tetrazonium-Rk.) u. *Lipoide* (Sudanschwarz B) nachweisen. Die nach Entfernung des Fe verbleibenden Restbestandteile des **I** reagieren sauer, ihre Acidität wird auf ein saures Mucopolysaccharid zurückgeführt. Der Restkörper behält seine Fähigkeit, sich mit dem Fe zu koppeln. Das **I** in Mesenchymzellen gibt eine intensive Perameisensäure-Rk., sowohl vor wie nach der Entfernung des Fe, während das **I** der Leberparenchymzellen vorher negativ, nach der Eisenelimination nur schwach positiv reagiert. Mittels anderer Rkk. lassen sich noch weitere Differenzen zwischen dem **I** beider Zelltypen nachweisen. (Virchow's Arch. pathol. Anatom. Physiol. klin. Med. **324.** 373—90. 1953. Marburg, Univ., Pathol. Inst.) SCHELER. 4520

W. Adam und **G. W. Korting,** *Vergleichende Untersuchungen über freie Aminosäuren in Cantharidenblase und Serum.* Die Übereinstimmung des Geh. an freien Aminosäuren (qualitativ) im Blutserum u. in der Fl. der Cantharidenblase wird papierchromatograph. nachgewiesen. (Arch. Dermatologie Syphilis **196.** 325—28. 1953. Tübingen, Univ.-Hautklinik.) REPPEL. 4520

Ralph I. Dorfman, *In vivo-Stoffwechsel von neutralen Steroidhormonen.* Zusammenfassende Darst. bisher durchgeführter Unterss. über den in vivo-Stoffwechsel neutraler Steroidhormone mit 17 Literaturangaben. (J. clin. Endocrinol. Metabolism **14.** 318—25. März 1954. Boston, Mass., Univ., School of Med., Dep. of Biochem.) KRUSEN. 4558

W. H. Pearlman, M. R. J. Pearlman und **A. E. Rakoff,** *Östrogenstoffwechsel bei der menschlichen Schwangerschaft. Eine Untersuchung mit Hilfe von Deuterium.* Deuteriummarkiertes *Östron* (I) wurde Patientinnen im letzten Schwangerschaftsdrittel intramuskulär gegeben u. im Urin die **I**-, *Östradiol* (**II**)- u. *Östriol* (**III**)-Fraktionen auf den Hormon- u. Deuteriumgeh. untersucht. Die so erhaltenen Ausscheidungsdaten unterscheiden sich nicht von den bei Männern nach I-Gabe von PEARLMAN u. PINCUS (J. biol. Chemistry **147.** [1943.] 379) erhaltenen Werten. Die Überführung von I in III ist nur gering (3—4%), die von I in II dagegen wesentlich höher (20—30%). (Amer. J. Obstetr. Gynecol. **66.** 370—73. Aug. 1953. Philadelphia, Pa., Jefferson Med. Coll., Dep. of Biochem. and Dep. of Obstet. and Gynecol.) H. SCHEURLEN. 4559

Donald H. Schultz, *Progesteronspiegel im systemischen Plasma während des ersten Trimesters der menschlichen Schwangerschaft.* Mit der Meth. von C. W. HOOKER u. T. R. FORBES (vgl. Endocrinology **41.** [1947.] 158) konnte bei 38 von 46 Schwangeren der 6. bis 17. Woche — bei ausreichender Empfindlichkeit der Meth. — kein *Progesteron* (I) nachgewiesen werden. Bei den übrigen Frauen finden sich Plasmaspiegel, die meistens unter 2 μg I/ml Plasma lagen. Vf. diskutiert die Bedeutung des I für die Schwangerschaft an Hand neuerer Literatur u. für die Therapie zur Verhütung des Abortes. (Amer. J. Obstetr. Gynecol. **66.** 1260—63. Dez. 1953. Yale Univ., School of Med., Dep. of Anatomy.) F. LEUSCHNER. 4559

D. G. Edgar, *Der Progesterongehalt von Körperflüssigkeiten und Geweben.* Im Blut der Ovarialvene von schwangeren u. n. Schafen u. Schweinen wurde *Progesteron* (I) durch Papierchromatographie u. UV-Spektr. bestimmt. Bei Tieren mit inakt. Ovarien wurde I nicht gefunden, u. die Fl. von pathol. Ovarien enthielt nur wenig I. Im peripheren Blut konnte sowohl bei schwangeren als auch bei n. Tieren kein I nachgewiesen werden. I ist dagegen im reifen GRAAFschen Follikel, auch bei schwangeren ohne Corpus luteum, in höheren Konzz. vorhanden, so daß die Möglichkeit der Bldg. von I im GRAAFschen Follikel vor allem während der Schwangerschaft anzunehmen ist. Aus der Best. von I im Corpus luteum u. im Blut folgt, daß I, sobald es aufgebaut ist, in den Blutstrom abgegeben wird. (J. Endocrinology **10.** 54—64. Nov. 1953. Cambridge, Univ., School of Agric.) NIEMANN. 4559

Marian Silver, *Eine quantitative Analyse der Östrogenbedeutung für die Muttertierentwicklung bei Ratten.* Die Muttertier-Entw. in keimdrüsenlosen Ratten, die mit *Östradioldipropionat* (I) behandelt wurden, wurde vom 20. bis 80. Lebenstag im Vgl. zu n. u. keimdrüsenlosen Ratten ohne Hormonbehandlung untersucht. Durch Gaben von 0,05—0,1 γ I/2 Tage wurde eine positive allometr. Phase der Muttertier-Entw. eingeleitet, die jedoch geringer als bei n. Tieren war. Ihre Größe hängt von der gegebenen Menge I ab. Erhöht man die Hormongabe proportional zum Körpergewicht, erhält man Entwicklungszeiten wie bei n. weiblichen Ratten. Eine Best. der Anzahl von Cisternen u. seitlichen Knospen in den Brustdrüsen von mit I behandelten Tieren ergab, daß die Cisternen gegenüber n. weiblichen Ratten gleich zahlreich waren, während die seitliche Knospen-Proliferation entsprechend der Hormondosis verschied. war. (J. Endocrinology **10.** 17—34. Nov. 1953. Reading, Univ., Nat. Inst. for Res. in Dairying.) NIEMANN. 4559

E. J. Underwood, F. L. Shier und **J. E. Peterson,** *Die Wirkungen langzeitiger Stilböstrolinjektionen beim Mutterschaf. Stilböstrol* (I) bewirkt bei Merinoschafen, die 6 Monate lang 1—16 mg/Tag I erhielten, Vergrößerung der Brustdrüsen u. Abnahme des Körpergewichtes. Eine Einw. auf den Östrus wurde nicht beobachtet. Kleinere Dosen I (0,11 bis 1 mg) hatten cyst. Veränderungen des Endometriums zur Folge, die noch 2¹/₂ Jahre nach der Behandlung anhielten. Alle behandelten Tiere waren zeitweilig unfruchtbar. (Austral. veterin. J. **29.** 206—11. Aug. 1953. Western Australia, Univ., Inst. of Agriculture and Dep. of Agriculture.) H. SCHEURLEN. 4559

A. M. Shearman und **Thomas H. McGavack,** *Vergleich der Wirkung von α-Östradioldipropionat und Östradiolcyclopentylpropionat auf die Vaginaschleimhaut nicht und unregelmäßig menstruierender Frauen.* Der Vgl. der Wirkungen von intramuskulären Injektionen von *α-Östradioldipropionat* (I) u. *Östradiolcyclopentylpropionat* (II) zu je 5 mg in Sesamöl zeigte, daß die von II länger anhielt. Die Wrkg. auf die Vaginaschleimhaut, die Ausdruck einer Follikelstimulierung ist, war stärker bei II als bei I. Die Latenzzeit von der Injektion bis zum Eintritt der Schleimhautveränderungen war bei I u. II gleich. Die Periode subjektiven Wohlbefindens hielt nach II länger an. (Amer. J. Obststr. Gynecol. **66.** 178—81. Juli 1953. New York, Metropolitan Hospital, Endocrine Clinic.) L. BERGER. 4559

George H. Rezek, *Die Wirkung eines neuen starken uterusentspannenden Faktors des Corpus luteum bei der Behandlung der Dysmenorrhoe.* Vf. berichtet über Verss. mit einem neuen uterusentspannenden eiweißartigen Faktor aus dem Corpus luteum an 298 Patientinnen mit Dysmenorrhoe. Bei 70% wurde innerhalb 25 Min. vollkommene Entspannung erreicht. Es wurden keine unerwünschten Nebenerscheinungen beobachtet. Das Blut der so behandelten Patienten hemmt beim Meerschweinchen die Pituitrinwirkung. (Amer. J. Obstetr. Gynecol. **66.** 396—401. Aug. 1953. Cicero, Ill., Cermak Road.) H. SCHEURLEN. 4559

Shigeharu Yoshida, Shizuo Nakashita und **Shin Matsuda,** *Einflüsse von Robal auf die männlichen Geschlechtsdrüsen.* Bei wiederholten Einspritzungen von *Robal* (wasserlösl. *4.4'-Dioxy-α.β-diäthyldibenzyl*), 2000—5000 E./kg, bei erwachsenen oder kastrierten Kaninchen zeigten sich die stärksten Wirkungen an der Prostata u. den Testikeln. — COWPER-Drüsen werden am wenigsten verändert. Bei Patienten mit Prostatahypertrophie oder -verhärtung gehen die subjektiven u. objektiven Symptome nach den Injektionen erheblich zurück. (Folia endocrinol. japon. **28.** 369—74. 20/3. 1953. Tottori Univ. [Orig.: japan., Auszug: engl.]) SCHULER. 4559

Jürgen Gosda, *Zur Beeinflussung der Demineralisation bei der Ostitis fibrosa generalisata mit Depot-Östrogenen.* In einem Fall von Ostitis fibrosa generalisata konnte durch Injektionen von 4 ml *Depot-Östromon* (= 24 mg *Diäthylstilböstroldimethyläther*; E. MERCK, Darmstadt) jede 2. Woche der Serum-*Ca*-Spiegel von 43 auf 13—14 mg % gesenkt werden. Röntgenolog. wurde Zunahme des *Ca*-Geh. im Skelett, bes. im Schädelknochen, festgestellt. Die typ. Knochenveränderungen wurden jedoch nicht beeinflußt. (Therap. d. Gegenwart **92.** 446—49. Dez. 1953. Chemnitz, Stadtkrankenhaus.) KRUSEN. 4559

Robert I. Walter, *Männliches Hormon bei der Behandlung der Menopause.* Bei 62 Patientinnen in der Menopause wurde durch Gabe von *Testosteronpropionat* u. *Methyltestosteron* bei 27% ein Verschwinden der Symptome u. bei 32% Auftreten tox. Erscheinungen beobachtet. Der Vaginalabstrich zeigt das Bild eines Östrogenmangels. Es wird betont, daß die Behandlung mit Androgenen der mit Östrogenen bei der Menopause weit unterlegen ist. (Amer. J. Obstetr. Gynecol. **66.** 375—84. Aug. 1953. New York, N. Y., Mount Sinai Hosp., Dep. of Obstet. and Gynecol.) H. SCHEURLEN. 4559

Lawrence Kurzrok und **Eugene Streim,** *Menorrhagie — Behandlung mit intravenösem Östradiol.* Östradiol in Propylenglykol (*Progynon*; SCHERING CORP. of Bloomfield, N. J.) erwies sich sehr erfolgreich bei der intravenösen Behandlung aller akuten funktionellen uterinen Blutungen, bes. bei Menorrhagien. (Amer. J. Obstetr. Gynecol. **66.** 1318—20. Dez. 1953. New York, N. Y.) F. LEUSCHNER. 4559

George P. Heckel, *Endokrine Allergie und die therapeutische Anwendung von Pregnandiol.* Durch subcutane u. weniger erfolgreich auch durch perorale Anwendung kleinster Dosen eines Pregnandiolpräp. [Zus.: Pregnandiol-(3α.20α), allo-Pregnandiol-(3α.20α) u. allo-Pregnandiol-(3β.20α)] gelingt die Beseitigung von Störungen, die in ursächlicher Beziehung mit dem Ovar stehen. Der Erfolg wird als Desensibilisierung im Sinne der Allergielehre gedeutet. (Amer. J. Obstetr. Gynecol. **66.** 1297—1312. Dez. 1953. Rochester, N. Y., Univ., School of Med. and Dentist., Dep. of Obstetr. and Gynecol.) F. LEUSCHNER. 4559

Enzo Marchetti, *Über eine neue Substanz im virginellen Rinderuterus mit Wirkung auf die Muskulatur des Rectums.* In Extrakten aus virginellem Rinderuterus wurde ein auf die glatte Muskulatur des Meerschweinchenrectums kontrahierend wirkendes Prinzip nachgewiesen. Die Wrkg. war auch auf andere glattmuskuläre Organe nachweisbar, jedoch schwächer (Dünndarm, Uterus des Meerschweinchens). Beim Vers. der Isolierung dieses Prinzips wurden aus 1 kg Frischorgan 240 mg einer hochgereinigten Substanz gewonnen, die stark hygroskop., dialysierbar u. in saurer Lsg. thermostabil ist. Die Verb. hat Polypeptidcharakter, ist leicht lösl. in W., gibt die Ninhydrin-Rk. u. enthält Aminostickstoff im Verhältnis 1:2 zum Gesamtstickstoff. Eine genaue Klassifizierung war noch nicht möglich. (Rass. Clin., Terap. Sci. affini **52.** 137—41. Juli/Aug./Sept. 1953. Ist. Nazion. Med. Farmacol. „Serono", Labor. Biol.) DAUTZENBERG. 4559

Paolo Larizza, Antonia Notario und **Carlo Bernasconi,** *Über einige histomorphologische Veränderungen bei lang dauernder Verabreichung von somatotropem Hormon.* An Meerschweinchen beiderlei Geschlechts wurde die Wrkg. des *somatotropen Hormons* (**I**) bei subcutaner, 20 Tage dauernder Verabreichung untersucht. Tägliche Dosis zwischen 1,25—10 E. **I.** Myocard, Leber u. Niere ließen keine auffallenden Merkmale erkennen. In den lymphat. Geweben kommt es zu einer beträchtlichen Follikelhyperplasie (Lymphknoten, Milz). Die Nebennierenrinde zeigt eine mäßig starke Hyperplasie der äußeren Zona glomerulosa u. eine Hypertrophie der Zellen der Zona fasciculata. Auch im Pankreas findet sich eine Hyperplasie, allerdings nur bei kleineren Dosen **I.** Das histolog. Bild der Schilddrüse weist Zeichen einer Funktionshemmung auf. In der Hypophyse kommt es zu einer Zunahme der chromophoben Zellelemente, in geringerem Maße auch der basophilen Zellen. Die schwersten Veränderungen sieht man in den männlichen u. weiblichen Genitalorganen, wo es sowohl in Ovar u. Hoden, als auch im Uterus zu einer schweren Hemmung der Zellneubildung u. zu regressiven, nekrot. Erscheinungen kommt. Das Bindegewebe scheint durch **I** nicht beeinflußt zu werden. (Arch. Scienze med. **96** (**78**). 486—514. Okt. 1953. Pavia, Univ., Ist. di Clinica Med. Generale.) P. G. SCHEURLEN. 4560

Joachim Kracht, *Wirkung von Wachstumshormon auf die Langerhansschen Inseln des Rattenpankreas.* Bei der Unters. der Beziehungen zwischen Hypophysenvorderlappen u. Pankreas fand sich bei Ratten nach Verabreichung von Wachstumshormon (**I**) keine Veränderung der A–B-Kernrelation der LANGERHANS' Inseln, während nach Hypophysektomie eine Involution der A-Zellkerne auftrat, die durch **I** unter gleichzeitiger regressiver Veränderung der B-Zellen aufgehoben wurde. Die Befunde werden diskutiert. (Naturwissenschaften **40.** 607—08. Dez. 1953. Borstel, Tuberkulose-Forsch.-Inst., Inst. f. Exper. Biol. u. Med.) F. LEUSCHNER. 4560

William Quitman Wolfson, *Die drei Unterarten von Hypophysen-Adrenocorticotropin. Physiologie, quantitative menschliche Pharmakologie und medizinische Verwendbarkeit von ACTH-Corticotropin („Corticotropin, roh", „U. S. P. Corticotropin"), ACTX-Corticotropin („Corticotropin A", „Typ I gereinigtes ACTH") und ACTIDE-Corticotropin („Corticotropin B").* *ACTH-Corticotropin* (**I**) wird zu ca. 70%, *ACTIDE-Corticotropin* (**II**) sogar zu 90% nach intramuskulärer Injektion vor Erreichen der Blutbahn inaktiviert. Die Inaktivierung durch den Organismus wird gesteigert bei wiederholter intramuskulärer **I**- oder **II**-Injektion. *ACTX-Corticotropin* (**III**) wird auf demselben Weg nicht oder nur sehr wenig inaktiviert. In seiner therapeut. u. hämatolog. Wrkg. sowie in seiner Stoffwechselbeeinflussung entspricht 1 I. E. **III** der Wrkg. von 3,19—3,46 I. E. **I** (beide intramuskulär gegeben), nur mit dem Unterschied, daß die durch **III** häufig auftretenden neurovasculären Syndrome bei **I** nicht beobachtet werden. Aus Hypophyse kann 3 mal soviel **III** wie **I** isoliert werden. Da vermutlich **I** bald vom Handelsmarkt verschwindet, wurde ein Test für **III** entwickelt. Die therapeut. Vorteile von **III** gegenüber **I** werden ausführlich besprochen. (A. M. A. Arch. intern. Med. **92.** 108—47. Juli 1953. Ann Arbor, Mich., Univ., Med. School, Rackham Arthritis Res. Unit, Dep. of internal Med.) H. SCHEURLEN. 4560

Heinrich Bartelheimer, *Störungen von Hypophyse und Nebennierenrinde als Krankheitsursache.* Das hypophysär-interrenale Syst. besitzt für den Organismus überragende Bedeutung. Vf. gibt einen Überblick über die wichtigsten, bei Störungen der Hypophysen- u. Nebennierentätigkeit auftretenden Erkrankungen. Hinterlappen (*Adiuretin, Pitressin, Oxytocin*): Syndrom des Diabetes insipidus; Vorderlappen: Funktionsänderungen der eosinophilen (Akromegalie, hypophysärer Zwergwuchs) u. basophilen Zellen (CUSHING-Syndrom, SIMMONDSsche Kachexie) bzw. beider (MORGAGNI-Syndrom); Nebennierenrinde (bislang 29 Hormone nachgewiesen: *Glucocorticoide, Mineralocorticoide, androgen* wirksame *Corticoide*): CUSHING-Syndrom, adrenogenitales Syndrom, Morbus ADDISON; Nebennierenmark (*Adrenalin, Arterenol*): Hyperadrenalismus. (Dtsch. med. J. **4.** 5—9. 15/1. 1953. Berlin-Moabit, Städt. Krankenhaus.) K. MAIER. 4560

Joachim Kracht, *Über die Regulation der Ausschüttung des thyreotropen und corticotropen Hormons.* Es wird die Beziehung zwischen Schilddrüse u. Nebennierenrinde u. ihren glandotropen Hormonen untersucht u. diskutiert. Vf. weist darauf hin, daß Stress keinen genormten Reaktionsablauf in dem Syst. Hypophyse–Nebennierenrinde zur Folge hat, denn auch andere inkretor. Organe können mitreagieren. Diese Betrachtungsweise gestattet, die Vielfältigkeit inkretor. Rkk. besser zu deuten. Derartige Rkk. sind sowohl von der Art der Belastung, der glandotropen Ausgangslage des Organismus, dem Hormonverbrauch der Peripherie sowie von artmäßigen u. konstitutionellen Unterschieden abhängig. (Verh. dtsch. Ges. inn. Med. **59.** 110—14. 1953. Borstel, Tuberkulose-Forsch.-Inst., Inst. f. exper. Biol. u. Medizin.) F. LEUSCHNER. 4560

Dieter Müting, *Zur Regulation des menschlichen Aminosäurehaushaltes.* Es wird die Wrkg. von frischen zerriebenen Kalbshypophysen auf die Harnausscheidung von *Cystin, Methionin, Amino-N* u. intravenös injizierte *Homogentisinsäure* (**I**) beschrieben. Vermehrte Ausscheidung u. verschlechterter Abbau von **I** wird auf den *ACTH*-Geh. zurückgeführt. Vf. fand Normalisierung der patholog. Aminosäure-Zus. der Bluteiweißkörper nach ACTH bei der Nephrose eines Kindes. (Verh. dtsch. Ges. inn. Med. **59.** 150—53. 1953. Greifswald, Univ., Medizin. Klinik u. Poliklinik u. Forsch.-Inst. f. Diabetes Karlsburg.) F. LEUSCHNER. 4560

W. J. Quarles van Ufford, *Die Behandlung des Asthma bronchiale mit ACTH. (Cortrophine).* An Hand einer ausführlichen Literaturübersicht u. auf Grund eigener Erfahrungen beschreibt Vf. Dosierung, Wirkungen, Ergebnisse u. Komplikationen der *ACTH*-Therapie des Asthma bronchiale. Als wichtigste Indikationen für diese Therapie sieht Vf. die folgenden an: Versagen anderer Therapieverss. beim Status asthmaticus, chron. Bronchialasthma mit Invalidität nach langer Behandlung, schweres Bronchialasthma in höherem Alter, die chron. Formen mit psych. u. allg. Begleiterscheinungen

u. die Überbrückung bei plötzlich auftretendem Asthma bis zum Wirkungseintritt der spezif. Therapie. (Nederl. Tijdschr. Geneeskunde **97**. 140—47. 17/1. 1953. Utrecht.) IPPEN. 4560

Warren H. Cole, William J. Grove und **Max M. Montgomery**, *Anwendung von ACTH und Cortison in der Chirurgie.* Die Anwendung von *ACTH* (I) u. *Cortison* (II) ist in der Chirurgie hauptsächlich dann angezeigt, wenn inoperable Zustände der Operation zugänglich gemacht werden sollen (Unterernährung, Thrombocytopenie purpura, Beseitigung von allerg. Symptomen u. bei ulcerativer Colitis). I u. II ist nach Ansicht der Vff. nicht zur Behandlung von Verbrennungen geeignet. (Ann. Surgery **137**. 718 bis 730. Mai 1953. Chicago, Ill., Univ., Coll. of Med., Dep. of Surg. and Med.) H. SCHEURLEN. 4560

I. E. Bush und **K. A. Ferguson**, *Die Sekretion der Nebennierenrinde bei Schafen.* Venöses Blut aus den Nebennieren der Schafe wurde entnommen u. papierchromatograph. auf adrenocorticotrope Steroide untersucht. Das Hauptprod. war stets das *17α-Oxycorticosteron*, daneben wurden noch *Corticosteron* u. *11β-Oxyandrostendion* isoliert. Von anderen Steroiden wurden noch Spuren gefunden, die wahrscheinlich bei der Aufarbeitung entstanden sind. Intravenöse Injektion von ACTH erhöhte die Sekretion, das Verhältnis der isolierten Verbb. blieb jedoch gleich. Eine Entfernung der Hypophyse hatte auf die Ausscheidung wenig Einfluß. Die Nebennierenrinde n. Schafe scheidet in 24 Std. 1—3 mg/kg Körpergewicht α.β-ungesätt. Ketosteroid aus. (J. Endocrinology **10**. 1—8. Nov. 1953. London, Nat. Inst. for Med. Res.) HORST NIEMANN. 4561

F. N. Chadially, *Der Effekt einer wiederholten Adrenalin-Injektion auf das blutbildende Gewebe der Kaninchen.* Durch wiederholte Injektion von *Adrenalin* bildet sich bei Kaninchen eine Hyperplasie des Knochenmarks aus. Auf die Lymphknoten wurde keine Einw. festgestellt. Ebenso blieben die Leukocyten u. Erythrocyten des peripheren Blutes sowie die COOK-ARNETH-Zahl gleich. (J. Endocrinology **10**. 9—11. Nov. 1953. London, Dep. of Pathol.) HORST NIEMANN. 4561

Jan Ilavsky und **E. J. Foley**, *Beobachtungen bei der Behandlung bakterieller Infektionen mit Antibioticis bei der cortisonbehandelten Maus.* Es wird der Einfl. von *Cortison* (I) auf die chemotherapeut. Wrkg. verschied. Antibiotica bei der Behandlung bakteriell infizierter Mäuse untersucht u. festgestellt, daß I wenig oder keinen Einfl. auf die Schutzwrkg. von Penicillin gegenüber der mit Streptokokken infizierten Maus besitzt. Werden *Streptomycin, Aureomycin, Terramycin, Chloramphenicol, Neomycin* u. *Polymyxin B* mit I behandelten Mäusen verabreicht, bleibt dagegen die Wrkg. dieser Antibiotica aus, die sonst an nicht mit I behandelten Mäusen vorhanden wäre, u. zwar bei I-Dosen von 0,8 mg, während I-Dosen von 0,2 mg ohne Einfl. bleiben. (Proc. Soc. exp. Biol. Med. **84**. 211—14. Okt. 1953. Bloomfield, N. J. Schering Corp., Biolog. Labor.) W. LORENZ. 4561

David V. Becker, J. E. Rall, Wendell Oeacock und **Rulon W. Rawson**, *Die Wirkung von thyreotropem Hormon auf den Stoffwechsel von Radiojod bei schilddrüsenlosen, hyperthyreoiden und akromegalen Personen.* Eine intramuskuläre Injektion von thyreoideastimulierendem Hormon 4—8 Tage nach Gabe von ^{131}J erhöht das proteingebundene ^{131}J u. ^{127}J im Blut u. ^{131}J im Urin. Schilddrüsenlose Patienten scheiden nach Gabe von schilddrüsenstimulierendem Hormon mehr Schilddrüsenhormon aus als Patienten mit Schilddrüsenüberfunktion. (J. clin. Invest. **32**. 149—60. Febr. 1953. New York, N. Y., Sloan-Kettering Inst. and Memorial Center, Dep. of Clin. Investigation.) H. SCHEURLEN. 4562

F. Verzár, V. Vidovic und **S. Hajdukovic**, *Der Einfluß der Hypothermie auf die ^{131}J-Aufnahme durch die Schilddrüse.* Die Aktivität der Schilddrüse wurde durch intraperitoneale Injektion von ^{131}J bei Ratten geprüft. Wurde die Körpertemp. auf 15 bis 20° gebracht, so war die Drüse vollständig inaktiv. Bei Temp. von 23—28° ist die Aktivität vermindert, aber groß genug, um eine ausreichende Menge J zu speichern. Über 30° setzt die n. Aktivität ein. Trotz einer oder mehrerer Phasen der Hypothermie ist der Effekt reversibel. (J. Endocrinology **10**. 46—53. Nov. 1953. Basel, Univ., Physiol. Lab.) HORST NIEMANN. 4562

Rulon W. Rawson, J. E. Rall, O. H. Pearson, Jacob Robbins, Helen F. Poppell und **C. D. West**, *l-Trijodthyronin gegenüber l-Thyroxin, ein Vergleich ihrer Stoffwechselwirkungen beim menschlichen Myxödem.* Eine 41jährige Frau mit typ. Myxödem u. einem Grundumsatz (G. U.) von durchschnittlich —37% erhielt 1 mg *Trijodthyronin* (I). Innerhalb eines Tages stieg der G. U. auf —10% u. sank innerhalb 16 Tagen wieder auf den Ausgangswert. Nach 3 mg *l-Thyroxin* (II) intravenös stieg der G. U. langsamer, aber konstant auf ±0% u. fiel innerhalb 26 Tagen auf den Ausgangswert. II scheint in 3facher Dosierung die 3—4fache Wrkg. von I zu haben. Das Serum-Cholesterin fiel während beider Behandlungen von 500—520 mg% auf 230 mg%. **I** bewirkte einen Anstieg von Urin-N u. -P, desgleichen langsamer, aber anhaltender **II**; **I** u. **II** zeigten qualitativ keine unterschiedlichen Wirkungen, 1 mg Dijodthyronin keine sichtbaren Wirkungen. (Amer. J. med. Sci. **226**. 405—11. Okt. 1953. New York, N. Y., Sloan-Kettering Inst. u. Memorial Center, Dep. of Clin. Investigation.)

BROSEMANN. 4562

P. Tala, J. Railo und **G. Elfving,** *Die Wirkung von p-Oxypropiophenon auf die Schilddrüse. p-Oxypropiophenon* (I) bewirkt eine Hyperplasie der Schilddrüse, wie Verss. an Schweinen ergaben. In den ersten Tagen tritt eine Gewichtsabnahme der Drüse ein, die auf Verlust von Kolloid zurückzuführen ist. Danach tritt stete Zunahme ein. **I** wirkt unter den Versuchsbedingungen als kropfbildende Substanz. (J. Endocrinology **10**. 82—85. Nov. 1953. Helsinki, Univ., Inst. of Forensic Med.)

HORST NIEMANN. 4562

J. Beattie und **R. D. Chambers,** *Die antithyroide Wirkung von p-Aminosalicylsäure.* Die Aufnahme von Jod durch die Schilddrüse wird durch *p-Aminosalicylsäure* (**I**) bei Ratten auf 10% erniedrigt, der Sauerstoffverbrauch fällt ebenfalls stark ab. Als Antagonist für **I** wirken *Thyroxin* u. schwächer *Methylthiouracil*, jedoch ist diese Wrkg. mit strukturellen Veränderungen in der Schilddrüse verbunden, die aber noch nach 25wöchiger Behandlung mit **I** reversibel sind. (J. Endocrinology **10**. 65—72. Nov. 1953. Cambridge, Strangeways Res. Lab.)

HORST NIEMANN. 4562

G. F. Michel, *Physiko-chemische Untersuchungen des Vagotonins.* 1. Mitt. *Elektrophorese.* Durch Salzfällung wurde aus Pankreas *Vagotonin* gewonnen, das durch fraktionierte Präcipitation mit Li_2SO_4 in drei Komponenten getrennt wurde. Weder hierdurch noch durch Elektrophorese wurden homogene Substanzen erhalten. Indessen lassen sich drei Substanzen (A, B u. C) unterscheiden. A u. B wirken auf das parasympath. Syst., C auf die respirator. Zentren. (Recueil Trav. chim. Pays-Bas **72**. 227—31. März 1953. Paris, Fac. de Méd. Labor. de Chim. Biol.; Utrecht, Univ., Labor. de Chim. Physiol.)

WELTZIEN. 4564

G. F. Michel, *Physiko-chemische Untersuchungen des Vagotonins.* 2. Mitt. *Ultrazentrifugierung.* (1. vgl. vorst. Ref.) Untersucht wird bei einer Umdrehungszahl von ca. 60000/Minute. Das in der Elektrophorese als heterogene Substanz erwiesene Vagotonin zeigt sich in der Ultrazentrifuge als homogen, von derselben Sedimentationskonstante u. demzufolge auch von zumindest ähnlichem Mol.-Gewicht. Die verschiedenartige physiol. Wrkg. beruht anscheinend auf einem geringen Unterschied im Mol.-Gewicht. (Recueil Trav. chim. Pays-Bas **72**. 232—35. März 1953. Paris, Fac. de Méd., Labor. de Chim. Biol.; Utrecht, Univ., Labor. de Chim. Physiol.)

WELTZIEN. 4564

John H. Fodden, *Versuch mit die α-Zellen des Pankreas schädigenden Chemikalien.* a) 25 gesunde Kaninchen (K.) erhielten 50 mg 5%ig. Lsg. $CoCl_2$ (**I**)/kg. 9 starben an akutem Lungenödem; b) 8 K. bekamen 12 mg/kg 5%ig. Lsg. von *Dekamethylendiguanidin* (**II**; *Synthalin A*) subcutan; c) 12 alloxandiabet. K. (a. d. K.) erhielten **I** wie bei a). **I** schien hier tox. zu wirken. d) 8 a. d. K. bekamen 6 mg **II**/kg. e) 2—3 Tage nach der ersten **I**-Injektion erhielten K. von a) **II**-Injektionen. Histolog. fanden sich bei a) verschiedenartige Veränderungen der α-Zellen, bei b) keine Veränderungen, meist ein Glykogenschwund in der Leber, bei c) Zeichen wie bei a), dazu die typ. Zeichen des Alloxandiabetes (A. D.), bei d) typ. A. D., Leberglykogen wie bei b), bei e) Verhältnisse wie bei a). Ketonämie u. Ketonurie traten nur bei d) auf. **I** rief also morpholog., aber weder beim n. noch beim a. d. K. Stoffwechselveränderungen hervor. **II** verursachte Hypoglykämie, nur beim a. d. K. mit keton. u. lipäm. Stoffwechsellage. Beim Insulinmangeldiabetes mit funktioneller Insuffizienz der α-Zellen scheint mangelnde Glykoneogenie aus Fetten mit Ketonbildung aufzutreten. (Amer. J. clin. Pathol. **23**. 1002—11. Okt. 1953. Vermillion, South Dakota, Univ. of South Dakota, Med. School, Dep. of Pathology.)

BROSEMANN. 4564

S. T. Nerenberg, *Wirkungen von Monosacchariden und Disacchariden auf die β-Zellen der Langerhansschen Inseln.* Ausgehend von der Beobachtung, daß hungernde Tiere oder Tiere, die exogen Insulin erhalten, selbst kein Insulin produzieren u. die Granulierung ihrer β-Zellen im Pankreas verlieren, erhielten Ratten von 75—150 g Gewicht 4 E. Protamin–Zink-Insulin/15 g über 14 Tage, wurden in Gruppen zu je 10 eingeteilt u. bekamen danach jeweils nur *Glucose* (**I**), *Galaktose* (**II**), *Fructose* (**III**), *Saccharose* (**IV**) oder *Lactose* (**V**) per os oder subcutan oder Olivenöl (**VI**) per os. Bei allen Gruppen mit peroraler Kohlenhydratzufuhr fanden sich gleiche hydrop. Zellveränderungen u. Erneuerung der β-Granulierung, ebenfalls nach subcutanen **I**-, **II**- u. **III**-Gaben. Nach **IV** u. **V** subcutan trat keine neue Granulierung auf, β-Zellen waren meist geschrumpft, α-Zellen unbeeinflußt. Ähnlich waren die Ergebnisse nach **VI**-Fütteung. Vf. nimmt daher an, daß **I—V** per os oder **I—III** subcutan die β-Zellen stimulieren, dagegen nicht **IV** u. **V** subcutan u. **VI** per os. (Amer. J. clin. Pathol. **23**. 999—1001. Okt. 1953. Minneapolis, Minn., Univ. of Minnesota, Dep. of Pathology.) Brosemann. 4564

P. Holtz, *Wirkstoffe des vegetativen Nervensystems.* Bericht über den gegenwärtigen Stand der physiol. u. pharmakol. Kenntnisse des *Acetylcholins*, des *Adrenalins*, *Noradrenalins* u. des *Histamins*. (Verh. dtsch. Ges. inn. Med. **59**. 5—17. 1953. Frankfurt/M., Univ., Pharmakolog. Inst.) L. Leuschner. 4569

Frank A. Brown jr., H. Marguerite Webb und **Muriel I. Sandeen,** *Differentielle Bildung zweier Retinapigmenthormone bei Palämoniden durch Kurzbelichtungen.* Im Dunkeln gehaltene Garneelen (*Palaemonetes vulgaris*) zeigen eine sehr geringe Fähigkeit zur Sekretion von Dunkeladaptationshormon (**I**) zwischen 5—8 Uhr vormittags. Im Gegensatz hierzu besitzen durch n. Dämmerung lichtadaptierte Garneelen während dieser Zeit ein großes **I**-Bildungsvermögen. Schwache Stimulierung durch Licht (kurz dauernde starke oder längere schwächere Belichtung) löst bei den Tieren einen Zustand aus, in dem vorwiegend **I**-Bldg. erfolgt. Starke Lichtstimulierung bewirkt ausschließlich Helladaptationshormonbildung. Vff. diskutieren die Möglichkeit, daß die beiden, die Retinapigment (**II**)-Bewegungen regulierenden Hormone wechselweise durch ein nervöses **II**-Zentrum gesteuert werden, das durch Lichtstimulierung stufenweise aktiviert wird. Der Aktivitätsgrad bestimmt Menge u. Eigg. der beiden **II**-Hormone. (J. cellular comparat Physiol. **41**. 123—44. Febr. 1953. Northwestern Univ., Dep of Biol. Scis., Boston Coll., Dep. of Biol., Duke Univ., Dep. of Zool., u. Woods Hole, Mass., Marine Biol. Labor.) K. Maier. 4569

Douglas George Humm, *Bestimmung der stickstoffhaltigen Bestandteile im Blut von Salamanderlarven im Entwicklungsstadium.* Im Blut von Salamanderlarven verschied. Arten werden Gesamt-N, Plasma-N u. nichtproteingebundener N bestimmt. Der N-Geh. steigt während der Entw. der Larven an. (J. exp. Zoology **124**. 241—62. Nov. 1953. Stanford, Calif., Univ., School of Biol. Sci.) U. Baumann. 4572

Tadahisa Ozeki und **Naoichi Maeno,** *Untersuchung über den Gehalt von oxydiertem und reduziertem Glutathion im Blut bei verschiedenen inneren Krankheiten.* Bei gesunden Personen wurden keine wesentlichen Schwankungen im Blutgeh. an gesamtem (**Ia**), reduziertem (**Ib**) u. oxydiertem (**Ic**) *Glutathion* (**I**) festgestellt. In leichteren Fällen von Lungentuberkulose, Pleuritis u. Peritonitis wurden Anstieg von **Ib**, in schweren Fällen dagegen Abnahme von **Ib** u. Anstieg von **Ic** beobachtet. Bei chron. Pb- u. anderen akuten Intoxikationen waren **Ia**, **Ib** u. **Ic** erhöht, bei akuter Br-Vergiftung dagegen vermindert. In allen Fällen von chron. Nieren- u. Leberkrankheiten, Herzfehlern u. Anämie waren **Ib** u. **Ia**, bei Beriberi, Diabetes mellitus, Purpura u. Pulmonärgangrän **Ib** u. **Ic** vermindert. Bei fiebrigen Erkrankungen u. Dysenterie waren die **I**-Gehh. nicht signifikant verändert. (Y. Kyoto prefect. med. Univ. **53**. 827—34. Sept. 1953. Kyoto Pref. Med. Univ., Dep. of Med. [Orig.: japan.; Auszug: engl.].) Krusen. 4572

Ray H. Rosenman, Meyer Friedman und **Sanford O. Byers,** *Beobachtungen über das Verhältnis Cholat: Cholesterin bei klinischer und experimenteller Nephrose.* Im Blut von Patienten mit Nephrose u. von Ratten mit experimenteller Nephrose (erzeugt durch Antirattennierenserum) wird ein hoher *Cholat*-Spiegel gefunden. Die Ratten zeigen verminderte Fähigkeit von Cholatausscheidung aus dem Blut. Fütterung von Cholat verhindert außerdem die *Cholesterin*-Abnahme des Blutes. (J. clin. Invest. **32**. 121—24. Febr. 1953. San Francisco, Calif., Mount Zion Hosp., Harold Brunn Inst.) H. Scheurlen. 4572

Herbert Braunsteiner, *Die „Hämatexodien" im Elektronenmikroskop.* 1—3μ lange, period. etwa von 700 auf 1400 Å Dicke anschwellende Gebilde, wahrscheinlich lipoidreiche Abbauprodd. der Erythrocytenmembranen, die Erreger vortäuschen können, wurden verbraucht (Mikroskopie [Wien] **5**. 139. 1950. Wien, Univ.) Blumrich. 4573

E. Sherwood Jones, B. G. Maegraith und **Q. H. Gibson,** *Pathologische Krankheitsprozesse.* 4. Mitt. *Oxydationen in der Rattenreticulocyte, einer Wirtszelle von Plasmodium berghei.* (2. vgl. C. **1951**. II. 3048; 3. vgl. Ann. trop. Med. Parasitol. **45**. [1951.] 244.) In Phosphatpuffersuspensionen von Reticulocyten, die aus Rattenblut nach Phenylhydrazininjektion u. mit Plasmodium berghei infiziertem Blut stammten, wurden Stoffwechseluntersuchungen durchgeführt. Beide Arten von Reticulocyten verhalten sich ungefähr gleich. Die im Warburg-App. gemessene O_2-Aufnahme verläuft mit oder ohne Glucosezugabe linear der Zeit. Sie wird inhibiert durch Fluorid, Monojodacetat, Cyanid, Monofluoroacetat (**I**), Malonat (**II**) u. Arsenit. Unter aeroben Bedingungen wurde in den Suspensionen nur wenig brenztraubensaures Salz, aber relativ viel Lactat gebildet. Bei der Inhibition durch I findet Anhäufung von Citrat statt, was auf Blokkierung des KREBS-Cyclus deutet, während die Inhibition durch II als Oxydation der Bernsteinsäure erklärt werden kann. (Ann. trop. Med. Parasitol. **47.** 431—37, Dez. 1953. Liverpool, School of Trop. Med., Dep. of Trop. Med., u. Sheffield, Univ. Dep. of Physiol.) GENEST. 4573

F. W. Jennings und **W. Mulligan,** *Serumspiegel einiger chemischer Bestandteile beim normalen Pferd.* Es werden die Analysendaten 30 n. Pferdeseren von Totaleiweiß, Albumin, Globulin, Ca, Mg, anorgan. Phosphaten, alkal. Phosphatase, Bilirubin u. Harnstoff angegeben u. mit Literaturangaben verglichen. Die Methoden werden besprochen. Zur Best. von Albumin u. Globulin wurde die Papierelektrophorese angewendet, die sich für Reihenunterss. bei Haustieren gut eignet. (J. comparat. Pathol. Therapeut. **63.** 286—93. Okt. 1953. Glasgow, Univ. of Glasgow, Veter. School.) BENISCHKE. 4574

J. Green, *Die „anti-thrombic"-Wirkung des Heparins und deren Beziehungen zu den Sulfhydrylgruppen.* Die Einfll. von Reduktionsmitteln auf die „anti-thrombic"-Wrkg. des *Heparins* (I) werden in 3 Gruppen unterteilt: 1. Proportionale Verzögerung der Gerinnung sowohl von n. wie mit I versetztem Plasma. 2. Selektive Verzögerung der unter I ablaufenden Gerinnung. 3. Eigenartige Anti-I-Effekte. Diese entwickeln sich bes., wenn im Plasma *BAL* bzw. in Lsgg. von *Thrombin* (II) *Thioglykolat* (III), *Dithionit* oder *Thiolbenzoat* enthalten ist. Da bei O_2-Ausschluß der Anti-I-Effekt von II–III-Ansätzen ausbleibt, wird geschlossen, daß die SH-Verbb. in ihrer oxydierten Form gebunden werden. Der „anti-thrombic"-Effekt des I wird somit nicht mehr auf eine Beeinflussung der II-Fibrinogen-Rk. zurückgeführt, sondern auf einen der Gerinnung vorauslaufenden Vorgang, der zur Bldg. von S–S-Brücken führt. (Biochem. J. **56.** XXI. März 1954. London, North Western Group Labor.) SCHELER. 4574

William Bickers, *Bewertung von Toluidinblau zur Behandlung uteriner Blutung. Toluidinblau* ist in jenen Fällen als uterines Hämostypticum nicht geeignet, die sich ätiolog. auf endokrine Störungen oder organ. Beckenerkrankungen zurückführen lassen. Blasentenesmen, Übelkeit u. Erbrechen wurden als Nebenerscheinungen beobachtet. (Amer. J. Obstetr. Gynecol. **66.** 1313—17. Dez. 1953. Richmond, Va.) F. LEUSCHNER. 4574

Gerard E. Evans und **Richard Waltmann,** *Die intravenöse Anwendung von Eisenoxydsaccharat in der Geburtshilfe und Gynäkologie.* Vff. wandten bei 67 geburtshilflichen u. gynäkolog. Patientinnen mit teilweise erheblicher Red. des Hämoglobingeh. eine *Eisenoxydsaccharatlsg.* (20 mg *Fe*/cm^3) an. Gesamtdosis war intravenös 5mal 5 cm^3. Zur Vermeidung von Nebenwirkungen ist sehr langsame Injektion erforderlich. Bei 85 % zeigte sich ein sehr guter Erfolg, der sich an einer Steigerung des Hämoglobinwertes erkennen ließ. (Amer. J. Obstetr. Gynecol. **66.** 118—23. Juli 1953. New York, N. Y., State Univ., Dep. of Obstetrics and Gynecol.) L. BERGER. 4575

M. R. Shourbagy und **Abdel Monem Ahmed,** *Untersuchung von Urin bei gesunden und kranken Rindern.* Bei Unterss. von Rinderurin wurde festgestellt, daß zwischen Kühen u. Büffeln kein qualitativer Unterschied besteht. Bei kranken Tieren wurde nie Zucker festgestellt, dafür Unterschiede im Geh. an *Harnstoff,* geformten Bestandteilen u. spezif. Gewicht. Eiweiß trat bei alten, kranken Tieren auf, ebenso nach dem Kalben. Endlich fanden Vff. Blasensteine aus *Ca-Carbonat, -Oxalat* u. *-Phosphat.* Ausführliche Analysentabellen. (Brit. veterin. J. **109.** 296—98. Juli 1953. Cairo.) WOLFGANG ALBRECHT. 4577

W. Hiddema, *Penicillin in Ferkelmehl.* „Zurückgebliebene" Ferkel werden 5 Wochen mit Mehl, das in 100 kg 1 g Procain-Penicillin enthält, gefüttert; sie zeigen größere Wachstumsgeschwindigkeit u. Futterverwertung als Vergleichstiere, die kein Penicillin erhalten haben. (Landbouwkund. Tijdschr. **65.** 734—38. Dez. 1953. Delft, Oliefabrieken Calvé, Landbouwkundige Afdeling.) WESLY. 4585

R. Geigy, L. A. Halff und **V. Kocher,** *Folsäure als wichtiges Element in der intestinalen Symbiose bei der Wanze Triatoma infestans. Folsäure* (I) wurde als wesentlich für die Entw. der Wanze Triatoma infestans (Überträger des Chagasfiebers) erkannt. I wird diesem Schädling als Stoffwechselprod. von Kokken, die als Symbionten im Darm der Wanze auftreten, zur Verfügung gestellt. Unterss. über die Wrkg. von I waren insofern schwierig, als auch ein Zuviel die Entw. der Wanze hemmt. Unklare Ergebnisse wurden auch erhalten, wenn zum Nährsubstrat (Meerschweinchenserum) *Aminopterin* gegeben wurde. Dagegen war es mit *Terramycin* (10 mg/cm^3) möglich, die Kokken abzutöten, um somit einen Einfl. auf die Entw. von T. infestans zu gewinnen. (Acta tropica [Basel] **11.** 163—66. 1954.) WELTZIEN. 4587

Marjorie A. Darken, *Produktion von Vitamin B_{12} durch Mikroorganismen und sein Vorkommen in pflanzlichen Geweben.* Ausführliche Übersicht vorwiegend über das angloamerikan. Schrifttum bis 1951. — Etwa 170 Literaturangaben. (Bot. Rev. **19.** 99—130. Febr. 1953. Princeton, N. J., Heyden Chem. Corp., Antibiotics Res. Div.) IPPEN. 4587

F. J. Keuning, *Über die mögliche Bedeutung des Vitamins B_{12} bei der Vorbeugung neurotroper Virusinfektionen (postvaccinale Encephalitis, Poliomyelitis und dergleichen).* Aus der Überlegung, daß einerseits zwischen dem Haften bestimmter Virusinfektionen u. dem Nucleoproteid (I)-Stoffwechsel enge Beziehungen bestehen, u. daß andrerseits Vitamin B_{12} einen deutlichen Einfl. auf den I-Stoffwechsel ausübt, schlägt Vf. eine Prüfung des II zur Vorbeugung neurotroper Virusinfektionen vor. (Nederl. Tijdschr. Geneeskunde **97.** 284—85. 31/1. 1953. Groningen.) IPPEN. 4587

Th. Elsässer und **I. Adler,** *Ein Beitrag zur Vitamin-B_{12}-Bestimmung mit „Euglena".* Beschreibung einer *Vitamin-B_{12}* (I)-Bestimmungsmeth. mit Hilfe von *Euglena gracilis, var. bacillaris,* wobei als Funktion der I-Konz. die gesamte gewachsene lebende Substanz angesehen wird. Diese wird mit ESBACH-Reagens gefällt u. nach Zentrifugieren im Hämatokritröhrchen gemessen. (Pharmazie **8.** 984—87. Dez. 1953. Jena, Inst. für Mikrobiol. u. exp. Therapie.) SPITALER. 4587

Emery M. Gal und **David M. Greenberg,** *Nicht-spezifische Wirkung von Vitaminen auf die Hemmung der Äthanoloxydation durch Antabus (Tetraäthylthiuramdisulfid) bei der Ratte.* Bei Ratten, die an 2 aufeinanderfolgenden Tagen je 20 mg *Tetraäthylthiuramdisulfid* (I) intraperitoneal erhielten, wurden nach Zufuhr von 0,197 g A. im Blut 1,22—1,38 mg% *Acetaldehyd* (II) festgestellt. Erhielten die 250—300 g schweren Tiere jedoch 30 Min. nach der 2. I-Injektion u. 30 Min. vor der A.-Zufuhr 20 mg eines Vitamins (*Nicotinsäureamid, Pyridoxin, Riboflavin, Thiamin* [III], *Folsäure* oder *Ascorbinsäure* [IV]), so steigen die Blut-II-Werte nur auf 0,38—0,87 mg%, wobei III den größten u. IV den geringsten Einfl. auf die I-Wrkg. zeigte. 2 mg der genannten Vitamine waren ebenso wie die Verabreichung nach der A.-Zufuhr ohne signifikante Wirkung. Durch die I-Zufuhr wurden bei den Tieren Leberschäden hervorgerufen, die durch verminderte Methylenblau-Red. bei Verwendung von Citrat, A. u. Succinat als Medium nachgewiesen wurden. (Proc. Soc. Biol. Med. **85.** 252—54. Febr. 1954. Berkeley, Univ. of California, School of Med., Dep. of Physiol. Chem.) KRUSEN. 4587

T. K. Wadhwani, *Vermeidung und Verminderung von endemischer Fluorosis.* 2. Mitt. (1. vgl. Indian Med. Gaz. **87.** [1952.] 5.) Vf. bespricht die Problematik der durch F-haltiges W. hervorgerufenen endem. Fluorosis unter besonderer Berücksichtigung der ind. Verhältnisse. Auf die Ähnlichkeit der Symptomatik von Fluorosis u. Skorbut u. die Beeinflußbarkeit beider Krankheiten durch *Vitamin C* (I) wird hingewiesen. 9 Fälle von Fluorosis wurden 6 Wochen lang mit täglich 100 mg I behandelt. Subjektive Besserung u. günstige Beeinflussung der röntgenolog. Knochenbefunde wurden dadurch erreicht. (J. Indian Inst. Sci. **36.** Sect. A 64—69. Jan. 1954. Bangalore, Indian Inst. of Sci., Sect. of Pharmacol.) KRUSEN. 4587

Marcus T. Block, *Vitamin E in der Behandlung von Hauterkrankungen.* In 83 von 95 Fällen verschied. Hautkrankheiten konnte Vf. durch Medikation von täglich 3mal 100—200 mg peroral u. wöchentlich 2—3mal 150 mg *Vitamin E* (I) parenteral gute bis sehr gute Heilungserfolge erzielen. Bei Unverträglichkeitserscheinungen nach peroraler Darreichung wurden täglich 75 mg I mit 100 E. *Hyaluronidase* parenteral gegeben. (Clinical Med. **60.** 31—34. Jan. 1953. Newark, N. J.) KRUSEN. 4587

W. P. Plate, *Hautblutung bei einer mit Dicumarol behandelten Patientin.* Beschreibung eines Falles mit Hautblutung am Unterschenkel u. Zahnfleischblutungen bei kombinierter *Heparin–Dicumarol*-Therapie. Rückgang der Erscheinungen nach *Vitamin-K*-Behandlung. (Nederl. Tijdschr. Geneeskunde **97.** 286—87. 31/1. 1953. Utrecht, Univ., Vrouwencliniek.) IPPEN. 4587

D. Cordier und **G. Pérès,** *Störungen der Magen- und Darmresorption von Glucoselösungen bei der Ratte infolge eines durch Adenosintriphosphorsäure hervorgerufenen Schockes.* Vff. stellen fest, daß der bei Ratten durch subcutane Injektion von 1,3 mg (pro g Körpergewicht) *Na-* bzw. *Ca*-Salz der *Adenosintriphosphorsäure* (I) hervorgerufene Schock mit Störungen der Magen- u. Darmresorption isoton. Glucoselsgg. verbunden ist, indem die Resorption eine Verlangsamung aufweist. Diese ist aber weniger stark ausgeprägt als z. B. die durch traumat. Schockwrkg. hervorgerufene. (C. R. Séances Soc. Biol. Filiales **147.** 817—19. Mai 1953. Lyon, Fac. des Sci., Labor. de Physiol. générale et comparée.) FAHRNLAENDER. 4594

Raymond Reiser und **Mary Carr Williams,** *Dioxyacetonester als Vorläufer von Triglyceriden während der intestinalen Resorption.* In Fortsetzung der früheren Arbeiten (vgl. C. **1952.** 5290), wonach ^{14}C-Glycerin nicht zur Resynth. der Lymphglyceride verwendet wird, werden Fütterungsverss. (Ratten) unter Darreichung (Magensonde) von *Monopalmitin* u. von *1-Palmito-3-oxyaceton* durchgeführt; Markierung mit ^{14}C in der Carboxylgruppe der Palmitinsäure bzw. im $C_{(3)}$-Atom des Glycerins bzw. des Dioxyacetons; den Versuchstieren ist eine Fistel am Ductus thoracicus zur Entnahme von Lymphe angelegt. Prüfung der Lymphproben auf Monoglyceride (nach Verfütterung der Monoglyceride aus Baumwollsaatöl), Dioxyaceton, freie Fettsäuren sowie Ermittlung der Radioaktivität der in Freiheit gesetzten Fettsäuren. Es zeigt sich, daß das zugeführte Monopalmitin zu 73% bei der Verdauung hydrolysiert wird, aber nicht unverändert in die Lymphe übergeht, sondern daselbst ausschließlich als Triglycerid erscheint. Analog verhält sich der Monopalmitoester des Dioxyacetons; er wird zu 71—74% hydrolysiert, tritt nicht in die Lymphe über, sondern wird red. u. in Triglycerid umgewandelt. Veresterung des Dioxyacetons mit Fettsäuren mit anschließender Red. u. Triglyceridbldg. wird als n. Mechanismus der Biosynth. von Triglyceriden während der Resorption von Fettsäuren hingestellt; es wird abgeleitet, daß die Hydrolyse von Monoglyceriden u. die Synth. von Triglyceriden vermutlich in der intestinalen Mucosa stattfinden. (J. biol. Chemistry **202.** 815—19. Juni 1953. Texas, Coll. Stat., Agricult. and Mechan. Coll. Syst., Texas Agricult. Exp. Stat., Dep. of Biochem. and Nutrit.) TÄUFEL. 4594

Anne Beloff-Chain, E. B. Chain, D. Bovet, F. Pocchiari, R. Catanzaro und **L. Longinotti,** *Stoffwechsel der Hexosephosphatester.* 1. Mitt. *Stoffwechsel in gesunden und in alloxandiabetischen Kaninchen.* 2. Mitt. *Stoffwechsel im isolierten Rattenzwerchfell und der Einfluß von Insulin.* Intravenös injiziertes Glucose-1- (**I**) u. Glucose-6-phosphat (**II**) werden sowohl bei gesunden als auch bei alloxandiabet. Kaninchen schnell aus dem Blut entfernt. Etwa 30% der injizierten Mengen von **I** u. 40—55% von **II** wurden bei gesunden u. alloxandiabet. Kaninchen im Urin wiedergefunden. — Bei Ggw. von isoliertem Rattenzwerchfell wird mehr **I** als Glucose (**III**) aus dem Medium aufgenommen; Zugabe von Insulin erhöht die Aufnahme von **III** u. inhibiert die Aufnahme von **I**. Der Umfang der Glykogensynth. im Rattenzwerchfell war in Systemen, die **I** oder **III** enthielten, gleich. Insulin erhöhte die Glykogensynth. bei **I** u. hatte keinen Einfl. bei **III**. Weiterhin wird der Sauerstoffverbrauch des isolierten Rattenzwerchfells bei Zugabe von **I**, **III** u. *2.4-Dinitrophenol* untersucht. **II** wurde bei Ggw. von Rattenzwerchfell durch eine vorhandene *Isomerase* in ein Gemisch von ca. 60% **II** u. 40% *Fructose-6-phosphat* verwandelt. Dieses Gemisch synthetisierte kein Glykogen u. hatte auch keinen Einfl. auf den Sauerstoffverbrauch. (Biochem. J. **54.** 529—39. Juli 1953. Rom, Ist. Superiore di Sanità, Labor. di Chim. biol. e terap.) HEYNS. 4596

A. E. Harper, W. J. Monson, D. A. Arata, D. A. Benton und **C. A. Elvehjem,** *Der Einfluß verschiedener Kohlenhydrate auf die Verwertung proteinarmer Rationen bei der weißen Ratte.* 2. Mitt. *Vergleich mehrerer Proteine und Kohlenhydrate, Wachstum und Leberfett.* (1. vgl. C. **1953.** 7849.) An weißen Ratten wurde der Einfl. der Nahrungskohlenhydrate auf Wachstum, Leberfettablagerung u. Leber-*Xanthinoxydase* bei Rationen mit niedrigem Proteingeh. untersucht. *Dextrin* gab immer ein besseres Wachstum als *Saccharose,* unabhängig von der Art des Proteins. Durch Zufuhr von *Cerelose* wurde bei der Caseinration die Fettbldg. in der Leber gegenüber der Dextringabe vermindert; bei anderen Proteinen trat diese Wrkg. nicht auf. Im Zusammenhang damit war die Xanthinoxydaseaktivität erhöht. Diese Wirkungen werden durch eine verbesserte Ausnutzung der Proteine in Ggw. von Dextrin erklärt. (J. Nutrit. **51.** 523—37. 10/12. 1953. Madison, Wis., Univ. of Wisconsin, Dep. of Biochem.) NEHRING. 4596

Frank L. Engel und **Kathleen Hewson,** *Fettsäure- und Ketonumsatz während Hämorrhagie und Schock bei der Ratte.* Ratten werden nach 24std. Fasten in den Zustand des hämorrhag. Schockes versetzt u. im Blut die Gehh. an Ketonen u. Aminostickstoff ermittelt; analoge Verss. unter intravenöser Verabfolgung von Natriumoctanat sowie mit Tieren, die vorher der Nebenniere beraubt worden sind u. Desoxycorticosteron erhalten haben. Es zeigt sich, daß bei subletaler Hämorrhagie ohne merkbare Erhöhung des Geh. an Aminostickstoff eine deutliche Unterdrückung der Ketosis des Fastens stattfindet, daß sich aber ein Einfl. auf die durch intravenöse Octanatverabfolgung normalerweise zu erwartende Vermehrung der Blutketone nicht einstellt. Hämorrhag. Schock mit erhöhtem Geh. an Blut-Aminostickstoff aber zieht eine markante Hypoketonämie nach sich; ein Anstieg im Blutketongeh. tritt nach intravenöser Octanatgabe nicht ein. Tiere ohne Nebenniere verhalten sich wie n. Tiere. (Proc. Soc. exp. Biol. Med. **83.** 608—11. Juli 1953. Durham, N. C., Duke Univ., Dep. of Med. and Physiol.) TÄUFEL. 4596

T. W. Wikramanayake, H. N. Munro, D. J. Naismith und **W. C. Hutchison,** *Angaben über den Einfluß von Energieaufnahme beim Phospholipidmetabolismus.* Bei proteinfreier Kost ergab weder die Zulage von Kohlenhydraten noch Fett eine Steigerung des Phospholipidgeh. der Leber von Ratten im Gegensatz zu proteinhaltiger Kost. In bezug auf Energieaufnahme u. ^{32}P-Speicherung ergab sich eine Steigerung entsprechend der gesteigerten Energiezuführung ohne Unterschied zwischen proteinhaltiger u. proteinfreier Kost. Es wurde festgestellt, daß proteinfreie Kost den Bestand an Phospholipiden in der Leber von Ratten red., proteinhaltige ihn steigert. Der Proteinspiegel reguliert also die Beziehungen zwischen Phospholipiden, Protein u. Ribonucleinsäure. Desgleichen hängt von ihm auch der Gesamtgeh. von ^{32}P ab. Zusammenhänge zwischen Energiezufuhr, Phospholipid, Ribonucleinsäure u. ihrem Auf- u. Abbau bei proteinhaltiger u. proteinfreier Kost konnten zwar nachgewiesen, aber nicht eindeutig geklärt werden. (Biochem. J. **55.** 640—44. Nov. 1953. Glasgow, Univ., Biochem. Dep.) WELTZIEN. 4596

R. Gordon Gould, C. Bruce Taylor, Joanne S. Hagerman, Irving Warner und **Donald J. Campbell,** *Cholesterinstoffwechsel.* 1. Mitt. *Wirkung des Nahrungscholesterins auf die Cholesterinsynthese im Hundegewebe in vitro.* Überblick an Hand des Schrifttums über den Stand der Kenntnisse über die endogene Bldg. des *Cholesterins* (**I**) u. seine Aufnahme mit der Nahrung einerseits sowie seine Zerstörung im Körper unter Bldg. saurer Prodd. (in den Faeces enthalten) anderseits. Zur Klärung der Frage, ob das Nahrungs-**I** den Verlauf u. die Intensität der endogenen **I**-Synth. beeinflußt, werden Modellverss. in vitro mit Gewebeschnitten von jungen Hunden ausgeführt; letztere werden nach entsprechender Vorbehandlung 1—2 Wochen teils mit einer **I**-armen, teils mit einer **I**-reichen Diät gefüttert. Schnitten von Haut u. Leber sowie abgeschabte Darmmucosa werden in einem KREBS-RINGER-Bicarbonatmedium bei 37° incubiert, das bestimmte Mengen von ^{14}C-Acetat enthält. Nach Abschluß der Verss. wird das Substrat in üblicher Weise zur Gewinnung des Lipoidextraktes mit heißem PAe. behandelt; ein Teil des Extraktes dient zur Analysierung des **I**, das vorher in das Digitonid übergeführt worden ist, der andere Teil — nach Entfernung des Unverseifbaren — zur Gewinnung der Gesamtfettsäuren der Glyceride; Ermittlung der Radioaktivität der Präparate. Die Ermittlung des Ausmaßes, in dem die endogene Synth. von **I** u. Fettsäuren erfolgt, stützt sich auf die nachgewiesenen Mengen an eingebautem ^{14}C-Acetat; in Tabellen werden die Resultate sowohl für die Regeneration als auch für die Synth. von **I** u. die Fettsäuren angegeben, u. zwar für die Präpp. von Leber, Haut- u. Darmmucosa der mit u. ohne **I** gefütterten Tiere. Es zeigt sich, daß die Leber der Kontrolltiere hinsichtlich der **I**-Regeneration u. **I**-Synth. die höchsten Werte, die der mit **I** gefütterten Hunde sehr niedrige Werte liefert. Bei Haut- u. Darmmucosa ist die Verfütterung von **I** auf Synth. u. Regeneration prakt. ohne Einfluß. Der spezif. Effekt des Nahrungs-**I** auf die **I**-Synth. in der Leber wird dadurch erwiesen, daß eine ähnliche Wrkg. bei der Synth. der Fettsäuren nicht zu beobachten ist. (J. biol. Chemistry **201.** 519—28. April 1953. Chicago, Ill., Univ., Coll. of Med., u. Presbyterian Hosp., Rush Dep. of Biochem. and Pathol.) TÄUFEL. 4596

Robert G. Langdon und **Konrad Bloch,** *Die Wirkung einiger Zusätze zur Nahrung auf die Synthese von Cholesterin aus Acetat in vitro.* Unter Anknüpfung an frühere Arbeiten u. zu deren Auswertung (vgl. J. biol. Chemistry **200.** [1953.] 129. 135) werden Ratten mit einer kompletten Diät gefüttert, der nach dem 2. bzw. 3. Tage verschied. Sterine bzw. Terpene (1 mg/1 g Körpergewicht) zugesetzt werden (Squalen, Cholesterin, Δ^7-Cholestenol, 7-Dehydrocholesterin, Lanosterin, Koprosterin, Ergosterin, Farnesol). Den getöteten Tieren wird die Leber entnommen u. jeweils Schnitte davon 2 Std. lang bei 37° in KREBS-Puffer bei p_H 7,4 mit 5 mg $CH_3{}^{14}COOK$ in O_2-Atmosphäre incubiert; dann Zugabe von 40 ml A. + 5 g KOH u. 4std. Erhitzen in N_2-Atmosphäre unter Rückfluß; Abtrennung des Unverseifbaren in üblicher Weise u. Best. des Cholesterins als Digitonid; Best. der Digitonide nach MOORE u. BAUMANN (J. biol. Chemistry **195.** [1952.] 615), wonach die differenzierte Ermittlung von Δ^7-Cholestenol u. 7-Dehydrocholesterin möglich ist. Isotopenanalyse der Digitonide. Aus den Ergebnissen (Tabelle) wird abgeleitet, daß von den geprüften Zusätzen neben Cholesterin selbst nur Squalen, Δ^7-Cholestenol u. 7-Dehydrocholesterin eine deutliche Verringerung im Ausmaß der Umsetzung von Acetat in Cholesterin verursachen; dies ist in jedem Fall von einer markanten Vermehrung des Lebercholesterins begleitet. Betrachtungen über die physiol. Bedeutung der ermittelten Befunde. (J. biol. Chemistry **202.** 77—81. Mai 1953. Chicago, Ill., Univ., Dep. of Biochem. u. Inst. of Radiobiol. and Biophys.) TÄUFEL. 4596

John M. Beal, Peggy M. Frost, Jullien L. Smith (unter Mitarbeit von **Joy Felts**), *Der Einfluß von calorischer Zufuhr und Kaliumeinnahme auf die N-Resorption beim Menschen.* Unter Hinweis auf die Behauptung von CANNON u. Mitarbeiter (Metabolism

1. [1952.] 49), daß beim Fehlen von K im Futter der Eiweißstoffwechsel gestört ist, wurde der Einfl. einer K-Zufuhr zusammen mit Glucose-Alkohollsg. als Energiequelle (alle intravenös verabreicht) auf die N-Resorption untersucht. Bei Zufuhr von K war die N-Bilanz positiv, während sie beim Fehlen von K ins Negative umschlug. In Ggw. von K wirkt eine Veränderung der calor. Zufuhr weniger stark auf die N-Resorption. (Ann. Surgery **138.** 842—45. Dez. 1953. Los Angeles, Calif., Univ. of California, Dep. of Surgery, Surgical Labor. and Surgical Service Veterans Administration Center.)
NEHRING. 4596

Frank B. Walsh und **Robert G. Murray,** *Augenerscheinungen bei Störungen des Calciumstoffwechsels.* In vorliegenden Ausführungen wird der Vers. gemacht, gewisse Grundtatsachen über Ca im menschlichen Stoffwechsel mit ausgewählten Gruppen von klin. ophthalmolog. Fällen in Beziehung zu bringen (Grundbetrachtungen, mit Hypercalcämie bzw. mit Hypocalcämie verbundene Zustände, lokale Störungen des Ca-Stoffwechsels, Beschreibung von Fällen, Abbildungen). (Amer. J. Ophthalmol. [3] **36.** 1657—76. Dez. 1953. Baltimore, Johns Hopkins Univ. u. Hosp., Wilmer Inst.)
SCHWAIBOLD. 4596

D. Cordier und **G. Dessaux,** *Veränderungen im Glykogenvorrat des Herzmuskels infolge eines durch Adenosintriphosphorsäure hervorgerufenen Schockes.* Vff. rufen bei Albinoratten durch subcutane Injektion von 1,3 mg (pro g Körpergewicht) des *Na-* bzw. *Ca*-Salzes der *Adenosintriphosphorsäure* (**I**) einen Schock hervor, der innerhalb von ca. 7 Std. zum Tod der Tiere führt. Es wird festgestellt, daß die Injektion von **I** neben der Schockwrkg. eine Erhöhung des Glykogenvorrats im Herzmuskel von 468 mg auf 543 mg pro 100 g Frischgewebe zur Folge hat. (C. R. Séances Soc. Biol. Filiales **147.** 816—17. Mai 1953. Lyon, Fac. des Sci., Labor. de Physiol. génér. et comparée.)
FAHRNLAENDER. 4597

Verena Immel, *Zur Physiologie des chemischen Sinnes von Nemastoma quadripunctatum (Opiliones, Dyspnoi).* Es werden Unterss. über die qualitative u. quantitative Differenzierung eines Geschmackorganes mit *Saccharose, Maltose, Lactose, Glucose, Galaktose, Fructose, Glykokoll, NaCl, Chinin, Stärke* u. *Glykogen* bei Nemostoma quadripunctatum mitgeteilt. Die Lokalisation wird in den Mundwerkzeugen vermutet. (Naturwissenschaften **40.** 609—10. Dez. 1953. Mainz, Univ., Zoolog. Inst.)
F. LEUSCHNER. 4598

Chester Ittner Bliss, The statistics of bioassay with special reference to the vitamins. New York: Academic Press. 1952. (187 S. m. Abb.) $ 3,50.

J. Comsa, Les Antithyroïdiens Biologiques. Paris: G. Doin & Co. 1953. (200 S., 4 Taf.)

Francis D. W. Lukens, ed., Medical uses of cortisone; including hydrocortisone and corticotropin. New York: Blakiston. 1954. (547 S., Diagr.) $ 7.50.

C. P. Stewart and **D. M. Dunlop.** Clinical chemistry in practical medicine. 4th edn. London: E. & S. Livingstone, 1954. (328 S. m. Abb.) 21 s.

E₆. Pharmakologie. Therapie. Toxikologie. Hygiene.

Bennet M. Allen, Ole A. Schjeide, Ronald T. Piccirillo und **Gerald Kowitz,** *Die Funktionskapazität des Hypophysenvorderlappens nach intensiver Bestrahlung.* Die Hypophysenvorderlappen von jungen Kröten, die mit Röntgenstrahlen (1000 bis 20000 r) u. γ-Strahlen (50—200000 r) bestrahlt wurden, werden unbestrahlten Kaulquappen eingepflanzt. Das Wachstum der Hinterbeine u. der Verlust der larvalen Schneidezähne sind das Maß für die durch die Transplantation verursachte Anregung der Schilddrüse. Die Röntgenstrahlen beeinträchtigen das Gewebe der Drüsen übrigens nur wenig, während die γ-Strahlen einen Gewebeschwund hervorrufen. (J. exp. Zoology **124.** 131—45. Okt. 1953. Los Angeles, Calif., Univ. of California, School of Med., Atomic Energy Project.)
U. BAUMANN. 4601

H. Lüthy, *Die Serumcholinesterase der Maus nach Röntgen-Ganzbestrahlung.* ♀ weiße Mäuse wurden mit Röntgenstrahlen totalbestrahlt (250 kV, 15 mA, FHA 50 cm, Dosis 250, 500 u. 1000 r). Nach Tötung der Tiere wurde das Blut entnommen, das klare Serum nach Zentrifugieren abpipettiert u. im Verhältnis 1 : 10 mit 0,9% NaCl verdünnt. Die *Cholinesterase*-Aktivität wurde dann nach einer Titrationsmeth. bestimmt, bei der die aus einer Acetylcholinsubstratlsg. abgespaltene Essigsäure bestimmt wird. Mit wachsender Bestrahlungsintensität werden die Aktivitätswerte bei den verschied. Tieren zunehmend anomal, vorwiegend liegen sie unter dem Durchschnitt der unbestrahlten Tiere. Wurde vor der 500 r-Bestrahlung eine subcutane Injektion von 850 mg neutralisierter *Cysteinhydrochlorid*-Lsg. pro kg Körpergewicht gegeben, dann erwies sich die Aktivität in den ersten 24 Std. als unbeeinflußt durch die Bestrahlung. Bei Direktbestrahlung des Serums in vitro mit bis zu 36000 r erhält man eine lineare Abhängigkeit der Aktivitätshemmung von der Dosis. Die Befunde müssen durch weiteres Zahlenmaterial ergänzt werden, bevor verbindende Schlüsse über eine eindeutige Zuordnung zwischen der Serumcholinesteraseaktivität u. Strahlenschädigungen gezogen werden können. (Radiol. clin. [Basel] **22**. 491–98. Nov. 1953. Bern, Univ., Röntgeninst., Inselspital.) REUSSE. 4601

A. Werthemann, *Lungenschädigungen durch Bronchographien mit Joduron B auf Grund unserer alten-empirischen und experimentellen Untersuchungen.* Vf. berichtet zusammenfassend über eigene Erfahrungen an Patienten u. über angesetzte Tierverss. mit *Joduron B*-Injektionen für die Bronchographie, bei denen Ablagerungen von *Carboxylmethylcellulose*, dem zur Einstellung eines geeigneten Viscositätswertes dem Joduron zugefügten Mittel, in der Lunge gefunden wurden. Sie gaben Veranlassung zur Bldg. von bindegewebig organisierten Entzündungsherden. Der Nachw. der Ablagerung gelang bei Ratten noch nach $1^1/_2$ Jahren. Vf. setzt sich eingehend mit gleichzeitig an anderer Stelle ermittelten gegenteiligen Befunden auseinander. (Radiol. clin. [Basel] **22**. 511–18. Nov. 1953. Basel, Univ., Patholog.-Anatom. Anstalt.) REUSSE. 4601

Torataro Inaba, *Untersuchung über die Exkretion von intravasculär infundiertem Wismut.* Bei Ratten, die 30–40 mg *Bi* als NaBiO-Tartrat in die Auricularvene erhielten, begann 5 Min. nach der Zufuhr die *Bi*-Ausscheidung mit dem Harn. Sie erreichte nach 1 Std. den Höhepunkt u. nahm dann wieder ab. Über die Nieren wurden in 3 Std. 1–2 mg *Bi* ausgeschieden. In der Galle war *Bi* ebenfalls nach 5 Min. nachweisbar mit einem Maximum nach 20–30 Minuten. Mit der Galle wurden in 2 Std. nur 0,1 mg *Bi* eliminiert. Im Verdauungskanal wurden insgesamt 0,5 mg *Bi* durch die Schleimhäute ausgeschieden. Die Bi-Bestimmungen erfolgten polarographisch. (J. Kyoto prefect. med. Univ. **53**. 895–99. Sept. 1953. Kyoto Pref. Med. Univ., Dep. of Surgery. [Orig.- japan.; Auszug: engl.]) KRUSEN. 4606

Bruno Marenghi und **Lorenza Rota,** *Wirkung von Cortison auf die experimentelle Silicose bei Ratten.* 20 Ratten wurden 7 Std. täglich über eine Zeitdauer von 1–6 Monaten einer Atmosphäre ausgesetzt, die ca. 14000 Partikel reinen Quarzes pro cm^3 enthielt. 10 Tieren davon wurden 3mal wöchentlich 2 mg *Cortison* injiziert. Dieses hatte in dieser Versuchsanordnung zwar nur einen geringen Einfl. auf die anfängliche Zell-Rk. gegen Quarz, im fortgeschrittenen Stadium dagegen verhütete es das Anwachsen der Knötchen u. vor allem ihr Konfluieren zu ausgedehnten fibrösen Herden. (A. M. A. Arch. ind. Hyg. occupat. Med. **9**. 315–22. April 1954. Mailand, Univ., Inst. of Occupational Health.) ZELLER. 4606

W. Klosterkötter und **K. W. Jötten,** *Die Wirkung verschiedener Kieselsäure-Formen im Tierexperiment.* Vff. geben weißen Ratten intratracheale u. intraperitoneale Injektionen (bzw. bei Stauben Inhalationen) verschied. Formen von SiO_2 u. Silicaten, u. zwar: mol. gelöste SiO_2 als *Mono-* u. *Oligoform* (**Ia**) (0,2%ig. Lsgg.), kolloidale, amorphe SiO_2 als Staub (*Aerosil*; **Ib**, Teilchendurchmesser 10—20 mμ), amorphe, wasserhaltige SiO_2 als *Silicagel* u. *Opal* (**Ic**); krist. SiO_2 als *Quarz* (**Id**) u. Silicate als *Feldspat* u. *Hornblende* (**Ie**) (**Ie, Id** u. **Ic**: 0,5—3 μ Korngröße) u. prüfen ihre Wirkungen auf das Lungengewebe. Es wird beobachtet, daß **Ib** (Dosis 5—10 mg) ein sehr starkes Gewebsgift ist, das auch deutlich fibroplast. Wrkg. zeigt. **Ia** dagegen wirkt nur in hoher Konz. (0,18 mg/cm^3) toxisch. Bei den übrigen SiO_2-Modifikationen wird zwar kaum eine tox., dagegen aber eine fibroplast. Wrkg. beobachtet, die proportional dem Ordnungsgrad des Mol.-Gerüstes ist. Sie ist bei **Ic** nur gering, dagegen bei **Id** maximal. Die Verss. zeigen, daß der krist. Zustand für die fibroplast. Wrkg. von Bedeutung ist. Es wird darauf hingewiesen, daß die Löslichkeitstheorie für die Entstehung von Silicose in der bisherigen Form nicht annehmbar ist. (Arch. Hyg. Bakteriol. **137**. 625—36. 1953. Münster in Westf., Westf. Wilh.-Univ., Staatsinst. für Staublungenforschg. u. Gewerbehyg. beim Hyg. Inst.) FAHRNLAENDER. 4606

K.-H. Büsing und **W. Sonnenschein,** *Die Bindung von Schwefelkohlenstoff in den Organen.* Beatmungsverss. an Mäusen mit $C^{35}S_2$ (**I**) führten zu dem Ergebnis, daß der I-Geh. zunächst in Leber u. Niere stark ansteigt, jedoch nach Aussetzen der Exposition ziemlich rasch wieder verschwindet. Das Gehirn nimmt **I** nur langsam u. in geringerer Menge auf, hält es jedoch über Tage u. Wochen fest. (Zbl. Arbeitsmed. Arbeitsschutz **4**. 65—69. Mai 1954. Marburg, Univ., Hygiene Inst.; u. Kassel-Bettenhausen, Forschungslaboratorien der Spinnfaser-AG.) ZELLER. 4607

H. G. Bray, Sybil P. James, W. V. Thorpe und **Marie R. Wasdell,** *Der Stoffwechsel von Äthern bei Kaninchen.* 1. Mitt. *Anisol und Diphenyläther.* Nach Verabfolgung von 0,4—0,5 g/kg *Anisol* mittels Magensonde an Kaninchen wurde der Harn papierchromatograph. untersucht. An freien (Oxy)-Phenolen wurden 2%, an Glucuronsäure gebundene 48% u. mit H_2SO_4 gepaarte 29% von der Gesamtmenge ausgeschieden. Das wesentlichste Stoffwechselprod. ist *p-Methoxyphenol* neben kleinen Mengen o-Methoxyphenol. Phenol selbst konnte nicht festgestellt werden. — Ähnliche Verss. mit *Diphenyläther* lieferten hauptsächlich *p-Oxyphenylphenyläther*. Das Auftreten kleiner Mengen von Di-p-oxyphenyläther ist wahrscheinlich. Die Äther wurden zu 15% in freier Form, zu 63% als Glucuronide u. zu 12% als Schwefelsäureester ausgeschieden. Weder hier noch beim Anisol wurde die Ätherverbindung gelöst.

Versuche: *o-Oxyphenylphenyläther*, F. 106°, aus K-Phenolat u. o-Bromphenol bei Ggw. von Cu-Bronze auf 180—200° erhitzen. — *p-Oxyphenylphenyläther*, F. 82°, mit p-Bromphenol wie vorstehend. — *D-p-oxyphenyläther*, F. 161°, aus Di-p-nitrophenyläther über Di-p-aminophenyläther u. das entsprechende Diazoniumsalz. — *p-Phenoxyphenylglucuronidmonohydrat*, $C_{18}H_{18}O_8 \cdot H_2O$, F. 174°, $[\alpha]_D^{24}$ —70°±6° (c = 0,172 in W.) aus Harn obiger Versuchstiere durch Pb-Acetatfällung, Extraktion mit Ae., teilweise Kristallisation, aus W.–A. nach Reinigung mit Kohle Nadeln. (Biochem. J. **54**. 547—51. Juli 1953. Birmingham, Univ., Med. School, Dep. of Physiol.) HEYNS. 4607

W. Perkow, K. Ullerich und **Fr. Meyer**, *Neue Phosphorsäureester mit pupillenverengender Wirkung.* Alkylester der Orthophosphorsäure mit einer mehrfach chlorierten Seitenkette wirken miot., was sicherlich durch Hemmung der Cholinesterase hervorgerufen wird. Ester mit chlorierter Vinylgruppe zeigen relativ geringe miot. Effekte, bei *Diisopropyl-2.2-dichlorvinylphosphat* hält jedoch die miot. Wrkg. sehr lange an. In der Reihe der mehrfach chlorierten Ester zeigt *Diäthyl-1.2.2.2-tetrachloräthylphosphat* (**II**) größte miot. Wirksamkeit, die durch Atropin aufgehoben werden kann. Die miot. Wrkg. von **II** weist in der Dauer u. Intensität fast die gleichen Werte wie *Diäthyl-p-nitrophenylphosphat* (*Mintacol*) (**III**) auf. Die mittlere tödliche Dosis (DL_{50}) verhält sich bei weißen Mäusen von **III** zu **II** etwa wie 1:2.

Versuche: *Diäthyl-2.2-dichlorvinylphosphat* (**I**), $Kp._2$ 113—115°, aus Triäthylphosphit u. Chloral. — *Diäthyl-1.2.2.2-tetrachloräthylphosphat* (**II**), $Kp._2$ 130—131°, durch Chlorierung von **I**. (Naturwissenschaften **39**. 353. 1. Augustheft 1952. Hamburg, Norddeutsche Affinerie, wiss. Labor., u. Univ., Augenklinik u. Pharmakol. Inst.) KIRSTEN. 4607

C. G. Sypkens Smit, L. Meyler und **S. Duursma**, *Überempfindlichkeit gegen Sulfonamide.* (*Behandlung mit ACTH.*) Vff. beschreiben 3 Patienten, die nach Einnahme von *Sulfamerazine* (*Percoccide*), *Sulfathiazol* (*Cibazol*) bzw. *Sulfadiazin* unter schweren allerg. Erscheinungen erkrankten, wobei die Symptome einer generalisierten Arteriitis im Vordergrund standen. Diese Diagnose wurde z. T. histol. bestätigt, die Überempfindlichkeit gegen das entsprechende Sulfonamid durch Testung bewiesen. Im erstgenannten, bes. schweren Fall wurden die Patienten 8 Tage lang mit *ACTH* (Cortrophine) zunächst mit 100 mg pro Tag in abfallender Dosis mit sehr gutem Erfolg behandelt. (Nederl. Tijdschr. Geneeskunde **97**. 85—88. 10/1. 1953. Groningen.) IPPEN. 4610

A. V. Myatt, G. Robert Coatney, Thomas Hernandez und **Herbert W. Burton**, *Eine weitere Untersuchung über die Toxizität von Pyrimethamine (Daraprim) beim Menschen.* (Vgl. C. **1954**. 3741.) Während einer 6monatigen Zufuhr von wöchentlich 1mal 25 mg *Pyrimethamine* (*2.4-Diamino-5-p-chlorphenyl-6-äthylpyrimidin*) an 33 Versuchspersonen wurden keine tox. Erscheinungen u. keine Blutbild- u. Rückenmarksveränderungen festgestellt. (Amer. J. trop. Med. Hyg. **2**. 1000—01. Nov. 1953. Bethesda, Md., Nat. Inst. of Health, Nat. Microbiol. Inst., Labor. of Trop. Diseases.) KRUSEN. 4610

Charles Cosar, René Ducrot, Paul Gailliot und **Jean Baget**, *Untersuchung des Suramin–Pentamidin-Salzes* (*4891 R. P.*). Vff. untersuchten das *Suramin–Pentamidin-Salz* = *4891 R. P.* (**I**), das 45,4% *Suramin* (**II**), 35,7% *Pentamidin* (**III**) u. 18,9% Kristallwasser enthält. DL_0 für die Ratte: 5 mg **III**/100 g subcutan, 40 mg **II**/100 g subcutan gegen 500 mg **I**/100 g subcutan. Gegen Impfinfektion mit Trypanosoma Brucei bei Ratten verleiht **I** einen gesteigerten Schutz. Um einen vollkommenen Schutz für 4 Wochen zu erhalten, braucht man 5 mg **III**/100 g oder 2 mg **II**/100 g gegen nur 1,96 mg/100 g **I** mit einem Geh. von 0,7 mg **III** u. 0,9 mg **II**. (C. R. Séances Soc. Biol. Filiales **148**. 78—81. Jan. 1954. Vitry-sur-Seine, Labor. des Rech. pharmac. de la Soc. Rhône-Poulenc.) K. BÖHM. 4610

Wolfgang Herrmann und **Leopold Ther**, *Über Resorption und Ausscheidung von Spirotrypan, einem neuen Antiluicum der Arsenobenzolreihe.* Vff. untersuchten die Resorption u. Ausscheidung des *Spirotrypan* (**I**; *Na-Salz des 3'-Bis-[β.γ-dioxypropyl]-amino-4'-oxy-2''-[β-carboxyäthylmercapto]-oxazolo-[4''.5''; 3.4]-arsenobenzols*) durch *As*-Best. nach den Methoden von HUBBARD u. GUTZEIT-LOCKEMANN. Die Verträglichkeit von **I** wurde am Hund nach einer 10tägigen Kur (intramuskuläre Injektionen stets an der gleichen Stelle) untersucht. Die Muskulatur ergab außer einem stärkeren Feuchtigkeitsgeh., einen völlig n. Befund. Der *As*-Spiegel steigt im Blut von Ratten sofort nach der intramuskulären Injektion an u. erreicht nach 3 Std. sein Maximum, sinkt dann ab, ist aber nach 7 Tagen noch deutlich gegenüber unbehandelten Kontrolltieren erhöht. Die Speicherung findet vorwiegend in der Niere, Skelettmuskulatur, Milz u. Leber statt. Die Ausscheidung erfolgt zu $^2/_3$ durch die Nieren, zu $^1/_3$ durch den Darm, wohin I mit der Galle gelangt. (Arch. Dermatologie Syphilis **195.** 670—85. 1953. Hoechst, Pharmakolog. Inst. der Farbwerke.) L. BERGER. 4610

R. H. Rigdon, Don W. Micks und **Dorothy Breslin,** *Wirkung von Phenylhydrazinhydrochlorid auf Plasmodium lophurae-Infektionen bei der Ente.* Mit Plasmodium lophurae infizierte Enten zeigen nach Behandlung mit *Hydrazinhydrochlorid* (I) eine geringere Parasitämie als unbehandelte Tiere. Bei der I-Behandlung schwellen die Kerne der Erythrocyten stark an, zerfallen nach der Freilassung der Parasiten u. werden wie diese aus dem peripheren Blut durch Phagocytose entfernt. (Trans. Roy. Soc. trop. Med. Hyg. **47.** 70—76. Jan. 1953. Univ. of Texas, Dep. of Preventive Med. and Publ. Health, Labor. of Exp. Pathol.) H.-J. KOCH. 4610

P. Baranger und **M. K. Filer,** *Vergleichende Betrachtung über die Wirkung der Alkaloide der Chinarinde, moderner synthetischer Heilmittel und einiger einfacher organischer und anorganischer Derivate auf Plasmodium gallinaceum.* Unter Standardbedingungen wurden 6 Tage alte Hühnchen mit Plasmodium gallinaceum infiziert u. mit therapeut. maximal wirksamen Dosen verschied. Heilmittel behandelt. Nach 16, 23, 30 Tagen wurde in Blutproben die Wirksamkeit gegen exoerythrocyt. bzw. sanguine Formen der Parasiten bestimmt. Nach fallender Wirksamkeit angeordnet ergab sich folgende Reihe: *Paludrin* (2 mg), *$FeSO_4$*, *C. ledgeriana*, KNO_3, *Harnstoff, Cu, C. succirubra Cyanursäure, $Fe_2(SO_4)_3$, Atebrin, Paludrin* (1 mg), *Urotropin, Triuret, MnO_2 + Fe, Ag, Allantoin, J + KJ, $MnCl_2$, Camoquine, Nivaquine, Malocide.* (Acta tropica [Basel] **11.** 153—158. 1954. Northants, Engl., Finedon Hall Labor.) WELTZIEN. 4610

W. F. Townsend-Coles und **G. M. Findlay,** *Poliomyelitis in Beziehung zu intramuskulären Injektionen von Chinin und anderen Wirkstoffen.* Es werden 7 Fälle von poliomyelit. Paralyse im Bein innerhalb 4 Wochen nach intraglutäaler Injektion von *Chinin* u. 1 Fall nach *Penicillin* berichtet. Die Lokalisation der Paralyse als Folge des Injektionstraumas wird diskutiert. (Trans. Roy. Soc. trop. Med. Hyg. **47.** 77—81. Jan. 1953. Sudan, Ministry of Health; Univ. of London, Pharmacol. Labor.) H.-J. KOCH. 4610

Wolfgang Wilde, *Neuartiges oral und parenteral applizierbares Chemotherapeuticum mit Desinfektionswirkung auf Tuberkelbacillen.* (Vgl. C. **1954.** 7897.) Es wird auf die Wirkungen von *Dairin* (Dr. med. HUBOLD u. BARTZSCH, Hamburg 1; *Amidomonorhodanid H*) hingewiesen. (Die Medizinische **1954.** 964—65. 10/7. Heilstätte Wilhelmsheim der LVA Württemberg.) DOSSMANN. 4610

Enrico Del Pianto, *Antituberkulosewirkung des Natriumäthylthiosulfats.* Das *Natriumäthylthiosulfat* (I) besitzt bei oraler Verabfolgung Antituberkulosewirkung. Wird I parenteral gegeben, so bleibt eine bakteriostat. Wrkg. auch bei höheren Dosen aus. Auch in vitro wirkt I nicht bakteriostatisch. Die chemotherapeut. Aktivität des I soll der der p-Aminosalicylsäure gleichkommen. (Ricerca sci. **23.** 1785—93. Okt. 1953. Roma, Centro di studio per la chimica generale.) P. G. SCHEURLEN. 4610

C. Bertazzoli und **C. Ciceri,** *Vorläufige Mitteilung über die Toxikologie des p-Aminosalicylsäurehydrazids.* Das als antituberkulöses Mittel verwandte *p-Aminosalicylsäurehydrazid* (I) besitzt bei der weißen Maus eine DL_{50} bei 120 mg/kg (intravenöse Applikation) bzw. bei 191,4 mg/kg (peroral). Die Toxizitätserscheinungen sind: Erregungszustände, Reflexsteigerung, Krämpfe, Atemlähmung. Beim Kaninchen liegt die Dosis letalis um etwa das Doppelte höher, die Unverträglichkeitserscheinungen sind die gleichen. Gleiches gilt für den Hund. I wirkt toxischer als Isonicotinsäurehydrazid u. p-Aminosalicylsäure. (Sperimentale **103.** 286—91. 1953. Labor. Ricerche Farmitalia.) P. G. SCHEURLEN. 4610

Hiroshi Nakada, *Biologische Untersuchungen über Isonicotinsäurehydrazid.* 1. Mitt. *Akute Vergiftung und LD_{50}.* Bei Verss. mit 60 männlichen Mäusen ergab sich eine LD_{50} pro kg von 142 mg $\pm$16,8 bzw. 162 mg $\pm$13,6. Die Reihenfolge der Vergiftungserscheinungen war: Erregung, klon., dann ton. Krampf mit Exitus. Von der Injektion bis zum Tod vergingen 21—130 Min., nur in einem Fall über 4 Std.; das Zeitintervall ist proportional der Konz. des *Isonicotinsäurehydrazids.* Der Tod folgte meist auf den 1. Krampfanfall, nie ein Überleben eines 3. Anfalls, 2 Beispiele des Überlebens des 2. Anfalls. (Jap. J. Bacteriol. **8.** 643—45. Sept. 1953. Tokyo, Univ., [Orig.: japan.]) SCHULER. 4610

R. Kapl, V. Obrecht und **H. D. Renovanz,** *Kritische Auswertung der Tuberkulosebehandlung mit Isonicotinsäurehydrazid.* Bericht über Erfahrungen mit *INH* an 150

tuberkulosekranken Patienten. (Beitr. Klin. Tuberkul. **109.** 172—82. 1953. Berlin, Tuberkuloseklinik Heerstraße u. Städt. Krankenhaus Westend, II. Med. Klinik.)
RUTKOWSKI. 4610

A. Marco, L. Taviani und **V. Zavaglio,** *Untersuchungen über die Resistenz des Mycobacterium tuberculosis gegenüber verschiedenen Pharmacis bei der experimentellen Tuberkuloseinfektion.* (Vgl. C. **1954. 10744.**) Gegenüber *Isonicotinsäurehydrazid* (I) u. *Streptomycin* resistente Tuberkelbakterien bedingen bei Infektion der Maus nur einen milden Krankheitsverlauf. Demgegenüber bleiben Bakterien, die auf *p-Aminosalicylsäurehydrazid* u. *Capronsäurehydrazid* resistent sind, unverändert virulent, sprechen aber auf I gut an. (Sperimentale **103.** 282—86. 1953. Labor. Ricerche Farmitalia.)
P. G. SCHEURLEN. 4611

Kurt Sonntag, *Die unspezifische Beeinflussung des tuberkulösen Pleuraempyems mit tuberkulostatischen und antibiotischen Mitteln.* An 11 lokal mit 0,5—1 g *Steptomycin* (I) u. 15 cm³ einer 25%ig. *Na-Citrat*-Lsg. behandelten Patienten mit tuberkulösem Pleuraempyem trat eine rasche Klärung u. ein Seröswerden des eitrigen Ergusses ein, obwohl im Punktat I-resistente Tuberkelbacillen nachgewiesen wurden. An Hand von Mäuseverss. zeigte Vf., daß auch *Kaolin* die eiterauflösende u. eiterresorbierende Fähigkeit seröser Häute in unspezif. Weise zu steigern vermag. (Beitr. Klin. Tuberkul. **109.** 131—38. 1953. Bonn, Univ., Med. Klinik.) RUTKOWSKI. 4611

H. G. Pfisterer, *Nierensteinbildung bei antibiotisch-chemisch behandelter Knochengelenktuberkulose.* Bericht über 3 gleichartige, ungewöhnliche Nierensteinbildungen bei Skelettuberkulose. (Zbl. Chirurg. **78.** 1243—47. 1953. Köln, Univ., Chirurg. Klinik.)
RUTKOWSKI. 4611

Leon V. McVay jr. und **Douglas H. Sprunt,** *Antibiotische Prophylaxe bei chronischen Krankheiten der Atmungsorgane.* Der Wert der Behandlung nichttuberkulöser chron. Krankheiten der Atmungsorgane mit *Chlortetracyclin* u. dessen Nebenwirkungen werden auf Grund einer Kasuistik an 30 Fällen geschildert. (A. M. A. Arch. intern. Med. **92.** 833—46. Dez. 1953. Memphis, Tenn., Univ. of Tennessee, Coll. of Med., Div. of Med., Pathol. and Bacteriol.) DOSSMANN. 4611

W. R. O. Goslings, J. F. Ph. Hers und **J. Mulder,** *Behandlung der durch Haemophilus influenzae verursachten mucopurulenten Bronchitis mit Benzylpenicillindiäthylaminoäthylesterjodid.* Vff. fanden den *Penicillin* (I)-Geh. des Sputums von Patienten mit mucopurulenter Bronchitis nach Gabe von *Benzylpenicillindiäthylaminoäthylesterjodid* (II; *Leocillin* „LEO" PHARMACEUTICAL PRODUCTS, Dänemark) höher als nach Gabe der gleichen I-Menge in Form von I-Na. Auch im bei Operationen gewonnenen Lungengewebe war der I-Geh. nach II wesentlich höher als nach I. Dagegen verlief der I-Blutspiegel nach II-Injektionen durchweg niedriger als nach I-Na. Bei der durch Haemophilus influenzae hervorgerufenen mucopurulenten Bronchitis wurden mit 4 mal 500000 Einheiten II gute Erfolge erzielt. Ob das II jedoch Vorteile gegenüber den Breitspektrumantibioticis bietet, konnten Vff. nicht entscheiden. (Nederl. Tijdschr. Geneeskunde **97.** 273—79. 31/1. 1953. Leiden, Acad. Ziekenhuis, Clin. voor Inwend. Geneesk., Afdeling Longziekten.) IPPEN. 4611

L. Zettergren und **B. Sjöström,** *Disseminierte Mykose nach Antibioticabehandlung. Bericht über zwei obduzierte Fälle.* Nach Literaturübersicht Angabe von 2 Fällen, bei denen nach Obduktion disseminierte Mykose festgestellt wurde. Fall 1 mit Panmyelophthisis erhielt $3 \cdot 10^5$ E. *Penicillin* (I) pro Tag über 3 Wochen. Fall 2 mit myeloider Leukämie insgesamt 84 g *Aureomycin* (II). In beiden Fällen wurde Aspergillus nachgewiesen. Nach Vff. bestand mit großer Wahrscheinlichkeit ein direkter Zusammenhang zwischen der nachgewiesenen Mykose u. der I- u. II-Therapie. (Acta med. scand. **147.** 203—12. 11/12. 1953. Uppsala, Schweden, Univ., Pathol. Inst.)
DOSSMANN. 4611

William H. Dearing und **Fordyce R. Heilman** (unter Mitarbeit von **Edward Warren** und **Dorothy Rose**), *Mikrokokken-(Staphylokokken)-Enteritis als Komplikation antibiotischer Therapie, ihr Ansprechen auf Erythromycin.* Bericht über 44 Kranke, von denen 40 wegen verschied. Ursachen *Terramycin* (I) oder *Aureomycin* (II) erhalten hatten; bei allen wurde untersucht, ob im intestinalen Trakt oder Stuhl Micrococcus pyogenes nachweisbar war. Von 41 untersuchten Stämmen waren 38 resistent gegenüber I, II u. *Streptomycin*; in Zusammenhang mit dem Erregernachw. standen mehr oder weniger schwere gastrointestinale Störungen, die mit *Erythromycin*, 300—400 mg 4 mal täglich, zu beheben waren. (Proc. Staff Meetings Mayo Clin. **28.** 121—34. 11/3. 1953. Rochester, Minn.) DOSSMANN. 4611

E. Hidvégi und **B. Kelentei,** *Ansteigen der Permeabilität der synovialen Schranke gegen Antibiotica.* Nach intravenöser Injektion von 3—5000 E. *Penicillin* (I)/kg erreicht die Konz. von I im Ellbogen- u. Kniegelenk von Hunden nur ½ bzw. $^1/_5$ der Blutwerte. *Streptomycin* (II) in Dosen von 0,02—0,03 g/kg ergibt nur $^1/_5$—$^1/_{10}$ der Blutwerte, während im Kniegelenk von neugeborenen Hunden sich II in Konz. von über ½ der Blutwerte nachweisen läßt. Durch intravenöse oder intraarterielle Injektion von *Hyaluronidase* (III) in Dosen von 1 mg/kg wird die Konz. von II um ca. das 3fache gegenüber der gewöhnlichen Konz. gesteigert. Die Wrkg. von III ist spezifisch. Auf 20 µg/kg *Histamin* (IV) intravenös steigen die II-Konzz. in den Gelenken an u. übertreffen die Blutwerte. Durch intravenöse Injektion von *Acetylcholin* (50—100 µg) oder *Prostigmin* (0,02 mg/kg) stieg die II-Konz. in den Gelenken nicht an, bei intraarteriellen Gaben hingegen erreichte die Synovialkonz. die Blutwerte. Kurzwellen für 20 Min. beeinflussen die Synovialkonz. von II nicht, bei Iontophorese Abfall um ca. 50%. Mit IV behandelte Synovialmembranen zeigen bei JANCSÓs Tuscheverss. merkbare Endothel- u. Pericytenphagocytose. Nach den Verss. scheint die Synovialschranke mit einer selektiv exkretor. Fähigkeit ausgestattet zu sein. Nachprüfungen an klin. Material spezif. Gelenkaffektionen wäre zu empfehlen. (Acta physiol. Acad. Sci. hung. **5**. 521—30. 1954. Debrecen, Inst. of Surg. Anatomy and Operat. Surg., Inst. of Pharmacol.) K. BÖHM. 4611

G. Ja. Kiwman, *Einfluß der Antibiotica auf die Schutzreaktion des Organismus* Übersicht über den Einfl. der Antibiotica auf die Phagocytose der Bakterien u. auf den Titer der Antikörper auf Grund der neueren nichtsowjet. Veröffentlichungen. — 28 Literaturhinweise. (Антибиотики [Antibiotika] **7**. Nr. 2. 14—27. 1954.) LEBTAG. 4611

F. Testani und **A. De Micheli,** *Vorzüge der endobronchialen Instillation von proteo- und fibrinolytischen Enzymen bei der Behandlung bronchopulmonaler Eiterungen.* Vff. berichten über Erfahrungen in der Behandlung bronchopulmonaler Eiterungen (Bronchiektasen, Lungenabscesse) mittels Instillation eines Gemisches von *Streptokinase* u. *Streptodornase* durch Bronchialsonde nach METRAS direkt auf den Herd. Zusätzlich wurden in der letzten Phase der Behandlung Penicillin u. Streptomycin instilliert. Die Erfolge waren gut. (Rass. Clin., Terap. Sci. affini **52**. 175—87. Juli/Aug./Sept. 1953. Modena, Univ., Clin. otorinolaringoiatr.; Ist. di patol. med.) DAUTZENBERG. 4614

T. Vályi-Nagy und **B. Kelentei,** *Über die adreno-sympathicolytischen Wirkungen von Malondinitril.* Vff. untersuchten an Katzen, Hunden, Kaninchen u. an isolierten Organpräpp. bisher unbekannte adreno-sympathicolyt. Wirkungen von *Malondinitril* (I). Intravenös in Dosen von 4—40 mg/kg Körpergewicht zeigt I keine signifikanten Wirkungen am arteriellen Blutdruck der Katze u. des Hundes. Bei der Katze werden die Wirkungen von *Adrenalin* (II) abgeschwächt, wenn vorher I gegeben wurde. Größere Dosen von I heben die Wrkg. von mehrfach letalen II-Dosen auf. Die I-Wirkungen sind reversibel, u. die adrenolyt. I-Wrkg. hat einen peripheren Angriffspunkt. In Parabioseverss. kann I nach 10—15 Min. nicht mehr mittels Bluttransfusion von einem zum anderen Tier übertragen werden. Das Blut des einen mit I behandelten u. gegen II resistenten Parabionten auf den 2. Parabionten übertragen, bewirkt merkbare II-Effekte. 40 mg I/kg oder mehr bewirken bei Katzen Dyspnoe von nicht zentralem Ursprung, da 10—20 mg I, in die Cysternen gegeben, keine lähmende Wrkg. auf Atmungs- u. Vasomotorenzentrum haben, im Gegensatz zu KCN. I schwächt. durch periphere sympathicolyt. Wrkg. die durch II bewirkten Kontraktionen der Nickhaut ab. Auch an isolierten Organen zeigt sich der sympathicolyt. Effekt von I, der synergist. mit *Ergotamin* ist. Durch $Na_2S_2O_3$ tritt aber keine Hemmung ein. I läßt die Permeabilität der Blutliquorschranke ansteigen u. steigert den Druck des Liquors. Es wirkt antagonist. auf die durch II bewirkte Glykogenolyse in der Leber u. hemmt die Wrkg. der II-spaltenden Enzyme. (Acta physiol. Acad. Sci. hung. **5**. 495—506. 1954. Debrecen, Univ., Inst. of Pharmacol.) K. BÖHM. 4620

J. Pórszász, J. Venulet und **K. Gibiszer-Pórszász,** *Untersuchungen über die Synergisierbarkeit der Analgetica: Wirkung des Doryls und Physostigmins auf die Verteilung des Dolantins im Organismus.* Vff. untersuchten an Ratten u. Mäusen die Verteilung des *Dolantins* (I) im Körper bei gleichzeitiger Einw. von *Doryl* (II) u. *Physostigmin* (III). I zusammen mit II verabreicht, läßt bei Ratten im Gehirn signifikant mehr I nachweisen als unter n. Verhältnissen. Ca beeinflußt diese Wrkg. nicht. In vitro wird das I-Bindungsvermögen gewaschener Kaninchenerythrocyten durch II u. III nicht vermindert. Auf II zeigt die im Urin entleerte I-Menge eine nichtsignifikante Vermehrung. Der I-Geh. der Leber erfährt durch II keine Änderung. Die Möglichkeit der Rolle von II u. III im synergist. Zusammenwirken wird eingehend erörtert. (Acta physiol. Acad. Sci. hung. **5**. 509—19. 1954. Budapest, Univ., Pharmakol. Inst.) K. BÖHM. 4627

E. E. Swanson, R. C. Anderson, P. N. Harris und **C. L. Rose,** *Wirksamkeit und Toxizität von Amytalnatrium und Seconalnatrium (Ampullen) in wässerigem Polyäthylenglykol 200. Amytalnatrium* (I) u. *Seconalnatrium* (II; *Amo- u. Secobarbitalnatrium*; ELI LILLY & CO.) zeigten, gelöst in 60- bzw. 50%ig. *Polyäthylenglykol 200* (III), keine Veränderung der Wirksamkeit u. Toxizität gegenüber wss. Lösungen. Die mittlere Wirkdosis (intravenös bei Ratten) war für I 75,0 ± 3,5 mg/kg, für II 39,0 ± 1,2 mg/kg; die mittlere letale Dosis ist ca. 2 mal so groß. Dieses Verhältnis 2:1 trifft für die meisten zur Zeit angewendeten Barbiturate zu. I u. II in III bewirkten bei der Best. der subakuten Toxizität (intravenös bei Kaninchen) keine augenfälligen patholog. Veränderungen. Intramuskulär injiziert, riefen wss. Lsgg. von I u. II stärkere Reizerscheinungen hervor als solche in III. (J. Amer. pharmac. Assoc., sci. Edit. **42.** 571—73. Sept. 1953. Indianapolis, Ind. Eli Lilly & Co.) SCHULENBURG. 4627

William R. Nesbitt, *Skelettmuskelspasmus und seine Behandlung.* Die Behandlung von Skelettmuskelspasmen verschied. Art mit *Mephenesin* (*Tolserol*) u. Diathermie ergab in 90% (von 143 Fällen) günstige Resultate gegenüber 48% günstigen Ergebnissen in der Kontrollgruppe (60 Fälle). (Clinical Med. **60.** 269—73. Mai 1953. Laramie, Wyo.) DAUTZENBERG. 4628

Hilda Roberts und **Fred Wrigley,** *„Nisentil" in der Geburtshilfe. Klinische Versuche mit einem neuen Analgeticum.* Nach einem Selbstvers. wurden 200 Gebärende mit *Nisentil* (*Nu 1196*; *dl-α-1.3-Dimethyl-4-phenyl-4-propoxypiperidinhydrochlorid*) behandelt. In 148 Fällen trat gute Schmerzlinderung ein, bei 4 Versagern. 29 Kinder zeigten verschieden starke Asphyxie. Amnesie trat nicht ein, die Mitarbeit der Mutter bei der Geburt war in allen Fällen erhalten. (J. Obstetr. Gynaecol. Brit. Empire [N. S.] **60.** 538—40. Aug. 1953. London, Postgraduate Med. School; Welwyn Garden City, Roche Products Ltd.) DAUTZENBERG. 4628

Sandro Dell'Orso und **Salvatore Principe,** *Klinische und pharmakologische Untersuchungen über die Wirkung des p-Oxyphenyläthanolamins (Norden) auf den Uterus.* Ausführliche Besprechung der Wrkg. der Adrenalinabkömmlinge auf die Uterusmuskulatur. Die Tonuserhöhung des Uterus scheint hauptsächlich an Äthanolaminseitenketten gebunden zu sein. Das *p-Oxyphenyläthanolamin* (I; NORDEN) verursacht eine Tonuserhöhung der Muskulatur des Uteruskörpers, während der Uterushals nicht kontrahiert wird. Ganz im Unterschied zu anderen Adrenalinderivv. bedarf I keines hormonellen oder anderen enzymat. Mittlers zu seiner Wirkung. In einer Dosis von 50 mg wurde es bei 80 Patientinnen unter der Geburt mit günstigem Erfolg angewandt. Die Wrkg. tritt nach 15 Min. ein u. hält 45 Min. an. Außer gelegentlichem leichtem Erbrechen keine Unverträglichkeitserscheinungen. (Sperimentale **103.** 357—78. 1953. Firenze, Univ., Clin. Ostetrica.) P. G. SCHEURLEN. 4628

Maximilian Fabrykant, *Weitere Untersuchungen über hirnelektrische Störungen und die Verwendung krampfhemmender Mittel beim labilen Diabetes.* 5 Patienten mit labilem Diabetes u. patholog. Elektroencephalogramm wurden regelmäßig mit krampfhemmenden Mitteln (*Dilantin, Mesantoin, Mebaral, Phenobarbital*) mit sehr gutem Effekt behandelt. In 2 Fällen hielt die Besserung 3 bzw. 4 Jahre nach Absetzen des Mittels noch an. (Ann. intern. Med. **38.** 814—23. April 1953. New York, N. Y., Univ., Postgraduate Med. School and Univ. Hosp.) DAUTZENBERG. 4628

Eduard Neugebauer, *Zur Frage der Wirkung von Myon und Neokathesin auf die Hochdruckkrankheit.* Die Cholinpräpp. *Myon* u. *Neokathesin* erwiesen sich bei der Behandlung von 24 Fällen von Hochdruckkrankheiten als unwirksam u. verursachten in verschied. Fällen Druckanstieg u. Verschlechterung der Nierenfunktion. (Bratislavské Lekárske Listy **33.** 937—43. 1953. Košice, Interna klinika SU.) BECKMANN. 4630

Richard Neugebauer und **Erich Karl Lang,** *Der Einfluß von Rauwolfia serpentina Bentham-Gesamtextrakten auf den Kohlenhydrathaushalt.* Vff. berichten über Befunde an Normalpersonen, Hypertonikern u. 2 hochdruckkranken Diabetikern sowie über experimentellen Alloxandiabetes an Ratten, aus denen hervorgeht, daß *Rauwolfia serpentina Bentham*-Extrakte blutzuckersenkende Wrkg. besitzen. Der Unterschied der Wrkg. der Rauwolfia serpentina-Extrakte auf den Kohlenhydrathaushalt gegenüber der Wrkg. der Glucokinine wird besprochen. Ein Zuckerverlust durch die Nieren nach Art des Phlorrhizindiabetes kann ausgeschlossen werden. (Wiener med. Wschr. **103.** 966—67. 24/12. 1953. Stockerau Krankenhaus.) K. BÖHM. 4630

O. Dolainski, *Hepsan-Behandlung in der Praxis.* In Fällen von Hepatitis u. Lebercirrhose konnte Vf. durch Injektionen von *Hepsan* (*Methionin + Cholin*; CHEM. WERKE MINDEN GMBH.) zum Teil schon in moribundem Zustand schnelle u. anhaltende Erfolge erzielen. (Therap. d. Gegenwart **92.** 444—46. Dez. 1953. Berlin-Licherfelde-West.) KRUSEN. 4640

A. Förtsch, *Klinische Beobachtungen bei der Anwendung eines neuen Kontaktlaxativums in der Frauenheilkunde.* Bei 150 Patientinnen konnten mit 2—3 Dragees je 5 mg (*4.4'-Diacetoxydiphenylpyridyl-(2)-methan* (*Laxans* THOMAE) in der Mehrzahl der Fälle nach 6 Std. 1—2 Stuhlentleerungen von n. Konsistenz erzielt werden. Es wurden keinerlei schädliche Nebenwirkungen beobachtet. (Dtsch. med. Wschr. **78.** 916—17. 19/6. 1953. Bamberg, Staatl. Frauenklinik.) BROSEMANN. 4647

J. C. L. Adams und **A. W. Woodruff,** *Diäthylcarbamazin bei der Behandlung von Onchocerciasis.* Bei 11 von Onchocerca volvulus befallenen Patienten wurde nach Behandlung mit *Diäthylcarbamazin* (*1-Diäthylcarbamyl-4-methylpiperazin*; *Hetrazan*; CYANAMID PRODS LTD.; *Banocide*; BURROUGHS WELLCOME & CO.; 6 mg/kg pro Tag in 3 Dosen 7 Tage lang, dann 9 mg/kg 14 Tage lang) neben 6 Rezidiven nur in den leichtesten Fällen eine wesentliche klin. Besserung erzielt, da durch die Behandlung offenbar nur die Mikrofilarien geschädigt werden. In den ersten Behandlungstagen verstärkte sich in allen Fällen der Pruritus, während die bestehende Eosinophilie (8—70% von 8000—23000 Leukocyten) bzw. Leukocytose bestehen blieb oder noch erhöht wurde. Die in einem Fall bestehende Hornhauttrübung verschwand nach der Behandlung. (Trans. Roy. Soc. trop. Med. Hyg. **47.** 66—69. Jan. 1953. London, Hosp. for trop. Dis.; London School of Hyg. and trop. Med.) H.-J. KOCH. 4649

C. R. Cummins, B. Bairstow und **Lyle A. Baker,** *Stilbamidine bei der Behandlung verstreuter Blastomykose.* Klin. Bericht über die Behandlung von 2 Fällen von verbreiteter Blastomykose mit *Stilbamidin.* Die Behandlung verlief erfolgreich u., abgesehen von kleineren nervösen Störungen im Gesicht, ohne Nebenerscheinungen. (A. M. A. Arch. intern. Med. **92.** 98—107. Juli 1953. Hines, Ill., Veterans Admin. Hosp., Med. Service.) H. SCHEURLEN. 4661

H. Götz, *Untersuchungen über die pathogenetischen Faktoren und die Behandlung der Nagelpilzkrankheit.* In vitro-Verss. zeigen, daß *LiJ* in 8%ig. Lsg. auf Epidermophyton interdigitale, E. rubrum u. Trichophyton gypseum fungistat. wirkt. Da die nagelerweichende Wrkg. nicht befriedigt, wurden Kombinationen von LiJ u. *Na-Thioglykolat* geprüft, die bes. im alkal. Gebiet gute keratolyt. Eigg. besaßen. Schließlich wurden diese Gemische in Verbindung mit Antimykoticis (Hexylresorcin, Thymol, Salze der Undecylen-, Capryl-, Önanth- u. Propionsäure, Salicylanilid) geprüft. Von diesen erwies sich ein Gemisch, das 2% *8-Oxychinolin* (u. Tylose) enthielt, am wirksamsten. Das Keratolyticum (SAGITTA-WERK, München) wurde mit Erfolg bei Patienten angewandt. (Arch. Dermatologie Syphilis **195.** 579—660. 1953. München, Univ., Dermatolog. Klinik u. Poliklinik.) L. BERGER. 4661

W. Ernst, *Über Emissiv-Behandlung bei rheumatisch-neuralgischen Erkrankungen.* Vf. erzielte bei der Behandlung von 20 Fällen von schmerzhaften rheumat. Erkrankungen mit *Emissiv* [Tabletten = *Bernsteinsäuremonophenyläthylester* (**I**) über *Ca* mit *Salicylsäure* (**II**) kondensiert; Ampullen = **I** über *Äthanolamin* mit **II** kondensiert; beide mit *Vitamin C*; H. SCHUBERTH, FORSANOSE-FABRIK, Volketsvil-Zürich] in den meisten Fällen gute Erfolge. (Therap. d. Gegenwart **92.** 449—51. Dez. 1953. Bruchsal/Baden, Krankenhaus der Landesstrafanstalt.) KRUSEN. 4670

Alfredo Buzzo, Mario Pablo Francone und **Fidel H. Mariani,** *Experimentelle Untersuchung über die Gegengiftwirkung des BAL bei der Thalliumvergiftung.* Das BAL (*Dimercaptopropanol*) wurde bei 10 Kaninchen mit experimenteller *Thallium*-Vergiftung (35—50 mg/kg Körpergewicht) gegeben. Ein sicherer Erfolg konnte nicht festgestellt werden. (Semana méd. **102** (**60**). 277—83. 26/2. 1953. Buenos Aires, Inst. de Toxicol.) GERBFR. 4675

R. Günther, *Lebercirrhose nach Arsenmedikation.* 19 Jahre nach Behandlung einer Psoriasis mit As (10 g As innerhalb 900 Tagen) kam es bei einem Patienten zu einer Lebercirrhose, die nach 10 *Cholinchlorid* „*Ebewe*"-*Lävotan*-Infusionen sowie Gaben von *Vitamin A*, B_1, *C* u. *K* kompensiert werden konnte. (Med. Klin. **48.** 1329 bis 1330. 4/9. 1953. Innsbruck, Univ., Med. Klinik.) BROSEMANN. 4675

Tadahisa Ozeki, Naoichi Maeno und **K. Otsuka,** *Ein geheilter Fall von akuter Sublimatvergiftung.* Ein Fall von Suicidvers. durch Einnahme von 30 g $HgCl_2$ mit typ. Symptomen der Hg-Intoxikation konnte durch eine Reihe von Bluttransfusionen gerettet werden. (J. Kyoto prefect. med. Univ. **53.** 835—39. Sept. 1953. Kyoto, Pref. Med. Univ., Dep. of Med. [Orig.: japan.; Auszug: engl.]) KRUSEN. 4675

J. R. Rüttner, *Pneumokoniose* (*Anthrakosilicose*) *bei Gießereiarbeitern in der Schweiz.* Übersicht über 21 Autopsiefälle (Exposition 10—53 Jahre) von Anthrakosilicose bei Gießereiarbeitern in der Schweiz. Patholog.-anatom. u. histolog. Befunde, sowie Staubanalysen in den anfallenden Lungengeweben. (A. M. A. Arch. ind. Hyg. occupat. Med. **9.** 297—305. April 1954. Zürich, Univ., Histopatholog. Inst.) ZELLER. 4681

H. E. Stokinger, *Toxikologische Erkenntnisse für planmäßige Staubuntersuchungen.* Vf. berichtet über Gesundheitsschäden, die durch tox. Dünste u. Staube in Industriestädten hervorgerufen worden sind. Menschen mit Herzkrankheiten u. Lungenaffektionen leiden stärker unter diesen Industriestauben. Analysenangaben von Stauben u. Dünsten aus Städten u. Industriegebieten lassen erkennen, daß neben *Bzn.* u. *Ölen* bzw. *Ketonen* u. *Aldehyden* (5—20 mg/m^3 Luft) *organ. Chloride* u. andere flüchtige organ. Verbb. (1—15 mg/m^3) vorherrschen, daneben werden feste Bestandteile (0,01—0,2 mg/m^3) u. Nebel (mit Geh. an SO_2, SO_3, HNO_3, NH_3 u. H_2SO_4) (0,1 bis 0,5 mg/m^3) festgestellt. Unter den festen Bestandteilen sind *Fe, Ca, Mg, Si* vorherrschend; die stärker tox. wirksamen Metalle sind zu 0,1 μg/m^3 u. darunter vorhanden. Der Gesamtgeh. an Staub wird zu 15—40 mg/m^3 angegeben. Es wird ferner über die toxikolog. Wrkg. von SO_2, HF, H_2S, NO_2 u. As-haltigen Verbb. berichtet u. hervorgehoben, daß z. B. ungesätt. KW-stoffe, die in den Dünsten vorkommen, durch O_3 oder N-Oxyde in organ. Peroxyde u. oxydierte Verbb. von bes. starker Reizwrkg. umgewandelt werden können. (Amer. J. publ. Health Nation's Health **43.** 742—51. Juni 1953. Cincinnati, O., Occupational Health Field Headquarters, Publ. Health Serv.) FAHRNLAENDER. 4681

J. G. Bate, Treatment with penicillin and other antibiotics, an introduction to chemotherapy. London: Faber. 1954. (100 S.) 7 s. 6 d.

E. H. Bensley and G. E. Gordan, Handbook of treatment of acute poisoning. Montreal, Canada: Renouf Pub. Co. Ltd. 1953. (201 S.) $ 2,50.

J. Klosa, Antibiotika. Berlin: Verl. Technik. 1952. (332 S.)

—, Les Sulfamides et les Sulfones. Paris: Ministère de la Santé publique. Imprimerie nationale. 1952. Coll. „Répertoire des spécialités pharmaceutiques. Fasc. 1". (151 S.)

F. Pharmazie. Desinfektion.

F. Biedebach, *Die Zäpfchenbasis Massa Estarinum.* Aus den Ausgangsprodd. (Palmkernöl oder Cocosfett) werden durch Verseifung die niedermol. Fettsäuren (C_6—C_{10}) u. die Ölsäure entfernt, so daß hauptsächlich Laurin-, Myristin- u. Palmitinsäure (u. gegebenenfalls Stearinsäure) zurückbleiben. Bei der Rekombination dieser Fettsäuren mit überschüssigem Glycerin zu Fetten (mit recht hohem F.) entstehen neben Triglyceriden auch Mono- u. Diglyceride, welch letztere beide sich als gute Emulgatoren erwiesen haben. Hierdurch erhält die M. ein großes Aufnahmevermögen für Wasser. Die Basis *Massa Estarinum* (Hersteller: EDELFETTWERKE, G. M. B. H., Hamburg-Eidelstedt) hat für die 4 Typen A, B, C u. D folgende Konstanten: Freie Fettsäure $<$0,5; $<$0,25; $<$0,25; $<$0,25; SZ. $<$1; $<$0,5; $<$0,5; $<$0,5; VZ. 225—235; 225—235; 225—235; 220—230; AZ. 30—40; 20—30; 25—35; 25—35; JZ. $<$3; $<$3; $<$1; $<$3; Brechungsindex ca. 1,4520; ca. 1,4530; ca. 1,4500; ca. 1,4500; F. 32 bis 34°; 34—36°; 36—38°; 40—42°; E. 30—32°; ca. 25—30°; ca. 30°; ca. 37—40°. (Dtsch. Apotheker-Ztg. **94.** 844—45. 2/9. 1954. Frankfurt/M.) BARZ. 4766

B. Schmidt und **H. v. Guttenberg,** *Untersuchungen über den Gehalt an ätherischen Ölen in Abhängigkeit von der Trockenheit.* Mit Hilfe einer etwas veränderten CLEVENGER-App. der U. S. P. XIII nach KAISER u. LANGE wurde der Einfl. der Trockenheit auf die Ausbeute an äther. Ölen an Salvia off., Ocimum canum u. Eucalyptus globulus untersucht. In allen Trockenverss. konnte eine teilweise erheblich erhöhte Produktion an äther. Öl festgestellt werden. Die Werte wurden volumetr. gemessen u. auf das absol. Trockengewicht des Untersuchungsmaterials bezogen. (Pharmazie **8.** 845—50. Okt. 1953. Rostock, Univ., Botan. Inst.) ULEX. 4782

J. Deufel, *Der Azulengehalt tetraploider Schafgarben.* Mittels der Colchicin-Meth. (0,1%ig. Colchicinlsg.) wurden tetraploide Schafgarben hergestellt. Diese waren gegenüber den n. diploiden Pflanzen bedeutend mehr bestockt. Dadurch bildeten sich je Pflanze mehr Blüten, die mehr Drüsenhaare, in denen sich das Azulen bildet, enthalten als die übrigen Pflanzenteile. Auch wird in den vergrößerten Drüsenhaaren rund 1,2mal mehr Azulen gebildet. (Pharmazie **9.** 756—58. Sept. 1954. Karlsruhe, TH, Botan. Inst.) BARZ. 4782

V. Kwasniewski, *Weshalb mußte das Schöllkraut, „Chelidonium majus", in der Allopathie bisher enttäuschen?* Nach Unterss. des Vf. sind alle greifbaren Schöllkraut (I)-Präpp. alkaloidarm, was nach BAUSCH (Süddtsch. Apotheker-Ztg. **89.** [1949.] 37) an der unzweckmäßigen Bereitung aus Frischpflanzen liegt. Aus den errechneten Zahlen für die mittleren Einzelgaben dieser Präpp. ergibt sich, daß die Dosierung der Alkaloide, verglichen mit der üblichen Dosierung der I-Reinalkaloide, viel zu gering ist. Deshalb fordert Vf., erneut durch pharmakol. Unterss. an Tier u. Mensch die wirklich wirksame u. unschädliche Einzelgabe der I-Droge u. daraus bereiteten galen. Präpp. mit eingestelltem Alkaloidgeh. zu ermitteln. Erst nach den Ergebnissen solcher Verss. kann man dann neue, galen., therapeut. wirksame Präpp. herstellen. — Vf. gibt eine von ihm neu entwickelte Meth. der Alkaloidbest. (Einzelheiten vgl. Original) in Radix Chelidonii u. Tinctura Chelidonii an, die sich als genau u. zuverlässig erwiesen hat. (Pharmazie **9.** 758—61. Sept. 1954. Königshütte am Elm.) BARZ. 4782

E. Wegner, *Vergleichende Untersuchungen über die Verteilung des Morphins in den Vegatationsorganen „geköpfter" und normaler Mohnpflanzen.* Der Anstieg des Morphin (I)-Geh. in den Vegetationsorganen der geköpften u. nichtgeköpften Pflanzen ist gleich, jedoch kam die Zunahme bei den geköpften Exemplaren vor allem den Blättern u. bei den Vergleichspflanzen den Stengeln zugute. Das während der Versuchsdauer gebildete I verteilte sich auf Sproß u. Wurzel so, daß die geköpften Pflanzen in der Wurzel u. dem unteren Stengeldrittel, die n. Vergleichspflanzen dagegen eine Zunahme an I im oberen Drittel des Sprosses bei gleichzeitiger Alkaloidabnahme in der Wurzel aufwiesen. **8.** 839—45. Okt. 1953. Forchheim b. Karlsruhe, Tabakforschungsinst.) ULEX. 4782

F. Neuwald, *Der Stand der Digitalisforschung.* Übersicht über den neuesten Stand der chem. u. pharmakol. Digitalisforschung. (Österr. Apotheker-Ztg. **6.** 538—40. 30/8. 1952.) SCHMERSAHL. 4782

F. Santavy und **J. Bartek,** *Substanzen der Herbstzeitlosen und ihre Derivate.* 32. Mitt. *Isolierung der Substanzen aus den Knollen der Gloriosa superba L., Gloriosa Rothchildiana O'Brien und Gloriosa simplex.* (Vgl. Chem. Listy **46.** [1952.] 488.) Frische Knollen der drei Gloriosaarten wurden zerschnitten, im warmen Luftstrom bei 50° getrocknet, gepulvert u. mit CH_3OH ausgezogen. Der Extrakt wurde in 10 Teilen W. gelöst, mit HCl angesäuert (p_H 2) u. mit Ae. ausgeschüttelt (Ae.-Extrakt I). Durch Ausäthern nach NH_4OH-Zusatz wurde Ae.-Extrakt II gewonnen. Aus der wieder angesäuerten wss. Phase wurde danach ein neutraler (I) u. nach Alkalisierung ein bas. Chloroformextrakt erhalten. I wurde in Ae.-Chlf. (9:1) suspendiert u. an Al_2O_3 chromatographiert. Mit Ae.-Chlf. (1:1) wurde Substanz I (F. 183—185°, Lumideriv. des Colchicins) mit Ae.-Chlf. (1:1) u. Chlf. Colchicin, mit Chlf.-CH_3OH (96:4) Substanz B (F. 265—267°, $[\alpha]_D^{22}$ —165° in Chlf.) (N-Formyldesacetylcolchicin) eluiert. Durch höheren CH_3OH-Zusatz wurde eine amorphe Substanz gewonnen, die acetyliert bei 224—226° schmolz u. $[\alpha]_D^{22}$ —95° (in Chlf.) zeigte. Diese Substanz könnte acetyliertes Desmethylcolchicin darstellen. (Pharmazie **7.** 595—98. Sept. 1952. Olmütz, Univ., Med. Fak., Chem. Inst.) K. HERRMANN. 4782

A. V. Subbaratnam, *Untersuchungen über die Inhaltsstoffe der Gloriosa superba L.* Die Isolierung der Alkaloide (I) aus jungen zarten Knollen erfolgte nach SANTAVY u. REICHSTEIN (C. **1953.** 574). Der Geh. an I, die hauptsächlich aus einer Base vom F. 258—260° (Zers.) (Substanz B von SANTAVY u. REICHSTEIN, C. **1951.** I. 2889; vgl. auch SANTAVY u. BARTEK, vorst. Ref.) bestehen, betrug 0,06%, auf Trockengewicht berechnet. Außerdem wurde *γ-Resorcylsäuremonomethyläther* (F. 135°) aufgefunden. In älteren Knollen ist *Colchicin* u. *Gloriosin* enthalten (J. Sci. industr. Res. **11B.** 1952.] 446). (Pharmazie **8.** 1041—42. Dez. 1953. Poona, Nat. Chem. Labor. of India.) K. HERRMANN. 4782

H. Auterhoff, *Vergleichende Untersuchungen der Rinden von Rhamnus Frangula und Rhamnus Purshiana.* 4. Mitt. *Anthrachinone.* (3. vgl. C. **1953.** 6089.) Vf. führte mit der sogenannten Eisessigmeth. chem. u. an der Maus pharmakol. Wertbestimmungen der beiden Rinden u. der aus ihnen hergestellten Extrakte aus. *Frangula*: 3,80% Gesamtanthrachinonderivatgeh. (Aglykon; I), davon 2,30% glykosid. gebundene Anthrachinone (II) u. 1,26% Anthranole (III). — *Cascara*: 2,30% I, davon 1,00% II u. 1,22% III. Die auf chem. Wege ermittelten Werte geben keinen sicheren Anhalt für die pharmakol. Wirkung. — Angaben von Unterscheidungs-Rkk. für Präpp. aus den beiden Rinden. (Arzneimittel-Forsch. **3.** 137—39. März 1953. Würzburg, Univ., Inst. für Pharmazie u. Lebensmittelchemie.) K. HERRMANN. 4782

W. H. Bruce und **T. D. Whittet,** *Herstellung von Trockenextrakten von Cascara.* Es wird die Wirksamkeit von 4 nach verschied. Methoden hergestellten Trockenextrakten von *Cascara sagrada* verglichen. Extrahieren mit heißem W. u. Druckerhitzung gibt wirksamere Präpp. als mit kaltem; Eindampfen des Perkolats bei Unterdruck erhöht die Aktivität nicht, kann sie sogar verringern. Ein von Vff. modifiziertes Verf. mit Druckerhitzung u. anschließender Pressung der Rückstände arbeitet zeitsparend

u. gibt ebenso wirksame Extrakte wie die Meth. der Pharmakopöe. (J. Pharmacy Pharmacol. **5.** 823—26. Nov. 1953. London, Univ. Coll. Hosp., Pharm. Dep.) SCHULENBURG. 4790

K. Münzel, *Gebrauch und Mißbrauch von Augensalben.* Vf. diskutiert die Ansicht von DOZIER u. RENKEN (Southern med. J. **45.** [1952.] 1071), die vor dem Gebrauch von Augensalben in bestimmten Fällen warnen, u. macht Vorschläge zur Aufnahme eines Arzneibuchartikels, der Angaben über Grundlagen, Herst., Sterilisation, Aufbewahrung, Abgabe usw. von Augensalben enthalten soll. Die zur Verwendung vor geschlagene *Ungt. ophthalmic. spl.* besteht aus 70 Teilen *Ungt. cetylicum* Pharm. Helv. V u. 30 Teilen Paraffin. subliquidum. (Schweiz. Apotheker-Ztg. **92.** 229—31. 27/3. 1954.) SPITALER. 4792

D. Maxwell Bryce und **R. Maxwell Savage,** *Bemerkung über oberflächenaktive Stoffe und chirurgische Verbandstoffe.* Nach Erörterung der Absorptionsgrundlagen wird dargelegt, daß ärztliche Verbandstoffe nicht aus reiner Cellulose bestehen, sondern netzfähige Oberflächen aus anderen Stoffen haben. Mit lösl. oberflächenakt. Stoffen (Na-Laurylsulfat) können Baumwollzurichtungen erhalten werden, deren Absorptionsfähigkeit bei Lagerung u. Wärmeeinw. weniger leidet als bei den üblichen Verbandstoffen. Da die so behandelten Stoffe infolge verringerter Wasserretention nicht für alle Zwecke geeignet sind, sollten sie nicht ohne ärztliche Begutachtung angewandt werden. Für die Feststellung u. orientierende Prüfung lösl. Netzmittel wird die Messung der Oberflächenspannung nach der Capillarsteigmeth. empfohlen. (J. Pharmacy Pharmacol. **5.** 911—16. Nov. 1953. Barnet, S. Maw Son and Sons Ltd.) SCHULENBURG. 4794

—, *Neue Arzneimittel. Solu-Supronal* (FARBWERKE BAYER, Leverkusen): 2-[4′-Aminobenzolsulfonamido]-4-methylpyrimidin u. 4-Aminobenzolsulfothiocarbamidsalz des 4-Aminomethylbenzolsulfonamids 20(%), 1-phenyl-3-oxypropan-1.3-disulfonsaures Na 29,9. — *Luronase* (Hersteller wie vorst.): Hyaluronidase aus Stierhoden. Trockenampullen zu 500 Viscositäts–Reduktions-Einheiten. — *Gelacillin* (E. POHL-BOSKAMP, Lockstedter Lager): Geloduratkapseln mit 50000 E. Penicillin G-Kalium. — *Stilben Spuman* (LUITPOLD-WERK, München): Styli mit 0,2 mg Diäthylstilböstrol. (Apotheker-Ztg. **4.** 63—64. März 1952.) HOTZEL. 4800

—, *Neue Arzneimittel. Macrodex* (KNOLL AKT.-GES., Ludwigshafen): 6%ig. Dextranlsg., Plasmasubstitut. — *Ondroly* (OTTO MÜLLER, Berlin-Charlottenburg): Lsg. von Diphenyl-o-oxychinolin, Na-p-Oxybenzoesäuremethylester, Salicylsäuremethylester, Fluor, Menthol, Pfefferminz- u. Nelkenöl. Mundwasser. — *Doxycamon* (BOEHRINGER & SOEHNE GMBH., Mannheim): Desoxycorticosteronacetat. Tabletten zu 1 (mg), Ampullen zu 5 u. 10, Kristallsuspension zu 50. — *Rabro-Magentabletten* (H. TROMMSDORF, Aachen): Süßholzextrakt 0,3 (g), Wismutsubnitrat 0,35, Mg-Carbonat 0,4, $NaHCO_3$ 0,2, Cortex Frangulae 0,025, Rhizoma Calami 0,025. (Apotheker-Ztg. **4.** 181—82. Sept. 1952.) HOTZEL. 4800

M. Wichtl, *Eigenschaften und Wirkung von Salicylamid. Salicylamid* ist infolge seiner besseren Verträglichkeit u. des erweiterten (parenteralen) Anwendungsbereiches dem Na-Salicylat u. der Acetylsalicylsäure überlegen. Die parenterale Verabreichung ermöglicht eine gewisse Depotwrkg., was eine wünschenswerte Erweiterung der Salicyltherapie bedeutet. (Österr. Apotheker-Ztg. **8.** 580—81. 18/9. 1954.) BARZ. 4806

Gábor Vastagh und **Eva Zöller,** *Über die Zersetzung von Pantocain-Lösungen* (Pharmaz. Zentralhalle Deutschland **93.** 334—39. Sept. 1954. — C. **1954.** 10532.) BARZ. 4806

Bezz und **Castari,** *Neues Rezcpt für die improvisierte Herstellung von Penicillin mit verzögerter Wirkung.* Vff. empfehlen zur Herst. von *Penicillin* (**I**)-Injektionslsgg. mit verzögerter Wrkg. *Phenylcellosolve* (**II**) als Lösungsmittel. Bei Zusammengabe von **I** in Form seines Na- oder K-Salzes zu einer Lsg. von *Novocain* (**III**)-Hydrochlorid in **II** fällt das Alkalichlorid in kleinsten Kristallen, während das **III**-Salz des **I** in Lsg. geht. Vff. erhielten **II** durch Erwärmen von Äthylenchlorhydrin mit Na-Phenolat als farblose Fl., $Kp._7$ 117°. Seine Viscosität erlaubt die Benutzung n. Subcutanspritzennadeln. Die Toxizität ist niedrig, die mittlere DL betrug bei Hund u. Meerschweinchen intramuskulär 2 ml/kg, bei Ratte u. Kaninchen 1 ml/kg Körpergewicht. — 2 Verss., in denen 10000 E. des Na-Salzes des **I** in 1 ml u. in 5 ml **II** gelöst wurden, zeigten, daß die verzögerte Wrkg. von der Konz. prakt. unabhängig ist. In weiteren Verss. wurde **I** mit äquimol. Mengen des **III**-Hydrochlorids in 1 ml **II** gelöst. Die Wrkg. war prakt. die gleiche wie bei **I**, obwohl der Koeff. der Verteilung zwischen dem Gewebswasser u. **II** für **I** sehr verschieden ist von dem in W. schwer lösl. *Procainpenicillin* (**IV**). Die nur schwach verzögerte Wrkg. von **II** wird etwas gesteigert, wenn

II zum Teil durch ein pflanzliches Öl ersetzt wird, die Steigerung wird jedoch erheblich, wenn der Lsg. von **IV** in **II** oder in einem Gemisch **II** + Öl *Al-Monostearat* (**V**) zugesetzt wird. Die Wirksamkeit solcher Lsgg. hält 16—20 Std. an. Der Mechanismus der verzögerten Wrkg. kann zumindest nicht für vorgenannte Lsgg. mit einer monomol. Schutzschicht aus **V** auf den suspendierten **IV**-Teilchen erklärt werden, da durch die Anwesenheit von **II** keine feste Phase vorhanden ist. Vielmehr ist anzunehmen, daß durch Austausch die schwerer lösl. Al-Verb. von **I** entsteht, daß das Lösungsm. nach u. nach resorbiert wird u. die Al-Verb. dann ausfällt. (Schweiz. Apotheker-Ztg **1.** 34—37. 17/1. 49—51. 24/1. 1953.) ENDRASS. 4810

Carlo Tosi, *Das Dextran.* Zusammenfassende Darst.: Blutplasmaersatzstoffe allg.; Konst., Darst., physikal.-chem. Eigg., Stoffwechsel, Toxizität u. Best. des Dextrans. — 14 Literaturangaben. (Boll. chim. farmac. **92.** 458—61. Dez. 1953.) R. K. MÜLLER. 4812

Gordon H. Bixler (unter Mitarbeit von **G. E. Hines, R. M. McGhee** und **R. A. Shurter**), *Dextran.* Eingehender Bericht über die technol. Gewinnung des Dextrans u. die Produktionskontrolle. — 27 Literaturangaben. (Ind. Engng. Chem. **45.** 692—705. April 1953. Terre Haute, Ind., Commercial Solv. Corp.) ULMANN. 4812

Suzanne Lambin, Maurice-Marie Janot und **Monique Robert-Boyer,** *Über die Tyndallisierung, besonders von offizinellen Injektionslösungen.* Die keimtötende Wrkg. der Tyndallisierung in mehreren Stufen (30 Min., 75°) auf Sporen von *B. subtilis* wurde, ausgehend von Suspensionen in dest., sterilem W., von bekanntem Geh. an Sporen, aber ohne vegetative Formen, geprüft, indem die Zahl der jeweils überlebenden Sporen durch Kultur auf Nährböden bestimmt wurde. In dest. W. wurden nicht sämtliche Sporen abgetötet; die Anzahl der überlebenden stieg mit der Zahl der anfänglich vorhandenen, jedoch ohne strenge Proportionalität. Durch Vgl. mit meßbar infizierten Injektionslsgg., für die diese Sterilisierungsart vorgeschrieben ist, konnte deren spezif. Wrkg. auf die Sporen nach analoger Behandlung genau festgestellt werden. Es gibt darunter Substanzen ohne, mit zweifelhafter u. mit eindeutiger Erhöhung der Tyndallisationswrkg. (Beispiele für jede Gruppe). Völlige Keimfreiheit wird nicht erreicht. (Ann. pharmac. franç. **11.** 414—21. Juni 1953. Paris, Fac. de Pharm., Labor. de Microbiol. et Labor. de Pharm. galén.) SCHULENBURG. 4832

K. Kißkalt, *Instrumentensterilisation mit Merfen. Merfen* (Quecksilberphenylborat; **I**) wurde unter schwersten Bedingungen im Laboratoriumsvers. geprüft. Die Prüfung geschah mittels Sporenerde, die entweder in 0,5%ig. **I**-Lsg. aufgeschwemmt in kochendes W. gebracht oder als Sporenerdepäckchen angewendet wurde. Zur Kontrolle der Überlebensdauer wurden optimale Nährböden verwendet. Die Beobachtungszeit erstreckte sich auf 7—10 Wochen. Die Ergebnisse zeigen, daß beim Päckchenvers. nach 20 Min. Kochzeit die Sporen getötet wurden. Auch bei mit Blut oder Serum angetrockneten Sporen trat kein Wachstum ein. Eine **I**-Lsg. tötet somit selbst widerstandsfähigste Mikroorganismen u. ist prakt. ungiftig u. geruchlos. (Münchener med. Wschr. **96.** 141—42. 5/2. 1954. München.) LAUER. 4832

W. Lang, *Arzneimittelprüfung mit den Kofler-Heizgeräten.* Das Heizmikroskop u. die Heizbank leisten bei der Erkennung u. Prüfung von Arzneimitteln wertvolle Dienste u. erübrigen in vielen Fällen eine chem. Untersuchung. Bes. wichtig ist die Feststellung der eutekt. Tempp. bei Substanzen, deren FF. nahe beieinanderliegen. Zur Unters. der quantitativen Zus. einer Mischung zweier bekannter Komponenten dient ebenfalls das Eutektikum. (Pharmazie **8.** 801—06. Okt. 1953. Stuttgart.) ULEX. 4880

Per Ekeblad und **Kurt Erne,** *Säure–Base-Titrationen in nichtwässerigem Medium in der pharmazeutischen Analyse.* Überblick mit 44 Literaturangaben. (J. Pharmacy Pharmacol. **6.** 433—39. Juli 1954. Stockholm, Apotekens Kontroll-Labor.) BARZ. 4880

Egon Stahl, *Mikro-Azulennachweismethode für Schafgarben (Achillea Millefolium L. und andere Arten der Gattung).* Beschreibung einer Rk. zum qualitativen Nachw. von *Proazulen* (**I**) bzw. *Azulen* (**II**) in dem bei der Dampfdest. der Schafgarbe entstehenden äther. Öl mit nur wenigen Blütenköpfchen. Das Reagens dazu besteht aus einer Lsg. von p-Dimethylaminobenzaldehyd in Essig–Phosphorsäure (EP.-Reagens). Bei starkem **I**-Geh. tritt nach kurzem Erwärmen der Blüten in dieser Lsg. eine starke Blau-, bei **I**-freien Drogen eine gelbgrünliche Farbe auf. Für die quantitative Mikrobest. von **II** werden einige trockne Blüten in einer modifizierten Vakuumsublimationsapp. bei 1—2 mm Hg auf 200° erhitzt; mit dem Sublimat wird die EP.-Rk. durchgeführt. Die Extinktion der so erhaltenen Farblsg. wird photometr. (PULFRICH-Photometer) ermittelt. Besprechung der sich mit der EP.-Rk. ergebenden Möglichkeiten. (Dtsch. Apotheker-Ztg. **93.** 197—200. 20/3. 1953. Karlsruhe, TH, Botan. Inst.) SCHULENBURG. 4880

Harry Brindle, Gerald Rigby und **Shri Nath Sharma,** *Prüfung von Digitalistinktur und von Glykosiden aus Digitalis purpurea.* (Vgl. C. **1954.** 9810.) Zwischen der Wrkg. der Glykoside von *Digitalis purpurea* (Dp.) auf Frösche u. der Stärke ihrer Rkk. mit 3.5-Dinitrobenzoesäure (I) (KEDDE) oder mit konz. HCl besteht kein Zusammenhang. Als Hauptwirkstoffe der Dp.-Tinktur sind die *Glykoside A* u. *B* u. *Digitoxin* (II) anzusehen. Äquimol. Konzz. von Glykosid A, II u. *Digitoxigenin* zeigen mit I annähernd gleiche Farbtiefe, aber nicht die B-Reihe. Die R_F-Werte mehrerer Bestandteile von Dp. u. von 6 Dp.-Tinkturen wurden durch Papierverteilungschromatographie bestimmt. Für den Nachw. prim. u. sek. Glykoside wurde 33%ig. HCl als geeignet erkannt, da hier keine Rk. mit den Aglykonen eintritt. (J. Pharmacy Pharmacol. **5.** 876—82. Nov. 1953. Manchester, Univ., Pharm. Dep.) SCHULENBURG. 4880

Z. Blažek und **J. Böswart,** *Qualitative und quantitative Bestimmung der Alkaloide des auf der Gräsergattung Molinia vorkommenden Mutterkorns.* Nach der Mikrometh. von VAN URK (Reagens: 0,125 g p-Dimethylaminobenzaldehyd in 50 ml 65%ig. H_2SO_4 gelöst u. nach Zusatz von 0,1 ml einer 5%ig. $FeCl_3$-Lsg. mit 65%ig. H_2SO_4 ad 100 ml ergänzt) konnten ca. 1% Alkaloide gefunden werden. Qualitativ wurde nach saurer Hydrolyse im Papierchromatogramm Valin nachgewiesen. Die Alkaloide gehören somit der Ergotoxingruppe an. (Pharmazie **8.** 851—53. Okt. 1953. Prag, Forschungsinst. für Heilpflanzen.) ULEX. 4880

Zahnfabrik Wienand Söhne & Co. G. m. b. H., Sprendlingen, Kreis Offenbach, *Verfahren zur Erhöhung der Transparenz von durch Brennen herzustellenden zahnkeramischen Körpern* unter Vornahme des Brennens in einer Atmosphäre von Gasen oder Dämpfen mit hohem Diffusionsvermögen, wie He, H_2 oder Wasserdampf. Zur Herst. keram. Massen mit geringerer Transparenz kann das Brennen in einer Atmosphäre aus z. B. 40 (%) He + 60 Luft oder 80 Wasserdampf u. 20 Luft erfolgen. Zur Erzielung eines opaken Brennkörpers können der keram. M. Trübungsstoffe bzw. Pigmente zugesetzt werden, wobei sich der Vorteil bietet, daß Trübungsmittel mit besonderen opt. Effekten ausgesucht werden können. (**Oe. P. 177 212** vom 23/5. 1949, ausg. 11/1. 1954.) BEWERSDORF. 4799

Ed. Geistlich Söhne Akt.-Ges. für chemische Industrie, Wolhusen, Schweiz (Erfinder: **F. X. Wiederkehr,** Wolhusen, und **H. K. Somogyi,** Luzern), *Herstellung einer in Wasser leichtlöslichen Calciumverbindung,* welche stabile u. konz. Lsgg. ergibt. Man läßt 1 Mol Ca-Gluconat, 1 Mol Ca-α-Oxypropionat u. 2 Mol Ca-Lävulinat in wss. Lsg. bei Siedehitze aufeinander einwirken. Man geht von einer Lsg. der drei Salze aus, welche durch Neutralisieren einer Mischung von Gluconsäure, α-Oxypropionsäure u. Lävulinsäure in wss. Lsg. mit $CaCO_3$ gebildet wurde. Die Lsg. dient zur parenteralen Calcium-*Therapie.* Sie besitzt absol. Haltbarkeit, z. B. in Ampullen, hohen Ca-Geh. u. gute Verträglichkeit bei intravenöser u. intramuskulärer Injektion. (**Schwz. P. 266 233** vom 16/1. 1948, ausg. 1/4. 1950.) M. F. MÜLLER. 4807

Farbenfabriken Bayer, Leverkusen, *Herstellung eines Sulfonamids.* Man setzt 4-Aminomethylbenzolsulfonamid (oder ein Salz desselben mit einer Säure) mit 4-Aminobenzolsulfothioharnstoff (oder einem Salz desselben mit einer Base) um. Das erhaltene Salz ist ein weißes Pulver vom F. 179°. — Wirksam *gegen bakterielle Infektionen.* (**Schwz. P. 297 991** vom 9/6. 1951, ausg. 16/6. 1954. D. Prior. 23/8. 1944.) BRÖSAMLE. 4807

J. R. Geigy Akt.-Ges., Basel, Schweiz, *Herstellung von acylierten p-Aminobenzolsulfonamiden.* Eine Verb. der Formel CH_3—CH(X)—CO·NH—SO_2—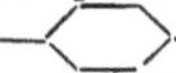—NH_2, z. B. N^1-(α-Brompropionyl)- oder N^1-(α-Bromisobutyryl)-sulfanilamid, wird umgesetzt mit einer Verb. der Formel CH_3—CH(Y)—CH_3 oder $CH_3 \cdot CH_2 \cdot CH_2 \cdot Y$, worin X u. Y zwei bei der Rk. mit Ausnahme eines in einem von ihnen enthaltenen Sauerstoffatoms sich abspaltende Reste bedeuten. — Das N^1-(α-Brompropionyl)-sulfanilamid (I) wird hergestellt aus N^1-(α-Brompropionyl)-p-nitrobenzolsulfonamid durch Hydrierung mit RANEY-Ni u. Pt-Kohle bei Atmosphärendruck. — Aus I u. Isopropylalkohol in Ggw. von Na-Metall entsteht *p-Aminobenzolsulfon-N^1-(α-isopropoxypropionyl)-amid,* farblose Kristalle, F. 150°. — Ebenso wird das *p-Aminobenzolsulfon-N^1-(α-n-propoxyisobutyryl)-amid,* F. 135—136°, u. das *p-Aminobenzolsulfon-N^1-(α-n-propoxypropionyl)-amid,* F. 140°, hergestellt. — *Pharmazeut.* Verwendung. (**Schwz. PP. 264 452** vom 5/11. 1943, ausg. 16/2. 1950, **267 628** u. **267 629** [Zusatzpatente] vom 5/11. 1943, ausg. 1/7. 1950.) M. F. MÜLLER. 4807

J. R. Geigy Akt.-Ges., Basel, Schweiz, *Herstellung des N-(4-Aminobenzolsulfon)-N'-benzylharnstoffs* (I) aus einem Isoharnstoffäther der Formel R——SO_2—NH—C(O—A)=N—CH_2—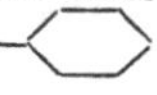, worin A einen aliphat. gebundenen organ. Rest u. R einen durch Red. in die NH_2-Gruppe überführbaren Rest bedeuten, durch Verseifung u. Red. des Restes R zur Aminogruppe. Als Ausgangsstoff ist das Benzylisoharnstoff-O-methyläthermethylsulfat genannt. Dieses wird mit 4-Nitrobenzolsulfochlorid umgesetzt. Es entsteht der *4-Nitrobenzolsulfonbenzylharnstoff*, F. 228—232°. Durch Red. z. B. nach BÉCHAMP entsteht daraus die Verb. **I**, F. 217—218°. — *Therapeut.* Verwendung.— Vgl. Schwz. PP. 261 773, 261 774; C. **1950.** I. 1006, 261 775 u. 261 776; C. **1950.** I. 1006—07. (**Schwz. P. 264132** vom 28/12. 1944, ausg. 3/1. 1950.) M. F. MÜLLER. 4807

Schering Akt.-Ges., Berlin (Erfinder: **Max Dorn**, Berlin, und **Paul Diedrich**, Falkensee), *Wasserlösliche p-Aminobenzolsulfonamidabkömmlinge* entstehen, wenn mann) Benzolsulfonsäurehalogenide, die in p-Stellung zur Sulfonhalogenidgruppe eine Aminogruppe enthalten, zunächst an der kerngebundenen Aminogruppe mit einer Säuregruppe einer Dicarbonsäure oder Sulfocarbonsäure oder Disulfonsäure acyliert u. dann die so erhaltenen, an der kerngebundenen Aminogruppe acylierten Sulfonsäurehalogenide mit heterocycl. Aminoverbb., die 2 oder mehr Heteroatome im Kern, der noch substituiert sein kann, enthalten, umsetzt, oder daß man b) Benzolsulfonsäureamide, die in p-Stellung zur Sulfonamidgruppe eine Aminogruppe enthalten u. in der Sulfonamidgruppe mit einem gegebenenfalls substituierten heterocycl. Kern mit 2 oder mehr Heteroatomen substituiert sind, mit Monohalogeniden oder Anhydriden von Dicarbonsäuren oder Sulfocarbonsäuren oder Disulfonsäuren an der kerngebundenen Aminogruppe acyliert, oder daß man c) Benzolsulfonsäureamide, die in p-Stellung zur Sulfonamidgruppe Halogen enthalten u. in dieser mit einem gegebenenfalls substituierten heterocycl. Kern mit 2 oder mehr Heteroatomen substituiert sind, mit Monoamiden oder Imiden von Dicarbonsäuren oder Carbonsulfonsäuren oder Disulfonsäuren oder mit Metallverbb. dieser Monoamide oder Imide, wie Phthalimidkalium, gegebenenfalls unter nachfolgender Hydrolyse, umsetzt. — *4-Succinylaminobenzolsulfon-4'.6'-dimethyl-2'-pyrimidinamid.* Man erhitzt 4-Aminobenzolsulfon-4'.6'-dimethyl-2'-pyrimidinamid mit Bernsteinsäureanhydrid auf 160°; Zers. bei 231°. — *4-Succinylaminobenzolsulfon-2'-pyrimidinamid*, F. 226°. — *N-[4-Aminobenzolsulfon-2'-(C-n-propylthiodiazol)-amid]-phthalsäuremonoamid*, Zers. bei 138°. — *1-Benzolsulfon-2'-(C-äthylthiodiazol)-amid-4-p-sulfobenzoesäureamid*, F. 239°. — *4-(Pyrimidin-2'-sulfonamido)-benzolmaleinsäuremonoamid*, F. 223°. — *4-Succinylaminobenzolsulfon-2'-(5'-methyl-1'.3'.4'-triazol)-amid*, Zers. bei 205°. — *4-Phthalaminobenzolsulfon-2'-(5'-methyl-1'.3'.4'-triazol)-amid*, F. 282°. — Die Verbb. sind bes. *gut wirksam* u. *verträglich*. (**D. B. P. 909 342** Kl. 12q vom 20/2. 1941, ausg. 15/4. 1954.) LANGER. 4807

Farbenfabriken Bayer Akt.-Ges., Leverkusen, *Thiosemicarbazone* des *4-Acetoxybenzaldehyds*, des *4-Butyloxybenzaldehyds*, des *4-Phenoxybenzaldehyds* u. der *Benzaldehyd-4-acrylsäure* erhält man durch Rk. der Aldehyde mit Acetonthiosemicarbazon. — *Therapeutica*. (**Schwz. PP. 296 930, 296 931, 296 932** u. **296 933** vom 4/3. 1949, ausg. 1/5. 1954. **Zusätze zu Schwz. P. 283 579; C. 1953. 9726.**) BRÖSAMLE. 4807

Farbenfabriken Bayer Akt.-Ges., Leverkusen (Erfinder: **Hans Schmidt, Robert Behnisch** und **Fritz Mietzsch**, Wuppertal), *O-Phenylderivate der Oxybenzalthiosemicarbazone*. Man überführt Nitrophenoxybenzalthiosemicarbazone durch Red., z. B. mittels NaHS, in Aminophenoxybenzalthiosemicarbazone oder stellt diese durch Hydrolyse von Acylaminophenoxybenzalthiosemicarbazonen her. — 4-(4'-Nitrophenoxy)-benzalthiosemicarbazon → *4-(4'-Aminophenoxy)-benzalthiosemicarbazon* (**I**), F. ca. 203° (Zers.). — 4-(4'-Acetylaminophenoxy)-benzalthiosemicarbazon → **I**. — Die Verbb. werden bei der Behandlung von *Tuberkulose* u. *Lepra* angewandt. Sie besitzen auch starke *entzündungshemmende* Wirkung. (**D. B. P. 911 259** Kl. 12o vom 1/8. 1951, aung 13/5. 1954. Anmeldung bekanntgemacht 24/9. 1953. **Zusatz zu D. B. P. 908615; C. 1954. 5910.**) BRÖSAMLE. 4807

Aktiebolaget Astra, Apotekarnes Kemiska Fabriker, Turingevägen, Schweden, *Lokalanästhetica* der allg. Formel X—Acylxylidid-(2.6) (X = mono- oder disubstituiertes NH_2, Acyl = Alkylcarbonsäurerest) erhält man durch Kondensation von 2.6-Dimethylanilin oder dessen Hydrohalogeniden mit einer Halogenalkylcarbonsäure oder deren Derivv. (Halogenid, Amid) u. Behandeln mit einem prim. oder sek. Amin. Die Verb. der Formel **I** (R_1 u. R_5 u. wenigstens ein R_2, R_3 oder R_4 sollen ein acycl. KW-stoffrest sein, die übrigen H; X = mono- oder disubstituiertes NH_2, m > n u. eine ganze Zahl) erhält man durch Kondensation von Phenylaminen der Formel **II** oder deren

I

II

Salzen mit einer Aminoalkylcarbonsäure, deren Estern oder Amiden oder mit einer halogenierten Alkylcarbonsäure, deren Anhydrid, Halogenid oder Amid u. Behandeln mit prim. oder sek. Aminen. — 2.6-Xylidin wird in Eisessig bei 10° mit Chloracetylchlorid umgesetzt. Das erhaltene Chloracetylxylidid gibt mit Diäthylamin in trockenem Bzl. nach 4—5std. Erhitzen *N-Diäthylaminoacetylxylidid-(2.6)*. — *N-Diäthylaminopropionylxylidid-(2.6)*. — *α-Piperidinopropionylxylidid-(2.6)*. — *N-Cyclohexylaminoacetylxylidid-(2.6)*. — 2.4-Dimethyl-6-äthylanilin wird mit N-Allylaminoessigsäure unter N_2 20 Std. auf 115° im Ölbad erhitzt, wobei sich *2.4-Dimethyl-6-äthyl-(N-allylaminoacetyl)-anilid* bildet. — Mesidin + β-(N-Diäthylamino)-propionsäureäthylester → *2.4.6-Trimethyl-[β-(N-diäthylamino)-propionyl]-anilid*. — *2.3.4.5.6-Pentamethyl-(N-dibenzylaminoacetyl)-anilid*. — *2.4.6-Trimethyl-(N-diäthylaminoacetyl)-anilid*. — *2.4.6-Trimethyl-[α-(N-diäthylamino)-propionyl]-anilid*. — *2.4-Dimethyl-6-äthyl-(N-diäthylaminoacetyl)-anilid*. — *2.6-Diäthyl-4-methyl-(N-diäthylaminoacetyl)-anilid*. — *2.3.6-Trimethyl-(N-diäthylaminoacetyl)-anilid*. — *2.4.6-Trimethyl-(N-dimethylaminoacetyl)-anilid*. — *2.4.6-Trimethyl-[α-(N-diäthylamino)-β-(N-diäthylamino)-propionyl]-anilid*. — *ω-Butylamino-2.6-diäthyl-4-methylacetanilid*. — Die wss. Lsgg. der Salze dieser Verbb. sind stabil u. mit wss. Adrenalin verträglich. (**E. PP. 634 072** vom 10/8. 1944, ausg. 15/3. 1950. Schwed. Prior. 15/7. 1943 u. **634 073** vom 10/8. 1944, ausg. 15/3. 1950. Schwed. Prior. 25/5. 1944.) KRAUSS. 4807

Bruno Böttcher, Kronach, *Herstellung schwefelhaltiger organischer Verbindungen* nach D. B. P. 865 903. Man setzt das Na-Salz der p-Aminosalicylsäure mit der Methosulfatverb. des 5-Thion-3-(p-methoxyphenyl)-1.2-dithiols um u. erhält I vom F. 137—139°. — *Mittel gegen Tuberkulose*. (**D. B. P. 900 937** Kl. 12q vom 14/5. 1952, ausg. 4/1. 1954. **Zusatz zu D. B. P. 865 903; C. 1954. 9097.**) FABEL. 4807

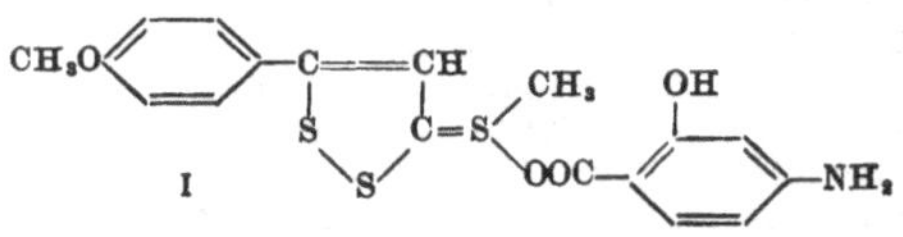

Bruno Böttcher, Kronach, *Schwefelhaltige organische Verbindungen* erhält man durch Kondensation organ. Metallverbb., bes. ionisierbarer Alkaliverbb., mit organ. Sulfoniumverbb., die eine nicht enolisierbare Thioketogruppe enthalten, bei p_H 4—6. — Aus 5-Thion-3-(p-methoxyphenyl)-1.2-dithiolmethosulfat + Na-Salicylat in Essigsäure bei p_H 4—6 → **I**, hellgelbe Nadeln, F. 186°. — *Chemotherapeutica*. (**D. B. P. 906 329** Kl. 12o vom 8/2. 1952, ausg. 11/3. 1954. **Zusatz zu D. B. P. 865 903; C. 1954. 9097.**) KRAUSS. 4807

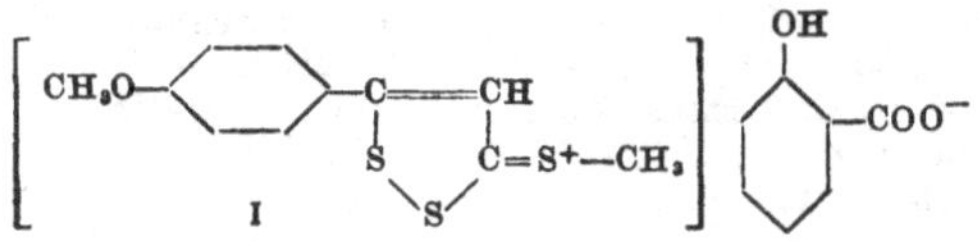

Soc. des Usines Chimiques Rhône-Poulenc, Seine, Frankreich (Erfinder: **Paul Gailliot** und **Jacques Gaudechon**), *Herstellung von Aminogruppen enthaltenden Thioxanthonen*. Derartige Verbb. von der allg. Formel **I**, worin A eine aliphat. gerade oder verzweigte Kette mit 2—3 C-Atomen bedeutet, erhält man durch Umsetzen eines 1-Amino-4-methylthioxanthons mit einem Halogenid eines Dibutylaminoalkyls in Ggw. von $NaNH_2$ oder durch Umsetzen eines 1-Halogen-4-methylthioxanthons mit einem N.N-Dibutylalkylendiamin in einem Lösungsm. mit höherem Kp. (z. B. Phenol, Chinolin). Zur Ausführung der zuletzt genannten Umsetzung kann man auch das aus Thiosalicylsäure u. p-Chlortoluol gewonnene Rohprod. verwenden, welches neben 1-Chlor-4-methylthioxanthon auch die isomere Verb. 4-Chlor-1-methylthioxanthon enthält. Letztere bleibt bei der Herst. der Thioxanthonderivv. unverändert u. ist leicht zu entfernen. — Z. B. versetzt man eine Lsg. von 24 g 1-Amino-4-methylthioxanthon in 100 cm³ Xylol mit 8,6 g $NaNH_2$ u. erhitzt die Lsg. 1 Stunde. Dann versetzt man sie mit einer Lsg. von 41 g 2-Dibutylamino-1-chlorpropan in 100 cm³ Xylol u. erhitzt das Ganze eine weitere Stunde. Das Reaktionsprod. wäscht man mit W., trocknet es mit Na_2SO_4 u. entfernt das Xylol. Man erhält das *1-(2′-Dibutylamino-2′-methyläthyl)-amino-4-methylthioxanthon*, welches man in 30 cm³ A. löst u. mit HCl in das *Hydrochlorid*, F. 188—190°, umwandelt (Ausbeute 17,6 g). Aus der Mutterlauge des Hydrochlorids gewinnt man das *1-(2′-Dibutylamino-1′-methyläthyl)-amino-4-methylthioxanthon*, dessen *Hydrochlorid* bei 165 bis 167° schmilzt. Ferner wird genannt das *1-(2′-Dibutylaminoäthyl)-amino-4-methylthioxanthonhydrochlorid*, F. 160—161°. — *Therapeut.* Verwendung (Behandlung von *Schistosomiasen*). (**F. P. 1 041 573** vom 15/11. 1950, ausg. 26/10. 1953.) OPPERMANN. 4807

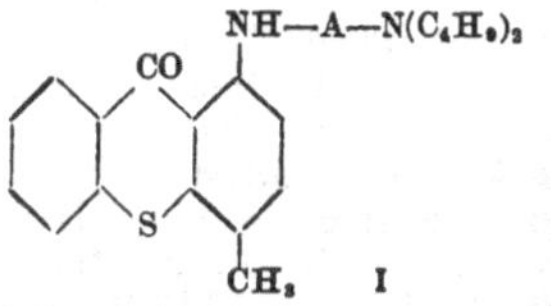

F. Hoffmann-La Roche & Co. Akt.-Ges., Basel, Schweiz, *Herstellung neuer heterocyclischer Verbindungen.* Man geht aus von einer Pyridin-4-carbonsäureverb. der allg. Formel $(R_1)(R_2)\cdot NC_5H_2\cdot CO\cdot X$, in welcher X eine OH-, NH_2-, N_3-, Alkoxy-Gruppe oder Halogen u. R_1 bzw. R_2 in 2.6-Stellung H, Halogen, eine Alkoxy- oder Acylaminogruppe bedeuten, u. setzt diese mit einem nichtisocycl., ringsubstituierten Hydrazinderiv. bzw. einem Salz desselben, welches, falls R_1 u. R_2 H darstellen, keine zusammen mit dem einen der beiden N-Atome des Hydrazins einen gesätt., 6-gliedrigen N-heterocycl. Ring bildende Atomgruppierung enthält, nach an sich bekannten Methoden um, worauf die Substituenten R_1 u. R_2 gegebenenfalls nach bekannten Methoden weiter umgeformt werden können. Die Herst. folgender Verbb. ist beschrieben: N^1-[Isonicotinyl]-N^2-[5-nitropyridyl-(2)]-hydrazin, F. 210° (Zers.); N^1-[Isonicotinyl]-N^2-[5-aminopyridyl-(2)]-hydrazin, F. 175° (Zers.); N-[Morpholinyl-(4)]-2'.6'-dichlorisonicotinsäureamid, F. 235°; N-[Piperidyl-(1)]-2'.6'-dichlorisonicotinsäureamid, F. 187 bis 188°; N^1-[2.6-Dichlorisonicotinyl]-N^2-[6'-chlorpyridazinyl-(3')]-hydrazin, F. 172 bis 173° (3-Hydrazino-6-chlorpyridazin, F. 135—137°); N^1-[2.6-Dichlorisonicotinyl]-N^2-[benzthiazolyl-(2')]-hydrazin, F. 225° (Zers.); N^1-[2.6-Dichlorisonicotinyl]-N^2-[3'-methylpyridazinyl-(6')]-hydrazin, F. 232—236°; 2.6-Diäthoxyisonicotinsäure-[N-morpholino]-amid, F. 149—152°; 2.6-Diäthoxyisonicotinsäure-[N-piperidino]-amid, F. 113—116°; N^1-[2.6-Diäthoxyisonicotinyl]-N^2-[2'.4'-dimethylpyrimidyl-(6')]-hydrazin, F. 180—183°; 3-[2'.6'-Diäthoxypyridyl-(4')]-triazolophthalazin, F. 207—211°; 3-[2'.6'-Dichlorpyridyl-(4')]-triazolophthalazin, F. 292—295°. — Die neuen Verbb. besitzen *pharmakol.* wertvolle Eigg., einige lassen eine Wrkg. gegen *Tuberkulose* erkennen. (**Oe. P. 175 891** vom 4/8. 1952, ausg. 25/8. 1953. Schwz. Prior. 6/9. 1951.) HEYNE. 4807

Ciba Akt.-Ges., Basel, Schweiz, *Herstellung von Tetrahydropyridinverbindungen.* Man verwendet als Ausgangsstoffe in 1-, 2-, 3- u. 6-Stellung substituierte Piperidinverbb., die außerdem in 4- bzw. 5-Stellung noch solche Substituenten enthalten, die unter Bldg. einer Doppelbindung abspaltbar sind, z. B. Halogen, Oxy- oder Acyloxygruppen. Geeignete Substituenten sind: in 1-Stellung Methyl, Äthyl, Propyl oder H, in 2- u. 6-Stellung O oder S, in 3-Stellung zwei Arylgruppen oder je eine Alkyl- u. Arylgruppe. — 3 Gewichtsteile 2.6-Dioxo-3-äthyl-3-phenyl-4-(oder-5)-brompiperidin (F. 164—166°) werden mit 10 Volumenteilen Kollidin 30—60 Min. auf 150° erhitzt. Aus dem Reaktionsprod. erhält man das *3-Äthyl-3-phenyl-2.6-dioxo-1.2.3.6-tetrahydropyridin* (I), F. 164—166°, das sich durch Behandeln mit CH_3J in die entsprechende *1-Methylverb.* überführen läßt. Analog gewinnt man *3.3-Diphenyl-2.6-dioxo-1.2.3.6-tetrahydropyridin*, F. 170—172°, u. *3-(β-Diäthylaminoäthyl)-3-phenyl-2.6-dioxo-1.2.3.6-tetrahydropyridin*, $Kp._{0,22}$ 172—185° (Monohydrochlorid, F. 225—227°). Aus I kann mittels P_2S_5 in Ggw. von Pyridin das *3-Äthyl-3-phenyl-2-oxo-6-thioketo-1.2.3.6-tetrahydropyridin*, F. 105—107°, gewonnen werden. — *Heilmittel.* (**Oe. P. 175 893** vom 22/4. 1952, ausg. 25/8. 1953. Schwz. Prior. 28/4. 1951.) HEYNE. 4807

Dr. Karl Thomae G. m. b. H. Chemisch-pharmazeutische Fabrik (Erfinder: **Ernst Seeger**, Biberach/Riß), *Herstellung von Estern der Nicotinsäure*, dad. gek., daß man Nicotinsäure, Nicotinsäureanhydrid oder Nicotinsäurehalogenide, gegebenenfalls in Ggw. von wasserentziehenden oder säurebindenden Mitteln, mit den Monoalkyl-, -aryl- oder -aralkyläthern des Diäthylenglykols umsetzt bzw. Alkylester der Nicotinsäure mit den Monoalkyl-, -aryl- oder -aralkyläthern des Diäthylenglykols umestert. Die Umsetzung wird gegebenenfalls in Anwesenheit von organ. Lösungsmitteln, z. B. Pyridin, vorgenommen. Nicotinsäure + Thionylchlorid → Nicotinsäurechloridhydrchlorid (**I**); **I** + Diäthylenglykolmonoäthyläther in Ggw. von Pyridin → *Nicotinsäure-ω-äthoxydiäthylenglykolester* (**II**); ölige, gelbliche Fl., $Kp._{12}$ 179—181°. Die Rk. kann auch ohne Thionylchlorid durchgeführt werden. Aus Nicotinsäureäthylester + Diäthylenglykolmonoäthyläther entsteht ebenfalls **II**. **I** + Diäthylenglykolmonobutyläther → *Nicotinsäure-ω-butoxydiäthylenglykolester*; ölige, gelbliche Fl., $Kp._{14}$ 196 bis 198°. — *Therapeut.* Verwendung. (**D. B. P. 912 929** Kl. 12p vom 11/2. 1951, ausg. 3/6. 1954. Anmeldung bekanntgemacht 26/6. 1952. **Zusatz zu D. B. P. 858401; C. 1953. 1690.**) MOHR. 4807

Ciba Akt.-Ges., Basel, Schweiz, *Herstellung neuer Isochinolinverbindungen* aus Isochinolinen, die in 1-Stellung einen in die Hydrazinogruppe überführbaren Substituenten besitzen, indem man die Hydrazinogruppe bildet u. die erhaltenen 1-Hydrazinoisochinoline gegebenenfalls mit organ. Carbonylverbb., wie Aldehyden u. Ketonen, umsetzt. — 10 Gewichtsteile 1-Chlorisochinolin, 25 Volumenteile Hydrazinhydrat, 50 Volumenteile A. werden 6 Std. auf 100—110° erhitzt. Das Reaktionsprod. stellt fast reines *1-Hydrazinoisochinolin* dar. Die gereinigte Base schm. bei ca. 172°, das Hydrochlorid bei 247—248°. Durch Umsetzen der freien Base mit Aceton erhält man *1-Isopropyliden-2-isochinolyl-(1')-hydrazin* vom F. 105—106°. — Die neuen Verbb. besitzen lang andauernde *blutdrucksenkende Wirkung.* (**Oe. P. 175 894** vom 30/6. 1952, ausg. 25/8. 1953. Schwz. Prior. 6/7. 1951.) HEYNE. 4807

Richter Gedeon Vegyészeti Gyár R. T. (Erfinder: **Otto Clauder, Béla Zemplén** und **Gyula Bulcsu**), Budapest, Ungarn, *2-Halogenacylamino-4-amino-1.3.5-triazinderivate.* In Abänderung des Verf. gemäß D. B. P. 896 492 unterwirft man 1-Arylbiguanide der ringschließenden Kondensation u. monohalogeniert dann die Kondensationsprodd. im aromat. Kern in bekannter Weise. — 1-Phenylbiguanid → 2-Anilino-4-amino-1.3.5-triazin (F. 232—233°) → *2-(p-Bromanilino)-4-amino-1.3.5-triazin,* F. 284—285°. — Die Monohalogenide können, auch ohne vorherige Isolierung, noch weiter halogeniert werden. — *Diuretica.* (**D. B. P. 910 654** Kl. 12p vom 3/5. 1951, ausg. 6/5. 1954. Anmeldung bekanntgemacht 13/8. 1953. **Zusatz zu D. B. P. 896492; C. 1954. 5909.**) BRÖSAMLE. 4807

Oelwerke Noury & van der Lande G. m. b. H., Emmerich (Erfinder: **Felix Grandel**), *Haltbare, aktive Vitamin-F-Präparate* nach Hauptpatent, gek. durch die Verwendung von hydrolysierfähigen oder hydrolysierfähigen u. dissoziierfähigen Fettsäurederivv. mit zwei oder mehr konjugierten Doppelbindungen im Mol. für sich allein oder in Mischungen mit den Ausgangsstoffen des Verf. des Hauptpatentes. Es können Keimöle, bes. Weizenkeimöle, u./oder Vitamin E zugegeben werden. — *Verwendung in Salben u. Hautölen.* — Beispiele. (**D. B. P. 909 984** Kl. 30h vom 15/6. 1939, ausg. 26/4. 1954. Anmeldung bekanntgemacht 23/10. 1952. **Zusatz zu D. B. P. 906 982; C. 1954. 6290.**) K. HEINZE. 4809

N. V. Organon, Oss, Holland, *Herstellung von Cholesterylacetat* aus Cholestan-3β.6β-diol durch Kochen mit einem Gemisch von 5 (Teilen) A. u. 75 konz. HCl ca. 3 Std., wobei die Substituenten in 6-Stellung unter Bldg. einer Doppelbindung abgespalten werden. Danach wird z. B. mit Essigsäureanhydrid acyliert, F. 112—114°. (**Schwz. P. 266 363** vom 2/3. 1946, ausg. 17/4. 1950.) M. F. MÜLLER. 4809

Upjohn Co. (Erfinder: **Robert Bruce Moffett**), Kalamazoo, Mich., V. St. A., *Steroid-20.21-enolacetate* der Zus. I erhält man durch Erhitzen von 20-Ketosteroiden, die an den C-Atomen 17 u. 21 lediglich durch H substituiert sind, mit Isopropenylacetat in Ggw. einer katalyt. Menge einer Sulfonsäure, z. B. p-Toluolsulfonsäure, unter Rückfluß, wobei das Aceton kontinuierlich nach Maßgabe seiner Bldg. aus der Reaktionszone abdest. wird. — *Maleinsäuredimethylesteradditionsprod.* (**IIa**) *des 3β.20-Diacetoxy-5.7.9.20-pregnatetraens,* F. 196,5—198°; $[\alpha]_D^{25,5}$ +86,3° (1,01% in Chlf.). — *Maleinsäureanhydridadditionsprod.* (**II**) *des 3β.20-Diacetoxy-5.7.9(11).20-pregnatetraens,* F. 219—220,5°. — *3β.20-Diacetoxy-5.20-pregnadien,* F. 122,5—123,5°; $[\alpha]_D^{26,5}$ —45,8° (1,623% in Chlf.). — **II** *des 3β.20-Diacetoxy-9.11-oxido-5.7.20-pregnatriens,* F. 245—249°; $[\alpha]_D$ +14,2°. — **IIa** *des 3β.20-Diacetoxy-9.11-oxido-5.7.20-pregnatriens,* F. 213—215°. — *3β.20-Diacetoxy-20-allopregnen,* F. 87—88°. — *3β.20-Diacetoxy-5.16.20-pregnatrien,* F. 148—149°. — *3β.20-Diacetoxy-5.7.9(11).20-pregnatetraen,* F. 163—166°; $[\alpha]_D^{26}$ +262,3°. — *3.20-Diacetoxy-4.5.20-pregnatrien,* F. 83—87°; $[\alpha]_D^{24}$ —119°. — *3β.20-Diacetoxy-16.20-allopregnadien,* F. 143—145°; $[\alpha]_D^{24}$ +10°. — Zwischenprodd. für die Steroidsynthese. (**D. B. P. 903 333** Kl. 12o vom 1/1. 1952, ausg. 4/2. 1954. A. Prior. 25/1. 1951.) SIEVERS. 4809

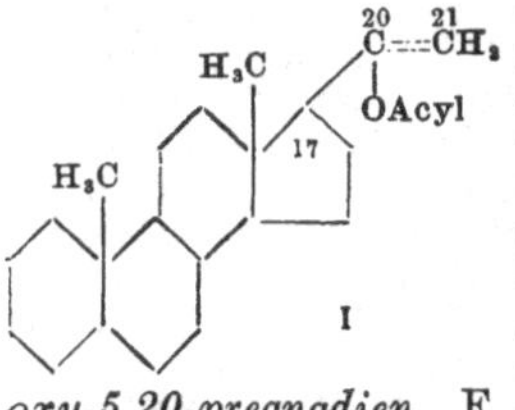

I

Upjohn Co., übert. von: **John A. Hogg, Douglas A. Lyttle** und **Alan H. Nathan,** Kalamazoo, Mich., V. St. A., *Selektive Reduktion der 3-ständigen Ketogruppe von Polyketosteroiden* der allg. Formel **I** (R = H, OH, —C=O oder Acyloxy-, wobei die Acylgruppe bis zu 8 C-Atome enthalten darf). Man setzt die **I** in einem Lösungsm., wie Dioxan, Tetrahydrofuran oder einem Alkanol, 2 Min. bis 2 Std. mit 1—4 Äquivalantch eines Metallborhydrids, wie $NaBH_4$, bei Tempp. zwischen 0 u. 100° um u. trennt die gebildete 3-Oxyverb. ab. — Allopregnan-3.20-dion + $NaBH_4$ → *Allopregnan-3β-ol-20-on,* F. 184—189°; $[\alpha]_D^{24}$ +94°. — Pregnan-11α-ol-3.20-dion → *Pregman-3α.11α-diol-20-on,* F. 180—182°. — 11α-Acetoxypregnan-3.20-dion → *11α-Acetoxypregnan-3α-ol-20-on,* F. 146—148°. — 11α-Acetoxyallopregnan-3.20-dion → *11α-Acetoxyallopregnan-3β-ol-20-on,* F. 179 bis 180,5°. — Pregnan-3.11.20-trion → *Pregnan-3α-ol-11.20-dion,* F. 173,5—174,5°. — Allopregnan-3.11.20-trion → *Allopregnan-3β-ol-11.20-dion,* F. 188—190°; $[\alpha]_D^{25}$ +99,3°. — Zwischenprodd. für die Synth. von *Steroidhormonen.* (**A. P. 2 647 134** vom 31/8. 1951, ausg. 28/7. 1953.) SIEVERS. 4809

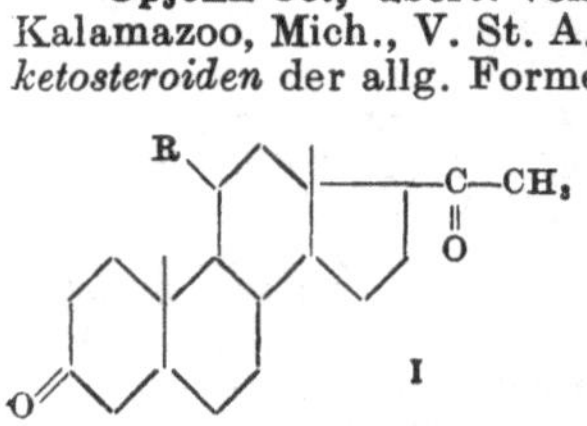

I

G. D. Searle & Co., Chicago, Ill., übert. von: **Max N. Huffman,** Oklahoma City, Okla., V. St. A., *16-Keto-17-oxysteroide* erhält man durch Red. von 16.17-Diketosteroiden mit Zn in einer organ. Säure oder mit Ti(III)-Salzen. — Aus 16-Ketoöstron-3-methyläther in Ggw. von Zn-Staub u. Essigsäure *16-Keto-α-östradiol-3-methyläther.* — 16-Ketoöstron-3-äthyläther + 20%ig. $TiCl_3$ in Essigsäure → *16-Keto-α-östradiol-3-äthyläther.* — Zwischenprodd. u. *Pharmazeutica.* (**A. P. 2 661 357** vom 9/9. 1950, ausg. 1/12. 1953.) KRAUSS. 4809

Ciba Akt.-Ges., Basel, Schweiz, *Östronisomere* (**I**), F. 184—186° (Benzoat, F. 150—152°) bzw. 188—190° (Benzoat, F. 161—163°). 1-Oxo-2-methyl-7-methoxy-

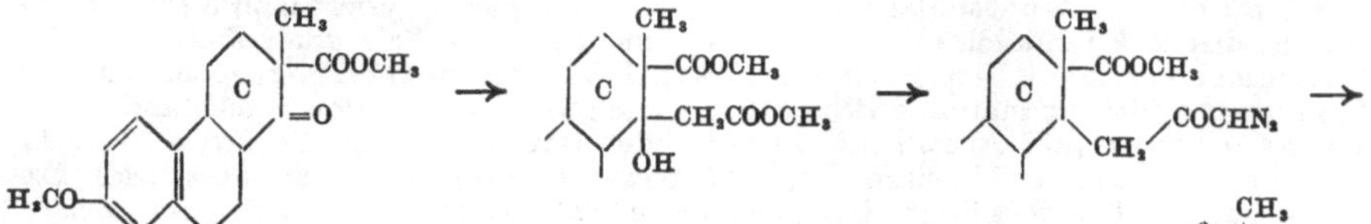

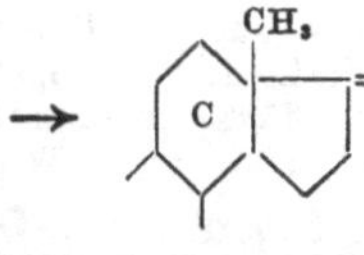

I

1.2.3.4.9.10.11.12-oktahydrophenanthren-2-carbonsäuremethylester, F. 87—89° bzw. 127—128°, werden mit einem Halogenessigsäuremethylester u. Zn umgesetzt. Nach der Hydrolyse des Reaktionsprod. wird aus den Oxyestern W. abgespalten, die entstandene Doppelbindung mit H_2 abgesätt. u. in den gebildeten 7-Methylmarrianolsäuremethylestern die Carbomethoxygruppe in der 1-ständigen Seitenkette verseift. Die entstandenen Halbester werden nach der Rk. von ARNDT-EISTERT, gefolgt von einer Verseifung über das Säurechlorid u. das Diazoketon, in die 7-Methylhomomarrianolsäuren umgewandelt, die durch Cyclisierung u. Hydrolyse **I** liefern. (**Schwz. PP. 286 364** u. **286 365** vom 3/10. 1949, ausg. 16/2. 1953. **Zusätze zu Schwz. P. 266 510; C. 1954. 8632.**) KRAUSS. 4809

Syntex Soc. An. (Erfinder: **John Pataki** und **Stephen Kaufmann**), Mexico, *Niedermolekulare Fettsäureester des Δ¹-Allopregnen-17α.21-diol-3.11.20-trions.* Man hydriert einen Fettsäureester des Δ⁴-Pregnen-17α.21-diol-3.11.20-trions in Ggw. eines Hydrierungskatalysators, führt nach der Abtrennung des gesätt. Steroidesters Br in die 2-Stellung ein u. spaltet HBr durch Kochen mit Kollidin ab. — *Allopregnan-17α.21-diol-3.11.20-trion-21-acetat,* F. 227—229°; $[\alpha]_D$ +75° (Aceton); *2-Bromallopregnan-17α.21-diol-3.11.20-trion-21-acetat,* F. 195—197° (Zers.); *Δ¹-Allopregnen-17α.21-diol-3.11.20-trion-21-acetat,* F. 229—233°; $[\alpha]_D$ 128,4° (Aceton). — *Therapeutica.* (**D. B. P. 905 849** Kl. 12o vom 13/12. 1951, ausg. 8/3. 1954. Anmeldung bekanntgemacht 9/7. 1953. A. Prior. 14/12. 1950.) SIEVERS. 4809

Upjohn Co., übert. von: **Frederick W. Heyl** und **Milton E. Herr,** Kalamazoo, Mich., V. St. A., *Pregnenolon.* Man führt in 3-Stellung durch OH, Ätherreste oder Acyloxyreste, die bis zu 11 C-Atome enthalten können, substituierte 22-Cyan-22-halogen-bis-nor-5-cholene durch Halogenwasserstoffabspaltung in Piperidin bei Tempp. zwischen 50° u. dem Kp. des Reaktionsgemisches in die entsprechenden 5.20(22)-Diene über, schützt die 5-ständige Doppelbindung durch Bromierung, ozonisiert mit mindestens 1 Äquivalent O_3 bei —80 bis 20°, zers. in bekannter Weise das Ozonid mit Zn + Essigsäure u. erhält nach der Br-Abspaltung das entsprechende, in 3-Stellung substituierte, Pregnenolon. — 3β-Acetoxy-bis-nor-5-cholen-22-alcyanhydrin, F. 170 bis 175°. — 3-Methoxy-bis-nor-5-cholen-22-alcyanhydrin, F. 200—205°. — 3-Methoxy-22-chlor-22-cyan-bis-nor-5-cholen (**I**), F. 169—171°. — 3β-Acetoxy-22-brom-22-cyan-bis-nor-5-cholen, F. 187—188°. — 3-Oxy-22-brom-22-cyan-bis-nor-5-cholen (**II**), F. 225—235°. — 3-Oxy-22-cyan-bis-nor-5.20(22)-choladien (**III**), F. ca. 234° (vermutlich die trans-Form); erhältlich durch HCl-Abspaltung in Piperidin aus **I** u. Verstifung mi methanol. K_2CO_3. Dagegen liefert **II** bei der HBr-Abspaltung in Piperidin das Isomerengemisch des **III**, F. 165—168°. Durch Acetylierung des **III**-Isomeren vom F. 234° erhält man ein **III**-Acetat vom F. 182° (**IV**); dagegen lieferte **III** vom F. 195° ein Acetat vom F. 148°. — Durch Ozonisierung des bromierten **IV**, saure Spaltung des Ozonids u. Br-Abspaltung erhält man *Pregnenolon* (**V**)-*acetat,* F. 145 bis 146°, *Semicarbazon,* F. 240—243°; **V**-*Methyläther,* F. 124—125°, *Semicarbazon,* F. 225—237°. (**A. P. 2 647 909** vom 26/6. 1950, ausg. 4/8. 1953.) SIEVERS. 4809

Farbwerke Hoechst, vormals Meister Lucius & Brüning (Erfinder: **Max Bockmühl †,** Frankfurt/M.-Höchst, und **Heinrich Ruschig,** Frankfurt/M.-Griesheim), *Sterinketone* erhält man durch Dehydrierung von Sterinalkoholen in Ggw. von großen Mengen auf Trägern aufgetragener Ni-Katalysatoren u. H-Acceptoren in einem Lösungsmittel.

— Ni-Carbonat wird auf Bimsstein niedergeschlagen, mit H_2 bei 400—500° red. u. dann der Luft ausgesetzt. Dieser Katalysator dient zur Dehydrierung von Cholesterin in Toluol in Ggw. von Cyclohexanon zu *Cholestenon*, F. 81°. — Pregnenolon → *Progesteron*, F. 118—129,5°; Ausbeute 79,4%. (**D. B. P. 870 405** Kl. 12o vom 8/12. 1942, ausg. 12/3. 1953.) KRAUSS. 4809

Wilhelm Krauss, Schöneiche bei Berlin, und **Margarete Raunert**, Berlin-Adlershof, *Herstellung von natürlichen Androgenen.* Fischmilch (z. B. vom Hering, Dorsch) wird mit Pankreaspulver oder einem anderen Fermente enthaltenden Stoff zu Beginn der Plasmolyse versetzt, u. die androgenen Wirkstoffe werden aus dem Verseifungsrückstand mit organ. Lösungsmitteln extrahiert. — Z. B. plasmolysiert man 3 (kg) frische oder gesalzene Fischmilch mit 3 NaCl oder einem anderen Salz unter Zusatz von 1 g Pankreaspulver. Nach Verseifung mit 20%ig. KOH bei Raumtemp. u. anschließender Verdünnung filtriert man das Prod. über Kieselgur u. wäscht den Rückstand. Nach Vortrocknung extrahiert man ihn mit Ae. oder Butanol u. läßt die Extraktions-Fl. in dünnem Strahl in W. einlaufen, schüttelt gut durch u. wäscht alkalifrei. Das Lösungsm. wird abdestilliert. Der gewonnene Extrakt ist in Klauenöl gut lösl. u. enthält nur geringe Mengen Ballaststoffe, welche durch Behandlung des Rohprod. mit Diäthylin oder Diacetin entfernt werden können. (**D. P. [DDR] 1917** Kl. 30h vom 3/11. 1951, ausg. 20/10. 1952 [Wirtschaftspatent].) OPPERMANN. 4809

Schering Akt.-Ges., Berlin (Erfinder: **Friedrich Hildebrandt**, Berlin), *Therapeutisch wirksame, in 4.5-Stellung ungesättigte Androstane* erhält man durch Behandlung von 3-Oxyätiocholanonen mit metallorgan. Verbb. u. Einführung einer Doppelbindung in die 4.5-Stellung in bekannter Weise. Vorhandene OH-Gruppen werden intermediär geschützt. — 3-Oxyätiocholanon-(17), F. 151—152°, gibt mit CH_3MgJ in Ae. 17-Methylätiocholandiol-(3.17). Durch Oxydation mit CrO_3–Eisessig entsteht 17-Methylätiocholanon-(3)-ol-(17), dessen Bromketon (erhalten mit Br_2 + Eisessig) beim Erhitzen mit Pyridin *17-Methyl-*$\Delta^{4.5}$*-androstenol-(17)-on-(3)*, F. 164°; $[\alpha]_D$ +76° (A.), liefert. — 3-Epioxyätiocholanon-(17), F. 150—151°, + C_2H_5MgJ → 17-Äthylätiocholandiol-(3.17) → *17-Äthyl-*$\Delta^{4.5}$*-androstenol-(17)-on-(3)*, F. 143°; $[\alpha]_D$ +71° (A.). (**D. B. P. 875 516** Kl. 12o vom 23/12. 1936, ausg. 4/5. 1953.) KRAUSS. 4809

Schering Akt.-Ges. (Erfinder: **Arthur Serini**, Berlin, **Heinrich Köster**, Berlin-Schöneberg, **Lothar Straßberger**, Berlin-Wilmersdorf, **Willy Logemann**, Berlin-Friedenau, **Hans Herloff Inhoffen**, Berlin-Wilmersdorf, und **Walter Hohlweg**, Warendorf), *Ungesättigte Cyclopentanopolyhydrophenanthrenketone* erhält man aus den entsprechenden sek. Alkoholen durch deren Behandlung in Form von Al- bzw. Mg-Alkoholaten oder in Ggw. anderer Al- bzw. Mg-Alkoholate mit einem überschüssigen Keton oder Aldehyd, bes. in der Wärme, durch Austausch der Oxydationsstufen. — Cholesterin gibt nach 4std. Erhitzen auf 100° mit Al-Isopropylat in Cyclohexanon *Cholestenon*, F. 78°; *Semicarbazon*, F. 234°. — Pregnenol-(3)-on-(20) → *Progesteron*, F. 123—127°. — Dehydroandrosteron → *Androstendion*, F. 173—174°. — Androstendiolmonobenzoat-(17) → *Testosteronbenzoat*, F. 190°; $[\alpha]_D^{20}$ +160°. — Stigmasterin → *Stigmastadienon*, F. 107°. — $\Delta^{1.2.4.5}$-Androstadienol-(17)-on-(3) → $\Delta^{1.2.4.5}$*-Androstadiendion-(3.17)*, F. 139—140°; $[\alpha]_D^{20}$ +115,8° (Chlf.). — 17-Äthinyl-$\Delta^{5.6}$-androstendiol-(3.17) → *17-Äthinyl-*$\Delta^{4.5}$*-androstenon-(3)-ol-(17)*, F. 264—266°; $[\alpha]_D$ +21,5° (Dioxan). — Äthenylandrostendiol-(3.17) → *Äthenylandrostenolon*, F. 151—158°; $[\alpha]_D$ +67,6°. *Semicarbazon*, F. 220—221°. — Allylandrostendiol → *17-Allyltestosteron*, F. 105—107,5°. *Oxim*, F. 144—146°. (**D. B. PP. 873 842** Kl. 12o vom 3/6. 1936, ausg. 16/4. 1953, **882 398** Kl. 12o vom 5/2. 1938 u. **882 399** [Zusatzpatente] Kl. 12o vom 28/11. 1937, beide ausg. 9/7. 1953.) KRAUSS. 4809

Upjohn Co., übert. von: **Robert H. Levin**, **A. Vern McIntosh jr.** und **George B. Spero**, Kalamazoo, Mich., V. St. A., *3β-Oxy-5.7.9(11)-pregnatrien-12.20-dion*, F. 201,5—203°; $[\alpha]_D^{26}$ +88,2°, erhält man aus 3β-Acetoxy-5.7.9(11)-pregnatrien-12.20-dion duran Verseifung mit methanol. K_2CO_3-Lösung. — Zwischenprod. für die *Synth. von Uebennierenrindenhormonen.* (**A. P. 2 628 240** vom 15/6. 1951, ausg. 10/2. 1953.) SIEVERS. 4809

Farbwerke Hoechst Akt.-Ges. vormals Meister Lucius & Brüning (Erfinder: **Heinrich Ruschig** und **Werner Haede**), Frankfurt/M., *Acylierte Enole von Pregnan- bzw. Pregnenon-(20)-oxalsäureestern-(21).* Man setzt Verbb. der allg. Formel R—CO—CH_2—CO—$COOR_1$ (R = gesätt., ungesätt. oder substituierter Sterinrest; R_1 = Alkyl) mit Carbonsäureanhydriden in Ggw. von Verbb., die die Enolisierung begünstigen, wie p-Toluolsulfonsäure, unter Erhitzen um. — Allopregnanol-(3)-on-(20)-oxalsäurediäthylester → *Triacetat des* $\Delta^{17.21}$*-Allopregnadiendiol-(3.20)-glykolsäureäthylesters-(21)*,

F. 180—181° (unkorr.), neben einer Fraktion vom F. 155° aus den Mutterlaugen. — Pregnen-(5)-ol-(3)-on-(20)-oxalsäureäthylester-(21) → *Triacetat des* $\Delta^{5.17.21}$*-Pregnatriendiol-(3.20)-glykolsäureäthylesters-(21)*, F. 165°. — Zwischenprodd. für die *Herst. von Nebennierenrindenhormonen*. (**D. B. P. 898 744** Kl. 12o vom 14/9. 1951, ausg. 3/12. 1953.) SIEVERS. 4809

Schering Corp., Bloomfield (Erfinder: **Temple Clayton**, Parsippany, **Emanuel B. Hershberg**, West Orange, und **Bernard Schoen**, Union City), N. J., V. St. A., *Steroidketoncarbonsäuren*. Man acyliert 3.12-Dioxycholansäuren oder ihre Ester in Ggw. eines organ., bas. Lösungsm., wie Pyridin (I), in der 3-Stellung u. oxydiert darauf die 12-ständige OH-Gruppe bei ca. 13—15° u. Raumtemp. ohne vorherige Abtrennung des Esters mit CrO_3/Essigsäure (II) oder Chromessigsäure u. Salz- oder Schwefelsäure zur Ketogruppe. Zur Acylierung sind Essigsäure- oder Bernsteinsäureanhydrid (III) sowie die Anhydride anderer niedrigmol. aliphat., aromat. oder alicycl. Säuren geeignet. — Man acyliert z. B. 19,6 (g) Desoxycholsäure mit 5,25 III u. 15 cm^3 wasserfreiem I, verd. nach ½ std. Erhitzen u. Abkühlen mit 9,5 cm^3 H_2SO_4 in 200 cm^3 II, oxydiert bei 13—15° mit 3,83 CrO_3 in 5 cm^3 W. 1 Std., anschließend ½ Std. bei 15—20° u. arbeitet auf; F. der erhaltenen *12-Ketoverb.*: 230—235°. — Cholsäure → *3-Acetoxy-12-ketocholansäure*, F. ca. 180—190°. — Zwischenprodd. für die *Cortisonsynth.* u. für andere Verbb. mit therapeut. Wirkung. (**D. B. P. 898 590** Kl. 12o vom 17/8. 1951, ausg. 3/12. 1953. A. Prior. 19/8. 1950.) SIEVERS. 4809

Merck & Co., Inc., Rahway (Erfinder: **Lewis Hastings Sarett**, Princeton), N. J., V. St. A., *3.11.20-Triketo-4-brom-17α-oxy-21-acetoxypregnan*, Zers. bei 190°, erhält man durch Bromierung von 3.11.20-Triketo-17α-oxypregnan bzw. von dessen 21-Acyloxyverbb. mit Brom in Essigsäure. Durch Erhitzen mit Pyridin läßt sich HBr unter Bldg. einer 4(5)-ständigen Doppelbindung abspalten [= $\Delta^{4(5)}$-3.11.20-Triketo-17α-oxy-21-acetoxypregnen = Cortisonacetat]. — Zwischenprod. für *Nebennierenrindenhormone*. (**D. B. P. 896 647** Kl. 12o vom 18/5. 1949, ausg. 12/11. 1953. A. Prior. 7/10. 1947.) SIEVERS. 4809

Merck & Co., Inc., Rahway, übert. von: **Robert P. Graber**, Westfield, und **Norman L. Wendler**, Linden, N. J., V. St. A., *Reduktion von Steroidketonen mit Alkalimetallborhydriden*. Man setzt Steroidketone mit mindestens einer ungesätt. Kohlenstoff–Stickstoff-Bindung bei 0—70° in Ggw. eines organ. Lösungsm. mit Alkalimetallborhydriden zu den entsprechenden Oxyverbb. um. — Δ^{17}-3.11-Diketo-21-oxy-20-cyanopregnen (I) + Orthoameisensäureäthylester → Δ^{17}-3.3-Diäthoxy-11-keto-21-oxy-20-cyanopregnen (II), Infrarotbanden in Chlf. bei 2,85 (—OH); 4,57 (—C≡N); 5,83 (>C=O); 6,08 (>C=C<) u. 9,18 mμ (>C—O—); $\lambda_{max}^{CH_3OH}$ 223 mμ; $E_{1cm}^{1\%}$ 364; II + Li-Borhydrid (III) in Tetrafuran (IV) → *Δ^{17}-3.3-Diäthoxy-11.21-dioxy-20-cyanopregnen*, amorph; daraus mit 2,5n wss. HCl *Δ^{17}-3-Keto-11.21-dioxy-20-cyanopregnen* (V), F. 217,5—221,5°; $[\alpha]_D$ +24,4° (Aceton); $\lambda_{max}^{CH_3OH}$ 223 mμ; $E_{1cm}^{1\%}$ 387. — I-3-Semicarbazon, F. 244—245°, + III in IV → *Δ^{17}-3-Keto-11.21-dioxy-20-cyanopregnen-3-semicarbazon*; daraus durch Regeneration der 3-Ketogruppe V. — I + III in IV → *Δ^{17}-3.21-Dioxy-11-keto-20-cyanopregnen* (VI), F. 251—257,5°. — VI + III in IV → *Δ^{17}-3.11β.21-Trioxy-20-cyanopregnen*, F. 105—115° (Zers.). — Δ^{4}-3.11.20-Triketo-17.21-dioxypregnen-3.20-dioxim, F. 199—200°; $[\alpha]_D$ +166° (Essigsäure); $\lambda_{max}^{C_2H_5OH}$ 240 mμ; $E_{1cm}^{1\%}$ 534, + III in IV → *Δ^{4}-3.20-Diketo-11.17.21-trioxypregnen-3.20-dioxim*, F. >310°; $[\alpha]_D$ +150° (Essigsäure); $\lambda_{max}^{C_2H_5OH}$ 241 mμ; $E_{1cm}^{1\%}$ 453. — Li-Borhydrid kann durch Na-Borhydrid ersetzt werden. — *Nebennierenrindenhormon*wirksame Verbindungen. (**A. P. 2 628 966** vom 25/11. 1950, ausg. 17/2. 1953.) SIEVERS. 4809

American Cyanamid Co., New York, übert. von: **Seymour Bernstein**, Pearl River, und **Milton D. Heller**, Monsey, N. Y., V. St. A., *Δ^{4}-Pregnene*, z. B. *Δ^{4}-Pregnen-11β.17α.20β.21-tetrol-3-on-20.21-diacetat*, F. 231—232°; λ_{max} 241 mμ (ε = 15,250; absol. A.); $[\alpha]_D^{25}$ +164,1° (Aceton), erhält man durch Rk. von Δ^{5}-Pregnen-17α.21-diol-11.20-trion-3-äthylenketal-21-acetat in Tetrahydrofuran mit $LiAlH_4$ in Ae. u. anschließende Acetylierung der 20-ständigen OH-Gruppe mit Acetanhydrid in Ggw. von Pyridin. — Die so erhaltene Verb. (= Diacetat von „REICHSTEINs Verb. E") hat nebennierenrindenhormonähnliche Wirkung. (**A. P. 2 646 434** vom 3/4. 1952, ausg. 21/7. 1953.) SIEVERS. 4809

Nordisk Insulinlaboratorium, Gentofte (Erfinder: **Charles Kräyenbühl**, Kopenhagen), Dänemark, *Herstellung eines kristallinen Insulinpräparates* nach Hauptpatent dadurch, daß an Stelle von Zn-Salzen Salze von Co, Ni, Cd oder Hg verwendet werden. — Z. B. werden 12,5 g Insulinhydrochlorid in W. gelöst u. Wasserlsgg. von

4,1 mg $CoCl_2$, 3 cm^3 m-Kresol, 7,6 g NaCl u. so viel Na-Phosphatpuffer zugegeben, daß Endkonz. $^1/_{75}$ mol. ist u. p_H 6,95 beträgt. Nach Zusatz von 0,12 g in W. gelöstem Salmiridinsulfat wird auf 1000 cm^3 mit W. aufgefüllt. Nd. wird kristallinisch. Protrahierte Wirkung. (**D. B. P. 890 263** Kl. 30h vom 30/7. 1950, ausg. 17/9. 1953. Dän. Prior. 13/6. 1947. **Zusatz zu D. B. P. 873 731; C. 1954. 5909.**) K. Heinze. 4809

Heinz Ohle, Berlin-Adlershof, *Herstellung von Penicillensäure* durch Kondensation von Penicillamin mit einem in der 2-Stellung substituierten 4-Alkoxymethylenoxazolon unter Verwendung von wasserhaltigem Dioxan als Lösungsmittel. — Man verwendet z. B. als Ausgangsstoff das Salz von Penicillamin mit einer tert. Base, welches in Dioxan schwer lösl. ist. Als tert. Basen werden Trialkylamine, N-Alkylpiperidine, N-Alkylpyrrolidine oder andere hydrierte heterocycl. tert. Basen verwendet, welche in W. lösl. Sulfate oder Phosphate geben. — Man läßt z. B. die Lsg. des Oxazolons in Dioxan bei ca. 20° zu der Suspension des Penicillaminsalzes mit solcher Geschwindigkeit zulaufen, daß die Zulaufgeschwindigkeit nicht wesentlich größer ist als die Auflösungsgeschwindigkeit des Penicillaminsalzes. — dl-Penicillamin (F. 199°) bildet mit Triäthylamin das Triäthylaminsalz, welches mit 4-Methoxymethylen-2-benzyloxazolon-(5) in Dioxan umgesetzt wird unter Bldg. von *dl-Benzylpenicillensäure*, F. 136—137°. (**D. P. [DDR] 2 637** Kl. 12o vom 29/12. 1951, ausg. 12/11. 1952 [Wirtschaftspatent].) M. F. Müller. 4811

Upjohn Co., übert. von: **Byron E. Leach,** Kalamazoo, Mich., V. St. A., *β-[2-(3'.5'-Dimethyl-2'-oxocyclohexyl)-2-oxyäthyl]-glutarimid* (I), $C_{15}H_{23}O_4N$, F. 119,5 bis 121°; $[\alpha]_D^{29}$ —3,38° (c = 9,47, A.); *Acetat*, F. 143—145°; *Oxim*, F. 203—204°; *Disemicarbazon*, F. 176—178°. *Streptomyces griseus*-Fermentations-Fll. werden mit Aktivkohle behandelt. Aus dem Filterkuchen wird I mit einem mit W. mischbaren Alkohol oder Keton (Methanol, Aceton, A., Propanol, Diäthylketon) eluiert. Nach dem Verdampfen des Lösungsm. wird der Rückstand in W. gelöst u. I aus der Lsg. mit einem Chlor-KW-stoff (Chlf.) extrahiert. Nach dem Verjagen des Lösungsm. u. Kristallisation des Rückstandes aus Cyclohexen, Äthylacetat, PAe. wird I rein erhalten. — *Antibioticum.* (**A. P. 2 612 502** vom 17/2. 1947, ausg. 30/9. 1952.) Krauss. 4811

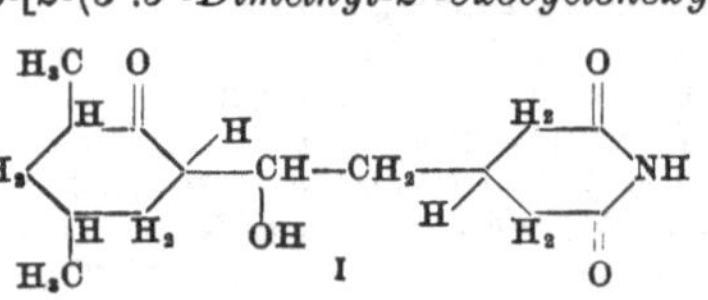

Chemie Grünenthal G. m. b. H. (Erfinder: **Erich Jansen** und **Heinrich Mückter**), Stolberg, Rhld., *Tyrothricinlösungen* nach Hauptpatent dadurch, daß Carbonsäureamide oder deren N-Substitutionsprodd. als Lösungsvermittler zur Herst. öliger Lsgg., bes. in Ricinusöl, verwendet werden. (**D. B. P. 911 535** Kl. 30h vom 29/6. 1952, ausg. 17/5. 1954. Anmeldung bekanntgemacht 20/8. 1953. **Zusatz zu D. B. P. 906 983; C. 1954. 6291.**) K. Heinze. 4811

André Claude Buatois und **Jean Cotte,** Frankreich, *Verminderung der Toxizität und Erhöhung der Löslichkeit von Tyrothricin.* Man löst 0,5 g Tyrothricin in 20 cm^3 95%ig. A., versetzt diese Lsg. mit 0,5 cm^3 40%ig. Formalinlsg. u. erwärmt das Gemisch 1 Woche auf 37°. So behandeltes Tyrothricin kann ohne schädliche Wirkungen in größeren Dosen sowie auch als *fungicides* Mittel angewendet werden. (**F. P. 1 007 485** vom 30/12. 1949, ausg. 6/5. 1952.) Oppermann. 4811

Soc. des Usines Chimiques Rhône-Poulenc, Paris (Erfinder: **Robert André Jacob,** Ablon-sur-Seine, **Paul Gailliot,** Paris, und **Jean Robert,** Maisons-Laffitte, Seine-et-Oise), Frankreich, *2-Dichlormethyl-4-[(4'-nitrophenyl)-oxymethyl]-oxazoline-(2)* (I) besizen *antibiot.* Eigg. u. dienen zur Herst. antibiot. Stoffe. Sie entstehen durch Einw. von NaOH oder KOH auf *1-(4'-Nitrophenyl)-2-dichloracetylamino-3-chlorpropanol-(1)* (II). — *DL-allo*-I, durch Einw. von 1n NaOH auf DL-allo-II in A. bei n. Temp., F. 167 bis 168°. — Analog: *DL-threo*-I, F. 160—161°. — *L-threo*-I, F. 141°; $[\alpha]_D^{23}$ +173° (c = 0,57; Essigester). — *D-threo*-I, F. 141—142°; $[\alpha]_D^{25}$ —178° (c = 0,6; Essigester). — *L-allo*-I, F. 143—145°; $[\alpha]_D^{22}$ +39,7° (c = 3,8; Aceton). (**D. B. P. 844 152** Kl. 12p vom 24/2. 1951, ausg. 17/7. 1952. F. Priorr. 25/2. u. 16/6. 1950.) Langer. 4811

J. Pfrimmer & Co., Erlangen (Erfinder: **Karl Lang,** Mainz), *Herstellung von Lösungen für Blut-, Plasma- oder Serumersatz* nach Hauptpatent dadurch, daß der gefäßdichtende Stoff in einer warmen, gegebenenfalls isoton. Serumsalzlsg. gebist wird. (**D. B. P. 910 467** Kl. 30h vom 24/6. 1951, ausg. 3/5. 1954. Anmeldung bekanntgemacht 6/8. 1953. **Zusatz zu D. B. P. 906 366; C. 1954. 7010.**) K. Heinze. 4813

Abbott Laboratories, North Chicago, übert. von: **Howard J. Glenn,** Waukegan, und **Bruce W. Horrom,** Winthrop Harbor, Ill., V. St. A., *2-Aminomethyltetrahydroacenaphthone-(1)* der Formel I (—NR_1 = Piperidino, Morpholino, Pyrrolidino, Dimethyl-

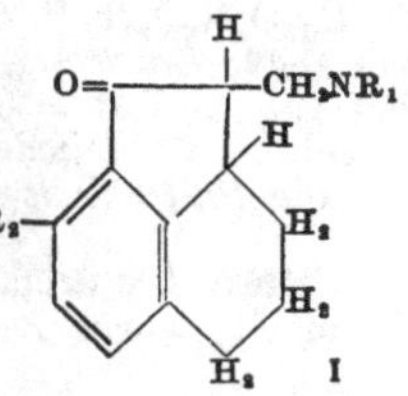

I

amino, R_2 = H, Methoxy) erhält man durch Kondensation von 2a.3.4.5-Tetrahydroacenaphthon-(1) mit HCHO oder Paraformaldehyd u. einem sek. Amin NH—R_1, zweckmäßig bei 100°. — Aus 8-Methoxy-2a.3.4.5-tetrahydroacenaphthon-(1), Piperidinhydrochlorid u. Formalin in Ggw. einer Spur konz. HCl unter Erhitzen auf dem Dampfbad → *8-Methoxy-2-piperidinomethyl-2a.3.4.5-tetrahydroacenaphthon-(1)*, $C_{19}H_{25}O_2N$, aus Hexan feine Nadeln, F. 77—78°, isomorphe Form, F. 90—91°. *Hydrochlorid*, $C_{19}H_{25}O_2N \cdot HCl$, F. 160—161°. — *8-Methoxy-2-morpholinomethyl-2a.3.4.5-tetrahydroacenaphthon-(1)*, $C_{18}H_{23}O_3N$, F. 135—135,5°. — *8-Methoxy-2-pyrrolidinomethyl-2a.3.4.5-tetrahydroacenaphthon-(1)-hydrochlorid*, $C_{18}H_{23}\cdot O_2N \cdot HCl$, F. 158—160°. — *8-Methoxy-2-dimethylaminomethyl-2a.3.4.5-tetrahydroacenaphthon-(1)*, $C_{16}H_{21}O_2N$, F. 87—88°. — *2-Piperidinomethyl-2a.3.4.5-tetrahydroacenaphthon-(1)-hydrochlorid*, $C_{18}H_{23}ON \cdot HCl$, F. 164—165°. — *Analgetica* in der *Tiermedizin*. (**A. P. 2 589 934** vom 24/8. 1950, ausg. 18/3. 1952.) KRAUSS. 4815

Dr. Salsbury Laboratories, übert. von: **Kathel B. Kerr** und **Harry E. Green,** Charles City, Iowa, V. St. A., *Bandwurmmittel.* Das Mittel besteht aus einem nicht tox., per os verträglichem Trägerstoff u. einem halogenhaltigen Oxydiphenylmethan. Z. B. *2.2'-Dioxy-3.3'.5.5'.6.6'-hexachlordiphenylmethan* (I) in Form von Gelatinekapseln, deren Geh. an Wirkstoff ca. 30—80 mg beträgt. Auch in Tabletten anwendbar, z. B. I, Nicotinsalz, Phenothiazin, Glucose, Borsäure, Na-Stearat u. Fullererde, bei Wurmbefall von Geflügel, bes. Hühner. (**Can. P. 481 704** vom 17/12. 1949, ausg. 11/3. 1952.) WITTHOLZ. 4815

Sterling Drug, Inc., Wilmington, Del., übert. von: **Sydney Archer,** Albany, N. Y., V. St. A., *Herstellung von Jodbenzoesäurealkoxyalkylestern* der allg. Zus. **I** (Y = Alkylen C_2—C_5, R = Alkyl C_1—C_8). — 30g p-Jodbenzoesäure u. 110 cm³ $SOCl_2$ (**II**) werden z. B. 20 Std. am Wasserbad unter Rückfluß erhitzt, **II**-Überschuß im Vakuum entfernt, 55 cm³ 2-Methoxyäthanol zugegeben u. eine weitere Std. erhitzt, in Eis–W. gegossen, mit Ae. extrahiert, mit W. u. 10%ig. wss. Na_2CO_3 gewaschen, getrocknet u. durch Dest. 32 g *p-Jodbenzoesäure-2-methoxyäthylester*, Kp.$_{0,7}$ 144—146°, Viscosität 13,8 (centistokes) erhalten. — *m-Jodbenzoesäurederiv.*, Kp.$_{0,6}$ 142—145°, Viscosität 14,5. — *p-Jodbenzoesäure-2-äthoxyäthylester*, Kp.$_{0,04}$ 122—125°. — *m-Jodbenzoesäurederiv.*, Kp.$_{0,8}$ 147—150°, Viscosität 14,0. — *o-Jodbenzoesäurederiv.*, Kp.$_{0,05}$ 108—110°. — *p-Jodbenzoesäure-3-methoxypropylester*, Kp.$_{0,6}$ 140—142°. — *3-Äthoxypropylderiv.*, Kp.$_{0,7}$ 147—150°. — *2-Butoxyäthylderiv.*, Kp.$_{0,8}$ 149—150°. — *2-(β-Äthoxybutoxy)-äthylderiv.*, Kp.$_{1,5}$ 177—180°. — *Röntgenkontrastmittel.* (**A. P. 2 612 517** vom 24/11. 1947, ausg. 30/9. 1952.) MÜLLER-MEININGEN. 4825

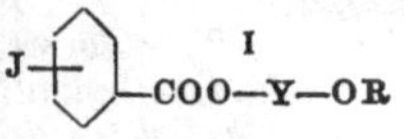

I

Sterling Drug, Inc., New York, übert. von: **Sydney Archer,** Albany, N. Y., V. St. A., *Jodierte Aminophenylsulfonylaminocarbonsäuren* der allg. Formel 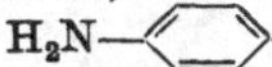 SO_2—NH—CH(R)—COOH (R = Alkyl, Aralkyl, Aryl, Cycloalkyl mit 2—7 C-Atomen) erhält man durch Kondensation von N-Acylaminobenzolsulfonylchlorid mit einer α-Aminosäure in Ggw. von Alkali nach SCHOTTEN-BAUMANN u. Jodierung der gebildeten N-(p-Acylaminobenzolsulfonyl)-aminosäure mit J_2, JCl in Essigsäure oder HCl. — Aus p-Acetamidobenzolsulfonylchlorid (I) u. dl-Phenylalanin in NaOH → α-(p-Acetamidobenzolsulfonamido)-β-phenylpropionsäure, $C_{17}H_{18}O_5N_2S$, F. 218 bis 219°, daraus durch Verseifung mit konz. HCl α-Sulfanilamido-β-phenylpropionsäure, $C_{15}H_{16}O_4N_2S$, F. 198,5—199°, die mit JCl in wss. Essigsäure bei 80° *α-(4-Amino-3.5-dijodbenzolsulfonamido)-β-phenylpropionsäure*, $C_{15}H_{14}O_4N_2J_2S$, F. 197,5—199,5°, liefert. — Acetamidocyanessigsäureäthylester + Cyclopentylbromid → α-Aminocyclopentanessigsäure, F. >220°, + **I** → *α-(p-Acetamidobenzolsulfonamido)-cyclopentanessigsäure*, F. 238—240°, → *α-(4-Amino-3.5-dijodbenzolsulfonamido)-cyclopentanessigsäure*, F. 216—217,5°. — Ferner werden folgende N-Acetylsulfanilamidocarbonsäuren u. deren 3.5-Dijodderivv. hergestellt, in denen R = *$CH_3CH_2CH_2CH_2CH_2$*—; $C_{15}H_{22}O_5N_2S$, F. 168—170°; *Ea-Säure* (Ea = entacetylierte), *Dijodderiv.*, $C_{13}H_{18}O_4N_2J_2S$, F. 176—178°. — R = *$CH_3 \cdot CH_2CH_2CH_2$*—; $C_{14}H_{20}O_5N_2S$, F. 190—191°; *Ea-Säure*, $C_{12}H_{18}\cdot O_4N_2S$, F. 158—160°; *Dijodderiv.*, $C_{12}H_{16}O_4N_2J_2S$, F. 173—174°. — R = *$(CH_3)_2CH$*—, $C_{13}H_{18}O_5N_2S$, F. 210—211°; *Ea-Säure*, $C_{11}H_{16}O_4N_2S$, F. 189—190°; *Dijodderiv.*, $C_{11}H_{14}O_4N_2JS_2$, F. 179—181,5°. — R = *$CH_3CH_2CH(CH_3)$*—, $C_{14}H_{20}O_5N_2S$, F. 189 bis 190°; *Ea-Säure*, $C_{12}H_{18}O_4N_2S$, F. 172—173°; *Dijodderiv.*, $C_{12}H_{16}O_4N_2J_2S$, F. 169,5 bis 170,5°. — R = *C_6H_5*—, $C_{16}H_{16}O_5N_2S$, F. 224—226°; *Ea-Säure*, $C_{14}H_{14}O_4N_2S$, F. 202—204°; *Dijodderiv.*, $C_{14}H_{12}O_4N_2J_2S$, F. 219,5—220°. — R = *$(CH_3)_2CHCH_2$*—, $C_{14}H_{20}O_5N_2S$, F. 211—212°; *Ea-Säure*, $C_{12}H_{18}O_4N_2S$, F. 222—225°; *Dijodderiv.*,

$C_{12}H_{16}O_4N_2J_2S$, F. 208,5—210,5°. — R = $(CH_3)_2CHCH_2CH_2$—, $C_{15}H_{22}O_5N_2S$, F. 181 bis 184°; *Ea-Säure*, $C_{13}H_{20}O_4N_2S$, F. 149—150°; *Dijodderiv.*, $C_{13}H_{18}O_4N_2J_2S$, F. 194 bis 195°. — R = CH_3CH_2—, $C_{12}H_{16}O_5N_2S$, F. 190—191°; *Ea-Säure*, $C_{10}H_{14}O_4N_2S$, F. 195—196°; *Dijodderiv.*, $C_{10}H_{12}O_4N_2J_2S$, F. 185,5—187°. — *Röntgenkontrastmittel*, bes. für die *Gallenblase*. (**A. P. 2 592 105** vom 16/11. 1948, ausg. 8/4. 1952.) KRAUSS. 4825

Ward, Blenkinsop & Co. Ltd., London, England, *Substituierte Ammoniumsalze* der Formel **I**, worin R Aryl, R¹ u. R⁴ Alkyl oder Aralkyl, R² u. R³ Alkylgruppen mit 1—4 C-Atomen, n = 2—4, X ein Anion u. y die Ladungszahl des Anions bedeuten, erhält man durch Quaternisieren der tert. Amine. Die Verbb. sind *oberflächenakt.* u. *bakterieid.* — *β-p-Toluolsulfonäthylaminoäthyldiäthylbenzylammoniumbromid*, F. 148—150°. — *Methylammoniummethylsulfat*, F. 140°. — *Benzylammoniumchlorid*, F. 168—170°. — *n-Butylammoniumbromid*, F. 157—160°. — *β-Phthalimidoäthylammoniumbromid*, F. 198°. — *β-[Naphthyl-(2)-oxy]-äthylammoniumbromid*, F. 151—153°. — *Methylammonium-p-toluolsulfonat*, F. 114—118°. — *Phenylcarbaminylmethylammoniumchlorid*, F. 99—102°. (**E. P. 669 321** vom 13/12. 1948, ausg. 2/4. 1952.) LANGER. 4833

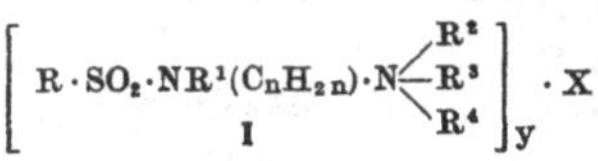

Rohm & Haas Co., übert. von: **Chien-Pen Lo**, Philadelphia, Pa., **Elwood Y. Shropshire**, Moorestown, N. J., und **Willard J. Croxall**, Bryn Athyn, Pa., V. St. A., *Herstellung von 3-Trichlormethylsulfenyl-5-aralkyliden-2.4-thiazolidindionen.* Durch mehrstd. Rühren einer Mischung von Trichlormethylsulfenylchlorid u. vom K-Salz des 5-Benzal-2.4-thiazolidindion in CCl_4 erhält man *3-Trichlormethylsulfenyl-5-benzal-2.4-thiazolidindion*, F. 159—161°. Analog: *3-Trichlormethylsulfenyl-5-o-chlorbenzal-2.4-thiazolidindion*, F. 141—143°, *3-Trichlormethylsulfenyl-5-m-nitrobenzal-2.4-thiazolidindion*, F. 148—150°, *3-Trichlormethylsulfenyl-5-p-butylbenzal-2.4-thiazolidindion*, *3-Trichlormethylsulfenyl-5-p-methoxybenzal-2.4-thiazolidindion*, F. 189—190°, *3-Trichlormethylsulfenyl-5-piperonyliden-2.4-thiazolidindion*, F. 178—179°, u. *3-Trichlormethylsulfenyl-5-cinnamal-2.4-thiazolidindion*, F. 173—175°. — Die Verbb. sind *fungicid* u. *germicid*. (**A. P. 2 613 207** vom 24/11. 1950, ausg. 7/10. 1952.) LÜTTGEN. 4833

Th. Mühlethaler S. A., Nyon, und **André Mirimanoff**, Genf, Schweiz, *Antiseptisches Mittel zur technischen Verwendung*, bestehend wenigstens zum Teil aus einem antisept. Stoff (**I**) u. einer S-haltigen, organ., spannungsakt. Verb. (**II**). Als **I** können o-Oxychinolin u. seine Salze sowie Diphenylmethan u. seine Derivv., als **II**: Sulfate, Sulfonate, Fettalkoholsulfonate u. S-haltige Ester aus höheren Alkoholen mit zweibas. Säuren verwendet werden. — Beispiel: 1 (Teil) o-Oxychinolinsulfat, 9 Na-Laurylsulfonat u., als weiterer Zusatz 10 Na_2SO_4. (**Schwz. P. 282 880** vom 13/7. 1949, ausg. 16/9. 1952.) KETTNER. 4833

Chemische Fabrik Grünau Akt.-Ges., Frankfurt/M. (Erfinder: **Georg Wiegand**, Frankfurt/M.-Seckbach, **Fritz Sommer** und **Richard Formhals †**, Berlin), *Desinfektionsmittel.* Als Lösungs- u. Dispergiermittel für schwerlösl. Phenole der Benzol- oder Naphthalinreihe werden Kondensationsprodd. alkylierter Sulfonate der aromat. oder hydroaromat. Reihe, wie sie durch Einw. kernkondensierender Mittel (z. B. Formaldehyd) erhalten werden, verwendet. (**D. B. P. 909 623** Kl. 30i vom 9/8. 1942, ausg. 22/4. 1954. Anmeldung bekanntgemacht 10/9. 1953. **Zusatz zu D. R. P. 763 838; C. 1953. 1216.**) STEIL. 4833

Hubert Grunow, Frankreich, *Wasserlösliche Desinfektionsmittel* werden gewonnen durch Auflösen einer bakterieid wirkenden Verb. (**I**; Phenol, Alkylphenol oder deren Halogenderivv.) in einer wss. Lsg. von Mono- oder Dialkylnaphthalinsulfonaten (**II**), deren Alkylgruppe 1—4 C-Atome enthält. Als **I** sind genannt: Kresol, p-Chlor-m-kresol, p-Chlor-o-isobutylphenol. **II** werden in bekannter Weise durch gleichzeitige Sulfonierung u. Alkylierung von Naphthalin gewonnen; so erhält man: Methyl-, Äthyl-, Propyl-, Isopropyl- u. Butylnaphthalinsulfonate. — Zu 1000 (g) einer 50%ig. Lsg. von Na-Methylbutylnaphthalinsulfonat fügt man unter Rühren 100 p-Chlor-m-kresol, in 100 cm³ Isopropylalkohol gelöst, hinzu. Man erhält ein viscoses hellbraunes Öl, das sich in allen Verhältnissen mit W. verdünnen läßt. Da es fast geruchlos ist, eignet es sich zur Desinfektion für Körper u. Hände. (**F. P. 1 012 028** vom 20/5. 1949, ausg. 2/7. 1952.) HEYNE. 4833

August Kettenbach, Wissenbach (Dillkr.), *Desinfektions- und Sterilisationsmittel*, bestehend aus Thioglykolsäure oder ihren Salzen allein oder in Mischung mit an sich bekannten desinfizierend wirkenden Stoffen, wie z. B. Phenolen, ihren Abkömmlingen u. Homologen, Aldehyden, quaternären Ammoniumbasen u. dgl., u. gegebenenfalls noch aus an sich bekannten Netzmitteln, wie z. B. Seifen. (**D. B. P. 855 898** Kl. 30i vom 12/5. 1949, ausg. 17/11. 1952.) KETTNER. 4833

J. Klosa, Entwicklung und Chemie der Heilmittel. I. Pharmaceutika der Pflanzenwelt. II. Synthetische Pharmaceutika. Berlin: Verl. Technik. 1952. Deux vol. I. (372 S.) u. II (333 S.)

W. A. Whatmough, The Chemist and Druggist Poisons Guide. An Encyclopaedia of poisons Law. II. Poisons Provisions and explanations. Londres: Chemist & Druggist. 1953. (248 S.)

—, Le Soufre et ses Dérivés. Paris: Ministère de la Santé publique. Imprimerie nationale. 1953. Coll. „Répertoire des spécialités pharmaceutiques. Fasc. III“. (302 S.)

G. Analyse. Laboratorium.

Walter Roth, *Sicherheitsschalter für wassergekühlte Systeme.* Beschreibung der Anordnung. (Analytic. Chem. **25.** 1940. Dez. 1953. Troy, N. Y., Rensselaer Polytechnic Inst., Walker Labor.) GOTTFRIED. 5006

Leon J. Kay, *Ein modifiziertes Reagensglas.* Zur Vermeidung des Rückfließens von Kondens-Fll. in das Reagensglas beim Erhitzen von Substanzen empfiehlt Vf., das Röhrchen in seinem oberen Teil derart zu biegen, daß sich in der Biegung die Kondens-Fl. sammeln kann. (School Sci. Rev. **34.** 127. Nov. 1952. London, Goldsmiths' Coll.) GOTTFRIED. 5006

J. W. Tomlinson, D. C. Lowe, G. W. Mellors und **J. O'M. Bockris**, *Bogengeschweißter Molybdänapparat für Untersuchungen bei hoher Temperatur.* Genaue Beschreibung des App. sowie der Technik des Zusammenschweißens von Mo-Blechen zu Zylindern. (J. sci. Instruments **31.** 107—08. März 1954. London, Imp. Coll., Dep. of Inorganic and Phys. Chem.) GOTTFRIED. 5006

G. H. Millar, J. G. Winans, O. A. Uyehara und **P. S. Myers**, *Ein schnelles, elektrooptisches Heißgaspyrometer.* Zur Messung der Temp. von heißen Gasen entwickelten die Vff. ein Pyrometer, welches die Temp. von natürlichen leuchtenden Gasen mißt, wobei in den ausgestrahlten Wellenlängen die Na D-Linie auftreten muß, oder auch die Temp. von nichtleuchtenden Gasen mißt, welche bei einer bestimmten Wellenlänge (D-Linien) leuchtend gemacht werden. Das neue Pyrometer gestattet die Verwendung von Verstärkerphotoröhren. Die Theorie u. die Konstruktion des App. werden genau beschrieben. (J. opt. Soc. America **43.** 609—17. Juli 1953. Madison, Wis., Univ.) GOTTFRIED. 5016

Willi M. Conn und **Gene Braught**, *Die Trennung von einfallender und emittierter Strahlung in einem Sonnenofen mit Hilfe rotierender Sektoren.* (Sitzungsbericht.) Vff. benutzten einen parabol. Spiegel zur Konz. der Sonnenstrahlung in einer in der Nähe des Brennpunktes befindlichen Probe. Die Probe wurde bis zu der Temp. erhitzt, bei der sich ein Gleichgewicht zwischen der einfallenden u. emittierten Strahlungsenergie einstellt. Die Temp. der Probe wurde mit einem opt. Pyrometer oder einem mit Farbfiltern versehenen Strahlungspyrometer gemessen. Zur Ermittlung genauer Werte erwies es sich als notwendig, die Probe während der Temperaturmessung vor der einfallenden Strahlung zu schützen. Das wurde durch rotierende Sektoren, die eine Umdrehungszahl von 2500 pro Min. hatten, bewirkt. Ein Sektor befand sich in der Nähe der Probe, ein anderer in der Nähe des teleskop. Systems. Vff. untersuchten die Eichung u. den Gebrauch der Sektoren in Verbindung mit Spiegeln von maximalen Aperturen von 152,4 u. 304,8 cm u. Brennweiten von 65,405 u. 86,36 cm. (Physic. Rev. [2] **89.** 898. 15/2. 1953. Rockhurst Coll.) WASSERROTH. 5016

Sam R. Hoover, Harry John und **Edward F. Mellon**, *Dampfdruckebulliometer für Milliliterproben.* Beschreibung des Halbmikroebulliometers. Die Brauchbarkeit des App. wurde durch Best. der Siedepunktskurve von reiner Caprinsäure geprüft. Die erhaltenen Werte stimmten gut mit den Werten überein, die von anderer Seite unter Verwendung von mehr Säure erhalten worden waren. Auch Messungen der Dampfdruck–Temp.-Kurven an 9 acetylierten Aminosäureestern lieferten gute Ergebnisse. (Analytic. Chem. **25.** 1940—41. Dez. 1953. Philadelphia, Pa., Eastern Reg. Res. Labor.) GOTTFRIED. 5020

Raymond H. Pierson, *Schnelle Filtration und Trocknungstechnik.* Zur Filtration von Lsgg., welche teilweise hydrolysierte feste Cellulosebestandteile oder andere gelatinöse Ndd. enthalten, empfiehlt Vf. einen „Fingerhut“ aus Filtrierpapier mit etwas Glaswolle, der in eine Filterröhre der CORNING GLAS WORKS unter schwachem Saugen eingesetzt wird. Zum Entfernen des Lösungsm. aus dem Filter wird dieses mit der Röhre in einem Ofen getrocknet. (Analytic. Chem. **25.** 1939. Dez. 1953. Inyokern, China Lake, Calif., U. S. Naval Ordnance Test Stat., Analyt. Chem. Branch.) GOTTFRIED. 5024

L. A. Wollermann und **R. G. Tischer**, *Einfacher magnetischer Rührer für mehrere Aggregate.* Es wird eine Anordnung beschrieben, mit welcher bei Verwendung von nur einem Motor mehrere Aggregate gleichzeitig gerührt werden können. (Analytic. Chem. **25**. 1942. Dez. 1953. Ames, Io., State Coll., Agric. Exp. Stat.) Gottfried. 5036

Finn Grønlund, *Verfahren zur Bestimmung der Viscosität hochviscoser Stoffe.* Es wird die Viscosität einer Harzprobe dadurch bestimmt, daß man dieselbe in Stäbe von der Länge l u. dem Durchmesser d gießt, dieselben an einer Seite in ein Bohrerfutter einspannt, so daß sie um eine horizontale Achse drehbar sind, u. dann für eine bestimmte Temp. die Senkungsgeschwindigkeit v des freien Endes mißt. Wie durch Vergleichsmessungen mit einem koaxialen Zylinderviscosimeter nach Pochettino gefunden, besteht die Beziehung $v = 2\varrho g l^4/3\eta d^2$. Das Verf. verspricht, auch für Gläser bei Viscositätswerten in der Größenordnung von 10^6 Poise anwendbar zu sein. (J. Soc. Glass Technol. **35**. 320—31. Dez. 1951; Kem. Maanedsbl. nord. Handelsbl. kem. Ind. **33**. 49—54. 1952. Kopenhagen, Techn. Univ.) Hentschel. 5040

Thomas Rees, *Mikromethode zur Messung von Reaktionsgeschwindigkeiten in Lösungen bei mäßigen Drucken.* Es wird eine Mikrometh. beschrieben, die es gestattet, schnell u. mit guter Genauigkeit Reaktionsgeschwindigkeiten bei erhöhter Temp. u. etwas erhöhtem Druck zu bestimmen. Es wird die Rk. Eisessig + Anilin → Acetanilid in zugeschmolzenen Schmelzpunktscapillaren untersucht. Die mit gemessenen Mengen der Reaktionsteilnehmer beschickten u. zugeschmolzenen Capillaren werden verschieden lange in einem Heizbad auf 150 bzw. 175 u. 200° erwärmt u. anschließend der unverbrauchte Eisessig mit 0,1nNaOH zurücktitriert. Die errechneten Geschwindigkeitskonstanten betragen $0{,}0767 \pm 0{,}0050$ bei 150°, $0{,}193 \pm 0{,}013$ bei 175° u. $0{,}392 \pm 0{,}028$ bei 200°, ausgedrückt in Molbrüchen/Minute. Die Aktivierungsenergie beträgt ca. 13000 cal/Mol. (Analytic. Chem. **26**. 226—29. Jan. 1954. Bound Brook, N. J., American Cyanamid Co., Calco Chem. Div., Pharmaceut. Developm. Dep.) Fretzdorff. 5048

W. Schöniger, *Methodik der Mikrochemie.* Kurzer Überblick über die Entwicklung der Methodik der Mikrochemie. — 44 Literaturzitate. (Mitt. Gebiete Lebensmittelunters. Hyg. [Bern] **43**. 105—16. 1952. Graz.) Fretzdorff. 5050

J. Buriánek, *Die Kationenaustauschelektrode.* 1. Mitt. *Definition und Beschreibung der Elektrode. Ableitung einer Gleichung für das Potential.* Die Elektrode bestand aus einer in geeigneter Weise mit einem Meßinstrument leitend verbundenen Schicht eines Kationenaustauschers. Eine Gleichung für das Elektrodenpotential, deren Konstanten bestimmt wurden, wird angegeben. (Listy Cukrovarnické **68**. 137—38. 15/6. 1952.) Steiner. 5054

Erik Ingelstam und **Erik Djurle**, *Die Untersuchung der Charakteristiken eines Beugungsgitters mit vereinfachten Phasenkontrastmethoden.* Vff. beschreiben eine Meth., bei welcher unter Verwendung einfacher Zusatzgeräte zu den vorhandenen Instrumenten die Güte von Beugungsgittern auf der Grundlage des Phasenkontrastes untersucht werden kann. Die Zusatzgeräte sind ein Phasenspiegel, eine Linse u. der Empfänger, welche entweder das Auge, eine photograph. Platte oder ein photoelektr. Instrument ist. Mit dieser Meth. lassen sich die period. Strukturen des Gitters quantitativ u. mit einer Genauigkeit besser als $\lambda/300$ bestimmen. Regellose Fehler, welche der Grund für Streulicht sind, lassen sich mit nur geringerer Genauigkeit festlegen. (J. opt. Soc. America **43**. 572—80. Juli 1953. Stockholm, Inst. of Technol., Optics Labor.) Gottfried. 5056

H. E. Hinteregger und **K. Watanabe**, *Photoelektrische Zellen für das Vakuumultraviolett.* Zum Nachw. von Strahlung im Vakuum-UV wurden fensterlose Photoröhren unter Verwendung des photoelektr. Effektes auf Ni, Pt u. W hergestellt. Die Röhre bestand aus Pyrexglas, in die die Empfänger- u. Kollektorelektrode luftdicht eingekittet war. Empfänger- u. Kollektorelektrode bestanden entweder aus dem gleichen Metall, oder die Empfängerelektrode bestand aus Pt u. die Kollektorelektrode aus Ni. Die Empfängerelektrode konnte elektr. aufgeheizt werden. Die Röhre selbst ist direkt an den Vakuummonochromator angeschlossen. Die Ausbeuten betrugen 10 Photoelektronen pro 100 einfallende Quanten für das Wellenlängengebiet < 1000 Å. Die langwelligen Grenzen lagen für Ni u. Pt bei ca. 2500 Å, für W bei ca. 1900 Å mit einer äußerst geringen Empfindlichkeit bis zu ca. 2500 Å. Verss. mit einer Ni-Photoröhre mit LiF-Fenster zeigten keine Änderungen in den Eigg. gegenüber der fensterlosen Röhre. (J. opt. Soc. America **43**. 604—08. Juli 1953. Cambridge, Mass., Air Res. and Developm. Command, Air Force Cambridge Res. Center, Geophys. Res. Directorate.) Gottfried. 5063

Britton Chance, *Schnelle und empfindliche Spektrophotometrie.* 1. Mitt. *Die Methoden des beschleunigten und gehemmten Fließens zur Messung der Reaktionskinetik und der Spektren instabiler Verbindungen im sichtbaren Gebiet des Spektrums.* Vf. beschreibt ausführlich einen App. zur Messung der Reaktionskinetik u. der Spektren von intermediären Verbb. in biochem. Reaktionen. Der Wellenlängenbereich liegt zwischen 370 u. 600 mμ mit einem spektralen Intervall von 7,5 mμ. Der Fehler bei opt. Dichtemessungen beträgt roh $2 \cdot 10^{-5}$. (Rev. sci. Instruments **22.** 619—27. Aug. 1951. Philadelphia, Pa., Univ., Johnson Res. Found.) Gottfried. 5063

Britton Chance und **Victor Legallais,** *Schnelle und empfindliche Spektrophotometrie.* 2. Mitt. *Eine Zusatzvorrichtung für gehemmtes Fließen für ein stabilisiertes Quarzspektrophotometer.* (1. vgl. vorst. Ref.) Vff. beschreiben die Stabilisierung von Lichtquellen- u. Photozellenströmen eines Quarzspektrophotometers sowie die Konstruktion eines geeigneten App. für die Meth. des gehemmten Fließens. Um Unterss. an verd. Enzymlsgg. durchführen zu können, wurde der opt. Weg von 1 mm auf 1,6—10 mm erhöht, während die Mischzeit der Lsgg. $<$0,1 Sek. beträgt. Zur Herabsetzung der Fehler bei den opt. Dichtemessungen wurden statt röhrenförmiger rechteckige Beobachtungszellen eingebaut. Fehler des Extinktionskoeff. wurden durch ein engeres spektrales Intervall von $<$2 mμ für einen Wellenlängenbereich von 230—600 mμ herabgesetzt. Der durch die Photoströme verursachte Fehler der opt. Dichte beträgt ca. $1 \cdot 10^{-4}$ für eine Ansprechzeit von 1 Sekunde. Verss. an einigen Enzym-Rkk. verliefen sehr zufriedenstellend. (Rev. sci. Instruments **22.** 627—34. Aug. 1951.) Gottfried. 5063

Britton Chance, *Schnelle und empfindliche Spektrophotometrie.* 3. Mitt. *Ein Doppelstrahlapparat.* (2. vgl. vorst. Ref.) Vf. beschreibt einen App. zur genauen zeitlichen Verfolgung der spektroskop. Vorgänge in trüben Suspensionen des Cytochrom-Oxydase-Systems. Der App. mißt gleichzeitig kleine opt. Dichteänderungen trotz der großen Lichtstreuung durch die Herzmuskelsuspensionen, die bei 2 verschied. Wellenlängen im sichtbaren Spektralbereich mit einem kleinen spektralen Intervall auftreten. Der durch die Photoströme verursachte Fehler in den opt. Messungen beträgt $2 \cdot 10^{-4}$ für eine Ansprechzeit von 1 Sekunde. Einige experimentelle Ergebnisse werden mitgeteilt. (Rev. sci. Instruments **22.** 634—38. Aug. 1951.) Gottfried. 5063

Harvey Walker jr. und **Quentin Van Winkle,** *Ein Mikrophotometer zur Bestimmung von Flächeninhalten.* Beschreibung des App., bei dem es sich um ein abgeändertes Knorr-Alberssches Mikrophotometer handelt. (Rev. sci. Instruments **22.** 604—06. Aug. 1951. Columbus, O., State Univ., Dep. of Chem.) Gottfried. 5064

Z. Štolcová, *Der Einfluß von Carboraffin und Norit auf die potentiometrische und konduktometrische Titration von Säuren und Basen.* Wie früher gefunden, ändert sich der Verlauf der potentiometr. Titrationskurven von mittelstarken Säuren durch Zugabe von Aktivkohle. Diese Erscheinung ist nicht nur von der titrierten Säure, sondern auch von der Kohle oder anderen Adsorptionsmitteln abhängig u. eignet sich zur Definition ihrer techn. Qualität. Es ist ferner möglich, festzustellen, welche Kohle zugegeben wurde, u. bei unbekannten Kohlen, welchen Salzgeh., welches Adsorptionsvermögen sie gegenüber Säuren u. welche Austauscheigg. sie besitzen. Bei bekannten Kohlen kann die Art der vorangegangenen Aufarbeitung u. bei gebrauchten der Grad der Erschöpfung bzw. Regeneration festgestellt werden. Arbeitseinrichtung, Vorgang u. Auswertung. 3 Diagramme. (Listy Cukrovarnické **67.** 59—61. 25/5. 1951. Výzk. ústav pro cukr, čokoládu a škrob.) Rotter. 5066

U. F. Franck, *Polarisationstitration.* 1. Mitt. *Prinzip, Durchführung und Anwendbarkeit des Verfahrens.* Es wird ein Titrationsverf. beschrieben, bei dem der Äquivalenzpunkt mit Hilfe der sprunghaften Änderung des Polarisationswiderstandes einer geeigneten Indicatorelektrode erkannt wird. Im Gegensatz zur „dead-stop“-Meth. wird hierbei niederfrequenter Wechselstrom verwandt, mit dem der Polarisationswiderstand der Indicatorelektrode unmittelbar gemessen werden kann. Da hierzu Wechselströme extrem niedriger Stromstärke ausreichen, ist es möglich, auch angreifbare Indicatorelektroden zu verwenden. Das Meßprinzip besteht darin, daß die Elektrode mit einem sehr schwachen Wechselstrom konstanter Stromamplitude polarisiert wird. Durch diese Polarisation entsteht eine von der Steigung der Stromspannungskurve abhängige Wechselspannung, deren Amplitude um so größer ist, je flacher die Stromspannungskurve verläuft, u. die somit ein Maß für den Polarisationswiderstand darstellt. Die besten Ergebnisse wurden mit Frequenzen zwischen 0,1 u. 20 Hz erzielt, jedoch ist die Meth. noch bis zu 100 Hz verwendbar. Die Indicatorelektrode muß so gewählt werden, daß mindestens eine an der Titrations-Rk. teilnehmende Ionenart zugleich auch geschwindigkeitsbestimmend für die Elektroden-Rk. ist. Die zu erwartenden Kurven werden diskutiert. Die App. wird eingehend beschrieben. Es wird ein Überblick über alle bisher untersuchten Titrations-Rkk. gegeben. Bes. wird auf die außerordentlich scharfe Erkennung des Äquivalenzpunktes bei der *Zn*-Best. mit $K_4Fe(CN)_6$ u. bei der *W.*-Best. nach FISCHER hingewiesen. Auch die Best. mehrerer Ionen nebeneinander, selbst bei stark unterschiedlichen Konzz., ist möglich, wenn die einzelnen Rkk. nacheinander vollständig ablaufen (Beispiel Titration von *Halogen, Cyanid* u. *Rhodanid* mit $AgNO_3$). Für acidimetr. Titrationen ist die Meth. dagegen ungeeignet. Bes. wertvoll ist sie für die Unters. sehr stark verd. Lösungen. Die Verdünnungsgrenze liegt bei den ausgeführten Rkk. meist bei 10^{-4}n. *Jodid* kann noch in 10^{-5}n Lsgg. argentometr. bestimmt werden. (Z. Elektrochem., Ber. Bunsenges. physik. Chem. **58.** 348—54. 1954. Göttingen, Max-Planck-Inst. für physikal. Chemie.) R. LEVI. 5066

M. Chain Robbins, *Bestimmung von Naphthalin in Luft.* Die zu untersuchende Luft wird durch 10 ml 95%ig. A. gesaugt. 1 ml der so erhaltenen alkoh. Lsg. bzw. einer Standardlsg. von Naphthalin gibt man zu 5 ml einer Lsg. von 1 g Paraldehyd in 25 ml H_2SO_4 (D. 1,84), mit 85%ig. H_3PO_4 auf 100 ml verd., erwärmt 10—12 Min. auf 115 bis 125°, läßt auf Zimmertemp. abkühlen u. mißt die opt. Dichte der erhaltenen Lsg. bei 700 mμ. Der Naphthalingeh. läßt sich aus einer Eichkurve ablesen. Bereich: 0,5—10 p.p.m. Reproduzierbarkeit $\pm$10% bei der Empfindlichkeitsgrenze 0,001 mg/Liter Luft. (A. M. A. Arch. ind. Hyg. occupat. Med. **4.** 85—87. Juli 1951. Los Alamos, N. Mex.) FRETZDORFF. 5088

a) Elemente und anorganische Verbindungen.

László Erdey, Endre Bodor und **Ilona Pap-Buzás,** *Ascorbimetrische Bromatbestimmung.* (Magyar Kémiai Folyóirat [Ung. Z. Chem.] **58.** 129—32. Mai 1952. — C. **1952.** 5790.) PLANK. G 248

János Proszt und **Jenő Paulik,** *Beiträge zur Polarographie des Aluminiums.* In der polarograph. Skala folgt Al^{3+} unmittelbar dem H^+, wovon jedoch eine bestimmte Konz. wegen des amphoteren Charakters des Al unerläßlich ist. Vff. stellen fest, daß verläßliche u. quantitativ auswertbare Al-Stufen nur in Lsgg. von einem mit einer Genauigkeit von 0,1 eingestellten p_H erhältlich sind. Zu diesem Zweck wurden Mischindicator, Glas- bzw. Sb-Elektroden verwendet, die Anwendung eines registrierenden Polarographen erwies sich jedoch als einfacher, da das entsprechende p_H aus dem Verlauf einiger Polarogramme ersichtlich ist. Als Grundlsg. bewährte sich am besten eine mit N_2 durchspülte $<$0,1n$MgCl_2$-Lösung. Die erreichbare Genauigkeit beträgt $\pm$2%, wenn eine $2 \cdot 10^{-4}$nAl-Lsg. verwendet wird, so daß die Bestimmungsgrenze 2γ Al ist. Zur Steigerung der Empfindlichkeit versuchten Vff. die Anwendung der mittelbaren Adsorptionsmeth. (das Maximum der Zinkstufe schien hierzu geeignet); dieses Verf. kann aber wegen der Störung durch mehrwertige Ionen nur selten Verwendung finden. Best. des Al in *Stählen* mit der unmittelbaren Meth. führt zu guten Ergebnissen. Vff. erzeugten durch Elektrolyse von in Äthylbromid gelöstem $AlBr_3$ bei Raumtemp. gesätt. Aluminiumamalgam u. bestimmten dessen Konz. polarographisch. Den bisherigen Angaben entgegen enthält das Amalgam 0,014 At.-% Al. (Magyar Kémiai Folyóirat [Ung. Z. Chem.] **58.** 113—17. April 1952. Budapest, Techn. Univ., Anorg. Chem. Inst.) PLANK. G 294

R. Pickup, *Absorptiometrische Bestimmung des Niobs in Mineralien, Erzen und Konzentraten.* Nb wird photometr. in phosphorschwefelsaurer Lsg. als Nb_2O_5–H_2O_2-Komplex bestimmt. Hierzu werden die Proben mit Na_2O_2 aufgeschlossen. Nach dem Abkühlen wird die Schmelze in W. gelöst, mit HCl angesäuert u. das Cl_2 durch Kochen verjagt. Der Aufschluß kann auch durch Schmelzen mit $K_2S_2O_7$ u. Lösen der Schmelze in verd. H_2SO_4 erfolgen. Nach Filtration des Unlöslichen wird das Nb_2O_5 mit Tannin gefällt, der Nd. verascht, mit $K_2S_2O_7$ aufgeschlossen, die Lsg. mit H_2O_2 u. 20 ml H_3PO_4 (88%ig.) versetzt u. die Absorption bei 365 mμ gemessen. TiO_2 stört auch in 10facher Menge nicht, während W u. Mo in größeren Mengen stören. Cr, Ta, U, Ce stören nicht. (Colonial Geol. Mineral Resourc. **3.** 358—67. 1953.) ENSSLIN. G 331

Gyula Almássy und **Zoltán Péter,** *Colorimetrische Bestimmung von Molybdän mittels katalytischer Reaktion.* Molybdationen beschleunigen die Oxydation des Anilins durch Bromat katalytisch. Die rotviolette Farbe ist in Ggw. von HCl bes. bei höheren Molybdatkonzz. nicht genügend entwickelt, da die ebenfalls beschleunigte $Cl^-BrO_3^-$-Rk. entgegen wirkt. Oxalsäure statt HCl eliminiert diesen Fehler, u. die Extinktion folgt bei 5—50γ/ml dem LAMBERT-BEERschen Gesetz. Die Farbtiefe nimmt mit der Zeit zu, darum geben Vff. nach 50 Min. NaOH im Überschuß zur Lsg., wodurch die Farbe in Rostbraun übergeht. Die Best. von 5—50γ/ml ist rasch durchführbar. (Magyar

Kémiai Folyóirat [Ung. Z. Chem.] **58.** 111—13. April 1952. Debrecen, Univ., Anorg. Chem. Inst.) PLANK. G 336

Tivadar Millner, *Gleichzeitige Bestimmung von Kaliumpermanganat und Kaliummanganat in kalialkalischen Lösungen.* Die stark gefärbten *Kaliummanganat* (I)- u. *Kaliumpermanganat* (II)-Lsgg. zeigen bei 530 mμ extreme Extinktionen, deren arithmet. Mittel genau der Extinktion der in je halber Schichtdicke hintereinander gestellten I- u. II-Lsgg. halber Konz. gleich ist. Die Extinktion ist demnach additiv u. der I- u. II-Geh. einer Lsg. somit bestimmbar. Zur Durchführung der Best. wird das Oxydationsvermögen der Lsg. mit Oxalsäure bestimmt, darauf fußend so weit verd., daß sie einer 10^{-3}mol. II-Lsg. entspricht (Grad der Verdünnung h), u. die Extinktion bei 530 mμ gemessen. Aus dem Extinktionskoeff. für 1 cm Schichtdicke berechnet man die Konz. an I x mMol/Liter u. II y mMol/Liter aus $E_{1\,cm} = -1{,}296\,x + 2{,}25$ u. $E_{1\,cm} = +1{,}62\,y + 0{,}63$. Die Verdünnung der Lsg. darf nicht mit W. erfolgen, da I in zu wenig KOH enthaltender Lsg. rasch zerfällt. Da II alkaliempfindlich ist, wird am besten 0,5%ig. KOH-Lsg. verwendet u. 2 Min. nach der Verdünnung die Extinktion gemessen. Aus den Verss. folgt, daß die Löslichkeit des II bei 20° in 20- u. 30%ig. KOH-Lsg. geringer ist, als SACKUR u. TEGENER (Z. Elektrochem., Ber. Bunsenges. physik. Chem. **18.** [1912.] 718) angaben. (Magyar Kémiai Folyóirat [Ung. Z. Chem.] **58.** 97—101. April 1952. Budapest, Vereinigte Glühlampen u. Elektr. A.-G.) PLANK. G 350

F. Burriel-Martí, F. Lucena-Conde und **S. Arribas-Jimeno,** *Quecksilber*(I)-*Salze als Reduktionsmittel für Titrationen in alkalischem Medium.* 1. Mitt. *Titration von Ferricyanid.* In Ggw. von J^- red. Hg(I) $[Fe(CN)_6]^{3-}$ quantatitiv zu $[Fe(CN)_6]^{4-}$ unter Bldg. von lösl. $[HgJ_4]^{2-}$. Vff. titrierten deshalb $[Fe(CN)_6]^{3-}$ in mindestens 1nNaOH nach Zugabe von 40 ml 1nKJ/100 ml Lsg. direkt vor der Titration (um die sehr langsame Rk. zwischen KJ u. $[Fe(CN)_6]^{3-}$ zu vermeiden) mit $Hg_2(ClO_4)_2$, das aus 26 g rotem HgO, 30 ml $HClO_4$ (D. 1,5), 30 g Hg u. 50 ml W. unter Rühren u. Erhitzen hergestellt u. auf 2000 ml verd. wurde. Bei langsamer Zugabe am Endpunkt wurde dieser entweder potentiometr. (Sprung von ca. 150 mV) oder mit Diphenylaminsulfonat (rot → farblos) bestimmt. Bis 5% NO_3^-, Cl^-, SO_4^{2-} stören nicht. Oxydierende Anionen, wie JO^-, BrO^-, ClO^-, u. reduzierende Stoffe, wie S^{2-}, SO_3^{2-}, $S_2O_3^{2-}$, AsO_2^{2-}, CN^-, stören. Der größte Vorteil der Meth. ist die Luftbeständigkeit des Reagenses. (Analytica chim. Acta [Amsterdam] **10.** 301—09. April 1954. Madrid, Spanien, Univ., Analyt.-Chem. Labor.) PLUSKAL. G 354

b) Organische Verbindungen.

Thomas D. Parks, Edwin L. Bastin, Eligio J. Agazzi und **Francis R. Brooks,** *Eine verbesserte Mikro-Dumas-Methode und -Apparatur.* Die Substanz wird im CO_2-Strom vergast u. über NiO u. Ni bei 1000° verbrannt. Um CO vollständig in CO_2 überzuführen, werden die Verbrennungsgase über Hopcalit bei 100° geleitet u. anschließend gegebenenfalls unverbranntes Methan über hochakt. CuO bei 700° oxydiert. Pyrolyt. gebildeter C-haltiger Rückstand wird im O_2-Strom verbrannt. Der entstehende N wird wie üblich über KOH in einem Azotometer gesammelt u. sein Vol. durch Auswägen eines entsprechenden Vol. Hg gemessen. Genaue Beschreibung der App. u. Methodik. Angabe von Beleganalysen. (Analytic. Chem. **26.** 229—32. Jan. 1954. Emeryville, Calif., Shell Development Co.) FRETZDORFF. 5352

B. Wurzschmidt, *Die Mikro-C–H-Bestimmung ohne Bleisuperoxyd.* Es werden die Unzulänglichkeiten des PbO_2 in der Mikro-C–H-Best. kurz dargelegt u. die von verschied. Autoren angegebenen Möglichkeiten zusammengefaßt, wie bei der Verbrennung N-haltiger organ. Substanzen entstehende Stickoxyde unschädlich gemacht werden können. (Mitt. Gebiete Lebensmittelunters. Hyg. [Bern] **43.** 126—29. 1952. Ludwigshafen/Rh., B. A. S. F.) FRETZDORFF. 5352

Per Olof Bethge, *Eine Apparatur zum nassen Veraschen organischer Substanzen.* Vf. beschreibt eine App. zur Naßverbrennung von organ. Material. In einem Kolben wird die Substanz z. B. mit 40% $HClO_4$ + 60% HNO_3 erhitzt. In dem darüber angebrachten Rücklaufsammler (ALLIHN-Kondensor) sammeln sich die aus dem darüberliegenden Rückflußkühler tropfenden Teile. Die entweichenden Gase werden in einem über dem Kühler angebrachten Kopfteil mit W. oder einem anderen Lösungsm. gewaschen. Die Analysen können dann in Waschwasser, Kondensor u. Kolben einzeln oder als Summe durchgeführt werden. Vf. bestimmte mit der App. mit gutem Erfolg kleine Mengen S aus Holz. (Analytica chim. Acta [Amsterdam] **10.** 317—20. April 1954. Stockholm, Swed. Forest Prod. Res. Labor., Analyt. Labor.) PLUSKAL. 5354

László Erdey und **László Jankovits.** *Verfahren und Apparat zur Zerstörung organischer Substanzen.* Der App. besteht aus einem Quarzglaskolben von 20—500 ml

Fassungsraum, in diesen mündet mit Schliff ein Steigrohr, in welches der Beschickungstrichter sowie ein Rohr aus dem unter dem Rückflußkühler angebrachten Sammelgefäß mündet, um die kondensierte Fl. in den Kolben zurückzuleiten oder in ein anderes Gefäß zu entleeren. Mit diesem App. können organ. Substanzen auch mit hohem Wassergeh. bei bedeutend höherer Temp. als der Kp. des W. zerstört werden, das Zerstörungsmittel z. B. HNO_3, $HNO_3 + H_2O_2$ kann zurückgeleitet u. abermals ausgenutzt werden. Flüchtige Stoffe können nicht entweichen, aber abdest. werden. Der anorgan. Rückstand kann im Kolben eingetrocknet u. in entsprechende Salze umgewandelt werden. Der App. eignet sich auch zum Extrahieren. (Magyar Kémiai Folyóirat [Ung. Z. Chem.] **58.** 106—11. April 1952. Budapest, Techn. Univ., Inst. für allg. Chem.)
PLANK. 5354

Dieter Strauß, *Nachweis des Isopropylalkohols mit Denigès Reagens.* (Vgl. PEYER u. Mitarbeiter, Süddtsch. Apotheker-Ztg. **90.** [1950.] 267.) Die Meth. gibt eindeutige Resultate, jedoch kann an Stelle eines gelben auch ein weißer Nd. auftreten. Der Chemismus der Rk wird kurz besprochen. (Süddtsch. Apotheker-Ztg. **90.** 339. 5/5. 1950.) HOTZEL. G 560

Hans Vogt und **Günther Gleiche,** *Zum Nachweis von Isopropylalkohol nebst Aceton mit Denigès Reagens.* (Vgl. vorst. Ref.) Da Aceton eine ähnliche Rk. liefert, kann die Probe auf Isopropylalkohol nur bei Abwesenheit von Aceton durchgeführt werden. (Süddtsch. Apotheker-Ztg. **90.** 688. 1/9. 1950. Kiel, Univ., Pharmazeut. Inst.) HOTZEL. G 560

H. E. Wade und **D. M. Morgan,** *Nachweis von Phosphatestern auf Papierchromatogrammen.* Es ist unzweckmäßig, Phosphorsäureester, die papierchromatograph. getrennt wurden, auf dem Papier durch Säurebehandlung zu spalten u. dann mit Molybdat u. einem Reduktionsmittel sichtbar zu machen. Das Papier wird brüchig, die Flecke können zu weiteren Unterss. nicht verwendet werden. Vff. besprühen mit einer 0,1 %ig. Lsg. von $FeCl_3 \cdot 6\,H_2O$ in 80 %ig. A., trocknen in Luft bei Raumtemp. u. besprühen dann mit 1 %ig. Sulfosalicylsäure (I) in 80 %ig. Alkohol, sofern das Papier nicht stark gepuffert ist. Die Phosphate erscheinen dann als weiße Flecke auf blaßmalvenfarbenem Grund. Bei Orthophosphaten sind die weißen Flecke mit etwas satterer Farbe umrandet. Der p_H-Wert sollte bei 1,5—2,5 liegen, er wird mit Thymolblau festgestellt. Für stark nach der alkal. Seite gepufferte Chromatogramme wird die Konz. von I auf 10 % gesteigert, bei niedrigem p_H wird das Na-Salz gebraucht. Diese Technik erlaubt noch den Nachw. von 1—2 γ P auf 1 cm^2-Flecken; bei Weiterverarbeitung am gleichen Tag konnte z. B. keine merkliche Spaltung von Adenosintriphosphat beobachtet werden. (Nature [London] **171.** 529—30. 21/3. 1953. Porton, Wilts., Min. of Supply, Microbiol. Res. Dep.) ENDRASS. G 980

Richard S. Schweet, *Quantitative Bestimmung von Prolin und Pipecolinsäure mit Ninhydrin. Prolin* (**I**) u. *Pipecolinsäure* (**II**) können in Mengen von 1,5—10 γ durch Farb-Rk. mit Ninhydrin (**III**) photometr. bestimmt werden. Da die Rk. zwischen **I** u. **III** durch Zusatz von HCl stark gefördert, die zwischen **II** u. **III** hingegen unterdrückt wird, ist hierdurch eine Meth. zur Best. von **I** u. **II** nebeneinander gegeben. Störende Aminosäuren, z. B. bei der Unters. von Proteinhydrolysaten, können durch HNO_2 zerstört werden. In diesem Fall sind vor der Rk. mit **III** durch Ionenaustauscher (Amberlite IR–4B) die anorgan. Anionen zu entfernen. Ornithin wird durch HNO_2 nicht zerstört, sondern in **I** übergeführt u. ist daher anders, z. B. durch Chromatographie am Austauscher IRC–50, abzutrennen. Ggw. von Phosphat u. Chlorid hemmen die Reaktion. — Ausführung: *Prolinbest.*: 0,05 ml der wss. Lsg. wird mit 0,2 ml einer Lsg. von 1 ml konz. HCl + 99 ml Eisessig (**IV**) versetzt u. mit **IV** auf 3,85 ml aufgefüllt. Nach Zugabe von 0,3 ml einer frischen Lsg. von 372 mg **III** in 20 ml **IV** wird 5 Min. auf 121—122° (Glycerinbad) erhitzt, im Eisbad abgekühlt, gegebenenfalls noch mit **IV** verd. u. innerhalb von 15 Min. bei 530 mμ photometriert. — *Pipecolinsäurebest.*: 0,05 ml wss. Lsg. wird mit **IV** zu 3,95 ml aufgefüllt, nach Zugabe von 0,2 ml **III**-Lsg. 8 Min. erhitzt, abgekühlt u. bei 560 mμ photometriert. (J. biol. Chemistry **208.** 603—13. Juni 1954. Pasadena, Calif., Inst. of Technol., Kerckhoff Labors. of Biol.)
MOISAR. G 3081

d) Medizinische und toxikologische Analyse.

Hertha H. Taussky, *Eine mikrocolorimetrische Bestimmung von Kreatin in Urin mit der Jaffe-Reaktion.* Durch Erhitzen einer *Kreatin* (**I**) enthaltenden Harnprobe mit *Pikrinsäure* (**II**) wird **I** quantitativ in *Kreatinin* (**III**) übergeführt, welches mit alkal. Pikratlsg. eine photometr. zu messende Farb-Rk. gibt. Die Rk. gehorcht in dem untersuchten Bereich (10—80 γ **I**) nicht dem BEERschen Gesetz. Die Rk. wird weder durch Glucose (bis 6 % im Harn) noch durch andere Zucker, Aminosäuren u. andere n. bzw. patholog. Harnbestandteile gestört. Reduzierende Stoffe (Ascorbinsäure u. Ketokörper) werden vorher durch J_2 aufoxydiert. — Ausführung: 3 ml Harn werden mit J_2-Lsg. oxydiert, mit Chlf. zur Entfernung des überschüssigen J_2 geschüttelt u. mit W. 1 : 100 verdünnt. 3 ml der verd. Harnprobe werden mit 1 ml 0,04nII-Lsg. u. 3 ml W. 1½ Std. auf 100° erhitzt, mit 1 ml 0,75nNaOH versetzt u. nach 20 Min. photometriert. Bereits im Harn vorgebildetes III kann auf analoge Weise, jedoch ohne Erhitzung, mit alkal. II-Lsg. photometr. bestimmt werden. (J. biol. Chemistry **208.** 853 bis 861. Juni **1954.** New York, N. Y., Cornell Univ., Med. Coll., Russell Sage Inst. of Pathol., u. New York Hosp.) MOISAR. 5732

Jacklyn B. Melchior und **Arthur H. Goldkamp,** *Quantitative Bestimmung von mit ^{35}S gekennzeichneten Verbindungen in komplexen Gemischen.* Bei der Best. der Radioaktivität fester Untersuchungsproben, die schwache β-Teilchen aussenden, muß man unbedingt die Absorption der Radioaktivität durch den Nd. selbst beachten. Bes. bei Stoffwechselunterss. ist dies der Fall, bei denen man eine einzige markierte Aminosäure in einem unbekannten Gemisch mit Gewebekomponenten u. anorgan. Salzen zu bestimmen hat. Es wird eine einfache Meth. beschrieben, mit der man in heterogenen Gemischen, die nur eine einzige radioakt. Substanz enthalten, einen direkten Vgl. der Radioaktivität anstellen kann, ohne Korrekturkurven für jede Änderung der Zus. des Gemisches aufstellen zu müssen. Als Testsubstanz dient hier mit ^{35}S markiertes *Methionin* (I) mit einer spezif. Aktivität von 19 mC/g. 10^{-3} mMol I wird für jede Messung verwendet im Gemisch mit verschied. anorgan. Salzen. Die Aktivität der unverd. Menge wird = 100% gesetzt. Die Best. der Radioaktivität erfolgt mit einem Proportionalzähler mit einem mit CH_4 gefüllten Zählrohr. (Analytic. Chem. **26.** 233—35. Jan. **1954.** Chicago, Ill., Loyola Univ., Dep. of Biochem., Graduate School and Stratch School of Med.) FRETZDORFF. 5750

J. van der Vies, *Zwei Methoden zur Glykogenbestimmung in Leber.* Es werden 2 Verff. zur Best. von *Glykogen* (I) in Leberpräpp. beschrieben. In beiden Fällen wird durch Verreiben der Leberprobe (200 mg) mit 20 ml 5%ig. *Trichloressigsäure* (**II**) u. nachfolgende Filtration das I extrahiert. — a): 2 ml des I-Auszuges werden mit 3 ml Lsg. von ca. 0,1% J_2 u. 0,2% KJ in 25%ig. KCl-Lsg. versetzt. Die auftretende, dem I-Geh. proportionale Färbung wird photometr. bei 650 mμ gemessen. Wesentlich genauer ist Verf. b): 2 ml des I-Auszuges werden mit 2 ml 10nKOH 1 Std. auf 100° erhitzt, nach dem Abkühlen mit 1 ml Eisessig neutralisiert u. auf 20 ml aufgefüllt. 2 ml derart von Glucose befreiter Lsg. werden mit 4 ml Lsg. von 0,5 g Anthron in 250 ml 95%ig. H_2SO_4 unter Kühlung versetzt, zur Farbentw. für 10 Min. auf 100° gebracht u. nach Abkühlung bei 650 mμ photometriert. Eine Unters. von Muskelgewebe ist nach vorst. Verf. nicht ohne weiteres möglich, da die Extraktion von I aus Muskelgewebe mittels **II** unvollständig ist. (Biochem. J. **57.** 410—16. Juli **1954.** Oss, Holland, Dep. of Pharmacol. Res., N. V. Organon.) MOISAR. 5756

Louis André Guitton, Frankreich, *Nachweis von Molybdän in Stählen.* Ein kleiner Teil der metall. Oberfläche der Stähle, bes. der nichtrostenden *Cr–Ni*-Stähle, wird mit einer Paste oder einem Gel behandelt, die aus Königswasser (ca. 3 Teile HCl von 22° Bé, 1 Teil HNO_3 von 36° Bé u. 4 Teile W.) u. 0,5 Teilen Natriumsilicat besteht. Eine Dunkelbraunfärbung erscheint bei Ggw. von Mo im Stahl. (**F. P. 1 035 999** vom 21/4. 1951, ausg. 2/9. 1953.) HOCHSTEIN. G 336

F. Heepe, Die unspezifischen Bluteiweißreaktionen. Kolloid-Labilitätreaktionen im Serum und Plasma als Hilfsmittel zur Krankheitserkennung. Darmstadt: Steinkopff. 1953. Coll „Wissenschaftl. Forschungsberichte, 61". (241 S. m. 89 Abb., 13 Taf.)

Jacques Lafuma, Dosage colorimétrique de petites quantités de silice par mesure cinétique. Paris: Centre d'études et de recherches de l'industrie des liants hydrauliques. 1953. (16 S.)

Ludwig Medicus, Einleitung in die chemische Analyse. Bd. 3. Dresden u. Leipzig: Steinkopff. 1951. 3. Kurze Anleitung zur Gewichtsanalyse. Völlig neu bearb. von **Walter Poethke.** 8. Aufl. (IX + 185 S. m. 16 Abb.) DM 6,—.

Ss. Schapiro, Quantitative Analyse. 2. Aufl. Gosschimisdat. 1953. (172 S.) 3 Rbl. 70 Kop. [russ.]

H. Angewandte Chemie.

I. Allgemeine chemische Technologie.

W. B. Argo und **J. M. Smith,** *Wärmeübertragung in Strombetten mit Füllkörpern. Voraussage des Radialverlaufes in Stromläufen mit Gasen und festen Körpern.* Nach prakt. Messungen u. theoret. Erwägungen wird eine Gleichung aufgestellt, mit deren Hilfe man die Wärmeübertragung in Strombetten voraussagen kann. Die Gleichung berücksichtigt den leeren, nicht von Füllkörpern erfaßten Raum, die Temperaturverteilung, Massengeschwindigkeit, die Größe der Füllpartikel, die therm. Leitfähigkeit der festen Körper u. physikal. Eigg. des Gases, seine effektive therm. Leitfähigkeit. Die Gleichung wird durch Vgl. mit gemessenen Werten nachgeprüft u. ergibt gute Übereinstimmung. Nur wenn man die Rohrwandtemp. mit einbezieht, wird der allg. Wert der Leitfähigkeit reduziert. (Chem. Engng. Progr. **49.** **443**—51. Aug. 1953. Lafayette, Ind., Purdue Univ.) Miething. 5814

K. Phillips, *Einige Versuche mit einem Kaltkathodenvakuummanometer.* Vf. berichtet über das Verh. eines Kaltkathodenvakuummanometers in einem weiten Bereich von Anodenspannungen u. magnet. Feldstärken. (J. sci. Instruments **31.** 110—11. März 1954. Manchester, Metropolitan-Vickers Electrical Co., Ltd., Res. Dep.) Gottfried. 5842

S. R. M. Ellis und **J. T. Shelton,** *Blasendestillation oder kontinuierliche Destillation.* 1. Mitt. Vergleichende Unters. des Energieverbrauches der beiden Destillationsarten am Beispiel C_6H_5OH—o-$CH_3C_6H_4OH$ in Abhängigkeit von der Phenolausbeute u. von der Bödenzahl bei einem Einsatzprod., bestehend aus 80% C_6H_5OH u. 20% o-$CH_3C_6H_4$·OH. Bei hohen Bödenzahlen ist die kontinuierliche Dest. immer vorteilhaft, bei niedrigen Bodenzahlen nur bei niedrigen Ausbeuten. Bei geringem Bodeninhalt wird der Vorteil der kontinuierlichen Dest. kleiner. (Chem. Process Engng. **34.** 193—96. Juli 1953.) Blauhut. 5862

J. M. Coulson, *Verdampfer, Wärmeübergangszahlen, Anwendungsformen in der chemischen Industrie, Hochvakuumeindicker, Brüdenverdichtung, Verschmutzungsfragen, neue Bauformen.* Zusammenfassender Bericht über 19 Literaturstellen aus den Jahren 1951—1953 über das genannte Gebiet. Übersicht über neue Eindampfer für NH_4NO_3, $(NH_4)_2SO_4$, Lactose, Milchsäure, Leim u. andere organ. Produkte. Neuere Bauformen wie Luwa-Verdampfer u. Verdampfer aus Igurit. (Chem. Process Engng. **34.** 197—222. Juli 1953.) Blauhut. 5864

Alfred Romwalter und **Alfred Hauer,** *Eine neue Anwendung von aktiviertem Aluminium.* Oberflächlich amalgamiertes Al zers. W. unter H_2-Entw., deren Geschwindigkeit auf einfache Weise gemessen werden kann. Mit fl. W. ist die Reaktionsgeschwindigkeit ungleichmäßig, da an der Oberfläche gebildetes Al_2O_3 in Bruchstücken abspringt. Gleichzeitig nimmt die Aktivität infolge Verarmung der Oberfläche an Hg ab, die H_2-Entw. wird schwächer u. hört dann auf. Die Aktivierung des Al in äther. $HgCl_2$-Lsg. ist bedeutend vorteilhafter als in wss. Lösung. Die H_2-Entw. des aktivierten Al beträgt bei 15° durchschnittlich 0,12 ml/Min. u. cm². Vff. sind der Ansicht, daß eine Al—Hg-Legierung bestimmter Zus. existieren müßte, welche mit W. ebenso reagiert wie die Dewardasche Legierung mit Lauge. Das aktivierte Al müßte sich als Trockenmittel für Gase u. organ. Fll., sowie als schonendes Entwässerungsmittel für adsorbierende Gele eignen. (Magyar Kémiai Folyóirat [Ung. Z. Chem.] **58.** 102—05. April 1952. Sopron, Techn. Univ.) Plank. 5884

N. V. de Bataafsche Petroleum Mij., Den Haag, Holland, *Korrosionsschutzmittel für Metalle,* bestehend aus einem festen, absorbierend wirkenden Material (Papier oder Textilfasern), einem nichtflüchtigen wasserlösl. Salz einer organ. Base mit einem nichtkorrodierend wirkenden Anion (Diisopropyl- oder Dicyclohexylaminphosphat) u. einem wasserlösl. Metallnitrit (Alkali- oder Erdalkalinitrit). In Ggw. von W. bildet sich ein flüchtiges bas. Nitrit mit einem Dampfdruck von mindestens 0,00002 mm bei 21°, u. der p_H-Wert ist nicht < 6. (**E. P. 646 662** vom 15/7. 1948, ausg. 29/11. 1950. A. Prior. 24/10. 1947.) Gräger. 5809

Sinclair Refining Co., New York, N. Y., übert. von: **Milton P. Kleinholz,** East Chicago, Ind., V. St. A., *Rostschutzmittel,* im wesentlichen bestehend aus einem Mineralöl oder Mineralwachs, Paraffinwachs, Vaseline mit einem Zusatz von 1—2 (%) Ca-Erdölsulfonat („Mahogany") u. 0,5—1 einer ein Semilactid bildenden Säure, wie α-Oxylaurinsäure. (**A. P. 2 610 919** vom 8/6. 1946, ausg. 16/9. 1952.) Gräger. 5809

Farbwerke Hoechst Akt.-Ges. vormals Meister Lucius & Brüning, Frankfurt/M., übert. von: **Karl Dietz,** Kronberg, *Säurefester Kitt.* bestehend aus einer Lsg. von 25—30 cm³ Wasserglas mit einem Verhältnis von $SiO_2 : Na_2O < 2,75$ bzw. SiO_2 zu $K_2O < 2,25$ u. $SiO_2 : H_2O > 0,35$, 100 g inertem Füllstoff u. 1—5% eines polymerisierten Glykolids, z. B. Ameisensäureesters des Glykols oder Glycerins. (**A. P. 2 662 022** vom 25/11. 1950, ausg. 8/12. 1953. D. Prior. 20/12. 1949.) Lüttgen. 5811

Dow Corning Corp., Midland, Mich., V. St. A. (Erfinder: **C. C. Currie**), *Schaumverhütungsmittel,* bestehend aus 30—100 (Gewichtsteilen) eines kautschukartigen Methylsiloxanpolymerisats mit ca. 1,75—2 C-Atomen je Si-Atom u. 7,5 anorgan. Aerogel, bes. SiO_2-Aerogel. Das Antischaummittel kann in einem geeigneten Lösungsm. gelöst sein. (**Schwed. P. 132 510** vom 22/8. 1947, ausg. 31/7. 1951. A. Prior. 22/8. 1946.) Jürgen Schmidt. 5825

American Cyanamid Co., New York, N. Y., übert. von: **Walter W. Durant**, Old Greenwich, Conn., V. St. A., *Kationenaktives Material für Kationenaustausch* in wss. Lsg., bestehend aus einer wss. Lsg. einer organ. Säure, welche bei Raumtemp. fest ist u. welche eine Dissoziationskonstante von mindestens $1 \cdot 10^{-2}$ besitzt. Genannt sind z. B. Sulfaminsäure, Trichloressigsäure u. p-Toluolsulfonsäure. (**Can. P. 486 314** vom 9/1. 1948, ausg. 9/9. 1952. A. Prior. 22/10. 1947.) M. F. MÜLLER. 5827

American Cyanamid Co., New York, N. Y., übert. von: **Alexander V. Alm**, Stamford, Conn., V. St. A., *Entfernung von schwachen Säuren aus wässerigen Lösungen durch Anionenaustausch.* Die wss. Lsg., welche z. B. SiO_2 u. mehr als 2⁰/₀₀ eines anorgan. Kations enthält, wird mit einem granulierten wasserunlösl. Material, welches zur Entfernung von Anionen befähigt ist, behandelt. Solches Material ist z. B. ein harzartiges Kondensationsprod. von Epichlorhydrin mit einem Alkylenpolyamin. Dieses Harzprod. wird durch Behandlung mit einem starken Alkali, z. B. NaOH, aktiviert. (**Can. P. 486 315** vom 2/7. 1948, ausg. 9/9. 1952. A. Prior. 11/2. 1948.) M. F. MÜLLER. 5827

Bowser, Inc., Fort Wayne, Ind., V. St. A., *Filtrieren mit einem Filterhilfsmittel,* z. B. Diatomeenerde, das dadurch in den Strom der zu filtrierenden Fl. dosiert wird, daß ein Zweigstrom gegen den perforierten Boden eines mit aufgeschwemmtem Filterhilfsmittel gefüllten Vorratsbehälters gerichtet u. so ein Teil in den Flüssigkeitsstrom mitgerissen wird. — Vorrichtung. (**E. P. 645 384** vom 31/3. 1948, ausg. 1/11. 1950. A. Prior. 10/4. 1947.) DEMMLER. 5831

Wilhelm Schuler G. m. b. H. (Erfinder: **Hermann Anger**), Eisenberg, Pfalz, *Filter- und Diaphragmaplatten,* bestehend aus 2 oder mehreren, unter Erwärmung u. Druck zu einer porösen Platte vereinigten Lagen aus Werkstoffen, die unter Anwendung ausreichender Wärme oberflächlich erweicht werden können, wie z. B. Glas u. Quarz. (**D. B. P. 900 332** Kl. 12d vom 22/4. 1943, ausg. 21/12. 1953. Anmeldung bekanntgemacht 26/6. 1952. **Zusatz zu D. B. P. 895 146; C. 1954. 8870.**) DEMMLER. 5831

Ruhrchemie Akt.-Ges. (Erfinder: **Georg Fischer** und **Heinrich Biederbeck**), Oberhausen-Holten, *Entfernung von CO_2 aus Gasen mittels Kalk.* Die Berührungszeit zwischen den Kalkformlingen u. dem Gas wird der zunehmenden CO_2-Aufnahme entsprechend vergrößert, z. B. dadurch, daß die Absorption in einem sich nach oben hin verjüngenden Turm (I) vorgenommen, oder daß ein Teil des Gases etwa in der Mitte des Absorptionsturms abgezogen u. zusammen mit dem zu reinigenden Ausgangsgas wiederholt durch den I geführt wird. (**D. B. P. 882 698** Kl. 12e vom 3/1. 1939, ausg. 9/7. 1953. **Zusatz zu D. B. P. 869 043; C. 1954. 5825.**) HEINSEN. 5849

Soc. Chimique de la Grande-Pawisse, Frankreich, *Entfernen von CO aus Gasgemischen.* Das auf ca. 25 at komprimierte Gasgemisch wird zur Entfernung von H_2S zunächst gewaschen, dann mit Wasserdampf über einen schwefelfesten (Fe) Katalysator bei 450—500° geleitet u. anschließend das gebildete CO_2 mit W. oder Alkali ausgewaschen; darauf wird das Gasgemisch unter erneutem Erhitzen auf 270—300° mit Wasserdampf über einen schwefelempfindlichen (Cu) Katalysator geleitet, so daß das gesamte CO in CO_2 übergeführt wird. (**F. P. 995 537** vom 22/3. 1945, ausg. 4/12. 1951.) WITTHOLZ. 5853

Chloberag Chlor Betrieb Rheinfelden Akt.-Ges., Deutschland, *Destillierkolonne.* In der Kolonne wird an Stelle von Porzellan Graphit verwendet. Das Wärmeleitvermögen von Porzellan ist 1,3—1,4, das von Graphit 110 cal/m·Std·Grad. Graphit ist ferner leicht bearbeitbar, formtreu bei Temperaturänderungen, elektr. heizbar, korrosionsfest u. durch Imprägnieren in beliebiger Dichtheit u. Porosität herstellbar. — Zeichnung. (**F. P. 1 043 570** vom 20/4. 1951, ausg. 10/11. 1953. D. Prior. 15/5. 1950.) B. SCHMIDT. 5865

Esteban Pou, Nociones de Química para el industrial. Barcelona: Edit. Sintes. 1953. (189 S.) ptas 18,—.

W. M. Ramm, Absorptionprozesse in der chemischen Technik, 2e éd. Berlin: Verl. Technik. 1953. (415 S. m. 120 Abb.)

III. Elektrotechnik.

Siemens-Schuckertwerke Akt.-Ges., Berlin und Erlangen (Erfinder: **Jaroslaw Kozisek**, Berlin), *Stromzuführung* aus Cu-Einzelleitern. Die Rekristallisationstemp. des Cu ist durch Zusatz von ca. 0,5% Ag oder Cd heraufgesetzt. (**D. B. P. 903 004** Kl. 21d¹ vom 13/9. 1951, ausg. 1/2. 1954. Anmeldung bekanntgemacht 7/5. 1953.) KESSEL. 5953

Ivar Harry Sanick, Stockholm, Schweden, *Erhöhung der elektrischen Leitfähigkeit des Erdbodens,* bes. für *Erdungen.* Dem zu behandelnden Erdboden werden nacheinander Metallsalzlsgg. (I) u. Lsgg. (II) zugesetzt, die im Erdboden mit den I reagieren u. dabei in W. schwerlösl. Reaktionsprodd. (bes. Gele) bilden, die gut elektr. leitend sind u. Feuchtigkeit gut aufnehmen u. behalten. Als **I** dienen prakt. Cu-, Ni- oder Co-Salzlsgg., als **II** Ferro- oder Ferricyanidionen enthaltende Lösungen. (**D. B. P. 903 365** Kl. 21g vom 31/7. 1949, ausg. 4/2. 1954.) KESSEL. 5953

Allgemeine Elektricitäts-Gesellschaft (Erfinder: **Floris Koppelmann**), Berlin, *Kontakte für große Schalthäufigkeit.* Eine der beiden sich berührenden Kontaktflächen besteht aus Zn oder Zn-Legierungen, die andere aus Ag oder Ag-Legierungen. (**D. B. P. 904 094** Kl. 21g vom 24/3. 1945, ausg. 15/2. 1954. Anmeldung bekanntgemacht 28/1953.) KESSEL. 59535.

Steatit-Magnesia Akt.-Ges., Lauf/Pegnitz (Erfinder: **Ernst Albers-Schönberg,** Metuchen, N. J., V. St. A., und **Alfred Ungewiß,** Dehme bei Bad Oeynhausen), *Keramische Isolierkörper* mit durch Zumischung von ausbrennbaren oder verdampfbaren Stoffen künstlich erniedrigtem Raumgewicht, bes. für *Ultrakurzwellenisolatoren,* bestehen aus an sich dichtgebrannter M., z. B. Mg-Silicat, u. sind mit Hohlräumen von ca. 0,1—1 mm Durchmesser durchsetzt. (**D. B. P. 905 989** Kl. 21c vom 1/1. 1939, ausg. 8/3. 1954. Anmeldung bekanntgemacht 16/7. 1942 u. 9/7. 1953.) KESSEL. 5957

Westinghouse Electric International Co., New York, N. Y., V. St. A., *Röhren und Bänder aus Vinylharzen,* bes. *für elektr. Isolierzwecke* (*Leitungen*). Die zu verarbeitende M. enthält außer 20—41,2 (%) Weichmacher noch 5—22 Glimmer (Teilchengröße 5 bis 20 μ). — Eine M. aus 60,4 (Teilen) Polyvinylchlorid, 37,1 Dipropylglykolsebacatharz, 1,5 Ca-Stearat u. 1,39 Dibutylzinnmaleat mit 7,1 Glimmer, gegebenenfalls auch noch mit Ruß, besitzt eine dielektr. Festigkeit von 18000 V. (**E. P. 690 967** vom 13/3. 1951, ausg. 29/4. 1953. A. Prior. 28/4. 1950.) SALZMANN. 5957

Deutsche Kabelwerke G. m. b. H., Rheydt (Rhld.) (Erfinder: **Walter Fischer,** Fürstenwalde), *Seekabel.* Die Isolierung besteht aus in vielen Schichten längs aufgebrachten Bändern aus reinem Polyvinylchlorid (**I**), die mit dünnen Klebstoffschichten abwechseln. Als Klebstoff dient Bitumen oder Polyisobutylen oder eine Mischung hieraus oder mit anderen, die **I**-Schichten verklebenden Stoffen. Als Abschluß dient eine weitere vielschichtige Bewicklung oder Beflechtung mit Kunststofffolien, sowie eine Panzerung. (**D. B. P. 904 061** Kl. 21c vom 27/2. 1941, ausg. 15/2. 1954. Anmeldung bekanntgemacht 11/1. 1953.) KESSEL. 5957

British Thomson-Houston Co. Ltd., London, England, *Herstellung sehr kleiner empfindlicher Thermoelemente.* Um eine Glasrolle wird ein dünner Faden aus Metall, Quarz oder Seide spiralförmig gewunden, u. im Vakuum wird Bi auf diese aufgedampft, wobei die eine Hälfte der Rolle längs der Achse abgedeckt wird. Dann wird die bedampfte Hälfte abgedeckt u. die andere Hälfte so mit Sb versehen, daß sich die aufgebrachten Schichten überlappen. Nach der Entfernung des dünnen Fadens liegen die heißen u. kalten Verbindungsstellen in einer Reihe auf entgegengesetzten Seiten der Glasrolle. Diese können mit einem schwarzen Lack bedeckt werden, um strahlende Energie besser zu absorbieren. Es können 200 u. mehr solcher Einheiten per inch angeordnet werden. (**E. P. 676 963** vom 27/10. 1948, ausg. 6/8. 1952. A. Prior. 29/10. 1947.) LAASS. 5971

Speed Development Co. Ltd. und **William Harry Ruffle,** Hove, England, *Thermoelement zum Anzeigen von Bränden in Flugzeugen.* Die beiden Schenkel bestehen aus „Alumel"- u. Cr-Draht, u. sind soweit als möglich mit einer feuerfesten Isolation überzogen. — Abbildungen. (**E. P. 677 352** vom 22/11. 1949, ausg. 13/8. 1952.) LAASS. 5971

National Research Development Corp., London, England, *Batterie aus primären Flachzellen für geringe Stromentnahme.* Als Gehäuse dient ein Rohr aus Metall oder Kunststoff, in dem ein Stab aus Glas oder Kunststoff als Achse angeordnet ist. Eine mit mehreren Durchbohrungen versehene Scheibe aus Polyvinylchlorid wird mit Musselin unterklebt, die entstandenen Hohlräume werden mit Elektrolytlsg. gefüllt, u. die Scheibe wird dann über den Stab in das Rohr geschoben. Darauf wird eine Duplexelektrode aus einer Zn-Scheibe mit C-Belag aufgebracht, dann wieder eine Isolierscheibe mit dem Elektrolyten, dann eine Duplexscheibe usw. Nach Anbringung der Endscheiben wird auf die so gestapelten Zellen ein Preßdruck ausgeübt, wobei ein guter Kontakt zwischen den einzelnen Teilen erfolgt u. die Ränder der Isolierscheiben um die etwas kleiner gehaltenen Duplexscheiben gedrückt u. mit den Nachbarscheiben verbunden werden. (**E. P. 678 847** vom 4/5. 1950, ausg. 10/9. 1952.) LAASS. 5971

Patent-Treuhand-Gesellschaft für elektrische Glühlampen m. b. H., Heidenheim (Erfinder: **Franz Schaefer,** Berlin), *Feinkörnige Überzüge auf Glühlampen und Entladungsröhren.* Zum Beschlämmen dienen Suspensionen, denen zur Gelbldg. anorgan. bas. oder neutrale Phosphate zugesetzt werden, bes. Al-, Ti- oder Zr-Phosphate in einer Menge von < 10, prakt. $< 5\%$. Weitere Zusätze, z. B. Spiritus, Borsäure oder Alkalisalze, können dazu dienen, die Viscosität der Suspension länger aufrechtzuerhalten u. die Bldg. eines dünnen, gleichmäßigen, gut haftenden Überzugs zu begünstigen. (**D. B. P. 903 011** Kl. 21f vom 22/9. 1950, ausg. 1/2. 1954. Anmeldung bekanntgemacht 15/11. 1951. N. Prior. 22/9. 1949.) KESSEL. 5973

Bernard E. Jones, Ed. Electric accumulators. Rev. edn. London: Cassell. 1954. (164 S. m. Abb.) 4s. 6d.

IV. Wasser. Abwasser.

Merill L. Riehl, Herbert O. Hartung und **Frank S. Taylor,** *Wirkung des Weichmachens mit Kalk.* Betriebserfahrungen mehrerer Städte zeigen, daß mit $Ca(OH)_2$ auf p_H 10,6—10,9 gebrachtes W. Coliformrückgang um 83,5—99,99% verursacht, 100% aber nur mit p_H 11,4 zu erreichen ist, bei der das W. für den Gebrauch zu kaust. u. kalkhaltig wird. Der Cl-Bedarf zur völligen Bakterienabtötung beträgt bei p_H 8 3,5, bei p_H 10,5 9 mg/Liter, bei p_H 11 u. höher sehr viel mehr, so daß eine Verbundentkeimung mit CaO u. Cl unzweckmäßig ist. Zur Entkeimung der Hauptrohre hat sich das mit $Ca(OH)_2$ behandelte W. bewährt, bei p_H 10 u. höher greift es Cu-Legierungen mit mehr als 6% Zn durch dessen Herauslösen an. (J. Amer. Water Works Assoc. **46.** 493—98. Mai 1954. Youngstown, O., Mahoning Valley San. Dist., University City, Mo., St. Louis County Water Co., Oklahoma City, Water Dep.) MÜHLMEISTER. 6024

W. F. Langelier, *Bildung und Verhütung von Kesselstein bei der Seewasserdestillation.* Aus der beim Eindampfen von Seewasser auch im Vakuum entstehenden übersätt. Lsg. (**I**) scheiden sich an Kristallisationskernen (**II**) die Härtebildner ab, im wesentlichen $CaSO_4$ als Halbhydrat, bei 65—82° $CaCO_3$, darüber $Mg(OH)_2$, an heißen Flächen als Kesselstein, in der Fl. als Schlamm. Letzteres wird gefördert durch **II** (organ. Koll., Schwermetallsalze, z. B. $FeCl_3$, an Lösungselektrode elektrolyt. gebildetes $Fe(OH)_2$), zweckmäßig außerhalb des Verdampfers durch zwangsweisen Umlauf der Sole. Um die Bldg. von **I** zu vermeiden, muß nach Einengung auf $^1/_3$ laufend abgeblasen werden. Bei kleinen Einheiten schafft das Einbringen von 180 g Citronensäure auf 1 m^3 Destillat je nach 1 oder 2 Tagen Betriebszeit, 30 Min. Einw. unter Umpumpen mit der entsprechend geschalteten Speisepumpe u. Ablassen saubere Heizflächen. (J. Amer. Water Works Assoc. **46.** 461—69. Mai 1954. Berkeley, Calif., Univ. of California.) MÜHLMEISTER. 6030

M. Gallia, *Die heutigen Anschauungen über Reinigung und Verwertung der Abwässer der Zuckerindustrie.* Krit. Betrachtungen u. Schilderung verschied. Betriebserfahrungen. (Listy Cukrovarnické **66.** 223—29. 18/8. 1952.) STEINER. 6036

H. O. Henkel, *Oberflächen- und Untergrundbeseitigung von Abwässern chemischer Betriebe in Victoria, Texas.* Bericht über Maßnahmen zur Verbesserung der Abwasserverhältnisse verschied. chem. Fabriken im dortigen Bezirk einschließlich einiger lufthygien. Maßnahmen. (Sewage ind. Wastes **25.** 1044—49. Sept. 1953. Victoria, Tex., E. I. du Pont de Nemours and Co., Techn. Sec.) NIEMITZ. 6036

Raymond D. Leary, *Verringerung des Abwasserüberlaufes in Milwaukee.* Die Abwasserbehandlung erfolgt nach dem Belebtschlammverf., u. es zeigte sich nach 28jähriger Praxis im Durchschnitt eine Verringerung des Schwebstoffgeh. um 92—95% u. eine Erniedrigung des *BSB* um 93—96%. (Sewage ind. Wastes **26.** 34—41. Jan. 1954. Milwaukee, Wis., Milwaukee and Metropolitan Sewerage Comm.) KLOTTER. 6048

Ross E. McKinney und **Leon Poliakoff,** *Bio-Katalysatoren und Abwasserreinigung.* 2. Mitt. *Einfluß auf Belebtschlamm.* (1. vgl. Sewage ind. Wastes **25.** [1953.] 1129.) Mit künstlichem (je 200 [mg] Trypton u. Rohrzucker, 50 K_2HPO_4, 100 $NaHCO_3$ in 1 Liter W., BSB 270 mg/Liter), rohem häuslichen (360 mg BSB/Liter) u. künstlichem industriellen Abwasser aus 1 : 19 verd. konservierten Citronensaft + NH_4Cl, H_3PO_4 u. NaOH (1450 mg BSB/Liter) wurde der Einfl. käuflicher Präpp. (*Bionetic* aus Bakterien u. *Enzymatic* aus Enzymen) auf die Faulung untersucht. Ergebnisse in 8 Diagrammen. Die Präpp. bewirkten keine Beschleunigung im Einstellen des biochem. Gleichgewichts u. des BSB-Abbaus gegenüber n. Kontrollverss., die biol. Beschaffenheit des Schlammes war die gleiche, die Leistung wurde also nicht verbessert. (Sewage ind. Wastes **25.** 1268—76. Nov. 1953. San Antonio, Tex., Southwest Foundation for Res. and Educat.) MÜHLMEISTER. 6048

—, *Neues Schlammverdichtungsverfahren für Abwasserbehandlungsanlagen.* Ein von der DORR Co. entwickeltes Verf. zur stetigen Verdickung von Abwasserschlamm mittels des rotierenden DENSLUDGE-Verdichters wird beschrieben. Es soll beim Belebtschlamm- u. Tropfkörperverf. das Vol. prim. u. sek. Schlamms allein oder in Mischung um ca. 50% vermindern u. dadurch höhere Belastung u. Leistung der Anlage ermöglichen. (Munic. Utilities **92.** Nr. 2. 27. u. 34. Febr. 1954.) MÜHLMEISTER. 6048

H. Hollaender, *Ölbestimmung im Kondensat.* Der kondensierte Arbeitsdampf der Dampfmaschinen muß, bevor er wieder zur Kesselspeisung verwendet wird, entölt werden. Dies erfolgt, nach Impfen des Kondensats mit Al-Sulfat, Fe-Sulfat oder Fe-Chlorid, durch Prallabscheider u. hintereinander geschaltete Aktivkohlefilter. Zur Best. des Ölgeh. der Kondensate dient allg. die Meth. von ZSCHIMMER, die jedoch sehr zeitraubend ist (36 Std.). Vf. beschreibt eine von ihm entwickelte, schnellere Meth., bei der gegenüber Standardlsgg. verschied. Ölgeh. die Kondensatprobe im gefilterten UV-Licht der Analysenquarzlampe auf die Stärke ihrer Fluorescenz geprüft wird. Dieses Verf. arbeitet mit einer Genauigkeit von 0,02 mg Öl/Liter Kondensat; die Dauer der Fluorescenzanalyse beträgt ca. 10 Minuten. (Seifen-Oele-Fette-Wachse **79.** 546. 14/10. 1953.) SEIFERT. 6060

Calvin Calmon, *Verwendung von Ionenaustauschern bei der Wasseruntersuchung.* Literaturübersicht (26 Zitate) über Aufbau u. Wrkg. der stark u. schwach dissoziierten Kation- u. Anionaustauscher, die Methoden ihrer Anwendung bei Analysen von Kessel-, Kühl- u. natürlichem W. u. zur Entfernung von Spurenelementen. (J. Amer. Water Works Assoc. **46.** 470—78. Mai 1954. Birmingham, N. J., Permutit Co.) MÜHLMEISTER. 6060

Alice K. Bicknell, John Middleton und **Thomas Neblett,** *Laurylsulfat–Tryptose-Brühe als Medium bei Verdacht auf coliforme Organismen und ihrer Bestätigung.* In 4 Tabellen werden die Ergebnisse der Einw. nichtionogener oberflächenakt. Mittel auf Kulturen coliformer Bakterien sowohl auf Laurylsulfat–Tryptose-Brühe (LSTB) (I) als auch Standard-Lactosebrühe gezeigt, die, bestätigt durch mkr. Prüfung, die Indol-, Methylrot- u. Acetoinprobe u. Bebrütung auf halbfestem SIMMONS-Citratmedium die Brauchbarkeit von I beim Verdacht auf u. Bestätigung von coliformen Organismen ergeben. (J. Amer. Water Works Assoc. **46.** 481—85. Mai 1954. Detroit, Wayne Univ., Biol. Dep.) MÜHLMEISTER. 6064

Wabag Wasserreinigungsbau, Inh. Max Reder, Kulmbach, und **Dyckerhoff & Widmann Kommanditgesellschaft,** München, *Filter für die Filtration von Trink- und Gebrauchswasser.* Der Filterboden besteht aus armiertem Beton, dessen Bewehrung vorgespannt ist, z. B. aus parallel nebeneinanderliegenden, vorgespannten Stahlbetonbalken mit T-förmigem Querschnitt. — Zeichnung. (**Schwz. P. 293 706** vom 1/9. 1951, ausg. 16/12. 1953. D. Prior. 23/9. 1950.) E. REICHELT. 6017

Karl Hofer, Genf, Schweiz, *Geschmacksverbesserung von Wasser,* bes. von gechlortem Leitungswasser. Das W. wird über mit Trägerstoffen, wie Cellulose, Baumwolle, Asbest, gemischte Absorptivstoffe, z. B. Aktivkohle, Silica-, Tonerdegel, geleitet, wobei das günstigste Mischungsverhältnis Trägerstoff : Absorptivstoff 4 : 6 beträgt. Dieses zweckmäßig in einem Trichter angeordnete Filterelement besitzt genügend Festigkeit u. kann unmittelbar an die Hauswasserleitung angeschlossen werden. (**Oe. P. 178 358** vom 5/5. 1952, ausg. 10/5. 1954. D. Prior. 17/5. 1951.) WITTHOLZ. 6017

Farbenfabriken Bayer Akt.-Ges., Leverkusen, *Aufbereitung von Wasser.* Die von Chloriden, Sulfaten oder anderen Anionen befreiten Wasser werden mit Wasserstoffionenaustauschern nachbehandelt, die gegebenenfalls gemischt regeneriert oder nach dem Teilstromprinzip angewendet werden. (**D. B. P. 905 479** Kl. 85b vom 11/2. 1943, ausg. 1/3. 1951. Anmeldung bekanntgemacht 4/9. 1952. **Zusatz zu D. B. P. 878 634; C. 1953. 7622.**) E. REICHELT. 6021

Farbenfabriken Bayer, Leverkusen, *Anionenaustausch* durch Verwendung von wasserunlösl. Kunstharzen, die durch Kondensation von N-haltigen Polyäthylenverbb. mit organ. Verbb., die einen Äthylenoxydring enthalten, hergestellt werden, z. B. Umsetzungsprod. des Polyäthylenimins, Polyäthylendiamins u. des Epichlorhydrins. (**Schwz. P. 296 334** vom 18/7. 1951, ausg. 17/4. 1954. D. Prior. 3/8. 1944.) E. REICHELT. 6021

American Cyanamid Co., New York, übert. von: **Earl C. Herkenhoff,** Stamford, Conn., V. St. A., *Ionenaustauschverfahren mit magnetischen Austauschharzen.* Zur Trennung eines Gemisches von erschöpften Austauschharzen für die Regeneration wird ein Harz magnet. gemacht. Zu diesem Zweck wird während oder nach der Herst. des Harzes ein magnet. Stoff. eingearbeitet, z. B. Magnetit, Stahlgrieß, Co, Ni, bes. Legierungen von Co u. Ni, in pulverisierter Form, u. zwar in einer Menge von 2—40, bes. 15%, je nach der Stärke des für die Trennung zu verwendenden Magnetfeldes. (**A. P. 2 642 514** vom 10/8. 1946, ausg. 16/6. 1953.) REICHELT. 6021

Jonas Kamlet, New York, N. Y., V. St. A., *Wasserbehandlung mit Bromchlorid* zur Desinfektion u. Sterilisation. Es werden 0,02—10,0 mg/Liter BrCl oder Br_2 u. Cl_2 in äquimol. Anteilen verwendet. (**A. P. 2 662 855** vom 7/9. 1950, ausg. 15/12. 1953.) REICHELT. 6025

Sutcliffe, Speakman and Co. Ltd. und **William Ernest Edwards,** Leigh, Lancashire, England, *Behandlung von Flüssigkeiten,* z. B. *zur Entchlorung von Wasser.* Die Fl. wird durch einen Behälter mit A-Kohle geleitet; hierbei ist in dem Behälter ein von A-Kohle freies Rohr vorgesehen, so daß der Teil des W., der durch dieses Rohr fließt, nicht entchlort wird. Durch Bemessung des Rohrquerschnitts im Verhältnis zu dem Gesamtquerschnitt des Behälters kann ein zu bestimmender Cl_2-Überschuß erhalten werden,um z. B. Verunreinigungen im Rohr von der Wasserbehandlung bis zum Verbrauch zu vermeiden. — Vorrichtung. (**E. P. 700 765** vom 6/1. 1951, ausg. 9/12. 1953.) REICHELT. 6025

Maryland Laboratories, Inc., Frederick, übert. von: **Nathaniel S. Prime,** Frederick, Md., V. St. A., *Behandlung von Flüssigkeiten mit Ozon,* z. B. zur *Sterilisation* von Wasser. O_3 wird unter n. Druck erzeugt, sodann auf höheren Druck gebracht u. mit hoher Geschwindigkeit in die Fl. versprüht; hierbei soll der O_3-Druck das Doppelte des Flüssigkeitsdruckes betragen. — Vorrichtung. (**A. P. 2 660 559** vom 31/8. 1949, ausg. 24/11. 1953.) REICHELT. 6027

Donald Edward Ferris, Saint John, New Brunswick, Can., *Elektrolytische Wassersterilisation* durch Leitung des W. durch einen Metallbehälter, der die Kathode bildet, in dem eine Al- u. in leitender Verb. mit dieser eine Ag-Elektrode als Anode angeordnet sind. Es wird eine solche Stromdichte eingehalten, daß genügend Ag zur Sterilisation u. genügend Al zur Bldg. eines $Al(OH)_3$-Schutzüberzuges auf dem Behälter in Lsg. gebracht wird. (**A. P. 2 658 033** vom 7/1. 1950, ausg. 3/11. 1953.) REICHELT. 6029

Henkel & Cie. G. m. b. H., Düsseldorf-Holthausen, *Mittel zur Wasserenthärtung,* bestehend aus einer Alkalicarbonat, Alkalibicarbonat u. $CaCO_3$ in der Calcitform enthaltenden Mischung, die noch mindestens ein wasserlösl. Alkalisilicat enthält. (**Schwz. P. 295 078** vom 3/4. 1944, ausg. 16/2. 1954. D. Prior. 13/1. 1943.) REICHELT. 6031

Joseph Taprogge, Essen-Kupferdreh, *Automatische Reinigung von Kühlwasserrohren* durch Reibkörper, die durch das Kühlwasser an der Rohrwandung durch die Rohre geführt werden. Nach dem Austritt aus den Rohren werden die Reibkörper durch Siebe abgetrennt, gereinigt, zum Teil durch neue ersetzt u. wieder durch die Rohre gespült. Es werden kugelförmige, poröse Körper, z. B. aus Schwammgummi, die mit einem Überzug von Schleifmitteln versehen sind, verwendet. — Vorrichtung. (**E. P. 700 833** vom 12/11. 1951, ausg. 9/12. 1953.) REICHELT. 6035

Cyril John Hartley, Stoke-on-Trent, Stafford, England, *Absetzbehälter* **für** die Abwasserbehandlung, z. B. als Vor- oder Nachklärbecken bei dem Belebtschlammverfahren. Im Absetzbehälter ist konzentr. ein ringförmiger Sammelkanal angeordnet, in den der abgesetzte Schlamm durch Kratzer hineingeschoben wird. Aus dem Schlammsumpf (in dem Kanal) wird der Schlamm durch Rohre unterhalb des Absetzbehälters in einen am Behälterrand angeordneten Sammelbehälter gepumpt. — Zeichnung. (**E. P. 700 940** vom 28/6. 1951, ausg. 16/12. 1953.) REICHELT. 6041

V. Anorganische Industrie.

Bamag-Meguin Akt.-Ges., Berlin (Erfinder: **Rudolf Wendtland** und **Erich Kokert** Piesteritz), *Teilweise oder vollständige Entwässerung von durch katalytische Oxydation von NH_3–O_2–Wasserdampf-Gemischen erhaltenen N-Oxydverbrennungsgasen* durch Kondensation mittels indirekter Kühlung. Die Kondensation erfolgt zwecks Gewinnung möglichst N-armer Kondensate bei höheren Tempp. in der Heizkammer eines bei Unterdruck betriebenen Dampferzeugers, dessen abstreichender Dampf nach Verdichtung ganz oder teilweise dem Rohgasgemisch zugeführt wird, z. B. ein Kreislauf bei Einspeisung des Kondensates aus der Heizkammer in den Vakuumverdampfer, gegebenenfalls unter Nachschaltung eines Wasserröhrenkühlers für N-Oxydverbrennungsgase nach dem Vakuumdampferzeuger. Aus dem Dampferzeuger kann an N-Oxydverbb. angereichertes Kondensat entnommen werden. Der erzeugte Dampf kann fraktioniert bzw. durch zugeleitetes Speisewasser bzw. Kondensat dephlegmiert werden. Katalysatoren, Nutzdampferzeuger bzw. Wärmeaustauscher u. der bei geringerem Druck als gasseitig arbeitende Dampferzeuger können unter Beseitigung vermeidbarer Gasräume unmittelbar hintereinandergeschaltet werden. Das Speisewasser der verschied. Dampferzeuger bzw. dazu verwendetes Kondensat können durch die im Gasgemisch nach Verlassen der Dampferzeuger u. gegebenenfalls weiterer Kühlung durch Bldg. von NO_2 bzw. N_2O_4 aus NO u. O_2 auftretende Reaktionswärme vorgewärmt werden. — Abbildungen. (**D. B. P. 901 051** Kl. 12i vom 11/11. 1941, ausg. 7/1. 1954.) ZÜRN. H 243

Standard Oil Development Co., übert. von: **George B. Leyden,** Baton Rouge, La., V. St. A., *Rückgewinnung von Schwefelsäure,* die bei der Herst. von Alkoholen aus

Olefinen mit Hilfe starker H_2SO_4 anfällt. Der durch freien C verunreinigten H_2SO_4 von ca. 45—67% setzt man ca. 0,1—1,5 Vol.-% Pineöl zu, wodurch der C ausflockt u. sich mit dem Öl oben abscheidet. Die Öl- u. Säureschichten werden getrennt, u. die Säure wird konzentriert. — Abbildungen. (**A. P. 2 660 516** vom 25/1. 1950, ausg. 24/11. 1953.) Zürn. H 253

Godfrey L. Cabot, Inc., Boston, Mass., V. St. A., *Gewinnung von Oxyden*, bes. des Al, Ti, Si, Zn, Sb, Cr, Be, Zr, Co, Ni, B, Cd, Mo u. V. Man mischt ein Naturgas, z.B. Methan, mit Luft u. leitet die Verbrennungsgase dieses Gemisches zusammen mit dem verdampften Halogenid entweder mit Hilfe des eigenen Dampfdruckes oder eines zusätzlichen Luftstromes in eine Reaktionskammer. Dabei reagieren die Halogeniddämpfe sehr schnell mit den Verbrennungsprodd., u. es entstehen sehr kleine Oxydteilchen. (**E. P. 707 389** vom 15/11. 1950, ausg. 14/4. 1954. A. Prior. 23/11. 1949.) Nebelsiek. H 270

Hans Heinrich Hütte G. m. b. H., Frankfurt/M., *Herstellung von Li–Al- und Li–Ga-Hydriden*. Stöchiometr. Mengen $AlBr_3$ u. LiH oder $GaBr_3$ u. LiH werden in Ae. oder Tetrahydrofuran unter Kühlung gelöst u. unter Erhitzen u. Rühren zur Rk. gebracht. Nach Kühlung der Reaktionsmasse u. Abtrennung des LiBr durch Dekantieren u. Filtrieren durch Glaswolle wird $LiAlH_4$ oder $LiGaH_4$ mit einer Ausbeute von ca. 97% gewonnen. LiH kann ohne Feinzerkleinerung in Erbsen- oder Haselnußgröße verwendet werden. (**E. P. 707 851** vom 4/9. 1952, ausg. 21/4. 1954. D. Priorr. 9/11. 1951 u. 14/7. 1952.) Karst. H 273

Mathieson Chemical Corp. (Erfinder: **Warren Standish Miller**), Baltimore, Md., V. St. A., *Gewinnung von geschmolzenen, wasserfreien Salzen aus wässerigen Lösungen*, bes. der *Alkalien*. Man läßt geschmolzenes Salz, z. B. *$NaNO_3$*, in eine Heizzone eintreten, wo es bei ca. 350—400° überhitzt wird. Aus dieser Zone leitet man es als dünnen Film unter Zusatz der entsprechenden wss. Salzlsg., also $NaNO_3$-Lsg., in eine Mischzone, wobei das W. ausgetrieben wird u. eine reine wasserfreie Schmelze des Salzes anfällt. (**E. P. 706 441** vom 2/11. 1951, ausg. 31/3. 1954. A. Prior. 2/11. 1950.) Nebelsiek. H 274

Ethyl Corp., New York, N. Y., übert. von: **Frank L. Padgitt**, Baton Rouge, La., V. St. A., *Herstellung von Natriumhydroxyd und Wasserstoff aus elementarem Natrium.* Aus zylindr. Kammern bestehende Reaktionsgefäße werden in O_2-freier Atmosphäre mit geschmolzenem, anhydr. NaOH gefüllt u. kontinuierlich an der Oberfläche mit fl. metall. Na versetzt. Durch die M. wird von unten nach oben trockener oder W. enthaltender Dampf geleitet, der mit dem Na unter Bldg. von NaOH u. H_2 reagiert. Äquivalente Mengen NaOH u. der gebildete H_2 werden laufend aus dem Reaktionsgefäß abgezogen. Es können auch die bei der Reinigung von elektrolyt. hergestelltem Na anfallenden, ca. 25—95 (%) Na u. 75—5 Ca enthaltenden Schlämme verarbeitet werden. (**A. P. 2 660 517** vom 29/1. 1952, ausg. 24/11. 1953.) Karst H 274

A/S Norduco, Oslo, Norwegen, *Extraktion von Kalium aus verdünnten Lösungen.* Geringe Mengen K enthaltende Lsgg., z. B. Meerwasser, W. von Salzseen oder Salzsolen von Salinen, werden mit festen, hochnitrierten, sek. aromat. Aminen, z. B. Hexanitrodiphenylamin (Dipikrylamin) oder dgl., u. einer Base, bes. Kalkmilch oder NH_3, behandelt. Das dabei ausgefällte K-Aminat wird abgetrennt u. mit einer Säure, bes. HNO_3, behandelt, wobei das freie sek. aromat. Amin in fester Form wiedergewonnen, von der konz. K-Salzlsg. abgetrennt u. als Fällungsmittel für das K wiederverwendet wird. (**E. P. 668 735** vom 4/7. 1949, ausg. 19/3. 1952. N. Prior. 5/7. 1948.) Karst. H 275

Mines Domaniales de Potasse d'Alsace, übert. von: **Jules Colin, Richard Burr, Roger Friedrich** und **Xavier Herrgott**, Mülhausen, Frankreich, *Trennung von Kaliumchlorid vom Natriumchlorid durch Flotation.* Kalimineralien mit einem wesentlichen Geh. an KCl u. NaCl, bes. Sylvinit, werden im fl. Medium auf eine Teilchengröße von 1 mm u. darunter gemahlen, nach Abtrennung der suspendierten Schiefer-, Ton-, Schwermetallsalz- u. $CaSO_4$-Teilchendurch Dekantation ausgewaschen u. in einer Mutterlauge unter Zusatz von Flotationsmitteln oder dgl., z. B. Aminoacetaten von der Formel $RNH_2HO_2CCH_3$, in der R ein KW-stoffradikal mit 16—18 C-Atomen darstellt, Na-Alkylsulfaten oder-sulfonaten, Alkyl- oder Alkoholacetamiden, Ölen, Eiweißstoffen, Knochenleim, Harnstoff u. Stärke, in 3 Stufen flotiert. Die Flotation wird in einer aus 3 miteinander verbundenen Batterien von Flotationszellen bestehenden Anlage derart durchgeführt, daß in der 1. Stufe eine Pulpe mit mittlerem Geh. an Feststoffen, in der 2. eine solche mit hohem u. in der 3. eine solche mit niedrigem Geh. an Feststoffen verarbeitet wird. Hohe Ausbeute an KCl. — Vorrichtung. (**A. P. 2 604 988** vom 17/6. 1947, ausg. 29/7. 1952.) Karst. H 275

Soc. d'Études Chimiques pour l'Industrie et l'Agriculture, Paris, Frankreich, *Herstellung von Kaliumbicarbonat.* In prim. oder sek. Amine oder Gemische derselben, z. B.

Monomethyl-, Diacetyl-, Monoäthyl- oder Diäthylamin, wird in Ggw. eines Katalysators, z. B. akt. Al, bei ca. 400° CO_2 eingeleitet u. das erhaltene Amincarbonat mit KCl u. CO_2 zur Rk. gebracht. Das ausgefallene $KHCO_3$ wird abgetrennt, die Mutterlauge mit einer Base behandelt u. das in Freiheit gesetzte Amin in den Prozeß zurückgeführt. Ausbeute an $KHCO_3$ 90—95%. (**Schwz. P. 295 651** vom 27/2. 1951, ausg. 16/3. 1954. F. Prior. 5/4. 1950.) KARST. H 275

Toledo Engineering Co., Inc., Toledo, O., V. St. A., *Calcinieren von Ca- und Mg-Carbonaten.* Man füllt die Kalksteine in einen Brennofen u. leitet heiße Verbrennungsgase hindurch. Um nun zu erreichen, daß diese mit allen einzelnen Kalkstücken in Berührung kommen, kontrolliert man die Druckverhältnisse im Ofen, indem man zwischen 2 vertikal bestimmten Punkten der Kalksteinsäule ein Druckgefälle herstellt. (**E. P. 702 008** vom 20/8. 1951, ausg. 6/1. 1954. A. Prior. 24/8. 1950.) NEBELSIEK. H 283

Titan Co., Inc., New York, N. Y., V. St. A., *Reinigen von Titantetrachlorid.* Das unreine $TiCl_4$ wird in einer elektrolyt. Zelle in der Nähe der Kathode zu einem niederen Chlorid red., das an die Anode wandert u. dort durch Cl_2 zu $TiCl_4$ zurückoxydiert wird. Als Elektrolyt wird ein geschmolzenes Chlorid verwendet, das aus Alkali-, Erdalkali- u./oder Mg-Chlorid besteht. Bes. wird ein eutekt. Gemisch solcher Chloride angewendet. Man leitet einen Strom von 1,1—1,6 FARADAY/Mol $TiCl_4$ durch die Zelle. — Vorr., Abbildung. (**E. P. 708 595** vom 11/6. 1952, ausg. 5/5. 1954. A. Prior. 12/6. 1951.) ZÜRN. H 321

Franco Balduzzi, Zürich, und **Samuel Steinemann**, Bülach, Schweiz, *Herstellung von reinen Erdalkalititanaten.* Erdalkalihydroxyde u. TiO_2 werden in wss. Lsg. im stöchiometr. Verhältnis bei mindestens 100° (—400°) u. unter Druck (20—500 at) umgesetzt, worauf das Titanat aus der Lsg. abgetrennt wird, bes. durch Auskristallisieren nach Impfen mit einem Kristallkeim. Man impft bes. mit einer Erdalkalititanatkristallplatte, die aus einem Kristall senkrecht zur Achse schnellsten Wachstums herausgeschnitten wurde. Es können sowohl seignette-elektr. als auch nichtseignette-elektr. Titanate erhalten werden, u. zwar als Pulver oder durch Umkristallisation als Kristalle beliebiger Dimension. Man kann auch Mischkristalle herstellen. Man kann der Reaktionslsg. kleine Mengen lösl. Salze zugeben, welche Veränderungen des Habitus der entstehenden Kristalle bewirken. Man kann auch die Aus- u. Umkristallisation in Anwesenheit kleiner Mengen lösl. Salze vornehmen u. so ebenfalls den Habitus beeinflussen, sowie die Kristallisationsgeschwindigkeit verändern. Bes. reine Titanate werden erhalten, wenn man von reinem TiO_2 ausgeht, das durch Umkristallisieren aus einer wss. Lsg. bei über 100° u. unter Druck erhalten wurde. Die Erdalkalititanate werden unter Ausnutzung ihrer dielektr. u. piezoelektr. Eigg. verwendet, z. B. zur Herst. von Keramikkörpern für Dielektrika, ferner als Kapazitäten mit temperatur- u. feldabhängiger Dielektrizitätskonstante u. als Resonatoren u. elektromechan. Wandler. (**Schwz. P. 287 553** vom 27/9. 1950, ausg. 1/4. 1953.) ZÜRN. H 321

Western Electric Co., New York, N. Y., V. St. A., *Gewinnung von Germaniumkristallen*, bes. für *Halbleiter*, Transistoren usw. In eine Ge-Schmelze, die über ihren F. erhitzt ist, hängt man mehrere in der Längsrichtung orientierte Kristallkeime. Nach u. nach lagert sich auf diesen Ge ab, dann hebt man sie aus der Schmelze u. kühlt. Um die Kristalle aber auch nur in der gewünschten Längsrichtung wachsen zu lassen, richtet man auf deren Oberfläche mit Hilfe einer ringförmigen Düse einen Kühlstrom aus H_2 oder He. (**E. P. 706 849** vom 12/1. 1951, ausg. 7/4. 1954. A. Prior. 13/1. 1950.) NEBELSIEK. H 326

Th. Goldschmidt Akt.-Ges. (Erfinder: **Ottokar Smetana** und **Hans Schmeiser**), Essen, *Herstellung alkaliarmer Vanadinsäure* aus alkalihaltiger, dad. gek., daß das alkalihaltige, durch Ausfällung von Alkalivanadatlsg. mit Säuren erhaltene feste V_2O_5 durch Einrühren in wss. NH_3-Lsg. in NH_4-Vanadat übergeführt u. dieses nach Abtrennen von der Mutterlauge geglüht wird. Nach den Unteransprüchen wird das nutschenfeuchte, ein Korn von < 5 mm aufweisende V_2O_5 langsam in kalte NH_3-Lsg. eingerührt; ferner wird der NH_3-Lsg. NH_4Cl zugesetzt. Die Rk. erfolgt bei Ggw. von wenig W. bei breiförmiger Konsistenz des Reaktionsgemischs. Das erhaltene NH_4-Vanadat wird vor dem Abnutschen durch ein Sieb von 1 mm Maschenweite gegeben. (**D. R. P. 761 822** Kl. 12i vom 27/10. 1942, ausg. 14/6. 1954.) ZÜRN. H 330

Poul Kirk, Hasseris pr. Aalborg, Dänemark, *Auslaugen von Manganosalzen.* Man laugt die M., die Mn(II)-Salze enthält, aus, indem man sie zunächst mit indifferenten, jedoch porösen Stoffen, wie Torf oder Koksschlamm, vermischt u. dann mit W. auszieht. (**Dän. P. 75 042** vom 4/10. 1950, ausg. 1/12. 1952.) JÜRGEN SCHMIDT. H 350

Mond Nickel Co. Ltd., London, England, *Gewinnung von Cobaltihydroxyd* aus einer Co- u. Ni-Lsg. durch Fällen mit $Ni(OH)_3$ bei einem p_H von 1—2,4 u. anschließende

Reinigung des unreinen $Co(OH)_3$ mit einer sauren Fl. mit einem p_H von 0,9—2,0, die mindestens ein Co-Salz enthält. Dabei wird das unreine $Co(OH)_3$ bei $< 12^0$, bes. bei 5^0 oder weniger, gefällt. (**E. P. 708 741** vom 12/7. 1951, ausg. 12/5. 1954.)
NEBELSIEK. H 355

S. J. Johnstone, Minerals for the chemical and allied industries. London: Chapman & H. 1954. (692 S.) 75s.

VI. Silicatchemie. Baustoffe.

M. A. Besborodow und **L. Ja. Maselew**, *Die chemische Widerstandsfähigkeit von Gläsern aus Torfschlacken.* Es wurden 139 Glassorten untersucht, deren Charge zu 100—65% aus Torfschlacke unter Zusatz wechselnder Mengen Quarzsand, Kreide u Na_2SO_4 bestand. Die Widerstandsfähigkeit der Gläser gegen W., Alkali- u. Alkalicarbonatlsgg. war befriedigend; Säuren (HCl, H_2SO_4) zerstörten sie tiefgehend: fast alles Fe_2O_3 u. Alkalien, bedeutende Mengen an Al_2O_3, TiO_2, CaO u. MgO wurden herausgelöst. Die ursprünglichen Gläser enthielten im Vgl. zu den üblichen wenig SiO_2 u. Alkalien, sehr viel CaO, Al_2O_3 u. Fe-Oxyde. Nach Herauslösen der durch Säuren entzogenen Teile wurde der Rest getrocknet (100—120°) u. bis 1000° geglüht. D. u. die Lichtbrechung waren vor dem Glühen erheblich gesunken (nach dem Glühen Anstieg, jedoch nicht bis zu den Ausgangswerten), die Adsorption (Methylenblaulsg.) erheblich gestiegen, bes. nach dem Glühen (ein Zusammenbacken erfolgt selbst bei 1000° nicht). Ursache der Zerstörung durch die Säuren sind wohl hauptsächlich die aufgelösten O—Fe—S_a—-Brücken; sie erfolgt so tief wie jene der Bornatriumsilicatgläser durch Säuren. (Доклады Академии Наук СССР [Ber. Akad. Wiss. UdSSR] [N. S.] **94.** 531—34. 21/1. 1954. Weißruss. Polytechn. Stalin-Inst.) v. WILPERT. 6200

Robert Meldau und **Robert H. S. Robertson**, *Die Bruchflächen feingemahlener Mineralpulver.* Mit Hilfe elektronenmkr. Unterss. wird über Rekristallisationserscheinungen bei der Naßvermahlung lösl. Mineralien u. über Erscheinungen von Gittergleitung beim gleichen Vorgang berichtet. Trockene Vermahlung sehr harter Mineralien ergibt häufig formlosen Bruch, selten Spaltflächen. Es werden Angaben über die Größenordnung des Staubes gemacht, der bei durch Mahlbruch stark beanspruchten Kristallen auftritt, sowie der Mechanismus der Anhaftung von Feinstaub an größeren Teilchen erklärt. (Tonind.-Ztg. keram. Rdsch. **76.** 365—68. Dez. 1952.)
K. SEIDEL. 6206

W. B. Dalton, *Holzaschen in blaßgrünen Steinzeug- und Porzellanglasuren. Stellungnahme und Übersicht.* Acht von verschied. Holzarten stammende Aschenproben wurden durch intensives Waschen von lösl. Anteilen befreit u. nach Sieben u. Trocknen in je gleichen Gewichtsmengen einer Glasurstandardmischung hinzugefügt. Nach Brennen im Oxydations- bzw. Reduktionsfeuer wurden die zwischen lichtem Graugrün u. olivem Blaugrün liegenden Farbtöne der Fertigglasur mit der Farbe chines. Porzellans aus der Zeit der Sungdynastie verglichen. (Ceram. Age **61.** 28—30. Febr. 1953.)
STEINER. 6212

H. Laithwaite, *Einige Ergebnisse einer Experimentalarbeit über die Suspension und Festigkeit von Email.* Es wurden die Zusammenhänge zwischen Festigkeit des Emails u. Mahldauer sowie Tonart u. Menge des zugesetzten TiO_2 untersucht. Die Mahldauer ergab bei 4 Std. 30 Min. ein Maximum an Festigkeit. Sie fiel dann ab. Ein Bentonitzusatz zeigte bis zu 1% eine Steigerung der Festigkeit; ein Zusatz von 0,5—2% TiO_2 ergab keine wesentliche Wirkung. Bei Steigerung des Zusatzes von n. Ton von 3 auf 7% tritt auch eine stetige Steigerung der Festigkeit ein. Der Einfl. einer großen Anzahl von Elektrolyten, wie K_2CO_3, $NaNO_2$, NaCl, $BaCl_2$, H_3BO_3, Borax) wird tabellar. angegeben. (Sheet Metal Ind. **28.** 185—88. Febr. 1951.) MARKHOFF. 6212

H. W. Webb, *Die Emailsuspension.* Erörtert werden die Faktoren, die die Ausbldg. der Suspension beeinflussen, wie **Korngröße**, Art des Tons u. Ionen. (Sheet Metal Ind. **28.** 1147—54. Dez. 1951.) MARKHOFF. 6212

A. I. Awgusstinik und **Je. P. Fedorowa**, *Mikrohärte und linearer Ausdehnungskoeffizient einiger Gläser vom Typus glasiger Porzellanphasen.* Zur Unters. der mechan. Festigkeit des techn. Porzellans wurden Gemische von 50% bzw. 90% Feldspat u. 50% Quarzsand bzw. 10% Kaolin (**I** bzw. **II**) mit verschied. Zusätzen bei 1320° geschmolzen. Es wurde die verglaste Oberfläche u. das polierte Prüfstück auf die Mikrohärte untersucht. Es ergab sich, daß, wie erwartet, die verglasten Flächen eine höhere Mikrohärte zeigten als die polierten (tieferen) Schichten. Zusätze von Basen (CaO, BaO) zu **I** sowie von sauren Oxyden (ZrO_2) zu **II** erhöhten die Härte beträchtlich: um 65% (2% CaO) u. 45% (0,5% ZrO_2), während 2% Al_2O_3 bei beiden Gläsern die Mikrohärte nur um 40—45, 1% ZrO_2 bei **I** nur um 20—25% steigerte. Der lineare Ausdehnungskoeff. wird durch diese Zusätze prakt. nicht verändert, wenn sich dabei eine chem. Verb. bildet, andernfalls steigt er um das 1½—2fache; prakt. kommen zu seiner Senkung (Erhöhung der therm. Widerstandsfähigkeit) Al_2O_3 u. ZrO_2 in Frage. Die dielektr. Verluste von I betragen bei Zusatz von 1% CaO ca. 27 Min. gegenüber sonst fast unveränderten Werten (22—25 Min.). (Журнал Прикладной Химии [J. angew. Chem.] **26**. 925—30. Sept. 1953.) v. WILPERT. 6214

R. Masson, *Steinzeug und Temperaturwechselbeständigkeit.* Ton–Feldspat-Massen besitzen nur eine geringe Wärmestoßfestigkeit wegen ihres hohen Wärmedehnungswertes von $4{,}3 \cdot 10^{-6}$. Cordieritsteinzeug, Massen aus Ton u. Talk dagegen eine recht gute Wärmestoßfestigkeit bei einer Wärmedehnung von $1{,}5 \cdot 10^{-6}$. (Chimia [Zürich] **8**. 7—9. 15/1. 1954.) SCHÜTZ. 6216

K. Carr, J. Hargreaves, R. W. Grimshaw und **A. L. Roberts,** *Die Konstitution der feuerfesten Tone.* 5. Mitt. *Die Beziehungen zwischen Konstitution und Eigenschaften mit besonderer Berücksichtigung der Glimmermineralien.* (4. vgl. C. **1954**. 9117.) Die Kenntnis der mineralog. Zus. u. der Korngröße der Feuertone aus Yorkshire wurde benutzt, um das Verh. der Tone bei der Erhitzung zu deuten. Die Ergebnisse wurden mit denen verglichen, die mit synthet. Tonen erzielt wurden. (Trans. Brit. ceram. Soc. **51**. 345—54. Juni 1952.) K. SEIDEL. 6216

R. E. Corwin und **G. B. Eyerly,** *Die Erzeugung feuerfester Produkte aus Urandioxyd.* Es wird über die Arbeitsweise u. die Eigg. von feuerfesten Gegenständen aus UO_2 berichtet. (J. Amer. ceram. Soc. **36**. 137—40. April 1953. Chicago, Ill., Argonne Nat. Labor.) K. SEIDEL. 6218

G. van Gijn, *Einige physikalisch-chemische Gesichtspunkte der Industrie der feuerfesten Steine.* Übersicht über die Herst. von feuerfesten Silica-, Schamotte- u. Sillimanitprodd. u. die beim Brennen entstehenden Reaktions- u. Zersetzungsprodd. unter Zugrundelegung des bin. Gleichgewichtsdiagrammes SiO_2–Al_2O_3. (Chem. Weekbl. **49**. 928—32. 5/12. 1953. Geldermalsen, Chamotte-Unie. N. V. Phys.-Chem. Afdeling.) WESLY. 6218

William W. Coffeen, *Dielektrische Körper in dem quaternären System $BaTiO_3$–$BaSnO_3$–$SrSnO_3$–$CaSnO_3$.* Um die techn. wichtigen Eigg. des $BaTiO_3$ noch zu verbessern, wurden 57 Mischungen, die in ihrer Zus. dem quaternären Syst. $BaTiO_3$–$BaSnO_3$–$SrSnO_3$–$CaSnO_3$ angehören, nach keram. Verff. zu dichten Massen mit 3—60% Stannat (Porositätsprüfung) gebrannt u. ihre dielektr. Eigg. untersucht. Auf Grund dieser Prüfungen lassen sich folgende Schlüsse ziehen: 1. Gleiche Zusätze (auf Mol berechnet) der drei Stannate einzeln oder kombiniert zum $BaTiO_3$ ergeben Massen mit ähnlichen dielektr. Eigenschaften. 2. Massen mit Ca- oder Sr-Stannat haben einen etwas niedrigeren Kraftfaktor (dielektr. Verlust) als solche mit $BaSnO_3$. 3. Die $CaSnO_3$-enthaltenden Massen sintern leichter u. bei niedrigeren Tempp. als die $BaSnO_3$ oder $SrSnO_3$ enthaltenden. 4. Zusatz von $SrSnO_3$ (auf Mol berechnet) verschiebt den CURIE-Punkt des $BaTiO_3$ etwas schneller, als es ein Zusatz von $BaSnO_3$ oder $CaSnO_3$ tut. 5. Massen mit DK. zwischen 2300 u. 2800 bei 1 kHz u. niedrigem positiven Temperaturkoeff. bis 55° erhält man aus Mischungen von $BaTiO_3$ mit ca. 3 Mol-% eines Stannats. 6. Massen, die einen Minimumbereich der DK. bei 3000—4000 u. 1 kHz u. zwischen 25 u. 85° aufweisen, oder auch von 5000—6000 zwischen 25 u. 65°, erhält man aus $BaTiO_3$ mit ca. 6 Mol-% Stannat. 7. $BaTiO_3$ mit 10—60 Mol-% Stannat, namentlich $CaSnO_3$, ergibt Massen mit einem negativen Temperaturkoeff. der DK., der ca. 1,3—0,1% pro °C beträgt. (J. Amer. ceram. Soc. **36**. 215—21. 1/7. 1953. Rahway, N. J., Metal & Thermit Corp.) HENTSCHEL. 6220

G. W. Kukolew und **A. I. Roisen,** *Binde- und keramische Eigenschaften von Tonerdezementen mit erhöhtem Al_2O_3-Gehalt.* Proben aus techn. geglühtem (99%ig.) Al_2O_3, $CaCO_3$ (55,5% CaO) u. amorphem SiO_2 (93,8%) wurden unter Zusatz von 10—20% Füllstoffen bei 1000—1500° gebrannt u. auf Abbinden, Festigkeit sowie Widerstandsfähigkeit gegen Druckbelastung geprüft. Es ergab sich, daß der gewöhnliche Tonerdezement höheren Anforderungen nicht voll genügte; hingegen führte ein planvolles Durchforschen des Syst. CaO–Al_2O_3–SiO_2 zu Gemischen von 60—70% Al_2O_3 u. 2 bzw. 6% SiO_2 (Rest CaO; Gemische aus $3\,CaO \cdot 5\,Al_2O_3$ u. $CaO \cdot Al_2O_3$) zu hoher Druckdeformationstemp. (2 kg/cm²), geringerer Schrumpfung u. kleinerem therm. Ausdehnungskoeff. im Vgl. zu den üblichen Tonerdezementen; sie werden daher an Stelle der teuren keram. Materialien zur ausgedehnten Anwendung empfohlen. (Журнал Прикладной Химии [J. angew. Chem.] **25**. 474—84. Mai 1952. Allunions Wiss. Forschungsinst. für feuerfeste Materialien.) v. WILPERT. 6222

A. M. Muchutdinow, *Zur Methodik der Untersuchung von Beton und Steinmaterialien auf Frostfestigkeit.* Im Gegensatz zum üblichen Verf., bei welchem die Frostfestigkeit aus der Verminderung des Gew. u. der mechan. Festigkeit nach einer Reihe von Einfriercyclen ermittelt wird, wird vorgeschlagen, außer der Gewichtsabnahme laufend nach je 25 Cyclen auch die Volumänderungen durch hydrostat. Wägung zu verfolgen; die dabei errechnete stetig ansteigende Wassersättigung (in relativen % berechnet) ergibt ein genaueres Bild der tatsächlich nach den (ca. 150) Einfriercyclen erfolgten Zerstörungen des Gefüges im Prüfstück. Die Berechnung ergibt sich aus einfachen Formeln. (Гидротехническое Строительство [Hydrotech. Bau] **20.** Nr. 6. 41—42. Juni 1951.) V. WILPERT. 6228

E. Sobotha, *Ein vereinfachtes Verfahren der Korngrößenbestimmung und eine übersichtliche Darstellung dieser Verhältnisse für grobkeramische Zwecke.* Durch festgelegte drei Probenahmepunkte u. -zeiten ist ein Fallrohr entstanden, welches eine sehr schnelle Trennung in die Gruppen $<$0,01 mm, 0,01—0,02 mm, 0,02—0,05 mm, 0,05 bis 0,1 mm, 0,1—0,5 mm, 0,5—3,0 mm, $>$3,0 mm gestattet. Die sedimentierten Fraktionen werden nicht gewogen, sondern als Volumina u. im Kreisdiagramm dargestellt. (Ber. dtsch. keram. Ges. e. V. **30.** 286—89. Dez. 1953.) SCHÜTZ. 6240

United States Rubber Co., New York, N. Y., übert. von: **Frank J. Carlin,** Fort Atkinson, Wis., V. St. A., *Kunststoffüberzug für Glas.* In einer Lsg. aus Xylol u. einem ungesätt. Mischpolymerisat aus Diallylfumarat, Allylalkohol u. Styrol werden NH_4F u. NH_4HF_2 dispergiert. Die M. wird auf Glas aufgespritzt u. dann auf 120—250° erhitzt. (**A. P. 2 628 922** vom 9/11. 1950, ausg. 17/2. 1953.) LAASS. 6189

Th. Goldschmidt Akt.-Ges. (Erfinder: **Hellmuth Stamm** und **Hugo Arens**), Essen, *Siliconisieren von Materialien aller Art, besonders Gläsern, Flaschen und Ampullen.* Die nach dem Verf. gemäß D. B. P. 894 771 hergestellten Polysiloxanemulsionen werden zum Siliconisieren von Gläsern, Flaschen, Ampullen u. dgl. verwendet. Hierbei werden die mit der Emulsion behandelten Gegenstände unmittelbar nach der Emulsionsbehandlung u. vor der Aushärtung einem Nachspülen mit W., bes. enthärtetem oder dest. W., unterworfen. (**D. B. P. 905 422** Kl. 32b vom 14/6. 1952, ausg. 1/3. 1954. Anmeldung bekanntgemacht 25/6. 1953. **Zusatz zu D. B. P. 894 771; C. 1954. 2721.**) HANS HOFFMANN. 6201

Hubert Fernand Tolle, Paris, Frankreich, *Herstellen von mit Umfangsdichtungen versehenen Glasscheiben,* dad. gek., daß der Rand zunächst metallisiert wird u. daß dann, gegebenenfalls unter Zwischenschaltung eines Bindemittels, eine Schicht aus Kautschuk auf die metallisierte Fläche aufgebracht u., bes. durch Aufvulkanisieren, mit ihr verbunden wird. — 13 Abbildungen. (**D. B. P. 911 781** Kl. 39b vom 1/4. 1951, ausg. 20/5. 1954. Anmeldung bekanntgemacht 8/10. 1953. F. Priorr. 20/5. 1949 u. 26/4. 1950.) OVERBECK. 6203

Emaillierwerk Krone Raestrup & Co. (Erfinder: **Alexander Raestrup**), Oelde/Westf., *Erhöhen der Haltbarkeit von Blechemailteilen.* Die der Einw. von Stoß u. Schlag ausgesetzten Stellen werden bes. mit Hilfe des Flammspritzverf. mit einem Überzug aus schlag- u. stoßfestem Kunststoff überzogen. — Abbildung. (**D. B. P. 909 787** Kl. 48c vom 3/8. 1952, ausg. 26/4. 1954. Anmeldung bekanntgemacht 6/8. 1953.) MARKHOFF. 6213

Carborundum Co., übert. von: **Kenneth C. Nicholson,** Niagara Falls, N. Y., V. St. A., *Herstellung von feuerfesten Formlingen aus SiC* von hoher Festigkeit u. Oxydationsbeständigkeit. Ein Gemisch aus gröberem u. feinteiligem SiC, feinteiligem Si (ca. 15%), 3—7% Zr-Oxyd oder -verbb., die bes. 3—6% CaO enthalten, u. gegebenenfalls (5%) Ligninsulfonat u. (6%) Bentonitgel wird mit W. angeteigt, geformt, getrocknet u. in einer nichtoxydierenden, N_2-haltigen Atmosphäre so hoch erhitzt, daß das Si in Si_3N_4 übergeht. (**A. P. 2 636 826** vom 2/6. 1950, ausg. 28/4. 1953.) ZÜRN. 6219

Carborundum Co., übert. von: **Kenneth C. Nicholson,** Niagara Falls, N. Y., V. St. A., *Herstellung von feuerfesten Formlingen aus durch Si_3N_4 gebundenen feuerfesten Oxyden.* Ein Gemisch aus feinteiligem Si, das $^3/_4$—1% Fe enthält, u. Al_2O_3, ThO_2 oder BeO, mit 25—50% Si wird bes. nach Zusatz von ca. 1% Dextrin verformt u. in einer nichtoxydierenden, N_2 enthaltenden Atmosphäre so hoch erhitzt, daß das gesamte Si in Si_3N_4 übergeht. Die Nitrierung wird durch das Fe katalysiert. (**A. P. 2 636 828** vom 26/2. 1948, ausg. 28/4. 1953.) ZÜRN. 6219

Hans Bode, Moers/Rh., *Anstrich- und Bekleidungsmasse für eiserne Bauteile.* Zur Herst. einer inneren Auskleidung von eisernen Brennstoffbehältern u. auch für äußere Anstrichzwecke wird ein Zementmasse verwendet, welche mehr als 10% Glasfaser, -pulver oder -staub enthält. Weitere Bindemittel, wie polymerisierte Acrylsäureester, Silicate oder Fluorsilicate, können der M. zugesetzt werden. (**D. B. P. 911 111** Kl. 80b vom 10/9. 1944, ausg. 10/5. 1954. Anmeldung bekanntgemacht 1/10. 1953.) HANS HOFFMANN. 6223

Mineralien-Mahlwerk Kuppenheim Fritz Meinhardt, Kuppenheim, Bad. (Erfinder: **Rudolf Zollinger,** Karlsruhe, und **Fritz Meinhardt,** Kuppenheim, Bad.), *Herstellung von Zuschlagstoffen für Hartbeton.* Zur Herst. von mindestens teilweise aus geschmolzenem Al_2O_3 bestehenden Zuschlagstoffen für Hartbeton, wie Korund, Chromschlacke, Kupferschlacke oder dgl., werden diese einer langsamen Erwärmung unterhalb der Schmelztemp. u. einer darauffolgenden langsamen Abkühlung unterworfen. Sofern diese Stoffe noch nicht SiO_2 enthalten, werden sie in eine keram. Bindung mit SiO_2 übergeführt. Zweckmäßig kommen als Zuschlagstoffe Bruchstücke u. Abdrehstaub von Schleifscheiben in Frage. (**D. B. P. 913 513** Kl. 80b vom 6/6. 1951, ausg. 14/6. 1954. Anmeldung bekanntgemacht 5/6. 1952.)
HANS HOFFMANN. 6225

Deutsche Bundesbahn, vertreten durch das Bundesbahn-Zentralamt Minden (Erfinder: **Hermann Meier, Helmut Rubin** und **Bruno Neumann**), Minden, Westf., *Erhöhung des elektrischen Leitwiderstandes von Bauteilen aus Beton.* Zur Erhöhung elektr. Widerstandes von Beton, Stahlbeton oder Spannbeton, bes. Eisenbahnschwellen, wird beim Mischen des Betons vor dem Einbringen in die Schalungen Ionenaustauschharz zugegeben. Es genügt auch, wenn nur die der Befestigung u. Auflagerung der stromführenden Metallteile dienenden Konstruktionsteile mit einer Schicht dieses Harzes umgeben werden. (**D. B. P. 912 910** Kl. 80b vom 21/10. 1952, ausg. 3/6. 1954. Anmeldung bekanntgemacht 29/10. 1953.) HANS HOFFMANN. 6225

Karl Beckenbach, Düsseldorf, *Löschen von Kalk.* Das auf 0,5—2,0 mm Teilchengröße gebrochene Rohmaterial wird zusammen mit dem erforderlichen W., gegebenenfalls unter Druck, in den unteren Teil eines Löschbehälters eingebracht. Hier bleibt es in direktem Kontakt mit dem Löschwasser, während in dem oberen Teil das gelöschte Material allmählich zu Haufen wächst u. als feinstes Pulver mit dem abfließenden W. über den oberen Rand abfließt. (**E. P. 702 001** vom 8/6. 1951, ausg. 6/1. 1954.)
NEBELSIEK. 6229

Ronald M. Hodgson, England, *Bodenverfestigung.* Auf den von der Oberflächenschicht befreiten u. geglätteten Erdboden wird zunächst eine Ca- oder $MgCl_2$-Lsg. gegossen u. einziehen gelasssen, sodann wird eine Na- oder KOH-Lsg. in gleicher Weise aufgebracht. Zum Schluß wird eine Na–Silicat-Lsg. aufgebracht. Nach einer Woche ist der Erdboden härter geworden als gefrorener Boden. (**F. P. 1 014 554** vom 26/8. 1947, ausg. 19/8. 1952. E. Prior. 14/2. 1946.) WITTHOLZ. 6233

Karl Frank, Asbest. 2. umgearb. u. erw. Aufl. Hamburg: Becker & Haag. 1952. (234 S. m. Abb.) DM 20,—.

VII. Agrikulturchemie. Schädlingsbekämpfung.

S. Ja. Lein, *Die Anwendung mineralischer und sonstiger Düngemittel.* Als Kopfdüngung im Frühjahr hat sich neben den bekannten mineral. Düngemitteln u. Jauche auch die Holzasche mit ihrem K-, P- u. Ca-Geh. bewährt u. im Nichtschwarzerdegebiet bei Gaben von 4—6 dz/ha die Getreideerträge um 8—10 dz/ha gesteigert. Bedeutung erwerben die in mehreren Gebieten der UdSSR verfügbaren Phosphorbakterindünger, die man rein oder mit der Saat gemischt in den Boden bringt u. deren Bakterien durch Mobilisierung der organ. Phosphorsäure, bes. aber durch Belebung der Mikrobenentw., im Neulandboden ertragsteigernd wirken. (Достижения Науки и Передового Опыта в Сельском Хозяйстве [Errungenschaften Wiss. u. fortschr. Erfahrung Landwirtsch.] **1954.** Nr. 3. 89—90. März.) LINTER. 6304

Felice Lanza, *Beitrag zur Untersuchung von Vigna sinensis Engl. Wasserkultur, Wasserverfügbarkeit, Bildung von Trockensubstanz, Gesamtwasserverbrauch und Futternährwert.* Bei Kulturverss. mit genau eingestelltem Wassergeh. (51—65—84—100%) mit der Leguminose Vigna sinensis Engl. wurde der höchste Ertrag bei 84% erzielt. Vf. hält eine Beziehung zwischen Wasserverbrauch u. Ertrag für wahrscheinlich. (Ann. Staz. chim.-agrar. sperim. Roma [III] **1951.** Pubbl. Nr. **60.** 1—12. Rom, Stazione Chimico-Agraria Sperimentale.) GRIMME. 6304

P. J. Anderson, *Tabakanbau in Connecticut.* Überblick über Anbau, Düngung, Schädlingsbekämpfung u. Ernte. (Connecticut agric. Exp. Stat., New Haven, Bull. **1953.** 7—110. Jan.) WINIKER. 6304

James M. Blume und **N. S. Hall,** *Calciumaufnahme durch Tabak bei Reiheneinbringung von Düngemitteln.* Durch Markierung mit ^{45}Ca bzw. ^{32}P bei Reihendüngung von Tabakpflanzen mit $CaH_4(PO_4)_2 \cdot H_2O$, $CaSO_4$ u. $CaSO_3$ auf einem lehmigen Sandboden wurde festgestellt, daß die Pflanzen nur 2—6% ihres Ca-Bedarfs aus den eingebrachten Ca-Salzen decken, auch auf Ca-armem Boden. P in den Pflanzen stammte hingegen zu 26—35% aus eingebrachtem $CaH_4(PO_4)_2$, trotz hohen, nutzbaren P-Geh. des Bodens.

(Soil Sci. **75.** 299—306. April 1953. U. S. Dep. of Agric., u. North Carolina Agric. Exp. St.) KNÖPKE. 6304

Ivan Neas, *Einfluß von Schwefelernährung auf heizkammerbehandelten Tabak.* Die Anwendung von Düngern ohne Sulfat ergab in Trockenperioden im frühen Wuchsstadium von Tabak (Virginia Bright Leaf) ausgeprägte S-Mangelsymptome; diese verschwanden bei nachfolgendem Regen, infolge des Sulfatgeh. desselben. Geringe Mengen Sulfat (40 lb. SO_3/acre) im Dünger ergaben gesunden Tabak u. etwas besseren Ertrag. Andererseits hatten hohe Sulfatgaben (200 lb. SO_3/acre) in Form des angewandten K_2SO_4 einen ungünstigen Einfl. auf den Brand u. die chem. Zus. des Blatts, wodurch der günstige Einfl. von Kali maskiert wurde. Ein kleinerer SO_3-Geh. als der, welcher stöchiometr. dem zur Düngung erforderlichen K_2O entspricht, erscheint wünschenswert. (Im Vers. ist K_2O-Überschuß als K_2CO_3 angewandt). Auch das im Dünger enthaltene Superphosphat sollte möglichst SO_3-arm bzw. P_2O_5-reich sein. (Agronomy J. **45.** 472—77. Okt. 1953. Tifton, Ga., Georgia Coastal Plain Exp. Station, U. S. D. A.) RANG. 6304

M. Lemoigne, H. Girard und **G. Jacobelli,** *Untersuchungen auf dem Gebiet mikrobieller Ökologie.* 1. Mitt. *Zersetzung von Saccharose durch Bodenmikroben in Gegenwart von Nitrat oder Ammonsalz.* Obwohl der Boden eine ganze Reihe von verschied. Mikroben enthält, herrscht in Ggw. von Nitrit oder Ammonsalz doch die Entw. von Bacillus megatherium vor. Der Abbau von Saccharose ist somit vor allem auf dessen Wachstum zurückzuführen. (Ann. Inst. nat. Rech. agronom., Sér. A **2.** 89—101. März/April 1951.) GRIMME. 6306

Charles H. Richardson, *Wirkung insekticider Begasungsmittel auf die Keimung von Mais-Saatgut.* Nach Verss. lassen sich die Begasungsmittel in drei Gruppen teilen: solche, die der Keimung schädlich sind, bes. Acrylnitril (bzw. mit CCl_4), Chlorpikrin (+ CCl_4) u. Äthylendibromid; dann CS_2; ferner solche, die verhältnismäßig unschädlich sind, bes. Propylendichlorid, Trichloräthylen, CS_2 + CCl_4, CCl_4; Äthylendichlorid (+ CCl_4). Letztere können in Mengen bis zu 10 gall./1000 bushels Saatgut angewandt werden. Wichtig für die Keimfähigkeit sind die Begasungsdauer u. die vollständige Entfernung der Dampfrückstände. (J. econ. Entomol. **44.** 604—08. Aug. 1951. Ames, Iowa.) LIEBNER. 6312

Jörg Münster, *Die Wirkung von keimhindernden Mitteln auf den Anbauwert von Kartoffeln.* Bericht über Verss. mit *Tusarex, Belvitank* u. *Germex.* Die Mittel drängen die verderbliche Keimung während der Winterlagerung der Kartoffeln weitgehend zurück. Bei der Aussaat zeigt sich zunächst ein verlangsamtes Aufgehen, das erst allmählich den Vorsprung vorgekeimten Saatguts einholt. (Landwirtsch. Jb. Schweiz **66** ([N. F.] **1**). 1047—53. 1952.) GRIMME. 6312

A. I. Ssokman, *Chemische Maßnahmen zur Bekämpfung von Gesträuch.* Auf Wiesen hatte Spritzen u. Bestäuben mit 3—5 kg *2.4-D*/ha bei jungem belaubtem Gesträuch (außer Espe) guten Erfolg. Bei Nadelholzpflanzen erhielt man keine Wirkung. Empfehlenswert ist die Anwendung bei sonnigem trockenem Wetter; unmittelbar folgender Regen vernichtet die Wirkung. (Достижения Науки и Передового Опыта в Сельском Хозяйстве [Errungenschaften Wiss. u. fortschr. Erfahrung Landwirtsch.] **1954.** Nr. 3. 83—85. März. Leningrad, Landw. Bezirksverwaltung.) LINTER. 6312

Miguel Benlloch, *Vorsicht mit organischen Unkrautbekämpfungsmitteln!* Weinreben u. Baumwollstauden können schon dadurch erheblich geschädigt werden, daß zuvor für 2.4-D (2.4-Dichlorphenoxyessigsäure oder deren Derivv. u. Salze) benutzte Spritzen ohne genügende Reinigung für andere Spritzmittel verwendet werden. Auch Hafer ist gegen solche Reste empfindlich, nicht aber Wintergetreide u. Mais, der ein Maximum der Unempfindlichkeit bei ca. 30—50 cm Höhe erreicht. (Agricultura [Madrid] **22.** 615—16. Nov. 1953.) R. K. MÜLLER. 6312

K. Oberthür, *Zur Bekämpfung der durch Thielavia basicola Zopf hervorgerufenen Wurzelbräune des Tabaks.* Zur Bekämpfung des Wurzelpilzes Thielavia basicola ist die Dämpfung der Saatbeeterde vorerst noch die sicherste Methode. Bei sorgfältiger Durchführung ist die Formalinbehandlung ebenfalls erfolgreich. Schließlich ist noch *Germisan* zur Bodendesinfektion in der Naßbehandlung geeignet. Verss. mit *Cupral, Fusibar, Kupfer-Spritz-Arcal, Phomasan* u. einigen neu entwickelten Präpp. der VEB FAHLBERG-LIST, Magdeburg, u. VEB FARBENFABRIK WOLFEN (*W 6414, W 6431, W 6468, W 6511, W 6417 II, Cystozon F, Fahlberg III, Chloranit 256*; Zus. nicht angegeben) zeitigten in Trockenform angewendet nicht den gewünschten Erfolg (nicht ausreichende Wirksamkeit bzw. Beeinträchtigung der Keimfähigkeit der Tabaksamen). (Nachrichtenbl. dtsch. Pflanzenschutzdienst [Berlin] [N. F.] **8** (**34**). 50—56. März 1954. Wohlsdorf-Biendorf, Inst. f. Tabakforschung.) WINIKER. 6312

Jean Lhoste, *Ein vielseitiges synthetisches Fungicid. Das Thiram.* Vf. beschreibt die gute fungicide Wirksamkeit von Tetramethylthiuramdisulfid (*Thiram*) bei Anwendung auf verschied. Pflanzenfamilien, sowie die Anwendungsweisen u. Dosierungen. Bes. vorteilhaft erweist sich die Behandlung des Saatguts, dessen Keimfähigkeit nicht verringert, sondern sogar erhöht wird (Hormonwirkung). Rattenexperimente erwiesen geringe Giftigkeit in Vgl. zu anderen Fungiciden. (Engrais **68.** Nr. 70. 16—18. April 1954.) JANICKE. 6312

M. de Farrar, *Granulierte Insekticide für die Bodenbehandlung.* Überblick über an granulierte Insekticide zu stellende Anforderungen u. ihre Anwendungsmöglichkeiten. (J. econ. Entomol. **46.** 377—79. April 1953. Clemson, South Carolina.) WINIKER. 6312

J. C. Gaines und **W. J. Mistric jr.,** *Einfluß von Regenfall und anderen Faktoren auf die Toxizität verschiedener Insekticide.* Bericht über den Einfl. von Regen, Anwendungsort u. -form (Labor., Gewächshaus, Freiland; Staub oder Sprays) auf die insekticide Wrkg. von *Toxaphen, Dieldrin, Aldrin* sowie *Q-137* = 1.1-Bis-(p-äthylphenyl)-2.2-dichloräthan u. *γ-BHC.* (J. econ. Entomol. **44.** 580—85. Aug. 1951. Texas Agricultural Experiment Station.) LIEBNER. 6312

L. A. W. Hayward, *Verunreinigung in Säcken gelagerter, enthülster Erdnüsse durch direkte Sprays mit wässerigen Suspensionen von BHC und DDT.* Eingesackte enthülste Erdnüsse wurden in offenen Schuppen gelagert nach Besprühen mit wss. *BHC-* u. *DDT*-Suspensionen in, gegenüber der üblichen, verdoppelter Konzentration. Nach einer Lagerzeit von 6 Monaten wurden die Nüsse gepreßt u. Öl u. Kuchen auf Insekticidgeh. untersucht. Die durchschnittliche Verunreinigung des ganzen 750 t-Stapels an BHC u. DDT lag innerhalb der im United Kingdom zulässigen Grenzen. (J. Sci. Food Agric. **2.** 524—27. Nov. 1951. Lagos, Nigeria.) GRIMME. 6312

B. Somade, *Verunreinigung und Verderb von Kakaobohnen durch Insekticidrückstände.* Kakaobohnen wurden in mit *DDT* bzw. *BHC* imprägnierten Säcken nachgeprüft. Es zeigte sich bei DDT eine Abnahme von 3,45% auf 2,8%, bei BHC von 1,63% auf 0,93%. Der größte Teil der Abnahme ist bedingt durch Aufnahme in Kakaoschalen. Ähnliche Resultate wurden erhalten bei Lagerung der Kakaobohnen in Räumen, deren Böden u. Wände stark mit den Insekticiden behandelt waren. (J. Sci. Food Agric. **2.** 527—28. Nov. 1951. Lagos, Nigeria.) GRIMME. 6312

R. N. Hofmaster und **D. E. Greenwood,** *Milbenbekämpfung an Erdbeeren in Virginia.* Bei der Bekämpfung von Tetranychus bimaculatus bewährten sich bes. Mischungen von *Parathion* (I) mit *S* bzw. *Ovotran* (II). Allein angewandt waren die Mittel weniger wirksam. Bekämpfungserfolge wurden außerdem erzielt mit: *Systox* (III), *Malathon* (IV), *Aramite* (V), *Sulphenone* (p-Chlorphenylphenylsulfon) u. *Karathane* (Dinitrocaprylphenylcrotonat). Gegen T. atlanticus waren Stäube mit 10% + 3% III am erfolgreichsten. Zur Bekämpfung geeignet sind außerdem: I, III, IV, *NPO, Compound 338* (4.4'-Dichlorbenzilsäureäthylester) sowie TEPP (bei starkem Befall dreimalige Anwendung erforderlich). (J. econ. Entomol. **46.** 224—33. April 1953.) WINIKER. 6312

C. R. Cutright, *Bekämpfung von Anuraphis roseus und Aphis pomi.* Bericht über erfolgreiche Bekämpfungsverss. mit *Parathion, Malathon, 322 E* (*Geigy*), *Systox* u. *Nicotinsulfat.* (J. econ. Entomol. **46.** 379—81. April 1953. Wooster, Ohio Agricultural Expt. Station.) WINIKER. 6312

H. S. Elmer, W. H. Ewart und **G. E. Carman,** *Abnorme Zunahme von Coccus hesperidum in Citruspflanzungen nach Behandlung mit Parathion.* Die Vermehrung von C. hesperidum wurde durch relativ hohe Dosierung von *Parathion* als Sprays bzw. durch dessen mehrfache Anwendung erheblich gefördert. Auch andere organ. Phosphate wirkten in diesem Sinne. Die verwendeten Insekticide (oz. bzw. lbs./100 gal. W.) (*Äthyl-p-nitrophenylthionobenzolphosphonat,* 6 oz. *Paraoxon,* 6 oz., *Parathion* 1,5 u. 2,5 lbs., *O.O-Dimethyl-S-(2-oxo-2-ureidoäthyl)-dithiophosphat* 2,5 lbs., *S-Carbamylmethyl-O.O-dimethyldithiophosphat* 2,5 lbs., *Dieldrin* 3 lbs., *Aldrin* 3 lbs., *Methoxychlor* 1,5 lbs. bzw. gemischt mit *Kerosin* (I), *1.1-Dichlor-2.2-bis-(p-chlorphenyl)-äthan* 1,5 lbs. bzw. gemischt mit 1,5 gal. I, *1.1.1-Trichlor-2.2-bis-(p-fluorophenyl)-äthan* 1,5 lbs. bzw. gemischt mit 1,5 gal. I, *Rotenon* (4,7%ig.) 1 lbs. mit 3 gal. I u. 0,5 lbs. *Sojalecithin DDT* 1,5 lbs. mit 1,5 gal. I) bewirkten eine sichere Abtötung der braunen Schildlaus. Jedoch nach Verwendung einer erhöhten Menge von *Parathion* bzw. nach mehrmaliger Versprühung dieser Substanz wurde eine erhebliche Vermehrung der Schädlinge beobachtet; auch bei anderen organ. Phosphaten. (J. econ. Entomol. **44.** 593—97. Aug. 1951. Riverside, Univ. of California, Citrus Exp. Station.) LÜPNITZ. 6312

W. H. Ewart, H. S. Elmer und **F. A. Gunther,** *Parathionbehandlungen zur Bekämpfung von Coccus pseudomagnoliarum (Kuw.) auf Citrus in Californien.* Es wird über die Erfolge verschied. *Parathion*-Anwendung in Orangenpflanzungen in Californien gegen die Citricola-Schildlaus während 4 Jahren berichtet. Als Nebenerscheinung trat in einigen Pflanzungen eine abnorme Vermehrung der braunen Schildlaus C. hesperidum L. auf. (J. econ. Entomol. **44**. 598—603. Aug. 1951. Riverside, University of California, Citrus Exp. Station, Div. of Entomology.) LIEBNER. 6312

Leland R. Brown und **Clark O. Eads,** *Experimentelle Bekämpfung von Stomacoccus platani mit Kombinationen aus Öl und bestimmten synthetischen organischen Insekticiden.* Erprobt wurden *BHC, Chlordane, DDT, Parathion* u. *Toxaphen* u. ein mittleres *Leichtöl* mit Emulgator. Am wirksamsten waren Parathionpulversprays, allein oder mit Zusatz von 1,5% Leichtöl. Die übrigen Präpp. waren erst nach Zusatz von Öl den reinen Ölsprays überlegen. (J. econ. Entomol. **44**. 611—13. Aug. 1951. Los Angeles, Univ. of California.) LIEBNER. 6312

G. J. Shanahan, *Verhütung von Schafräude.* Zur Bekämpfung der schädlichen Insekten bewährten sich *DDT* u. *BHC.* (Agric. Gaz. New South Wales **62**. 425—29, 481—86. 1/9. 1951.) GRIMME. 6312

H. C. Cox und **J. H. Lilly,** *Chemische Bekämpfung von Diabrotica longicornis Say.* Bei Verss. zur Bekämpfung von Diabrotica longicornis Say wurden Erfolge erzielt mit *Aldrin, γ-BHC, Chlordane, Dieldrin* u. *Heptachlor,* nicht aber mit *DDT.* (J. econ. Entomol. **46**. 217—24. April 1953. Iowa, State College.) WINIKER. 6312

H. C. Chiang und **L. K. Cutkomp,** *Die Bedeutung einiger biologischer Eigenheiten des Maisgünsters für den Zeitpunkt der Insekticidanwendung.* (J. econ. Entomol. **46**. 277—87. April 1953. St. Paul, Minn., Univ. Farm, Division of Entomology and Economic Zoology.) WINIKER. 6312

J. M. Ginsburg und **R. S. Filmer,** *Auf Maispflanzen wiedergefundenes DDT aus verschiedenen Behandlungen gegen Heliothis armigera Hbn.* Nach Anwendung von 5%ig. DDT-Staub (a; dreimal; 6 lbs. DDT/acre), DDT-Emulsionssprays (b; einmal; 2 lbs./acre), u. DDT-Öl-Injektion (c; 0,2 lbs. DDT/acre) findet sich bei der Ernte in den geschälten Körnern kein DDT nach den 3 Anwendungen, während Blätter, Halme u. Hülsen bes. nach der Spraybehandlung erhebliche DDT-Mengen im Herbst enthielten (bis ∼52 p. p. m.). Ähnliches gilt für die Ährenkolben nach DDT-Injektionen. Die Rückstände von DDT-Stäuben waren am größten auf den Hülsen. (J. econ. Entomol. **44**. 620. Aug. 1951. New Brunswick, New Jersey Agricultural Experiment Station, Rutgers University.) LIEBNER. 6312

Edgar M. Raffensperger und **Charles W. Rutschky,** *Vergleich von Oviciden für Eier von Heliothis armigera.* Es wird über Unterss. mit Oviciden zur Bekämpfung von Eiern des Maisährenwurms mit organ. P-Verbb. u. einem Sulfonat berichtet. Die besten Ergebnisse lieferte *Metacide* (DOW CHEM. CO.), während *EPN 300* u. *Ovotran* viel weniger wirksam sind. Die Wrkg. ist abhängig vom Alter der Eier. Phytotox. Wrkg. trat nicht auf. (J. econ. entomol. **46**. 100—02. Febr. 1953. Pennsylvania State Coll., Dep. of Zool. and Entomol.) GOEBEL. 6312

R. B. Neiswander, *Bekämpfung von Brachyrhinus sulcatus F.* Sichere Bekämpfungserfolge werden mit *Aldrin-, Dieldrin-, Heptachlor-, DDT-* u. *Chlordane*-Sprays erzielt. Bei Anwendung als Bodenbehandlungsmittel versagen DDT u. Chlordane. (J. econ. Entomol. **46**. 234—37. April 1953. Wooster, Ohio Agricultural Exper. Stat.) WINIKER. 6312

Neely Turner, *Ausbildung von Resistenz gegen Rotenon beim Mexikanischen Bohnenkäfer.* (J. econ. Entomol. **46**. 369—70. April 1953. New Haven, Conn., The Connecticut Agricultural Exper. Stat.) WINIKER. 6312

Werner Kloft, *Erfolgreiche Bekämpfung des Zottigen Blütenkäfers Tropinota hirta mit Toxaphen.* In Freiland- u. Laborverss. wurde festgestellt, daß *Toxaphen* (als Suspension 0,7—0,8%ig., als Emulsion 0,5%ig. u. als Staub mit 15—20 kg/ha angewendet) zur Tropinotabekämpfung geeignet ist. (Pflanzenschutz **5**. 157—58. 1953. Würzburg, Univ., Inst. f. angewandte Zoologie.) WINIKER. 6312

J. H. Fales und **O. O. Stout,** *Aerosolversuche gegen die Orientalische Fruchtfliege und andere Insekten.* Das gebräuchliche *Aerosol G-382* zur Bekämpfung von Schadinsekten auf den Hawai-Inseln mit der Zus. *Pyrethrumextrakt* (**I**; 20%ig.) 5%, *DDT* (**II**) 3%, *Cyclohexanon* (**III**) 5%, Mineralöl (**IV**) 2%, Freon-12 (**V**) 85% wurde zur Prüfung auf die Wrkg. gegen die oriental. Fruchtfliege Dacus dorsalis Hendel unter Konstanthaltung von **I** u. **II** verändert: *G-421* **III** 7 (%), **V** 77, *Piperonylbutoxyd* (**VI**) 8; *G-500* **III** 10, **V** 71, **VI** 8, *Benzolhexachlorid* (γ-Isomer) 3; *G-559* **III** 5, **V** 83, **VI** 4; *G-567* **III** 5, **IV** 1, **V** 83,75, **VI** 3, *Methylsalicylat* 0,25. Alle 4 Modifikationen erwiesen sich als wirksamer als G-382, wobei 2—20 g/1000 cu.ft. verwendet wurden. Auch gegenüber den Käfern *Alphitobius piceus* (Oliv.) u. *Ammophorus insularis* Boh. sowie der Schabe *Pycnoscellus surinamensis* L. erwiesen sich G–421 u. G–500 wirksamer als die gleiche Menge G–382 (20 g/1000 cu.ft.). (J. econ. Entomol. **44**. 608—10. Aug. 1951. U. S. D. A., Agric. Res. Adm., Bur. of Entomol. and Plant Quarantine.)

LÜPNITZ. 6312

Agustín Alfaro, *Wurmbefall von Äpfeln und Birnen und seine Vermeidung.* Die Bekämpfung von Cydia pomonella L., deren Biologie besprocchen wird, erfolgt zweckmäßig mit 0,6—0,75%ig. Pb-Arseniatlsg. oder 0,125—0,25%ig. DDT-Lsg., wobei die Behandlung in Abständen von 10—12 Tagen wiederholt wird. Die Bekämpfung der Raupen geschieht bei nicht zu rissiger Baumrinde zweckmäßig durch Umwickeln des Stammes mit Wellpappe, die mit β-Naphthol getränkt ist oder period. auf Puppen durchsucht wird. (Agricultura [Madrid] **22**. 677—81. Dez. 1953.)

R. K. MÜLLER. 6312

W. S. Hough, *Einfluß von benetzbarem Parathionpulver auf die Wirksamkeit von DDT.* Bei Verss. zur Bekämpfung des Apfelwicklers wurde festgestellt, daß die Giftwrkg. von benetzbarem *DDT*-Pulver (50%ig.) durch Zusatz von etwas benetzbarem *Parathion*-Pulver verstärkt werden kann. (J. econ. Entomol. **46**. 368—69. April 1953. Winchester, Virginia Agricult. Exper. Station.) WINIKER. 6312

A. Staub, *Der Pflaumenbohrer, ein Gelegenheitsschädling.* Zur Bekämpfung ist *DDT* geeignet. Allerdings besteht hierbei die Gefahr einer Spinnmilbenvermehrung. (Schweiz. Z. Obst- u. Weinbau **62**. 287—89. 25/7. 1953. Wädenswil, Eidgenössische Versuchsanst.)

WINIKER. 6312

George S. Langford, Wallace C. Harding und **Bankey S. Hall,** *Neuere Insekticide zur Bekämpfung des Japankäfers.* Bericht über die erfolgreiche Bekämpfungsverss. mit *Dilan, NPD, Malathon, EPN, Metacide, Systox* u. *Lindane.* (J. econ. Entomol. **46**. 262—65. April 1953. Maryland, Univ., Coll. Park.) WINIKER. 6312

D. P. Connola, C. J. Yops, J. A. Wilcox und **D. L. Collins,** *Überblick über sturmgeschädigte Bäume angreifende Käferarten im Adirondackswald und über Versuche zu ihrer Bekämpfung.* Vff. geben einen Überblick über die an sturmgeschädigten Bäumen aufgetretenen Käferarten u. berichten über Bekämpfungsverss., denen zufolge vom Flugzeug aus versprühtes *DDT* u. *BHC* wirkungslos blieb, während in üblicher Weise versprühtes *Lindane* Erfolge zeitigte. (J. econ. Entomol. **46**. 249—54. April 1953. New York, N. Y., State Sci. Service, State Educat. Dep.; Bur. of Forest Pest Control, State Conservation Dep.; State Museum, State Education Dep.) WINIKER. 6312

D. S. Marshall, A. A. Muka und **George G. Gyrisco,** *Bekämpfung von Melanoplus femur-rubrum DeGeer auf Alfalfa mit einem kleinvolumigen Niederdrucksprühgerät.* Erprobt wurden Emulsionsprays von *Tetraäthylpyrophosphat* (**I**), *Chlordane* (**II**), *Aldrin* (**III**), *Toxaphen* (**IV**), *γ-BHC* (**V**), *Dieldrin* (**VI**) u. *Heptachlor* (**VII**) bei 4 Konzz. zwischen 0,2 u. 0,8 lbs. akt. Wirkstoff/acre. Sämtliche Mittel zeigten bei allen 4 Konzz. sehr gute Anfangswirksamkeit. Über die Dauer eines Monats fiel die Wrkg. etwas in der Reihenfolge **V, VI, III, IV. I** hatte zu geringe Rückstandswirksamkeit. (J. econ. Entomol. **44**. 615—16. Aug. 1951. Ithaca, N. Y., Cornell Univ.) LIEBNER. 6312

Elton J. Hansens *Versagen von rückstandbildenden Insekticiden bei der Stubenfliegenbekämpfung.* Bei einigen Stubenfliegenstämmen wurde Resistenz gegen *Lindane-*, *Methoxychlor-*, *Chlordane-* u. *Dieldrin*-Rückstände beobachtet. (J. econ. Entomol. **46**. 246—48. April 1953. New Brunswick, N. J., Rutgers Univ.) WINIKER. 6312

Elton J. Hansens und **C. E. Bartley,** *Drei neue Insekticide zur Stubenfliegenbekämpfung in Ställen.* Bericht über Verss. mit *Pyrolan* (**I**; [1-Phenyl-3-methylpyrazolyl-(5)]-dimethylcarbamat), *Pyramat* (**II**; [2-n-Propyl-4-methylpyrimidyl-(6)]-dimethyl-carbamat) u. *Diazinon* (**III**; [2-Isopropyl-4-methylpyrimidyl-(6)]-diäthylthiophosphat). **III** war am wirkungsvollsten. **I** u. **II** scheinen wegen ungenügender Rückstandswrkg. nicht geeignet zu sein. (J. econ. Entomol. **46**. 372—74. April 1953. New Brunswick, N. J., New Jersey Agric. Expt. Station, u. Bayonne, N. J., Geigy Comp. Inc.)

WINIKER. 6312

Fritz Steiniger, *Heißluft in der Hausbockbekämpfung.* (Desinfekt. u. Gesundheitswes. **46**. 116—18. Aug. 1954.) WINIKER. 6312

G. H. W. Stein und **H. J. Telle,** *Über eine Feldmausversuchsbekämpfung, Verlauf und vorläufige Ergebnisse.* Als Giftmittel wurde 14 Tage vor der Aktion frisch hergestellter Zn-Phosphid-Weizen mit Erfolg verwendet. Cumarinderivv. sind für Feldmäusebekämpfungen weder in der kumulierend noch in der akut-tox. Anwendung brauchbar. (Nachrichtenbl. dtsch. Pflanzenschutzdienst [Berlin] [N. F.]. **8** (**34**). 121—28. Juli; 141—47. Aug. 1954. Berlin. Zool. Museum u. Kleinmachnow, Biol. Zentralanst. Berlin.)

WINIKER. 6312

G. Laue, *Cumarin-Derivate mit antikoagulierenden Eigenschaften und ihre mögliche Anwendung in der Nagerbekämpfung.* Zusammenfassender Überblick. — 25 Literaturhinweise. (Nachrichtenbl. dtsch. Pflanzenschutzdienst [Berlin] [N. F.] **8** (**34**). 148—51. Aug. 1954. Delitzsch.) WINIKER. 6312

G. Fricke und **K. Ziegner.** *Über eine Methode zur Bestimmung der Verstäubbarkeit von Stäubemitteln.* Beschreibung einer Meth. zur Best. der Verstäubbarkeit staubförmiger Schädlingsbekämpfungsmittel, die darauf beruht, daß der Rückstand, der bei senkrechtem Durchgang eines Luftstromes bestimmter Stärke u. Dauer durch eine Pulvermenge verbleibt, bestimmt wird. Die Menge dieses Rückstandes ist ein direktes Maß für die Verstäubbarkeit des Pulvers, u. zwar entspricht jeweils 1 mg einer *VRZ*-(Verstäuberrückstandszahl)-*Einheit.* Sehr gut verstäubbare Pulver haben VRZ-Werte bis zu 10°, schwer verstäubbare über 25°. (Nachrichtenbl. dtsch. Pflanzenschutzdienst [Berlin] [N. F.] **8** (**34**). 153—55. Aug. 1954. Karl-Marx-Stadt, VEB Fettchemie und Fewa-Werk, Labor. für Schädlingsbekämpfung.) WINIKER. 6328

Potasse et Engrais Chimiques Soc. An., Paris, Frankreich, *Herstellung von Phosphatdüngemitteln.* Rohphosphate (1000 kg) werden mit einer Säure, bes. HNO_3, aufgeschlossen, der M. ca. 120 kg $MgSO_4$ auf 100 Mol P_2O_5 zugefügt u. die Paste wird mit NH_3 neutralisiert. Der Überschuß an NH_3 in der M. kann durch Behandlung mit CO_2 gebunden werden. Die M. wird mit einem Kalisalz vermischt, getrocknet u. granuliert. Hohe Löslichkeit des P_2O_5-Geh. des Düngemittels in Ammoncitratlösung. (**Schwz. P. 295 687** vom 11/1. 1952, ausg. 16/3. 1954. F. Priorr. 2/2. u. 28/8. 1951.) KARST. 6283

Trojan Powder Co., New York, N. Y., übert. von: **William H. Rinkenbach,** Rockaway, N. J., V. St. A., *Verhinderung des Zusammenbackens und Auswaschens durch Grundwasser von wasserlöslichen Düngesalzen.* Granulierte wasserlösl. Düngesalze, bes. NH_4NO_3, KNO_3, $NaNO_3$ oder $Sr(NO_3)_2$, werden in Mischvorr. mit 0,5—5% einer Alkalisilicatlsg., bes. Wasserglaslsg., die suspendiertes Al-Oxydpulver enthält, besprüht, unter Bewegung bei 100—130° innig vermischt bis die Granalien mit einem dünnen Film aus Silicat u. Al-Oxyd überzogen sind, worauf die M. unter Bewegung auf ca. 88—20° gekühlt u. bis auf ca. 1% Wassergeh. getrocknet wird. Länger andauernde Wrkg. der Pflanzennährstoffe im Boden. (**A. P. 2660541** vom 6/9. 1950, ausg. 24/11. 1953.) KARST. 6285

Otto Kippe, Osnabrück, *Herstellung von kalkarmer Magnesia und Kalksalpeter* mit ca. 5% NH_4NO_3 in fester Form aus Dolomit u. HNO_3 u. weiterer Behandlung der nitrathaltigen Lsg. mit gebranntem Dolomit in Ggw. von NH_3- oder NH_4-Salzen. Dabei wird der zuzusetzende, gebrannte Dolomit durch Trockenlöschen vorbehandelt, u. zur Ausfällung des $Mg(OH)_2$ werden nur ca. $2^1/_2$% NH_3 in Form von 25%ig. NH_4-W., gasförmigem NH_3- oder NH_4-Salzen, bezogen auf 100 kg Rohdolomit, verwendet, während das Filtrat in bekannter Weise zu $Ca(NO_3)_2$ mit einem Geh. von ca. 5% $NH_4 \cdot NO_3$ verarbeitet wird. (**D. B. P. 912 927** Kl. 12m vom 11/10. 1952, ausg. 3/6. 1954. Anmeldung bekanntgemacht 29/10. 1953.) NEBELSIEK. 6285

Soc. d'Études de Recherches et d'Applications Industrielles et Agricoles Agrindus und **André Paul Gesnel,** Collonges-au-Mont-d'Or, Rhône, Frankreich, *Herstellung von Düngemitteln.* Organ. Stoffe pflanzlichen oder tier. Ursprungs, z. B. Torf, gehäckseltes Stroh, Tang, Ölkuchen, Schlempe, Müllerei-, Trauben- oder Schlachthausabfälle, werden mit Mineralien, bes. Rohphosphaten, innig vermischt u. in Mischvorr. mit konz. Säuren, bes. H_2SO_4, HNO_3 oder Gemischen aus diesen, bei ca. 85—90° zu einer Paste verarbeitet, die mit alkal. Stoffen, z. B. NH_3, $CaCN_2$ oder Kalilauge neutralisiert, unter Rühren u. Kühlung zur Kristallisation gebracht u. granuliert wird. Kalisalze, Spurenelemente, Insekticide, Fungicide oder Baktericide können der M. noch zugefügt werden. Man erhält organ. Düngemittel mit hohem Geh. an N, K_2O u. P_2O_5 in verschied. Löslichkeitsformen. (**Schwz. P. 295 403** vom 20/6. 1950, ausg. 1/3. 1954.) KARST. 6291

Monsanto Chemical Co., St. Louis, Mo., übert. von: **David T. Mowry** und **Ross M. Hedrick,** Dayton, O., V. St. A., *Mischdüngemittel.* Feinzerkleinerte, streufähige, feste Pflanzennährstoffe, z. B. NH_4-, K-Salze, Phosphate, Nitrate, Kalkstein, Superphosphat, andere Ca-Verbb., Harnstoff, Abwasserklärschlamm, Sojabohnenmehl, Humusdüngemittel, Guano, Blutmehl, Stallmist, Torf, Knochen- u. Sägemehl oder dergleichen, oder Verbb. von Spurenelementen, wie B-, Mn-, Co-, Mo-, Fe- u. Mg-Verbb., werden mit feinzerkleinerten, festen, synthet. polymeren wasserlösl. Polyelektrolyten mit einem Mol.-Gew. von wenigstens 10000 innig vermischt. — Beispiele: *Polyacrylamid, Dimethylaminoäthylpolymethacrylat, Na-* oder *NH_4-Polymethacrylat, Vinylacetatmononatriummaleat, Isobutylendiammoniummaleat, Styroldiammoniummaleat, Isopropenylacetatdiammonium-*

maleat, Vinylchloriddiammoniummaleat, Polyvinylpyrrolidon, Polyvinylpiperidon und dergleichen. Die Gemische sind zur Verbesserung der physikal. Struktur von Ton- u. schweren Lehmböden, zur Steigerung der Ernteerträge, Förderung des Pflanzenwuchses u. Beseitigung der Bodenerosion bes. geeignet. (**A. P. 2 625 471** vom 20/2. 1952, ausg. 13/1. 1953.) Karst. 6291

Monsanto Chemical Co., St. Louis, Mo., übert. von: **Ross M. Hedrick** und **David T. Mowry**, Dayton, O., V. St. A., *Verbesserung von Böden.* Landwirtschaftliche Kulturböden von schlechter physikal. Struktur werden mit 0,001—2% eines synthet. wasserlösl. Polyelektrolyten mit einem Mol.-Gew. von ca. 15000—10000 innig vermischt. — Beispiele: *Polymere der Acryl-* oder *Methacrylsäure* oder deren NH_4-, Alkali- oder Ca-Salze, *hydrolysierte Polymere des Acrylnitrils* u. deren Salze, *Polyacrylamid, Dimethylaminoäthylpolymethacrylat, Vinylacetatdiammoniummaleat, Vinylacetatammoniummaleat* u. dergleichen. Die Krümelstruktur der Böden wird verbessert, deren wasserhaltende Kraft erhöht, Erosionsgefahren werden beseitigt u. Ertragssteigerungen erzielt. (**A. P. 2 625 529** vom 12/2. 1952, ausg. 13/1. 1953.) Karst. 6305

Pest Control Ltd., Bourn, Cambridgeshire, England (Erfinder: **Gilbert Spencer Hartley**), *Chemische Bodenbehandlungsmittel.* Ein an einem Ende angespitzter Pflock, der ein oder mehrere Kapseln aus thermoplast. Material enthält, wird in den zu behandelnden Boden eingetrieben. Die Kapseln enthalten Pflanzennährstoffe oder Düngemittel, z. B. Superphosphat, $NaNO_3$, $(NH_4)_2SO_4$ oder KCl, Spurenelemente, wie Mn, Li, B oder Mg, oder Insekticide, z. B. Bis-(dimethylamino)- oder Bis-(monoisopropylamino)-fluorphosphinoxyd, Bis-(bis-dimethylamino-phosphonium)-anhydrid, Diäthylmethylmercapto- oder Diäthyl-äthylmercaptoäthylthiophosphat. Die Kapseln lösen sich im Laufe der Zeit im Boden auf, wodurch die enthaltenen Stoffe auf Böden u. Pflanzen zur Einw. kommen. — Vorrichtung. (**E. P. 705 926** vom 5/3. 1952, ausg. 24/3. 1954.) Karst. 6305

Monsanto Chemical Co., St. Louis, Mo., übert. von: **John K. Fincke**, San Jose, Calif., V. St. A., *1-[2-(Alkylsulfonyl)-äthyl]-pyridiniumhalogenide* der allg. Formel $Alk—SO_2—CH_2—CH_2—\underset{X}{\overset{|}{N}} \vdots D$ (Alk = Alkylrest mit 8—20 C-Atomen; X = Cl, Br; N⋮D = heterocycl. Verb. der Pyridinreihe, wie Pyridin, Chinolin oder Isochinolin bzw. deren C-verknüpften Chloridderivv. bzw. C-Alkylhomologe mit 1—3 C-Alkylsubstituenten mit je höchstens 2 C-Atomen) erhält man durch Erwärmen eines 2-(Alkylsulfonyl)-äthylchlorids bzw. -bromids, in denen jeder Alkylrest 8—20 C-Atome trägt, mit einer Verb. der Pyridinreihe der in der obigen allg. Formel unter N⋮D beschriebenen Art. — Pyridin + 2-(n-Dodecylsulfonyl)-äthylchlorid in absol. A. 3 Std. unter Rückfluß erwärmt, vom A. befreit, nochmals Pyridin zugesetzt u. $1^1/_2$ Std. unter Rückfluß erwärmt → *1-[2-(n-Dodecylsulfonyl)-äthyl]-pyridiniumchlorid*, Ausbeute 13%. — *1-[2-(n-Decylsulfonyl)-äthyl]-pyridiniumchlorid.* — *Herbicide.* (**A. P. 2 657 988** vom 20/6. 1952, ausg. 3/11. 1953.) Sievers. 6313

Stauffer Chemical Co., übert. von: **Joseph T. Bashour**, New York, N. Y., V. St. A., *Chlorierte cyclische Trithiocarbonate.* In Verbb. der Formel I (R = H, CH_3, C_6H_5, p-ClC_6H_4), gelöst in z. B. CCl_4, leitet man bei 65° Cl_2 ein, bis der Cl-Geh. 30—50% beträgt. — *Fungicide.* (**A. P. 2 662 899** vom 29/7. 1950, ausg. 15/12. 1953.) Fabel. 6313

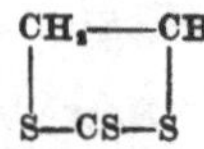

I

E. I. du Pont de Nemours & Co., übert. von: **John Frank Lontz** und **Maynard Stanley Raasch**, Wilmington, Del., V. St. A., *α-Fluoralkyl- oder α-Fluorcycloalkyl-α-aminocarbonsäuren* der Formel $(R)(R_1)C(COOH) \cdot N(R_2)(R_3)$, worin R einen fluorsubstituierten aliphat. oder cycloaliphat. KW-stoffrest mit höchstens 18 C-Atomen, R_1 = H, R einen aliphat. oder cycloaliphat. KW-stoffrest mit höchstens 18 C-Atomen u. R_2 u. R_3 = H oder einen aliphat. oder cycloaliphat. KW-stoffrest mit höchstens 18 C-Atomen bedeuten, wirken *insekticid* u. *fungicid.* — *Acetamino-(2-fluoräthyl)-malonsäureäthylester* (I), aus Acetaminomalonsäureäthylester, Na-Äthylat u. 1-Brom-2-fluorpropan, F. 74—76°. — *DL-γ-Fluor-α-aminobuttersäure*, beim Kochen von I mit verd. H_2SO_4. — Analog: *Acetamino-(3-fluorpropyl)-malonsäurediäthylester*, F. 76—77°. — *δ-Fluornorvalin*, F. 190°. — *Acetamino-(4-fluorbutyl)-malonsäurediäthylester.* — *ε-Fluornorleucin*, F. 144°. — *5-Methyl-5-trifluormethylhydantoin* (II), aus 1.1.1-Trifluoraceton, $(NH_4)_2CO_3$ u. HCN, F. 137°. — *α-Amino-β.β.β-trifluorisobuttersäure*, beim Kochen von II mit verd. H_2SO_4, sublimiert bei 250—300°. — Analog: *5-(2'.2'.3'.3'-Tetrafluor-1'-methylcyclobutyl)-hydantoin*, F. 241—243°. — *α-Amino-1.2.3.3-tetrafluor-1-methylcyclobutylessigsäure.* (**A. P. 2 662 915** vom 30/6. 1952, ausg. 15/12. 1953.) Langer. 6313

United States Rubber Co., New York, N. Y., V. St. A., *Insekticide Mittel.* Die Mittel enthalten als akt. tox. Stoffe Diester der schwefligen Säure von der allg. Formel: R—O—S(:O)—O—A—O—R_1, in der R einen Chloralkylrest mit 2—4 C- u. 1—3 Cl-Atomen, der kein Cl-Atom am α-C-Atom besitzt, A einen Alkylenrest mit 2—4 C-Atomen u. R_1 einen aromat. Rest darstellt. Herst. der Verbb. durch Rk. der Chloralkylchlorsulfinate mit Aryloxyalkanolen oder Glykolmonoaryläthern. — Beispiele: *2-Chloräthyl-2-phenoxyäthyl-*, *2-Chloräthyl-2-(1'-naphthoxy-äthyl-* u. *2-Chloräthyl-3-phenoxypropylsulfit.* Konz. ca. 1% in wss. Emulsionen oder Stäubemitteln im Gemisch mit festen Trägerstoffen. Zur Bekämpfung von *Milben* bes. geeignet. (**E. P. 660 512** vom 22/7. 1949, ausg. 7/11. 1951. A. Prior. 29/10. 1948.) KARST. 6313

Anorgana, Gendorf, Burgkirchen/Alz, Obb., *Herstellung eines Rauches zum Schutz von Pflanzenkulturen gegen Frosteinwirkung.* Biolog. unschädliche, hygroskop., mehrwertige Alkohole oder ihre Äther u. Ester vom Kp. >150°, z. B. Glykol, Polyglykole oder Glycerin, werden unter Zusatz von W., NH_3 oder Aminen, Fungiciden, Baktericiden oder Insekticiden in einem Strom von Verbrennungsgasen zur Verdampfung gebracht. Man erhält einen dichten Rauch mit hoher Frostschutzwrkg. für Pflanzenkulturen. (**E. P. 701 186** vom 14/12. 1951, ausg. 16/12. 1953. D. Prior. 30/12. 1950.) KARST. 6313

J. Baerner, Bibliographie der Pflanzenschutzliteratur 1940—1945. Berlin: Paul Parey. 1953. Coll. „Biol. Zentralanst. f. Land und Forstwirtschaft in Berlin-Dahlem." Deux vol. I. (788 S.) u. II. (567 S.)

—, Sulphuric acid and the manufacture of phosphatic fertilisers. London: O. E. E. C. 1953. (76 S.) 8 s. 6 d.

VIII. Metallurgie. Metallographie. Metallverarbeitung.

Carl Du Rietz, *Chemische Probleme bei der Flotation von Sulfiderzen.* Es wird eine App. für die potentiometr. Titration von *Xanthaten* (I) mit $AgNO_3$ beschrieben (Abb.). Die Hydrolyse der I (Stärke der Xanthogensäure etwa $p_K = 1,8$) verläuft mit einer der H^+-Konz. proportionalen Geschwindigkeit; Halbwertzeit bei p_H 4 u. 20° ca. 60 Min., bei 0° ca. 10 Std.; Aktivierungsenergie 17,5 kcal/Mol. Die aus dem Redoxpotential bestimmte Stabilität gegen Oxydation beträgt —69 mV (*Äthyl*-I) bis —155 mV (*Hexyl*-I). Die aus der potentiometr. Titration ermittelten Löslichkeitsprodd. der *Metall*-I sind: *Ag* 18,6—19,8, *Cu* 24,2—27,4, *Pb* 16,7—18,3, *Zn* 8,2—9,4 (untere Werte für Äthyl-, obere für Amyl- oder Hexyl-I). Für den Mechanismus der Flotation wird ein Wettbewerb zwischen den Flotationsreagenzien u. den OH^- aus dem W. angenommen, wobei für Cu-Erze ziemlich stark alkal. Rk. erforderlich ist, für Pb $p_{H\max} = 10$, für Zn 6 usw. Durch Zusätze, die die Metallionen verbrauchen (Cyanide bei Cu, Chromate bei Pb), werden die Metalle gedrückt, durch Zusätze, die um die Erze eine reaktionsfähige Oberflächenschicht schaffen ($CuSO_4$ bei Zn-Erz) wird Aktivierung bewirkt. Wenn die Sulfiderze im alkal. Brei belüftet werden, geht der S der Oberfläche als $S_2O_3^{2-}$, SO_3^{2-} oder SO_4^{2-} in Lsg., die Metalle werden als Hydroxyde gebunden oder reagieren mit den I; bes. Pyrrhotite binden den Luft-O_2 sehr rasch. Bei der Unters. der Bindung der I am Erz überlagern sich verschied. Vorgänge; neben der n. Salzbindung dürfte auch irreversible I-Bindung, bes. beim Pyrit, vorliegen. (IVA **24.** 257—66. 1953. Skellefteå, Bolidens Gruv AB; Stockholm, Högre tekn. läroverket.) R. K. MÜLLER. 6362

Harry W. Dietert, *Zulässige Gießgeschwindigkeit für eine Form.* Aufstellung einer Kurve, aus der die Gießgeschwindigkeit in Abhängigkeit vom Gewicht u. der Wanddicke des Gußstückes aus *Grauguß* entnommen werden. (Foundry **81.** Nr. 8. 205—06. Aug. 1953. Detroit, Mich., W. Dietert Co.) HOCHSTEIN. 6402

A. Collaud, *Zusammenhänge zwischen der Struktur und dem statischen respektive dem dynamischen Verhalten von Grauguß.* Nur durch Verschärfung der Prüfbedingungen wie Einkerben der Probestäbe u. Erhöhung der Verformungsgeschwindigkeit, gelingt es, beim *Stahl* eine vorhandene Neigung zum Trennungsbruch aufzudecken. Beim Gußeisen werden dagegen immer nur Trennungsbrüche beobachtet. Es genügt, den Schlagvers. an ungekerbten Proben durchzuführen. Die Schlagzähigkeit hängt sowohl vom Graphitgeh. als auch von den Eigg. der Grundmasse ab. Es wird nachgewiesen, daß sich die verschied. Gußeisensorten, bes. nach einer therm. Behandlung, ganz anders verhalten, je nachdem sie stat. oder dynam. beansprucht werden. Unter gewissen Voraussetzungen kann bei gleicher stat. Festigkeit die Schlagzähigkeit auf das Doppelte anwachsen. (Giesserei, techn.-wiss. Beih. Nr. **9.** 419—25. Sept. 1952. Klus, Schweiz.) HOCHSTEIN. 6402

F. Paschke, *Zylinderbüchsen sind ein besonderer Spezialguß.* Überblick über die Herst., Zus., Eigg. u. Wärmebehandlung von verschied. Gußeisensorten von Zylinderbüchsen. (Giessereipraxis **71.** 431—33. 25/12. 1953.) HOCHSTEIN. 6402

Marcel Ballay, Raymond Chavy und **Jacques Grilliat,** *Wärmebehandlung von Gußeisen mit Kugelgraphit.* Es werden die bei Gußeisen mit Kugelgraphit möglichen Wärmebehandlungen, z. B. Härten u. Oberflächenhärten, u. die durch sie erstrebten Eigenschaftsänderungen besprochen. Hierbei werden Beispiele für den Einfl. der Wärmebehandlung auf die Härte, Zugfestigkeit u. Bruchdehnung sowie auf das Gefüge, z. B. auf die Graphitisierung von gebundenem C, auf Austenitbldg. bei Zers. von Carbiden u. auf Ferritisierung von Perlit, erörtert. 11 Schrifttumsangeben. (Foundry Trade J. **96.** 91—97. 28/1.; 125—128. 4/2. 1954; Founderi **1954.** 3849—62. März.) HOCHSTEIN. 6404

L. I. Goldenberg, *Herstellung und Verwendung von legiertem und Sonder-Gußeisen.* Tabellar. Übersicht über mit *Cr–Ni, Ti, Ti–Cu* oder *Mn–P* legierte Gußeisensorten unter Angabe ihrer Verwendungsgebiete auf Grund der erreichbaren, durch die Gefügeausbldg., z. B. Kugelgraphit, bedingten Eigenschaften. (Литейное Производство [Giessereiwesen] **1953.** Nr. 10. 1—3. Nov./Dez.) HOCHSTEIN. 6404

W. F. Subarew, *Theoretische Grundlagen der Schnellverfahren des Temperns bei der Herstellung von Temperguß.* Die Metastabilität des Zementits, der Zementitzerfall, der Einfl. von Spannungen auf die Entstehung von Graphitisierungskeimen, die Alterung von weißem Temperrohguß sowie die Verff. zur Erhöhung der Graphitisierungskeimzahlen werden auf Grund des Schrifttums erörtert. (Литейное Производство [Giessereiwesen] **1953.** Nr. 2. 14—17. Febr.) HOCHSTEIN 6406

I. I. Choroschew, *Manganhaltiger Temperguß mit körnigem Perlit.* Zur Herst. eines hochwertigen Tempergusses mit körniger Perlitausbldg. wird ein Temperrohgußeisen mit 2,4—2,95 (%) *C,* 1,0—1,2 *Si,* ca. 1,00 *Mn,* 0,06—0,14 *S* u. 0,07—0,12 *P* verwendet, das in 18 Std. auf 950° erhitzt u. weitere 18 Std. bei dieser Temp. gehalten wurde. Dann wurde der Temperguß in Luft auf 650° abgekühlt, erhitzt u. bei 700° 30 Std. lang auf körnigen Perlit geglüht. Es werden die Festigkeitseigg. des so behandelten Tempergusses angegeben. Durch Zusatz von *Al* werden zwar die Festigkeitseigg. nicht verändert, jedoch soll Al als Modifikator wirken u. die erforderliche Wärmebehandlung abkürzen. (Литейное Производство [Giessereiwesen] **1953.** Nr. 7. 26—29. Juli.) HOCHSTEIN. 6406

I. I. Choroschew, *Wege zur Gewinnung von Temperguß mit körnigem Perlit.* Für die geeignetste Wärmebehandlung zur Erzeugung von körnigem Perlit im Temperguß wird ein Abschrecken oder Normalisieren bei 780—770° gehalten, dem ein 4—6std. Anlassen bei 675° folgen soll. Für unmodifizierten Temperguß muß die Anlaßdauer 6—8 Std. betragen. (Литейное Производство [Giessereiwesen] **1953.** Nr. 10. 18—21. Nov./Dez.) HOCHSTEIN. 6406

L. I. Lewi, *Der Sauerstoff bei der Elektrostahlerzeugung.* Überblick über die Wrkg. von O_2 bzw. von mit O_2 angereicherter Luft bei der Elektrostahlherst. auf Grund einer Schrifttumsbesprechung. (Литейное Производство [Giessereiwesen] **1952.** Nr. 10. 27—32. Okt.) HOCHSTEIN. 6408

B. G. Rightmire und **H. F. Taylor,** *Der Flüssigkeitsgrad von geschmolzenem Stahl.* An Hand theoret. Überlegungen u. Berechnungen wird festgestellt, daß die Überhitzung den Haupteinfl. ausübt, während alle anderen Faktoren, wie gelöste Gase u. Filmbldg., nur untergeordnete Bedeutung besitzen. Auch die Stahlzus. beeinflußt den Flüssigkeitsgrad in der Hauptsache durch Änderung der Liquidustemperatur. — Diskussion. (J. Iron Steel Inst. **175.** 167—76. Okt. 1953; **176.** 166. Febr. 1954. Massachusetts Inst. Technol.) HOCHSTEIN. 6408

Ss. F. Frolow, *Die Erzeugung kohlenstoffhaltiger Stähle besonderer Güte (35-5022) in sauren Elektroöfen.* Für Formgußzwecke wird im sauren Elektroofen ein Stahl mit 0,30—0,40 (%) *C,* 0,85—1,0 *Mn,* 0,17—0,40 *Si,* bis 0,07 *S* u. bis 0,07 *P* unter einer Endschlackenzus. von 55—60 SiO_2, 3—5 *FeO,* bis 0,2 Fe_2O_3, 5—10 *MnO,* 17—24 *CaO* u. 5—10 Al_2O_3 erschmolzen, dessen günstige Festigkeitseigg. (Streck- u. Kriechgrenze, Dehnung, Einschnürung u. Kerbschlagzähigkeit) nach einer Normalglühbehandlung bei 920° u. einem Anlassen bei 680° angegeben werden. Es werden ferner Angaben über die Schmelzführung, die Desoxydation mit *Al,* über das Gießen bei 1700—1730° sowie über den Stromverbrauch gemacht. (Литейное Производство [Giessereiwesen] **1952.** Nr. 9. 2—3. Sept.) HOCHSTEIN. 6408

Ss. N. Mylko, *Technologische Erzeugung von Stahl für Formguß in basischen Siemens-Martin-Öfen.* Für die Herst. von Stahl für Formguß mit 0,22—0,30 (%) *C,* 0,50—0,80 *Mn* u. 0,02—0,05 *S* im bas. SIEMENS-MARTIN-Ofen werden Angaben über den aus Schrott u. festem Gußeisen bestehenden Einsatz, über das Verh. des durch den Einsatz in das Bad gelangten Mn, über die Entkohlung, die Temperatur- u. Schlackenführung der Schmelze sowie über den Einfl. der chem. Zus. des Stahlformgusses auf seine Festigkeitseigg. gemacht. Aus den Betriebsbeobachtungen folgt u. a., daß bei einer heißen Schmelzführung während des Kochens zusammen mit einer intensiven Entkohlung ein Red. von Mn oder doch wenigstens die Beibehaltung des ursprünglich eingesetzten Mn-Geh. der Schmelze eintritt, während ein Herausbrennen von Mn beim Kochen die Folge einer kalten Schmelzführung ist. Die Abgießtemp. der Schmelze soll nicht unter 1550° bei Beginn u. nicht unter 1450° bei Beendigung des Gießens liegen. Die Geschwindigkeit der C-Verbrennung liegt zwischen 0,24 u. 0,6% je Std. u. höher. Das Verbot einer Zugabe von *Ferromangan* während der Kochperiode stört den Schmelzverlauf nicht. Das Fehlen einer voraufgehenden Desoxydation mittels Hochofen-*Ferrosilicium* verhindert eine Steigerung des P-Gehaltes. (Литейное Производство [Giessereiwesen] **1952.** Nr. 10. 2—6. Okt.) HOCHSTEIN. 6408

Edward A. Loria und **Richard L. Keller,** *Gefüge und Seigerung während der Erstarrung von beruhigten Stahlblöcken.* (Vgl. C. **1954.** 1814.) Im bas. Elektroofen erzeugte u. beruhigte Stahlblöcke werden zwecks Feststellung ihrer inneren Beschaffenheit auf Gefügeausbldg. u. Seigerung in Abhängigkeit vom Grad der Beruhigung, der Blockgröße u. der Abkühlungsgeschwindigkeit untersucht. — 19 Schrifttumsangaben. (Blast Furnace Steel Plant **42.** 45—51. Jan. 1954. Carborundum Steel Co. u. Vanadium Alloys Steel Co.) HOCHSTEIN. 6408

D. C. Buffum und **L. D. Jaffe,** *Einfluß der Härte auf die Anlaßsprödigkeit.* Handelsüblicher Stahl *SAE 3140* wurde 1 Std. bei 900° austenitisiert u. in W. abgeschreckt. Aus diesen Stahl wurden 6 Probengruppen hergestellt, die wie folgt, wärmebehandelt wurden: 4 Std. bei 675° angelassen u. in W. abgeschreckt. Die Gruppen 2, 3, 4 u. 5 wurden bei 675°, 650°, 625° bzw. 600° 1 Std. angelassen u. in W. abgeschreckt, während die 6. Gruppe $^1/_2$ Std. bei 500° angelassen u. in W. abgeschreckt wurde. Von jeder Gruppe wurde eine Stahlprobe durch eine 48std. Glühung bei 500° versprödet. Aus den Ergebnissen zeigte sich, daß der Unterschied zwischen den Übergangstempp. für die versprödeten u. unversprödeten Proben bei einer gegebenen Härte im Bereiche von $24^1/_2$—$32^1/_2$ Rockwell C konstant ist. Ferner zeigte sich, daß im untersuchten Härtebereich die Übergangstempp. für versprödete u. unversprödete Proben parallel mit dem Anstieg in der Härte ansteigen. (J. Metals **3.** 540. Juli 1951. Watertown, Mass., Watertown Arsenal.) HOCHSTEIN. 6408

Hubert Bennek, Eduard Houdremont und **Richard Mailänder,** *Das Verhalten von Stählen mit verschiedener Kerbschlagzähigkeit bei Verformung unter mehrachsiger Beanspruchung.* Die an Vergütungsstählen im anlaßzähen u. anlaßspröden Zustand durchgeführten Verss. zeigen, daß Unterschiede in der Neigung zum Sprödbruch, wie sie bei gleicher Streckgrenze, Zugfestigkeit u. Dehnung in der Kerbschlagzähigkeit auftreten, sich auch schon beim n. Zugvers. auswirken können, sobald im Einschnürungsbereich ein mehrachsiger Spannungszustand auftritt. Ein Einfl. der Sprödbruchneigung auf die Dauerfestigkeit u. Kerbempfindlichkeit bei Schwingungs- u. Dauerschlagbeanspruchung wurde nicht festgestellt. (Arch. Eisenhüttenwes. **24.** 315—21. Juli/Aug. 1953.) HOCHSTEIN. 6408

Rudolf Zinßer, *Die Zeitdehnung von Stahldrähten bei Beanspruchungen im Zug-Schwell-Bereich.* Von Stählen mit 0,39—0,76% C in Form von patentiert gezogenen oder vergüteten Drähten wurde das Kriechverh. unter schwingender Beanspruchung u. bei Versuchszeiten bis 100 Std., in einigen Fällen auch bis 1000 Std. untersucht. Die Beanspruchung lag im Zug-Schwell-Bereich, u. die Unter- bzw. Vorspannung betrug 55% der Zugfestigkeit. Es wurde festgestellt, daß der Kriechvorgang bei den patentiert gezogenen Drähten für den untersuchten Zeitraum ein einfaches logarithm. Zeitgesetz befolgt, während die vergüteten Stähle bei gleichen Beanspruchungen noch kein merkliches Kriechen zeigen. Ein gesetzmäßiger Zusammenhang zwischen dem C-Geh. der Drähte u. dem Kriechverh. war nicht festzustellen. Durch Änderung der Vorspannung wurde nur das Ausmaß des Kriechens beeinflußt, nicht dagegen die Art des Zeitgesetzes. (Stahl u. Eisen **74.** 145—51. 28/1. 1954. Schwabach, Mittelfranken.) HOCHSTEIN. 6408

A. S. Jameson, J. A. Halgren und **R. H. Pinkel,** *Ersatz von legiertem Stahl durch unlegierten Stahl bei der Herstellung von Schraubenbolzen.* Stahl mit 0,4 (%) *C* u. 0,75 *Mn* kann nach Ölabschreckung u. Anlassen nicht unter 425° als Ersatz für einen mit *Mo* legierten Stahl zur Herst. von $^3/_8$''-Schraubenbolzen verwendet werden, wobei Härte, Zugfestigkeit u. Dauerfestigkeit der beiden Stähle etwa in gleicher Höhe liegen. (Iron Age **172.** Nr. 12. 153—56. 17/9. 1953. Chicago, Ill., Internat. Harvester Co.) HOCHSTEIN. 6408

Werner Jellinghaus, *Entmischungserscheinungen in einem Chrom–Nickel-Stahl mit 4,5% Nickel.* An einem Cr–Ni-Stahl mit 0,15 (%) *C*, 1,1 *Cr* u. 4,6 *Ni* wurden durch

Wärmebehandlungen bei 620—690° künstliche Seigerungen erzielt u. auf magnetotherm. u. mkr. Wege nachgewiesen. Nach einer Behandlung bei 690° macht sich die Seigerung in einer Steigerung der Zugfestigkeit u. Härte u. einer Senkung der Streckgrenze u. Kerbschlagzähigkeit bemerkbar. Nach dem Härten u. Vergüten wurden bei geseigerten u. nichtgeseigerten Proben ungefähr übereinstimmende mechan. Eigg. gefunden. (Arch. Eisenhüttenwes. **25.** 165—67. März/April 1954. Düsseldorf, Max-Planck-Inst. für Eisenforschung.) HOCHSTEIN. 6410

M. Fleischmann, *Verbesserung der Festigkeitseigenschaften von Chrom–Nickel-Molybdän-Stahl durch Warm- und Kaltverarbeitung.* Stähle mit 0,12 (%) *C*, bis 2 *Mn*, bis 1 *Si*, 15—17,5 *Cr*, 24—27 *Ni*, 5,5—7 *Mo*, 0,1—0,2 *N*, bis 0,03 *P* u. bis 0,03 *S*, werden zur Carbidauflösung bei 1175° geglüht u. darauf abgeschreckt. Im abgeschreckten Zustande sind sie weich. Warmgewalzte Stangen desselben Stahls können auch mit 25% Endverformungsgrad bei 815° fertig gewalzt u. darauf 6 Std. bei 690° wärmebehandelt werden. Für die Erzielung der höchsten Festigkeitseigg. bei Raumtemp. mit geringster Kriechdehnung werden geschmiedete Turbinenradkränze aus diesem Stahl bei Tempp. zwischen 650 u. 705° verarbeitet. (Iron Age **170.** Nr. 21. 123—27. 20/11. 1952. Canton, O., Timken Roller Bearing Co.) HOCHSTEIN. 6410

James G. Dick, *Das Schmelzen von Messing und Bronze.* Übersicht über die zur Erzielung hochwertiger Messing- u. Bronzeschmelzen u. zur Vermeidung der, bes. durch H hervorgerufenen Fehler zu treffenden Maßnahmen u. Verfahren. (Canad. Metals **13.** 22. 24. 26. 28. 29. 43. Okt. 1950. Montreal, Quebec, Canadian Bronze Co.) WESLY. 6432

—, *Fehler an Schiffsschrauben.* An einem Propeller aus *Manganbronze* mit 0,05 (%) *Si*, 0,75 *Sn*, 0,06 *Pb*, 60,13 *Cu*, 0,75 *Fe*, 0,91 *Al*, 0,49 *Mn*, 0,75 *Ni*, 36,1 *Zn*, 0,01 *P* u. 0,0 *S* wurden beim Fertigpolieren Fehlstellen durch sehr harte metall. Einschlüsse erkennbar, die davon herrühren, daß die Bronze nicht hoch genug erhitzt worden war, um eine vollständige Lsg. des Fe herbeizuführen. (Metal Ind. [London] **82.** 330. 24/4. 1953.) APEL. 6432

E. T. Richards, *Silicium-Messinge (Kupfer–Zink-Siliciumlegierungen).* Legierungen mit 10—14 (%) Zn u. 4—5 Si sind für Sand-, Kokillen u. Preßguß, solche mit 14—15 Zn u. 4 Si für Druckguß geeignet; sie lassen sich warmverformen. Für gepreßte Stangen oder Rohre kommen Legierungen mit 10—18 Zn u. bis 5 Si in Betracht. Im Falle späterer Kaltverarbeitung soll der Si-Geh. nicht über 2—3 hinausgehen. In Tabellen sind der Erstarrungsbeginn u. die mechan. Eigg. von Sand- u. Kokillengußstücken angegeben. Über das Gießverf. werden nähere Angaben gemacht. Die Legierungen sind u. a. für Lagerzwecke geeignet. (Giessereipraxis **71.** 438—40. 25/12. 1953.) APEL. 6432

J. Tayler, Z. Stokowiec und **R. S. Jackson,** *Schwierigkeiten bei der Herstellung von Rohren für Lager aus Nickelbronze durch Schleuderguß.* Rohre für verbleite Lager von DIESEL-Maschinen werden aus Nickelbronze mit 18 (%) *Ni*, 5 *Sn*, 5 *Pb* u. Rest *Cu* durch Schleuderguß um eine horizontal gelagerte Achse hergestellt. Die dabei häufig auftretenden Poren in der Bleioberfläche sind auf eine Porosität der Unterlage zurückzuführen, die von Gaseinschlüssen bei der Erstarrung der Ni-Bronze herrühren. Durch hohe Abkühlungsgeschwindigkeit wird diese Erscheinung vermieden. (Foundry Trade J. **95.** 253—60. 27/8. 1953.) APEL. 6432

W. Poensgen, *Vanadium und Vanadiumgewinnung aus norwegischem Eisenerz.* Überblick über die Verff. der V-Gewinnung, den V-Geh. der norweg. Fe-Erze (0,17—0,50%), des daraus hergestellten Roh-Fe (0,6—0,7%) u. der durch Konzentrierung gewonnenen V-Schlacke (8—12%), die direkt in Lichtbogenöfen oder auf *Vanadinsäure* u. *Ferrovanadin* (50% V) verarbeitet wird. (Tidsskr. Kjemi, Bergves. Metallurgi **13.** 130—33. Juni 153. Oslo.) R. K. MÜLLER. 6440

R. Syre, *Einfluß der Verarbeitung und der Wärmebehandlung auf die Eigenschaften der wärmebeständigen Leichtmetallegierungen.* Der Einfl. der Gießbedingungen, der Verformung, der Wärmebehandlung, bes. der Homogenisierungstemp. u. -dauer, der Zeit zwischen der Homogenisierung u. dem Abschrecken, des Abschreckmittels u. des Anlassens werden erörtert. Weitestgehende Homogenität ist aufrechtzuerhalten u. in allen Verfahrensstufen zu überwachen. Wesentlich ist außerdem die letzte Wärmebehandlung. Die beiden Hauptbedingungen sind, die Homogenisierungsglühung genügend lange auszudehnen, um eine vollkommene Homogenisierung zu gewährleisten, u. in kochendem W. abzuschrecken, um innere Spannungen zu vermeiden. — Schrifttumsangaben. (Rev. Métallurgie **50.** 311—16. Mai 1953.) APEL. 6442

James Franses, *Entwicklungen in der Aluminiumreduktion.* Beschreibung eines Viel-Anoden-Ofens u. einiger techn. Entwicklungen. (Ind. Chemist **29.** 214—19. Mai 1953.) RUMPF. 6446

Marjorie Whitaker, *Die Oxydation von Aluminium–Magnesium-Legierungen durch Dampf. Ein Beitrag zur Untersuchung von Reaktionen zwischen Form und Gußstück.* Die Unters. bezieht sich auf die Rkk. zwischen Al-Legierungen mit 10 (%) Mg u. dem beim Gießen in Sandformen entstehenden Wasserdampf, die zur Oberflächenoxydation führen u. Porosität des Gußstücks verursachen. Um die Bedingungen dieser Rk. zu reproduzieren, wurden kleine Zylinder mit Dampf erhitzt u. der Umfang der Rk. an der Gewichtsänderung bestimmt. Von Proben mit 0,0001—0,15 *Be*, das gewöhnlich zugesetzt wird, um die Rk. zu verhindern, zeigte der Zusatz von 0,004 bei 580° das beste Ergebnis. Die Gewichtszunahme durch Oxydation bei den Laboratoriumsverss. folgte einem logarithm. Gesetz. Vermindern des Feuchtigkeitsgeh. der Atmosphäre durch Zumischen von *Ar* ließ die Rk. zurückgehen. Von den Verunreinigungen hob die Wrkg. von Be allein ein Zusatz von *Na* auf, Zusätze von *Fe, Si, Cu, Ca, K* u. *C* waren unschädlich. Ebensowenig wird die Wrkg. von *Be* aufgehoben durch Entgasen der Schmelze mit N_2, *Cl* oder *Hexachloräthan* oder durch die Verwendung von *KCl* u. $MgCl_2$ als Flußmittel oder durch Zusätze von *Ti* oder *B* zur Kornverfeinerung. Die Wrkg. kleiner Zusätze von *Ce, Nb, Ta, Th, V* u. *Zr* war zu klein, als daß sie für die Gießerei Bedeutung haben könnte. Der BeO-Geh. des Oxydfilms nimmt mit steigendem Be-Geh. der Legierung zu. Elektronenopt. Unterss. lassen es unwahrscheinlich erscheinen, daß die Schutzwrkg. auf die Bldg. einer Einzelphasenschicht von BeO zurückzuführen ist. Oxydfilme der Legierungen mit 0,004 u. 0,15 Be sind mechan. härter als die der Legierung mit 0,035 Be, die eine geringere Schutzwrkg. zeigt. — Schrifttumsangaben. (J. Inst. Metals **82.** 107—16. Nov. 1953. London, Brit. Non-Ferrous Metals Res. Ass.) VIER. 6446

Werner Köster und **Franz Sperner,** *Über die Aushärtung von Aluminium–Silber-Legierungen.* An einer Al-Legierung mit 50% Ag wurde der zeitliche Verlauf der Härte während der Aushärtung bei Tempp. von 100—300° gemessen. Die obere Grenztemp. des Kalthärtungsbereiches (I) lag bei 175°. Die Aktivierungsenergie u. die Aktionskonstante nehmen mit steigendem Ag-Geh. angenähert linear ab. Die obere Grenze des I wird mit zunehmendem Ag-Geh. zu niedrigeren Tempp. verlegt. — Schrifttumsangaben. (Z. Metallkunde **44.** 216—19. Mai 1953. Stuttgart, Max-Planck-Inst. für Metallforschung.) APEL. 6446

F. King und **A. N. Turner,** *Qualitätskontrolle beim Heiß- und Kaltwalzen von Aluminium und Alumiumlegierungen.* Im Anschluß an einen Überblick über die Prüfung der Zug-, Biege- u. Druckfestigkeiten, der Korrosionsbeständigkeit u. der Oberflächenbehandlung von Blechen u. Bändern aus Al u. Al-Legierungen werden die Einfll. des Heiß- u. Kaltwalzens u. der Oberflächenbehandlung auf diese Eigg. u. die Überwachungsmethoden erörtert. — Schrifttumsangaben. (J. Inst. Metals **82.** 291—306. März 1954. Rogerstone, Newport, Mon., Northern Aluminium Co., Ltd.) VIER. 6446

Marcel Tournaire und **Martial Renouard,** *Beitrag zur Kenntnis der Al–Mg–Si-Legierungen.* Die Erscheinungen der Ausscheidungshärtung von Al–Mg–Si-Legierungen werden durch ein chem. Verf. untersucht, bei dem die Legierungen mit kalter verd. HCl behandelt werden. Dabei wird das Si in drei Fraktionen geteilt. Ein Teil wird als SiH_4 frei u. setzt sich beim Erhitzen in alkal. Lsg. in lösl. Silicate um; der zweite Teil bleibt als grauer Rückstand unlösl., der dritte Teil geht wahrscheinlich als kolloidales Si in Lösung. SiH_4 scheint dem Si zu entsprechen, das in der Legierung in fester Lsg. enthalten ist, der unlösl. Rückstand dem Geh. an Mg_2Si, wobei sich anscheinend folgende Umsetzung abspielt: $2\,Mg_2Si + 8\,HCl + 3\,H_2O \rightarrow Si_2O_3H_2 + 4\,MgCl_2 + 6\,H_2O$. Die verwendete App. u. die Durchführung der Unterss. werden beschrieben. (Rev. Métallurgie **50.** 328—32. Mai 1953.) APEL. 6446

H. W. Fritts und **E. D. Verink jr.,** *Aluminiumlegierungen.* Kurze Hinweise auf die Verwendung von Al-Legierungen in der chem. Industrie, u. a. in der Petroleumindustrie, der Lebensmittelindustrie, zum Transport von Chemikalien, in Kraftwerksanlagen u. in der Folienindustrie. (Ind. Engng. Chem. **43.** 2197—99. Okt. 1951. New Kensington, Pa., Alumin. Co. of America.) O. WERNER. 6446

J. Hérenguel und **J. Boghen,** *Untersuchungsverfahren zur Bestimmung des Glanzes von gewalztem Aluminium.* Vergleichsverss. an Proben durch direkte Augenbeobachtung, nach dem Spiegelverf. u. durch Messung der Reflexion mittels photoelektr. Zelle ergaben, daß allein das Spiegelverf. sich für die Praxis bewährt. — Schrifttumsangaben. (Rev. Métallurgie **50.** 317—27. Mai 1953.) APEL. 6480

I. A. Oding und **M. G. Losinski,** *Methoden zur Untersuchung des Aufbaues von Metallen und Legierungen bei hohen Temperaturen.* Es werden die Besonderheiten der Sichtbarmachung des Gefüges metall., im Vakuum erhitzter Proben erläutert, sowie

Vorrichtungen u. Verff. zur Unters. des Gefüges von im Vakuum erhitzten Metallen u. Legierungen beschrieben. Gefügebeispiele des *Normstahles 45* werden an Mikrophotographien bei Tempp. 1000—1340° gegeben, u. die Kornvergröberung mit zunehmender Temp. wird gezeigt. Mikrophotographien von grauem *Gußeisen* bei 20, 900, 1000 u. 1100° zeigen bei 10 Min. Haltezeit eine Vergrößerung der Ungleichmäßigkeit des Austenits mit der Temperaturerhöhung. Hierbei treten Neubildungen von fester Lsg. auf, die von Kornwachstum begleitet werden. Wahlweise können auch farbige Schliffbilder von den im Vakuum erhitzten Metallproben hergestellt werden. — 21 Schrifttumsangaben. (Вестник Машиностроения [Nachr. Maschinenbau] **34.** Nr. 1. 52—61. Jan. 1954.) HOCHSTEIN. 6482

Maurice Ezran, *Metallographie unter Verwendung von γ-Strahlen.* Überblick. (Rev. gén. Mécan. **37.** 119—22. April 1953. Alsthom, Usine de Colombes.) HOCHSTEIN. 6484

P. W. Timofejew, *Der Einfluß schmierender Abkühlflüssigkeiten auf die Dicke der verfestigten Schicht.* Bei Drehverss. wurde festgestellt, daß Kühl-Fll. eine Erniedrigung innerer Restspannungen in der Oberfläche der spanabhebend bearbeiteten Gegenstände ermöglichen, wobei Veränderungen des Metallgefüges bei einer plast. Verformung auftreten. So verringern die Abkühl-Fll. die Dicke der verfestigten Schicht um 40% beim Schneiden mit einer Öl-Fl. u. um 33% beim Arbeiten mit einer Emulsion. (Вестник Машиностроения [Nachr. Maschinenbau] **34.** Nr. 1. 70. Jan. 1954.) HOCHSTEIN. 6490

A. H. Norris, *Das Rändeln von Blockwalzen.* Das Rändelwerkzeug besteht aus einem gabelartigen Halter aus niedrig gekohltem Stahl, aus einer im Einsatzverf. aufgekohlten Achse u. einem Rändelring mit kleinen pyramidenförmigen Vorsprüngen aus Schnelldrehstahl. (J. Iron Steel Inst. **176.** 157—58. Febr. 1954. Sennthorpe, John Lysaght Ltd.) HOCHSTEIN. 6490

Herbert Chase, *Automatische Wärmebehandlung von Zahnrädern und Antriebsritzeln.* Beschreibung eines vollautomat. Betriebes zum Aufkohlen durch Naturgas u. zur Ölabschreckhärtung. (Iron Age **170.** Nr. 21. 128—30. 20/11. 1952. Forest Hills, N.Y.) HOCHSTEIN. 6492

Hans Dicks, *Betriebserfahrungen mit Gasaufkohlungsanlagen für Stahl.* Es werden Angaben über Aufkohlungsgase, Kohlungszeiten u. neuzeitlich elektr. beheizte Aufkohlungsöfen für Gasaufkohlung gemacht. Unter anderem zeigt sich, daß bei geringen Einsatztiefen (bis zu 0,4 mm) die Kohlungszeit höher als theoret. möglich liegt, da in der Praxis eine der Aufnahmefähigkeit des Stahles entsprechende Menge Kohlungsgas der Stahloberfläche nicht genügend rasch zugeführt werden kann. Bei einer gegebenen Temp. arbeitet die Gasaufkohlung schneller als die Aufkohlung mit festen oder fl. Medien, bes. bei größeren Einsatztiefen. (Werkstatt u. Betrieb **86.** 689—90. Nov. 1953. Lammersdorf über Aachen.) HOCHSTEIN. 6492

L. B. Rousseau, *Das Glühen und Patentieren mit Salzbädern.* Durch ein 5 Min. langes Eintauchen von Stahldrähten in Salzbäder mit Badetempp. von 1175° werden die Metallverluste stark verringert u. die Durchsatzleistung stark erhöht. Beim Weichglühen von kaltgezogenem Draht bei Salzbadtempp. von 705° wird kein Zunder gebildet; der Drahtdurchmesser bleibt unverändert u. die Gesamtbeizzeit wird von 60 auf 15 Min. vermindert. (Wire and Wire Products **29.** 399—400. April **1954.** Philadelphia, Pa., Ajax Electric Furnace Co.) HOCHSTEIN. 6492

R. F. Harvey, *Einfache Prüfung der Abschreckwirkung von Salzbädern.* Mit einer exzentr. geformten Härteprobe können die Einfll. von verschied. Graden der Badbewegung heißer Salzbäder bestimmt werden. Durch Verwendung von Proben aus dem gleichen Stahl, der unter gleichen Bedingungen austenitisiert worden ist, kann die Abschreckwrkg. verschied. Salzbäder durch Best. der Oberflächenhärten an den Probenperipherien ermittelt werden. (Iron Age **173.** Nr. 14. 154—57. 8/4. 1954. Providence, Brown & Sharpe Mfg. Co.) HOCHSTEIN. 6492

K. Flick, *Aus der Praxis einer Induktionshärterei.* Bei der induktiven Härtung lassen sich einzelne Teilflächen eines Werkstückes härten, ohne daß sich das Werkstück verzieht. Es werden Angaben über die Art des Härtens (Stand-, Vorschub-, Umfang- oder Brennlinienhärtung), über die Wahl der Werkstoffe u. über die Auswahl u. konstruktive Gestaltung der zu härtenden Werkstücke gemacht. — Schrifttumsangaben. (Z. Ver. dtsch. Ing. **95.** 1061—65. 1/11. 1953. Berlin.) HOCHSTEIN. 6492

H. W. Grönegress, *Richtlinien für die Werkstoffauswahl beim Brennhärten.* Die für das Brennhärten nach den Normen verfügbaren Vergütungs-*Stähle*, ihre verschied. Eignung für das Brennhärten u. die Richtlinien für die Auswahl entsprechend den erreichbaren Eigg. wie Härte, Härtetiefe u. Streckgrenze werden erörtert u. die zweckmäßigen Maßnahmen zur Vor- u. Nachbehandlung angegeben. Durch laufende Überprüfung der Härtbarkeit wird hohe Gleichmäßigkeit der Ergebnisse erzielt. Für *Stahlguß* gelten grundsätzlich die gleichen Gesichtspunkte wie für die Auswahl von geschmiedeten Stählen. (Werkstatt u. Betrieb **86**. 295—300. Juni 1953. Gevelsberg.) HOCHSTEIN. 6492

H. Rettig und **H. Winter**, *Erhöhung der Tragfähigkeit von Zahnrädern durch Härtung.* Die Flanken- u. Zahnfußfestigkeit von Zahnradgetrieben wird durch Härtung verbessert, wobei das Maß der Tragfähigkeitssteigerung von Oberflächenhärte, Tiefe der Härteschicht u. Kernfestigkeit abhängt. Die bei verschied. Härteverff. (Einsatzhärtung, *OCe*-Verf., Brennhärtung, Induktionshärtung, Tauchhärtung) erzielten Ergebmisse werden besprochen u. miteinander verglichen. (Industrie-Rdsch. **8.** Nr. 12. 55—64. Nov./Dez. 1953. München, TH.) HOCHSTEIN. 6492

M. M. Kantor, Je. P. Iwanjuschin und **A. P. Kulikow**, *Isotherme Bearbeitung von grauem Gußeisen zur Verschleißfestigkeit.* Die Verschleißfestigkeit wird durch Härtesteigerungen bis zu HB 270—310 kg/mm² begünstigt. Vermeidung von Ultramikrorissen u. inneren Spannungen durch isotherme Umwandlung u. Induktionshärtung. Die Versuchsergebnisse für Verschleiß, Biegefestigkeit, Durchbiegung, Härte der Versuchsproben sowie die chem. Zus. sind in Zahlentafeln zusammengestellt. (Вестник Машиностроения [Nachr. Maschinenbau] **31.** Nr. 7. 56—59. Juli 1951.) VOLLENBRUCK. 6492

R. Lähne, *Über beeinflußbare Faktoren beim Metallspritzen.* Die Größe der Spritzteilchen wird beeinflußt durch das verwendete Düsensyst., Zus., Heizwert u. Druck der Brenngase, Preßluftdruck, Drahtdurchmesser u. Werkstoffeigg. des Drahtes. Haftfestigkeit ist beeinflußbar, doch tritt beim Spritzen keine Diffusion, Löt- oder Schweißverbindung auf, sondern nur eine mechan. Verklammerung. Bei Anwendung von Ultraschall wurde teilweise eine Gefügeauflockerung u. teilweise eine Gefügeverdichtung der Spritzschicht beobachtet. — Schrifttumsangaben. (Schweißtechnik **3.** 82—85. März 1953. Halle.) MARKHOFF. 6516

Harribald Sprenger, *Die Anwendung von Aluminium im Flammspritzverfahren.* Herstellungsbedingungen für nach dem Flammspritzverf. erzeugte Al-Schichten, deren Eigg., sowie Beschreibung der Spritzalitierung u. ihre Bedeutung als Korrosionsschutz. (Z. Metallkunde **44.** 219—23. Mai 1953. Neuffen/Württ., Fa. Hans Biel.) MARKHOFF. 6516

W. G. Patton, *Verschleißfeste Überzüge auf Metalloberflächen durch Aufspritzen.* Zur Erhöhung der Verschleißfestigkeit werden Kolben für Flußwasserpumpen mit einer *Cr* u. *B* enthaltenden *Ni*-Legierung nach dem Pulverspritzverf. gespritzt. Nach dem Spritzen wird mit dem Sauerstoff-Acetylen-Brenner erhitzt, um den Überzug zusammenzuschmelzen u. porenfrei zu machen. (Iron Age **172.** Nr. 23. 172—73. 3/12. 1953.) VIER. 6520

R. Weber, *Beispiele für die Anwendung der Spritzverzinkung in Deutschland.* (Metall **7.** 852—54. Nov. 1953. Frankfurt/M.) VIER. 6522

W. Freier, *Korrosion und Werkstoffe im Säurepumpenbau.* Erörtert werden die hauptsächlichsten werkstoffschädigenden Einfll. an Säurepumpen, wobei das Verh. verschied. Werkstoffe unter Einw. aggressiver Medien untersucht wird. Bei der Auswahl der geeigneten Werkstoffe werden bes. behandelt der *Cr-* u. *Cr–Ni-Stahlguß*, die *Cr-Stähle, Cu-Legierungen, Pb, keram. Baustoffe* u. *Gußeisen.* — 21 Schrifttumsangaben. (Technik **8.** 597—608. 9/9. 1953. Halle/Saale.) HOCHSTEIN. 6538

Electric Furnace Products Co. Ltd., Canada, übert. von: **William Oakley Binder** und **Walter Crafts**, *Ferritischer Chromstahl mit hoher Warm- und Kerbschlagfestigkeit* enthält bis 0,03 (%) *C*, 20—30 *Cr*, 0,25—1,5 *Al*, bis 0,08 N_2, wobei jedoch die Summe der C- u. N_2-Gehh. 0,06 übersteigen muß, bis 2 *Mn*, bis 1 *Si*, bis 3 *Mo*, Rest Eisen mit zufälligen Verunreinigungen. Auch kann der Stahl noch 0,5—3,5 *Ni* u. bis 3 *Cu* enthalten, wobei jedoch bei gleichzeitiger Ggw. von Ni u. Cu ihre Summe 4 nicht überschreiten darf. (**F. P. 1 047 356** vom 28/12. 1951, ausg. 14/12. 1953. A. Prior. 19/1. 1951.) HOCHSTEIN. 6411

Stahlwerke Harkort-Eicken G. m. b. H., Hagen (Erfinder: **Herbert Eicken**, Hagen, und **Eugen Mann**, Wetter/Ruhr), *Vergüteter Stahl für warmfeste Bauteile.* Ein Stahl mit 0,25—0,60 (%) *C*, 0,60—1,10 *Mn*, 0,70—1,20 *Si*, 0,10—0,50 *V*, Rest Eisen u. Verunreinigungen u. der Maßgabe, daß der Si-Geh. um ca. 0,10 % höher ist als der Mn-Geh., wird verwendet für vergütete, ungeschweißte Bauteile, die sowohl auf Schlag u. Stoß beansprucht u. hohen Schwingungen ausgesetzt sind als auch bei 100—500° warmfest sein müssen. Vorzugsweise wird für denselben Zweck ein Stahl mit 0,23—0,45 C, 0,65—0,90 Mn, 0,75—1,00 Si, 0,15—0,25 V, Rest Eisen u. Verunreinigungen verwendet.

(**D. R. P. 754 459** Kl. 18d vom 1/12. 1939, ausg. 8/3. 1954. Anmeldung bekanntgemacht 7/9. 1944.) HOCHSTEIN. 6411

Metal & Thermit Corp., New York, N. Y., übert. von: **Frederick A. Lowenheim**, Plainfield, N. J., V. St. A., *Elektrolytisches Entzinnen.* Das zu entzinnende Material wird in einem NaOH enthaltenden Behälter über einer Anode angeordnet. Der bei Stromdurchgang sich an der Anode entwickelnde O_2 bestreicht dann das Entzinnungsgut, das dann bei nachfolgender anod. Behandlung sich leicht löst u. sich auf der Kathode niederschlägt. — Abbildung. (**A. P. 2 655 473** vom 20/7. 1948, ausg. 13/10. 1953.) MARKHOFF. 6429

Richard Springer, Frankfurt/M., *Anodische Entkupferung von Messing- und Stahlteilen.* Als Elektrolyt wird eine nitrithaltige Sulfatlsg. verwendet, z. B. eine Lsg. von $(NH_4)_2SO_4$ u. $NaNO_2$. Das Grundmetall wird nicht angegriffen. (**D. B. P. 910 840** Kl. 40c vom 25/5. 1949, ausg. 6/6. 1954. Anmeldung bekanntgemacht 17/9. 1953.) MARKHOFF. 6433

Willi Lohmann, Berlin (Erfinder: **Gustav Weissenberg**, Marburg/Lahn), *Herstellung von Werkzeugen.* Das Verf. nach D. B. P. 891 324, wonach die Oberflächen von Körpern dadurch mit Hartmetallen versehen werden, daß *Metallcarbide, Boride* oder *Nitride* in feinverteilter Form in die Schmelze eines Grundmetalles eingebracht werden, worin sie je nach D. aufsteigen oder absinken u. sich so an einer Oberfläche anreichern, wird auf die Armierung von Laufflächen, Lagerzapfen, Lagerschalen u. dgl. angewendet. Hierbei kann die hergestellte Buchse mit Metall oder einer Metallegierung umgossen u. dann die innere Grundmetallschicht durch Ausbohren bis auf die Hartmetallschicht entfernt werden. (**D. B. P. 908 664** Kl. 31c vom 5/12. 1941, ausg. 8/4. 1954. Anmeldung bekanntgemacht 8/1. 1953. **Zusatz zu D. B. P. 891 324; C. 1954. 7740.**) HANS HOFFMANN. 6477

Griesheim Autogen (Erfinder: **Moritz Maier**), Frankfurt/M., *Flußmittel zum Schweißen und Hartlöten von Leichtmetallen.* Das Flußmittel besteht aus Mischungen von *Alkali-* u./oder *Erdalkalichloriden* u./oder *-bromiden* u. *-fluoriden.* Dabei wird als Fluorid gleichzeitig *LiF* u. *NaF* im Verhältnis 1:3 bis 1:5 verwendet. Es wird eine völlig von Einschlüssen freie Nahtoberfläche u. ein einwandfreier dünnfl. Schmelzfluß erzielt. (**D. B. P. 908 344** Kl. 49h vom 21/11. 1941, ausg. 5/4. 1954. Anmeldung bekanntgemacht 16/7. 1953.) VIER. 6507

Daimler-Benz Akt.-Ges., Stuttgart (Erfinder **Herbert Wetter**, Backnang/Württ.), *Verhinderung der Korrosion von miteinander durch Punktschweißen zu verbindenden Blechteilen*, bes. für die Herst. von aus Stahlblechteilen zusammengesetzten Triebwerksverkleidungen von Luftfahrzeugen. Die Blechteile werden entweder ganz oder nur an den miteinander zu verbindenden Flächen mit einer nach dem Metallspritzverf. hergestellten Metallschicht, bes. aus *Al* oder einer *Al-Legierung*, versehen. (**D. B. P. 912 774** Kl. 48b vom 16/11. 1943, ausg. 3/6. 1954. Anmeldung bekanntgemacht 30/10. 1952.) VIER. 6507

Deinert & Co., Stuttgart (Erfinder: **Alfred Franz**, Geretsried/Obb., **Karl Gebauer**, Eltingen/Württ., und **Andreas Lausmann**, Geretsried/Obb.), *Herstellen von glatten, harten Oberflächen an Riffelwalzen und anderen profilierten Walzen für Spinnmaschinen.* Die Härtung erfolgt durch Aufbringen des an sich bekannten *Hartchrom*-Überzuges auf anod. vorgeglätteter Oberfläche. (**D. B. P. 907 728** Kl. 48a vom 23/12. 1949, ausg. 29/3. 1954. Anmeldung bekanntgemacht 7/9. 1950.) MARKHOFF. 6519

Gebr. Schoch Metallveredlungswerk G. m. b. H., Stuttgart, *Verchromen von großflächigen Gegenständen, vornehmlich Walzen, die nur teilweise ins Bad eintauchen.* Der zu verchromende Gegenstand wird während seiner Drehung an den außerhalb des Bades befindlichen Oberflächenteilen mit dem Elektrolyt befeuchtet, z. B. berieselt. — Abbildung. (**D. B. P. 873 926** Kl. 48a vom 14/7. 1951, ausg. 22/3. 1954. Anmeldung bekanntgemacht 3/4. 1952.) MARKHOFF. 6519

Poor & Co., Chicago, übert. von: **Allan E. Chester**, Highland Park, Ill., V. St. A., *Elektrolytisches Verchromungsbad* besteht aus CrO_3 mit einem Zusatz eines *trifluoressigsauren Salzes* eines *oxalkylierten fettsauren Amins.* Der Zusatz erhöht die Tiefenwrkg. des Bades u. verringert die Badnebelbldg. durch Bldg. einer Schaumdecke. (**A. P. 2 655 471** vom 21/12. 1951, ausg. 13/10. 1953.) MARKHOFF. 6519

United Chromium, Inc., V. St. A., *Galvanisches Verchromungsbad* besteht aus CrO_3 mit einem Zusatz von $SrSO_4$ u. K_2SiF_6. Beide Zusätze sollen in einer Menge zugesetzt werden, daß ein ungelöster Anteil im Bade enthalten ist. Der Geh. an $SrSO_4$ soll oberhalb von 0,61 Gewichtsteilen auf 100 CrO_3, der Geh. an K_2SiF_6 oberhalb 1,74 auf 100 CrO_3 betragen. Die Zusätze bewirken eine automat. Regulierung des Geh. an

SO_4- u. SiF_6-Ionen im CrO_3-Bad, da von beiden Salzen nur so viel in Lsg. geht, daß der sich zur Abscheidung von Cr erforderliche Geh. an Fremdmetallionen einstellt. (**F. P. 1 045 610** vom 22/11. 1950, ausg. 30/11. 1953. A. Prior. 23/11. 1949.)
MARKHOFF. 6519

Robert Hubert Clément Michel, Frankreich, *Vernickeln und Verchromen von Aluminium und seinen Legierungen.* Die Gegenstände werden nacheinander einer Sandstrahlbehandlung unterzogen, in alkal. Lsg. dekapiert, mit *KCN*-Lsg. u. anschließend mit einer *$FeSO_4$* u. *$K_3Fe(CN)_6$* enthaltenden *HCl* behandelt. Dann wird elektrolyt. vernickelt u. anschließend verkupfert. Die Cu-Schicht wird so weit abgeschliffen, bis die Ni-Schicht gerade zum Vorschein kommt, u. darauf geglänzt u. verchromt. (**F. P. 1 025 233** vom 28/9. 1950, ausg. 13/4. 1953.) MARKHOFF. 6519

Pechiney Comp. de Produits Chimiques et Électrométallurgiques, Frankreich, *Vorbehandlung von Aluminium vor dem galvanischen Vernickeln und Verchromen.* Nach gründlichem Entfetten in *Trichloräthylen* u. elektrolyt. in einer *Na_2CO_3*, *Na_3PO_4* u. *Na_2SiO_3* enthaltenden Lsg., Neutralisieren u. Spülen wird die Oberfläche durch Eintauchen in eine cyankal. Zinkatlsg. verzinkt, die gebildete Schicht durch Behandeln mit HNO_3 wieder abgelöst, nochmals chem. verzinkt u. auf dieser galvan. vernickelt. Nach leichtem Glänzen wird schließlich verchromt. (**F. P. 1 034 060** vom 16/3. 1951, ausg. 17/7. 1953.) MARKHOFF. 6519

Harshaw Chemical Co., Cleveland, übert. von: **John D. Little,** Bay Village, O., V. St. A., *Glanzvernicklungsbad* besteht aus einer Lsg. von *$NiSO_4$*, *$NiCl_2$* u. einer *Bispyridin*-Verb., bei welcher die beiden Pyridinringe durch eine KW-stoffverb. mit 1—10 C-Atomen über die N-Atome verbunden sind, z. B. *N.N'-Äthylen-bis-pyridiniumbromid, N.N'-Trimethylen-bis-pyridiniumbromid.* Die hieraus erzeugten Prodd. sind glänzend, etwas spröde, haften auf Messing, Cu u. grauem Ni, nicht aber unmittelbar auf Stahl. (**A. P. 2 658 867** vom 6/3. 1952, ausg. 10/11. 1953.) MARKHOFF. 6521

Bruce Chalmers, ed., Progress in metal physics. New York: Interscience. 1953. V. 3. (320 S. m. Abb.) $ 8 —, V. 4. (403 S. m. Abb.) $ 9,—.

—, Copper in Instrumentation, Cop. Devel. Ass. Radlott. 1953. (151 S. m. 45 Abb., 8 Taf.)

IX. Organische Industrie.

V. Auerbach, *Kompressionsverfahren für in sich reaktionsfähige Gasgemische wie Ammoniak und Kohlendioxyd.* Am Beispiel der gemeinsamen Kompression von NH_3 u. CO_2 für die Harnstoffsynth. leitet Vf. theoret. aus den thermodynam. Daten diejenigen Tempp. u. Drucke ab, die eine Carbamatbldg. im Kompressor sicher verhindern. — 4 Zahlentafeln, 1 Diagramm. (Ind. chim. belge **19.** 397—401. April 1954.)
H. ECKHARD. H 880

Standard Oil Co., Chicago, Ill., übert. von: **Norman J. Bowman,** Gary, Ind., V. St. A., *Entfernung O_2-haltiger organischer Verbindungen aus ihren Gemischen mit Kohlenwasserstoffen.* Man erhitzt das KW-stofföl in fl. Phase auf 100—300°, gibt 5—20 Gew.-% (bezogen auf die O_2-haltigen Verbb.) eines wasserfreien Erdalkalioxyds (Ca, Sr, Ba) zu u. läßt das Öl mit dem Oxyd bei dieser Temp. genügend lange in Berührung. Dabei setzen sich die O_2-haltigen Verbb. zu KW-stoffen um u. die Oxyde zu einem Hydroxydschlamm. Man trennt die gereinigten Öle von dem Schlamm ab. — Zeichnung. (**A. P. 2 660 600** vom 30/3. 1949, ausg. 24/11. 1953.) UNGER. H 500

Badische Anilin- & Soda-Fabrik Akt.-Ges., Ludwigshafen/Rh. (Erfinder: **Ernst Gassenmeier †,** Mannheim), *Herstellung von substituierten Formamiden* durch Rk. von Aminen u. CO bei erhöhter Temp. u. unter erhöhtem Druck bei Ggw. von carbonylbildenden Metallen oder deren Verbb., dad. gek., daß man die Rk. in Ggw. von W. vornimmt. Man kann ferner noch organ., mit W. mischbare Fll. zusetzen. — 2000 (Teile) einer wss. 40%ig. Lsg. von Dimethylamin werden mit 40 $Ni(CN)_2$ in einem Druckgefäß bei 150° mit CO bei 200 atü so lange behandelt, bis keine Druckabnahme mehr erfolgt. Man erhält so *Dimethylformamid* vom Kp. 156—160°. (**D. B. P. 910 294** Kl. 12o vom 8/11. 1951, ausg. 29/4. 1954. Anmeldung bekanntgemacht 10/9. 1953.)
SCHWECHTEN. H 810

Badische Anilin- & Soda-Fabrik Akt.-Ges., Ludwigshafen/Rh., *Bernsteinsäure* erhält man durch Rk. von 3-Nitrobuttersäuremethylester mit 70%ig. H_2SO_4 bei 100 bis 110°. (**Schwz. P. 295 665** vom 9/7. 1951, ausg. 16/3. 1954. D. Prior. 10/1. 1944.)
MÜLLER-MEININGEN. H 820

United States of America, übert. von: **Charles H. Fisher,** New Orleans, La., und **Martin L. Fein,** Riverside, N. J., V. St. A., *Herstellung von Acyloxycarbonsäureestern.*

Man erhitzt z. B. 146 (g) Milchsäurebutylester (**I**), 100 Laurinsäure (**II**), 128 **II**-Butylester, 1 p-Toluolsulfonsäure u. 100 cm^3 W. auf 157°, neutralisiert mit Ca-Lactat u. erhält durch Fraktionieren u. a. 28,3 *n-Butyllactyllactat* ($Kp._{0,3-0,4}$ 72—76°), 145,9 **II**-*n-Butylester* ($Kp._{0,3-0,4}$ 112°) u. 72,2 *n-Butyllactatlaurat*, $Kp._{0,6}$ 146—156°. *n-Butyllactyllactatlaurat*, $CH_3-(CH_2)_{10}-COO-OH(CH_3)-COO-CH(CH_3)-COOC_4H_9$; n_D^{20} 1,4415; $D.^{20}_4$ 0,9677; E. Z. 132,6. — Weichmacher. (**A. P. 2 610 196** vom 27/3. 1950, ausg. 9/9. 1952.) MÜLLER-MEININGEN. H 850

Badische Anilin- & Soda-Fabrik, Ludwigshafen/Rh. (Erfinder: **Hugo Kröper,** Heidelberg), *Lactone* erhält man durch Erhitzen von Halogencarbonsäurenitrilen, in denen das Halogenatom u. die CN-Gruppe durch mehrere C-Atome getrennt sind, mit W., gegebenenfalls in Ggw. von Mineralsäuren oder Halogenwasserstoff abspaltenden oder säurebindend wirkenden Stoffen, gegebenenfalls unter Druck, auf über 100, bes. 150—200°. — Man erhitzt z. B. 50 (Teile) δ-Chlorvaleriansäurenitril mit 80 W. 4 Std. im Autoklaven auf 180°, trennt die untere Schicht (NH_4Cl-Lsg.) ab u. erhält 41 Öl, das aus ca. 60 (%) monomerem u. 40 polymerem *δ-Valerolacton* neben wenig *Oxyvaleriansäure* besteht. — 1-Brom-3-cyanpropan → 92% *Butyrolacton*, $Kp._{19}$ 87—88°. — 1-Brom-14-cyantetradecan ($Kp._{0,2}$ 155—160°) → Gemisch vom $Kp._{0,2}$ 128—130°, das zu ca. 36% aus *Pentadecanol-15-säurelacton* besteht. (**D. B. P. 876 843** Kl. 12o vom 10/10. 1941, ausg. 18/5. 1953.) MÜLLER-MEININGEN. H 850

Ruhrchemie Akt.-Ges. (Erfinder: **Walter Rottig**), Oberhausen, *Aufarbeitung von Primärprodukten der unter Zusatz von Ammoniak durchgeführten Kohlenoxydhydrierung.* Bei der unter Zusatz von 0,5—5 Vol.-% NH_3 zum Synthesegas durchgeführten Synth. entstehen *prim. Amine*, die nach dem bisherigen Verf. nur schwer von den KW-stoffen u. O-haltigen Prodd. getrennt werden konnten. Erfindungsgemäß wird das fl. Reaktionsprod. in eine wss. Phase (a) u. eine Ölphase geschieden, die durch Dest. bei Normaldruck in ein bis 150° sd. Destillat (b) u. einen Rückstand (c) zerlegt wird. Die sich aus (b) abscheidende wss. Schicht (b_1) wird mit (a) vereinigt u. mit einer der ermittelten CO_2-Menge äquivalenten Menge Kalk versetzt, wodurch NH_3 u. Amine freigesetzt werden. Die nach Abdest. des NH_3 bis 100° anfallende Fraktion (d) wird mit Säure neutralisiert u. durch Dest. in Aminsalze einerseits u. KW-stoffe u. O-haltige Verbb. andererseits zerlegt. Der nach Abdest. von (d) verbliebene Rückstand (e) wird mit aromat. oder höheren aliphat. Alkoholen, Ketonen mit mehr als 4 C-Atomen oder niederen Estern extrahiert u. dann auf Kalk verarbeitet, während aus dem Extrakt die Amine durch Dest. oder über ihre Salze gewonnen werden. Die nach Abtrennen von (b_1) aus (b) verbleibende ölige Schicht wird in gleicher Weise (Kalk, Dest., Neutralisation mit Säure, Fraktionieren) aufgearbeitet. Aus dem Rückstand (c) werden die Amine mittels Säure (z. B. 5%ig. HCl) extrahiert u. die zurückbleibenden N-freien KW-stoffe u. O-haltigen Prodd. in bekannter Weise isoliert. (**D. B. P. 895 896** Kl. 12o vom 9/1. 1951, ausg. 9/11. 1953.) W. HEROLD. H 910

Rohm & Haas Co., Philadelphia, Pa., übert. von: **Robert Kunin,** Trenton, N. J., V. St. A., *Trennung von Aminosäuren.* Das bekannte Verf. (vgl. A. PP. 2 340 110 u. 2 340 111; C. **1945.** I. 1280), Aminosäuren durch Verwendung von, zahlreiche Carboxylgruppen enthaltenden, ionenaustauschenden Harzen als Adsorptionsmittel zu trennen, wird in der Weise geändert, daß die COOH-Gruppen teilweise in Form ihrer Na- bzw. NH_4-Salze vorliegen u. das Verhältnis der beiden Gruppen zueinander derart eingestellt wird, daß das p_H des zu trennenden Aminosäuregemisches unterhalb des isoelektr. Punktes der zu adsorbierenden u. oberhalb jenes der nicht zu adsorbierenden Säure liegt. Als Ionenaustauscher wird ein kreuzweise gebundenes Polymeres der Acryl-, Methacryl- oder Maleinsäure verwendet. — Beispiel: Trennung eines neutralen, aus *Arginin, Lysin, Histidin, Leucin* u. *Glutaminsäure* bestehenden Aminosäuregemisches. Anwendung des Verf. auch auf Abtrennung von *Vitaminthiaminen* aus diese enthaltenden neutralen Lösungen. (**A. P. 2 549 378** vom 16/3. 1948, ausg. 17/4. 1951.)
SCHMAUSER. H 950

Soc. des Usines Chimiques Rhône-Poulenc, Paris, Frankreich, *Gleichzeitige Herstellung von Phenol und Acetaldehyd.* Man zers. Äthylbenzolhydroperoxyd in Ggw. eines elektrophilen Katalysators (**I**) bei 50—150°. Als **I** sind geeignet: H_2SO_4, BF_3 sowie akt. Erden mit saurer Reaktion. Der sich bildende Aldehyd wird in dem Maße entfernt, wie er sich in dem Reaktionsgemisch bildet. (**Schwz. P. 293 431** vom 3/10. 1951, ausg. 16/12. 1953. E. Priorr. 9/10. 1950 u. 3/7. 1951.) SCHWECHTEN. H 1060

Phillips Petroleum Co., übert. von: **Sam P. Robinson,** Bartlesville, Okla., V. St. A., *Herstellung von p-tert.-Butylphenol* (**I**) durch Rk. von Phenol (**II**) mit Isobutylen in Ggw. eines synthet. SiO_2/Al_2O_3-Katalysators u. eines inerten Verdünnungsmittels, z. B. Cyclohexan, unter Wärme u. Druck in einer bes. Anlage (schemat. Zeichnung). **I** wird abgezogen; die als Nebenprodd. entstehenden Polyalkylphenole werden mit weiteren II bei erhöhter Temp. über bereits gebrauchtem Katalysator ebenfalls zu I umgesetzt. (**A. P. 2 578 597** vom 22/11. 1948, ausg. 11/12. 1951.) FABEL. H 1060

N. V. de Bataafsche Petroleum Mij., Den Haag, Holland, *Herstellung von Estern.* Es werden einen Säurerest abgebende Verbb. mit mindestens eine veresterbare OH-Gruppe aufweisenden Verbb. in Ggw. von SO_2, das in Blasenform durch das Reaktionsgemisch geleitet wird, umgesetzt, wobei entstandenes W. u. Aldehyde aus dem Reaktionsgemisch abgeleitet werden. Die Veresterung erfolgt in Ggw. eines Veresterungskatalysators, wie H_2SO_4, bei ca. 70—150°. Es werden Ester von heller Farbe erhalten. — Z. B. werden 216 (Teile) Phthalsäureanhydrid u. 212 Allylalkohol, 500 Bzl. u. 3 $H_2 \cdot SO_4$ in CO_2-Atmosphäre unter Durchleitung von SO_2 auf 95—117° erhitzt. Gebildetes W. u. aldehyd. Nebenprodd. werden dabei durch azeotrop. Dest. mit dem Bzl. entfernt. Das gebildete *Diallylphthalat* ist wasserhell. (**Schwz. P. 285 128** vom 16/5. 1950, ausg. 16/12. 1952. A. Prior. 16/5. 1949.) R. HERBST. H 1220

E. I. du Pont de Nemours & Co., Wilmington, Del., übert. von: **Herbert H. Johnson jr.**, Woodbury, N. J., V. St. A., *Herstellung von Azoverbindungen.* Mononitroverbb. der Benzolreihe bzw. kernsubstituierte Derivv. solcher werden in Abwesenheit von Reduktionsmitteln bei $>100°$ u. >50 lbs./sq. in. mit wasserlösl. Alkalihydroxyd u. einem 1 wertigen, prim., aliphat. Alkohol mit nicht >3 C-Atomen erhitzt u. aus dem Reaktionsgemisch die entstandene Azoverb. abgetrennt. Beispiel: Herst. von *Azobenzol* in 85—90%ig. Ausbeute aus Nitrobenzol. — Analog sind herstellbar: *Dimethylazobenzole, Azotoluole, Tetramethylazobenzole, Azoxylole, p.p'-Azobenzoesäure, p.p'-Azoanisol, p.p'-Azophenetol, p.p'-Azodiphenyl, 2.2'-Azonaphthol* usw. (**A. P. 2 551 003** vom 13/2. 1947, ausg. 1/5. 1951.) SCHMAUSER. H 1310

Farbenfabriken Bayer Akt.-Ges., Leverkusen (Erfinder: **Johannes Weise, Harry Welz, Gustav von Schuckmann** und **Harry Danziger**, Krefeld), *Aliphatische und cycloaliphatische Oxime* erhält man vorteilhaft, wenn man bei der bekannten Red. der entsprechenden Nitroverbb. mit H_2 in Ggw. von Katalysatoren (I), bes. bei höherer Temp. u. unter Druck, die Red. in Ggw. von bas. N-Verbb., bes. in Mengen von mindestens $^1/_2$ (Mol), zweckmäßig jedoch von 1—2 je Nitroverb., vornimmt, z. B. in Ggw. von NH_3, $C_2H_5NH_2$, $C_3H_7NH_2$, $C_4H_9NH_2$, Anilin oder Cyclohexylamin. Als I kommen bes. Metalle oder Metalloxyde der 1. u. 8. Gruppe des Period. Syst. in Frage. — Nitrocyclohexan → *Cyclohexanonoxim.* — Nitroäthan → *Acetaldoxim.* (**D. B. P. 916 948** Kl. 12o vom 30/4. 1952, ausg. 23/8. 1954. Anmeldung bekanntgemacht 21/1. 1954.) BRÖSAMLE. H 1960

Farbenfabriken Bayer Akt.-Ges., Leverkusen (Erfinder: **Johannes Weise**, Krefeld-Uerdingen), *Oxime.* Bei der bekannten katalyt. Red. von aliphat. bzw. cycloaliphat. Nitroverbb. mit H_2, die bes. bei erhöhter Temp. u. unter Druck erfolgt, werden Katalysatoren verwendet, die Metalle u./oder Metallverbb. der 6. u./oder 8. Gruppe des Period. Syst. sowie bas. Oxyde enthalten, z. B. Sulfide, Selenide bzw. Telluride von Wo, Mo, Fe, Co, Ni oder Zn- oder Al-Oxyd. — *Cyclohexanonoxim* läßt sich so in ca. 70%ig. Ausbeute aus Nitrocyclohexan erhalten. (**D. B. P. 917 426** Kl. 12o vom 30/4. 1952, ausg. 2/9. 1954. Anmeldung bekanntgemacht 4/2. 1954.) BRÖSAMLE. H 1960

Miles Laboratories, Inc., Elkhart, Ind., V. St. A., *Herstellung von Dibenzofuranderivaten* der Formel I (NXY = sek. Aminrest). Man behandelt Dibenzofuran (II) mit Trioxymethylen u. HCl in Ggw. von Eisessig u. H_3PO_4 u. erhält *3-Chlormethyl-*II, F. 76°. Durch Rk. mit sek. Aminen entstehen hieraus die *Hydrochloride* von: *3-Diäthylaminomethyl-*II, F. 202—204°; *3-Äthyl-β-oxyäthylaminomethyl-*II, F. 143—144°; *3-Äthyl-β-chloräthylaminomethyl-*II, F. 193 bis 194°; *3-Di-(β-oxyäthyl)-aminomethyl-*II, F. 139—140°; *3-Äthyl-β-oxypropylaminomethyl-*II, F. 254°; *3-Morpholinomethyl-*II, F. 95—97°; *3-Piperidinomethyl-*II. (**E. P. 703 257** vom 9/8. 1950, ausg. 3/2. 1954. A. Prior. 6/9. 1949.) FABEL. H 3061

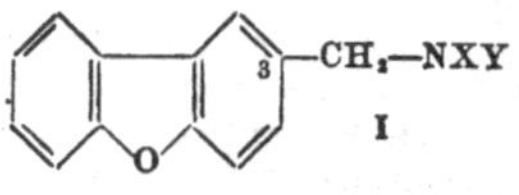

I

Theodore A. Geissman, Los Angeles, Calif., V. St. A., *Überführung von Cumaranen in die entsprechenden Cumarone.* Man behandelt das Cumaran mit freiem Halogen, das z. B. aus N-Bromphthalimid oder N-Bromacetamid abgespalten wird, u. erhält so eine 2- oder 3-Halogenverb., aus der dann durch Einw. eines tert. Amins Halogenwasserstoff abgespalten wird. — Z. B. erhält man aus 4-Methoxy-5-aceto-6-acetoxycumaran mit N-Bromsuccinimid in CCl_4 eine Bromverb., die mit Dimethylanilin in 6-Acetylvisnaginon übergeht. Hieraus mit KOH *Visnaginon*, F. 109°. Analog: *Khellinonacetat*, F. 74—75°; *4.6-Dimethoxycumaron*; *5-Acetyl-6-acetoxycumaron*; *2-Methylfuranochromon-(4)*; *Visnagin*, F. 142—143°, u. *Khellin*, F. 152—153°. (**A. P. 2 659 734** vom 30/7. 1951, ausg. 17/11. 1953.) FABEL. H 3061

E. I. du Pont de Nemours & Co., übert. von: **Edward C. Hermann**, Wilmington, Del., V. St. A., *Thiophen-(2)-serine* der Formel I (R_1 = H oder Alkyl, R_2 = H, Halogen oder Alkyl). Man kondensiert die entsprechenden Thiophen-(2)-aldehyde mit Glycin in Ggw. eines Alkali- oder Erdalkalihydroxyds u. behandelt das Reaktionsprod. mit einer Mineral- oder fl. Carbonsäure. Man erhält so *Thiophen-(2)-serin* (II), F. 175°; *5-Methyl-*II; *3-Methyl-*II; *5-Brom-*II. — Zwischenprodd., Baktericide. (**A. P. 2 662 087** vom 14/8. 1950, ausg. 8/12. 1953.) FABEL. H 3071

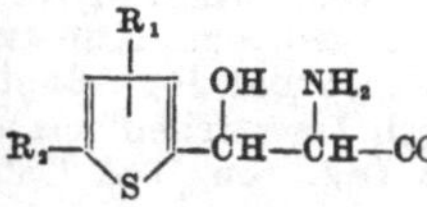
I

Socony-Vacuum Oil Co., Inc., New York, übert. von: **William I. Denton**, Woodbury, und **Richard B. Bishop**, Haddonfield, V. St. A., *Herstellung von Thiophencarbonitrilen* durch Einw. von gasförmigem NH_3 auf reaktionsfähige, im Kern mit gesätt. oder ungesätt. Alkyl-, bes. Methylgruppen mono-, di- oder polysubstituierte Thiophene bzw. deren Homologe in Ggw. von V-, Mo- u./oder Wo-Oxydkatalysatoren, bes. V_2O_5 u. MoO_3, gegebenenfalls unter Verwendung von Tonerde, Silicagel, Bimsstein oder Carborundum als Trägermaterial. Einwirkungsdauer des Katalysators kurzfristig, zweckmäßig 0,3—30 Sek. (**A. P. 2 551 572** vom 6/4. 1948, ausg. 8/5. 1951.) SCHMAUSER. H 3071

Dow Chemical Co., übert. von: **Halbert C. White** und **Don V. Wysong**, Midland, Mich., V. St. A., *Hydantoin* (I). Man setzt 1 (Mol) CH_2O bei —10 bis 30° einer wss. Lsg. von wenigstens 1,5 Ammoncarbonat u. 1 Alkalicyanid zu u. erhitzt dann auf 70 bis 90°. Durch Hydrolyse von I kann *Glycin* erhalten werden. (**A. P. 2 663 713** vom 22/3. 1952, ausg. 22/12. 1953.) BRÖSAMLE. H 3122

Abbott Laboratories, Chicago, Ill., V. St. A., *Herstellung von 4-Oxycumarinen* durch Kondensation eines o-Oxyalkylphenylketons mit einem Dialkyl- oder Diaralkylcarbonat u. Nachbehandlung mit einer Mineralsäure. Man erhitzt die Komponenten in Ggw. von NaH oder KH, bes. unter Zusatz eines KW-stoffes mit Kp. >100°, z. B. Toluol. Aus o-Oxyacetophenon u. Diäthylcarbonat erhält man in sehr guter Ausbeute *4-Oxycumarin*, F. 213—214°. (**E. P. 705 316** vom 12/9. 1951, ausg. 10/3. 1954. A. Prior. 24/1. 1951.) FABEL. H 3211

Riedel-de Haën Akt.-Ges., Seelze (Erfinder: **Albrecht Heymons**, Berlin), *Herstellung von Nicotinsäureestern bzw. von Nicotinsäure* durch oxydative Behandlung von Chinolin (I) mit H_2SO_4 u. HNO_3, dad. gek., daß man eine durch Erhitzen von I mit mindestens der 6-, bes. der 7—7,5fachen, Menge ca. 100%ig. H_2SO_4 auf 250—270° erhaltene Reaktionslsg. bei ca. 220° mit den bei dieser Temp. entstehenden Zerfallsprodd. von mindestens der 11,5fachen Menge wss. 50—70%ig. HNO_3, bes. im Gegenstrom, zur Rk. bringt, dann die schwefelsaure Lsg. unmittelbar mit niederen, aliphat. Alkoholen, bes. Methanol, erhitzt, die erhaltenen Nicotinsäureester abtrennt u. gegebenenfalls in Nicotinsäure überführt. (**D. B. P. 912 216** Kl. 12p vom 12/4. 1951, ausg. 28/5. 1954. Anmeldung bekanntgemacht 8/5. 1952.) SCHINDLER. H 3231

Riedel-de Haën Akt.-Ges., Seelze (Erfinder: **Albrecht Heymons** und **Helmut Croon**, Berlin), *Herstellung von 3-Oxy-2-phenylcinchoninsäure* durch Rk. von ω-Halogenacetophenon mit Alkaliacetat u. Kondensation des ω-Acetoxyacetophenons mit Isatin in alkal.-wss. Lsg., dad. gek., daß man die Ausgangsstoffe in einem in W. unlösl., >140° sd. Lösungsm. der aromat. oder hydroaromat. Reihe, bes. Cymol, auf 140° u. darüber erhitzt u. die Reaktionslsg. unmittelbar der alkal.-wss. Lsg. des Isatins unter Erwärmen u. Rühren zusetzt u. das Endprod. aus ihrem in der wss. Lsg. enthaltenen Alkalisalz in Freiheit setzt; z. B. Fällung mit CH_3COOH, F. 200—202° (Zers.). (**D. B. P. 912 219** Kl. 12p vom 23/12. 1951, ausg. 28/5. 1954. Anmeldung bekanntgemacht 8/10. 1953.) SCHINDLER. H 3231

Upjohn Co., Kalamazoo, Mich., V. St. A., *Abspaltung des Sulfonylrestes aus N-Arylsulfonamiden* mit HBr zur Herst. der entsprechenden aromat. Amine (ohne Bromierung des aromat. Kerns) erfolgt durch Behandlung des Sulfonamids mit HBr u. einem Br-Acceptor (Phenol, Resorcin, Naphthol) in Ggw. einer aliphat. Carbonsäure (Eisessig). — Beispiel: N-(p-Toluolsulfonyl)-p-aminobenzoesäureäthylester → *p-Aminobenzoesäureäthylester*; N'-[N-(2-Amino-4-oxy-6-pteridylmethyl)-N-(p-toluolsulfonyl)-p-aminobenzoyl]-glutaminsäurediäthylester → *N'-[N-(2-Amino-4-oxy-6-pteridylmethyl)-p-aminobenzoyl]-glutaminsäurediäthylester.* (**Schwz. P. 297 834** vom 24/4. 1950, ausg. 16/6. 1954.) BRÖSAMLE. H 3272

X. Färberei. Organische Farbstoffe.

J. R. Geigy Akt.-Ges., Basel, Schweiz, *Dimethylaminoäthyleikosiglykoläther des Octadecylalkohols*, helle, in W. klar lösl., als *Egalisiermittel* verwendbare Paste, erhält man durch Umsetzen von Octadecyleikosiglykolätherschwefelsäureester (hergestellt aus

Stearinalkohol + 20 Mol Äthylenoxyd + $ClSO_3H$ in Chlf.) bei erhöhter Temp. in alkal. Medium (10%ig. Na_2CO_3-Lsg.) mit Dimethylamin. (**Schwz. P. 288 633** vom 23/6. 1950, ausg. 16/10. 1953. **Zusatz zu Schwz. P. 285 749; C. 1954. 7059.**) Krauss. 7007

Algemeene Kunstvezel Mij. N. V., Scheveningen, Holland (Erfinder: **Charles Maginot** und **Jean Baptiste Guyard,** Paris, Frankreich), *Farbige Glasgarne* erhält man durch Überziehen mit einem gefärbten Bindemittel, z. B. einer Farbstoff enthaltenden Lsg. von 10% Chlorkautschuk in Tri- u. Perchloräthylen oder von Polyvinylchlorid in einem Gemisch aus Cyclohexanon u. Chlorbenzol. (**D. B. P. 908 007** Kl. 8k vom 22/10. 1941, ausg. 1/4. 1954. F. Prior. 23/10. 1940.) Möllering. 7021

Heberlein & Cie. Akt.-Ges., Schweiz, *Pigmentdruck auf linearen Superpolyamiden.* Die Druckmasse enthält ein Quell- oder Lösungsm. für die Superpolyamide, bes. Phenole, u. als Bindemittel Celluloseacetat (**A**) oder Nitrocellulose. — Man bedruckt z. B. einen geseiften u. gedämpften Superpolyamidmusselin mit einer Paste aus 50 g **A**, 500 g Aceton, 150 g Phenol u. 325 g TiO_2, trocknet bei 60—70° u. wäscht. Kochechter Matteffekt auf durchscheinendem Grund. (**F. P. 981 851** vom 28/2. 1949, ausg. 31/5. 1951. Schwz. Prior. 1/3. 1948.) Hoppe. 7023

Carlo Albini-Colombo, Mailand, Italien, *Bedrucken von Textilien.* Man bringt auf eine Papierbahn einen Film aus einem wasserunlösl. Klebemittel (**I**), überzieht den Film mit einer Fettsubstanz (**II**) u. druckt hierauf ein farbiges Dessin. Dann unterstützt man das bedruckte Papier mit einer stärkeren Papierlage, bringt das vorher angefeuchtete Textilmaterial auf das bedruckte Papier auf u. preßt unter Hitzeeinw. zusammen. **I** besteht z. B. aus einer Mischung von W., Stärke, CH_2O u. Essigsäure, **II** aus Elemiharz, Lärchenessenz, Zn-Stearat u. Terpentinöl. Man kann so mehrfarbige Bilder u. Photographien kontinuierlich auf Textilien drucken. — Zeichnung. (**E. P. 670 174** vom 28/2. 1949, ausg. 16/4. 1952. It. Prior. 3/3. 1948.) v. Schiller. 7023

Manufactures de Produits Chimiques du Nord, Établissements Kuhlmann, Frankreich (Erfinder: **Paul Kienzle**), *Echtheitsverbesserung von Färbungen und Drucken* mit Direktfarbstoffen durch Behandeln mit wss., gegebenenfalls alkal. Lsgg., die die N-haltigen Verbb. gemäß Hauptpatent u. ein Cu-Salz oder eine Cu-Komplexverb. enthalten. (**F. P. 57 318** vom 6/4. 1948, ausg. 2/1. 1952. **Zusatz zu F. P. 860 910; C. 1941. II. 2396.**) Hoppe. 7023

Farbwerke Hoechst Akt.-Ges. vormals Meister Lucius & Brüning (Erfinder: **Wilhelm Döhle**), Frankfurt/M., *Tetranitrocarbazole* erhält man durch Erhitzen von Tetranitrocarbazolmonosulfonsäure (**I**) oder ihren Alkalisalzen mit NH_3 oder prim. Aminen. Umgesetzt wird **I** [erhalten aus Carbazol + 100%ig. H_2SO_4 + Mischsäure (HNO_3 + 20%ig. Oleum)] mit 3,4-Dichloranilin, NH_3, α- bzw. β-Naphthylamin u. Äthanolamin (= Oxäthylaminotetranitrocarbazol). — Zwischenprodd. für Farbstoffe. (**D. B. P. 878 648** Kl. 12p vom 22/2. 1942, ausg. 5/6. 1953.) Krauss. 7049

Celanese Corp. of America, New York, N. Y., übert. von: **Victor S. Salvin,** Irvington, und **John R. Adams,** Summit, N. J., V. St. A., *2-Nitrodiphenylamin-4-sulfonmorpholide* der allg. Formel **Ia** (R = H, Alkyl-, Oxyalkyl-, Alkoxy-, Acylamino-, Phenylrest) erhält man durch Umsetzung von 1-Chlor-2-nitro-4-sulfonmorpholid mit einer Verb. der allg. Formel $R \cdot C_6H_4 \cdot NO_2$ unter Erhitzen am Rückfluß in W. oder organ. Lösungsmitteln, wie A., Amylalkohol oder Äthylenglykolmonoacetat. —

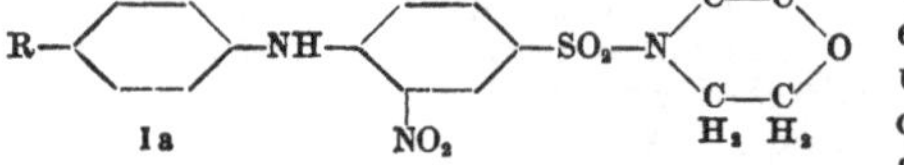

Ia

2-Nitrodiphenylamin-4-sulfonmorpholid, aus 4 (Teilen) 1-Chlor-2-nitrobenzol-4-sulfonmorpholid (**I**), 4 Anilin (**II**) u. 1 Na_2CO_3 in 100 W.; färbt Celluloseacetat (**E**) waschecht gelb. — *4'-Methoxy-2-nitrodiphenylamin-4-sulfonmorpholid* aus 3,5 **I** u. 3,5 p-Methoxy-**II**; **E** waschecht orangegelb. — *Farbstoffe für Celluloseacetat u. andere organ. Cellulosederivate.* (**A. P. 2 569 694** vom 14/7. 1949, ausg. 2/10. 1951.) Sievers. 7051

Ciba Ltd., Basel, Schweiz, *Monoazofarbstoffe* der Zus. **I** (n = 0 oder 1; der Benzolkern A kann gegebenenfalls nicht wasserlösl. machende Substituenten enthalten). Man kuppelt die Diazoverb. des 1-Amino-4-benzoylamino-2,5-dimethoxybenzols (**II**) oder des 1-Amino-4-phenoxyacetylamino-2,5-dimethoxybenzols (**III**), die beide im Benzolkern der Acylgruppe einen nicht wasserlösl. machenden Substituenten enthalten können, mit 2-Oxynaphthalin-3-carbonsäure-2'.6'-dimethylanilid (**IV**).

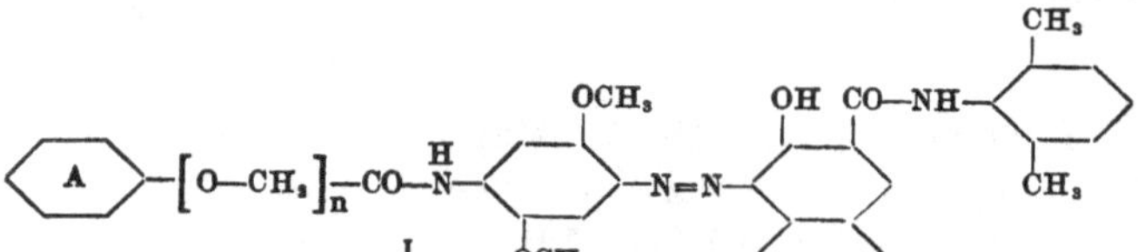

I

— IV ← II; F. 290° (Zers.); Baumwolle (A) rein blauviolett. — IV ← (III → Methylaminoäthansulfonsäure); A, rein blauviolett. — Die erhaltenen Farbstoffe sind sehr gut für Druckpasten geeignet. (E. P. 697 480 vom 2/1. 1951, ausg. 23/9. 1953. Schwz. Priorr. 24/1. u. 6/12. 1950.) SIEVERS. 7053

Sandoz Akt.-Ges. (Erfinder: **Philippe Grandjean**), Basel, Schweiz, *Ätzbare Azofarbstoffe*. Man kuppelt diazotierte Aminobenzoylaminoazoverbb. der Zus. I (ein X = NH_2, das andere X = H, Halogen, Alkyl- oder Alkoxy-) mit N-Aryl- oder N-Acylderivv. der 2-Amino-5-oxynaphthalin-7-sulfonsäure oder der 2-Amino-8-oxynaphthalin-6-sulfonsäure mit gegebenenfalls im Phenylrest substituierten 1-Phenyl-3-methyl-5-pyrazolonen oder 1-Phenyl-5-pyrazolon-3-carbonsäuren, diazotiert gegebenenfalls die erhaltenen Disazofarbstoffe, falls sie eine freie NH_2-Gruppe enthalten, in Substanz oder auf der Faser u. kuppelt die erhaltenen Diazoverbb. mit Azokomponenten der Naphthalin- oder Pyrazolonreihe. — 4′-(4″-Aminobenzoylamino-1.1′-azobenzol-4.3′-disulfonsäure (II) → 2-Benzoylamino-5-oxynaphthalin-7-sulfonsäure; Baumwolle (A) u. Fasern aus regenerierter Cellulose (G) rotorange. — II → 2-Phenylamino-5-oxynaphthalin-7-sulfonsäure; A u. G rotbraun. — 4′-(4″-Amino-3″-methylbenzoylamino)-1.1′-azobenzol-4.3′-disulfonsäure → 2-(4′-Amino-3′-methylbenzoylamino)-5-oxynaphthalin-7-sulfonsäure; A u. G scharlachrot. — II → 1-(3′-Aminophenyl)-5-pyrazolon-3-carbonsäure; A u. G gelb; durch Diazotieren auf der Faser u. Entwickeln mit 1-Phenyl-3-methyl-5-pyrazolon oder mit 2-Oxynaphthalin erhält man gelbe Töne von guter Waschechtheit u. Ätzbarkeit. (D. B. P. 888 903 Kl. 22a vom 25/12. 1951, ausg. 7/9. 1953. Anmeldung bekanntgemacht 31/12. 1952. Schwz. Prior. 27/4. 1951.) SIEVERS. 7053

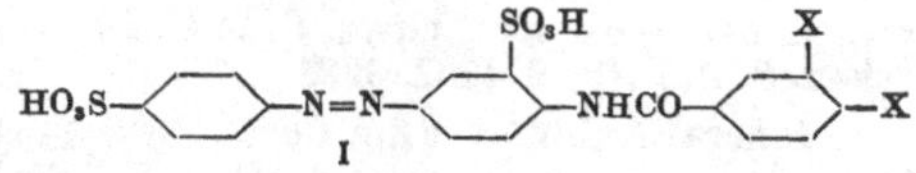

I

Durand & Huguenin Akt.-Ges., Basel, Schweiz, *Anthrachinonazofarbstoffe*. Diazotiertes 1-Aminoanthrachinon wird mit einem 5-Acylacetylamino-2-phenyl-1.3-benzotriazol der allg. Formel I gekuppelt u. der entstandene Azofarbstoff in seinen Leukoschwefelsäureester bzw. ein wasserlösl., beständiges Salz davon übergeführt, z. B. durch ein Reduktionsmittel, das nur die Chinon-, aber nicht die Azogruppe red.; die so entstandene Leukoverb. wird dann mit SO_3 in Ggw. einer tert. Base verestert. Hierbei ist Acyl der Rest, CH_3CO—, C_6H_5CO oder C_6H_5—C_6H_4—CO, Y ein H- oder Halogenatom, eine Alkyl- oder Alkoxygruppe, X ein H-Atom, eine Alkyl- oder Alkoxygruppe. Die Reaktionsprodd. besitzen gute Affinität zu Pflanzenfasern u. färben diese nach den üblichen Entwicklungsverff. mit guter Echtheit in verschied. Tönen. (Schwz. P. 287 872 vom 21/7. 1950, ausg. 16/4. 1953.) KALIX. 7053

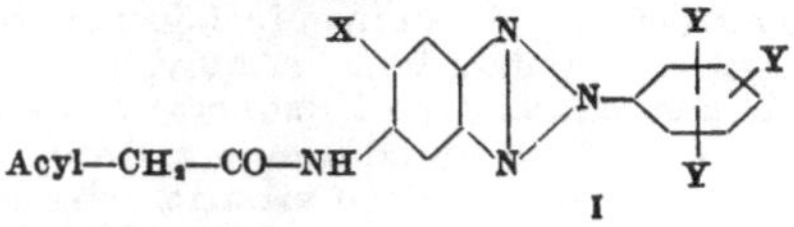

I

J. R. Geigy Akt.-Ges., Basel, Schweiz, *Kupferhaltiger Diazofarbstoff*, der Baumwolle, Leinen u. Cellulosefasern blau färbt, wird erhalten durch Kuppeln von 1 Mol tetrazotiertem 4.4′-Diamino-3.3′-dimethoxydiphenyl mit je 1 Mol 1-Oxynaphthalin-4.8-disulfonsäure u. 2-(4′-Acetylaminophenylamino)-5-oxynaphthalin-7-sulfonsäure in beliebiger Reihenfolge u. Behandeln mit kupferabgebenden Mitteln. (Schwz. P. 291 510 vom 7/2. 1951, ausg. 16/9. 1953.) SIEVERS. 7055

Sandoz Akt.-Ges. (Erfinder: **Oscar Knecht** und **Hans Ischer**), Basel, Schweiz, *Dis- und Polyazofarbstoffe*. Die aus 2-Amino-8-oxynaphthalin-6-sulfonsäure (γ-Säure) (I), 2-R-Säure u. M-Säure durch saure Kupplung erhältlichen, nichtkupplungsfähigen Azofarbstoffe können in Form ihrer N-Acylderivv. leicht mit einem 2. Mol einer Diazoverb. gekuppelt werden. Die Acylierung der Azofarbstoffe wird nach dem Verf. des Schwz. P. 262 278; C. **1950.** I. 346, mit Ameisen-, Essig-, Chloressig-, Butter-, Stearin-, Benzoe-, Oxal-, Bernstein-, Phthal-, Cyanur-, Carbamin-, Naphthoe-, Alkyl- oder Acylsulfonsäuren ausgeführt. Die Farbstoffe eignen sich zum Färben von tier., pflanzlichen u. synthet. Fasern sowie von Leder. — Beispiel: 51 (Teile) des Acetylaminoazofarbstoffes aus I u. 1-Amino-4-nitrobenzol-6-sulfonsäure werden in alkal. Medium bei 0° mit 14,3 1-Aminonaphthalin gekuppelt. Braunviolette Kristalle; die saure Lsg. färbt Wolle braunviolett mit guter Alkali-, Wasch-, Licht- u. Schweißechtheit. (D. B. P. 842 821 Kl. 22a vom 14/4. 1949, ausg. 3/7. 1952. Schwz. Prior. 17/1. 1947.) KALIX. 7055

Ciba Akt.-Ges., Basel, Schweiz, *Trisazofarbstoff*, der Baumwolle orange färbt, erhält man durch Kuppeln des diazotierten Aminodisazofarbstoffes (I) mit 1-(3′-Aminophenyl)-3-methyl-5-pyrazolon. Durch Diazotieren auf der Faser u. Entwickeln mit 2-Oxynaphthalin oder 1-Phenyl-3-methyl-5-pyrazolon kann der Farbton nach Rot

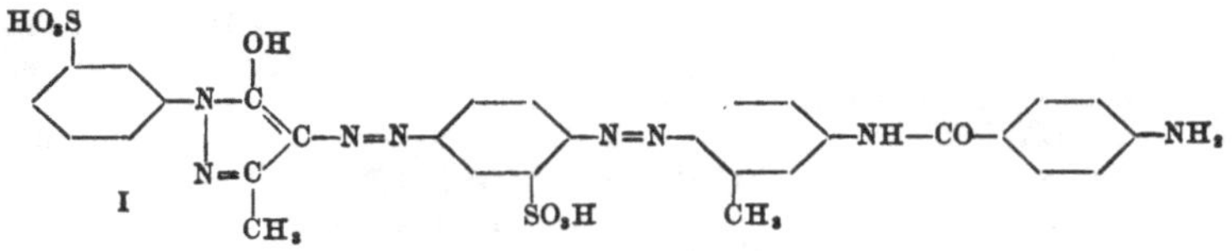

verschoben werden. (**Schwz. P. 294 229** vom 28/3. 1949, ausg. 16/1. 1954. **Zusatz zu Schwz. P. 273078; C. 1952. 6288.**) SIEVERS. 7055

General Aniline & Film Corp., New York, N. Y., V. St. A., *4-Acylamino-1,8-naphthalimide* der allg. Formel I (R = H, aliphat. oder aromat. Rest; R_1 = H, NH_2-, aliphat. oder aromat. Rest). Man kondensiert 4-Nitronaphthalsäureanhydrid mit NH_3 oder einem aliphat. oder aromat. Amin in einem inerten Lösungsm., red. die NO_2-Gruppe des erhaltenen Naphthalimids mit Metall u. Säure u. acyliert anschließend mit einem aliphat. oder aromat. Säurechlorid oder -anhydrid. — *4-Acetylamino-N-n-butyl-1.8-naphthalimid*, F. 231—232°. — *4-Acetylamino-N-octyl-1.8-naphthalimid*, F. 186—187°. — *4-Acetylamino-N-n-tetradecyl-1.8-naphthalimid*, F. 165—166°. — *4-Acetylamino-N-n-octadecyl-1.8-naphthalimid* F. 154—156°. — *4-Benzoylamino-N-n-butyl-1.8naphthalimid* F. 226°. — *Farbstoffe* für Wolle u. Acetatseide, die gelbe Töne liefern u. im UV-Licht gelbgrün fluorescieren. (**E. P. 641 569** vom 11/12. 1947, ausg. 16/8. 1950. A. Prior. 5/12. 1946.) SIEVERS. 7057

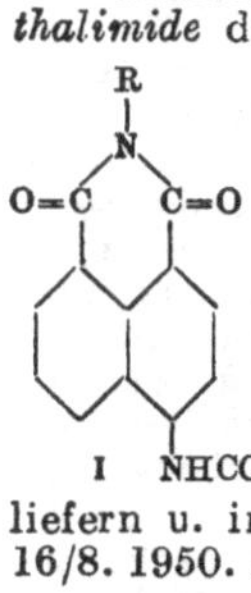

Farbwerke Hoechst, vormals Meister Lucius & Brüning, Frankfurt/M. (Erfinder: **Gerhard Langbein**, Hofheim (Taunus), *Kondensationsprodukte*, dunkelgefärbte Pulver, wahrscheinlich Oxygruppen enthaltende Benzocarbazolchinonderivv. als Farbstoffe oder Zwischenprodd. zur Herst. neuer Farbstoffe verwendbar, erhält man dadurch, daß man 2.3-Dihalogen-1.4-naphthochinone mit Oxygruppen enthaltenden aromat. oder heterocycl. Aminen in Lösungs- bzw. Verdünnungsmitteln, bes. in Alkoholen, bei Ggw. von mindestens 2 Äquivalenten eines säurebindenden Mittels so lange erhitzt, bis das entstandene Kondensationsprod. kein Halogen mehr enthält. Man kann auch die als Zwischenprodd. entstandenen 2-Amino-3-halogen-1.4-naphthochinone, die am Stickstoff durch einen aromat. oder heterocycl. Oxygruppen enthaltenden Rest substituiert sind, in gleicher Weise behandeln. — 23 (Gewichtsteile) 2.3-Dichlor-1.4-naphthochinon (**I**), 18 1-Amino-7-naphthol u. 30 wasserfreies Na-Acetat erhitzt man 10—15 Std. in 350 A. zum Sieden, saugt ab, wäscht mit A. u. dann mit Wasser. Das erhaltene schwarzbraune halogenfreie Pigment (**II**) läßt sich auch in alkal. Medium mit Na-Hydrosulfit orangebraun verküpen u. färbt Baumwolle (**A**) lichtecht kräftig kaffeebraun. **II** erhält man auch durch 8std. Erhitzen von 10 2-(7'-Oxynaphthyl-1'-amino)-3-chlor-1.4-naphthochinon in 100 Pyridin. — In ähnlicher Weise erhält man weitere Prodd. aus 2.3-Dibrom-1.4-naphthochinon u. 1-Amino-5-naphthol, färbt **A** aus der Küpe (**K**) braun, in feiner Verteilung braunes Pigment; **I** u. 3-Aminophenol, dunkelbraunes Pulver, färbt **A** aus gelber **K** korinth, Wolle (**B**) trübviolett, Farbe des Pigments braun; **I** u. salzsaures 2-Amino-7-naphthol, färbt **A** aus gelber **K** graubraun, Pigment korinthfarben; **I** u. 1-(3'-Aminophenyl)-3-methyl-5-pyrazolon, rotbraunes Pigment, aus der alkal. **K** nur schwache Färbungen; **I** u. 1-Amino-5-naphthol-7-sulfonsäure, braunschwarzes Pulver, in W. braunlösl., färbt **B** aus saurem Bade rotbraun, mit $BaCl_2$ aus wss. Lsg. braunes Pigment; **I** u. 1-Amino-7-naphthol-3-sulfonsäure, in W. rotbraun lösl., färbt **B** aus saurem Bade lichtecht braun, als Ca-Salz rotbraunes Pigment. (**D. B. P. 878 824** Kl. 22e vom 16/2. 1951, ausg. 8/6. 1953.) ROICK. 7059

XIa. Farben. Anstriche. Lacke. Naturharze.

H. Rabaté, *Das künstliche Ultramarinblau, ein mysteriöses Pigment.* Bemerkungen zur Geschichte, Chemie u. Herst. von synthet. Ultramarinblau. (Peintures, Pigments, Vernis **30.** 627—29. Aug. 1954.) WINIKER. 7092

K.-H. Wüllenweber, *Ein neuer Polyalkohol zur Harzveresterung.* Durch Kondensation von 1 Mol Butanon mit 3 Mol Formaldehyd in Ggw. von $Ca(OH)_2$ wird *3.3-Dimethylolbutanol-(2)* gewonnen, das wegen seiner teilweisen Verätherung den damit veresterten Hartharzen einen um 10—15° höheren F. gegenüber Glycerinestern u. gute Öl- u. Nitrocelluloseverträglichkeit sowie den Ölalkydharzen schnellere Durchtrocknung u. höhere Wasserfestigkeit u. Elastizität verleiht. (Fette Seifen einschl.

Anstrichmittel **54.** 758—60. Dez. 1952. Moers-Meerbeck, Chem. Werke „Rheinpreussen", Forschungslabor.) SCHEIFELE. 7096

Henry F. Payne, *Bindemittel.* Vf. behandelt die Verwendung synthet. Latices als Bindemittel für Farben u. Anstriche. (Off. Digest Federat. Paint Varnish Product. Clubs **1953.** 926—32. Dez. New York, N. Y., American Cyanamid Co.) SCHEIFELE. 7096

F. Kayer und **J. M. Bloch,** *Die Gewinnung von pulverförmigen Sikkativen auf Bentonitbasis.* Zur Gewinnung von pulverförmigen Sikkativen aus Bentonit wird roher (bzw. mehr oder weniger gereinigter) Ton mit wss. Lsgg. von Mn- oder Co-Salzen behandelt. Nach Zentrifugierung u. gegebenenfalls Waschen werden die dabei gebildeten Mn- bzw. Co-Bentonite getrocknet u. gemahlen. Sie sind bes. geeignet für Ölfarben u. Anstriche auf Basis Glycerinphthalsäureharze. (Peintures, Pigments, Vernis **30.** 648. Aug. 1954.) WINIKER. 7096

Waller H. Hoback, *Pigmentdispersionen.* Behandelt werden Herst. von Pigmentdispersionen, Stabilität der Mischungen von Pigment- u. Bindemittelsuspensionen u. Erhaltung der Pigmentsuspension als feste Dispersion im Anstrichfilm. — 5 Rahmenrezepte. (Off. Digest Federat. Paint Varnish Product. Clubs **1953.** 912—21. Dez. Bound Brook, N. J., Calco Chemical Div.) SCHEIFELE. 7106

G. Génin, *Dispergieren von Ruß bei der Herstellung von Farben und Lacken.* Nach einem Überblick über die bei der Herst. von für Farben u. Lacke bestimmtem Ruß (**I**) erzielten Fortschritte behandelt Vf. die für eine gute Dispergierung des **I** wichtigen Faktoren (Eigg. des **I**, Natur des Bindemittels, Art des Mischens) u. gibt abschließend Ratschläge für die Praxis. (Peintures, Pigments, Vernis **30.** 639—44. Aug. 1954.) WINIKER. 7106

Edward C. Scholl, *Wässerige Dispersionsfarben. Herstellung.* Inhaltlich ident. C. **1953.** 8721. (Off. Digest Federat. Paint Varnish Product. Clubs **1953.** 907—12. Dez. Hasbrouck Heights, N. J., Esco Labors.) SCHEIFELE. 7106

Bernhard F. H. Scheifele, *Anstrichvorbereitung der Metalle, neuere Erkenntnisse der Reinigung und Passivierung.* Übersicht mit 30 Schrifttumsangaben. (Werkstoffe u. Korrosion **5.** 5—10. Jan. 1954. Heidelberg.) VIER. 7106

F. R. Himsworth, *Schutz von Stahl gegen atmosphärische Korrosion.* Farb-, Lack- u. Spritzmetallüberzüge werden besprochen. (Iron Coal Trades Rev. **168.** 461—64. 19/2. 1954.) VIER. 7106

R. R. Pierce, *Die Entwicklung dicker Schutzanstriche für die chemische Beanspruchung.* An 30 Anstrichstoffen auf der Basis von Vinylharz, Chlorkautschuk, trocknenden Ölen u. Neopren wird das Verh. in einer Industrieatmosphäre mit verschied. Geh. an HCl überprüft. Es wird festgestellt, daß die Haltbarkeit des Anstrichs bes. von der mittleren Schichtdicke abhängig ist. Unterhalb einer Schichtdicke von 0,125 mm ist ein gegen HCl-Atmosphäre dauerhafter Schutzanstrich nicht zu erzielen, da die dann auftretenden dünnen Stellen, bes. an den Ecken, Vertiefungen u. Schweißnähten der Unterlage, zu einer raschen Zerstörung auch des gesunden Films führen. Bei Filmschichten über 0,125 mm ist die Filmdicke auch über den Oberflächenunregelmäßigkeiten noch völlig ausreichend. Hier ist die Schutzfähigkeit des Films allein vom Material abhängig. Die handelsüblichen Industriefarben ergeben im Dreischichtsyst. nur eine mittlere Filmdicke von 0,087 mm. Es wird gefordert, daß nur solche Anstrichstoffe vorgeschrieben u. verwendet werden, die in 3 Aufträgen die genügende Filmdicke ergeben. (Werkstoffe u. Korrosion **5.** 1—5. Jan. 1954. Philadelphia, Pa., Pennsylvania Salt Mfg. Co.) VIER. 7106

J. J. Obrzut, *Elektrostatische Beseitigung der Tropfen verbessert die Qualität von Tauchüberzügen.* Die beim Aufbringen von Lack- oder ähnlichen Überzügen entstehenden Tropfen werden durch elektrostat. Einw. beseitigt. Beschreibung der Vorrichtung. (Iron Age **173.** Nr. 5. 153—55. 14/2. 1954.) MARKHOFF. 7106

Mervin A. Danforth, Keith H. E. Larson und Wouter Bosch, *Das Protektometer und die Bewertung der Wirksamkeit von korrosionsverhindernden Anstrichen.* Die Lebensdauer eines korrosionsverhindernden Grundanstriches kann einigermaßen aus seinem Verh. in der Sprühkammer beim Besprühen mit Salzwasser vorhergesagt werden. Der Wert eines solchen Schutzanstriches kann in Zahlen ausgedrückt werden mit Hilfe eines Protektometers, welches eine genaue Best. des durch einen solchen Grundanstrich hergestellten elektrolyt. Widerstandes zahlenmäßig ermöglicht. Von großer Wichtigkeit ist die Zus. des Films u. seine Dicke. — 2 Schaltskizzen des Protektometers, 14 Literaturhinweise. (Off. Digest Federat. Paint Varnish Product. Clubs **1953.** 845—55. Nov. North Dakota, Agricult. Coll.) THEURER. 7158

Brian Greenwood, *Einfache Kurzzeitprüfung von Schutzanstrichen.* Die zu prüfenden Anstrichfarben werden auf gesandstrahltes Stahlblech u. auf Sperrholz in Mindestfilmdicke von 0,005 in. durch Streichen oder Spritzen aufgebracht, forciert getrocknet u. in 40%ig. KOH u. in 30%ig. HNO_3 eingehängt. Sind sie nach 3 Tagen Beanspruchung nicht zerstört, so werden die Lsgg. auf 66° erwärmt, bis die Farbfilme zerstört sind. Auch werden Vergleichsteste auf gesandstrahltem, säuregebeiztem u. mit Drahtbürste gereinigtem Stahl durchgeführt. Die Resultate stehen mit Betriebsverh. in Zellstoffanlagen in guter Übereinstimmung. (Chem. Engng. **60.** Nr. 11. 199. Nov. 1953. Canada, Nanaimo, B. C., McMillan & Bloedel, Ltd.) SCHEIFELE. 7158

Imperial Chemical Industries Ltd., London (Erfinder: **Henry Brunner,** Langley), England, *Herstellung von Mischpolymerisaten,* dad. gek., daß ein aromat. Vinyl-KW-stoff mit 0,1—10 Gew.-% eines mehrfachen Esters aus einem mehrwertigen Alkohol u. einer Fettsäure eines trocknenden Öles oder eines teilweise oxydierten oder teilweise polymerisierten Deriv. davon in Ggw. eines Borhalogenids als Katalysator umgesetzt wird. Verwendet wird nach den Beispielen BF_3, das nach der Polymerisation von z. B. Styrol mit Leinöl oder entwässertem Ricinusöl mittels inerten Gases, CO_2, bei 175—225° entfernt wird. *Harze* für die *Lackindustrie.* (**D. B. P. 913 478** Kl. 39c vom 4/8. 1951, ausg. 14/6. 1954. Anmeldung bekanntgemacht 31/12. 1952. E. Prior. 4/8. 1950.) SCHINDLER. 7097

Standard Oil Development Co., übert. von: **Joseph L. Betts jr., Edward A. McCracken, Harold J. Rose** und **Robert E. Wood,** Baton Rouge, La., V. St. A., *Koagulationsbeständige wässerige Dispersionen von Butadien–Styrol-Mischpolymerisaten für Anstrichfarben* werden erhalten, indem man 100 (Teile) eines Gemisches aus 0—100 Diolefin mit 4—6 C-Atomen u. 100—0 Monoolefin in W. dispergiert in Ggw. von 1—10 eines Alkylarylpolyätheralkohols als nichtion. Emulgator, 1—10 einer Harzseife als ion. Emulgator u. einem Elektrolyten in einer Menge, die eben nicht ausreicht, die Polymerisation zu vergiften, worauf man die Dispersion in Ggw. eines O-abgebenden Polymerisationskatalysators bis zum Ende der Polymerisation auf Tempp. von 0—100° erwärmt. (**A. P. 2 605 242** vom 13/7. 1951, ausg. 29/7. 1952.) OVERBECK. 7097

Sherwin-Williams Co., Cleveland, O., übert. von: **James A. Arvin,** Homewood, Ill., V. St. A., *Herstellung hochviscoser Öle.* Ungesätt. Öle, wie Leinöl oder Sojabohnenöl, werden bes. in Ggw. eines Chinons [Anthrachinon, β-Chlor- (oder β-Oxy-) anthrachinon] u. SO_2 auf 500—625° F bis zur beginnenden Gelierung erhitzt. Dann wird unter Aufrechterhaltung der hohen Temp. Wasserdampf durchgeblasen oder W. zur Dampfentw. eingerührt. Nach einer ca. 20 Min. währenden Dampfbehandlung wird das Öl abgekühlt. (**A. P. 2 607 784** vom 26/10. 1948, ausg. 19/8. 1952.) GRÄGER. 7097

Sinclair Refining Co., New York, N. Y., übert. von: **Guy M. Verley,** Harvey, Ill., V. St. A., *Herstellung trocknender Öle.* Acycl. Olefine (Propylen, Butylen oder deren Gemische), die z. B. über H_3PO_4-Kieselgur als Katalysator vorpolymerisiert sein können, werden mit einem Diolefin (**I**; Butadien) u. einem ungesätt. Glycerid (**II**; (Lein-, Sojabohnen-, Tung-, Menhaden- oder Fischöl) in Ggw. von FRIEDEL-CRAFTS-Katalysatoren (BF_3) bei 0—160° polymerisiert, wofür 25—50(%) **I**, 15—25 **II** u. der Rest an Olefinen verwendet wird. Nach der Polymerisation wird mit einem alkal. Metallcarbonat neutralisiert u. das Öl mittels eines wasserfreien Lösungsm. (Aceton) isoliert. (**A. P. 2 623 890** vom 3/12. 1948, ausg. 30/12. 1952.) GRÄGER. 7097

Standard Oil Development Co., Elizabeth, N. J., V. St. A., *Herstellung trocknender Öle.* Man polymerisiert ohne oder in Ggw. eines organ. nichtolefin. Verdünnungsmittels (Bzl., Xylol, Bzn., Erdöl-KW-stoffe, Kp. —15 bis 200°) ein konjugiertes Diolefin mit 4—6 C (Butadien) gegebenenfalls zusammen mit einer Verb. mit der Gruppe $>C=C<$, wie Styrol, Äthylfumarat, -maleat, -acrylat oder -methacrylat, Acrylnitril oder Vinylchlorid, bei 50—150° u. Überdruck (3—20 at) in Ggw. eines Katalysators mit der allg. Formel $R-C(CH_3)_2-O-O-R'$, in der R eine Methyl-, Phenyl- oder Tolylgruppe u. R′ H oder eine Benzoylgruppe bedeuten (Cumolhydroperoxyd oder tert.-Butylhydroperoxyd) in Mengen von 2.5—4% während einer Zeit von 3—60 Std., bis 35—70%, aber nicht $>$80% in die polymere Form übergeführt worden sind. Geeignet ist ein Zusatz von 0,3—5% Diisopropylxanthogendisulfid zur Regelung der Viscosität. Die erhaltenen linearen Mischpolymere haben ein Mol.-Gew. von 2000 bis 5000. (**E. P. 677 774** vom 23/8. 1948, ausg. 20/8. 1952. A. Prior. 29/10. 1947.) GRÄGER. 7097

British Industrial Solvents Ltd. (Erfinder: **Eric Chadwick**), London, England, *Trockenmittel,* bestehend aus dem Pb-, Co- oder Mn-Salz der 2.4.4-Trimethylvaleriansäure, das durch Rk. eines lösl. Salzes dieser Säure mit einem Oxyd, Hydroxyd, Carbonat, Acetat oder einem Salz einer anderen flüchtigen schwachen Säure dieser Metalle, bes. in wss. Lsg., gewonnen wird. Als *Zusatz* zu *trocknenden Ölen*, Kunstharzlsgg. (Polyvinylchlorid) als Trockner, zu Schmierölen u. -fetten als Verdickungsmittel. (**E. P. 677 175** vom 11/3. 1950, ausg. 13/8. 1952.) GRÄGER. 7097

Lewis Berger & Sons Ltd., Donald Helmsley Hewitt und **Leslie Arthur Paxon,** London, England, *Herstellung von Farbenemulsionen.* In einem lufttrocknenden Öl (Standöl, leinölmodifiziertem Alkydharz) werden 20—76% Pigmente (TiO_2) zusammen mit Trocknern (Co- u. Pb-Naphthenat) bis zur Bldg. einer Paste dispergiert, die dann in W. mit einem Geh. von Emulgiermittel (quaternärem NH_4-Salz) u. einem Koll. (**I**; Casein), gegebenenfalls nach Zusatz eines Lösungsm. für das Öl (Xylol, Bzn.) bes. in einer Kolloidmühle, emulgiert wird. **I** soll in Mengen von 4—14% (berechnet auf die Menge der Ölpaste) im Gemisch vorhanden sein. Das Mengenverhältnis Öl:**I** liegt zwischen 6:1 u. 11,5:1. Antischaumstoffe u. synthet. hydrophile Kolloide können zugesetzt sein. (**E. P. 640 502** vom 24/4. 1946, ausg. 19/7. 1950.) GRÄGER. 7107

Lewis Berger & Sons Ltd., London, England, *Anstrichemulsionen.* Zur Herst. werden Pigmente (**I**; TiO_2, Sb_2O_3, Lithopone) in W. mit Hilfe eines Koll. (**II**; Casein oder dessen NH_4-Salz) u. ein lufttrocknendes Öl (**III**; Leinöl–Standöl, mit Leinöl modifiziertes Alkydharz) mit Hilfe eines Emulgiermittels (Cetyltrimethylammoniumbromid, harzsaure NH_4-Salze) zweckmäßig in Kolloidmühlen emulgiert. Hierbei soll die Menge von **I** $^1/_4$- bis zum 2fachen der von **III** u. die von **II** $^1/_5$—$^1/_{12}$ der von **III** betragen, so daß 5—15% **II** (berechnet auf **I** + **III**) im Gemisch vorliegen. Es können noch Antischaummittel u. Trockner (Co- u. Pb-Naphthenat) zugesetzt werden. (**E. P. 642 652** vom 8/1. 1947, ausg. 6/9. 1950.) GRÄGER. 7107

Lewis Berger & Sons Ltd., London, England, *Herstellung einer Anstrichemulsion.* Die Pigmente, bes. TiO_2, werden vor oder nach dem Dispergieren in W. mit Hilfe einer öllösl. polaren organ. Verb., wie einem Metallsalz einer organ. Säure (Al-Resinat), durch Vermahlen oleophil gemacht (die einzelnen Pigmentteilchen werden damit überzogen). Die erhaltene wss. Dispersion wird mit dem Öl (mit leinöl- oder ricinusölmodifiziertem Alkydharz) unter Bldg. einer W.-in-Öl-Emulsion gemischt, die dann durch Zusatz von W. in eine Öl-in-W.-Emulsion umgewandelt wird. (**E. P. 676 420** vom 15/9. 1948, ausg. 30/7. 1952. A. Prior. 18/9. 1947.) GRÄGER. 7107

Siemens-Schuckertwerke Akt.-Ges., Berlin und Erlangen (Erfinder: **Rolf von Have** bzw. **Rolf von Have** und **Hans-Joachim Schenck,** Berlin), *Einbrennen von thermisch härtbaren Kunstharzlacken, die einen Anteil trocknender Öle enthalten,* dad. gek., daß das Einbrennen in inerten Gasen vorgenommen wird. — Das Verf. wird auch auf das Einbrennen von reinen, therm. härtbaren oder nichthärtbaren Kunstharzlacken ohne Zusatz trocknender Öle angewendet. *Isolierung elektr. Leiter.* (**D. B. PP. 902 358** Kl. 75c vom 12/7. 1940, ausg. 21/1. 1954 u. **907 154** [Zusatz-Pat.] Kl. 75c vom 21/1. 1941, ausg. 22/3. 1954. Anmeldung bekanntgemacht 13/5. 1953.) E. WEISS. 7107

Götz Neuke, Schongau/Lech, *Verdunklung des Tones löslicher Farb- und Pigmentstoffe,* deren Lsgg. oder Dispersionen, dad. gek., daß diesen eine eine Unbuntfarbe ergebende Mischung mehrerer Buntfarben zugesetzt wird. (**D. B. P. 901 384** Kl. 75c vom 3/5. 1950, ausg. 11/1. 1954. Anmeldung bekanntgemacht 23/4. 1953.) E. WEISS. 7107

E. I. du Pont de Nemours & Co., Wilmington, Del., übert. von: **Ralph E. Pike,** Media, Pa., V. St. A., *Komplementäre Farbgemische.* Zur Erzielung von metall. Glanz, z. B. bei Autolacken, wird einem Nitrocellulose- oder Kunstharzlack zugesetzt ein Pigment (A) aus dem Ni-Komplexsalz des aus p-Chloranilin → 2.4-Dioxachinolin erhaltenen Azofarbstoffes, ein Pigment (B), das als Komplementärfarbe zu (A) mit diesem gemischt eine graue Farbe ergibt (Farblack von Dichlorisodibenzanthron auf harzsaurem Ba, Thioindigoküpenfarbstoff [„Indomaroon"], Phthalocyaninblau oder -grün), einem die gewünschte Farbe gebenden Pigment (C) u. feinverteilte Al-Plättchen (D), von denen > 40% einen Durchmesser von > 20 Mikron aufweisen. Das Gemisch besteht aus 11—85,7 (%) A, 4,7—45 B + C u. 3,1—36,4 D. (**A. P. 2 642 404** vom 30/9. 1948, ausg. 16/6. 1953.) GRÄGER. 7107

E. I. du Pont de Nemours & Co., Wilmington, Del., übert. von: **Ralph E. Pike,** Rose Valley, Pa., V. St. A., *Polychromatische Überzugsmittel* von metall. Aussehen, bestehend aus einem organ. filmbildenden Bindemittel, wie einem mit einem pflanzlichen Öl modifizierten Alkydharz, einem mit einem einwertigen Alkohol modifizierten Amino–Aldehyd-Harz, einem Cellulosenitrat oder einem Vinylester–Polymer. u. einem Gemisch eines Farbpigments mit nicht >90% eines Al-Plättchenpigments, das eine Deckfähigkeit von 14500—17000 cm^2 pro g aufweist u. dessen einzelne

Plättchen zu nicht >20% <5 Mikron u. zu nicht >5% >25 Mikron groß sind. (**A. P. 2 662 027** vom 13/3. 1951, ausg. 8/12. 1953.) GRÄGER. 7107

Petrolite Corp. Ltd., Wilmington, Del., übert. von: **Charles M. Blair jr.**, Webster Groves, Mo., V. St. A., *Korrosionsschutzmittel für Metalle*, bestehend aus einem stark bas. acycl. Aminoamid mit der allg. Formel $Z_2N\cdot(C_nH_{2n}NZ)_xZ$, in der n eine Zahl von 2—10 u. x von 1—10 ist u. Z H, ein höherer Carbonsäurerest mit 8—32 C, der mindestens einmal vertreten sein muß, ein niederer Carbonsäurerest mit 2—6 C, ein Alkyl-, Aminoalkyl-, Aminoalkylen- oder Aminoalkylalkylenrest bedeutet. — Z. B. wird durch Erhitzen von Stearinsäureamid mit Triäthylentetramin während 10 Std. auf 130° das Monostearyltriäthylentetramin gewonnen. In gleicher Weise können Ölsäure, Naphthen-, Benzoe-, Phenylstearin-, Benzoylnonyl-, Chlorstearin-, Cetyloxybutter-, Cetyloxyessig-, Naphthoe- oder Abietinsäure, deren Ester, Anhydride oder Amide mit Polyalkylenaminen (Tetraäthylenpentamin, Pentaäthylenhexamin) umgesetzt werden. (**A. P. 2 598 213** vom 1/9. 1949, ausg. 27/5. 1952.) GRÄGER. 7107

William Harold Hillier und **Sydney Glenroy Campbell**, Bradford, England, *Herstellung eines wetterfesten Kalkanstrichmittels.* Zu möglichst frisch gelöschtem heißem Kalk wird das rohe, mittels wasserfreien Alkalihydroxyds erhaltene Verseifungsprod. von Wollfett zugesetzt. In gleicher Weise kann auch eine NH_4-, Erdalkali- oder Mg-Seife des Wollfetts, bes. in wss. Emulsion, mit CaOH gemischt werden. (**E. P. 676 532** vom 15/7. 1949, ausg. 30/7. 1952.) GRÄGER. 7107

Petrolite Corp., Wilmington, Del., übert. von: **Melvin De Groote**, University City, und **Bernhard Keiser**, Webster Groves, Mo., V. St. A., *Überzugsmittel*, bestehend aus einem Veresterungsprod. eines oxyalkylierten Phenolharzes, das erhalten wurde aus einem in o- oder p-Stellung mit einem 4—18 C-KW-stoffrest substituierten Phenol (p-Butyl-, p-Amyl-, p-Hexyl-, p-Isooctyl-, o-Phenyl-, p-Benzyl-, p-Cyclohexyl-, p-Decyl-, p-Dodecyl-, p-Menthyl-, p-β-Naphthyl-, p-α-Naphthyl- oder p-Pentadecylphenol) u. einem Aldehyd mit 1—18 C (Form-, Acet-, Propion-, Butyr-, Äthylbutyr-, Hept-, Benz- oder Furfurylaldehyd), in dem die Menge der Oxyalkylengruppen zum Phenolkern sich verhält wie 2 : 1 bis 0,5 : 1, mit einer Fettsäure eines trocknenden oder halbtrocknenden Öles (Leinöl) mit mindestens 20% der stöchiometr. auf den gesamten OH-Geh. berechneten Menge u./oder einer zweibas. Säure (Oxal- oder Phthalsäure) mit nicht >70%. Jedoch sollen mindestens 50% der stöchiometr. berechneten Menge insgesamt an Säure zur Veresterung vorhanden sein. (**A. P. 2 610 955** vom 2/8. 1948, ausg. 16/9. 1952.) GRÄGER. 7107

Pinchin Johnson & Associates Ltd., **Sydney Leonard Morgan Saunders**, London, und **Leonard Winston Coveney**, Ilford, Essex, England, *Drahtisolierlack*, bestehend aus einer Lsg. (in Butanol, Diacetonalkohol, Lackbzn. oder deren Gemischen) eines Gemisches von >50% Epoxyharz (Kondensationsprod. von Epichlorhydrin u. Bis-phenol [4.4'-Dioxydiphenyldimethylmethan]), einem alkylierten, bes. butylierten, Amin-CH_2O-Harz (Harnstoff- oder Melaminharz) u. einem Alkydharz als Weichmacher, das mit einem Öl, z. B. 50% Ricinusöl, modifiziert sein kann, mit einem Zusatz einer organ. oder anorgan., gegebenenfalls mehrbas. Säure (Citronensäure oder H_3PO_4). Als Alkydharz ist auch Glycerinsebacinat verwendbar. (**E. P. 707 320** vom 30/11. 1951, ausg. 14/4. 1954.) GRÄGER. 7107

Industrial Metal Protectives, Inc., Wilmington, Del., V. St. A., *Überzugsmittel* für Metall- u. andere Oberflächen, bestehend aus einer Dispersion von 1—10% Metallpulver (Zn, Pb, Al, Mg, Cd oder deren Legierungen) mit einer Teilchengröße von nicht >6, durchschnittlich ca. 3 μ mit mindestens 90% von 400 Maschensieb-Größe in einer Alkalisilicatlsg., in der das Verhältnis von Alkalioxyd (Na_2O oder K_2O) zu SiO_2 1 : 2,3 bis 1 : 3,0 beträgt. Zugesetzt werden gegebenenfalls noch $PbCrO_4$ u./oder Pb_3O_4, Zement, eine As-Verb. (As_2O_3), NH_4OH u./oder eine Fettsäure. Die behandelte Oberfläche wird auf 90—150° erhitzt. (**E. P. 643 512** vom 4/12. 1946, ausg. 20/9. 1950. Aust. Prior. 12/11. 1946.) GRÄGER. 7107

British Celanese Ltd., London, England, *Überzugsmittel*, die in der Hitze härten, nicht kleben u. wasserbeständig sind, bestehend aus einem Cellulosepropionat (**I**) mit 0,1—0,5 OH-Gruppen auf 1 Glucoseeinheit u. einer Viscosität von 10—100 cp. mit 40—100% (bezogen auf **I**) eines lösend wirkenden Weichmachers (Dibutyl- oder Dioctylester der Sebacin-, Phthal- oder Azelainsäure, Trikresylphosphat oder p-Äthyltoluolsulfonamid), gegebenenfalls im Gemisch mit einem nichtlösenden Weichmacher (Butyl-, Butoxyäthyl- oder Amylester der Stearin- oder Ölsäure oder hydriertes Terphenyl). (**E. P. 646 945** vom 28/11. 1947, ausg. 29/11. 1950. A. Prior. 29/11. 1946.) GRÄGER. 7107

Monsanto Chemicals Ltd., London, England, *Poliermittel* auf Wachsgrundlage in Lsg., Emulsion oder Pastenform mit einem geringen Geh. (1—7%) an einem organ. Kieselsäureester mit einem oder mehr organ. Resten, von denen mindestens einer ein aliphat. Rest mit >5 (6—14) C-Atomen sein muß, während die anderen ein Phenyl-, Kresyl- oder ein anderer aromat. Rest sein können; z. B. Tetrahexyl-, Tetraheptyl-, Tetraoctyl-, Tetranonyl-, Tetradecyl-, Tetraundecyl-, Tetradodecyl-, Dioctyldiphenyl-, Dioctyldikresyl-, Dioctylphenylkresyl- oder Dinonyldiphenylorthosilicat. (**E. P. 702 228** vom 30/6. 1951, ausg. 13/1. 1954.) GRÄGER. 7119

Rheinische Schmirgel-Werke Beuel-Bonn G. m. b. H. (Erfinder: **Wilhelm Jürges** und **Günther Schwedler**), Beuel/Rhld., *Herstellung von Poliermitteln für Lack- und Kunststoffoberflächen*, gek. durch den Zusatz von Oxybuttersäure (I), Glyoxylsäure oder Malonsäure zu üblichen, prakt. neutralen Poliermitteln. — Beispiel: 10 (%) Lösungsm., 15 Paraffinöl, 5 Ricinusöl, 2 Emulgator, 25 Kieselkreide, 42 W. u. 1 I. (**D. B. P. 912 609** Kl. 22g vom 17/7. 1951, ausg. 31/5. 1954. Anmeldung bekanntgemacht 15/10. 1953.) GRÄGER. 7119

XIb. Plaste (Kunstharze. Plastische Massen).

L. Holland, *Kunststoffmetallisierung im Vakuum.* (Brit. Plastics **24.** 96—102. März 1951. — C. **1953.** 1251.) WINIKER. 7170

George Bancroft, *Metallisieren von Kunststoffen im Vakuum.* Beschreibung des Verfahrens. (Products Finishing **17.** Nr. 4. 30—32. 34. Jan. 1953. Rochester, N. Y., Consolidated Vacuum Corp.) WINIKER. 7170

E. Ercoli, *Schaumkunststoffe.* Überblick über Herst, Eigg. u. Anwendungen. (Materie plast. **20.** 514—17. Juli 1954.) WINIKER. 7170

F. Ranalli, *Verhalten von Fertene gegenüber sauren und alkalischen chemischen Reagentien.* Bericht über Verss., aus denen die bes. gute Beständigkeit von *Fertene* (Polyäthylen) gegenüber Säuren (H_2SO_4, HNO_3, HCl) u. Basen (NaOH) hervorgeht. (Materie plast. **20.** 503—05. Juli **1954.** Milano.) WINIKER. 7172

Philip O'Keefe, *Neuartige Vinyl-Metall-Platten.* Vf. beschreibt ein Verf. zur Herst. von mit einem Film aus Vinylpolymeren versehenen Stahl- u. Aluminiumplatten. Die polymere Folie wird dabei auf das bes. gereinigte u. mit einem Adhäsionsmittel versehene Blech aufgewalzt. Die überzogenen Bleche sind kalt verformbar u. zeigen hohe Oberflächenfestigkeit. Vf. führt die sonstigen Eigg. der Platten u. ihre Anwendungsmöglichkeiten auf. (Materials and Methods **38.** Nr. 3. 94—95. Sept. 1953.) CANTOW. 7204

K. Braunsdorf, *Über den Nachweis von o-Trikresylphosphat und ähnlichen Weichmachern in Kunststoffen.* Ausführliche Beschreibung einer Analysenmeth., die auf der Best. von Ätherextrakt, VZ. u. P_2O_5-Geh. sowie Rkk. auf Kresole beruht. (Pharmaz. Zentralhalle Deutschland **93.** 222—27. Juni 1954. Magdeburg, Bezirks-Hygieneinst., Lebensmittelchem. u. Chem. Abt.) WINIKER. 7210

Badische Anilin- & Soda-Fabrik Akt.-Ges., Ludwigshafen/Rh. (Erfinder: **Fritz Stastny,** Weinheim/Bergstraße), *Weichmachungsmittel* für hochpolymere Stoffe (außer Polyamiden), bestehend aus den Estern aus verzweigten Fettalkoholen mit 8—11 C-Atomen u. aromat. Oxysäuren, z. B. m-Kresolpropionsäure. (**D. B. P. 908 917** Kl. 39b vom 21/7. 1943, ausg. 12/4. 1954. Anmeldung bekanntgemacht 17/4. 1952. **Zusatz zu D. B. P. 905 884; C. 1954. 8232.**) SALZMANN. 7171

Farbwerke Hoechst, vormals Meister Lucius & Brüning (Erfinder: **Emil Rottner**), Frankfurt/M., *Herstellen von verhältnismäßig dünnwandigen, offenen Formteilen aus thermoplastischem Kunststoff.* Die glatte, polierte, metall. Oberfläche eines dem zu erzeugenden Formteil entsprechenden Kernes (I) bringt man bei erhöhter Temp. (150—200°) eine Zeitlang allseitig mit zerkleinertem, festem, zweckmäßig in pulverförmigem Zustand befindlichem, im Schmelzbereich filmbildenden thermoplast. Kunststoff, z. B. durch Eintauchen des **I**, in Berührung u. trennt das auf der Oberfläche des **I** ausgebildete Formteil nach Erreichen der gewünschten Schichtdicke ab u. arbeitet gegebenenfalls nach. — Zeichnungen. (**D. B. P. 880 065** Kl. 39a vom 28/10. 1950, ausg. 18/6. 1953.) SCHLITT. 7171

Standard Oil Development Co., übert. von: **William J. Sparks** und **Robert M. Thomas,** Westfield, N. J., V. St. A., *Polymerisierverfahren.* Nichtkonjugierte Diolefine mit 7—26 C-Atomen mit endständigen Isopropenylgruppen werden bei ca. —20 bis —164° in Ggw. eines FRIEDEL-CRAFTS-Katalysators polymerisiert. (**A. P. 2 612 493** vom 3/10. 1951, ausg. 30/9. 1952.) OVERBECK. 7173

Standard Oil Development Co., übert. von: **William J. Sparks** und **Robert M. Thomas**, Westfield, N. J., und **Donald C. Field**, Baton Rouge, La., V. St. A., *Polymerisierverfahren*. Ein Methylpentadien, das die Methylgruppe an einem C-Atom mit olefin. Bindung trägt, wird bei ca. —20 bis —164° in Ggw. eines FRIEDEL-CRAFTS-Katalysators polymerisiert. (**A. P. 2 615 881** vom 4/10. 1951, ausg. 28/10. 1952.) OVERBECK. 7173

Wacker-Chemie G. m. b. H., München (Erfinder: **Josef Heckmaier** und **Herbert Reinecke**, Burghausen), *Polymerisation von Vinylchlorid* in wss. Emulsion mit wasserlösl. Katalysatoren u. üblichen Emulgatoren, wie Sulfonaten von Paraffin-KW-stoffen (I) oder Fettalkoholsulfonaten, dad. gek., daß die Polymerisation in Ggw. von Teilfettsäureestern mehrwertiger Alkohole, Sulfamiden von I oder Fettalkoholen durchgeführt wird. Die Ggw. von z. B. alkoxysulfosaurem Na der Formel $C_{16}H_{33}\cdot CHOHCH_2\cdot SO_3Na$ u. von Pentaerythritmonostearat bewirkt eine Teilchengröße von 0,5—5 μ des Polymerisats. (**D. B. P. 912 507** Kl. 39c vom 30/3. 1952, ausg. 31/5. 1954. Anmeldung bekanntgemacht 17/9. 1953.) SCHINDLER. 7173

Licentia Patent-Verwaltungs-G. m. b. H., Hamburg (Erfinder: **Gaetano F. D'Alelio**, Mt. Lebanon, Pa., V. St. A.), *Herstellung von Kunststoffen*, bes. für elektrotechn. Zwecke, dad. gek., daß ein Polymerisat aus einem *Vinylester* u. einem mit diesem polymerisierbaren organ. Nitril gleichzeitig verseift u. acetalisiert wird. Dies soll in Ggw. eines sauren Katalysators u. in einem fl. Verteilungsmittel vorgenommen werden. Nach den Beispielen wird ein thermoplast. Polymeres aus Vinylacetat u. Acrylnitril mit CH_2O, HCl u. Essigsäure, oder mit Butyraldehyd oder Chloraceton zusammen mit HCl u. CH_3COOH behandelt. Zusätze von Weichmachern, Trübungsmitteln u. dgl. sind vorgesehen. — Diagramm. (**D. B. P. 912 266** Kl. 39c vom 2/10. 1948, ausg. 28/5. 1954. Anmeldung bekanntgemacht 6/8. 1953.) SCHINDLER. 7173

Universal Oil Products Co., übert. von: **Herman S. Bloch**, Chicago, Ill., V. St. A., *Polyvinylacetalharze*. In Ggw. saurer Kondensationskatalysatoren werden partiell hydrolysierte homopolymere Ester von Polyvinylalkohol mit einem Kondensat aus Butyraldehyd u. NH_3 umgesetzt. Die erhaltenen Harze finden als *Klebmittel, Überzüge* u. für *Preßmassen* Anwendung. — Polyvinylacetat wird mit wss. A.-Lsg. unter Rückfluß hydrolysiert, bis nur noch 9,5% der ursprünglich enthaltenen Acetylgruppen gebunden sind, u. dann mit der äquivalenten Menge von Butyraldehyd-NH_3-Heptamerem in Ggw. von wss. 50%ig. H_2SO_4-Lsg. kondensiert. Das neutralisierte u. aus Toluollsg. mit Pentan ausgefällte Harz hat F. 149°. (**A. P. 2 644 807** vom 8/3. 1951, ausg. 7/7. 1953.) MÖLLERING. 7173

Wacker-Chemie G. m. b. H. (Erfinder: **Willy O. Herrmann** und **Wolfram Haehnel**), München, *Herstellung von Acetalgruppen enthaltenden Polyvinylverbindungen*, dad. gek., daß man Polyvinylalkohole oder ihre verseifbaren Derivv. jeweils mit einem Aldehyd in Ggw. von organ. Säuren, die keine anorgan. Substituenten enthalten, kondensiert, bis das Acetal in W. unlösl. ist. — Z. B. wird Trioxymethylen in heißer HCOOH gelöst, Polyvinylalkohol zugegeben u. nach weiterem Zusatz von HCOOH 10 Std. am Sieden gehalten. Das mit Methanol extrahierte Prod. hat Faserstruktur. Weitere Beispiele mit Essig-, Butter-, Milchsäure u. aliphat. u. aromat. Aldehyden. (**D. B. P. 912 506** Kl. 39c vom 2/7. 1940, ausg. 31/5. 1954. Anmeldung bekanntgemacht 6/8. 1953.) SCHINDLER. 7173

Deutsche Gold- und Silberscheideanstalt vormals Roessler, Frankfurt/M. (Erfinder: **Hans Wagner**, Konstanz), *Herstellen von halogenhaltigen Weichmachern* für halogenhaltige Kunststoffe, wie *Polyvinylchlorid, Polyvinylidenchlorid, Chlorkautschuk* u. halogenhaltige Mischpolymerisate, dad. gek., daß man halogenhaltige Aldehyde (I) mit mehrwertigen Alkoholen zum Umsatz bringt u. die halogenhaltigen Weichmacher gegebenenfalls mit geringen Mengen von 3- oder mehrgliedrigen Sauerstoffheterocyclen behandelt. Die I können einer halogenierenden Vorbehandlung unterworfen werden. — Beispiel: In 560 g Acrolein bei 10—15° Cl einleiten u. dann mit 700 g Pentaerythrit u. 700 g Bzl. versetzen. Bei 25—30° 6—8 Std. rühren u. das Lösungsm. abdest., wonach viscose Fl. mit 35,5% Cl erhalten wird. Oder: 350 g Butyraldehyd bei 100—105° chlorieren, nichtumgesetzte Komponenten abdest. u. den Rückstand bei 100—120° mit 300 g Pentaerythrit umsetzen. Das vom W. befreite Reaktionsprod. ist eine viscose Fl. mit 39,5% Cl. (**D. B. P. 911 974** Kl. 12o vom 19/11. 1944, ausg. 24/5. 1954. Anmeldung bekanntgemacht 8/10. 1953.) OVERBECK. 7173

Badische Anilin- & Soda-Fabrik Akt.-Ges., Ludwigshafen/Rh. (Erfinder: **Erich Escales**, Wiesbaden), *Poröse Formkörper*, bes. aus *Polyvinylchlorid*, hergestellt gemäß D. R. P. 742 329 u. D. B. P. 903 139, dad. gek., daß Luft oder andere Gase in die Dispersion des thermoplast. Stoffes eingeführt u. unter Anlegen eines Unterdrucks auf die für die Gelatinierung erforderliche Temp. erhitzt wird. Herst. von Dichtungen (für Karosserien), Wärme- u. Schallisolierungen. (**D. B. P. 910 223** Kl. 39b vom 13/5. 1938, ausg. 29/4. 1954. Anmeldung bekanntgemacht 30/7. 1953. **Zusatz zu D. R. P. 742 329; C. 1944. I. 1457.**) SALZMANN. 7173

Akt.-Ges. für Unternehmungen der Eisen- und Stahlindustrie (Erfinder: **Paul Zeunert** und **Heinrich Weynans** †), Essen, *Herstellung von lesbaren ein- oder mehrfarbigen Zeichen auf Gegenständen,* die aus auf der Grundlage von Vinylpolymerisaten aufgebauten Werkstoffen hergestellt sind, durch Ätzen, dad. gek., daß das Ätzen mit einer Mischung von Cyclohexanon u. Aceton, vorzugsweise aus 2 Teilen Cyclohexanon u. 1 Teil Aceton, ausgeführt wird. (**D. B. P. 900 910** Kl. 75b vom 23/12. 1941, ausg. 4/1. 1954. Anmeldung bekanntgemacht 23/4. 1953.) E. WEISS. 7173

Röhm & Haas G. m. b. H. (Erfinder: **Gerhard Abel**), Darmstadt, *Herstellung niedrigpolymerer carboxylgruppenhaltiger Polymerisationsprodukte in Pulverform,* die als solche oder als Salze wasserlösl. sind, dad. gek., daß man polymerisierbare Carbonsäuren für sich allein oder mit anderen polymerisierbaren Verbb. in ungesätt. Halogen-KW-stoffen (I), die Löser für das Monomere, aber Nichtlöser für das Polymerisat sind, polymerisiert. Als Ausgangsstoffe sind *Acrylsäure* u./oder Methacrylsäure u. als I Trichloräthylen, 1.2-Dichloräthylen, deren Homologe u. die entsprechenden Br-Verbb. oder Gemische dieser Stoffe genannt. — Textilhilfsmittel, Klebstoffe. (**D. B. P. 912 755** Kl. 39c vom 24/11. 1951, ausg. 3/6. 1954. Anmeldung bekanntgemacht 6/8. 1953.) SCHINDLER. 7173

Styrene Products Ltd., London (Erfinder: **Robert Nobbs Haward** und **Joyce Elli,** Trafford Park, Manchester), England, *Herstellen von Mischpolymeren aus Styrol und Divinylbenzol* durch Suspensionspolymerisation, dad. gek., daß die Mischpolymerisation in disperser Phase in einem wss. Medium durchgeführt wird, in dem feinverteilter Bentonit dispergiert u. Gelatine u. ein neutrales, anorgan. Salz, z. B. KCl, gelöst sind. In einem Beispiel dient Azodicyclohexandinitril-(1.1') als Katalysator. Das Prod. dient zur Herst. von Ionenaustauschharzen oder reflektierender Oberflächen. (**D.B.P. 913 359** Kl. 39c vom 14/12. 1951, ausg. 10/6. 1954. Anmeldung bekanntgemacht 29/10. 1953. E. Prior. 21/12. 1950.) SCHINDLER. 7173

Koppers Co., Inc., übert. von: **Gaetano F. D'Alelio,** Pittsburgh, Pa., V. St. A., *Phenolaldehyd–Epoxyalkyläther-Harze* (I). Halogensubstituierte Phenol–Aldehyd-Harze novolakartiger Struktur, zu deren Herst. Phenole der allg. Formel II, worin X u. Y H, Cl oder eine Alkyl- oder Oxygruppe u. R' Cl oder eine Alkyl-, Aryl-, Aralkyl- oder Alkylarylgruppe bedeuten u. wobei mindestens einer der Substituenten X, Y oder R' Cl ist, verwendet wurden, werden in alkal. Medium mit Halogenepoxyalkanen, wie Epichlorhydrin, 1-Chlor-2.3-epoxybutan, 1-Chlor-3.4-epoxybutan, 2-Chlor-3.4-epoxybutan, 1-Chlor-2-methyl-2.3-epoxypropan, 1-Brom-2.3-epoxypentan oder 1-Chlor-2.3-epoxyoctan, zu lösl. u. schmelzbaren I umgesetzt, die in Ggw. eines FRIEDEL-CRAFTS-Katalysators, wie $AlCl_3$ oder $ZnCl_2$, oder einer Base, wie Alkalihydroxyde, $NaNH_2$, Diäthylamin, Piperidin oder Guanidin, in unlösl. u. unschmelzbare Harze weiterkondensiert werden können. Die thermoplast., ungehärteten Harze sind geeignet für die Herst. von geformten Gegenständen, Oberflächenüberzügen u. Klebemittelzubereitungen. Sie können Spinnzubereitungen, wie solchen aus Celluloseacetat u. Polyamiden, einverleibt werden, um verbesserte Erzeugnisse zu ergeben. — Als Phenol–Aldehyd-Harze können auch solche zur Anwendung gelangen, zu deren Herst. Phenole der allg. Formel II, worin X u. Y H oder eine Alkyl- oder Oxygruppe u. R' eine Alkyl-, Aryl-, Aralkyl-, Alkaryl- oder cycloaliphat. Gruppe bedeuten, verwendet wurden. (**A. PP. 2 658 884** u. **2 658 885** vom 27/5. 1950, ausg. 10/11. 1953.) HERBST. 7177

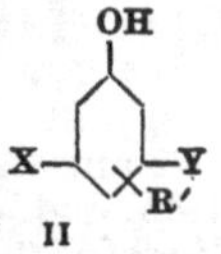

II

Allgemeine Elektricitäts-Gesellschaft, Berlin (Erfinder: **Gaetano Francis D'Alelio**), Mt. Lebanon, Pa., V. St. A.), *Herstellung von Mischpolymerisationsprodukten,* dad. gek., daß wenigstens ein *ungesätt. Alkydharz* mit wenigstens einem *Monoester* aus einer einbas. anorgan. oder organ. Säure, wobei letztere nicht phenol. Natur sein u. keine Vinylgruppe enthalten darf, u. einem ungesätt. Alkohol, bes. Allylalkohol, zusammen polymerisiert wird. Die ungesätt. Alkydharze können auch modifiziert sein. — Z. B. wird zunächst Maleinsäureanhydrid mit Diäthylenglykol auf 190° erhitzt u. dann mit Essigsäureallylester in Ggw. von Benzoylperoxyd bei 85—90° mischpolymerisiert. Lacke, Klebemittel, Gieß-, Spritz- u. Preßmassen. (**D. B. P. 912 400** Kl. 39c vom 1/11. 1940, ausg. 28/5. 1954. Anmeldung bekanntgemacht 17/9. 1953. A. Prior. 31/10. 1939.) SCHINDLER. 7177

Monsanto Chemical Co., St. Louis, Mo., übert. von: **Paul E. Marling** und **August R. Hempel,** Dayton, O., V. St. A., *Ölmodifizierte Alkydharze.* Geklärtes Sojaöl wird mit Pentaerythrit in Ggw. eines Katalysators, wie Ca oder $Ca(OH)_2$, umgeestert, bis eine Probe des Reaktionsprod. in wenigstens 2,5 Teilen Methanol bei n. Temp. lösl. ist, worauf mit Anhydriden von Dicarbonsäuren, wie Phthalsäureanhydrid (I) oder einer Mischung von I u. höchstens 5% des ersteren an Maleinsäureanhydrid, verestert wird. Klares Harz, das in Farbe u. sonstigem Aussehen durch Zugabe von 0,2 bis ca. 2% Triphenylphosphit oder Phosphorsäure bei der Herst. verbessert werden kann. (**A. P. 2 637 707** vom 25/3. 1950, ausg. 5/5. 1953.) HERBST. 7177

E. I. du Pont de Nemours & Co., Wilmington, Del., übert. von: **Charles H. Hofrichter jr.**, Madison, Conn., V. St. A., *Herstellung von Polyestern aus Terephthalsäureestern und Äthylenglykol.* Als Veresterungskatalysator bei der Herst. dieser Polyester wird mit Vorteil Co-Acetat, gegebenenfalls zusammen mit PbO oder Sb_2O_3, angewendet. Man erhält so Polyester, die zu Filmen u. textilen Fäden von guten physikal. Eigg. verarbeitet werden können. Die Filme sind völlig transparent. (**A. P. 2 641 592** vom 24/7. 1951, ausg. 9/6. 1953.) HERBST. 7177

Electro-Chemical Engineering & Mfg. Co., Emmaus, übert. von: **Willard J. Lantz**, Emmaus, und **Joseph M. Walters**, Allentown, Pa., V. St. A., *Härtbare Kondensationsprodukte.* Furacrolein (I), Furfurol (II) u. CH_2O werden unter Beachtung eines Molverhältnisses von I zu II zwischen 1:1 u. 10:1 u. eines Molverhältnisses von I u. II zu CH_2O zwischen 0,5:1 bis 1,6:1 in wss. Medium bei einem p_H unter 4 so weit kondensiert, daß die Viscosität des erhaltenen Kondensationsprod. nicht über 5000 cP bei 25° ansteigt, worauf der p_H-Wert auf 4,5—5,5 eingestellt wird. Das Reaktionsprod., eine dunkelbraune Fl., ist verhältnismäßig stabil u. dickt bei längerer Lagerung nicht ein, durch Zusatz saurer oder alkal. Mittel sowie durch längeres Erhitzen härtbar, lösl. in A., CCl_4, Aceton u. Tetrahydrofuran. Verwendbar zum Ausrüsten von Papier, Textilien, Asbest, Mineral- oder Glaswolle, ferner als Anstrich- oder Klebmittel, ebenso zur Herst. von Formkörpern. Dabei kann es mit Füllstoffen, Weichmachungsmitteln u. thermoplast. Harzen gemischt zur Anwendung gebracht werden. — Z. B. wird eine Mischung aus I, erhältlich aus II u. Acetaldehyd in alkal. Medium, CH_2O u. II unter Zusatz von HCl von 20° Bé durch Erwärmen kondensiert. Die Einstellung auf p_H 4,5—5,5 erfolgt durch Zugabe von NaOH. Die Härtung zum unlösl. Harz kann durch Zusatz von Diäthylentriamin durchgeführt werden. (**A. P. 2 660 573** vom 29/3. 1951, ausg. 24/11. 1953.) HERBST. 7177

Badische Anilin- & Soda-Fabrik Akt.-Ges. (Erfinder: **Hans Scheuermann** und **Johann Lenz**), Ludwigshafen/Rh., *Herstellung von Kondensationsprodukten* durch Rk. von *CH_2O* mit *Harnstoffen* oder Aminoplaste bildenden Aminen cycl., 3 N-Atome im Ring enthaltender Verbb. oder deren Gemischen einerseits u. anderen, mit CH_2O sich umsetzenden Verbb. oder Alkoholen andererseits, in Ggw. von wasserlösl. Sulfiten, dad. gek., daß man die Rk. in Ggw. von erheblich >4% an wasserlösl. Sulfiten durchführt. — Lagerbeständige Harzlsgg., Klebstoffe. (**D. B. P. 911 436** Kl. 39c vom 26/2. 1943, ausg. 13/5. 1954. Anmeldung bekanntgemacht 8/1. 1953.) SCHINDLER. 7181

Badische Anilin- & Soda-Fabrik Akt.-Ges. (Erfinder: **Hans Scheuermann**) Ludwigshafen/Rh., *Herstellung von Erzeugnissen aus CH_2O, anderen Aldehyden und Ammoniumsalzen* nach D. R. P. 745 099, dad. gek., daß man die wasserlösl. Kondensationsprodd. aus CH_2O u. Harnstoff bei der Herst. von Prodd. aus CH_2O, anderen Carbonylverbb. als Aldehyden u. NH_4-Salzen mitverwendet. Nach einem Beispiel wird eine Lsg. von *Harnstoff* u. CH_2O nach 15 Std. mit Aceton u. $(NH_4)_2SO_4$ weitere 48 Std. stehengelassen. Die Lsg. dient zum Fixieren von Farb- u. Gerbstoffen u. kann auch zur Trockne eingedampft werden. (**D. B. P. 912 398** Kl. 39c vom 3/5. 1941, ausg. 28/5. 1954. Anmeldung bekanntgemacht 30/7. 1953. **Zusatz zum Zusatz-D. R. P. 745 099; C. 1944. I. 1357.**) SCHINDLER. 7181

I. G. Farbenindustrie Akt.-Ges., Frankfurt/M. (Erfinder: **Rudolf Kern**, Ludwigshafen/Rh.), *Herstellung von Kondensationsprodukten* nach D. R. P. 745 826, dad. gek., daß man auf aliphat. *Diamine*, deren NH_2-Gruppen durch >5 C-Atome getrennt sind, wasserfreien *CH_2O* einwirken läßt. Nach den Beispielen wurden Hexamethylendiamin u. Oktamethylendiamin mit Trioxymethylen kondensiert. Ölartige Prodd., elast. Filme, geeignet als Überzugsmittel, Klebstoffe u. Textilhilfsmittel. (**D. R. P. 748 843** Kl. 39c vom 5/2. 1943, ausg. 17/5. 1954. **Zusatz zu D. R. P. 745 826; C. 1945. I. 105.**) SCHINDLER. 7181

Dr. F. Raschig G. m. b. H., Chemische Fabrik (Erfinder: **Emil Dreher**), Ludwigshafen/Rh., *Herstellung wasserlöslicher saurer Kondensationsprodukte* aus *Sulfanilsäure* u. Aldehyden, dad. gek., daß die Säure mit Crotonaldehyd allein oder zusammen mit CH_2O in Ggw. von W. in der Wärme kondensiert wird. *Harze*, z. B. für Stoffleimung.

(D. B. P. 912 750 Kl. 39c vom 23/10. 1941, ausg. 3/6. 1954. Anmeldung bekanntgemacht 22/10. 1953.) Schindler. 7185

Dow Corning Corp., übert. von: **Arthur J. Barry** und **John W. Gilkey**, Midland, Mich., V. St. A., *Carboxyphenylpolysiloxane* werden durch Oxydation von Tolylsiloxanen in wss. Lsg. unter Zusatz von Alkalihydroxyd mittels $KMnO_4$ erhalten, worauf MnO_2 abfiltriert u. das Prod. ausgesäuert wird. — Angegeben ist die Oxydation u. a. zu *Carboxyphenylsilsesquioxan*, *Carboxyphenylmethylsiloxan* u. *Tetramethyl-1.3-di-p-carboxyphenyldisiloxan*. — Die Prodd. dienen als Schmiermittel, Glasüberzüge, Isolierlacke u. als Zwischenprodd. bei der Rk. mit Polyalkoholen oder Diaminen, wobei härtbare Harze erhalten werden. (**A. P. 2 601 237** vom 5/7. 1949, ausg. 24/6. 1952.) Möllering. 7189

Dow Corning Corp. (Erfinder: **Harold Arthur Clark**), Midland, Mich., V. St. A., *Herstellung von Siloxanharzen*, dad. gek., daß man Verbb. des Typus $Y_2RSiCH_2SiRY_2$, worin R Alkyl- oder monocycl. Arylreste u. Y Halogen oder Alkoxyreste bedeuten, zusammen mit Organodichlorsilanen, bes. Phenylmethyldichlorsilan (I), hydrolysiert u. kondensiert. — 242 (Teile) $Cl_2CH_3SiCH_2SiCH_3Cl_2$ (Kp.$_{260}$ 192°, D.$_{25}$ 1,288) u. 47,8 I in 310 Toluol werden mit 699 kaltem W. hydrolysiert. Das erhaltene Harz härtet bei 150° in weniger als 1 Stunde. (**D. B. P. 912 023** Kl. 39c vom 22/3. 1951, ausg. 24/5. 1954. Anmeldung bekanntgemacht 1/10. 1953.) Mühleisen. 7189

Brycel Ltd., Brentford, England, *Stabilisieren von Kohlenhydratäthern*, bes. *Benzylcellulose*, gegen die Abspaltung von Aldehyden beim Erhitzen. Man mischt sie mit geringen Mengen eines Stabilisierungsmittels (Harnstoffe, Thioharnstoffe, Phenole, Malonester oder Acetylaceton) u. mit einem alkal. Katalysator (Dibenzylamin, Diphenylguanidin). Das Mischen erfolgt bei z. B. 200°, so daß sich der Äther im geschmolzenen oder erweichten Zustand befindet. Weichmacher u. Füllstoffe können gleichzeitig zugesetzt werden. — Herst. von *Preßmassen*. (**E. P. 707 292** vom 3/2. 1950, ausg. 14/4. 1954.) Fabel. 7199

Transparent Akt.-Ges., Zürich, Schweiz, *Kunststofformkörper*. Zur Herst. solcher werden synthet. Harze bzw. Celluloseäther oder -ester zugleich in Lsg. in einem flüchtigen Lösungsm. u. in Substanz in der Weise verwendet, daß zu den Lsgg. die jeweils gleichen oder andere Kunststoffe in gekörntem oder feiner zerteiltem Zustande hinzugegeben werden. — Z. B. werden 10 (Teile) Celluloseacetat in 30 Aceton in der Kälte gelöst, worauf der viscosen Lsg. 10—20 Celluloseacetat granuliert oder in Pulverform hinzugefügt werden u. darauf diese Zubereitung in die verschiedensten Formkörper übergeführt wird. (**Schwz. P. 295 077** vom 4/2. 1952, ausg. 16/2. 1954.) R. Herbst. 7199

Soc. del Linoleum (Erfinder: **Guido de Blasio**), Mailand, Italien, *Linoleumzementähnliches Bindemittel*. Aus Tomatenschalen durch alkal. Behandlung ausgezogene u. hernach mittels Säure ausgefällte harzartige Stoffe werden gegebenenfalls nach Zusatz von Kolophonium, vorzugsweise bei 100—240°, polymerisiert. (**D. B. P. 910 963** Kl. 39b vom 17/9. 1940, ausg. 10/5. 1954. Anmeldung bekanntgemacht 17/9. 1953.) Salzmann. 7199

Siemens-Schuckertwerke Akt.-Ges., Deutschland, *Nichtkorrodierende Phenolharzmasse*. Phenolharz vom Resol- oder Novolaktyp wird mit ligninfreiem Cellulosemehl (z. B. von Nebenbestandteilen durch Alkali oder Sulfit befreite Regeneratcellulose, Zellwolle, Baumwolle in sehr fein gemahlener Form) als Füllstoff gemischt. (**F. P. 1 046 531** vom 19/12. 1951, ausg. 7/12. 1953. D. Prior. 19/12. 1950.) Pankow. 7205

Paul Garthe, Milspe (Erfinder: **Erich Windgassen**, Schwelm), Westfalen, *Herstellung von farbig gemusterten Gegenständen*, bes. Schriftbildern, aus härtbaren Kunstharzpreßstoffen in Pulverform, dad. gek., daß auf einen Grundkörper in Farbe u. Werkstoff übereinstimmende Muster u. Zeichen erhaben aufgeprägt u. fertig ausgehärtet werden u. dann auf den Grundkörper eine die Muster u. Zeichen umgebende u. bis zu deren Oberfläche reichende Deckschicht andersfarbigen Preßstoffes aufgebracht u. für sich ausgehärtet wird. — Zeichnung. (**D. B. P. 900 070** Kl. 75b vom 13/2. 1938, ausg. 17/12. 1953. Anmeldung bekanntgemacht 2/4. 1953.) E. Weiss. 7205

Siemens-Schuckertwerke Akt.-Ges., Berlin und Erlangen (Erfinder: **James G. Ford**, Wilkingsburg, Pa., V. St. A.), *Herstellung geschichteter Gebilde*, z. B. für *Rohre*, durch Vereinigung saugfähiger Stoffe, bes. Papier, untereinander oder mit anderen Stoffen, gek. durch die Verwendung eines Klebemittels in Form von in reinem W. unlösl., unvollständig (50—75%ig.) hydrolysierten Polyvinylestern, gegebenenfalls unter Zusatz anderer, bes. klebender, Stoffe. Zweckmäßig werden die zu vereinigenden

Stoffe mit einer Lsg. des Polyvinylesters (in wss. A. oder CH_3OH) behandelt, getrocknet, befeuchtet (mit W. oder wss. Aldehydlsg.), geschichtet u. zusammengepreßt. — Zeichnung. (**D. B. P. 912 170** Kl. 55f vom 12/10. 1941, ausg. 24/5. 1954. Anmeldung bekanntgemacht 24/9. 1953. A. Prior. 16/10. 1940.) G. VOGEL. 7205

Holoplast Ltd., New Hythe, Kent, England (Erfinder: **Thomas James Burn Arthur**), *Unentflammbares Kunstharzbeschichtungsmaterial* mit Papier, Textilgeweben oder dgl. als Harzträger. Nach Aufbringen von Phenol–CH_2O-Kondensationsprodd. auf den Harzträger wird vor dem Härten das Beschichtungsmaterial mit einer Lsg. eines Feuerschutzmittels, wie $(NH_4)_3PO_4$ oder $(NH_4)_3PO_4$ u. $(NH_4)_2SO_4$, das beim Heißverpressen noch nicht NH_3 entwickelt, aber solches unter der Einw. von Flammen abgibt, getränkt. Solches Beschichtungsmaterial eignet sich z. B. zur *Wandbekleidung*. (**E. P. 691 412** vom 13/4. u. 6/6. 1950, ausg. 13/5. 1953.) HERBST. 7205

XII. Kautschuk. Guttapercha. Balata.

Kenneth Rose, *Fortschritte in der Modifizierung von synthetischem Kautschuk.* Die physikal. u. chem. Eigg. von synthet. Kautschuk können sowohl durch Modifizierung bei der Synth. des Polymeren als auch beim Mischen vor der Vulkanisation geändert werden. Vf. diskutiert bes. den Einfl. von Ölzusatz, Styrolgeh., Synthesetemp., Katalysatoren u. Mol.-Gewicht. (Materials and Methods **38**. Nr. 3. 108—09. Sept. 1953.) CANTOW. 7224

Kurt Thinius, *Polyisobutylen — Herstellung, Verarbeitung und Anwendung als kautschukähnliche plastische Masse.* Zusammenfassender Überblick an Hand der Patentliteratur (92 Hinweise). (Kautschuk u. Gummi **4**. 53—55. Febr. 92—95. März. 128—31. April 1951. Magdeburg.) SCHNELL. 7224

W. C. Wake, *Die Wechselwirkung zwischen Fasern und Kautschuk bei der Haftung von Kautschuk an Geweben.* Die Haftung von vulkanisiertem Kautschuk auf Gewebe (vom Vf. bes. auf Nylon untersucht) ist so stark, daß ein glattes Voneinanderziehen der Flächen nicht möglich ist. Es wird stets Gewebe u. oft auch die Kautschukgrenzfläche beschädigt. Die große Haftung kommt nach Vf. dadurch zustande, daß die Faseroberfläche Dipole aufweist (z. B. Hydroxylgruppen bei Cellulose), die die Kautschukmoll. polarisieren. Zu diesen starken VAN DER WAALSschen Kräften kommen noch LONDONsche Dispersionskräfte. Vf. gibt experimentelle Ergebnisse über die Schädigung von Faser u. Kautschuk beim Auseinanderziehen von Kautschuk–Gewebe-Folien. (Rev. gén. Caoutchouc **31**. 299—302. April 1954. British Rubber Manufacturers, Res. Assoc.) CANTOW. 7230

John T. Blake, Donald W. Kitchin und **Orison S. Pratt**, *Der mikrobiologische Angriff auf die Kautschukisolation.* Kautschukisolierte Kabel, die unterird. verlegt sind, unterliegen stark dem Angriff von Mikroorganismen. Dies trifft sowohl für Naturkautschuk wie für GR-S zu. Neopren u. Butylkautschuk zeigen bessere Beständigkeit. Vff. haben Testmethoden ausgearbeitet, bei denen sie dünne Isolationsmäntel Nährlsgg. hoher mikrobiol. Aktivität aussetzen u. die Schimmelbldg. u. die elektr. Isolationsfähigkeit verfolgen. Sie stellen fest, daß die Schädigung des Kautschuks bes. durch Spicaria violacea Abbott erfolgt. Vff. haben gegen Mikroorganismen extrem beständige GR-S-Rezepturen entwickelt. (Rubber Chem. Technol. **26**. 869—83. Okt./Dez. 1953. Cambridge, Mass., Simplex Wire and Cable Co., Res. Labor.) CANTOW. 7230

E. Schreuer, *Stoffbeanspruchung und innere Dämpfung bei Rückprallversuch.* Es wird darauf hingewiesen, daß bei der Unters. der mechan. Eigg. von Kautschukproben mit dem Kugelpendel die stillschweigend gemachte Voraussetzung, daß die Stoßdauer im Vgl. zur Relaxationszeit außerordentlich gering sei, nicht zutreffend ist: Vielmehr können Stoßdauer u. Relaxationszeit unter Umständen von gleicher Größenordnung sein. (Kolloid-Z. **135**. 107—08. Febr. 1954. Braunschweig.) HENTSCHEL. 7248

Standard Oil Development Co., Del., übert. von: **Ralph F. Howe** und **Frederic A. L. Holloway**, Baton Rouge, La., V. St. A., *Kontinuierliche Tieftemperaturpolymerisation von Olefinen.* Man spült das Reaktionsgefäß mit einem Lösungsm., kühlt auf −87 bis −103° ab u. füllt gleichzeitig mit einem Reaktionsgemisch, das $^1/_5$ des sonst üblichen Geh. an Isobutylen, $^2/_5$ Diolefin (Butadien oder Isopren), den 3fachen Betrag an Buten-1 u. einen entsprechend vergrößerten Geh. an CH_3Cl aufweist. Die Konz. an reagierenden Olefinen soll $< 1/2$ der sonst üblichen Reaktionsgefäßfüllung sein. Zu dem gefüllten Reaktionsgefäß wird eine fl. Katalysatorlsg. gegeben, die die Polymerisation einleitet. Anschließend wird der Olefingeh. u. die Menge der Katalysatorlsg. auf die sonst übliche Zus. erhöht u. dann die Polymerisation wie üblich weitergeführt.

Es wird so das „Durchgehen" der Polymerisation verhindert. — Reaktionsschema. (**A. P. 2 636 025** vom 11/10. 1949, ausg. 21/4. 1953.) MÖLLERING. 7225

Standard Oil Development Co., übert. von: **John S. Saylor jr.**, Sinking Spring, Pa., V. St. A., *Polymerisierverfahren für „Butyl"-Kautschuk* mittels der Lsg. eines FRIEDEL-CRAFTS-Katalysators in Ggw. von 1—10 Voll. CCl_2F_2, CCl_3F, $CHCl_2F$, Dichlortetrafluoräthan oder deren Gemischen, in denen die Polymerisationskomponenten gelöst sind, wobei zwischen —20° u. dem F. der Fl. polymerisiert wird. (**A. P. 2 644 809** vom 11/1. 1950, ausg. 7/7. 1953.) OVERBECK. 7225

Standard Oil Development Co., übert. von: **John R. Gilcrease** und **Mack C. Fuqua**, Baton Rouge, La., V. St. A., *Stabilisierdispersionen für Kautschukdispersionen*, bestehend aus 100 (Teilen) 2.6-Di-tert.-butyl-4-methylphenol, 5—60 Na-Sulfonat u. 5—30 aliphat. Alkohol mit 3—8 C-Atomen, die unter Rühren auf ca. 115° erhitzt u. mit kaltem W. auf eine Konz. von 5—30% verd. werden. (**A. P. 2 662 061** vom 30/8. 1950, ausg. 8/12. 1953.) OVERBECK. 7227

Standard Oil Development Co., übert. von: **David W. Young**, Roselle, und **Delmer L. Cottle**, Highland Park, N. J., V. St. A., *Alterungsschutzmittel für Kautschuk*, bestehend aus einem Acyl-p-aminophenol der Formel **I**, R = KW-stoffrest mit 1—24, bes. 7—18, C-Atomen, R' u. R'' = H oder Alkylrest mit 1—20, bes. 4—15, C-Atomen. Bevorzugt sind Butyryl-, Capryloyl-, Caproyl-, Myristoyl-, Palmitoyl-, Stearoyl-, Cyclohexanovaleroyl-, Cyclohexanocaproyl-, N-Valeroyl-p-aminophenol oder N-Acetyl-p-amino-3-pentadecylphenol. (**A. P. 2 654 722** vom 16/9. 1950, ausg. 6/10. 1953. **E. P. 693 851** vom 29/12. 1950, ausg. 8/7. 1953. A. Priorr. 21/1., 16/9. u. 22/9. 1950.) OVERBECK. 7227

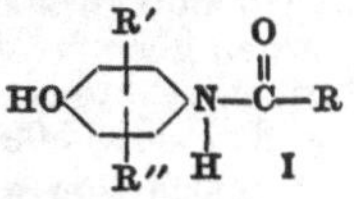

I

Standard Oil Development Co., übert. von: **David W. Young**, Roselle, N. J., V. St. A., *Alterungsschutzmittel für synthetischen Kautschuk*, bes. „Butyl"-Kautschuk, bestehend aus 2.2-Bis-(2'-oxy-3'-tert.-butyl-5'-methylphenyl)-propan. (**A. P. 2 628 212** vom 10/12. 1949, ausg. 10/2. 1953.) OVERBECK. 7227

Comp. Industrielle de Crédit Soc. à r. l., Seine, Frankreich, *Verwendung kryptokristalliner Tone in Kautschukmischungen.* Die sauren, die Vulkanisation hemmenden Tone (Kaolinit, Halloysit, Allophan, Attapulgit) werden zusammen mit 1—5 Gew.-% (des Tones) bas. organ. Stoffe verarbeitet, wodurch eine n. Vulkanisation gewährleistet wird. Man nimmt z. B. Hexamethylentetramin, Alkaliresinat oder Na-Phenolat in Dispersion in einem Weichmacher oder Triäthanolamin als Zusatz zu Kautschukmilch. (**F. P. 1 002 194** vom 12/8. 1946, ausg. 3/3. 1952.) PANKOW. 7227

Monsanto Chemical Co., St. Louis, Mo., übert. von: **Richard O. Zerbe**, Nitro, W. Va., V. St. A., *Sulfide der Thiodiarylamine* (**I**) entstehen bei Rk. von Thiodiarylaminen mit S oder Schwefelhalogeniden. Ausgangsprodd.: Thiodiphenylamin (Phenthiazin), Thiophenyl-β-naphthylamin, Thiophenyl-α-naphthylamin, Thiodi-α-naphthylamin, Thiodi-β-naphthylamin, Thioditolylamine, Thiodixylylamine u. dergleichen. Thiodiphenylamin (**II**) gelöst in Äthylendichlorid u. S_2Cl_2 bei 5—8° u. 25%ig. NaOH → *Thiodiphenylamindisulfid*, dunkelgrüner Körper, F. 130—140° (Zers.). Unter gleichen Bedingungen entsteht aus **II** u. SCl_2 *Thiodiphenylaminmonosulfid*. Die Tri- u. Tetrasulfide entstehen bei Behandlung mit elementarem S. — *Vulkanisationsmittel*. (**A. P. 2 659 724** vom 2/8. 1951, ausg. 17/11. 1953.) MOHR. 7229

Monsanto Chemical Co., V. St. A., übert. von: **Andrew Tomlin, Marion Wesley Harman, Richard Olis Zerbe** und **Robert Luther Sibley**, *Vulkanisiermittel für ofenrußhaltige Kautschuk- oder Kunstkautschukmischungen.* Man verwendet statt oder neben geringen Mengen S N.N'-Thio-bis-sek.-amine mit höchstens 2 S-Atomen im Mol., worin die Aminreste aliphat. Gruppen, die ihrerseits aliphat. oder alicycl. Substituenten enthalten können, enthalten oder 6gliedrige Heterocyclen bilden. Aus der großen Zahl dieser Thioamine seien als typ. Vertreter genannt: N.N'-Dithio-bis-dimethylamin, -bis-dioctylamin, -bis-dicyclohexylamin, -bis-di-β-chloräthylamin, -bis-äthylaminoacetonitril, -bis-N-methyltetrahydrofurfurylamin, -bis-N-cyclohexyltetrahydrothienylamin, -bis-piperidin, N.N'-Thio-bis-dimethylamin, -bis-α-pipecolin. Man vulkanisiert z. B. 100 Smoked Sheets, 50 Philblack O u. 5 N.N'-Dithio-bis-morpholin. Als Beschleuniger kann man z. B. N-Cyclohexyl-2-benzothiazolsulfonamid nehmen. Bei Verwendung dieser Vulkanisiermittel wird eine Übervulkanisation vermieden. (**F. P. 1 048 528** vom 27/9. 1951, ausg. 22/12. 1953. A. Prior. 29/9. 1950.) PANKOW. 7229

Standard Oil Development Co., übert. von: **John Rehner jr.**, Westfield, N. J., und **Paul J. Flory**, Ithaca, N. Y., V. St. A., *Vulkanisierverfahren* für natürlichen u. synthet.

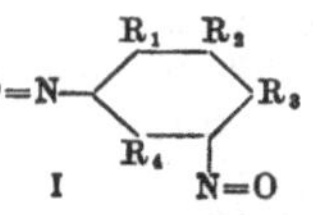
I

Kautschuk, auch „Butyl"-Kautschuk, unter Verwendung von 0,5 bis 5% einer m-Dinitrosoverb. der Formel I, worin R_1—R_4 H oder aliphat., aromat. oder olefin. KW-stoffreste sind, bes. bei gleichzeitigem Zusatz von ZnO, Stearinsäure, Ruß usw. (**A. P. 2 616 876** vom 6/5. 1949, ausg. 4/11. 1952.) OVERBECK. 7229

Romika K. G. Lemm & Co., übert. von: **Hellmuth Lemm,** Gusterath-Tal, Bez. Trier, *Wärmehaltendes Bekleidungsmaterial*, bes. für *Fußbekleidung*, bestehend aus Kautschukfäden, vermischt mit Faserstoffen, die örtlich durch die Vulkanisation der Fäden miteinander verbunden sind. Als Faserstoffe sind genannt Baumwolle, Wolle, Glaswolle, Zellwolle, Metallwolle, Asbestfasern, Synthesefasern, Textilabfälle u. auch kleine Naturschwammteile. Das Material kann auch hergestellt werden, indem man die Fasern mit Kautschukmilchschaum mischt, koaguliert, trocknet u. vulkanisiert. (**E. P. 695 042** vom 30/1. 1951, ausg. 5/8. 1953. D. Prior. 30/1. 1950.) OVERBECK. 7231

Continental Gummi-Werke Akt.-Ges. (Erfinder: **Willy Reimann** und **Hermann Baddenhausen**), Hannover, *Verbinden von Kautschukmischungen mit anderen Werkstoffen*, wie Metall, Glas oder Textilien. Der Werkstoff wird mit Zn oder Zn-Verbb. belegt oder bestäubt; u. der Kautschukmischung, gegebenenfalls auch dem Zn-Belag, werden geringe Mengen von Verbb. von Schwermetallen mit hochmol. organ. Säuren, bes. Co-Naphthenat, zugemischt, worauf zusammengefügt u. vulkanisiert wird. (**D. B. P. 898 809** Kl. 39b vom 19/12. 1951, ausg. 3/12. 1953.) OVERBECK. 7231

Marie Pierre Louis Espenel, Levallois-Perret, Seine, Frankreich, *Herstellen von Kautschuk–Metall-Bauteilen*. Zwischen die Berührungsflächen des Kautschukkörpers u. der Metallteile wird ein Kunststoff eingebracht, der in einem Temperaturbereich u. bei einer Zeitdauer polymerisierbar ist, innerhalb der die Vorspannung des Kautschukkörpers unverändert bleibt. Der Kautschukkörper wird vor dem Einpressen zwischen die Metallteile einer Cyclisation unterworfen. Die polymerisierbaren Kunstharze bestehen aus einem Monomeren oder einem Gemisch von Monomeren, die durch die Polymerisierung ein Harz von der Gattung der Thermoplaste ergeben. (**D. B. P. 881 871** Kl. 39a vom 11/5. 1951, ausg. 2/7. 1953.) SCHLITT. 7231

N. L. Catton, The Neoprenes. Principles of compounding and processing. Wilmington, USA.: Du Pont de Nemours. 1952. Distr. en France: Alcan Paris. (245 S. m. 90 Abb. 26 Fotogr. u. 23 Taf.)

XIII. Ätherische Öle. Parfümerie. Kosmetik.

J. B. Davenport, Maurice D. Sutherland und **T. F. West,** *β-Phellandren aus Kanadabalsamöl*. Durch fraktionierte Vakuumdest. aus Kanadabalsamöl gewonnenes β-Phellandren ist mit etwa der gleichen Menge L-Limonen verunreinigt, dessen Bldg. aus β-Phellandren mit β-Naphthol Vff. nachweisen. Sie stellten ein reines Prod. durch Dehydratation von Piperiton her, $Kp._{20}$ 70°. $D.^{25}_{4}$ 0,8375; n_D^{25} 1,4851; $[\alpha]_D^{25}$ —2°52′, u. belegen ihre Ansicht durch Vergleiche in einem Brechungsindex–Dichte-Diagramm u. Tabelle. (J. appl. Chem. **1.** 527—28. Nov. 1951. Brisbane, Australien, Univ. of Queensland.) MÜHLMEISTER. 7262

Jack Pickthall, *Über Parfüme*. Allg. Überblick über Geschichte u. Anwendung natürlicher u. synthet. Prodd., ihre Verfälschungen u. die individuelle Verschiedenheit der Geruchsempfindung. (Soap, Perfum. Cosmet. **26.** 1033—42. Okt. 1953. Enfield, Middlesex, England, Polak & Schwarz Ltd.) MÜHLMEISTER. 7276

R. L. Blackmore, *Zur Verwendung reiner Chemikalien in der Parfümerie*. Mit zum Teil neuen Verff. erhaltene u. durch Prüfung von Derivv. als rein festgestellte Körper haben folgende Konstanten: Benzylalkohol $D.^{20}_{4}$ 1,0452, n_D^{20} 1,5402, Phenyläthylalkohol 1,0200 bzw. 1,5331, Geraniol 0,8778 bzw. 1,4758, Citronellol 0,8547 bzw. 1,4567, dl-Linalool 0,8777 bzw. 1,4624, n-Amylzimtaldehyd 0,9684 bzw. 1,5601. Körper mit F. 2—3° unter dem der rekrist. Derivv. sind nach Ansicht des Vf. nicht unrein u. haben in manchen Fällen einen ungewohnten Geruch, der aber als der richtige anzusehen ist. (Soap, Perfum. Cosmet. **26.** 1032. Okt. 1953. London, A. Boake, Roberts & Co. Ltd.) MÜHLMEISTER. 7276

—, *Eine neue Synthese des Irongeruchs*. Eine Mischung aus 65—95% *6-Methyl-α-jonon*-Isomeren (**I**; 2 Asymmetriezentren, 1 cis-trans-Zentrum) u. 35—5% *6-Methyl-β-jonon*-Isomeren (**II**) hat den typ. *Iron*-Geruch (Veilchen). Die *Jonone* werden über folgende Stufen hergestellt: *γ-Methyllinalool* wird mit Essigsäureanhydrid u. Eisessig umgesetzt. Aus dem Reaktionsprod. wird bei 0,2 mm Hg die zwischen 71 u. 74° sd. Fraktion gewonnen u. mit KOH in Methanol verseift. Aus dem Verseiften wird durch Dest. bei 0,2 mm Hg zwischen 73 u. 74° *ε-Methylgeraniol* (**III**) gewonnen. **III** wird mit

Al-Isopropylat in Bzl. u. Aceton 60 Std. unter Rückfluß belassen. Die Lösungsmittel werden abgetrieben, der Rest wird mit überschüssigem HCl bei Ggw. von Ae. hydrolysiert. Nach Neutralisation wird durch Dest. *η-Methylpseudojonon* (**IV**) isoliert. Aus **IV** wird durch katalyt. Einw. von Phosphorsäure durch Ringschluß ein Gemisch von **I** u. **II** erhalten, das ca. 15% **II** enthält. Die Trennung von **I** u. **II** kann über die Kristalle der Phenylsemicarbazone (*6-Methyl-α-jononphenylsemicarbazon*, F. 160—166°) oder über fraktionierte Dest. bei 0,1 mm Hg (bei 70—75° geht **I**–**II**-Gemisch, bei 75—78° reines **II** über) bewerkstelligt werden. Ausbeuten der einzelnen Verfahrensstufen sind angegeben. (Manufact. Chemist. **22.** 192. Mai 1951.)
GERHARD GÜNTHER. 7276

E.-O. Arif, *Pseudoaldehyd C_{14} und seine Verwendung in der Parfümerie.* Vf. warnt vor unvorsichtiger Verwendung des fälschlich Pseudoaldehyd C_{14} genannten Undecalactons wegen seines starken Geruchs, rät zur Benutzung 0,5%ig. Lsgg. in A. oder Phthalsäureestern u. gibt Anregungen zur Vermeidung ungeeigneter u. Verwendung passender Komponenten. (Soap, Perfum. Cosmet. **26.** 1014—15. Okt. 1953. Paris, Établ. van Ameringen-Haebler, S. R. I.) MÜHLMEISTER. 7276

H. Janistyn, *Azulen und seine Verwendung in Pharmazie und Kosmetik.* (Vgl. C. **1952.** 2765, 3258.) Zusammenfassender Überblick. (Perfum. essent. Oil Rec. **42.** 183—87. 191. Juni 1951.) ALTPETER. 7284

B. S. Varma, *Kapok als möglicher Bestandteil von Gesichtspudern.* Kapok, Samenhaare von *Eriodendron anfractuosum DC* (Java) u. *Bombex malabiricum DC* (Indien), mit 61—67% Cellulose, wurde mit Bzn. entfettet, mit 1%ig. HCl behandelt, gewaschen, getrocknet, in Kugelmühle gepulvert u. durch 200 Maschen-Sieb gesiebt. Das Material ist wegen seiner Leichtigkeit (1 g = 7,8 cm³), Wasseraufsaugefähigkeit ohne zu quellen (1 g = 10 g W.), Haftfestigkeit u. von ihm gegebenen zarten Hauches als Zusatz zu Gesichtspudern bis zu 50% sehr geeignet. (Soap, Perfum. Cosmet. **27.** 505—06. Mai 1954. Dehra Dun, Indien, Forest Res. Inst.) MÜHLMEISTER. 7284

L. N. Petrowa, Je. N. Nowikowa, E. A. Ssimanowskaja und **A. P. Lewdikowa,** *Die Bestimmung der Zusammensetzung von Parfüms und Kölnischen Wässern.* Nach der einen Meth. wird das Parfüm nach Verdünnen mit W. mittels Chlf. ausgeschüttelt, letztens nach Zugabe von Methanol als azeotrope Chlf.–Methanol-Mischung abdest., der Rückstand gewogen. Nach der anderen Meth. werden A. u. W. unmittelbar als azeotrope Mischung mit Cyclohexan abdestilliert. Das 2. Verf. ist nur bei Parfüms mit höchstens 10% W. anwendbar. (Маслобойно-Жировая Промышленность [Öl- u. Fett-Ind.] **18.** Nr. 7. 25—27. Juli 1953. Allunions Wiss. Forschungsinst. für synthet. u. natürliche Riechstoffe.) SCHMEISS. 7292

John E. Clements, *Borsäure in Antischweißmitteln und Desodorantien.* Zum Nachw. von H_3BO_3 wurde die Meth. von MARTIN u. HAYES (C. **1953.** 746) verbessert. Die ca. 50—200 mg H_3BO_3 enthaltende, mit 10%ig. NaOH alkal. gemachte Probe wird nach Eindampfen, Trocknen u. Veraschen bei 550° mit H_2O u. etwas HCl aufgenommen, filtriert, das Filter mit Rückstand erneut wie oben behandelt, die Filtrate werden zu 200 cm³ vereinigt. Diese Fl., zunächst mit NH_3 alkal. gemacht, dann mit HCl schwach angesäuert, durchfließt in 10—15 Min. eine Ionenaustauschsäule mit *Amberlite IR 120 (H)*, die die Kationen von der H_3BO_3 trennt. Sie wird in methylrot-neutraler Lsg. gegen Phenolphthalein mit 0,1nNaOH unter mehrmaligem Zusatz von Mannit bestimmt u. die Ergebnisse eines Blindvers. werden abgezogen. Verss. in einer Lsg. mit Al-, Zn-, Mg-, SO_4-, Cl-, Phenolsulfationen, Harnstoff u. Glycerin ohne H_3BO_3 gaben keinen Befund, mit 50—200 mg wurden 98,2—100,7% wiedergefunden. (Amer. Perfumer essent. Oil Rev. **63.** 181—82. März. 1954. Washington, D. C., Food, Cosm. & Drug Administr.)
MÜHLMEISTER. 7294

Jesse Luther Peacock, übert. von: **Herbert A. Martini,** Chicago, Ill., V. St. A., *Herstellen flüssiger kosmetischer Präparate* mit mehr als 20% Lanolin. Verwendet man als Lösungsm. für Lanolin Oleylalkohol, so kann man fl. Prodd. mit mehr als 20, z. B. 50—60% Lanolin erhalten, die sich gut zur Herst. von Hautpflegemitteln, z. B. durch Vermischen mit Mineralöl oder Pflanzenölen, eignen. — Beispiele: 35,0 (%) Lanolin, 12,0 Oleylalkohol, 0,05 Antioxydantien, 0,4 Parfümöle, 52,55 Erdnußöl, 25,0 Lanolin, 10 Oleylalkohol, 0,05 Antioxydantien, 0,4 Parfümöl, 64,55 Mineralöl. (**A. P. 2 661 316** vom 5/6. 1953, ausg. 1/12. 1953.) E. PETERSEN. 7285

Kurt Schwarzkopf, Innsbruck, Österreich, *Festes bis pastenförmiges Dauerwellmittel,* das zur Verwendung in W. gelöst wird, bestehend aus einem Gemisch von festen Salzen von Mercaptosäuren, z. B. von Mg, Ca, Zn, Al oder einem Dialkalisalz u. aus puffernden Stoffen, z. B. Borax, u. bes. NH_4-Salzen, welche die Lsg. auf p_H 9—9,3 einregulieren, sowie ferner gegebenenfalls stabilisierenden Stoffen, wie calcinierten oder wasseraufnehmenden Substanzen, aus Emulgatoren, Verdickungsmitteln, wie Celluloseäthern, u. aus Sulfiten. — Beispiele: 1,60 (%) Dinatriumthioglykolat, 25 NH_4Cl, 15 Lanettewachs (I). — 2. 70 Mg-Thioglykolat (II) 15 Borax (wasserfrei), 15 I. — 3. 70 II, 30 NH_4-Borat (III). — 4. Tablettenform: 25 II, 50 Na-Cysteinat (IV), Na-Tyrosinat, 20 III, 5 I. — 5. In Pastenform: 20 IV, 5 NH_4-α-Thiolactat, 5 $(NH_4)_2SO_3$, 10 III, 5 Celluloseäther, 55 Wasser. (**Schwz. P. 295 832** vom 14/12. 1949, ausg. 16/3. 1954. D. Prior. 14/4. 1949.) E. PETERSEN. 7285

Salea Soc. An., Zürich, Schweiz, *Fixiermittel für Dauerwellen*, bestehend aus einer Sauerstoff (I) abgebenden Substanz, z. B. (8 g) $NaClO_2$ u. einem Gemisch aus einer Substanz, welche die Abspaltung von I auslöst, wie Salze des Fe, Ni, Co oder Mn, z. B. 0,1 (g) $MnSO_4$, 7,4 g NaH_2PO_4 u. gegebenenfalls 0,5 g Na-Methylsulfonat. Das letztgenannte Gemisch wird von der Sauerstoff abgebenden Verb. getrennt verpackt u. aufbewahrt. (**Schwz. P. 295 538** vom 26/10. 1951, ausg. 1/3. 1954.) E. PETERSEN. 7285

Rohm & Haas Co., Philadelphia, Pa., übert. von: **Francis M. Thurmon**, Boston, Mass., V. St. A., *Antischweiß- und desodorierendes Mittel*, bestehend aus (15—25%) Kationenaustauscherharz mit funktioneller COOH-Gruppe, z. B. dem Polymerisat aus Maleinsäureanhydrid, Styrol u. einer ungesätt. Verb., wie Di- oder Trivinylbenzol, u. (10—20%) eines wasserlösl. Al-Salzes einer organ. Säure, bes. Al-Phenolsulfonat, dispergiert in einer hydrophilen Salbengrundlage, die mindestens in der äußeren Phase W. enthält, z. B. aus 250 (Teilen) Cetylalkohol, 250 weißem Petroleumwachs, 120 Propylenglykol, 10 eines Öl-in-W.-Emulgators u. ca. 370 Wasser. (**A. P. 2 653 902** vom 28/9. 1950, ausg. 29/9. 1953.) E. PETERSEN. 7285

—, **Stérols, phospholipides, vitamines, hormones en cosmétique.** Lyon: „la Parfumerie moderne". 1954. (XXXIV + 54 S. m. Abb.) fr. 350.—.

XIV. Zucker. Kohlenhydrate. Stärke.

H. Schlüssel und **B. Macherey**, *Die Kondensation von Formaldehyd zu Zuckern unter dem Einfluß von Tesla-Schwingungen. Formaldehyd* (I) kondensiert sich in Ggw. von Alkali zu zuckerartigen Stoffen, er könnte wegen seiner leichten Zugänglichkeit u. seines niedrigen Preises auf diesem Wege ernährungsmäßig verwertet werden, wobei jedoch ein möglichst rationelles Herstellungsverf. angestrebt werden muß. Der Ablauf der Kondensation wird durch I-Konz., Alkalität, Temp., Alkoholmedium u. Katalysator beeinflußt. Konkurrenz-Rkk., die sich auch auf eine Toxizität des Reaktionsprod. auswirken können, sind Dismutation u. Acetatbildung. Vff. untersuchten die Kondensation unter Einfl. hochfrequenter Hochspannungswechselströme eines TESLA-Gerätes mit der Spitzenspannung von ca. 17000 V u. einer Grundfrequenz von $4 \cdot 10^6$ Hz. Sie fanden, daß I-Lsgg. in Methanol von 18,7% u. höher, die bisher wegen Konkurrenz-Rkk. bei 42,5° nicht wie gewünscht kondensierten, unter der katalyt. Wrkg. der TESLA-Ströme 83,4% Zucker lieferten. (Z. Lebensmittel-Unters. u. -Forsch. **92.** 252—55. April 1951. Köln, Univ., Med. Klinik.) RUSKE. 7400

M. Simon, *Zuckerrübe und Überkalkung.* Es wurden Verss. angestellt über den Einfl. der stufenweisen Kalkung auf das erste Entwicklungsstadium der Zuckerrübenpflanzen mit gebranntem Kalk, gelöschtem Kalk, Magnesiakalk, Carbonatdüngern u. den Carbonat-Magnesia-Düngern. Der p_H-Wert des angewandten Bodens war 5,6. Bei 2000 kg/ha gemahlenem u. gebranntem Kalk (CaO) war das p_H 7,70. Durch stufenweise Steigerung des Kalkzusatzes auf 4000 kg, 8000 kg u. 16000 kg/ha stiegen die entsprechenden p_H-Werte bis auf 7,80, 11,60 u. 13,10 an. Weiter konnte festgestellt werden, daß die Pflanzen bei 2000 kg CaO/ha wesentlich kräftiger waren als die bei der entsprechenden Menge von 4000 kg/ha. Bei den außergewöhnlich hohen Dosen von 8000 kg u. 16000 kg/ha waren die Pflänzchen sehr schmächtig u. deren Wurzeln verbrannt, weshalb sie bald abstarben. Aus den Versuchsergebnissen geht hervor, daß allzu hohe Alkalität dem Keimen der Rübensamenkörner schadet, schon ein p_H von 9,40. Die Zerstörung der Struktur toniger Böden durch ungewöhnlich hohen Kalkzusatz kann sich auf die Dauer eines Jahres störend bemerkbar machen. Die Struktur spielt bei der allerersten Entwicklungsstufe der Zuckerrübe deshalb eine ausschlaggebende Rolle, weil sich eine schlechte Erde schwer bearbeiten läßt u. diese bei trockener Jahreszeit leicht Krusten bildet, was dem Keimen der Pflänzchen hinderlich ist. Die Zerstörung der Struktur mach sich bei Kalkmengen von 8000 kg u. 16000 kg/ha bemerkbar. Auch in mikrobiol. Hinsicht ist überhöhte Alkalität schädlich. Schon bei einem p_H 9 sowohl als auch bei einem sauren p_H 5 geht die biol. Tätigkeit stark zurück, wodurch die Fruchtbarkeit ungünstig beeinflußt wird. Um die Pflanzen nicht zu verbrennen, ist im

Sommer Kalk als Carbonat zu geben u. jedes Ausstreuen von gebranntem Kalk, gelöschtem Kalk oder Magnesiakalk zur Zeit der Aussaat zu vermeiden. Saure Böden sollen nur nach Maßgabe der Bodenanalyse mit Kalk beschickt werden u. nur bei schlammigen Böden, die im Laufe des Winters dazu neigen, kompakte Massen zu bilden, ist eine Ausnahme hiervon zu machen. In alkal. Böden wendet man NH_3-Düngemittel an. Zur Vermeidung von N-Verlusten durch Verflüchtigung sollen die Ammoniakstickstoffdüngemittel ca. 5 cm tief in den Boden eingegraben werden. (Publ. Inst. belge Améliorat. Betterave **19.** 263—71. Nov./Dez. 1951. Tirlemont, Inst. Belge pour l'Amélioration de la Betterave.) PESCHKE. 7406

H. Lüdecke und **M. Nitzsche,** *Beitrag zur Frage nach dem Einfluß der Düngung auf Ertrag und Beschaffenheit der Zuckerrüben bei der virosen Vergilbung.* Vff. untersuchten den Einfl. von Über- u. Mangeldüngungen mit N, P u. K bei mit Mosaik- u./oder Vergilbungsvirus künstlich infizierten Zuckerrüben. Die Beziehungen zu Rüben- u. Blatterträgen, Zuckergeh. u. -ertrag, Nichtzucker (Verarbeitbarkeit der Rüben), lösl. Asche u. schädlichem N, Nährstoffaufnahme u. Wasserverbrauch wurden untersucht. Gesteigerte Nährstoffgabe an NPK, gegebenenfalls auch P allein, lindert durch Mehrertrag den Schaden an infizierten Pflanzen. Einseitig erhöhte N-Gaben schaden durch Minderertrag, einseitig erhöhte K-Gaben steigern den Geh. an lösl. Asche u. schädlichem N. Der Wasserverbrauch infizierter Rüben ist höher, eine Beregnung ist in befallenen Gebieten von Vorteil. (Zucker **7.** 206—14. 15/5. 1954. Göttingen, Inst. für Zuckerrübenforsch.) JANICKE. 7406

H. Fincke, *Sortenbezeichnungen und Sortenunterschiede bei Zucker.* Vortrag. (Brot u. Gebäck **8.** 103—06. Juli 1954. Köln.) WINIKER. 7438

Henri Stehlé, *Über die Streifenchlorose des Zuckerrohrs, ihre Bedeutung und Bekämpfung auf den französischen Antillen.* Vf. beschreibt Vork., Kennzeichen, Auswirkung u. Bedeutung für den Ertrag der „bleichen Streifenkrankheit". Möglichkeiten der Ausbreitung u. Übertragung durch Insekten u. die Rkk. verschied. Varietäten des Zuckerrohrs werden behandelt. Maßnahmen zur erfolgreichen Bekämpfung, wie Züchtung resistenter Rassen, Behandlung des Pflanzguts u. Drainage der Pflanzungen u. a. werden diskutiert. (Agronom. tropicale **9.** 201—05. März/April 1954.) JANICKE. 7440

B. G. Adkins, *Bemerkungen über die Viscosität von Melassen und Füllmassen.* Das *Technico Viscosimeter* kann zur Best. der wahren Viscosität von Melassen benutzt werden, soll jedoch die Viscosität von Füllmassen bestimmt werden, so muß ein Modell wie das SEARLE-Viscosimeter angewandt werden. Beide Viscosimeter wurden ausführlich beschrieben. (Proc. Queensland Soc. Sugar Cane Technologists, Conf. **18.** 43—51. 1951.) WALCKER. 7476

Z. Štolcová und **M. Friml,** *Die colorimetrische Magnesiumbestimmung.* Die von BERG (Z. analyt. Chem. **71.** [1927.] 23) ausgearbeitete Meth. benützt die Kupplung des *Oxychinolins* (I) mit diazotierten Aminen, bes. *Sulfanilsäure* (II), zur colorimetr. Best. des Mg in Prodd. u. Zwischenprodd. der Zuckerfabrikation. Die Meth. übertrifft in Einfachheit u. Schnelligkeit andere Mg-Bestimmungsmethoden. Sie eignet sich wegen ihrer Empfindlichkeit jedoch nur für kleine Mg-Mengen (10^{-6} bis 10^{-5} g). Vor ihrer Anwendung sind mit I ausfallende andere Kationen entweder abzutrennen oder zu blockieren. — Es werden Verss. mit II, Anthranilsäure u. Benzidin beschrieben. — Tabellen u. Diagramme. (Listy Cukrovarnické **67.** 33—34. 15/5. 1951. Výzk. ústav pro cukr, čokoládu a škrob.) ROTTER. 7488

XV. Gärungsindustrie.

J. White, *Wirkung gewöhnlicher bakericider Substanzen und Hitze auf Hefewachstum und -lebensfähigkeit.* Vf. prüfte eine Anzahl anorgan. u. organ. bactericider Substanzen bzgl. ihres Tötungsvermögens in wss. Hefesuspensionen, ihrer Wachstumshinderung von Hefe in belüfteten fl. Medien u. auf Agarplatten. Die Toxizität der untersuchten Substanzen ist je nach angewandtem Test außerordentlich unterschiedlich. Nur 2 quaternäre Ammoniumverbb. erwiesen sich stets als sehr giftig. In jeder Hefesorte fanden sich einige wenige Zellen, die gegen Hitze u. die geprüften Baktericide sehr widerstandsfähig waren. Irgend eine Gesetzmäßigkeit konnte nicht gefunden werden. (J. Inst. Brewing **59** ([N. S.] **50**). 470—79. Nov./Dez. 1953.) HAEVECKER. 7506

H. G. Joseph, *Alkohol aus Sulfitablaugen. Verbesserung in den Herstellungsmethoden in den letzten 10 Jahren.* Vf. bespricht zwei Typen der Neutralisation u. Gärung von Sulfitlaugen, sowie die Wiederverwendung der Hefe nach dem Verf. von MELLE. (Chem. in Canada **5.** Nr. 11. 23—27. Nov. 1953. Thorold, Ontario, Can., Ontario Paper Co., Ltd.) HAEVECKER. 7536

Mary Grace Blair und **Ward Pigman,** *Vergärbarkeit von Maltose.* Nach der früher beschriebenen Meth. unternommene Verss. ergaben, daß hochgereinigte *Maltose* (I) bei der Vergärung mit Preßhefe stark schwankende Ausbeuten an A. (33—67%) liefert. Bei Verwendung von techn. I werden ebenfalls schwankende, aber höhere Ausbeuten (53—85%) erhalten. Reine I mit 1% *Glucose* (II) liefert Ausbeuten von 88—90%, wie sie bei reiner II erhalten werden. Wird II einem 3 Tage alten Gäransatz mit reiner I zugesetzt, so erfolgt keine wesentliche Steigerung der Alkoholausbeute. Jedoch wurde in Rückständen der I-Vergärung durch Zusatz von frischer Hefe eine erneute Gärung hervorgerufen, durch die die gesamte Alkoholausbeute auf 85—90% gebracht wurde. Best. der reduzierenden Gruppen der Rückstände zeigte, daß es sich dabei nicht nur um I, sondern zum Teil um höherpolymere Reversionsprodd. von I bzw. II handelt. (Arch. Biochem. Biophysics **48.** 17—22. Jan. 1954. Albana, N. Y., New York State Coll. for Teachers; Birmingham, Ala., Univ. of Alabama, Med.-Dent. Schools, Biochem. Dep.) KRUSEN. 7544

J. L. Shimwell, *Reinkultur-Essigherstellung.* Reinkulturen von Essigsäurebildnern ergaben bisher schlechtere Resultate als die mit natürlichen Spontangemischtkulturen. Vf. isolierte ein Acetobacter der Gruppe „Mesoxydans", welches in experimentellen Säuerungsverss. bei der Herst. von Malz-, Sprit- u. Weinessig gute Resultate ergab. (J. Inst. Brewing **60** ([N. S.] **51**). 136—39. März/April 1954.) HAEVECKER. 7564

E. O. Morris und **Barbara Kirsop,** *Mikrotechnische Schnellmethoden zur Vergärung von Kohlenhydraten durch Hefen.* Vf. beschreibt eine Schnellmeth. zur Prüfung von Hefe, nach der verhältnismäßig große Mengen auf geringe Substratmengen inokuliert werden u. die gelegentlich schon in 15 Min. Resultate ergibt. Bericht über die Prüfung von 50 Hefespecies. (J. Inst. Brewing **59** ([N. S.] **50**). 486—91. Nov./Dez. 1953. Nutfield, Surrey, Brewing Ind. Res. Foundat.) HAEVECKER. 7592

J. Andrews und **G. A. F. Harrison,** *Colorimetrische Bestimmung von Spurenmetallen in Bier und Braumaterialien.* 7. Mitt. *Bestimmung von Nickel.* (6. vgl. C. **1954.** 6369.) Ni wird im schwefelsauren Rückstand nach der Feuchtoxydation von Bier oder Braumaterialien bestimmt. α-Furildioxim wird hinzugefügt u. der resultierende Komplex mit Chlf. extrahiert. Etwa gegenwärtiges Cu wird durch Schütteln des Extraktes mit verd. H_2SO_4 entfernt u. die Gelbfärbung des Komplexes wird photometr. gemessen. (J. Inst. Brewing **60** ([N. S.] **51**). 133—35. März/April 1954. Dublin, Arthur Guinness, Son & Co.) HAEVECKER. 7600

—, *Revision der Methode zur Messung der Farbe von Würzen und Bieren.* Die Farbskala nach BRAND u. die Jodskala sind nicht vergleichbar u. ergeben irreführende Resultate. Es wird daher die Annahme der E. B. C. (EUROPEAN BREWERY CONVENTION)-Skala empfohlen. (J. Inst. Brewing **59** ([N. S.] **50**). 443—52. Nov./Dez. 1953.) HAEVECKER. 7600

Justo F. Cásas Lucas, *Neue Methode zur Milchsäurebestimmung in Weinen.* Vor der Best. der Milchsäure in Wein werden Oxypolysäuren durch Fällung mit Pb-Acetat beseitigt, zugleich auch Polyphenole. Störung durch Zucker läßt sich durch Überschuß des Oxydationsmittels vermeiden. Glycerin stört nicht. 10 g Weinprobe werden mit 10 cm^3 dest. W. u. 5 cm^3 bas. Pb-Acetatlsg. (D. 1,32) versetzt, nach 2—3 Min. zentrifugiert oder nach 6—8 Min. filtriert, 2,5 cm^3 mit 10 cm^3 n/10 H_2SO_4 versetzt, mit W. auf 125 cm^3 verd. u. im offenen Kolben mit Zusatz von Glasperlen 7—8 Min. mäßig zum Sieden erhitzt. An einen aufsteigenden Kühler wird ein FRESENIUS-Kolben als Vorlage angeschlossen u. mit 25 cm^3 Pufferlsg. p_H 7 u. 5 cm^3 $NaHSO_3$-Lsg. (15,6 g/Liter) beschickt. Dann wird unter lebhaftem Sieden tropfenweise n/5 $Ce(SO_4)_2$-Lsg. in n/2 H_2SO_4, insgesamt 3 cm^3, zugesetzt, mit dest. W. (einige 10 cm^3) nachgespült u. nach 20 Min. Stehen bei gewöhnlicher Temp. in der Vorlage mit Zusatz von 5 cm^3 0,3 n HCl mittels n/10 J_2-Lsg. zurücktitriert, um den entstandenen Acetaldehyd zu ermitteln. (Rev. Ci. apl. **7.** 526—29. Nov./Dez. 1953.) R. K. MÜLLER. 7606

Soc. Le Bactogène, Paris, Frankreich, *Züchten von Mikroorganismen* (Bakterien, Hefen, Schimmelpilzen, niederen Algen usw.), dad. gek., daß die zu behandelnde Kultur wenigstens in einem Behälter einerseits einer fortwährenden Verdünnung durch den Zufluß frischen Nährsubstrates unterworfen wird, der kontinuierlich durch Entnahme eines gleichen Vol. an Kultur-Fl. kompensiert wird u. andererseits einer Rührbehandlung zum Mischen (koaxiale Zylinder), die absol. Homogenität des Nährsubstrates an allen Stellen zwischen Ein- u. Auslauf sicherstellt, wobei die Keimzahl u. die Wachstumszunahme als Ergebnis dieser Homogenität ein Gleichgewicht als Funktion der Fließgeschwindigkeit erreichen. (**E. P. 704 872** vom 6/12. 1950, ausg. 3/3. 1954. F. Priorr. 21/12. 1949, 13/7. u. 9/11. 1950.) KETTNER. 7507

C. F. Boehringer & Söhne G. m. b. H., Mannheim (Erfinder: **Kurt Wallenfels** und **Walter Christian**, Tutzing, Obb.), *Reindarstellung von Cozymase* (Diphosphorpyridinnucleotid = DPN) aus Rohkonzentraten unter Verwendung von Ionenaustauschern, dad. gek., daß man die z. B. aus Hefe in bekannter Weise gewonnenen Rohkonzentrate durch einen stark sauren Kationen- u. hierauf durch einen mit Acetationen beladenen schwach bas. Anionenaustauscher schickt, letzteren, gegebenenfalls fraktioniert, mit verd. HCOOH eluiert u. aus den Eluaten die Cozymase durch Zugabe von solchen mit W. mischbaren, organ. Lösungsmitteln, in denen sie unlösl. bzw. schwer lösl. ist, ausfällt u. abtrennt, worauf gewünschtenfalls der Vorgang wiederholt wird, bis der Reinheitsgrad des Coenzyms 100%ig ist. (**D. B. P. 913 406** Kl. 6a vom 31/1. 1952, ausg. 14/6. 1954. Anmeldung bekanntgemacht 22/10. 1953.) KETTNER. 7509

Stone & Webster Engineering Corp., Boston, übert. von: **John M. Chambers**, Winchester, Mass., V. St. A., *Reinigen von Gärungsalkohol durch Destillation.* Die Maische oder der A. wird in einer Destillationskolonne in Ggw. eines wss. Verdünnungsmittels in beträchtlicher Konz. dest., wobei die Verunreinigungen als Kopfprod. u. eine verd. wss. A.-Fraktion mit wenigstens 1 Mol-% A. am Boden der Kolonne abgezogen u. im unteren Teil dieser Kolonne solche Bedingungen aufrechterhalten werden, daß die Wärmeenergie in B. T. U. (kWh) pro Pfund (453,6 g) des abgezogenen Bodenprod. innerhalb einer bestimmten Grenze (Kurve im Original) verbleibt u. die starke Verdünnung im oberen Teil der Kolonne u. ein Rückfluß auf den obersten Boden nach einer weiteren Kurve eingehalten werden. Das Bodenprod. der Destillationskolonne wird in einer 2. Kolonne rektifiziert, von deren oberem Teil das gereinigte Destillationsprod. abgezogen wird. — Abb., Kurven. (**A. P. 2 647 078** vom 17/12. 1949, ausg. 28/7. 1953. **E. P. 700 362** vom 17/11. 1950, ausg. 2/12. 1953. A. Prior. 17/12. 1949.) KETTNER. 7517

Československé pivovary, lihovary a konservárny und **Václav Salač**, Prag, Tschechoslowakei, *Hopfenextraktion bei der Bierbereitung*, dad. gek., daß Hopfendolden mit einer wss. Fl. (W. oder Nachgüsse) ausgezogen werden u. das in Lsg. verbrachte Humulon bei einem p_H 6,2—7,5 (Einstellen mit Soda) in einer Kochzeit von 10 bis 120 Min. (gegebenenfalls unter Druck) durch eine autokatalyt. Rk. prakt. vollständig in ein Isomer von erhöhtem Bitterungsvermögen übergeführt u. der erhaltene Extrakt zur Bierbereitung verwendet wird. (**Schwz. P. 295 381** vom 30/4. 1951, ausg. 1/3. 1954.) KETTNER. 7541

—, Deuxième Congrès international des Industries de Fermentation, Knokke-le-Zoute, 1952. Gand (Belg.): Secrét. Congrès intern. des Ind. de Ferment. 1953. (438 S. m. Abb.)

XVI. Nahrungs-, Genuß- und Futtermittel.

A. Rotsch und **E. Tessmer**, *Erfahrungen mit dem Infrarot-Ofen.* An Hand von Backergebnissen bei einigen Flachgebäckarten diskutieren Vff. die Einsatzmöglichkeiten, zugleich aber auch die Grenze der alleinigen Anwendung des Backens mit Infrarotstrahlen in der Dauerbackwarenherstellung. (Brot u. Gebäck **8.** 97—100. Juli 1954. Detmold, Bundesforschungsanst. für Getreideverarbeitung.) WINIKER. 7674

W. B. Date und **Elmer Hansen**, *Pektinveränderungen in Birnen während Lagerung und Reifung.* Bei Birnen kommt es bei mehrmonatiger Lagerung bei 30—31° F zu einer vorübergehenden Zunahme von *Protopektin* (I) u. *Gesamtpektin* (II), was auf eine zwischenzeitliche Synth. von I während der Lagerung schließen läßt. Werden die Früchte zu verschied. Zeitpunkten der Lagerungszeit durch Temperaturerhöhung auf 68—70° F in 12 Tagen zur Reifung gebracht, so tritt eine rasche Abnahme der I- u. II-Gehh., oft nach vorübergehendem Anstieg, auf. (Proc. Indian Acad. Sci., Sect. B **39.** 171—78. April 1954. Corvallis, Ore., Oregon State Coll., Dep. of Horticult.) KRUSEN. 7688

Arthur D. Holmes, *Lagerungsfähigkeit von reifen und unreifen Butternuß-Squashes.* Nach einer 211 Tage dauernden Lagerung waren 45 von 60 reifen Butternuß-Squashes von Fäulnis befallen, während es bei unreif eingelagerten nur 27 von 60 waren. Die Gewichtsverluste der nichtgefaulten Squashes betrugen für unreife 38,8, für reife 35,2%. (J. Amer. dietet. Assoc. **29.** 140—41. Febr. 1953. Amherst, Mass., Massachusetts Agric. Exp. Stat.) KRUSEN. 7688

Reinhold Illies, *Die Wasseraufnahme von Hartkaramellen in Abhängigkeit von der Zusammensetzung des verwendeten Stärkesirups und dem Polymerisationsgrad der Dextrine.* In Modellverss. zeigt Vf., daß die Wasseraufnahme von Bonbons mit dem *Glucose* (I)-Geh. des verwendeten *Stärkesirups* (II), bzw. bei gleichbleibenden I-Geh. mit steigendem Kochverhältnis (Saccharose [III] zu II = 10/5—10/20) zunimmt. Unterss. mit künstlich hergestellten II ergaben, daß die Verteilung von Maltose u. höheren

Sacchariden von untergeordnetem u. der Polymerisationsgrad der höheren Saccharide ohne Einfl. auf die Hygroskopizität der Bonbons ist. Die Erscheinung des sogenannten „Absterbens" (Auskristallisation der III) der Bonbons wird mit steigender Wasseraufnahme verzögert. (Zucker- u. Süßwaren-Wirtsch. **6.** 606—12. 20/7. 1953. Köln-Marienburg, Wiss. Forschungs- u. Beratungsstelle des Fachverbandes der Süßwarenind. Detmold.) KRUSEN. 7704

J. Kleinert, *Destillationszahl und Kakaoaroma.* Zur Best. der Destillationszahl (DZ.) werden 100 g gemahlene Kakaokerne nach 12 Std. Quellung in 500 ml W., das 5 ml 95%ig. H_2SO_4 enthält, mit Wasserdampf dest., bis 1 Liter Fl. übergegangen sind. Das Destillat wird gegen Phenolphthalein mit n/10 $Ba(OH)_2$ titriert u. der Verbrauch als DZ. angegeben. Mit diesem Verf. wurden in ungerösteten u. verschieden stark gerösteten Bohnen Werte von 36,1—63,4 gefunden, ohne daß jedoch zwischen den einzelnen Gruppen kennzeichnende Differenzen bestanden. Best. der flüchtigen Fettsäuren nach DUCLAUX ergab, daß es sich dabei überwiegend um *Essigsäure* (I) handelt. Ungeröstete Kakaobohnen enthielten 0,055% I, die Werte nahmen mit zunehmender Röstintensität auf 0,031% ab. Durch die Conchierung von Schokoladenmasse wird keine Veränderung der DZ. u. der Werte für flüchtige Fettsäuren mehr hervorgerufen. (Zucker- u. Süßwaren-Wirtsch. **6.** 720—22. 5/9. 1953. Kilchberg, Lindt & Sprüngli A.G.) KRUSEN. 7726

Johs. Wurziger, *Kennzahlen von brasilianischen Kakaofetten.* Unters. einer Reihe brasilian. Kakaofette ergab JZ.-Werte zwischen 38,2 u. 40,6, während als oberer Grenzwert für Kakaofett bisher 38,0 angenommen wurde. Die übrigen Kennzahlen waren: Refraktion (40°) 1,4570—1,4584, Fließpunkt 32,0—33,1°, Klarpunkt 32,8—34,7° u. Entmischungstemp. mit Anilin 42,2—43,3°. Damit unterschieden sich die untersuchten Fette von solchen aus Kakaokernen anderer Herkunft nur hinsichtlich der JZ.; eine Anwesenheit von Kakaoschalenfett ist damit nicht nachgewiesen, obwohl die Sinnenprüfung in manchen Fällen die brasilian. Fette als qualitativ schlechter beurteilte u. vermutliche Verunreinigung mit Schalenfett angab. (Zucker- u. Süßwaren-Wirtsch. **6.** 589—91. 20/7. 1953. Bremen, Staatl. Chem. Untersuchungsanst.) KRUSEN. 7726

R. Easton und **Edwin S. Moler jr.,** *Die chemische Zusammensetzung von Kakaobutterreif.* Durch längere Lagerung eines Blockes Kakaobutter (I) unter einem häufig an- u. abgeschalteten Kühlschrank konnte eine starke Bldg. von Fettreif (II) hervorgerufen werden, der rein in einer Menge von 27 g gewonnen wurde. Die aus weißem krist. Fett bestehende M. wurde hinsichtlich einiger Kennzahlen untersucht u. die ermittelten Werte mit denen aus verschied. Proben des I-Blocks erhaltenen verglichen. Verdichtungspunkt I 25,6—26,0°, II 27,7°; Capillar-F. I 32,8°, II 34,0°; JZ. I 38,9—39,7, II 33,1; SZ. I 2,75—2,88, II 1,16 u. VZ. I 193,9—194,9, II 196,6. Durch die Ergebnisse dieser Unterss. wird die frühere Annahme bestätigt, daß es sich beim I-Fettreif um höher gesätt. Anteile der I mit höher liegendem F. handelt. (Zucker- u. Süßwaren-Wirtsch. **7.** 261—62. 10/4. 1954. Bethlehem, Pa., Lehigh Univ.) KRUSEN. 7726

Augusto Bonazzi, *Untersuchungen über die Physiologie des Tabaks.* 6. Mitt. *Die Stickstofftopographie im blonden Tabakblatt und ihre Bedeutung.* (5. vgl. C. **1953.** 5428.) Unterss. an venezolan. Tabaken ergaben, daß während der Reifung der Tabakblätter an der Pflanze eine Abnahme des Gesamt-N eintritt, die sich während der Heizkammerbehandlung fortsetzt. Zwischen der Farbe der Blätter u. ihrem Geh. an Gesamt-N besteht ein direkter Zusammenhang. (Acta ci. venezolana **3.** 169—72. Sept./Okt. 1952. Venezuela, Centr. Univ., Fac. de Ingen. Agron., Dep. de Quím. y Suelos.) KRUSEN. 7734

Keller, *Untersuchungen über die Tenazität von Tuberkelbakterien in Kochwürsten.* Vf. berichtet kurz über Verss., in denen gezeigt wurde, daß zur vollständigen Abtötung von Tuberkelbakterien in Würsten Brühtempp. von 90—95° mindestens 1 Std. lang eingehalten werden müssen. Bei Würsten mit größerem Durchmesser als 9—10 cm, mit hohem Fettanteil oder aus Freibankfleisch müssen wesentliche Erhöhungen der Brühdauer vorgenommen werden. (Fleischwirtschaft **6.** 233. Juni 1954. Gießen.) KRUSEN. 7750

Reiner Hamm, *Fleischfarbe und Pökelprozeß.* Vf. beschreibt den Chemismus der im Muskelfleisch vorhandenen Farbstoffe u. der Vorgänge, die im Pökelprozeß ablaufen. (Fleischwirtschaft **6.** 225—28. Juni 1954. Kulmbach, Bundesforschungsanst. für Fleischwirtschaft, chem.-physikal. Inst.) KRUSEN. 7750

R. H. Carter, P. E. Hubanks, F. W. Poos, L. A. Moore und **Ray E. Ely,** *Der Toxaphene- und Chlordanegehalt in Milch von Kühen, die diese Substanzen im Futter erhielten.* Bei mit 1,5 lbs./acre *Toxaphene* (I) besprühten Alfalfakulturen wurden in 2 Verss. nach der Ernte im Heu 31,8 u. 81,8 p.p.m. I nachgewiesen. Ein gleicher Vers.

mit *Chlordane* (II) ergab 20,4 u. 20,8 p.p.m. II. Milch von Kühen, die durch I-haltiges Heu in 100 Tagen täglich 0,45—0,51 mg/kg I erhielten, zeigte einen I-Geh. von ca. 0,1 p.p.m. Bei einer 150 Tage dauernden Zufuhr von täglich 1,63—1,70 mg/kg I waren in der Milch ca. 0,5 p.p.m. I nachweisbar. Die mit dem Alfalfaheu erfolgende Aufnahme von täglich 0,36—0,42 mg/kg II für 150 Tage ergab in der Milch 0,1—0,2 p.p.m. II, während nach 100tägiger Verabreichung der gleichen Mengen kein II nachweisbar war. In weiteren Verss. erhielten Milchkühe die Insekticide 45—88 Tage lang in öliger Lsg. in Kapseln oder mit dem Futter. I wurde zu 0,15—9,32 mg/kg gegeben u. dabei mit steigender Verabreichung zunehmend 0,0—3,39 p.p.m. I in der Milch gefunden. II wurde zu 0,14—9,83 mg/kg täglich verabreicht, wobei in der Milch 0,08—7,95 p.p.m. II nachweisbar waren. (J. Dairy Sci. **36.** 1172—77. Nov. 1953. Washington, D. C., U. S. Dep. of Agric., Bur. of Dairy Ind., u. Bur. of Entomol. and Plant Quarantine.) KRUSEN. 7756

P. Hofmann, *Milchhygiene und Technik im Molkereiwesen.* Auf Grund von Unterss. an unmittelbar aus dem Milchhof einer Großstadt entnommenen Proben kommt Vf. zu dem Schluß, daß die Pasteurisierung der Milch unerläßlich ist, solange nicht Milch von tuberkulosefreien Kühen zur Verfügung steht. Der Genuß von nichtpasteurisierter Handelsmilch u. Ab-Hof-Milch stellt eine große Gefahr dar. (Gesundheits-Ing. **73.** 21—24. Jan. 92—94. März 1953. Regensburg, Staatl. Bakt. Untersuchungsanst.) WINIKER. 7756

P. Stienstra, *Die Verarbeitung, der die Milch in einer Molkerei unterworfen wird, und deren Einfluß auf Geschmack und Beschaffenheit.* Die Arbeitsvorgänge in Molkereien sowie die zur Erzielung einwandfreier Gebrauchsmilch erforderlichen Maßnahmen (Sauberhaltung der Milch, Reinigung von Kannen u. Flaschen, Gesundheitsüberwachung der mit der Milch in Berührung kommenden Personen) werden beschrieben. (Nederl. Melk- en Zuiveltijdschr. **8.** 79—86. Jan./Juni 1954.) WESLY. 7756

C. I. Kruisheer, *Güteveränderungen von Konsummilch durch Behandlung und Verteilung.* Übersicht über die Einflüsse von Wärmebehandlung (Pasteurisieren, Sterilisieren, Homogenisierung), von Metallen (Cu, Fe) u. Licht auf die Beschaffenheit von Milch. (Nederl. Melk- en Zuiveltijdschr. **8.** 47—53. Jan./Juni 1954.) WESLY. 7756

Ir. H. J. Huisman, *Güteveränderungen von Konsummilch infolge von Behandlung und Verteilung.* Die Einflüsse der Art u. Weise, wie die Milch aufbewahrt u. dem Verbraucher zugestellt wird, auf ihre Beschaffenheit werden erörtert. Die Milch soll kühl aufbewahrt u. schnell, unter Lichtabschluß, mit bestimmter Temp. u. nicht nach einer bestimmten Tageszeit (Einfl. von Licht u. Wärme) dem Verbraucher zugestellt werden. (Nederl. Melk- en Zuiveltijdschr. **8.** 86—95. Jan./Juni 1954.) WESLY. 7756

Ir. Th. E. Galesloot, *Entstehung von bakteriellen Mängeln in Konsummilch.* Die Bakterienentw. in roher Milch darf nicht einen solchen Umfang annehmen, daß dadurch Geschmacksabweichungen auftreten. In der Regel ist das nicht der Fall, wenn die Keimzahl unter 5000000 liegt. Die rohe Milch soll möglichst wenig Sporen von Bac. cereus u. Bac. subtilis enthalten. Bei der Herst. von Milch, die in der Flasche pasteurisiert wird, müssen Wärmebehandlungen, die eine zu geringe Beständigkeit geben, vermieden werden. Der Flaschenreinigung u. der Vermeidung einer Anhäufung thermophiler Bakterien ist Beachtung zu schenken. Milch, die nach dem Pasteurisieren auf Flaschen gefüllt wird, darf nur auf eine niedrige Temp. erwärmt werden. Zweimaliges Pasteurisieren ist zu vermeiden. Die Möglichkeit einer Nachinfektion kann durch Sauberkeit hintangehalten werden. Die Sauberkeit der Flaschen ist auch für die Herst. von sterilisierter Milch von Wichtigkeit. (Nederl. Melk- en Zuiveltijdschr. **8.** 53—62. Jan./Juni 1954.) WESLY. 7756

J. W. Stull, *Die Wirkung von Licht auf die aktivierte Geschmacksentwicklung und auf die Bestandteile von Milch und Milchprodukten. Eine Übersicht.* 105 Literaturangaben. (J. Dairy Sci. **36.** 1153—64. Nov. 1953. Tucson, Univ. of Arizona, Dep. of Dairy Husbandry.) KRUSEN. 7756

Raimund Neseni, *Vitamine und Vitaminisierung der Milch.* Übersicht mit 47 Literaturangaben. (Dtsch. Milchwirtsch. **1.** 51—54. April 1954. Rostock.) KRUSEN. 7756

A. Blachny, *Über die Konservierung von Milchproben.* Nach Besprechung der Konservierungsmöglichkeiten von Milchproben berichtet Vf. über Verss. mit $K_2Cr_2O_7$, in denen gezeigt wurde, daß durch dessen Zusatz zunächst eine unmittelbare Erhöhung des Säuregrades der Milch bewirkt wird. Bei Tempp. über 15° kann Milch mit $K_2Cr_2O_7$ nicht für mehrere Tage konserviert werden. Die größte Haltbarkeit wird bei Tempp. unter +10° u. Zusatz von 0,1% $K_2Cr_2O_7$ erreicht. Die Verbesserung bisheriger Konservierungsmethoden für Milchproben durch eventuellen Einsatz von quaternären

NH_4-Verbb. u. Antibioticis wird vorgeschlagen. (Dtsch. Milchwirtsch. **1.** 54—58. April 1954. Halberstadt, Inst. für Milchwirtsch.) KRUSEN. 7756

W. O. Kermack, *Einige biochemische Fragen.* 1. Mitt. *Das Vorkommen von Lactose in Milch.* Aspekte des spezif. Vork. von Lactose in Milch werden besprochen. (Brewers' Guild J. **39.** 300—06. Juli 1953.) KRUSEN. 7756

Paul Vater, *Über die Herstellung einwandfreier Lagerbutter.* Allg. Ausführungen. (Dtsch. Milchwirtsch. **1.** 128—30. Juli 1954. Oranienburg, Inst. für Milchwirtsch.) WINIKER. 7758

G. R. Koppikar, *Ghee.* Vf. beschreibt Zus., Herstellungsmethoden, Verderb u. Färbung von Ghee (Butterschmalz). (Poona agric. Coll. Mag. **44.** 144—52. Febr. 1954.) KRUSEN. 7758

C. K. Johns, *Unterschiede in der Empfindlichkeit von Milchsäureweckern gegen Antibiotica.* Vf. berichtet über Unterss., in denen er nachweisen konnte, daß die Empfindlichkeit von Milchsäurekulturen gegenüber *Aureomycin* wesentlich größer ist als gegenüber *Penicillin.* (J. Dairy Sci. **36.** 1241—47. Nov. 1953. Ottawa, Can., Dep. of Agric., Bacteriol. Div.) KRUSEN. 7760

J. B. Shepherd, C. H. Gordon, H. G. Wiseman, C. G. Melin, L. E. Campbell und **G. D. Roane,** *Vergleich von in gasdichten und in konventionellen Silos gelagerten Silagen.* Unterss. mit Alfalfa- u. Sojabohnensilagen ergaben keine Unterschiede hinsichtlich Zus., Geschmack, Aroma, Qualität u. Futterwert, obwohl die in luftdichten Silos gelagerten Silagen höhere Trockensubstanz- u. Carotingehh. aufwiesen. Der wichtigste Unterschied. zwischen beiden Silos liegt in der wesentlich geringeren Fäulnisentw. in den luftdichten Silos. (J. Dairy Sci. **36.** 1190—1200. Nov. 1953. Washington, D. C., U. S. Dep. of Agric., Bur. of Dairy Ind., u. Bur. of Plant Ind., Soils and Agric. Engng.) KRUSEN. 7782

C. D. T. Cameron, *Seegrasmehl in der Fütterung von Bacon-Schweinen.* Die Verfütterung eines 2—6% Seegrasmehl (hauptsächlich Ascophyllum nodosum) enthaltenden Futters an Bacon-Schweine hatte keinen Einfl. auf Wachstum oder Fleischqualität. (Canad. J. agric. Sci. **34.** 181—86. März/April 1954. Nappan, Nova Scotia, Exp. Farm.) KRUSEN 7786

B. Pagenstedt, *Physikalische Teigprüfmethoden in der Dauerbackwarenherstellung.* Zusammenfassender Überblick. Behandelt werden: Einzelfaktoren, die in Verbindung mit der angewandten Technologie die Teigeigg. beeinflussen (Zus. der Teige, Teigknetung, Weiterverarbeitung u. Verformung), die BRABENDER-Teigprüfgeräte (Farinograph u. Extensograph; 4 Abbildungen) u. ihre Verwendung zur Best. der Knet- u. Dehnungseigg. von Teigen u. deren Beeinflussung durch verschied. Teigzusätze sowie die Bedeutung der Grundmehltype für die verschied. Fabrikationsmethoden. (Brot u. Gebäck **8.** 106—11. Juli 1954. Duisburg/Rh., Inst. für Mehlphysik der Brabender o. H.) WINIKER. 7800

J. Ludwig, *Die Wasserverdunstung in der Probeflasche bei der Milchannahmekontrolle.* Vf. konnte zeigen, daß es bei der Aufbewahrung von Milchproben in Flaschen, die nicht mit Stopfen verschlossen, sondern nur bedeckt oder offen sind, zu Wasserverlusten kommt, die zu fehlerhaften Ergebnissen der Fettbest. Anlaß geben können. (Dtsch. Milchwirtsch. **1.** 58—59. April 1954. Dresden, Inst. für Milchwirtschaft.) KRUSEN. 7856

S. J. Pearcel und **P. N. Narula,** *Die Anwendung des Proteintests (Formoltitration) zur Bestimmung der fettfreien Trockenmasse von Milch.* Ausgedehnte Unterss. mit der von PYNE (Biochem. J. **26.** [1932.] 1006) für Milch modifizierten Formoltitration ergaben, daß bei Anwendung eines Faktors von 1,83 zur Berechnung des Proteingeh. in % aus der verbrauchten Menge n/10 NaOH die Gleichung: % fettfreie Trockensubstanz = 1,266 · % Protein + 4,74 im allg. zutrifft. Dies wurde auch bei Anwendung auf bei anderen Autoren mitgeteilte Werte festgestellt. Demnach ist die schnell durchführbare Formoltitration eine geeignete Maßnahme zur schnellen Ermittlung der fettfreien Trockensubstanz von Milch. (Proc. annu. Meeting, Western Div., Amer. Dairy Sci. Assoc. **34.** 74—83. 27—29/7. 1953. Corvallis, Oregon State Coll.). KRUSEN. 7856

C. J. Honer und **S. L. Tuckey,** *Eine Methode zur Lactosebestimmung in Milch durch Papierchromatographie.* Vff. beschreiben ein Verf., mit dem durch direkte Chromatographie von 0,1 ml von 1 : 10 verd. Milch die *Lactose* auf einem Papierstreifen lokalisiert u. der quantitativen spektrophotometr. Best. durch Ermittlung von red. K_3FeCN_6 zugänglich gemacht wird. Das Verf. arbeitet mit relativ großer Genauigkeit, zugesetzte Lactose wurde zu 95% wiedergefunden. (J. Dairy Sci. **36.** 1233—40. Nov. 1953. Urbana, Ill., Univ. of Illinois, Dep. of Food Technol.) KRUSEN. 7856

William J. L. Sutton und **Emory F. Almy**, *Trennung von Natrium, Kalium, Magnesium und Calcium in Milchasche durch Ionenaustausch-Chromatographie.* Die Trennung erfolgt an einer Austauschersäule von 61 cm Länge u. 23 mm Durchmesser, die aus *Dowex 50* besteht. Das Harz wird in seine saure Form durch 3—4std. Durchfluß von 0,7 n HCl mit 2,5 ml/Min. übergeführt. Die bei 550° erhaltene Asche von 100 g Milch wird in 100 ml 0,7 n HCl aufgenommen u. 10 ml davon werden auf die Säule gegeben. Dann durchspült man die Säule mit 0,7 n HCl mit einer Geschwindigkeit von 2,3 ml/Minute. Die ersten 300 ml enthalten keine Metalle u. werden verworfen. Danach werden Fraktionen von 8 oder 10 ml gesammelt u. durch Flammenfärbung auf Na bzw. K geprüft. Nach 700 ml Gesamtdurchfluß sind Na u. K isoliert u. eluiert, u. man beginnt mit n-HCl Mg u. Ca fraktioniert zu eliminieren, was nach insgesamt 1500 ml beendet ist. Die vereinigten Fraktionen der einzelnen Metalle werden zur Entfernung freier HCl zur Trockne eingedampft, mit dest. W. aufgenommen u. die Metalle durch Cl-Titration quantitativ bestimmt. (J. Dairy Sci. **36**. 1248—54. Nov. 1953. Columbus, O., Ohio State Univ., Dep. of Agric. Biochem. u. Inst. of Nutr. and Food Technol.) KRUSEN. 7856

J. G. Davis et F. J. MacDonald, Richmond's Dairy Chemistry. 5e éd. Londres: Charles Griffin. 1953. (603 S. m. 9. Abb. 267 Taf.) fr. 60,—.

—, Techniques Analytiques Physiques et Chimiques du Lait. Paris: C. N. R. S. 1952. (74 S.)

XVII. Fette. Seifen. Wasch- u. Reinigungsmittel. Wachse. Bohnermassen usw.

M. G. Jerschow, *Aus Arbeitserfahrungen des Ölextraktionswerkes von Millerowo.* Die Zerkleinerung der Kerne vor der Extraktion hat einen starken Einfl. auf den Öl-Geh. des Schrotes. Die Extraktion erfolgt mit Bzn. in einem stehenden Extraktor mit zweimaligem Abpressen unter Anwendung eines Schneckenverdampfers. Benzinverbrauch 8—8,5 kg auf 1 t Rohstoff. Öl-Geh. des Schrotes 0,9—1%. (Маслобойно-Жировая Промышленность [Öl- u. Fett-Ind.] **19**. Nr. 2. 32—33. 1954. Millerowo, Ölextraktionswerk.) R. RICHTER. 7872

A. A. Sinowjew, *Zur Frage der Raffination des schwarzen Baumwollsamenöls.* Ausgehend von der Feststelluug, daß NaOCl unterhalb 20°, bes. akt. ist, wurde ein neues Raffinationsverf. für schwarzes Baumwollsamenöl entwickelt, das auf einer mit der Neutralisierung kombinierten Bleichung (Zerstörung des Gossypols durch Oxydation) in der Kälte beruht, wobei die n. Entsäuerungsgefäße Verwendung finden können. Man versetzt das Rohöl mit alkal. NaOCl-Lsg., rührt 20—30 Min. unter Wasserkühlung u. läßt einige Std. stehen, worauf das Reaktionsgemisch sich in 3 Schichten trennt. Die unterste wss. Schicht wird nach Passieren einer Fettfalle verworfen, die mittlere Schicht enthält den Soapstock u. die obere das Fett, das mit heißem W. ausgewaschen wird. Aus dem Waschwasser gewinnt man entweder durch Aussalzen mit NaCl die Seife oder durch Behandeln mit H_2SO_4 die freien Fettsäuren. Das weitere Waschen, Trocknen usw. des Neutralöles erfolgt analog der üblichen Alkaliraffinationsmethode. (Маслобойно-Жировая Промышленность [Öl- u. Fett-Ind.] **17**. Nr. 7. 15—17. Juli 1952. Chem.-Technolog. Inst. der Fleischind.) H. v. PEZOLD. 7894

Je. G. Patkanow, *Aus Versuchen zur Verarbeitung von stark ölhaltigen Sonnenblumensorten.* Es wird ein Schema einer Windsichtung für Sonnenblumenkerne besprochen, die im wesentlichen in einem geradlinigen Fluß unter Verminderung der Umdrehungsgeschwindigkeit für die Trommel besteht, wodurch der Ölgeh. der Schalen vermindert wird. (Маслобойно-Жировая Промышленность [Öl- u. Fett-Ind.] **19** Nr. 2. 31—32. 1954.) R. RICHTER. 7894

N. D. Buchman und **K. M. Lewkowitsch**, *Der Einfluß von Phosphatiden und oxypolymerisiertem Pflanzenöl auf den Nährwert des Sonnenblumenöls.* (Vgl. C. **1954**. **3365**.) Das Wachstum junger Ratten u. die Ausnutzung der Fette (bei Verss. unter teilweisem Hungern) waren bei Verfüttern von rohen *Sonnenblumenöl* (**I**) mit einem Phosphatidgeh. von 0,7% (als Lecithin) besser als bei raffiniertem **I** u. in beiden Fällen besser als bei raffiniertem **I**, dem 0,7% oxypolymerisiertes Öl zugesetzt wurden. (Вопросы Питания [Fragen d. Ernähr.] **12**. Nr. 3. 49—54. Mai/Juni 1953. Leningrad, Allunions-Wiss. Forschungsinst. für Sanitätswesen u. Hygiene.) SCHMEISS. 7894

Ss. A. Moldawskaja und **Je. Ss. Dmitrijewa**, *Aufhellung der Verarbeitungsprodukte des Pottwaltranes mit Wasserstoffsuperoxyd.* Die Aufarbeitungsprodd. des gehärteten Pottwaltranes bei Kontaktspaltung sind teilweise noch dunkel. Spermacet, Komposition Nr. 3 u. gespaltener gehärteter Tran können durch H_2O_2 aufgehellt werden, bes. im alkal. Medium (z. B. 0,1—0,2% $NaHCO_3$) bei 80—85° mit 1,4—1,5% H_2O_2; im neutralen oder sauren Medium ist die Aufhellung nicht so gut. (Маслобойно-Жировая Промышленность [Öl- u. Fett-Ind.] **19**. Nr. 2. 14—16. 1954.) R. RICHTER. 7898

Max Stein, *Erzeugnisse der Tallölveredlung für die Seifenfabrikation.* Das bei der Sulfatzellstoffabrikation in einer Ausbeute von 4% des Zellstoffs anfallende rohe Tallöl wird heute destillativ u. bes. durch Hochvakuumdest. veredelt, indem es in einen an Unverseifbarem reichen Vorlauf, techn. reine Tallölfettsäuren (I), techn. reine Harzsäuren (II) u. Pech zerlegt wird. I ist ein guter Rohstoff für Schmierseifen, von Sojaölcharakter, mit sehr hohem Wasserbindungsvermögen u. von der Farbe hell raffinierten Ia-Leinöls. Für einige Typen werden die Kennzahlen angegeben, z. B. SZ. 189—194; VZ. 190—195; JZ. 130—140; Unverseifbares 2%; Harzsäuregeh. unter 5%; Verseifbarkeit 98%. Die techn. u. wirtschaftlichen Vorteile der Verarbeitung von I u. die Vorzüge der daraus hergestellten Prodd. werden erläutert sowie Einzelheiten der Fabrikation von Schmierseifen mit I besprochen. II sind Balsamharzen gleichwertig; so besteht z. B. ein Tallharz aus 90% Harzsäuren, 2% Unverseifbarem, 0% Oxysäuren u. 0,009% Asche. II können ebenfalls mit Vorteil in der Seifenfabrikation eingesetzt werden. — 25 Literaturangaben. (Seifen-Öle-Fette-Wachse **79.** 543—45. 14/10. 1953. Paderborn.) SEIFERT. 7910

H. Manneck, *Gesprühte Waschmittel.* Gesprühte Waschmittel lassen sich nach Aufbau u. Verwendung einteilen in 1. Bleichsoda (Einweich-, Vorwasch- u. Industriereinigungsmittel, 2. Seifenpulver u. 3. Waschpulver auf synthet. Basis. Prodd. nach 1. enthalten 35—45% W. u. werden nach dem Kaltspruchverf. hergestellt. Sie bestehen aus Soda, Wasserglas, W., Trägersubstanz (z. B. Na-Celluloseglykolat) u. waschakt. Stoffen. Bei ihrer Herst. muß der Wassergeh. des Ansatzes ca. 15% unter dem maximalen Kristallwasserbindungsvermögen der calcinierten Soda liegen. Auch ist der niedrige F. der Kristallsoda usw. zu berücksichtigen, der bei zu hohem Wassergeh. zum Durchschlagen u. Naßwerden der Prodd. führt, bes. im Sommer. Die Präpp. nach 2. werden je nach der Zus. durch Kaltversprühung (Prodd. mit ca. 20% Seife u. z. B. 30% Soda), durch Heißversprühung bei 100° (hochprozentig. Seifenpulver) oder bei mittleren Tempp. von 45—50° (Prodd. mit 40% Fettsäuren, 15% Soda, 25% W.) hergestellt. Die Prodd. nach 3. werden durch Heißversprühung gewonnen; sie enthalten über 10% waschakt. Substanz (hochkonz. bis 60%) u. neben 10—12% W. noch Soda, Wasserglas, Tylose, Phosphate u. Natriumsulfat. Durch ihren niedrigen Wassergeh. sind diese Präpp. sonnenfest, lagerfähig u. bleiben lange rieselfähig. Vf. gibt für verschied. Zuss. der Waschpulver die entsprechenden Zuss. der Sprühansätze. (Seifen-Öle-Fette-Wachse **79.** 297—99 10/6. 53.) SEIFERT. 7912

G. Tröltzsch, *Waschmittel und Waschvorgang.* Neben der theoret. Darlegung des Waschvorganges werden die Methoden zur Messung der Oberflächen- u. Grenzflächenspannung, des Dispergier-, Netz- u. Waschvermögens erläutert. (Z. ges. Textilind. **56.** 544—46. 5/5. 1954.) SCHOENMANN. 7912

Pedro M . Yñarraíraegui, *Das Gießen mit verlorenem Wachs.* 2. Mitt. (1. vgl. C. **1954.** 6856.) Überblick über die Konstruktion der verwendeten Stempel u. die dazuverwendbaren Materialien, wie Weichmetalle (Cerrotru, Cerrocast), haltbare Metalle (Kirskit), Kautschuk, Stahl. (Metalurgia y Electr. **17.** Nr. 194. 46—54. Okt. 1953.) R. K. MÜLLER. 7924

Franzke, *Zur Fettanalytik.* 3. Mitt. *Die Papierchromatographie.* (1. vgl. C. **1953.** 5272; vgl. auch C. **1953.** 4960.) Kurzer Überblick über die Anwendung der Papierchromatographie auf dem Gebiet der Fettanalytik (Nachw. geringer Mengen von Fett u. Fettsäuren [I] sowie qualitativer Nachw. verschied. I nebeneinander). — 9 Literaturangaben. (Lebensmittel-Ind., Ausg. B **3.** 153—54. Dez. 1951.) RANG. 7932

H. Anders, *Die Jod- und Rhodanzahl in der Fettanalyse.* Kurzer Bericht über die Best. von Kennzahlen. Aus der Rhodanzahl u. JZ. läßt sich nach H. P. KAUFMANN auf den Geh. eines Fettes an mehrfach ungesätt. Verbb. schließen. Weiterhin wird über die Best. der Dienzahl mit Hilfe von Maleinsäureanhydrid berichtet. (Lebensmittel-Ind., Ausg. B **4.** 71. März; 132. Mai; 155. Juni 1952.) R. KÖNIG. 7932

Rubin Bernstein und **Harry Sosson,** *Bewertung von Waschmitteln für Meereswasser.* Zur Beurteilung des Waschvermögens einiger Reinigungsmittel für Meereswasser wurden verschied. Stoffteststreifen einem standardisierten ein- oder mehrmaligen Verschmutzungswaschcyclus unterworfen. Die auf Grund des Weißgeh. vor u. nach der Wäsche erfolgte Einordnung der Waschmittel zeigte eine leidliche Übereinstimmung in der Reihenfolge, jedoch war die multicycl. Meth. dem einmaligen Cyclus weit überlegen, da die absol. Werte für den mittleren Verlust an Weißgeh. wesentlich höher lagen, außerdem aber größere Unterschiede zwischen den einzelnen Waschmitteln auftraten. Wie jedoch ein Vgl. mit den sehr unterschiedlichen Ergebnissen anderer Laborr. lehrt, ist bei derartigen Unterss. nur eine grobe Unterscheidung zwischen guten u. schlechten Waschmitteln möglich. (Soap Sanit. Chemicals **30.** Nr. 1. 46—49. 99—100. Jan. 1954. Philadelphia, Pa., Naval Shipyard, Ind. Test Labor.) J. SCHLÖSSER. 7942

Edward M. Frankel, Nyack, N. Y., V. St. A., *Raffinieren von fetten Ölen.* Man behandelt Miscella mit Na_2SO_3, trennt den Nd. ab, wäscht mit verd. NaOH u. dest. das Lösungsm. ab. — Zeichnung. (**A. P. 2 646 438** vom 24/2. 1949, ausg. 21/7. 1953.) LÜTTGEN. 7875

Bamag-Meguin Akt.-Ges., Deutschland, *Kontinuierliche Entfärbung von Ölen,* bes. von Pflanzen- u. Tierölen. Man mischt die erwärmten Öle u. Fette im Verhältnis zu ihrer Menge fortlaufend mit einer Paste von entfärbender Erde unter Vakuum. Danach leitet man sie einer Batterie von Filterpressen oder Zentrifugen zu. Um kontinuierlich arbeiten zu können, verwendet man mindestens zwei Mischer u. zwei Batterien von Filterpressen. — Vorrichtung. (**F. P. 1 043 994** vom 19/10. 1951, ausg. 13/11. 1953. D. Prior. 27/7. 1951.) OPPERMANN. 7875

Henkel & Cie. G. m. b. H., Düsseldorf, *Aufarbeiten von Spermöl.* Die im Öl enthaltenen Glyceride werden durch Erhitzen mit W. auf $< 250^0$ gespalten, W. u. Glycerin durch Dekantieren u. die Fettsäuren durch Extraktion von den nicht angegriffenen Fettalkoholestern getrennt. (**E. P. 704 706** vom 17/12. 1951, ausg. 24/2. 1954. D. Prior. 10/2. 1951.) LÜTTGEN. 7899

Fritz Gottfried Laupichler, Vina del Mar, Chile, *Seife aus Spermöl.* Man verseift das Öl oder ähnliche Prodd. vollständig mit Alkali u. erhitzt das Seife u. Fettalkohole (I) enthaltende Gemisch gegebenenfalls nach Abdest. eines Teiles der I mit festem Alkali.— Zeichnung. (**E. P. 699 072** vom 23/9. 1949, ausg. 28/10. 1953.) LÜTTGEN. 7911

Hanns Malissa, Graz, und **Oskar Mayr-Schmölzer,** Bruck a. d. M., Steiermark, *Kosmetische, medizinische oder veterinärmedizinische Seifen,* bestehend aus gewöhnlichen Seifen mit einem Geh. an natürlichen Heil- oder Mineralwässern, z. B. mit Bad Kreuznacher Mutterlauge. Die Seifen haben einen hohen Fremdsalzgeh., wodurch eine resorptionshindernde, hyperton. Lsg. erhalten wird. (**Oe. P. 177 218** vom 21/7. 1951, ausg. 11/1. 1954.) M. F. MÜLLER. 7911

Ruhrchemie Akt.-Ges., Oberhausen-Holten, *Nicht hygroskopische Alkylarylsulfonate.* Die durch Chlorierung aliphat. Paraffin-KW-stoffe mit 9—18 C-Atomen u. Dest. gewonnenen Monochloride mit der gleichen C-Zahl werden mit aromat. KW-stoffen in Ggw. von wasserfreiem $AlCl_3$ oder anderen FRIEDEL-CRAFTS-Katalysatoren kondensiert. Die durch Dest. abgetrennten Monoalkylaromaten werden dann sulfoniert.— Eine aus $CO + H_2$ bei 190—195° in Ggw. eines Co-Katalysators erhaltene C_{12}-Fraktion wird nach dem Hydrieren bei 30° unter Belichtung chloriert. Das durch Dest. gewonnene C_{12}-Monochlorid wird dann mit Bzl. bei 40° in Ggw. von $AlCl_3$ kondensiert u. das durch Dest. gereinigte C_{12}-Monoalkylbenzol mit 95%ig. H_2SO_4 bei 80° sulfoniert. Nach dem Neutralisieren mit NaOH erhält man ein 65%ig. *Sulfonat.* In einem weiteren Beispiel wird eine C_{10}-KW-stoffraktion als Ausgangsstoff verwendet. Verwendung als *Reinigungsmittel.* (**E. P. 681 211** vom 9/3. 1950, ausg. 22/10. 1952. D. Prior. 9/3. 1949.) KRAUSS. 7913

Monsanto Chemical Co., St. Louis, Mo., übert. von: **Jay C. Harris,** Dayton, O., V. St. A., *Alkylbenzolsulfonate* erhält man durch Alkylierung von Bzl. mit Propylenpolymeren mit Kp. 118—142° u. durchschnittlich 9 C-Atomen u. Kp. 175—225° durchschnittlich 12 C-Atomen u. anschließende Sulfonierung u. Neutralisation nach A. PP. 2 232 117; C. **1941.** II. 1 224, u. **2 232 118**; C. **1941.** II. 1224. Eine Mischung aus 70 (%) des C_9- u. 30 des C_{12}-Na-Alkylbenzolsulfonates gibt eine 30%ig. wss. Lsg., die sich beim Erwärmen auf 30°F nicht trübt u. die bei 13°F fest wird. *Wasch-* u. *Netzmittel.* (**A. P. 2 630 411** vom 16/7. 1949, ausg. 3/3. 1953.) KRAUSS. 7913

Universal Oil Products Co., Chicago, übert. von: **Carl B. Linn,** Riverside, Ill., V. St. A., *Polyalkylenglykolester von Mononitroalkylbenzoesäuren* (I) erhält man durch Rk. von Alkyltoluolen (Alkyl C_6—C_{18}) mit 1—50 Gew.-%ig. HNO_3 bei 50—150° u. Veresterung der dabei erhaltenen I mit einem Polyalkylenglykol (II) bei 75—200°. — 100 (cm^3) 70%ig. HNO_3, 200 W. u. 30 (26 g) Dodecyltoluol werden 4 Tage unter Rückfluß auf 109° erhitzt, das vom W. abgetrennte Öl 3mal mit fast sd. W. ausgeschüttelt, mit warmer NaOH behandelt u. mit HCl *Nitrododecylbenzoesäure* (III) gefällt. 21,6 (g) **II** (Mol.-Gew. 600), 19 **III** u. 2 Tropfen H_2SO_4 werden 19 Std. im Wasserbad im CO_2-Strom erhitzt oder 40 **III** (Mol.-Gew. 1000), 14 **III** u. 0,3 p-Toluolsulfonsäure im Autoklaven nach Extraktion bei 140° 24 Std. auf 150 ± 3° erhitzt (Druck 12 lbs./sq.in.). Man erhält ein wasserlösl. braunes wachsartiges Prod., das als *Entfettungs-* u. *Reinigungsmittel* verwendet wird. (**A. P. 2 616 921** vom 30/11. 1950, ausg. 4/11. 1952.) MÜLLER-MEININGEN. 7917

Sinclair Refining Co., New York, N. Y., übert. von: **Robert J. Rieckhoff,** Riverdale, Ill., V. St. A., *Reinigen von Zündkerzen.* Zum Entfernen der zumeist aus PbO u. $PbBr_2$ bestehenden Ablagerungen werden die Zündkerzen nach dem Entfetten u. Entölen mit einer bes. 10—20%ig. heißen (150° F.) NH_4-Citratlsg. behandelt, gewaschen u. getrocknet. (**A. P. 2 660 544** vom 22/9. 1951, ausg. 24/11. 1953.) GRÄGER. 7917

Eugène Flaichez, Frankreich, *Reinigungspulver für Gewebe,* bestehend aus Talkum, Borax, MgO u. Trioxymethylen. Das Prod. wird auf den Fleck im Gewebe aufgestäubt u. mit einem Leinwandstück verrieben. Obst-, Wein- u. Farbflecke werden durch Anfeuchten mit W. u. Aufstäuben des Mittels entfernt. (**F. P. 1 014 795** vom 18/3. 1950, ausg. 21/8. 1952.) WITTHOLZ. 7917

Chemische Werke Albert (Erfinder: **Hans Huber** und **Bernward Garre**), Wiesbaden-Biebrich, *Wasch- und Reinigungsmittel,* bestehend aus anhydr. Phosphaten, waschakt. Stoffen u. Sauerstoffbleichmitteln u. gegebenenfalls Mg-Silicaten. Die Phosphatkomponente besteht aus einer Mischung von Na-Tripolyphosphat u. geringen Mengen (ca. 10%) K-Metaphosphat. (**D. P. [DDR] 2 986** Kl. 8i vom 14/11. 1951, ausg. 4/5. 1953 [Ausschließungspatent].) M. F. MÜLLER. 7917

M. W. Kellogg Co., Jersey City, übert. von: **Herbert J. Passino,** Englewood, N. J., und **James M. Meyers,** Rochester, N. Y., V. St. A., *Raffinieren von Wollfett.* Man extrahiert das neutralisierte Fett (I) mit niedrigsd., verflüssigtem Lösungsm., dessen krit. Temp. $<450°$F ist, z. B. C_3H_8, bei einer Temp., die über der der maximalen Löslichkeit von I u. nicht mehr als 100°F unter der krit. Temp. liegt, u. bei einem Druck, unter dem das Lösungsm. fl. ist. — Zeichnung. (**A. P. 2 649 466** vom 18/10. 1947, ausg. 18/8. 1953.) LÜTTGEN. 7925

M. P. Doss, Properties of the Principal Fats, Fatty Oils, Waxes, Fatty Acids and their Salts. New York: Texas Co. 1952. (244 S.)

A. Lacerda, Constantes fisicas e quimicas de oleos e gorduras comestiveis. Extrait de la „Revue de la Société brésilienne de Chimie", 1951. Rio de Janeiro: Jornal do Commercio. 1952. (18 S.)

XVIII a. Holz. Cellulose. Zellstoff. Papier. Papierdruck. Celluloid. Linoleum.

Roland O. H. Runkel und **Herbert Witt,** *Zur Kenntnis des thermoplastischen Verhaltens von Holz.* 3. Mitt. *Über die wasser- und alkohollöslichen Anteile in hitzeplastiziertem Holz. Ergebnis einer papierchromatographischen Untersuchung.* (2. vgl. C. **1954. 9654.**) Zur Klärung der Frage, wie die Reaktionsprodd. der Hemicellulosen neben denjenigen des Lignins die Holzplastizierung durch Neubldg. harzartiger Stoffe beeinflussen, wurden Sägespäne von Buchenholz der Wärme-Druck-Behandlung nach vorangehendem stufenweisem a) Ligninentzug, b) Hemicelluloseentzug (bes. Pentosan) unterworfen. Nach der Behandlung wurden der Wasser- u. A.-Extrakt quantitativ bestimmt u. papierchromatograph. analysiert. Die Beziehungen zwischen chem. Zus. u. physikal., bzw. mechan.-technolog. Eigg. der Reaktionsprodd. wurden festgestellt. Das Ausgangsmaterial mit niedrigstem Ligningeh. (3,7%) zeigte nach der Hitzeplastizierung hohe Biegefestigkeit, aber auch hohe Wasserempfindlichkeit u. Quellwerte. Die Reaktionsprodd. der Hemicellulosen sind daher nicht allein für sich an der Bldg. wasserabweisender Harze beteiligt. Material mit niedrigem Hemicellulosegeh. (nach Vorhydrolyse) ergab hohe Wasserabweisung u. niedrige Biegefestigkeit. Zwischenstufen bilden Übergänge. In Heißwasser- u. A.-Extrakten der Reaktionsprodd. konnten Glucose u. Xylose neben Substanzen phenol. Struktur nachgewiesen werden. Letztere nehmen mit steigendem Ligningeh. zu, so daß ihr Ursprung im Lignin zu suchen ist. (Holz Roh- u. Werkstoff **11.** 457—61. Dez. 1953. Reinbek bei Hamburg.) WERGIN. 7952

Werner Bavendamm und **Wolfgang Ehlers,** *Beiträge zur Holzschutztechnik.* 1. Mitt. *Praxisnahe Untersuchungen über die Imprägnierung von Bauholz durch Streichen und Spritzen.* Für die Probleme des handwerklichen Holzschutzes im Bauwesen (Schutzmittelaufnahme, erreichbare Eindringtiefe, Höhe der Streich- u. Spritzverluste usw.) fehlt es noch an wissenschaftlicher Untermauerung. Vff. untersuchten an sägerauhen u. gehobelten Kiefern- u. Fichtendachlatten bei verschied. Lagewinkeln nach dem Spritzen u. Streichen mit Schutzmitteln die genannten Faktoren. In geneigter Lage (45 u. 90°) ergab sich eine Minderung der Aufnahmen um 16—40% gegenüber der in waagerechter Lage aufgenommenen Menge. Gehobeltes Holz nahm nur 27—59% der Werte für sägerauhes Holz auf. Sägerauhes Kiefernholz nahm in waagerechter Lage durchschnittlich 50% mehr Schutzmittel auf als Fichtenholz (je Arbeitsgang 250 g Salzlsg. bzw. 260 g Öl bei Kiefer, gegen 165 g Salzlsg. bzw. 160—210 g Öl bei Fichte). Streichen u. Spritzen schwerlösl. Salze ist unwirtschaftlich, da viele Arbeitsgänge erforderlich sind. Die stark schwankenden Eindringtiefen sind sehr niedrig u. kaum ausreichend; für Fichtenholz, Kiefernsplint- u. Kiefernkernholz werden folgende Werte für Salzlsgg. (Öle) ermittelt: 2,3 (<1) mm; 3,5 (7) mm; 2 (<1) mm. Die Verluste an Schutzmitteln sind sehr hoch, bes. beim Spritzen: bei Kiefer in 0°-Lage 5—15%, für Fichte 15—20%, bei geneigten Flächen bis 20 bzw. 30%. (Holz Roh- u. Werkstoff **12.** 183—85. Mai 1954. Reinbek, Bundes-Forschungsanstalt für Forst- u. Holzwirtschaft.) SEIFERT. 7952

F. de Castro, *Die Cellulosefabrikation nach dem Sulfatverfahren (Kraft). Ausgangsstoffe, Holzarten. — Elektrische Energie. — Dampf. — Restlaugen.* Nach einer kurzen einleitenden Eröterung über die Beschaffenheit des Zellstoffs bespricht Vf. die zur Fabrikation verwandten Holzarten, die Zus. u. Beschaffenheit der Fasern, den Fabrikationsprozeß des Zellstoffs nach dem Sulfatverf., dessen Nebenerzeugnisse, die Restlaugen u. die erforderliche elektr. Energie. (Dyna [Bilbao] **29.** 11—23. Jan. 1954.) PISTOR. 7956

R. Bordenave, *Bagasse für die Papierherstellung.* Allg. Zusammenfassung der Herst. von Zellstoff u. Papier aus Bagasse u. des ökonom. Ersatzes der Bagasse durch andere Brennstoffe als Heizmaterial in der Zuckerfabrikation. (Int. Sugar J. **56.** 134—35. Mai 1954. Cellulose Development Corp., Ltd.) H. BECKER. 7956

Kenneth G. Aitken, *Peroxydbleiche von Sulfatzellstoff. Laboratoriumsentwicklungen verglichen mit Fabrikationsanwendung.* Beim berichteten Verf. wird in der alkal. Extraktion das Alkali durch das Na_2O_2 ersetzt. Je nach der Helligkeit des Zellstoffs vorher steigt diese dadurch — unabhängig von der Konsistenz — um 6—25 E. bis 85—90 G.E. ohne größeren Abfall der Festigkeitswerte. Diese Helligkeit fällt nach 1std. Erhitzen auf 105° um 6—7 E. gegen 10—11 beim üblich gebleichten Zellstoff ab. Die Laboratoriumsergebnisse ließen sich bis auf einige Schwankungen durch Rohstoffe u. Verff. der einzelnen Fabriken in die Praxis übertragen. Rezepturen u. Verff. zur Herst. der Bleichlauge werden angegeben. (Pulp Paper Mag. Canada **55.** Nr. 6. 125—30. Mai 1954. Canadian Industries Ltd.) H. BECKER. 7962

N. Ja. Ssoletschnik, A. I. Nowosselskaja und **A. P. Iwanowa,** *Die Gewinnung eines braunen Holzschliffes aus Spänen.* Für die Herst. von braunem Karton hat sich auf Grund eingehender Verss. der Vff. ein Holzschliff, der durch 2malige Vermahlung von Tannenspänen, die vorher 6 Std. mit Dampf bei 145° behandelt waren, oder von Espenspänen, die vorher 6 Std. mit 10%ig. Kalkmilch gekocht waren, bewährt. (Бумажная Промышленность [Papier-Ind.] **28.** Nr. 11. 25—28. Nov. 1953. Kirow-Akad. für Holztechnik.) ULMANN. 7974

D. McNeill, *Mahlen und Reinigen.* Vf. gibt Zusammenfassung u. Vgl. verschied. Mahlsysteme bei verschied. Stoffkonsistenzen. (Proc. techn. Sect., Brit. Paper Board Makers' Assoc. (Inc.) **35.** 129—38. Febr. 1954.) G. BECKER. 7976

Franz Senger, *Die Teilchengröße bei der Freiharzleimung und ihre Abhängigkeit von der Harzart und den Bildungsbedingungen.* Bei der Leimung von Papier findet keine Verklebung der Papierfasern durch die im Vgl. zu den Faserzwischenräumen kleinen Harzteilchen statt. Diese ziehen vielmehr unter Vermittlung des Al-Ions auf die Faser auf. Der sich dabei ergebende notwendige Teilchenabstand u. die Teilchengröße in Abhängigkeit von der Harzart wurden untersucht. (Papier **8.** 242—47. Juli 1954.) P. ECKERT. 7978

B. J. R. Carey, *Das Färben von Papierstoff.* Inhaltlich identisch mit der C. 1954, 6132 referierten Arbeit. (Paper-Maker Brit. Paper Trade J. **1954.** 9—26.) H. BECKER. 7980

Georg Jayme und **Hildegunde Pommer,** *Über durch Mahlung und Veredlung hervorgerufene an Prüfblättern gemessene Opazitätsänderungen von Zellstoffen.* An Hand einer Besprechung der wichtigsten Literatur über die Best. der opt. Eigg. von Zellstoffen an unter genormten Bedingungen hergestellten Prüfblättern werden zunächst die Definitionen für das Kontrastverhältnis, die Druckopazität, das Streuungsvermögen u. den spezif. Streuungskoeff. gegeben sowie Formeln zu ihrer Berechnung angeführt. Es wird empfohlen, an den nach genormten Methoden hergestellten Festigkeitsprüfblättern die opt. Eigg. zu messen u. diese durch das Streuungsvermögen Sx u. den spezif. Streuungskoeff. S′ festzulegen. Bei der Mahlung sinkt S′ erst rasch, dann langsamer u. schließlich wieder rascher ab. Der Entzug von Hemicellulosen bewirkt ein Steigerung von S′. Die Opazitätsänderungen veredelter Zellstoffe während der Mahlung sind von den Veredlungsbedingungen abhängig. (Papier **8.** 259—68. Juli 1954. Darmstadt, TH, Inst. für Cellulosechemie u. Holzforschungsstelle.) P. ECKERT. 8010

Walter Brecht und **Ludwig Körner,** *Laboratoriumsuntersuchungen über die Eignung einiger Geräte zur Schnellmessung des Papierfeuchtigkeitsgehaltes.* Unter Darlegung der Arbeitsprinzipien u. Ausführungsformen wird über 4 in der Praxis bekannt gewordene Meßgeräte berichtet. Bei dreien handelt es sich um das Verf. der elektr. Widerstandsmessung, mit dem vierten ist die Meth. vertreten, die den Feuchtigkeitsgeh. der Papiere über die DK. mißt. Alle 4 Geräte erwiesen sich als geeignet. Die Streuungen der Meßwerte waren etwa gleich groß u. betrugen nur ± 0,3 bis ± 0,4% (Feuchtigkeitsgeh.). Da außer dem Feuchtigkeitsgeh. auch andere Papiereigg. in die Ergebnisse eingehen, bedarf es bei jedem Gerät entsprechender Eichungen. (Papier 8. 247—58. Juli 1954. Darmstadt, TH, Inst. für Papierfabrikation.) P. ECKERT. 8010

Monsanto Chemical Co., St. Louis, Mo., übert. von: **Morris L. Nielsen,** Centerville, O., V. St. A., *Flammenfestmachende Mittel.* In Autoklaven werden 1 (Mol) $POCl_3$ u. wenigstens 5 anhydr. NH_3 unter Rühren zunächst auf ca. 55—100° 2 Std. erhitzt u. die Temp. wird dann ca. $1^1/_2$ Std. auf 110—150° gesteigert, wobei Hexan als Lösungsm. für $POCl_3$ dient. Nach Kühlung der Reaktionsmasse auf ca. 40° wird das Hexan abdest. u. der Rückstand mit einer Monocarbonsäure mit 2—4 C-Atomen, bes. Essig-, Butter-, Propionsäure oder dgl extrahiert. Der von der Lsg. abgetrennte Rückstand dient zum Flammenfestmachen von cellulosehaltigen Stoffen, bes. *Holz, Baumwolle* oder dergleichen. (**A. P. 2 648 597** vom 24/3. 1951, ausg. 11/8. 1953.) KARST. 7953

Farbwerke Hoechst Akt.-Ges. vormals Meister Lucius & Brüning, Frankfurt/M. (Erfinder: **Karl Daimler,** Ehlhalten, Taunus, und **Viktor Lorenz,** Frankfurt/M.), *Holzschutz-Osmotierpasten,* dad. gek., daß sie freies β-Naphthol (I) in feinverteilter Form zusammen mit leicht diffundierenden Salzen u. gegebenenfalls mit für Osmotierungszwecke üblichen Zusatzstoffen enthalten. Leicht diffundierende Salze, z. B. *Sulfamate, Iminodisulfonate* oder *Sulfamid* enthaltende Salze. Das Salzgemisch u. das ungelöste I dringen in das Holz ein, wobei das Salzgemisch den gesamten Splint durchsetzt, während I eine mehrere mm starke unauslaugbare Randschutzzone bildet. (**D. B. P. 909 150** Kl. 38h vom 19/1. 1952, ausg. 15/4. 1954. Anmeldung bekanntgemacht 20/8. 1953.) KARST. 7953

Hans Wünscher, Neustadt/M., *Trocknen, Vergüten, besonders Quellvergüten, und Durchfärben von Holz* durch Energiestrahlung, wie Wärme, Hochfrequenz, Ultraschall, heiße Gase u. dgl., dad. gek., daß die Energiestrahlung nach vollständiger Trocknung bei Eintritt der chem. Rk. im Holz eine bestimmte Zeit vor Beendigung der Behandlung bei 180—320° abgeschaltet wird, worauf eine Rückkühlung des Arbeitsgutes u. Aufklimatisierung auf das herabgesetzte Gleichgewicht erfolgt. Durch die exotherme chem. Rk. tritt im Holz eine ständige Temperatursteigerung ein, die vollständige Trocknung, Verringerung der Quelleigg., Steigerung der Druck- u. Verschleißfestigkeit u. Durchfärbung des Holzes von hellen bis zu dunkelsten Brauntönen bewirkt. (**D. B. P. 910 836** Kl. 38h vom 21/6. 1950, ausg. 6/5. 1954. Anmeldung bekanntgemacht 17/9. 1953.) KARST. 7953

Soc. A. B. I. (Azienda Brevetti Industriali), Italien, *Halbchemische Gewinnung von Papierstoff.* Ein Papierstoff, welcher das gesamte Lignin, einschließlich des Lignins der Mittellamelle, in gelöster Form enthält, ergibt sich, wenn zum Aufschließen eine vorberechnete Menge SO_2 u. Alkalien, wie CaO, NaOH, MgO, NH_3, zur Anwendung gelangen u. die Laugenmenge das 4—6fache des Holzgewichtes (Trockengewicht) beträgt. Die vorberechnete Menge SO_2 setzt sich zusammen aus der Menge SO_2, welche a) zur Sulfonierung u. Lsg. des Lignins der Mittellamelle benötigt wird, b) zur Oxydation des SO_2 in SO_3 u. die Bldg. labiler KW-stoff–SO_2-Verbb. erforderlich ist u. c) bei Beendigung der Kochung vorhanden sein muß. Die Zeit (H_1) zur Sulfonierung u. Lsg. des Lignins der Mittellamelle soll gleich oder geringer sein als die Zeit (H_2), innerhalb deren die Fasern von dem sie einhüllenden Lignin befreit werden. Die Zeit H_1 ist eine Funktion des p_H-Wertes der Lauge u. der Temp. mit Werten zwischen 115 u. 118°. Die Menge SO_2 beträgt ca. 100—120 kg je Tonne Holz. Die Werte für H_1 liegen zwischen 7—4 Std. u. die für H_2 zwischen 8—5 Stunden. (**F. P. 1 033 615** vom 25/1. 1951, ausg. 13/7. 1953.) GLAFEY. 7965

Dow Chemical Co., übert. von: **Albert B. Savage** und **Richard W. Swinehart,** Midland, Mich., V. St. A., *Hochviscose wasserlösliche Cellulosemethyläther* erhält man durch Rk. von Alkalicellulose, die wenigstens 0,9 u. höchstens 1,2 (Teile) NaOH u. wenigstens 1,6 u. höchstens 2,25 W. je Teil Cellulose enthält u. in welcher das Verhältnis von Alkali : W. einer 32—38%ig. NaOH entspricht, mit Methylhalogeniden oder -sulfaten, deren Menge dem Geh. an NaOH gleich ist. — Tabellen. (**A. P. 2 602 083** vom 4/6. 1947, ausg. 1/7. 1952.) KRAUSS. 7971

Monsanto Chemical Co., St. Louis, übert. von: **John Kenneth Craver,** Webster Groves, Mo., V. St. A., *Massen aus Celluloseestern.* Als Stabilisierungsmittel wird 1—5% α-Phenyl- bzw. α-Cyclohexyl-2-äthylcyclohexanol verwendet. (**A. P. 2 640 785** vom 20/10. 1949, ausg. 2/6. 1953.) SALZMANN. 7971

Dow Chemical Co. (Erfinder: **Earle L. Kropscott** und **Paul H. Lipke jr.**), Midland, Mich., V. St. A., *Plastische Masse,* bestehend aus Äthylcellulose (C_2H_5O-Geh. 45—48,5) u. 2—30% Di-tert.-octyldiphenyloxyd, das bei ca. 210—215° (3 mm/Hg) siedet. Herst.

von Filmen, Lacken u. Formkörpern. (**D. B. P. 908 791** Kl. 39b vom 25/1. 1951, ausg. 8/4. 1954. Anmeldung bekanntgemacht 27/8. 1953.) SALZMANN. 7971

Hercules Powder Co., übert. von: **Norman Bruce Oakley**, Wilmington, Del., V. St. A., *Celluloseätherfilme.* Carboxymethoxyäthylcellulose (mit 0,39 CH_3COOH- bzw. 0,45 C_2H_5O-Gruppen je Anhydroglucoseeinheit) wird mit 10—40% Dipropylenglykol als Weichmacher verarbeitet. Verwendung als Verpackungsmaterial für Lebensmittel, Haushalts- u. Toilettenwaren, Pharmazeutika, Farbstoffe, Stärke, Unkrautvertilgungsmittel, Enthärtungsmittel u. dergleichen. (**A. P. 2 653 108** vom 29/12. 1950, ausg. 22/9. 1953.) SALZMANN. 7971

Hercules Powder Co., Wilmington, Del., V. St. A., übert. von: **Franklin N. Bent**, Heysham, England, *Extraktion niedermolekularer Fettsäuren, insbesondere von Essigsäure, aus Celluloseester* enthaltenden wss. Lsgg. erfolgt durch Gegenstromextraktion mit einem Extraktionsmittel, bestehend aus 40—76 (%) Isopropyläther u. 60—24 einer Verb. mit einem Kp. <Kp. der zu extrahierenden Säure, z. B. Essigsäuremethyl- oder -äthylester, Äthylpropyl- oder Methylisopropyläther u. dergleichen. — Vorr., Zeichnung. (**A. P. 2 662 916** vom 22/10. 1952, ausg. 15/12. 1953.) MÜLLER-MEININGEN. 7971

Henkel & Cie. G. m. b. H., Düsseldorf, *Überführung von Methylcellulose in ein schüttfähiges, in kaltem Wasser schnell lösliches Pulver.* Man teigt in W. lösl. Methylcellulose mit W. zu einer Paste an, verarbeitet diese zu Gebilden, die wenigstens in einer Dimension sehr geringe Ausmaße besitzen (z. B. Filmteilchen), bes. durch Trocknen in dünner Schicht auf erhitzten Flächen, u. pulverisiert. Das Trocknen kann auch durch einen erhitzten Luftstrom erfolgen. (**Schwz. P. 293 442** vom 22/3. 1951, ausg. 16/12. 1953. D. Prior. 10/6. 1950.) FABEL. 7971

Buffalo Electro-Chemical Co., Inc., New York, N. Y., V. St. A., *Bleichen von Sulfitmasse.* Man bleicht mit alkal. H_2O_2-Lsg. in 1—20 Tagen unterhalb 54°. Die Lsg. soll, auf Trockenstoffe berechnet, 0,3—1,5 (%) H_2O_2 u. 0,75—3,25 NaOH enthalten. Die Faserkonz. soll beim Bleichen >20 liegen. (**Finn. P. 26 844** vom 5/3. 1951, Auszug veröff. 27/2. 1954. A. Prior. 8/3. 1950.) JÜRGEN SCHMIDT. 7979

Hercules Powder Co., übert. von: **Julian L. Azorlosa**, Wilmington, Del., V. St. A., *Verfahren zur Herstellung von Druckpapier.* Das Papier wird mit einer M. überzogen, die ein Pigment enthält, das dispergiert ist in der wss. Lsg. eines Bindemittels, bestehend aus einem bei Raumtemp. wasserlösl. Mischpolymerisat (I) aus Acrylsäure u. einer Acrylamido- u. Acrylnitrilverbindung. Der Acrylsäuregeh. des I soll 3—30% betragen. (**A. P. 2 661 309** vom 18/11. 1948, ausg. 1/12. 1953.) ZIERHOLD. 7987

Svenska Cellulosa Aktiebolaget, Stockholm, Schweden, *Verfahren zur Herstellung eines zum Bedrucken geeigneten wasser- und fettdichten Überzuges auf Fasermaterial wie Papier.* Das Papier wird mit der alkal. Lsg. eines wasserunlösl. Alkalisalzes der Carboxymethylcellulose (I) überzogen, worauf I durch Verminderung des p_H-Wertes der Lsg. ausgefällt wird. (**E. P. 703 717** vom 11/7. 1951, ausg. 10/2. 1954. Schwed. Prior. 12/7. 1950.) ZIERHOLD. 7987

Zentrag Vereinigung organisationseigener Betriebe, Berlin (Erfinder: **Max Völcker** und **Willi Loitzsch**, Dresden), *Druckplatten für Offsetdruck* durch galvan. Nd. auf eine aus Metall bestehende Walze mit äußerst glatter Oberfläche als Kathode u. gleichzeitig als Träger der leitenden Trennschicht. Während der Schichtbldg. wird die Walze ständig in Umlauf gehalten. Gegebenenfalls wird die Grundschicht aus einem weniger wertvollen Metall u. nur ihre offsettechn. bedingte Oberfläche aus Cu hergestellt. Der Mantel wird sodann an seiner Oberfläche geschliffen, poliert u. nun mit einer dünnen Schicht eines anderen Metalls, wie Cr, galvan. belegt. (**D. P. [DDR] 1 844** Kl. 15 l vom 8/1. 1950, ausg. 20/8. 1952 [Wirtschaftspatent].) M. F. MÜLLER. 7989

XVIIIb. Textilfasern.

—, *p_H-Messung von Textilfasern.* Bei der p_H-Messung von Bleichlaugen versagen die üblichen Methoden in den meisten Fällen. Glaselektroden führen noch zu den besten Ergebnissen. Je größer der p_H-Wert der NaClO-Lsg., desto mehr freies Cl_2 enthält sie. Bei p_H 6—8 enthält das Bad schon $HClO_3$, obwohl ansonsten die größte Bleichwrkg. beobachtet wurde. Die sehr geringe Menge freier HClO bei p_H 8 zers. sich in HCl u. O_2. O_2 bleicht die Faser, während HCl weiterhin HOCl in Freiheit setzt. Dieser regelmäßige langsame Abbau der NaOCl-Lsg. vermeidet die Bldg. von Faserschädigungen. (Rev. gén. Teinture, Impress., Blanchiment, Apprêt (Tiba) **30.** Nr. 3. 15—21. April/Mai 1953.) POLLAK V. EMHOFEN. 8026

—, *Knitterfestausrüsten von Baumwoll- und Leinenware.* Melamin–Harnstoff–CH_2O-Harze, die hauptsächlich auf der Faseroberfläche niedergeschlagen sind, verlieren durch wiederholtes Waschen an Wirksamkeit. Die Annahme, daß Substanzen, die zu einer chem. Bindung an die Cellulosefaser fähig sind, der Abnutzung größeren Widerstand entgegensetzen, war richtunggebend für die Entw. von Verbb., die eine Brückenbindung zwischen den freien OH-Gruppen der Cellulosemoll. bilden können. Diese durch verminderte OH-Gruppen modifizierte Cellulosefaser verliert so an Quellfähigkeit u. neigt weniger zum Knittern. Verbb. solcher Art wurden hergestellt durch Mischungen von CH_2O mit einem N enthaltenden Reaktionsprod. eines mehrwertigen Aldehyd- oder Ketonalkohols (Glucose, Erythrose, Mannose, Fructose oder ähnliche) u. Harnstoff oder Melamin. Der p_H-Wert soll zwischen 1—2 liegen. Dieser kann während des Ausrüstprozesses erzeugt werden, z. B. durch Zugabe einer Mischung von CH_2O u. NH_4Cl, wobei sich durch allmähliches Freiwerden von HCl, $(CH_2)_6N_4$ bildet; die Ggw. eines Puffers (Triäthanolamin) wird empfohlen (Herst. u. Anwendung dieser Imprägnierung werden angegeben) u. darauf verwiesen, daß diese waschecht ist u. die Ware keine Festigkeitseinbuße erleidet. (Textile Recorder **72.** Nr. 855. 84—86. Juni 1954.) SCHOENMANN. 8032

E. L. Nimer, J. A. Lasater und **H. Eyring,** *Mechanische Eigenschaften von Baumwollfasern.* 3. Mitt. *Wirkung von Alkalihydroxyd auf gespannte Fasern.* (2. vgl. LASATER, C. **1954.** 5427.) Die Relaxationskurven eingespannter Baumwollfasern (**I**) als charakterist. Maß der mechan. Eigg. wurde in verschied. alkal. Reaktionsmedien aufgenommen: 0,5—6,0 mol. LiOH, NaOH, KOH, 0—60°. Beobachtet wurde eine „sofortige Relaxation" der Kraft u. eine Relaxationskurve nach Wiederverlängerung in Alkali. Die sofortige Relaxation ist in ihrem Betrag (relative Kraftabnahme) extrem abhängig von der Alkalikonz., jedoch unabhängig von der Temperatur. KOH ist wirksamer als NaOH u. dieses als LiOH. Es besteht offensichtlich eine inverse Beziehung zum Hydratationsgrad der Alkalikationen. Die Alkalien spalten gewisse Bindungen in **I**. Aus der Art der Reagentien u. Geschwindigkeit der Rk. wird geschlossen, daß es sich um Nebenvalenzbindungen (H-Brücken) handelt. Die thermodynam. Analyse der Daten ergab 100%ig. Zugänglichkeit von **I** für die alkal. Lösungen. Unter Verwendung desselben mechan. Modells für **I**, wie es zur Deutung der Relaxationskurven lufttrockener u. in W. befeuchteter **I** diente, werden die rasche u. langsame Relaxation gedeutet. Die letztere wird aus den KOH-Daten auf ein Pseudogleichgewicht zwischen **I** u. KOH zurückgeführt. (Textile Res. J. **23.** 629—39. Sept. 1953. Salt Lake City, Utah, Univ., Inst. Study Rate Processes.) ZAHN. 8044

G. W. Madaras und **H. A. Turner,** *Weitere Beobachtungen über die Wirkungen aus Baumwollcellulose verdampfenden Wassers.* In Fortsetzung früherer Verss. (BONE u. TURNER, C. **1950.** II. 2751) wurde gereinigtes Baumwolltuch im Hochvakuum gehalten u. chem. vom O_2 befreites W. in einer N_2-Atmosphäre zur Einw. gebracht. Auch hier entstand beim Verdampfen an der Grenzlinie feuchtes-trockenes Gewebe eine braune Linie, die der früher beschriebenen sehr ähnlich war. Erfolgt jedoch die Verdampfung im Vakuum, so daß auch kein N_2 eingeführt wird, wurde keine braune Verfärbung beobachtet. Aber auch hier erfolgte eine chem. Veränderung, wie dies aus der verstärkten Methylenblaubindung hervorging. Daher beruht nur die Bldg. einer braunen Linie als Teil der Gesamterscheinung auf einer Oxydation. Die auch bei völligem O_2-Ausschluß auftretenden COOH-Gruppen an der Grenzlinie sollen durch eine CANNIZARO-Rk. endständiger CHO-Gruppen entstehen. (J. Soc. Dyers Colourists **69.** 371—77. Okt. 1953. Manchester, Univ., Coll. Technol., Dep. Textile Chem.) ZAHN. 8044

G. H. Crawshaw und **J. B. Speakman,** *Reaktionsfähigkeit der Bisulfidbindung in Wolle. Bildung von Thiolradikalen bei der Belichtung.* Es wurde versucht, mit Hilfe von in Wolle (**I**) durch Jodierung von Tyrosin eingebautem radioakt. ^{131}J die interne Polymerisation von Vinylverbb. auszulösen. **I** wurde mit 0,72 n. J_2-Lsg. in A. 72 Std. bei 25° jodiert, wobei 96% der Tyrosinreste in 3.5-Dijodtyrosin umgewandelt wurden (RICHARDS u. SPEAKMAN, Nature [London] **171.** [1953.] 751). Völlig entlüftete 5%ig. Lsgg. von Methacrylsäure u. H_2SO_4 (0,1 n) polymerisieren unter der Einw. von diffusem Tageslicht bei 25° in 18—36 Std. nur dann, wenn Äthyldisulfid, Cystin oder **I** anwesend sind. Jodierte **I** war nicht wirksamer als unbehandelte **I**. Die Disulfide einschl. **I** sind im Dunkeln ohne Wrkg.; die Polymerisation wird durch Thiolradikale ausgelöst, welche durch Homolyse der Disulfidbindungen bei Belichtung entstehen: R. S. S. R. $\overset{h\cdot\nu}{\rightleftarrows}$ 2 RS· (J. Soc. Dyers Colourists **70.** 81—82. Febr. 1954. Leeds, England, Univ., Dep. of Textile Industries.) ZAHN. 8060

R. V. Peryman, *Die Wirkung kochender wässeriger Lösungen auf Wolle.* 1. Mitt. *Lösungen bei p_H 1,5—9 mit und ohne Natriumsulfat.* Garn u. Gewebe aus 64's Wolle (**I**) wurden 3 Std. mit blinden Farbstofflsgg. (wss. Na_2SO_4-Lsgg.) im p_H-Bereich 1,5—9 (H_2SO_4 bzw. Na_2CO_3) in einer Laborfärbemaschine gekocht. Die gekochten I-Proben wurden untersucht auf Alkalilöslichkeit, lösl. N, Disulfid-S, Gesamt-S, Reißfestigkeit trocken u. naß, Bruchdehnung, Scheuerfestigkeit u. Gewichtsverlust. Gefunden wurde: 1. I wurde am wenigsten nach Kochungen zwischen p_H 3 u. 3,5 verändert. 2. Na_2SO_4 zeigt bis zu einer Konz. von 9,2 g/Liter im p_H-Bereich 1,7—6,8 nur eine geringe Wrkg. auf I, verursacht aber oberhalb p_H 6,8 eine Alkalischädigung, welche mit der Salzkonz. u. dem p_H-Wert zunimmt. 3. Bei oberhalb p_H 4 gekochten I-Proben ist der Disulfid-S-Geh. der Naßfestigkeit proportional. Eine ähnliche Beziehung besteht zwischen Disulfid-S u. der Scheuerfestigkeit, jedoch erst nach Umsatz von mindestens 20% Disulfid-S. 4. Zwischen Alkalilöslichkeit bzw. lösl. N u. Scheuerfestigkeit besteht bei unter p_H 2,5 gekochter I eine Beziehung. Es wird empfohlen, bei der Verwendung von Na_2SO_4 auf die Konz. in der Flotte zu achten, bes. in sogenannten „neutralen" Flotten, welche alkal. I enthalten u. wenn mit NH_3 zu Beginn der Färbung alkal. gemacht wird. (J. Soc. Dyers Colourists **70**. 83—92. Febr. 1954. Leeds, England, Torridon, Wool Industries Research Association.) Zahn. 8060

D. Heikens, P. H. Hermans, P. F. van Velden und **A. Weidinger,** *Kleinwinkelröntgenstreuung von Ramie und Kunstseiden.* Mit am Kristall monochromatisierter CuK_α-Strahlung wurde die Kleinwinkelstreuung von *Ramie* u. 25 hochorientierten *Kunstseiden*-Proben verschiedenster Herkunft in lufttrockenem u. wassergequollenem Zustand untersucht. Auf den erhaltenen Intensitätskurven traten bei einigen Kunstseidenproben deutliche Maxima oder Wendepunkte in gequollenen oder trockenen Proben auf, welche auf die Anwesenheit eines Maximums von relativ niedriger Intensität hindeutet, das einer n. abnehmendem Kleinwinkelintensitätskurve überlagert ist. Die Braggschen Netzebenenabstände liegen in der Nähe von 80 Å für die gequollenen u. von 50 Å für die trockenen Fasern. Bei anderen Proben treten diese überlagerten Maxima entweder gar nicht auf, oder sie sind nur schwach erkennbar. Die Anwesenheit dieser Maxima deutet darauf hin, daß in einigen Kunstseiden ein Teil der Fasersubstanz eine micellare Struktur von sehr hoher Regelmäßigkeit besitzt, u. zwar mit Zwischenräumen zwischen den Teilchen, die durch die Braggschen Netzebenenabstände gegeben sind. Wertet man die Intensitätskurven der gequollenen Proben, die kein Maximum zeigen, nach der Meth. von Guinier für verd. Systeme aus, welche parallele Zylinder als bas. Struktur voraussetzt, dann erhält man Werte zwischen 35—55 Å für den Durchmesser der Zylinder. Schätzt man die Intensitätskurven nach einer von Kretky vorgeschlagenen Annäherung aus, welche auf der Anschauung naheliegender gepackter Lamellen beruht, dann erhält man Zwischenräume der gleichen Größenordnung von $\sim$40 Å für die trockene u. $\sim$60 Å für die gequollene Faser. (J. Polymer Sci. **11**. 433—46. Nov. 1953. Utrecht, Inst. for Cellulose Res. of the AKU and Affiliated Companies.) Gottfried. 8070

A. Buurman, *Hemicellulose im Viscosereyonverfahren, eine chromatographische Untersuchung.* Die Hemicellulose (I) in Reyonzellstoffen wurde papyrograph. mit der Rundfiltermeth. an Hydrolysaten der Preß- u. Tauchlaugen des Zellstoffs untersucht. Hydrolysiert wurden diese Laugen mit konz. HCl (20°, 3 Tage). Extrakte aus Holz wurden mit 0,5%ig. HCl bei 100° in 2 Std. gewonnen u. ebenfalls hydrolysiert. Gefunden wurde eine Zus. von I aus Glucosanen, Mannanen, Xylanen u. niedrigmol. Nichtzuckern, wobei die Zus. von der Art des Rohstoffs u. dem Zellstoffverf. abhängt. Die in den mittleren Stadien der Viscosereyonherst. gefundene I entstammt zum größten Teil der Zellstoff-I. Dagegen besteht die I des fertigen Garns hauptsächlich aus kurzen Celluloseketten. Menge u. Zus. der I in der Preßlauge hängt vom Preßdruck u. der NaOH-Konz. ab. Untersucht wurde auch die I in frischen u. gealterten Alkalicellulosen sowie aus dem daraus hergestellten Reyon. Während des Spinnens u. der Nachbehandlung von Reyon werden meßbare Mengen an I nur in dem alkal. Na_2S-Nachbehandlungsbad gefunden. (Textile Res. J. **23**. 888—96. Dez. 1953. Arnheim, Holland, A.K.O., Forsch.-Labor.) Zahn. 8074

P. Denoyer, *Wissenswertes über die Perlonfaser, über ihre Verarbeitung und ihre Anwendung.* Angaben über Perlonfaser aus Bobingen: Herst., physikal. u. textile Eigg.; Beständigkeit gegen Organismen, Chemikalien; färber. Eigg.; textile Verarbeitung (Präparation, Mischung mit anderen Fasern); Anwendungen. (Ind. Textile **1954**. 329—36. Mai.) Demus. 8080

Tatsuya Imoto und **Sadae Kawase,** *Untersuchungen über Polyvinylchlorid.* 9. Mitt. *Einflüsse des Polymerisationsgrads und der Geschwindigkeit des Heißstreckens auf die Eigenschaften der reinen Polyvinylchloridfaser.* Mit der Zunahme des Polymerisationsgrads (PG) nimmt die Zähigkeit u. Dehnung der *PVC*-Faser ab u. die Elastizität zu.

Bei gesteigerter Geschwindigkeit des Heißstreckens sind die Wirkungen den vorgenannten entgegengesetzt. Diese Einfll. sind aber für eine industrielle Auswrkg. zu gering. Der optimale PG für das Naßspinnen beträgt ca. 1500. (J. Soc. Textile Cellulose Ind., Japan [Sen-i Gakkaishi] **9.** 390—92. Aug. 1953. Tokushima Univ. [Orig.: japan., Auszug: engl.]) Schuler. 8080

Tatsuya Imoto, *Untersuchungen über Polyvinylchlorid.* 11. u. 13. Mitt. *Spannungsrelaxation und thermische Schrumpfung der PVC-Faser.* (9. vgl. vorst. Ref.) Die Relaxationserscheinungen der *PVC*-Faser, die aus Tetrahydrofuranlsgg. gesponnen wurden, wurden mit Hilfe eines neu entwickelten Spannungsmeßgerätes vom Induktanztyp in W. von verschied. Tempp. messend verfolgt. Bei höheren Tempp. zeigt die therm. Schrumpfung eine der Relaxation entgegengesetzte Neigung u. läßt sich nur durch Kurven komplexer Form darstellen, je nach Art des Versuchs. Nur bei den Fasern, deren therm. Schrumpfung vor Beginn der Messung völlig beendet war u. bei denen die Spannung wegen der Schrumpfung u. wegen äußerer Kräfte parallel zurückgegangen war, konnte die Eyringsche Theorie zur Berechnung von Relaxationsperioden u. Aktivierungswärmen des Fließens benutzt werden. (J. Soc. Textile Cellulose Ind., Japan [Sen-i Gakkaishi] **9.** 393—97. Aug. 1953. Tokushima Univ. [Orig.: japan., Auszug: engl.]) Schuler. 8080

—, *Terylene, Eigenschaften der Garne und der Flocke.* Beschreibung der Eigg. u. der Verarbeitung. (Tinctoria [Milano] **48.** 78—80. März. 113—14. April 1951.) R. K. Müller. 8080

J. R. Geigy Akt.-Ges., Basel, Schweiz, *Herstellung eines Aufhellungsmittels.* 4.4'-Diaminostilben-2.2'-disulfonsäure (I) wird mit 2-Äthoxy-4-methylbenzoylhalogenid (II) oder 2-(β-Methoxyäthoxy)-4-methylbenzoylhalogenid oder 2-Äthoxy-5-methylbenzoylhalogenid oder 2-(β-Methoxyäthoxy)-benzoylhalogenid in den Aminogruppen acyliert. Die Reaktionsprodd. besitzen gute Affinität zur Cellulosefaser. — Z. B. werden 37 (Teile) I unter Zusatz von 10,6 calcinierter Soda in 1000 W. gelöst u. bei 0—10° mit einer Lsg. von 39,7 II in 150 Bzl. unter Rühren versetzt; der frei werdende HCl wird mit 15%ig. Na_2CO_3-Lsg. neutralisiert. Nach der Rk. wird Bzl. abdest. u. das gebildete *Dinatriumsalz* der *4.4'-Di-(2''-äthoxy-4''-methylbenzoylaminostilben-2.2'-disulfonsäure* abgesaugt. (**Schwz. PP. 285 352, 285 353, 285 354, 285 355,** alle vom 27/5. 1949, ausg. 16/12. 1952. **Zusätze zu Schwz. P. 282 055; C. 1953. 9726.**) Herbst. 8027

Imperial Chemical Industries Ltd., London, England, *Ester,* bes. der *Phthalsäure,* die wegen ihrer günstigen Farbeigg. bes. als *Weichmacher* geeignet sind, erhält man an Alkoholen, die durch Carbonylierung (I) von Crackolefinen (II) C_4—C_{12}, bes. C_6—C_8, an Co-Kontakten bei 130—190° u. 200—300 at u. anschließender Red. der I-Prodd. aus Cu–ZnO- oder Cu–Cr_2O_2-Katalysatoren erhalten werden. Die II werden vor der I von Peroxyden (III) oder solche bildenden Verbb. durch fraktionierte, azeotrope oder extraktive Dest. oder Lösungsmittelextraktion befreit; oder es werden 200—2000 (Teile) je 10^6 II eines N-freien Oxydationsinhibitors, z. B. eines Alkylphenols, zugegeben. (**E. P. 687 142** vom 12/9. 1949, ausg. 11/2. 1953.) Müller-Meiningen. 8029

J. R. Geigy Akt.-Ges., Basel, Schweiz, *Komplexbildende Diamino-N.N'-tetraessigsäuren* dienen als *Textilhilfsmittel.* — *Äthylenglykol-bis-(β-aminoäthyläther)-N.N.N'.N'-tetraessigsäure.* Aus Äthylenglykol-bis-(β-aminoäthyläther) u. Chloressigsäure in NaOH. Kristallin. — Analog: *β.β'-Diaminodiäthylsulfid-N.N.N'.N'-tetraessigsäure.* Weißes Pulver. (**Schwz. PP. 294 554** u. **294 555** vom 24/10. 1950, ausg. 1/2. 1954. **Zusätze zu Schwz. P. 291 482; C. 1954. 7549.**) Langer. 8029

Farbenfabriken Bayer, Leverkusen (Erfinder: **Rolf Pütter,** Düsseldorf, **Hans Raab, Fritz Suckfüll,** Leverkusen, und **Paul Zervas,** Köln), *Herstellung von Hochpolymerisaten, insbesondere als Schlichtemittel, Verdickungsmittel* u. dergleichen. Polymerisate mit zur Oniumbldg. befähigten Gruppen werden mit polyfunktionellen Peralkylierungsmitteln u. gegebenenfalls monofunktionellen Alkylierungsmitteln umgesetzt. — 119 (g) N-Methyldiäthanolamin u. 168 Hexamethylendiisocyanat werden in 800 $C_6H_4Cl_2$ auf 135° erwärmt u. mit 126 $(CH_3)_2SO_4$ in 20 Min. versetzt. Das ausgeschiedene *Harz* wird in W. zu einer viscosen Fl. gelöst. Von den erhaltenen 1100 (Teilen) Lsg. werden 220 zur Trockne im Vakuum eingedampft, die erhaltenen 56 in 140 CH_3OH gelöst u. die noch vorhandenen bas. Aminogruppen mit 1-Dibrombutan oder 1.3-Dimethyl-4.6-dichlormethylbenzol zu einem in W. lösl. Prod. umgesetzt. (**D. B. P. 880 485** Kl. 39c vom 2/7. 1944, ausg. 22/6. 1953.) Möllering. 8031

Fettchemie und Fewa-Werk VEB, Chemnitz (Erfinder: **Kurt Quehl,** Zwickau/Sa.), *Herstellung von waschbeständigen Appretureffekten auf Textilstoffen aus Cellulosehydratfasern.* Das Textilgut wird in Flotten von Quellungsmitteln (z. B. NaOH, $ZnCl_2$,

Cu-Oxydammoniak, Ca-Rhodanid, HNO_3, H_2SO_4, H_3PO_4), welche gegebenenfalls Weichmachungsmittel (z. B. Glycerin) oder Appreturmittel (z. B. Harnstoff) oder Netzmittel (z. B. isobutylnaphthalinsulfonsaures Na) enthalten, getränkt, gespült oder erst getrocknet u. dann gespült. Das getrocknete Gut wird gegebenenfalls ganz oder teilweise einer mustergemäßen Druck- oder Wärmebehandlung unterworfen. Man läßt z. B. auf einer Gummiermaschine einen zellwollenen Kleiderstoff eine Flotte passieren, welche aus NaOH von 8° Bé besteht, u. läßt das Gut dann $^1/_2$ Std. in feuchtem Zustande lagern. Nach gutem Spülen u. Trocknen erhält man eine nichttransparente Ware von vollem, waschbeständigem Griff. (**D. P.** [DDR] **1 916** Kl. 8k vom 14/7. 1940, ausg. 8/10. 1952 [Wirtschaftspatent]. **Zusatz zu D. R. P. 749 049; C. 1947. 155.**) OPPERMANN. 8033

I. G. Farbenindustrie Akt.-Ges., Frankfurt/M., *Behandlung von Textilien.* Um Gewebe wasserabstoßend u. waschfest zu machen, werden sie in einem Bade, das außer Paraffin, Wachs- oder Fettstoffen u. Netz- bzw. Emulgiermitteln noch 3 oder mehrwertige Metallverbb. enthält, behandelt, wobei zudem noch Alkylolharnstoffverbb., Melamin–CH_2O-Verbb. oder dgl. anwesend sind. Diese Stoffe verharzen beim Trocknen bei erhöhter Temperatur. An Metallverbb. sind Ce-, La-, Didymacetat, Al_2O_3 in Solform u. Zirkoniumoxychlorid genannt. (**F. P. 1 013 937** vom 30/9. 1942, ausg. 6/8. 1952.) WITTHOLZ. 8037

Guillaume P. J. Duchange, Frankreich, *Undurchlässigmachen von Papier, Karton, Gewebefasern und anderen porösen Stoffen* durch Behandeln mit einer wss. Stearin (I) enthaltenden Emulsion. Diese wird durch Schmelzen von I bei ca. 70° u. Zugeben von Emulgiermitteln, wie Ricinusölsulfonate, $NaHCO_3$, NH_3, vorzugsweise Na-Tetraborat, u. W. erhalten. Gegebenenfalls können noch Alaun, Na-Silicat, Albumin oder mit CH_2O behandeltes Casein sowie Farbstoffe oder Pigmente zugesetzt werden. Diese Emulsion dient zum Kaltimprägnieren der Materialien oder wird den zur Herst. der Folien dienenden Ausgangsstoffen zugesetzt. (**F. P. 1 006 906** vom 12/12. 1949, ausg. 29/4. 1952.) WITTHOLZ. 8037

Wilhelm Holzhäuer ATEX-Holzstoff- und Holzfaser-Isolierplattenfabrik (Erfinder: **Friedrich Hahn**), Elsenthal, *Herstellung von Emulsionen* aus paraffin-, öl- oder fetthaltigen Stoffen u. W. zum *Wasserdichtmachen von Faserstoffen,* dad. gek., daß die Mischung bzw. Emulsion (EM) ohne Emulgatorzusatz unter Rühren in einem oder mehreren hintereinandergeschalteten Behältern erfolgt, wobei EM zu den Düsen gepumpt u. der Überschuß zu einem Behälter zurückgeleitet wird. — Vorr., Zeichnung. (**D. B. P. 913 218** Kl. 23c vom 22/9. 1944, ausg. 10/6. 1954. Anmeldung bekanntgemacht 8/10. 1953.) DREWS. 8037

Deutsche Gold- und Silberscheideanstalt vormals Roessler, Frankfurt/M., *Erhöhung des Reibungswiderstandes der Oberfläche von Textilfasern.* Man bringt auf die Oberfläche, z. B. von Kunstseide- oder Zellwollefasern, feinverteilte Oxyde von Metallen oder Metalloiden, welche man durch therm. Zers. der Metall- oder Metalloidverbb. im Gaszustand in Form von Aerosolen erhält u. als Aerogele gewinnt. Als bes. geeignet haben sich die Aerogele von Kieselsäure u. Titandioxyd erwiesen. Man bringt die Aerogele vorzugsweise in Form einer homogenen Suspension in W. oder einem anderen fl. Medium zur Anwendung. Das Aufbringen kann durch Besprühen, Tränken usw. erfolgen. Das Verf. dient bes. zur Verbesserung der Spinneigenschaften. Auch wird die Struktur- u. Schiebefestigkeit der Gewebe verbessert. (**Oe. P. 177 755** vom 13/12. 1951, ausg. 10/3. 1954. D. Prior. 31/12. 1948.) HEYNE. 8039

Ciba Akt.-Ges., Basel, Schweiz, *Chloren von Wolle,* durch Behandeln der Wolle mit Cl_2-Wasser, unterchloriger Säure oder deren Salzen in Ggw. einer wasserlösl., gegebenenfalls alkylierten Methylverb. des Melamins nach dem Hauptpatent, dad. gek., daß die Chlorierung durch Erhöhung der Badtemp. verstärkt wird, wobei vorzugsweise die Behandlung mit der Chlorierungsflotte zunächst in der Kälte vorgenommen u. dann in der Wärme beendet wird. (**Oe. P. 175 867** vom 7/3. 1952, ausg. 25/8. 1953. Schwz. Prior. 2/2. 1952. **Zusatz zu Oe. P. 170 260; C. 1953. 7002.**) HEYNE. 8061

Glanzstoff-Courtaulds G. m. b. H., Köln-Weidenpesch, *Herstellung von für die Erzeugung von Kunstseide und Zellwolle geeigneter Viscose,* welche Umsetzungsprodd. von Cellulosexanthogenat mit reaktionsfähigen Stoffen, die eine oder mehrere funktionelle Gruppen besitzen, enthält, dad. gek., daß die reaktionsfähigen Stoffe der genannten Art mit faserigem Cellulosexanthogenat umgesetzt u. die dabei erhaltenen Reaktionsprodd. in üblicher Weise zu Viscose gelöst werden. Geeignete reaktionsfähige Stoffe sind z. B. Acrylonitril, Chlorkohlensäuremethylester, Phosgen, Äthylenoxyd (I), Epichlorhydrin, Chloressigsäure, Chloressigsäuremethylester, Dichloraceton. Man läßt bei 15° auf das Faserxanthogenat so lange I einwirken, bis ca. 0,1 Mol I pro $C_6H_{10}O_5$-

Gruppe gebunden sind, u. löst das Reaktionsprod. in Alkali. (**Oe. P. 175 661** vom 29/2. 1952, ausg. 10/8. 1953.) HEYNE. 8075

Badische Anilin- & Soda-Fabrik, Deutschland, *Lösen von Viscose.* Man läßt die bei der Herst. von Alkalicellulose verwendete Lauge stehen, bis die Fettbestandteile sich abgesetzt haben, u. verwendet sie dann zum Lösen des Cellulosexanthogenats u. den Rest der Lauge wieder zur Herst. von Alkalicellulose. (**F. P. 1 049 201** vom 17/1. 1952, ausg. 29/12. 1953. D. Prior. 24/1. 1951.) PANKOW. 8075

Imperial Chemical Industries Ltd., London (Erfinder: **Andrew McLean,** Saltcoats), England, *Künstliche geformte Gebilde aus Erdnußprotein.* Bei der Herst. von *Fäden* u. *Filmen* wird ein Erdnußprotein als Aufbaustoff verwendet, welches man aus in W. fein suspendierten, von ihrem Ölgeh. durch Extrahieren oder Auspressen befreiten, ungeschälten Erdnüssen durch so geregelten Zusatz einer verd. wss. Lsg. eines schwach oder stark alkal. Stoffes (NaOH oder Na_2CO_3) oder Na_2S unter Umrühren herauslöst, daß der p_H-Wert der Suspension 8,5 nicht überschreitet u. zwischen 8 u. 8,5 liegt, worauf die ungelösten Proteinteile abgetrennt werden u. die Lsg. angesäuert wird. (**D. B. P. 898 946** Kl. 29b vom 15/2. 1939, ausg. 7/12. 1953. E. Prior. 16/2. 1938.) SALZMANN. 8079

California Research Corp., San Francisco, Calif., V. St. A., *Fadenziehende Polyester und Polyamide.* Solche sind zu erhalten durch Polykondensation von Stilbendicarbonsäure (I) bzw. deren Derivv. u. Glykolen, Diaminen u. Aminalkoholen der allg. Formeln HO—R—OH, H_2N—R—NH_2 u. HO—R—NH_2, worin R = Alkylen, Cycloalkylen, Arylen oder Aralkylen mit 2—16 C-Atomen sowie gegebenenfalls einer anderen Dicarbonsäure als I bzw. eines Deriv. einer solchen. — Z. B. können so polykondensiert werden 17,48 (Teile) Dimethylterephthalat u. 3,24 p.p'-Stilbendicarbonsäurediäthylester u. 50 Raumteile Äthylenglykol unter Verwendung von Na u. Mg als Kondensationskatalysatoren. Textilfäden aus verfahrensgemäßen Polykondensationsprodd. sind leichter anfärbbar als die bekannten linearen Polyester u. fluorescieren. (**E. P. 693 375** vom 22/8. 1950, ausg. 1/7. 1953. A. Prior. 25/3. 1950.) R. HERBST. 8081

I. G. Farbenindustrie Akt.-Ges. Frankfurt/M. (Erfinder: **Georg Kränzlein** und **Herbert Rein,** Leipzig), *Fäden aus wässerigen Lösungen von Polyvinylalkohol.* Zur Verminderung der Wasserempfindlichkeit werden die Fäden in der Wärme gleichzeitig mit Aldehyden u. Säuren, z. B. CH_2O u. HCl, behandelt. (**D. R. P. 765 265** Kl. 29b vom 20/12. 1939, ausg. 4/1. 1954.) SALZMANN. 8081

E. Gruenste'dl et H. Preussler, Chemische Faserstoffe und ihre Eigenschaften. St. Johann i. Tirol: Pinguin. 1953. (15 S.) DM 4,—.

Alois Herzog, Quantitativ-mikroskopische Analyse von Faserstoffen. Berlin: Akademie Verlag. 1954. (55 S., 20 Bl. Abb., m. 10 Abb. i. Text u. 60 Mikrophotos auf 40 Taf.) = Veröffentlichungen auf d. Gebiete d. Faserstoff-Forschung und Textiltechnik. DM 11,—.

XIX. Brennstoffe. Erdöl. Mineralöle.

—, *Rückblick auf die Brennstofffragen des Jahres 1952 in Japan.* Ausführliche Übersicht in 36 Kapiteln, mit 40 Patenttiteln u. Buchliteratur. (J. Fuel Soc. Japan, Sect. 2 **32.** 128—70. März 1953. [Orig.: japan.]) SCHULER. 8120

C. Georgiadis und **G. Gaillard,** *Untersuchungen über die Kinetik und den Mechanismus der Oxydation von Kohlen.* Im Temperaturbereich zwischen 150 u. 250° treten nacheinander 2 Oxydationsphasen auf, die durch eine unterschiedliche chem. Aktivität charakterisiert sind, bes. hinsichtlich der Fixierung des O_2. Unabhängig von den Oxydationsbedingungen bleibt das Verhältnis CO_2:CO der gasförmigen Zersetzungsprodd. während der Rk. fast konstant. Nach einer gewissen Zeit gelangt man zu einer O_2-Sättigung des Kohlemoleküls. Die Geschwindigkeit der O_2-Fixierung an der Kohle beruht nach Ansicht der Vff. auf 2 Reaktionen. Die eine, die im Temperaturbereich von 150 bis 250° dem ARRHENIUS-Gesetz folgt, besagt, daß die Geschwindigkeit der O_2-Fixierung von der Kohleart u. von Diffusionsphänomenen abhängt, wobei intermediäre Kohle–O_2-Komplexe gebildet werden. Bei der 2. Rk., die über den Geh. an fixiertem O_2 aussagt, zeigt sich, daß die Geschwindigkeit der Fixierung unabhängig ist von der Kohlenart u. der Diffusion u. im vorgeschriebenen Bereich etwas variiert mit der Temperatur. Diese Rk. umfaßt die Zers. der Kohle–O_2-Komplexe. — Umfangreiche Verss. u. Diagramme. Rechner. Ableitungen u. Literaturhinweise im Original. (Chim. et Ind. **70.** 383—96. Sept. 1953. Usines Chim. de Mazingarbe, Groupe de Béthune des Houilles du Bassin du Nord et du Pas-de-Calais.) K. O. MÜLLER. 8126

Je. Ss. Golowina, *Gasbildung beim Verbrennen einer Kohlenstaubschicht.* Vf. ermittelte experimentelle Daten über das Brennen von Kohlenstaubschichten feiner Fraktionen von 0,08, 0,180 u. 0,620 mm bei 247—700° u. bei einer Filtrationsgeschwindigkeit von 0,5 cm/Sek., wobei festgestellt wurde, daß der Brennprozeß feiner Fraktionsschichten dem Prozeß des Effusionsbrennens dichter Kohlenschichten u. dem Brennen von Schichten grober Fraktionen entspricht. (Известия Академии Наук СССР, Отделение Технических Наук [Nachr. Akad. Wiss. UdSSR, Abt. techn. Wiss.] **1953.** Nr. 10. 1444—51. Okt.) R. RICHTER. 8126

W. J. Gooderham, *Verbrennung von Gasen. Apparatur zur Messung der Verbrennungsprodukte und des erforderlichen Sauerstoffs.* (Gas Wld. **138.** 460—61. 22/8. 1953.) F. SCHUSTER. 8128

J. Taylor, *Die Feinvermahlung von Kohle und Koks.* Unterss. über die Größenverteilung bei der Grobvermahlung auf Rückstand, der vollständigen Vermahlung u. der vollständigen Feinvermahlung, wobei unterschieden wird zwischen den Feststoffen, ob diese eine poröse oder feste Struktur besitzen. Beschreibung von Zerkleinerungsverss. an Glas, Kohle u. Kalk. (J. Inst. Fuel **27.** 249—54. Mai 1954. Glasgow, Royal Techn. College, Dep. of Metallurgy.) K. O. MÜLLER. 8134

Wataru Funasaka, Chikao Yokokawa, Sōhei Suga und **Shigeru Kajiyama,** *Untersuchungen über das Erweichen und Blähen der Kohle bei der Verkokung.* Die Vff. haben den App. der K. B. S.-Meth. zur Unters. des plast. Zustands der Kohle derart abgeändert, daß man mit ihm gleichzeitig die Kurven des Erweichens, des Blähens u. der Gasentw. erhalten kann. Die Proben waren japan. Kohlen mit dem „fuel-ratio" (FR)-Bereich 0,5—5,0. Sie ließen sich in 3 Typen einteilen: 1. Nicht erweichende, nichtbackende Kohlen (Lignit, niederwertige Kohlen u. Anthrazit); bituminöse Kohlen gehören zum 2. u. 3. Typus; 2. erweichende Kohlen mit FR 1—3; 3. erweichende, blähende Kohlen mit FR 0,5—2,5. Die krit. Punkte der Erweichungstemp., der Tempp. des maximalen Blähens u. der maximalen Gasentwicklungsgeschwindigkeit stehen zur FR in enger Beziehung. Stückigkeit der Kohle u. Verhältnis des Gewichts zur Kohlencharge ließen keinen bestimmten Einfl. erkennen. (Bull. Inst. chem. Res., Kyoto Univ. **24.** 83—84. März 1951. Kyoto, Kodama Labor. [kagaku kenkyusho Hokoku]) METZENER. 8142

W. W. Fefilow und **K. A. Schachow,** *Die Vergasung von Holzkohle in stationären Gasgeneratoren.* Schilderung eines Vers. zur Ausnutzung von Holzkohle in einer Gasgeneratoranalage von 2 m^3. Das in einer Ausbeute von 4 m^3/kg gewonnene Gas bestand aus 2,7% CO_2, 0,1% C_nH_m, 0,3% O_2, 30,7% CO, 19,9% H_2, 2,6% CH_4 u. 43,7% N_2. (Деревоперерабатывающая и Лесохимическая Промышленность [Holzverarb. holzchem. Ind.] **3.** Nr. 2. 15. Febr. 1954. Zentrales Wiss. Holzchem. Forschungsinst.) ULMANN. 8148

R. Loison und **H. Gautier,** *Versuche zur Vergasung von Kohlenstaub nach dem Verfahren Panindco.* Das Verf. ist eine Weiterentw. des SCHMALFELDT-Prozesses. Der Kohlenstaub wird mit Luft, O_2, Wasserdampf oder Gemischen der drei Komponenten vergast. In der Vorkammer werden Staub u. Vergasungsmittel mit geringer Turbulenz vermischt. Der Vergasungsraum ist groß u. ergibt Aufenthaltszeiten von mehreren 10 Sekunden. Die Asche wird fest abgezogen. Das Vergasungsmittel wird vorgewärmt, damit hohe Vergasungstempp. erreicht werden können. Je nach Bedarf wird Schwachgas, Synthesegas für die KW-stoffsynth. oder Synthesegas für die Ammoniaksynth. hergestellt. In einer Versuchsanlage in Rouen wurden nach längeren Vorverss. im Jahre 1953 Flammkohlen aus der Provence u. Fettkohlen von Drocourt unter verschied. Bedingungen vergast u. die optimalen Verhältnisse ermittelt. (Rev. Ind. minérale **35.** 529—60. Juni 1954.) F. SCHUSTER. 8148

Eberhard Hecker und **Ernst Michel,** *Erzeugung von normgerechtem Stadtgas durch katalytisches Cracken von Propan, Erdgas und Heizölen.* In Maintenon wird ein Gemisch von Propan u. Luft an einem Silica-Katalysator umgewandelt u. mit Propan u. Bzl. auf Stadtgasheizwert kaltcarburiert. In Pau wird ein Gemisch von Erdgas u. Wasserdampf an einem Ni-Kontakt umgewandelt u. mit Propan u. Rauchgas karburiert. In Toulouse wird Erdgas ähnlich den beiden vorgenannten Anlagen verarbeitet. In Cahors wird ähnlich dem Wassergas-Wechselbetrieb Schweröl unter Verwendung eines Kontaktes unmittelbar auf ein Brenngas von Stadtgasqualität verarbeitet. Das letztgenannte Verf. bietet die meiste Aussicht bei Anwendung auf Raffineriegase, in welchem Fall gerade im Winter für 3—4 Wochen auf einen anderen Rohstoff (Öle) umgestellt werden muß, weil dann der Raffineriebetrieb zur Überholung pausiert. Außerdem müssen sich auch schwefelhaltige Rohstoffe verarbeiten lassen. (Gas- u. Wasserfach, Ausg. Gas **95.** 6—10. 1/1. 1954. Hamburg.) F. SCHUSTER. 8156

B. Coussy, *Anwendung des Hall-Verfahrens zur Herstellung von Ölgas in Gennevilliers.* Während in Frankreich durch O. N. I. A. G. E. G. I.-Verf. in Cahors unmittelbar aus Schweröl ein Gas von Stadtgasqualität gewonnen wird, das mit dem n. Stadtgas brenntechn. vollkommen austauschbar ist, bietet das in Gennevilliers angewandte HALL-Verf. die Möglichkeit, einen brenntechn. vollwertigen Ersatz für Naturgas von 9500—10000 kcal/m^3 Heizwert zu erhalten oder ein Carburiergas für z. B. Kokswassergas. — Beschreibung der Entwicklungsstufen des Verf. u. Ergebnisse. (J. Usines Gaz **78.** 163—75. Mai 1954.) F. SCHUSTER. 8160

P. Dopter und **H. Beerens,** *Verwendung des Kleeabfalls als Methanquelle auf biologischem Wege.* Der nach Abtrennung der Körner zurückbleibende Abfall von Klee kann nach Unterss. der Vff. nach Inokulation mit Stalldünger-Bakterienflora u. Reifung unter Zusatz von Jauche (in Verdünnung bis zu 10%) zur *Methan* (I)-Erzeugung für *Brenngas*-Zwecke verwendet werden. *NaHCO$_3$*, NH$_4$-sesquicarbonat u. *Na-Formiat* allein oder in Kombination beschleunigen u. erhöhen die I-Produktion. Die gleichen Vorgänge konnten erreicht werden, wenn Jauche durch W. ersetzt wurde. (C. R. hebd. Séances Acad. Agric. France **39.** 557—62. 1953. Lille, Inst. Pasteur.) KRUSEN. 8162

Eberhard Hecker und **Friedrich Fautz,** *Verbesserungen an einer Waschöl-Benzolanlage.* Betriebliche Maßnahmen, wie weitgehende Kühlung des Waschöls, hohe Vorwärmung u. Einbau von Wärmeaustauschern, Verbesserung der Abtreibung, systemat. u. übersichtliche Überwachung aller wichtigen Tempp. u. Stoffmengen, Normung der Labor-Unterss., Zuführung von überhitztem Dampf, paßten die Benzolwaschanlage dem doppelten Kohlendurchsatz an, wobei folgende Betriebswerte erreicht wurden: Auswaschung des Bzl. aus dem Kohlengas auf unter 1 g/Nm^3, entsprechend einer Auswaschung auf 98—99%, Frischölverbrauch unter 5% der Benzolerzeugung, gleichbleibende Waschölviscosität von 2° E bei 20°, Verminderung der Waschölumlaufmenge auf 0,86—0,92 Liter je m^3 Gas, Dampfverbrauch unter 5 t je t Benzolvorerzeugnis, Wasserverbrauch etwa 100 m^3 je t Benzolvorerzeugnis, Stromverbrauch 70 kWh je t Benzolvorerzeugnis. Von den Maßnahmen zur Verbesserung erwiesen sich als bes. wirksam die Waschölregenerierung u. die Einführung der Kopfkühlung. (Gas- u. Wasserfach, Ausg. Gas **95.** 74—79. 1/2. 1954.) F. SCHUSTER. 8170

Gwynne Cellan-Jones, *Entwässerung von Teer.* Beschreibung einer App., in welcher der Teer in dünner Schicht (Film) im Gegenstrom dem Heizmedium ausgesetzt wird, wodurch die Verdampfung des W. begünstigt wird. (Coke and Gas **16.** 247—48. Juni 1954.) F. SCHUSTER. 8176

John M. Campbell und **Lawton L. Laurence,** *Entwässerung von Naturgas und leichten Kohlenwasserstoffölen.* 1. Mitt. (**3.** vgl. **C. 1953. 9033.**) Vff. bringen einen Stand der Technik über Entwässerung an Hand einer Literaturaufstellung u. verschied. Gleichungen. Sie stellen fest, daß alle Entwässerungsmethoden unabhängig von ihrem Mechanismus, darauf hinzielen, die Kondensation des W. zu forcieren u. die Neigung zum Wiederverdampfen zu verhindern. Nicht die absol., sondern die relativen Werte dieser Kräfte sind für die Kondensation maßgebend. Erläuterung an Hand von Gleichungen. (Petroleum Refiner **31.** Nr. 8. 65—70. Aug. 1952. Oklahoma City, Black, Sivalls & Bryson, Inc.) K. O. MÜLLER. 8186

Momčilo Simonović, *Behandlung von Tonbohrschlamm mit Stärke, Alkali und Phenol.* Herst. u. Eigg. eines Bohrschlamms aus jugoslaw. Rudovci-Ton mit Zusätzen von Stärke, NaOH u. Phenol werden beschrieben. Durch Zusatz von Baryt erhält man eine schwere Bohr-Fl. befriedigender Qualität. (Nafta [Zagreb] **4.** 324—30. Okt. 1953. Zrenjanin, „Naftagas".) BECKMANN. 8190

George A. Agoston, Walter H. Harte, Hoyt C. Hottel, William A. Klemm, Karol J. Mysels, Harold H. Pomeroy und **John M. Thompson,** *Das Fließen von mit Napalm verdicktem Benzin.* Vff. untersuchen den Druck, den das Fließen von mit Al-Seifengelen verdicktem Bzn. durch enge Leitungen benötigt. Sie fanden, daß der Widerstand gegenüber einem langsamen Fließen groß ist, bei stärkerem Fließen aber nur wenig zunimmt. Dies steht im Gegensatz zu gewöhnlichen Fll., deren Widerstand beim Fließen zuerst gering ist, aber dann stark ansteigt. Bei großen Fließgeschwindigkeiten fließen mit Gelen eingedickte Benzine besser als das Bzn. allein. Vff. klären damit das rheolog. Verhalten von Gelen. (Ind. Engng. Chem. **46.** 1017—19. Mai 1954. Stanford, Calif., Stanford University; Cambridge, Mass., Massachusetts Inst. of Technology.) K. O. MÜLLER. 8200

C. A. Duval und **V. A. Kalichevsky,** *Benzinraffination nach dem Duolayer-Verfahren.* Mercaptanhaltige Benzine werden im Zweischichtenverf. mit KOH, H$_2$O u. Kresylsäure als Lösungsvermittler gewaschen. Beschreibung des Verf. an Hand von Fließ- u. Phasendiagrammen. (Oil Gas J. **52.** Nr. 49. 122—23 u. 150—51. 12/4. 1954. Beaumont, Magnolia Petroleum Co.) K. O. MÜLLER. 8200

Juan Rodriguez Jurado, *Über synthetische Schmieröle.* Einleitend wird die industrielle Herst. synthet. Schmieröle erörtert. Im experimentellen Teil befaßt sich Vf. mit den Ausgangsprodd., mit der Chlorierung des Handelsparaffins, mit den Kondensationen nach FRIEDEL-CRAFTS, mit der Entparaffinierung der Schmieröle, Oxydation der Versuchsschmieröle im Labor. u. gibt eine Zusammenfassung der Schlußfolgerungen. Abschließend wird die Verwendung span. Ausgangsprodd. bei dieser Synth. in Betracht gezogen. — Schrifttum. (Combustibles [Zaragoza] **13.** 167—75. Mai/Juni 1953.) PISTOR. 8220

M. A. Minassjan und **G. I. Fuchs,** *Über die Fettgrundlage von Apparate-Schmierölen.* Vff. empfehlen die Verwendung von Ackerdistelöl; $D.^{15}$ 0,9193; VZ. 198,6; JZ. 80,0; SZ. 0,17; E. 24°; Oleinate 90,6%; Linoleate 2,3%; gesätt. Glyceride 5,7%. (Маслобойно-Жировая Промышленность [Öl- u. Fett-Ind.] **18.** Nr. 6. 15—16. Juni 1953. Krasnodar, Fett- u. Öl-Trust.) SCHMEISS. 8220

Soc. An. d'Innovations chimiques: Sinnova ou Sadic, Seine-et-Marne, Frankreich, *Brennstoffbriketts.* Der Feinkohle wird eine Mischung aus Steinkohlenpech mit oberflächenakt. quaternären Ammoniumverbb. zugemischt, die Alkohole mit 8—18 C-Atomen, aliphat. KW-stoffreste mit 1—8 C-Atomen, Säureradikale u. Halogen enthalten. (**F. P. 1 060 456** vom 21/7. 1952, ausg. 18/11. 1953.) HOLM. 8137

Porticom (Soc. An.), Luxemburg, *Preßlinge aus Brennstoff und einem Mineral.* Die feinzerkleinerten Stoffe werden mit 3—12% eines Sulfitcellulose-Rückstands in Teigform warm oder kalt zu kleinen Briketts geformt u. bei 80—250° getrocknet. Die Brennstoffmenge muß hinreichen, um das Metall des Erzes zu schmelzen. (**F. P. 1 053 164** vom 28/3. 1952, ausg. 30/9. 1953. Belg. Prior. 10/2. 1952.) HOLM. 8137

Badische Anilin- & Soda-Fabrik Akt.-Ges., Ludwigshafen/Rh. (Erfinder: **Hans Bähr,** Herne-Sodingen), *Gewinnung von Teer und festem Schwelkoks.* In Weiterausbildung des Verf. nach dem Hauptpatent 735 726, nach dem ein Gemisch von Kohle mit Druckhydrierungsprodd. von Kohle oder ölhaltigen Rückständen der Druckhydrierung von Kohle, Teeren oder Mineralölen verschwelt oder verkokt wird, gibt man bei der Herst. der Preßlinge noch ein Hilfsbindemittel, wie Sulfitablauge, Stärkekleister, Leime oder ähnliche Stoffe, zu. Die Preßlinge werden dann nach dem Spülgasverf. in bewegter Schicht geschwelt. (**D. B. P. 910 885** Kl. 10a vom 5/12. 1939, ausg. 6/5. 1954. Anmeldung bekanntgemacht 23/7. 1953. **Zusatz zu D. R. P. 735 726; C. 1943. II. 886.**) W. HAUSWALD. 8141

Siemens-Planiawerke Akt.-Ges. für Kohlefabrikate, Deutschland, *Verkoken von Kohlebriketts.* Zerkleinerte Kohle, gegebenenfalls mit einem Magerungsmittel, wie Anthrazit u. Koks, wird mit künstlichen Harzen u. a. Kondensationsprodd., wie Phenolharz, nach dem Anfeuchten gepreßt u. nach dem Erhärten des Harzes verkokt. Anorgan. Stoffe, wie Metalloxyde, Kaolin u. Glas, können zugemischt werden. (**F. P. 1 061 557** vom 20/8. 1952, ausg. 25/11. 1953. D. Prior. 21/8. 1951.) HOLM. 8143

Ernst Terres, Deutschland, *Brennstoff aus Torf.* Vor der Verkokung werden dem Torf Asche oder Alkali-, Erdalkali- oder Schwermetallsalze zur schnelleren Entwässerung zugeführt. Der *Koks* ist für metallurg. Prozesse u. für die Vergasung geeignet. (**F. P. 1 061 431** vom 12/8. 1952, ausg. 25/11. 1953. D. Prior. 13/8. 1951.) HOLM. 8145

Imperial Chemical Industries Ltd., London (Erfinder: **Thomas James Perrett Pearce,** Norton-on-Tees), England. *Wassergaserzeugung.* Man bläst feinzerkleinerten Koks in einem senkrechten Rohr heiß, wobei die Geschwindigkeit der eingeblasenen Luft mindestens das 2- bis 3fache derjenigen Geschwindigkeit beträgt, die notwendig ist, um den Koks in Strömung zu halten. Während die Verbrennungsgase oben abgezogen werden, tritt der Koksstrom in den danebenliegenden Wassergaserzeuger ein u. wird hierin durch aufwärtsströmenden Dampf zu Wassergas umgesetzt. Der nicht verbrauchte Koks tritt dann von unten in das senkrechte Verbrennungsrohr von neuem ein. (**E. P. 702 523** vom 21/3. 1950, ausg. 20/1. 1954.) W. HAUSWALD. 8153

Combusta G. m. b. H., Österreich, *Kontinuierliche Gaserzeugung.* Fl. Brennstoff wird unter Zusatz von Wasserdampf verbrannt, u. in den Raum der verbrannten Gase wird an mehreren Stellen Brennstoff zum Vergasen zugeführt. Beim Ausgang aus dem Vergaser in einer Entfernung, wo auch die Dämpfe der fl. KW-stoffe nicht mehr reagieren, wird von neuem Luft, O_2 oder Wasserdampf eingeblasen, um Gase, wie CO u. CH_4, in H_2 u. CO_2 umzusetzen. Nach der Umwandlung ist das Gas zur NH_3-Synth. geeignet. (**F. P. 1 061 044** vom 28/7. 1952, ausg. 25/11. 1953.) HOLM. 8163

North Thames Gas Board, London, England (Erfinder: **Leonard Silver**), *Entfernung von Ammoniak aus Gasen, die Schwefelwasserstoff und Kohlendioxyd enthalten.* Man wäscht die Gase mit W. u. leitet dann Luft oder ein inertes Gas durch die Waschflüssigkeit. Die Luft oder das Gas nehmen H_2S aus der Waschflüssigkeit. Sie werden anschließend dem Frischgas zugesetzt. Der Waschprozeß wird so langsam durchgeführt, daß sich CO_2 u. NH_3 chem. vereinigen können. Man verwendet bes. Platten- oder Füllkörperkolonnen, in die man das Frischgas in der Mitte u. die Luft unten einleitet. Man kann auch einen horizontalen Mehrstufenwäscher verwenden. Die Luftmenge beträgt bes. 50% des Frischgases. Die Wasch-Fl. kann man der ammoniakal. Wasch-Fl. eines Kohlengasreinigers zusetzen. (**E. P. 706 991** vom 4/5. 1951, ausg. 7/4. 1954.) ZÜRN. 8169

Soc. des Établissements Barbet, Paris, Frankreich, *Gewinnung von Benzolkohlenwasserstoffen aus Kohlengas und Koksofengas.* Man leitet die Gase durch eine stark gerührte wss. Lsg. [$CaCl_2$, $Ca(NO_3)_2$, Glykol oder Glykoläther in W.], die unter Arbeitsbedingungen nicht gefriert u. durch fl. KW-stoffe, die höher sd. als Benzol. Man arbeitet beide Male unter 0°, z. B. bei —20°. Man trennt Bzl. aus der wss. Lsg. durch Schichtentrennung ab, aus den fl. KW-stoffen durch Destillation. — Zeichnung. (**E. P. 683 322** vom 1/8. 1950, ausg. 26/11. 1952. F. Prior. 2/8. 1949.) UNGER. 8171

Karl Pilz und **Alois Joklik,** Österreich, *Entschwefeln von Gasreinigungsmasse.* Die M. wird an der Luft unter Zumischung eines Verbrennungsgases geröstet, wobei die Temp. in der Reaktionszone 400° nicht übersteigen darf. Aus der Reaktionskammer entweichen SO_2 u. S in Dampfform, die mit NH_3 u. Wasserdampf gemischt u. einem Kühler zugeführt werden, in dem sich eine $(NH_4)_2SO_3$, NH_4HSO_3 u. S enthaltende Lauge abscheidet. Auch kann die Rk. bei 800—900° durchgeführt werden, worauf das 5—7% SO_2 enthaltende Abgas zur Herst. von Sulfitlauge oder zur Herst. von H_2SO_4 nach dem Kontaktverf. verwendet werden kann. Die so behandelte Reinigungsmasse ist wieder zu benutzen. (**F. P. 1 006 963** vom 16/12. 1949, ausg. 29/4. 1952. Oe. Prior. 23/12. 1948.) WITTHOLZ. 8173

Rütgerswerke Akt.-Ges., Frankfurt/M-, Deutschland, *Verfahren und Vorrichtung zur Destillation von Steinkohlenteer.* In hintereinander geschalteten Kolonnen wird der Steinkohlenteer nach Abtreibung der niedriger sd. Bestandteile in 3 Fraktionen zerlegt, von denen die eine im wesentlichen *Carbazol,* die andere eine Zwischenfraktion u. die 3. *Anthracen* u. *Phenanthren* aufweist. Es wird in der Weise verfahren, daß in einer vorgeschalteten Kolonne eine leichter als Phenanthren sd. Fraktion abgetrennt wird, aus dem Sumpf derselben in einer nachgeschalteten Kolonne die schwerer als Carbazol sd. Bestandteile über Seitenkolonnen abgetrennt werden u. das Kopferzeugnis dieser Kolonne in einer weiteren nachgeschalteten Kolonne in eine Phenanthren–Anthracen-Fraktion u. eine Carbazolfraktion aufgeteilt wird, wobei die erstere über Kopf geht u. die letztere als Sumpf anfällt. Über eine Seitenkolonne wird hier die oben genannte Zwischenfraktion abgenommen. — Schemat. Zeichnung. (**E. P. 698 340** vom 20/10. 1950, ausg. 14/10. 1953. D. Prior. 14/6. 1949.) HERBST. 8177

Universal Oil Products Co., Chicago, Ill., übert. von: **Lyman C. Huff,** Evanston, Ill., V. St. A., *Pyrolytische Behandlung von festen und flüssigen Kohlenwasserstoffen.* Man erhitzt die Mischung von festen u. fl. KW-stoffen auf eine Temp., bei der noch keine Verkokung stattfindet, u. führt die erhitzte Mischung in eine Entspannungskammer. Die hierbei freiwerdenden niedrig sd. Fraktionen werden dann in einem 1. Fraktionator fraktioniert. Die in der Entspannungskammer fl. verbleibenden Bestandteile samt ihren begleitenden Mineralien (Ölsande, Ölschiefer) werden mittels hocherhitzten Dampfes weiter dest. u. die hierbei freiwerdenden Prodd. in einem 2. Fraktionator in Leicht-, Mittel- u. Schwerfraktion zerlegt. Ein Teil des Mittelprod. wird dann erhitzt u. der Entspannungs- u. Destillationszone als hoch erhitzter Dampf zugeführt. Die Bodenfraktion der beiden Fraktionstürme wird in getrennten Kammern verkokt. Ein anderer Teil der Mittelfraktion wird nach Unterdrucksetzung als Lösungsm. für die Ausgangsstoffe (Ölsand, Teersand, Ölschiefer, Bitumen oder asphalt. Ablagerungen) benutzt. — Zeichnungen. (**A. P. 2 587 729** vom 31/5. 1946, ausg. 4/3. 1952.) W. HAUSWALD. 8181

Dow Chemical Co., Midland, Mich., übert. von: **Paul H. Cardwell** und **Charles L. Lunsford,** Tulsa, Okla., V. St. A., *Behandlung von Erdölbohrlöchern* in kalkhaltigen Erdformationen mit Säuren, gek. durch die Verwendung einer mit Ameisensäure bzw. Na- u. K-Formiaten gepufferten 5—25%ig. Säure, bes. Salzsäure. Durch diese Zusätze wird der p_H-Wert der Säure unter 3 gehalten. — Beispiel: Zusatz von 3% Ameisensäure oder Na-Formiat zu einer 15%ig. Salzsäure ergibt einen p_H-Wert von 2,85—2,95. (**A. P. 2 640 810** vom 14/9. 1950, ausg. 2/6. 1953.) DREWS. 8191

Dow Chemical Co., Midland, Mich., übert. von: **Paul H. Cardwell** und **Frank H. Braunlich jr.,** Tulsa, Okla., V. St. A., *Verhinderung von Bohrölverlusten* in porösen Erdschichten. Man gibt zu 1000 Gallonen Bohröl, das ca. 300 lbs. Koksstücke (Durchmesser = $^3/_8$ inch) enthält, weitere ca. 300 lbs. solcher mit einem Überzug von Phenolformaldehydharz, das freies Alkali, z. B. NaOH oder ein organ. Amin, enthält, versehene Koksstücke. Das freie Alkali bewirkt eine weitere Verharzung u. dadurch die Bldg. eines festen Überzuges aus Harz u. Koks an den Bohrlochwänden. (**A. P. 2 650 195** vom 26/5. 1952, ausg. 25/8. 1953.) DREWS. 8191

N. V. de Bataafsche Petroleum Mij., Den Haag, Holland (Erfinder: **David Louis Yabroff**, Berkeley, und **Ellis Ross White**, Albany, Calif., V. St. A.), *Entfernung von Mercaptanen, Alkylphenolen, Thiophenolen aus leichten Kohlenwasstoffgemischen oder ihren Derivaten* mit wss. Laugen, die Löslichkeitsförderer (aliphat. Alkenolamine u. Aminoalkylamine) für Mercaptane als Hilfsstoffe enthalten. Den Laugen werden außerdem noch ein oder mehrere ein- oder mehrkernige Phenolate bzw. deren Alkyl- oder Aminoderivv. zugesetzt, wobei die Verwendung von Laugen, die Gemische von Alkaliverbb. von Alkylmonophenolen u. Fettsäuren bzw. deren Derivv. mit 1—8 C-Atomen enthalten, in denen ein Teil der C-Atome in aromat. Ringstruktur vorliegen kann, die COOH-Gruppe jedoch nicht direkt an den Ring gebunden sein darf, nach D. B. P. 897 609; C. **1954**. 7787, ausgenommen wird. Das Gemisch der Hilfsstoffe besteht aus einem Alkalialkylphenolat u. einem Alkalisalz der Phenylessigsäure. (**D. B. P. 907 106** Kl. 23b vom 8/7. 1939, ausg. 22/3. 1954. A. Prior. 10/2. 1939.) UNGER. 8195

Lobitos Oilfields Ltd., Eilesmere Port, Cheshire, **Albert Rowland Vale Berry**, Leven Kings, Essex, und **I. Everington**, London, England, *Extraktion von Sulfonsäuren aus Säureschlamm*, den man als Nebenprod. bei der Reinigung von Mineralölen mit H_2SO_4 oder Alaun erhält. Man wäscht den Schlamm bei 20—60° mit 100—400 Gew.-% Mineralöl (von einer REDWOOD-Viscosität von 50—200 Sek. bei 100° F.) aus u. trennt das Waschöl, welches die Sulfonsäuren enthält, von dem Säureschlamm, z. B. durch Zentrifugieren. (**E. P. 699 341** vom 12/10. 1950, ausg. 4/11. 1953.) UNGER. 8195

Standard Oil Development Co., Elizabeth, N. J., V. St. A., *Herabsetzung der Viscosität schwerer Kohlenwasserstoffrückstände* durch therm. Behandlung in einer Viscositätsbrechungszone (V) bei 780—950° F unter 100—1500 lbs./sq.in. Man leitet das Prod. in eine Trennzone (T), in der Temp. u. Druck niedriger sind als in V. Der abgeschiedene Teer wird in einer Sammelzone (Z) gesammelt (Temp. 400—650° F, Druck 50—300 lbs./sq.in.). Der Teer bleibt 20—300 Sek. in Z. Das Produkt aus V wird auf 500—800° F abgeschreckt, indem man gekühlten Teer aus Z zumischt, bevor man den Druck in T reduziert. Temp. u. Druck in T: 450—800° F, 50—300 lbs./sq. in., vorzugsweise 100—200 lbs./sq.in. Man gibt 1—75 Vol. Behandlungsgut in 1 Vol. der V pro Std. u. erhitzt es zuvor auf 700—850° F. In T wird das Material mit Dampf abgestreift. Vor der Behandlung wird das Material entsalzt. — Zeichnung. (**E. P. 700 137** vom 1/10. 1951, ausg. 25/11. 1953. A. Prior. 28/12. 1950.) UNGER. 8197

Standard Oil Development Co., Elizabeth, N. J., V. St. A., *Regenerierung von Kohlenwasserstoffumwandlungskatalysatoren*. Synthet. hergestellte SiO_2–Al_2O_3-, SiO_2–MgO- oder SiO_2–Al_2O_3–MgO-Gelkatalysatoren, die durch fortwährenden Gebrauch bei KW-stoffumwandlungen u. regenerierenden Abbrennprozessen desaktiviert worden sind, behandelt man vor, bei oder nach der Regenerierung mit F-haltigen Verbb., z. B. HF, BF_3, UF_6 oder SiF_4. (**E. P. 671 629** vom 21/7. 1950, ausg. 7/5. 1952. A. Prior. 8/9. 1949.) UNGER. 8197

Standard Oil Development Co., übert. von: **Barrett B. Russell 3rd**, Elizabeth, und **Nathaniel H. Rickles**, Roselle Park, N. J., V. St. A., *Treibstoff für Strahltriebwerke*, bestehend aus einer paraffin. oder aromat. KW-stoffbasis mit Kp. 315—572° F u. einer kinemat. Viscosität bei —40° F von 10,6, die mit 25—75 Vol.-% eines Gemisches von CH_3OH u. Isopropanol vermischt ist. (**A. P. 2 662 817** vom 22/12. 1948, ausg. 15/12. 1953.) DERSIN. 8205

Ethyl Corp., New York, N. Y., übert. von: **Eugene F. Hill**, Birmingham, und **David O. De Pree**, Royal Oak, Mich., V. St. A., *N-Alkyl-N'-(p-oxyphenyl)-harnstoffe* erhält man durch Rk. von p-Aminophenol (I) mit Alkylisocyanaten, z. B. *N-n-Octyl-N'-(p-oxyphenyl)-harnstoff*, F. 131°, durch Rk. von I mit n-Octylisocyanat. — *N-n-Dodecyl-N'-(p-oxyphenyl)-harnstoff*, F. 142°. — *Antioxydantien* für *Gasoline*. (**A. P. 2 663 730** vom 16/9. 1953, ausg. 22/12. 1953.) BRÖSAMLE. 8213

XX. Schieß- und Sprengstoffe. Zündmittel.

J. Berchtold und **J. Eggert**, *Über die Zündfähigkeit von Sprengstoffen durch Strahlung hoher Intensität.* Die zur Initiierung bei Zimmertemp. erforderlichen Belastungen einer xenongefüllten Gasentladungsröhre liegen für Jodstickstoff, Silbernitrid, Kupfer-(1)-acetylid, Silberacetylid, Quecksilber-(2)-acetylid, Quecksilber-(2)-fulminat, Bleiazid, Silberfulminat, Silberazid, Quecksilber-(2)-azid, Silberoxalat, Quecksilber-(1)-

azid, ansteigend in der vorst. Reihenfolge, zwischen 18 u. 300 Wattsekunden. Infolge des verschied. spektralen Absorptionsvermögens stehen die dunkelgefärbten Stoffe an der Spitze dieser Reihe. Der vorwiegend therm. (nicht photochem.) Charakter dieser Zündungen wird durch entsprechende Verss. mit vorgewärmtem Bleiazid erhärtet: Vorwärmung (durchgeführt bis 200°) erniedrigt die zur Zündung notwendige Röhrenbelastung. Extrapolation auf die Einstrahlungsenergie Null ergibt eine vom Literaturwert der Dunkelzündtemp. (350°) um nur 30° nach oben abweichende Temperatur. (Naturwissenschaften **40.** 55—56. Jan. 1953. Zürich, ETH, Photograph. Inst.) AHRENS. 8292

M. A. Riwin, *Der Mechanismus von Gasdetonationen.* Übersicht. Die notwendige Bedingung für eine Detonation ist das Vorhandensein einer leistungsfähigen Schlagwelle mit einer starken Druckänderung u. die Überschallgeschwindigkeit des Stoffes. Die Geschwindigkeit der Verbreitung der Detonationsverbrennung ist nicht mit der Diffusion u. der Wärmeleitfähigkeit verbunden. Sie ist um ein Mehrfaches größer als die Schallgeschwindigkeit im Ausgangsstoff. Ausführlich werden die Arbeiten von MICHELSON u. SELDOWITSCH besprochen. (Успехи Химии [Fortschr. Chem.] **20.** 473 bis 494. Juli/Aug. 1951. Moskau.) STEINBERG. 8294

B. Kultshanow, *Untersuchung der Feuchtigkeit und Brisanz von Ammonit Nr. 10 im Bergwerk Kounrad.* Zwölfjährige Beobachtungen im Bergwerk Kounrad ergaben einen erhöhten Verbrauch an Sprengstoffen in der Winterzeit gegenüber dem Sommer (speziell auch für Nachsprengungen). Die Unters. mit *Ammonit Nr. 10* ergab, daß dessen Feuchtigkeit u. Brisanz nach dem Einbau in der Sommerzeit sich nicht wesentlich veränderten; im Winter jedoch stieg die Feuchtigkeit im Mittel um 70% (die zulässige Grenze des Wassergeh. von 1% oft weit überschreitend), womit die gemessene Abnahme der Brisanz um 20—30% zu erklären ist. Daher empfiehlt es sich, die Bohrlochentfernungen im Winter um 15—25% dichter anzulegen. (Вестник Академии Наук Казахской ССР [Nachr. Akad. Wiss. KasachSSR] **10.** Nr. 9. 66—75. Sept. 1953.) v. WILPERT. 8294

N. R. S. Hollies, N. R. Legge und **John L. Morrison,** *Die Empfindlichkeit von Initialsprengstoffen gegenüber mechanischen Stößen.* PbN_6 (I), hergestellt durch gleichzeitiges Einleiten der Lsgg. von 4 g NaN_3 u. von 10,2 g $Pb(NO_3)_2$ in je 50 cm³ W. aus Büretten in 250 cm³ einer 0,5% wss. Lsg. von Dextrin, sowie $Hg(CNO)_2$ (II), dargestellt nach DAVIS (The chemistry of powder and explosives, Vol. II, John Wiley and Sons, Inc., New York [1943]) wurden durch Aufstäuben mittels einer Bürste zwischen eine mit Vertiefung versehene Stahlplatte u. einen in diese passenden Stahlstempel gebracht u. unter Vorlast durch zusätzliches Fallenlassen von Kugeln verschied. Gewichts aus verschied. Höhen mechan. beansprucht. Die statist. Häufigkeit der dabei auftretenden Detonationen wurde in Abhängigkeit a) von der kinet. Energie ohne u. b) mit Berücksichtigung des Rückpralls u. c) von dem zugeführten Impuls festgestellt, der Restitutionskoeff. u. oscillograph. die Stoßdauer gemessen sowie die auftretenden Kräfte berechnet. Die Detonationshäufigkeit ist eine glatte Funktion sowohl der Stoßenergie (b) als auch des Impulses (c). 50% Detonationen traten bei einem Impuls von 4,6 bzw. $2{,}6 \cdot 10^4$ cgs-Einheiten mit einer Stoßdauer von 2,2 bzw. $1{,}9 \cdot 10^{-4}$ Sek. bei I bzw. II ein. Aus der Übereinstimmung mit den Impulsen, aber nicht mit den Energiewerten, welche POWELL, SKILLY u. UBBELOHDE (Trans. Roy. Soc. [London], Ser. A **241.** [1949.] 287) mit einer andersartigen Schlagapp. bestimmten, schließen Vff., daß der Impuls für die Detonationsauslösung ausschlaggebend ist. Sie nehmen im Gegensatz zu BOWDEN u. GURTON (Proc. Roy. Soc. [London], Ser. A **198.** [1949.] 350) keine intermediäre Umwandlung der Stoßenergien in Wärme u. Zündung durch „hot spots" an u. deuten deren Verzögerungszeiten zwischen Stoß u. Explosion von der Größenordnung 10^{-4} Sek. als Stoßdauern. (Canad. J. Chem. **31.** 746—54. Aug. 1953. Edmonton, Alberta, Univ. of Alberta, Dep. of Chem.) AHRENS. 8294

Joseph Chosson, *Mathematische Untersuchung der Diffusionsvorgänge. Anwendung auf Nachbehandeln und Glätten.* Mathemat. Theorie der Diffusion in Anwendung auf die Verteilung der Stabilisatoren (Campher, Diphenylamin) bzw. ihrer Lösungsmittel u. der Bad-Fll. in militär. Pulvern bei den verschied. Schritten ihrer Herstellung. — Einfl. auf den Verbrennungsverlauf. — Experimentell gefundene Werte. (Mém. Poudres **32.** 255—78. 1950. Saint-Médard, Poudrerie Nationale.) AHRENS. 8300

Louis Médard, *Untersuchung von Phenyl-β-naphthylamin als Stabilisator für Pulver B (Nitrocellulosepulver). Phenyl-β-naphthylamin* (I) wurde durch Einw. von β-Naphthol auf Anilinchlorhydrat bei 230° nach GRAEBE (1880) hergestellt u. durch zweimaliges Umkristallisieren in A. gereinigt (kleine weiße Nadeln, F. 108°). Sonst übereinstimmende Nitrocellulosepulverproben wurden mit a) 1,5% u. b) 2% **I** sowie mit c) 1,5% ***Diphenylamin*** (**II**) stabilisiert, so daß **I** u. **II** in a) u. c) gewichtsgleich, in b) u. c) mit gleichen Molzahlen enthalten waren. Die Proben wurden der Beständigkeitsprüfung bei 110° nach VIEULLE unterworfen, wobei die Ergebnisse bei b) u. c) nahezu übereinstimmten, während a) etwas weniger beständig war. Während des Vers. nahmen die Proben a) u. b) die orange Farbe des ***Phenyl-β-naphthylnitrosamins*** (**III**) (F. 93°), c) die braune bis schwarze Farbe des ***Diphenylnitrosamins*** (**IV**) an. In Nebenverss. ergab sich, daß **III** eine alkoholfeuchte Nitrocellulose weniger gut gelatiniert als **IV**. **I** ergibt in H_2SO_4 mit etwas HNO_3 eine grüngraue, durch W. in Braun übergehende Farb-Rk. im Gegensatz zum Dunkelblau, in Verdünnung Violett, bei **II**. (Mém. Poudres **32.** 305—08. 1950. Labor. Central des Poudres.) AHRENS. 8300

Hyman Henkin und **Russell McGill**, *Geschwindigkeiten des explosiven Zerfalls von Sprengstoffen. Experimentelle und theoretische kinetische Untersuchung in Abhängigkeit von der Temperatur.* Je 25 bzw. 3 mg Explosivstoff, untergebracht in einem mit Deckel versehenen kupfernen Röhrchen, werden rasch in ein zuvor mittels elektr. Heizwicklung auf bestimmte Tempp. eingestelltes Bad aus WOOD-Metall getaucht. Die Zeit zwischen Eintauchen u. Abschleudern des Deckels infolge der Explosion wird durch ein elektron. Zählwerk (60-period. Wechselstrom) erfaßt. Bei der höchsten anwendbaren Temp. von 360° u. einer Einwirkungsdauer von 5 Min. wurde bei Ammoniumdichromat, Ammoniumpikrat, Cyclotetramethylentetranitramin, Cyclotrimethylentrinitramin, N.N'-Dinitro-N.N'-dimethyloxamid, Nitroguanidin, Kaliumpikrat, Trinitrobenzol u. Trinitrotoluol keine Explosion erhalten. Bei Trinitrophenylmethylnitramin (Tetryl) (14,4), Pentaerythrittetranitrat (22,0), Nitroglycerin (22,6), Bleiazid (21,2), Tetramethylolcyclopentanontetranitrat (13,5), N.N'-Dinitro-N.N'-di-(β-nitroxyäthyl)-oxamid (17,2), Bleitrinitroresorcinat (58,8), Pikrinsäure (27,4), Schwarzpulver (20,6), Äthyltrimethylolmethantrinitrat (15,0) u. Tetramethylolcyclohexanolpentanitrat (12,0) genügten die Meßwerte einer Geraden $\log t = E/RT +$ const bis herab zu den niedrigsten Tempp., bei welchen Explosionen erhalten werden konnten, was zu den in Klammern beigefügten Aktivierungswärmen E (kcal/Mol) führt. Bei Erythrittetranitrat (22,8; 51,1), Nitrocellulose mit 12,6 sowie 13,4% N (26,5; 67,0), Äthylendinitramin (10,0; 80—85), Quecksilberfulminat (20,2; 58,0) u. Diazodinitrophenol (29,0; 48,0) ergab sich für tiefe Tempp. eine steilere Gerade als für hohe, mit deutlichem Knick bei den drei ersten der Reihe. Dem steileren Kurvenzweig entspricht jeweils der zweite in der Klammer angegebene Wert für die Aktivierungswärme. Der Unterschied wird im Anschluß an ROBERTSON (Trans. Faraday Soc. **44.** [1948.] 977; C. **1950.** I. **1461**) auf die Aufnahme von Verdampfungswärme zurückgeführt. Die Wertepaare (t, T), die Explosionstempp. bei t = 1 Sek. u. die niedrigsten gefundenen Explosionstempp. (zwischen 150 u. 320°) sind tabellar. zusammengestellt. Bei Ammoniumnitrat bzw. Di-(β-nitroxyäthyl)-nitramin (12,0), die keine reproduzierbaren Ergebnisse brachten, lagen die niedrigsten Explosionstempp. bei 300 bzw. 235°. (Ind. Engng. Chem. **44.** 1391—95. Juni 1952. Pittsburgh, Pa., U. S. Bur. of Min.) AHRENS. 8304

R. Schall, *Die Initiierungsempfindlichkeit von Sekundärsprengstoffen.* Auf Grund der Vorstellung, daß die Tiefe bzw. der Radius eines Verdichtungsstoßes gleich bzw. größer als die Reaktionszonenlänge eines Sekundärsprengstoffs sein muß, wenn dessen Detonation eingeleitet werden soll, kommt Vf. für die hierzu erforderliche Energie zu einer Gleichung, welche nur bekannte bzw. meßbare detonationsphysikal. Werte enthält. Sie steht in guter Übereinstimmung mit den bei PbN_6 beobachteten Grenzladungen. (Z. Naturforsch. **8a.** 676. Okt. 1953. Weil/Rh.) AHRENS. 8304

Masaniello Riccardo Corelli, *Die Herabsetzung des Erstarrungspunktes von Tetranitromethan mit chemischen Mitteln, sowie vorläufige Mitteilung über das System Tetranitromethan–Distickstofftetroxyd.* Der für die Verwendung in Raketen hinderliche, relativ hohe E. des $C(NO_2)_4$ (**I**) von +13° wird durch Zusatz von 14 (Vol.-) % N_2O_4 auf —3°, durch 22% auf —9°, durch 30% auf —21° erniedrigt. Die Lsgg. sind (vermutlich durch einen Geh. an NO) smaragdgrün gefärbt. Eine geringe Menge NO ist auch für die E.-Erniedrigung günstig. Mit einer Lsg. von 8% N_2O_4 in **I** reagieren aliphat. u. aromat. Amine u. Hydrazin spontan u. lebhaft. Die Lsgg. sind lange unverändert haltbar, z. B. in Flaschen aus Al, Al-Legierungen vom Typ Anticorodal, 18—8-Stahl oder auch Weicheisen. Ihr Dampfdruck ist nicht hoch (2 at bei 35°). Sie werden, je nach dem Geh. an N_2O_4, als „Superoxol 10, 20 usw." bezeichnet. (Aerotecnica **33.** 391—92. Dez. 1953.) R. K. MÜLLER. 8310

Robert Sartorius, *Untersuchung eines optischen Verfahrens für die Beurteilung der Körnung des Aluminiums für nitrathaltige Bergbausprengstoffe.* Da sowohl die mechan. als auch die Detonationsempfindlichkeit mit wachsender Kornfeinheit des Al in Al-haltigen Sprengstoffmischungen (z. B. aus NH_4NO_3, nitriertem Toluol u. Al) zunimmt, bedarf es einer Auswahl zur Vermeidung des Überwiegens extremer Korngrößen, um die erstgenannte Eig. genügend klein u. die zweite ausreichend groß zu erhalten. Aus der Schwächung eines Lichtstrahls, welcher eine in einer genormten Küvette befindliche Verteilung geringer Konz. des zu untersuchenden Al-Pulvers in Ae. durchsetzt, werden unter Auswertung des Zeitverlaufs der Sedimentation Vergleichswerte für diese Auswahl erhalten. Auch ist eine Best. der spezif. Oberfläche auf Grund einer vollständigen Korngrößenanalyse in einem Gebiet der Feinheit möglich, welches durch die Siebmeth. nicht mehr erfaßbar ist. (Mém. Poudres **32.** 145—52. 1950. Labor. de la Commission des Substances Explosives.) AHRENS. 8324

Karl Nowak, Wien, *Herstellung stark expansionsfähiger Stoffe.* Der Stoff wird in festem Aggregatzustand bei Tiefkühlung möglichst nahe dem absol. Nullpunkt im Zustand der Supraleitfähigkeit bzw. bei der derselben entsprechenden Temp. unter Druck gesetzt, bis die Supraleitfähigkeit wieder verschwindet oder bis nahe an die Grenze vor deren Verschwinden. Schall u. Ultraschallfrequenzen können gleichzeitig zur Einw. kommen. Das Reaktionsgefäß soll aus Stoff niedrigerer Ordnungszahl des Period. Syst. angefertigt sein als der zu komprimierende Stoff, ebenso einen tieferen F. besitzen u. bei tieferer Temp. supraleitend werden. Diese Stoffe können atomar legiert, d. h. gegenseitig im Kristallgitter verankert sein, u. auch Stoffe stark unterschiedlicher F. u. Abdampftemp. können legiert werden. Herst. stark expansionsfähiger *Sprengstoffe, Raketenantriebsstoffe* unter Regelung der Ausstoßgeschwindigkeit durch Temp. des Kühlmittels. — Zeichnung. (**D. B. P. 905 847** Kl. 12g vom 16/3. 1943, ausg. 8/3. 1954.) MATTHAES. 8299

Orville Dafert, St. Lambrecht, Österreich, und **Hans Freyer,** Geesthacht, Bez. Hamburg, *Lösungsmittelfreie Pulver.* Zur Verhinderung des Weichwerdens bei Temp. $>60^0$ erhält die M. einen Zusatz von höchstens 10% eines *Pentaglycerinphthalsäureharzes.* (**D. B. P. 904 994** Kl. 78c vom 2/6. 1944, ausg. 25/2. 1954.) KALIX. 8301

Dynamit-Akt.-Ges. vormals Alfred Nobel & Co., Troisdorf (Erfinder: **Gotthard Kuhn** und **Adolf Berthmann,** Leverkusen), *Schlagwettersichere Sprengstoffe.* Sprengölhaltige Mischungen (I) erhalten einen Zusatz geringer Mengen von Oxyden, Hydroxyden oder Carbonaten von Mg, Al, Fe, Cr u. anderen Schwermetallen, die **I** gut adsorbieren u. außerdem etwas W. enthalten, das so leicht gebunden ist, daß es bei der Detonation sofort verdampft u. die Schwaden abkühlt. Bes. geeignet ist feinpulveriges Brauneisenerz, $Fe_2O_3 \cdot 3\,H_2O$. (**D. B. P. 903 186** Kl. 78c vom 1/1. 1952, ausg. 4/2. 1954.) KALIX. 8305

Industrie-Sprengstoff-Werk (Erfinder: **Matthias Wippenbeck** und **Willibald Wild**), Neumarkt, Oberpfalz, *Erhöhung der Detonationsübertragungsfähigkeit von Sprengkörpern.* An dasjenige Ende des Sprengkörpers oder der Sprengpatrone, von dem aus die Detonation weitergehen soll, wird eine ebene oder gewölbte Scheibe aus solchem an sich bekannten, leicht brennbarem Metall, z. B. Mg-, Sb- oder Al-Blech von 1 mm Dicke, gesetzt, das die Detonationswrkg. erhöht. (**D. B. P. 904 389** Kl. 78e vom 6/2. 1951, ausg. 18/2. 1954.) KALIX. 8305

Sydney J. Magram, Baltimore, und **John J. Blissel,** Kingsville, Md., V. St. A., *Mischung für Initialzünder.* Die M. besteht aus 55—70% Fe_2O_3 u. 30—45% Ti. Zu ihrer Herst. wird feingepulvertes Ti mit W. zu einer dicken Paste angerührt, Fe_2O_3 zugemischt, die M. getrocknet u. mit 2000 lbs./sq.in. gepreßt. (**A. P. 2 640 770** vom 29/5. 1951, ausg. 2/6. 1953.) KALIX. 8309

Jean Rochat, Schweiz, *Zünden von Explosivkörpern.* In einer geschlossenen Röhre, welche einen gasförmigen oder in den Gaszustand überführbaren Explosivstoff enthält, wird ein Projektil durch eine schwache Treibladung in Bewegung gesetzt. Infolge der hierbei eintretenden Temperatur- u. Drucksteigerung detoniert der Explosivstoff. Der Explosivkörper kann mehrere solcher Röhren enthalten. Die dann gleichzeitig in Bewegung gesetzten Projektile eilen einem gemeinsamen Explosionszentrum zu. — Zeichnung. (**F. P. 1 051 151** vom 26/6. 1951, ausg. 13/1. 1954. Schwz. Prior. 9/1. 1951.) OPPERMANN. 8309

État Français (Erfinder: **Jean Berger, Georges Maire** und **Pierre Maurice**), *Herstellung von adhäsiven wärmeisolierenden plastischen Massen.* Zur Verhinderung der Wärmeübertragung bei *Treibsätze* enthaltenden Körpern auf deren Metallwandungen versieht man die Innenseiten dieser Wandungen mit einer aus einer Lsg. oder Emulsion einer Polyvinylverb., einem Plastifizierungsmittel u. einer feuerbeständigen, wärmeisolierenden Substanz bestehenden Masse. Sie hat z. B. die Zus.: 25 (%) Polyvinylacetatemulsion, 5 Butylphthalat, gegebenenfalls mit Zusatz von Äthyllactat, 20 Talk, 30 Lithopone u. 20 Wasser. Man kann solche M. auch auf die Treibsätze auftragen, um eine Ausbreitung der Flammen an der Oberfläche der Sätze zu verhindern. (**F. P. 1 040 557** vom 20/4. 1949, ausg. 16/10. 1953.) OPPERMANN. 8311

James Taylor und **Alexander Cantlay Hutchinson,** Saltcoats, Schottland, und **Isaac Fagelston,** London, England, *Kraftgaserzeugendes festes Gemisch.* Die M. enthält mindestens ein Nitroderiv. oder Nitrat einer N-Base, einen Stoff, der die therm. Zers. unterhält, z. B.Ammonchromat, ein K-Salz, z. B. KNO_3, u. einen leicht oxydierbaren Stoff, z. B. wasserfreies NH_4-Oxalat. Das Gemisch wird in ein Stahlrohr von mehreren mm Durchmesser gepreßt, das mit Asbest ausgekleidet ist; es dient zum *Antrieb* von WILLIAMS-JAMES-Motoren. (**D. B. P. 904 996** Kl. 78d vom 30/12. 1948, ausg. 25/2. 1954. E. Prior. 29/11. 1946.) KALIX. 8311

XXI. Leder. Gerbstoffe.

A. Gansser-Burckhardt, *Die Archäologie der Leder, Ihre Präparierung und Bestimmung.* Es werden eine Reihe von Lederfunden aus prähistor. u. aus der Römerzeit besprochen. Für die Präparierung u. Konservierung gibt es keine in allen Fällen anwendbare Methode. Eine Behandlung mit Glycerin oder Leinöl ist im allg. nicht empfehlenswert. Bewährt hat sich in vielen Fällen bei Ledern, die sich in zersetzender organ. Substanz befanden (z. B. in Mooren), eine Behandlung mit Kaliumpermanganat u. anschließende Red. mit Natriumbisulfit. Eine zweite Meth. der Reinigung von Lederfunden besteht in der „Bombardierung“ mit nascierendem CO_2. Man bringt die Leder zunächst in $NaHCO_3$-Lsg. u. dann ohne Auswaschen in verd. HCl. Das Verf. kann mehrfach wiederholt werden. Für das Weichmachen harter u. brüchiger Leder ist oft eine Lagerung in feuchter Luft bei 40° vorteilhaft. — Im Altertum u. auch schon in prähistor. Zeit sind ein Großteil der Leder mit Fichtenrinde gegerbt worden, aber auch Eichenrinde, Acacia nilotica, Granatapfelbaum, Birke, Weide u. Sumach wurden angewandt. Funde aus der Römerzeit stützen die Vermutung, daß in manche Leder Ruß eingewalkt wurde. (Rev. techn. Ind. Cuir **45.** 215—19. Nov. 1953.)

O. ENGEL. 8340

DEHYDAG Deutsche Hydrierwerke G. m. b. H., Düsseldorf (Erfinder: **Winfried Hentrich,** Riehen, Basel, Schweiz, und **Erik Schirm,** Cubatao, São Paulo, Brasilien), *Herstellung harzartiger Polysulfamide,* dad. gek., daß man die harzartigen Polysulfochloride, erhalten durch Einw. von Chlorsulfonsäure u./oder von Pyrosulfurylchlorid in An- oder Abwesenheit von aliphat. Chlorkohlenstoffverbb. oder von Chlorschwefelverbb. auf sulfonierbare Stoffe mit wenigstens 2 aromat. Sechsringen, mit NH_3 oder prim. Aminen behandelt. — Nach dem Beispiel wird techn. Naphthalintrisulfochlorid in Bzl. unter Kühlung mit 25%ig. NH_4OH behandelt. Wasserlösl. Harz. — *Gerbmittel.* (**D. B. P. 908 300** Kl. 39c vom 31/12. 1942, ausg. 5/4. 1954. Anmeldung bekanntgemacht 30/7. 1953.) SCHINDLER. 8337

Hermann Naegele, Aalen, Württemberg, *Erhöhung der Widerstandsfähigkeit von Rauhleder, insbesondere Schuhleder, gegen Feuchtigkeit.* Man trägt auf das Leder pulverförmige Farbstoffe, die durch Zusätze von wasserunlösl. fett- oder harzsauren Metallsalzen, z. B. des Ca, Mg, Zn, Al oder Mn, wasserabweisend gemacht worden sind, in Pulver- oder Stiftform auf. Geeignete Behandlungsgemische für Wildlederschuhe bestehen z. B. aus 70 (Teilen) Farbstoffpulver u. 30 Zn-Stearat oder aus 65 Farbstoff u. 35 Mn-Resinat. Die Widerstandsfähigkeit von Rauhleder gegen W. wird auf diese Weise erheblich erhöht, ohne daß Struktur u. Porosität des Leders beeinträchtigt werden. (**Oe. P. 176 625** vom 8/11. 1951, ausg. 10/11. 1953.) RAETZ. 8341

Deena-Gesellschaft m. b. H., Berlin-Borsigwalde, *Mittel zur Pflege von rauhen Ledern, insbesondere zur Behandlung von Schuhen,* bestehend aus einem in Tablettenform gepreßten Kompaktpuder, welcher mit Hilfe eines Lappens aufgetragen wird. Die Pudermasse hat z. B. folgende Zus.: Körperfarbe 10 (kg), 5%ig. Dextrinlsg. 0,75, Stearin 0,2, Glycerin 0,25, Emulgator 0,25. Das Mittel soll gut haften, nicht abstäuben, nicht abfärben u. kann für Wildleder, Hunting-Calf, Nubuk, Samt-Calf u. dgl. verwendet werden. (**Oe. P. 177 197** vom 8/12. 1951, ausg. 11/1. 1954. **F. P. 1 046 985** vom 19/12. 1951, ausg. 10/12. 1953. Beide D. Prior. 21/12. 1950.) HEYNE. 8341

High Vacuum Processes Inc., V. St. A., übert. von: **Charles F. Rutherford,** Philadelphia, **Samuel Cameron Tease,** Media, und **Harry La Rue Troxel jr.,** Narberth, V. St. A., *Lederherstellung.* Die Rohhäute, bes. Schaffelle, werden ohne vorheriges Weichen in einem luftdichten Walkfaß im Vakuum mit einer Mischung aus 30 (%) CaO, 2 NaOH u. 1—2 Na_2SO_4 oder Dimethylammonsulfat ca. 1 Std. gewalkt, dann läßt man die Häute 22—24 Std. bei n. Druck in der Äscherbrühe liegen, wobei das Faß alle 4 Std. ca. 10—15 Min. bewegt wird. Nach dem Spülen mit W. werden die Häute enthaart, entfleischt, gebeizt u. gepickelt. Die Gerbung wird bei einem Vakuum von 2—0,5 mm Hg im rotierenden Faß u. anschließend die Färbung unter Vakuum durchgeführt, wobei 0,5—5 sulfoniertes Öl (Spermöl) u. 15—30 bas. Farbstoff — berechnet auf das Falzgewicht — verwendet werden. Man erhält bei einer starken Abkürzung der Gerbdauer ein Leder mit einer guten Durchgerbung u. Durchfärbung. (**A. P. 2 662 805** vom 8/12. 1950, ausg. 15/12. 1953.) SEIZ. 8341

XXIV. Photographie.

Eastman Kodak Co., übert. von: **Wesley G. Lowe, Kearney P. Griffin** und **Gordon F. Frame**, Rochester, N. Y., V. St. A., *Halogensilberemulsionen mit Gelatine-Derivaten.* Aus den nach den Verff. der A. PP. 2 614 928 u. 2 614 929; C. **1954**. 9442 hergestellten Emulsionen von Halogensilber (I) in Gelatinederivv. (II) wird der **I–II**-Komplex in der beschriebenen Weise ausgefällt, durch Erhöhung des p_H-Wertes mindestens auf 6 u. der Temp. auf 40—55° verflüssigt u. unter Zugabe von organ. S-Verbb., z. B. Thioharnstoff, bis zur gewünschten Empfindlichkeit gereift. Dann wird so viel einer 10%ig. Lsg. von hochviscosem *Polyvinylalkohol* zugegeben, daß die Emulsion die für das Vergießen nach den üblichen Verff. nötige Viscosität erreicht, u. auf die üblichen Schichtträger aufgetragen. — An Stelle von Polyvinylalkohol können auch *Celluloseester*, z. B. Acetylcellulose mit einem Acetylgruppengeh. von 19—33%, bes. 19—26%, verwendet werden. (**A. PP. 2 614 930** u. **2 614 931** vom 13/8. 1947, ausg. 21/10. 1952.) KALIX. 8601

Eastman Kodak Co., Rochester, N. Y., V. St. A., übert. von: **Edward B. Knott**, Wealdstone, England, *Halogensilberemulsionen für die Erzeugung von latenten Innenkornbildern.* Die Neigung der Halogensilberschichten für die Bldg. latenter „Innenkornbilder" nach KNOTT u. STEVENS (A. P. 2 456 953; C. **1949**. II. 1471), bei der Einw. von Oberflächenentwicklern schwach sichtbare Bilder (sogenannte „Geisterbilder") zu geben, wird weitgehend durch Zugabe von 1—15% einer sehr wenig empfindlichen Emulsion, bes. einer reinen unsensibilisierten AgCl-Emulsion unterdrückt. (**A. P. 2 618 557** vom 6/8. 1948, ausg. 18/11. 1952. E. Prior. 26/8. 1947.) KALIX. 8601

Kalle & Co. Akt.-Ges. (Erfinder: **Wilhelm Neugebauer** und **Martha Tomanek**), Wiesbaden, *Lichtempfindliche Schichten.* Als lichtempfindliche Stoffe werden ungesätt. Aldehyde der allg. Formel $R—(CR_1{=}CR_2)_x—CHO$ verwendet, in der R einen aromat. oder heterocycl., gegebenenfalls substituierten Rest, R_1 u. R_2 H, Halogen oder aromat. Reste bedeuten u. x = 1 oder 2 ist. Geeignet sind z. B.: *Zimtaldehyd* (**I**), *4-Nitro*-**I**, *2-Nitro*-**I**, *4-Methoxy*-**I**, *Piperonylidenacetaldehyd*, *β-[α-Furyl]-acrolein*, *α-Furfurylidenpropionaldehyd*, *α-Chlor*-**I** u. *α-Phenyl*-**I**. Die Lichtzersetzungsprodd. dieser Verbb. geben nach Behandlung der Schicht mit verd. Säuren, bes. H_3PO_4, leicht Fettfarbe an, die unbelichteten Verbb. nicht. (**D. B. P. 903 529** Kl. 57b vom 2/9. 1951, ausg. 8/2. 1954.) KALIX. 8601

Agfa Akt.-Ges. für Photofabrikation, Leverkusen, *Herstellung von inerter Photogelatine.* Konz. Gelatinelsgg. läßt man durch Filter laufen, die mit solchen OH-haltigen Anionenaustauschern beschickt sind, in die aliphat. Amine nach dem Verf. des E. P. 489 173; C. **1939**. I. 1667, einkondensiert worden sind. Dadurch wird die Hauptmenge der in der Gelatine von Natur aus enthaltenen Reifungs- u. Schleierstoffe entfernt. (**D. B. P. 903 413** Kl. 57b vom 29/11. 1944, ausg. 4/2. 1954.) KALIX. 8603

Gevaert Photoproducten N. V., Belgien, *Sensibilisierung und Übersensibilisierung photographischer Emulsionen.* Man versieht die Emulsionen mit Di- oder Tetramethinmerocyaninen oder sich von ihnen ableitenden Rhodacyaninen, die durch einen Pyrazolon- oder Isoxazolonring in der α- (oder β-) Stellung der Methinkette substituiert sind. — Z. B. erhitzt man 2 g [2-(3-Methylbenzothiazol)]-[4-(1-phenyl-3-methylpyrazolon-(5)]-α'-methylmercaptodimethinmerocyanin u. 3 g Methyl-p-toluolsulfonat 3 Std. auf 140°; 2,9 g des erhaltenen Reaktionsprod. u. 2,1 g 1-Phenyl-3-methylpyrazolon-(5) kocht man 1 Std. in 15 cm³ Pyridin in Ggw. von 1,8 cm³ Triäthylamin. Das abgekühlte Reaktionsgemisch gießt man in Wasser. Den ausgefallenen Sensibilisator preßt man ab u. krist. ihn aus A. um. Er besitzt vermutlich die obenst. Formel u. sensibilisiert, in einer Menge von 30 mg 1 kg AgCl-Emulsion zugesetzt, diese bis 570 mμ. (**F. P. 1 016 630** vom 24/4. 1950, ausg. 18/11. 1952.) OPPERMANN. 8605

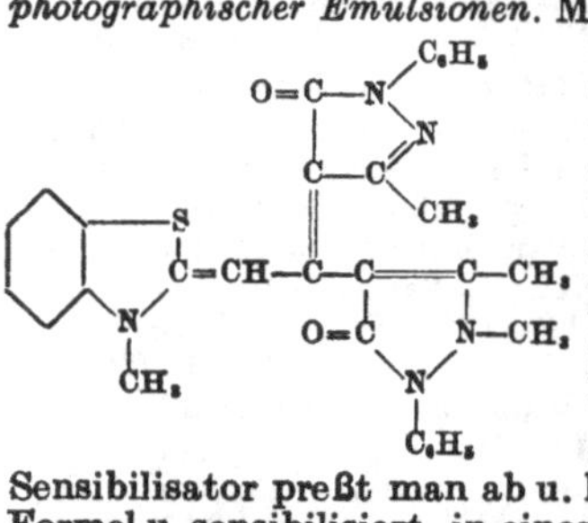

Agfa Akt.-Ges. für Photofabrikation, Leverkusen, *Merocyaninfarbstoffe.* 2-Acylmethylenverbb. der allg. Formel I werden in Lsg. bei n. oder erhöhter Temp. mit PSe_5 in die entsprechenden Se-Ketone oder Se-Aldehyde übergeführt. Diese werden mit Alkylierungsmitteln quaterniert u. die Reaktionsprodd. mit 5-gliedrigen Heterocyclen kondensiert, die eine reaktionsfähige CH_2-Gruppe besitzen u. der allg. Formel $H_2CX—YCO$ entsprechen, in der X u. Y Glieder ein u. desselben Heterocyclus darstellen, z. B. Rhodanin, Hydantoin, Thiooxazolidon usw. Ferner bedeuten R_1 Alkyl- oder Aralkylgruppen, R_2 ein H-Atom, eine Cycloalkyl-, Aryl- oder R_1-Gruppe u. Z die zur Bldg. eines Thiazol-, Oxazol-, Thiazolin- oder ähnlichen Ringes nötigen Atome. — Beispiel: 1.3.3-Trimethylindolin-2-methylen-ω-aldehyd wird in Bzl. gelöst u. 1 Std. mit PSe_5 gekocht, das Reaktionsprod. wird 30 Min. mit Dimethylsulfat auf 100° erwärmt, die Kondensation wird mit N-Äthyl-2-thiooxazolidon-5 ausgeführt, wobei II entsteht, Absorptionsmaximum: 495 mμ. Ähnliche Farbstoffe erhält man durch Kondensationen mit N-Äthylrhodanin, N.N'-Dimethylthiohydantoin, N-Allyl-N'-phenylthiohydantoin, sowie bei Verwendung von 1.3.3.5-Tetramethylindolin-2-methylen-ω-aldehyd, 2-Propionylmethylen-1-äthyl-6-methoxybenzselenazolin oder 1-Äthyl-2-tetrahydrobenzoylmethylen-β-tetrahydronaphththiazolin als Ausgangsprodukte. (**D. B. P. 910 199** Kl. 22e vom 6/4. 1941, ausg. 29/4. 1954. Anmeldung bekanntgemacht 11/6. 1953.) KALIX. 8605

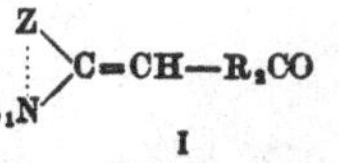

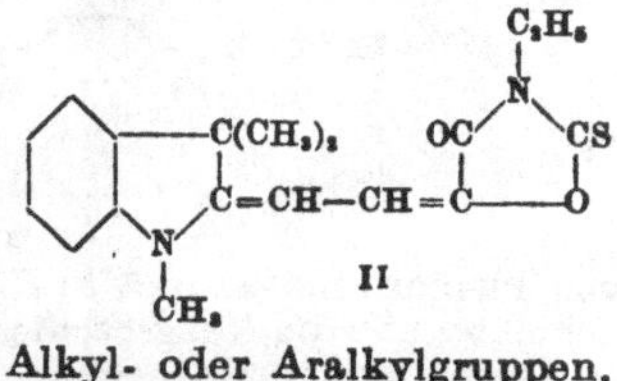

Soc. Lumière (Soc. An.), Seine, Frankreich, *Verbesserung des Aussehens von photographischen Papieren und anderen photographischen Oberflächen.* Man behandelt sie zwecks Verbesserung der Färbung oder des Glanzes mit einer fluorescierenden Lsg. (z. B. einer wss. 3%ig. von „Tinopal"). (**F. P. 1 000 735** vom 16/11. 1949, ausg. 15/2. 1952.) OPPERMANN. 8611

Ilford Ltd., übert. von: **John David Kendall** und **Douglas James Fry,** Ilford, England, *Emulsionszusätze zur Verbesserung des Hochglanzes.* Zur Verhinderung des Bronzierens der Bilder bei der Hochglanzheißtrocknung werden der Halogensilberschicht, dem Entwicklerfixierbad oder sonstigen Behandlungslsgg. *3-Thio-5-iminourazole* der allg. Formel I in Mengen von 1 bis 1000 (Teilen) auf 1000 Emulsion oder 300—300000 Lsg. zugesetzt. Hierbei bedeutet R ein H-Atom oder eine KW-stoff-, bes. Phenylgruppe. Darst. nach Liebigs Ann. Chem. **426.** 313. (**A. P. 2 590 775** vom 11/4. 1950, ausg. 25/3. 1952. E. Prior. 11/4. 1949.) KALIX. 8611

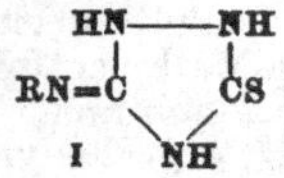

General Aniline & Film Corp., V. St. A. (Erfinder: **James E. Bates** und **John G. Hainsworth),** *Herstellung von stabilen, glyoxalhaltigen Lösungen zum Härten von photographischen Gelatinehalogensilberemulsionsschichten.* Man versetzt die alkal., Glyoxal enthaltenden Lsgg. mit einer in W. lösl. Borverb. (z. B. H_3BO_3, Na-Perborat, Borax, Na-Metaborat). Eine solche Lsg. hat z. B. die Zus.: 0,5 (g) Na-Hexametaphosphat, 2 Na-Perborat, 9 $Na_2CO_3 \cdot 1\ H_2O$, 25 Na_2SO_4, 0,3 Benzotriazol, 6 cm^3 wss. 38%ig. Glyoxallsg., gelöst in W. zu 1 Liter. (**F. P. 1 046 164** vom 5/12. 1951, ausg. 3/12. 1953. A. Prior. 6/12. 1950.) OPPERMANN. 8611

Eastman Kodak Co., Rochester, N. Y., V. St. A., übert. von: **Alan Kingston Soper,** Wealdstone, England, *Abziehbarer Film.* Der Träger (I) für die lichtempfindliche Schicht (II) wird in einer möglichst trocknen Umgebung mit den Dämpfen einer organ. Si-Verb. (III) behandelt u. diese anschließend schwach hydrolysiert, wozu der natürliche Wassergeh. genügt, wenn I = Papier ist. Im Falle von I = Nitrofilm wird dieser vorher mit einer dünnen Schicht Wasserdampf überzogen. Geeignete III sind: Alkyl-, Aryl- oder Aralkylhalogensilane, bes. *Trialkylchlorsilane* u. *Methylchlorsilan.* Die aufgetragene II läßt sich dann in trockenem Zustande abziehen. (**A. P. 2 604 398** vom 13/2. 1947, ausg. 22/7. 1952. E. Prior. 21/2. 1946.) KALIX. 8613

Eastman Kodak Co., übert. von: **Winfield S. Richardson,** Rochester, N. Y., V. St. A., *Antistatischer Film.* Die Rückseite oder beide Seiten des Films enthalten eine dünne Schicht des Na-Salzes des *Kondensationsprod. von Formaldehyd u. Naphthalinsulfonsäure,* hergestellt nach Chemiker-Ztg. **46.** [1922.] 801, Handelsnamen *Tamol P* u. *Tamol NNO.* (**A. P. 2 649 374** vom 10/6. 1949, ausg. 18/8. 1953.) KALIX. 8613

Farbenfabriken Bayer, Deutschland, *Herstellung von Lichthofschutzschichten und von Filterschichten.* Man versieht die Schichten mit einem Triphenylmethanfarbstoff, welcher nur bei einem höheren p_H (z. B. p_H 10) gebleicht wird. Er wird nach den in der Farbenchemie üblichen Verff. zur Herst. von Triphenylmethanfarbstoffen erhalten. — Z. B. stellt man eine 3%ig. Lsg. her aus 1,5 g eines Farbstoffs von der Formel I, A. u. einem in Alkalien lösl. Bindemittel, welches man durch Kondensation

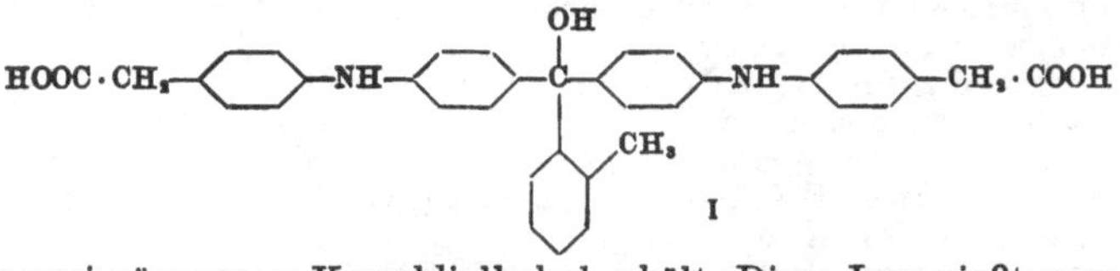

I

von Phenoxyessigsäure u. p-Kresoldialkohol erhält. Diese Lsg. gießt man als dorsale Schicht auf eine Trägerschicht. (**F. P. 1 042 961** vom 10/5. 1951, ausg. 5/11. 1953. D. Prior. 12/5. 1950.) OPPERMANN. 8613

General Aniline & Film Corp., New York, N. Y. (Erfinder: **Bowman M. Bower**, Endicott, und **William R. Young**, Binghamton, N. Y.), V. St. A., *Schutzschichten für Halogensilbergelatineschichten.* Der Schichtbildner besteht aus einem Kondensationsprod. aus CH_2O u. einem in 5-Stellung substituierten Hydantoin (I). Geeignet sind z. B. 5-Methyl-I, 5.5-Dimethyl-I, 5.5-Dicyclohexyl-I, 5-Methyl-5-äthyl-I, 5-Methyl-5-äthoxyäthyl-I, 5-Allyl-5-cyclohexenyl-I, 5-Allyl-5-(1'-cyclohexenyl)-I u. 5-Amyl-5-(1-sek.-butoxyäthyl)-I. Die Kondensation wird nach dem Verf. des A. P. 2 155 863; C. **1939.**II. 745 ausgeführt. Das Auftragen der Schicht erfolgt aus Lsgg. in niedrigmol. Alkoholen. (**D. B. P. 904 982** Kl. 57b vom 28/11. 1951, ausg. 25/2. 1954. A. Prior. 1/12. 1950. **A. P. 2 633 423** vom 1/12. 1950, ausg. 31/3. 1953.) KALIX. 8613

Eastman Kodak Co. (Erfinder: **Charles Ellis Ives**), Rochester, N. Y., V. St. A., *Direktpositiventwicklung von Aufnahmen auf Halogensilberschichten.* Das Verf. von FALLESEN (A. P. 2 497 875; C. **1951.** II. 175), bei dem eine Halogensilberemulsion (I) verwendet wird, die ein latentes Innenkornbild ergibt, wird dahin abgewandelt, daß anstatt eines Luftschleierentwicklers mit CH_2O-Zusatz ein n. Entwickler verwendet wird, der ein Hydrazin (II)-Deriv. enthält, in dem höchstens 2 H-Atome durch Aryl-, Aralkyl-, Acyl- oder $CONH_2$-Gruppen ersetzt sind. Die II können auch der I zugesetzt werden; geeignet sind z. B. Phenyl-II-HCl, p-Halogenphenyl-II-HCl, p-Tolyl-II-HCl, p-Toluidin-Sulfonyl-II, α-Naphthyl-II, N-Benzyl-N-phenyl-II-HCl, n-Amyl-succinyl-, Na-Sulfosuccinyl-, II-Dicarbonsäuredihydrazyd, Hydrazobenzol, p-II-Benzoesäure, p-Methylsulfonamido-phenyl-II-HCl, Triphenylphosphoniumchloridacetohydrazid, Diaminobiuret, β-Phenylacethydrazidpyridinchlorid, p-Diphenylyl- u. N.N-Diphenyl-II, 4-p-Phenylendisemicarbazid. (**D. B. P. 877 548** Kl. 57b vom 29/4. 1951, ausg. 26/5. 1953. A. Priorr. 29/4. u. 26/10. 1950. **A. P. 2 588 982** vom 26/10. 1950, ausg. 11/3. 1952.) KALIX. 8619

Eastman Kodak Co., übert. von: **Thomas S. Donovan** und **Frederic R. Bean**, Rochester, N. Y., V. St. A., *Substituierte Hydrochinone für Entwickler.* Sehr leicht lösl. u. deshalb bes. geeignet für die Herst. von hochkonz. Entwicklern, bes. für Röntgenzwecke, sind Bis-[di-(oxyalkyl)-aminomethyl]-hydrochinone der allg. Formel I, in der die Oxyalkylgruppen 2 oder 3 C-Atome besitzen, z. B. *2.5-Bis-[di-(β-oxyäthyl)-*, *2.5-Bis-[di-(oxyisopropyl)-* u. *2.5-Bis-[di-(γ-oxypropyl)-aminome-thyl]-hydrochinon.*

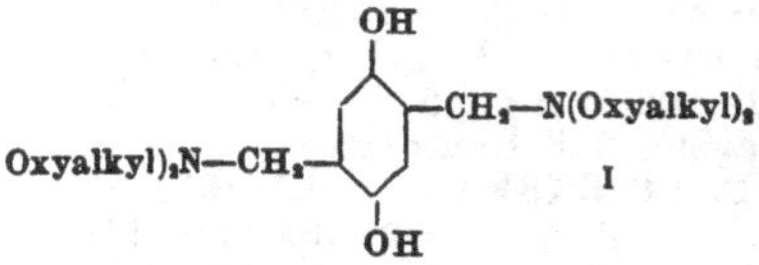

I

In Entwicklerlsgg. können sowohl die freien Basen als auch ihre Acetate, Oxalate u. Sulfate verwendet werden. Die Verbb. sind auch in festen Entwicklergemischen gut verwendbar. (**A. P. 2 604 399** vom 7/7. 1949, ausg. 22/7. 1952.) KALIX. 8619

Eastman Kodak Co., übert. von: **Arthur A. Rasch, Richard W. Henn** und **John F. Crabtree**, Rochester, N. Y., V. St. A., *Mischungen fester Entwicklerkomponenten*, die Alkalihydroxyde (I) enthalten, werden in ihrer Haltbarkeit verbessert, wenn die I mit einer dünnen Schicht *Phthalsäureanhydrid* (durch Aufsprühen oder Sublimieren) überzogen werden u. man dem Gemisch außer den üblichen Bestandteilen B_2O_3, Meta- oder Tetraborsäure oder partiell hydratisiertes B_2O_3 zusetzt, u. zwar in der zur Erzeugung des gewünschten p_H-Wertes der Entwicklerlsg. nötigen Menge. (**A. P. 2 649 376** vom 26/6. 1952, ausg. 18/8. 1953.) KALIX. 8619

Kodak-Pathé, Seine, Frankreich, *Herstellung von Positiven auf direktem Wege.* Man verwendet eine Halogensilberemulsion, welche die Fähigkeit besitzt, beim Belichten ein latentes Bild zu erzeugen, u. entwickelt nach dem Belichten unter einem Original die unbelichteten Stellen der Emulsionsschicht mit einem Entwickler, welcher eine einen N enthaltenden heterocycl. 5- oder 6-Ring besitzende Verb. (z. B. Benzotriazol, 5-Nitroindazol, 6-Nitrobenzimidazol) u. außerdem eine geringe Menge eines Farbstoffs enthält, welcher ein Oxyderiv. oder ein Imoniumderiv. des Fuchsons ist (z. B. Aurin, Chromviolett, Phenolphthalein, Eriochromcyanin RC, bas. Fuchson RFN, Malachitgrün). Ein solcher Entwickler hat z. B. die Zus.: 30 (g) Hydrochinon, 50 wasserfreies Na_2SO_3, 12,5 Paraformaldehyd, 6 NaOH, 2,5 Benzotriazol, 1 KBr, 0,0005 bas. Fuchson RFN, gelöst in W. zu 1 Liter. (**F. P. 1 001 739** vom 29/8. 1949, ausg. 27/2. 1952.) OPPERMANN. 8619

Kodak-Pathé, Seine, Frankreich (Erfinder: **George Earle Fallesen** und **Robert Eliot Stauffer**), *Photographisches Umkehrverfahren.* Man belichtet eine Halogensilberemulsion, die die Fähigkeit besitzt, ein internes Bild zu erzeugen, unter einem Original u. behandelt sie zuerst ganz kurze Zeit mit einem Entwickler, der nur ein positives sichtbares Bild entwickelt. Dann behandelt man die Emulsionsschicht mit einem Entwickler, der eine aromat. prim. Aminoverb. als entwickelnde Substanz u. einen Farbstoffkuppler enthält. Der Farbstoffkuppler kann auch der Emulsion einverleibt sein. Der zuerst genannte Entwickler (Entwicklungszeit 15 Sek. bei 20°) hat z. B. die Zus.: 10 (g) Hydrochinon, 16 wasserfreies Na_2SO_3, 4 Paraformaldehyd, 25 wasserfreies Na_2CO_3, 0,4 Benzotriazol, gelöst in W. zu 1 Liter. Der zweite chromogene Entwickler hat z. B. die Zus.: 2 (g) p-Aminodiäthylanilinhydrochlorid, 2 wasserfreies Na_2SO_3, 20 wasserfreies Na_2CO_3, 3 2.4-Dichlor-1-naphthol, 3 NaOH, gelöst in W. zu 1 Liter (Entwicklungszeit ca. 10 Min. bei 20°). — Zeichnung. (**F. P. 1 001 737** vom 10/8. 1949, ausg. 27/2. 1952. A. Prior. 13/8. 1948.) OPPERMANN. 8619

Siemens & Halske Akt.-Ges., Berlin und München (Erfinder: **Bruno Goering†,** Berlin), *Fixieren von durch Wärme entwickelbaren Aufzeichnungen.* Zur Vermeidung der nassen Fixierung von Aufzeichnungen auf Registrierpapieren für Oscillographen u. Elektrokardiographen, die durch Wärme entwickelbar sind, wird die lichtempfindliche Schicht mit einem Zusatz oder einer Schutzschicht von solchen Stoffen versehen, die den aktin. Anteil des bei der Beobachtung angewandten Lichts absorbieren. Zweckmäßig verwendet man dazu Farbstoffe, die bei n. Temp. klar durchsichtig sind u. erst bei der Entwicklungstemp. den Ton entsprechend ändern, z. B. die Thermocolorfarbstoffe. (**D. B. P. 903 530** Kl. 57b vom 1/12. **1944,** ausg. 8/2. 1954.) KALIX. 8621

Kodak Ltd., London, übert. von: **Edmund Samuel Witala** und **Donald Joseph Kridel,** Rochester, N. Y., V. St. A., *Pulvermischung zur Herstellung von Fixierbädern.* Die Mischung enthält: $Na_2S_2O_3$, Na_2SO_3 oder $NaHSO_3$, ein Härtemittel (bes. einen Alaun), B_2O_3 u. ein Alkaliacetat, -citrat oder -tartrat. — Beispiel: 160 g $Na_2S_2O_3$, (wasserfrei), 5 g Na_2SO_3, 5 g $NaHSO_3$, 2,8 g B_2O_3, 22,5 g Na-Acetat, 22,5 g Ammoniumalaun. (**E. P. 695 689** vom 11/2. 1952, ausg. 12/8. 1953. A. Prior. 9/2. 1951.) KALIX. 8621

Gevaert Photoproducten N. V. (Erfinder: **Louis A. M. Meeussen** und **Albert Bellay**), Mortsel bei Antwerpen, Belgien, *Lichtempfindliche Schicht für das Silbersalzdiffusionsverfahren.* Die für den Aufbau des Positivs nötigen Hilfsstoffe (I), die mit dem nicht entwickelten Halogensilber des Negativs reagieren sollen, werden der Negativschicht in feiner Verteilung zugesetzt, z. B. in der Weise, daß eine Lsg. der I in Gelatine oder anderen Schichtbildnern hergestellt, getrocknet u. fein vermahlen wird, worauf das so erhaltene Pulver der Negativemulsion vor ihrem Vergießen zugegeben wird. — Beispiele für I: Ag_2S, Farbkuppler, Ausbleichfarbstoffe. (**D. B. P. 903 531** Kl. 57b vom 29/11. 1942, ausg. 8/2. 1954. **Zusatz zu D. R. P. 764 572; C. 1953. 322.**) KALIX. 8625

Gevaert Photoproducten N. V., Mortsel bei Antwerpen (Erfinder: **André Rott,** Antwerpen), *Silbersalzdiffusionsverfahren.* Bei Verwendung von Mehrschichtmaterial für die Herst. farbiger Positive nach dem Ag-Salzdiffusionsverf. werden zwischen den Teilschichten des Materials „Sperrschichten" (I) angeordnet, die dazu dienen, die Diffusion des Halogensilbers in die benachbarte Teilschicht durch Red. des gelösten Ag-Salzes zu Ag oder durch Bldg. von unlösl. Komplexen zu verhindern. Sie enthalten zu diesem Zwecke z. B. Verbb. mit reaktionsfähigen H-Atomen in NH_2- oder Mercaptogruppen. Die I können auch zugleich als Lichtfilterschichten ausgebildet sein. Nach beendeter Bildübertragung wird das Ag aus den I nach bekannten Verff. herausgelöst. (**D. B. P. 903 532** Kl. 57b vom 31/8. 1941, ausg. 8/2. 1954. **Zusatz zu D. R. P. 764 572; C. 1953. 322.**) KALIX. 8625

Agfa Akt.-Ges. für Photofabrikation, Leverkusen, *Diffusionsfeste Farbkuppler.* Das Mol. enthält mehrere gleiche oder verschied. farbgebende Gruppen in der Kette period. angeordnet. Solche Farbkuppler erhält man durch Kondensation von CH_2O oder seinen Derivv. mit Farbstoffkomponenten, z. B. Phenolen, Anilinen, Naphtholen, Naphthylaminen, Aminonaphtholen oder mit Verbb., die eine reaktionsfähige Methylengruppe enthalten. Geeignet sind die Reaktionsprodd. von CH_2O mit m-Kresol,

Acetessigsäureoxanilid, Oxyphenyl-3-methylpyrazolon, Benzoylessigsäure-4-oxanilid usw. (**D. B. P. 887 912** Kl. 57b vom 3/11. 1936, ausg. 27/8. 1953.) KALIX. 8631

Agfa Akt.-Ges. für Photofabrikation, Leverkusen, *Farbbildner.* Der Halogensilberemulsion werden zu einem beliebigen Zeitpunkt ihrer Herst. Farbbildner zugesetzt, die mehrere, nicht ionogen gebundene, aliphat., gegebenenfalls ungesätt. oder verzweigte C-Ketten mit mehr als 5 C-Atomen u. eine oder mehrere wasserlösl. machende Gruppen enthalten, z. B. die Reaktionsprodd. aus Undecylsäurechlorid mit 1-(3'.5'-Diaminophenyl)-3-methyl-5-pyrazolon oder mit 1-(m-Aminophenyl)-3-p-aminophenyl-5-pyrazolon, oder die Reaktionsprodd. aus Caprylchlorid u. p-Nitrobenzoylessig-p-nitranilid oder 4.4'-Diamino-2-oxydiphenyl. — In der gleichen Weise können Farbbildner verwendet werden, die mehrere, nicht ionogen gebundene, aliphat., gegebenenfalls ungesätt. oder verzweigte oder substituierte C-Ketten mit mindestens 6 C-Atomen enthalten, z. B. die Reaktionsprodd. aus p-Nitrobenzoylessigsäure-p-nitranilid u. Caprylchlorid oder aus 2.8-Diamino-1-oxynaphthalin u. Caprinsäurechlorid. (**D. B. PP. 888 953** Kl. 57b vom 10/4. 1938 u. **888 954** Kl. 57b vom 13/9. 1939, beide ausg. 7/9. 1953. **Zusätze zu D. R. P. 725 872; C. 1942. II. 2971.**) KALIX. 8631

Agfa Akt.-Ges. für Photofabrikation, Leverkusen, *Farbkuppler für Purpur* stellen Pyrazolone (I) dar, deren Ring in 3-Stellung durch einen diffusionsfest machenden Rest bekannter Zus. substituiert ist u. die einen Benzthiazolrest enthalten, der in beliebiger Stellung SO_3H- oder COOH-Gruppen besitzt. Diese I sind sehr leicht wasserlösl., aber gut diffusionsfest, geben blaustichige Purpurfarbstoffe mit steilen Flanken der Absorptionskurve. — Beispiel: *1-(2'-Benzthiazolylsulfosäure)-3-heptadecyl-5-pyrazolon.* (**D. B. P. 904 137** Kl. 57b vom 30/3. 1943, ausg. 8/3. 1954.) KALIX. 8631

General Aniline & Film Corp., New York, N. Y., übert. von: **Herman H. Duerr,** Binghamton, N. Y., V. St. A., *Farbige Entwicklung.* Ein Mehrschichtmaterial mit 3 für verschied. Spektralbereiche sensibilisierten Halogensilberschichten wird zunächst in der üblichen Weise mehrfarbig entwickelt u. fixiert. Dann wird das neben dem Farbstoffbild entstandene Ag (mit bekannten Mitteln) rehalogeniert u. die farbgebende Entw. wiederholt. Diese Nachbehandlung kann 2—4mal ausgeführt werden. Dadurch erhält man Bilder hoher Farbdichte ohne Farbschleier. (**A. P. 2 623 822** vom 6/12. 1949, ausg. 30/12. 1952.) KALIX. 8631

General Aniline & Film Corp., V. St. A. (Erfinder: **Joseph S. Friedman**), *Indophenazine als Beschleuniger in Entfärbungsbädern für die Farbenphotographie.* Die Bäder bestehen aus einer wss. Lsg., welche eine Mineralsäure (HCl) oder eine in W. lösl. organ. Säure (Essigsäure) u. 0,005—0,5 g eines Indophenazins (z. B. Indophenazin, 2-Methyl-, 2-Äthoxy-, 9.10-Benzo-, 9.10-Naphthoindophenazin) enthält. — Z. B. bedeckt man einen Film mit einer für Rot sensiblen, „Direkthimmelblau (C. I. 250)" enthaltenden Halogensilberemulsion, trocknet ihn u. belichtet, entwickelt u. fixiert ihn in üblicher Weise. Dann behandelt man den Film 15 Min. mit einem Entfärbungsbad von der Zus.: 100 g KJ, 100 cm^3 35%ig. HCl, 0,005 g Indophenazin, gelöst in W. zu 1 Liter. Die blaue Schicht wird in 10 Min. entfärbt unter Bldg. eines Blaubildes. Man kann als Beschleuniger auch Pyrrolinophenazine verwenden. (**F. P. 1 048 365** vom 23/7. 1951, ausg. 22/12. 1953. A. Prior. 22/7. 1950.) OPPERMANN. 8631

„Der Kreis" Druck- & Verlags-Gesellschaft m. b. H. (Erfinder: **Robert Wöber**), Wien, *Herstellung von Farbdrucken,* bes. nach Schwarz–Weiß-Bildern. Für die Herst. der einzelnen Farbplatten werden durchsichtige Folien verwendet, die über das Schwarzdiapositiv des Bildes (in Halbton) übereinandergelegt u. der Reihe nach (Gelb, Rot, Blau) jede für sich mit einer bestimmten Teilfarbe eingefärbt werden, bis sie übereinanderliegend ein farbrichtiges Durchsichtsbild u. damit, voneinander getrennt, tonwertrichtige Farbplatten ergeben. (**Oe. P. 172 362** vom 17/4. 1951, ausg. 10/9. 1952.) OPPERMANN. 8635

Ernest E. Draper and Norris Harkness, Negative retouching and print finishing. Rev. ed. New York: Crown. 1954. (111 S. m. Abb.) $ 1,—.

Herausgeber u. verantwortlich für den Inhalt: Prof. Dr. Maximilian Pflücke, Berlin NW 7, Schiffbauerdamm 19, Fernsprecher: 42 55 71. Redaktion: Chefredakteure Dr. Eugen Klever und Prof. Dr. Maximilian Pflücke. Verlag: Akademie-Verlag GmbH, Berlin W 8, Mohrenstraße 39 (Fernsprecher 20 03 86, Postscheckkonto Berlin 350 21), u. Verlag Chemie GmbH, Weinheim/Bergstraße (Postscheckkonto Frankfurt/M. 1453 14 u. Berlin [West] 74 30, Fernsprecher: Weinheim 2017), Bestell- u. Verlags-Nr. dieses Heftes: 1007/125/47. Das Chemische Zentralblatt erscheint wöchentlich.
Satz u. Druck: VEB Leipziger Druckhaus, Leipzig, III/18/203. XI. 54.
Veröffentlicht unter der Lizenznummer 1212 des Amtes für Literatur und Verlagswesen der Deutschen Demokratischen Republik.
Printed in Germany. DDR.

FSC
www.fsc.org
MIX
Papier | Fördert gute Waldnutzung
FSC® C083411

Kolibri 360 GmbH
Ferdinand-Jühlke-Straße 7
99095 Erfurt, Deutschland
produktsicherheit@kolibri360.de